NCS기반 국가기술자격검정, 친환경 유기농업 교육

유기농업전문가가 자서

유기농업기능사

필기

➡ 외우지 않고 이해되도록 기획, 준비, 집필된 교재

친환경인증심사원 **김영세** 편저

CRAFTSMAN ORGANIC AGRICULTURE

- 2005년~2016년 12년간 필기시험 기출문제만
  완벽해설 및 철저분석
- CBT용 「최신 기출복원문제」 수록
- 새로운 형식의 「이야기로 풀어보는 기출문제」 수록
- 기출문제해석 기술자의 새롭고 재미있는 설명

부민문화사
www.bumin33.co.kr

부탁의 말씀

어느 날 젊은 며느리에게 포장이 몹시 꼼꼼하게 된 소포가 왔습니다.
가위를 찾아 포장된 끈을 자르려고 할 때 어머님이 말리셨습니다.

"얘야 ~ 끈은 자르는 게 아니라 푸는 거란다."

며느리는 포장끈의 매듭을 푸느라 한동안 끙끙거리며
가위로 자르면 편할 걸 별걸 다 나무라신다고 속으로 구시렁거리면서도 결국 매듭을 풀었습니다.

다 풀고 나자 어머님의 말씀,
"잘라 버렸으면 쓰레기가 됐을텐데, 예쁜 끈이니 나중에 다시 써먹을 수 있겠구나."라고
천진하게 웃으시더니 덧붙이셨습니다.

"인연도 잘라내기 보다 푸는 습관을 들여야 한단다."

혹시나 얼키고 설킨 삶의 매듭들이 있다면 하나, 하나 풀어 가세요.
문제도 그리 하여야 합니다.
어렵다고, 복잡하다고 잘라내지 마시고 풀어야 합니다.

의도적으로 중복문제를 다루기도 했지만
페이지 수를 줄이기 위해서 가능한 한 중복문제들은 싣지 않았습니다.
한 문제를 자르고 넘어가면 뒤에서 기회가 없을 지도 모릅니다.

"금가루가 귀하지만 눈에 들어가면 병이 된다."는 말이 있어
우선은 자격증을 따는 데 초점을 맞추었습니다.

시험에 출제되지 않았던 문제는 한 문제도 싣지 않았습니다. 그러나 좀 더 연구하실 내용들은 금가루처럼 여기 저기 묻혀두었습니다.

그 금가루를 연구하는 자리에서 다시 여러분을 만나고 싶습니다.
인연의 끈을 풀어가고 이어가고 싶습니다.

저자 김 영 세

| 유기농업기능사 검정 안내 |

1. 시행목적

최근 환경오염과 함께 유기농업의 중요성 및 수요는 증대되고 있으며, 과거 저부가가치의 농작물에서 고부가가치가 가능한 농작물로 전환할 필요성이 대두되고 이러한 고부가가치 작물생산의 한 방안으로 최근 유기농업에 대한 관심 및 수요가 증가되는 추세에 있다. 유기농업이란 화학비료, 유기합성농약(농약, 생장조절제, 제초제 등), 가축사료첨가제 등 일체의 합성화학물질을 사용하지 않고 유기물과 자연광석, 미생물 등 자연적인 자재만을 사용하는 농법을 말한다. 이러한 유기농업은 단순히 자연보호 및 농가소득증대라는 소극적 중요성을 떠나, WTO에 대응하여 자국농업을 보호하는 수단이 되며, 아울러 국민의 보건복지 증진이라는 의미에서도 매우 중요하다. 이러한 유기농업의 중요성에 기반하여, 전문 유기농업인력을 육성·공급할 수 있는 자격신설이 필요하게 되었다.

2. 수행직무

유기농업 분야의 입지선정, 작목선정, 경영여건분석, 환경분석 등을 기획하고, 윤작체계 및 자재의 선정, 토양비옥도 및 병해충방지, 시비방법선정, 사료확보 등 생산, 축사 설계, 축사분뇨 처리업무와 유기농산물 원료의 가공, 포장, 유통 등의 직무를 수행한다.

3. 진로 및 전망

① 주로 유기농업 관련 단체, 유기농업 가공회사, 유기농산물 유통회사
② 시·도·군 지자체의 환경농업 담당공무원, 유기농업 및 유기식품 연구기관의 연구원
③ 국제유기식품 품질인증기관의 인증책임자 및 조사원(Inspector)
④ 소비자단체, 환경보호단체, 사회단체 등 NGO의 직원

4. 취득방법

① 시행처 : 한국산업인력공단
② 교육기관 : 전문계 고등학교 농업, 원예, 축산과, 소비자보호단체의 교육기관, 환경보호단체 교육 기관 등
③ 시험과목
 − 필기 : 1. 작물재배 2. 토양관리 3. 유기농업일반
 − 실기 : 유기농업 생산
④ 검정방법
 − 필기 : 객관식 4지 택일형, 60문항(60분)
 − 실기 : 필답형(2시간 정도)
⑤ 합격기준
 − 필기 : 100점 만점에 60점 이상 득점자
 − 실기 : 100점 만점에 60점 이상 득점자

이 책의
구성과 특징

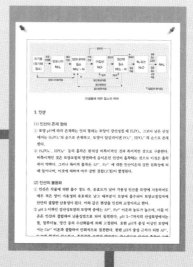

단원별 내용

출제기준의 주요항목, 세부항목, 세세내용을 이해하기 쉬운
그림과 함께 제시하였다.

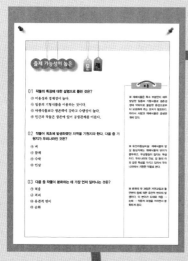

단원별 기출문제

2005년 유기농업기능사가 신설된 이후의 기출문제를 출제기준에
따라 분류한 다음 '출제 가능성이 높은 문제'와 '기출문제'로 나누
고 아주 자세한, 그리고 재미있는 해설을 제시하였다.

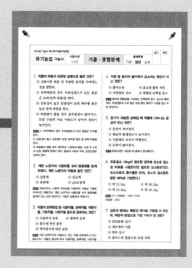

최근 기출문제

2014년부터 2016년까지의 최근 기출문제와 CBT 기출·복원
문제, 그리고 새로운 형식의 "이야기로 풀어보는 기출문제"
를 최종 정리용으로 명쾌한 해설과 함께 제시하였다.

작물재배

Ⅱ 토양관리

01 토양생성

02 토양의 성질

III 유기농업일반

01 유기농업의 의의

02 품종과 육종

Ⅳ 필기시험 기출·종합문제

이 책을 공부하는 방법

좀 엉뚱한 이야기로 시작합니다. 축지법을 하고, 천리를 보며, 공중부양을 하는 도사 이야기인데, 이런 도사가 정말 있었을까요? 정말 많은 사람들이 아주 열심히 노력했으니 설마 없었겠어요? 어떻게 했을까요?

중국영화 보면 도사 말고 칼잡이도 도를 통하는 데 엄청난 육체적 고통을 수반하더군요. 스승이 요구하지요. 성룡 나오는 영화 보세요! "고통 없이 얻는 것은 절대로 없다"의 사고방식입니다. 꼭 그럴까요? 우리 과학적으로 생각해 보십시다.

과거에는 아껴야 하는 사람이 미워질 때 "이해하라. 용서하라. 사랑하라."를 외쳤지요. 그래서 그렇게 되었나요? 체중조절을 할 때는 "늘씬한 S라인을 생각하며 먹고 싶은 것을 참아라." 했지요. 그래서 참았나요? 스트레스 해소에는 "기분이 좋아지는 것을 하라."고 했어요. 기분이 좋아지던가요?

새롭게 각광받는 뇌과학에서는 이들을 모두 부정하더군요. "이해하라. 용서하라. 사랑하라."가 아니라 "뇌 조절법을 활용하라." "늘씬한 S라인을 생각하며 먹고 싶은 것을 참아라."가 아니라 "뇌를 속여 식습관 자체를 변화시켜라." 등입니다.

이것도 과거의 기법들처럼 한 시대의 유행으로 끝날 수도 있겠지요. 그런데 동의하지 않을 수 없는 뇌과학의 주장이 하나 있어요. "리모콘으로 너무 쉽게 보고 싶은 채널을 맞춘다고 불평할 것인가?"입니다. 우리는 지금 너무도 쉽게 보고 싶은 것을 보거든요.

공부는 안 될까요? 리모콘으로 너무 쉽게 채널을 맞추듯이, 어떤 방법으로 아주 쉽게 시험을 통과할 수는 없을까요? 현대과학이 찾아낸 축지법이 뭔지 아세요? 자동차입니다. 공중부양은 비행기이구요. 옛날에는 죽도록 해도 아무도 못했던 일들을 지금은 누구나 아무 노력도 없이 하고 있습니다. 공부에도 그런 방법이 있지 않을까요?

있습니다. 머리 싸매고, 밤잠 안자면서, 고통을 미화하는 그런 낡은 방법이 아닙니다. 그런데 제가 그 기법을 글로는 설명을 못해요. 저를 만나세요. 이 책에 제가 있습니다. 여러분이 그 기법을 물으실 때마다 분명하고 큰 소리로 답을 합니다.

아! 이 책을 공부하는 방법이 뭐냐구요? 이론설명을 보시고 문제를 풀어도 좋고, 문제를 풀면서 해당되는 이론설명을 보셔도 좋습니다. 그런 건 지엽적인 문제입니다. 좀 더 중요한 공부방법을 말씀드리지요. **열심히 하지 말고 다르게 하십시오.**

열심히 하면 망합니다. 외우지 않고 이해하는 것이 다르게 하는 것입니다. 외우면 떨어집니다. 여러분은 컴퓨터가 아닙니다. 외우는 건 컴퓨터가 하는 짓이고 여러분은 고귀하게 원리를 이해하셔야 합니다.

열심히 하지 않아도 되도록, 처절하게 외우지 않아도 되도록 이 책은 기획되고, 준비되고, 집필되었습니다. 직접 확인하십시오! 그리고 마지막으로 중요한 것 하나 더 말씀드리지요. 잘 아시는 속담입니다. **"부뚜막의 소금도 집어넣어야 짜다."**

I 작물재배

장인정신, 전문가 정신

언젠가 신문 광고란에 외곬을 걸어 온 두 노인 사진이 나온 적이 있다.

그 하나가 '작업이 끝난 놋숟가락을 돋보기로 들여다보시는 할아버지 장인의 진지한 모습'이고, 또 하나는 '물레를 돌려가며 정성스레 실을 뽑고 있는 할머니 장인의 찬찬한 모습'이었다.

이 두 모습을 보는 순간 나 자신과 비교되면서 가슴에 잔잔한 파문이 일어났었다. 그 분들은 뼈를 깎는 각고로 이룩한 기술에 자부심을 느끼면서 장인이라는 남다른 긍지를 지니고 있었기에 광고모델이 되었을 것이다. 그래서 지금도 그 광고를 기억한다.

윤오영 작가의 〈방망이를 깎던 노인〉이 떠오른다. 동대문 맞은편 길가에 앉아서 방망이를 깎아 파는 한 노인 이야기이다.

손님의 주문을 받고서 처음엔 빨리 깎는 것 같더니 이리저리 돌려보며 굼뜨기 시작, 마냥 늦장이다. 차 시간에 초조한 손님은 그냥 달라고 했더니

"끓을 만큼 끓어야 밥이 되지 생쌀이 재촉한다고 해서 밥되나?" 화를 낸다.

"살 사람이 좋다는데 뭘 그리 깎아요. 차 시간이 없다니까요."

"다른 데 가서 사우." 난 안 팔겠소." 하니, 하는 수 없이

"그럼 마음대로 깎아보시오." 한참 지난 후 방망이를 이리 저리 돌려보고 그제서야 됐다고 내주었다.

노인은 자신이 하는 일에 애착과 긍지를 갖고 있었다. 그가 하고 있는 일은 생활의 방편이 아니라 생활의 목적이다. 삶 그 자체인 것이다.

노인은 방망이를 깎는 일을 통해서 당신 스스로를 깎고 다듬은 것이다. 이것이 바로 꼿꼿한 장인정신인 것이다.

이 노인처럼 부귀와 명예 대신 자신이 맡은 일에 평생을 바치고 그 일에서 긍지를 찾고, 자신이 한 일은 끝까지 책임지는 자세, 그것을 바로 진정한 장인정신이라고 한다. 내가 하는 일을 내 삶의 몫으로 삼은 장인정신은 오늘에도 새겨야 할 삶의 지혜일 것이다. 어떻게 하면 장인정신을 갖게 될 수 있는가?

유기농업기능사 공부를 시작한 당신은 이미 장인이 될 준비는 마쳤다. 그러나 작물재배에서 탁월함을 보여 주지 못하면 장인이 될 수는 없다. 이 과목이 당신에게 작물재배의 탁월함을 안내함으로써 당신을 장인으로, 전문가로, 아니 현대판 도사로 등극하게 해줄 마법의 작물재배학이다.

재배작물

1 재배작물의 기원과 전파

1. 재배작물의 기원

(1) 재배작물

① 재배의 개념 : 지금부터 약 8000년 ~ 1만 년 전에 길들여지지 않은 야생식물을 기르는 일에서 시작된 재배는, 인간이 경지를 이용하여 능동적으로 작물을 보살피고 수확을 올리는 경제적 행위로써, 경종(耕 밭갈 경, 種 씨 종, 밭을 갈고 씨를 뿌리는 일)이라고도 한다.

② 재배의 목적 및 대상 : 인간의 의, 식, 주에 필요한 물료(物料)를 얻기 위하여 재배되었을 것이며, 이용성과 경제성이 높은 식물이 재배의 대상이었을 것이다.

③ 재배작물의 정의 : 이용성과 경제성이 높아서 인간의 재배대상이 되어 있는 식물로써 인간이 관리하는 경지(땅)에서 재배하는 식물이라 정의할 수 있다.

④ 재배작물의 특징 : 재배작물은 일반식물에 비하여 인간의 입장에서 이용성과 경제성이 높아야 하므로 특수 부분만이 매우 발달한 일종의 기형식물을 이루고 있는 경우가 많다. 따라서 재배작물은 생존경쟁에 있어 약하므로 불량한 환경으로부터 보호하여 주는 조처, 즉 재배라고 하는 인간의 노력이 필요하다. 이런 관점에서 사람과 재배작물은 공생관계에 있다고 말할 수 있다. "야생 벼와 재배 벼의 비교"에서 보듯이 야생 벼는 생존경쟁에 강하고, 재배 벼는 생존경쟁에는 약하지만(종자의 수명이 짧은 특성 등) 인간의 입장에서 이용성과 경제성(종자의 크기가 큼 등)이 높다.

연구 야생 벼와 재배 벼의 비교

구분	야생 벼	재배 벼
종자의 탈립성, 종자의 휴면성 내비성, 각종 재해에 대한 저항력	강하다	약하다
종자의 수명	길다	짧다
꽃가루 수	많다	적다
종자의 크기	작다	크다

(2) 재배작물의 발상지

① 작물의 기원 : 현재 재배되고 있는 모든 작물들은 원래 야생식물이었으며, 이들로부터 순화(馴化), 발달된 것이다. 어떤 작물의 야생하는 원형식물을 그 작물의 야생종 또는 원종(原種)이라고 하며, 재배종과 원종은 형태나 생태가 크게 달라지는 경우가 많고, 유전적으로도 차이가 난다.

② De Candolle의 연구 : 캔돌레는 유물, 유적, 전설 등에 나타난 사실을 기초로 고고학, 역사학 및 언어학적 고찰을 통하여 재배식물의 기원을 연구하였다. 그는 인간이 야생식물 중에서 재배하기 쉬운 것을 골랐을 것이므로 재배식물의 조상형이 자생하고 있는 지역은 그 재배식물의 기원지일 것이라 생각하였다. 그의 저서에는 1883년에 펴낸 "재배식물의 기원"이 있다.

③ Vavilov의 연구 : 바빌로프는 작물이 최초 원산지로부터 점차 타 지역으로 전파된 것으로 추정하고, 전 세계를 통해 널리 농작물과 그들의 근연식물에 대하여 지리적 미분법으로 조사한 다음 유전자중심지설(gene center theory)을 제창하였다.

연구 유전자중심지설

1. 재배식물의 발상 중심지에는 재배식물의 변이가 가장 풍부하고, 다른 지방에 없는 변이도 보이며
2. 중심지에는 우성형질이 많고, 원시적 형질을 가진 품종도 많다.
3. 또한 중심지에서 멀어지면 열성유전자가 많이 보이는데 이 열성유전자는 중심지에는 없는 경우도 많다는 학설이다.

연구 재배식물 발상지

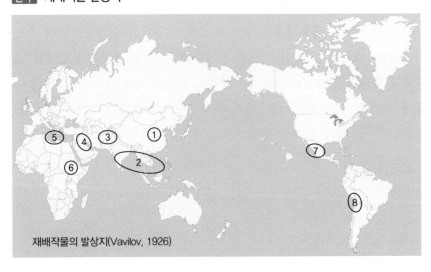

재배작물의 발상지(Vavilov, 1926)

① 중국, 한국지구	피, 조, 쌀보리, 메밀, 파, 콩, 인삼, 감, 배, 복숭아 등
② 인도, 열대아시아	벼, 가지, 생강, 토란, 작두콩, 목화 등
③ 중앙아시아지구	무, 갓, 참깨 등
④ 중근동(서아시아)지구	멜론류, 당근, 양파, 상추, 시금치, 알팔파 등
⑤ 지중해연안지구	양배추, 상추, 티머시, 셀러리, 아스파라거스, 클로버 등
⑥ 중부아프리카지구	수박, 참외, 멜론, 해바라기 등
⑦ 중앙아메리카지구	호박(동양계), 고추, 단옥수수, 고구마 등
⑧ 남아메리카지구	호박(서양계), 토마토, 감자, 딸기, 땅콩, 담배 등

2. 작물의 분화

(1) 작물의 분화과정

① 작물이 원래의 것과 다른 여러 갈래로 갈라지는 현상을 분화, 그 결과로 점차 더 높은 단계로 발달해 가는 현상을 진화라 한다.

② 분화의 첫 과정은 자연교잡과 돌연변이 등에 의한 유전적 변이(heritable variation)의 발생이다. 이 변이(새로운 유전형)가 도태와 적응(새로운 유전형 중에서 환경이나 생존 경쟁에 견디지 못하는 것은 도태되고, 견디는 것은 적응) → 순화(환경에 적응하여 특성이 변화된 것) → 유전적 안정의 과정을 거치면서 분화하게 된다.

③ 분화의 마지막 과정은 성립된 적응형들이 유전적인 안정상태를 유지하는 것인데, 이렇게 되려면 적응형 상호간에 유전적 교섭이 생기지 않아야 하며, 이를 격절(隔絶, isolation) 또는 고립(유전적인 안정상태를 유지하는 것, 즉 품종이 된 것)이라고 한다. 여기에는 지리적 격절, 생리적 격절, 인위적 격절 등을 생각할 수 있다.

지리적 격절	지리적으로 서로 떨어져 있어서 유전적 교섭이 일어나지 않는 것
생리적 격절	개화기의 차이, 교잡불능 등의 원인으로 유전적 교섭이 방지되는 것
인위적 격절	유전적 순수성을 유지하기 위하여 인위적으로 다른 유전자와의 교섭을 방지하는 것

(2) 작물의 다양성과 유연관계

① 작물은 분화해도 계통 발생적으로 유연관계를 유지하므로 이를 통하여 식물적인 기원을 파악할 수 있다.

② 유연관계를 파악하는 데는 형태적, 생리적, 생태적 특성을 비교하여 유전적인 유연관계를 찾아야 한다. 연구방법으로는 교잡에 의한 임실률의 확인, 생리적인 특성이나 종자가 함유하고 있는 단백질 조성의 차이 확인, 염색체의 모양과 수적변이를 확인하는 방법 등이 있다.

01 작물의 특징에 대한 설명으로 틀린 것은?

㉮ 이용성과 경제성이 높다.

㉯ 일종의 기형식물을 이용하는 것이다.

㉰ 야생식물보다 생존력이 강하고 수량성이 높다.

㉱ 인간과 작물은 생존에 있어 공생관계를 이룬다.

02 작물이 최초에 발생하였던 지역을 기원지라 한다. 다음 중 기원지가 우리나라인 것은?

㉮ 벼

㉯ 참깨

㉰ 수박

㉱ 인삼

03 다음 중 작물이 분화하는 데 가장 먼저 일어나는 것은?

㉮ 적응

㉯ 격리

㉰ 유전적 변이

㉱ 순화

01 ㉰　02 ㉱　03 ㉰

2 분류

1. 식물의 분류

(1) 분류의 의의 및 이익

① 현재 우리나라에서 재배되고 있는 작물의 종류는 약 3,000여 종으로 알려져 있다. 그 중 식용할 수 있는 수는 약 1,000여 종이고, 이용하는 중요한 작물은 약 300여 종에 이른다. 식물의 분류란 여러 가지 식물을 식별하고, 명명하고, 유연관계를 근거로 가깝고 먼 관계를 따져 분류체계를 확립하는 일이다.

② 분류의 이익으로는 분류집단의 속성을 알 수 있고, 각각의 정보를 교차 적용할 수 있기 때문에 재배와 이용에 실용적 도움을 준다는 것이다. 예를 들어 호랭성 식물로 분류된 것은 재배의 경험이 없어도 서늘한 곳에 재배하는 것이 좋다는 것을 알 수 있으며, 마늘에서 얻어진 연구결과는 같은 과에 속하는 튤립, 양파, 쪽파에서도 활용할 수 있다는 것 등이다.

(2) 분류의 방법

① 자연분류 : 식물의 유연관계, 특히 생식기관의 유사성을 기준으로 분류하는 것이다. 이 분류법에는 계통적 분류, 학술적 분류, 식물학적 분류 등이 있다.

② 인위분류 : 이용의 편의성을 기준으로 분류하는 것이다. 즉, 식물 자체를 기준으로 하는 것이 아니므로 재배와 이용의 관점에서 분류하기도 하고, 생태적 특성을 기준으로 하기도 하며, 때로는 행정편의적인 기준으로 분류하기도 한다.

2. 작물의 대표적 분류방법

(1) 식물학적 분류

1) 분류체계

① 비슷한 식물들을 묶고, 그 묶음을 더 큰 묶음에 배치하는 방법이다. 이 과정에서 하나로 묶이는 무리를 분류군이라 한다.

② 분류군의 계급은 최상위 계급에서 시작하여 문 · 강 · 목 · 과 · 속 · 종으로 구분한다.

③ 각 계급에서 "아(亞, sub)"라는 접두어를 붙여 아문, 아강, 아목 등으로 세분한다.

④ "종" 내에서는 아종과 변종을, 품종과 재배품종을 각각 같은 의미로 사용한다.

2) 학명

식물의 학명은 국제식물분류학회에서 정한 식물명명규약에 따라 다음과 같이 명명한다.

① 린네가 제안한 이명법에 따라 속명과 종소명으로 구성한다.

② 라틴어를 사용하거나 라틴어화해야 한다.

③ 속명은 명사이며 대문자로 시작하고, 종소명은 형용사이고 소문자로 시작한다.

④ 종소명은 속명의 성과 일치시킨다.

⑤ 속명, 종소명 모두 이탤릭체로 쓰거나 밑줄을 그어 구별한다.

⑥ 끝에는 명명자를 정체로 넣되 대문자로 시작한다.

3) 식물학적 분류의 예

① 가지과 : 고추, 토마토, 가지, 감자, 피튜니아

② 국화과 : 우엉, 쑥갓, 상추, 국화 등

③ 장미과 : 딸기, 사과, 복숭아, 배, 매실, 장미 등

(2) 용도에 의한 분류

1) 식용작물

① 곡숙류

㉠ 화곡류(禾穀類)

미곡	벼(수도) · 밭벼(육도) 등
맥류	보리 · 귀리 · 밀 · 호밀 등
잡곡	조 · 피 · 기장 · 수수 · 옥수수 · 메밀 등

㉡ 두류(豆類) : 콩 · 팥 · 녹두 · 강낭콩 · 완두 · 땅콩 등

② 서류(薯類) : 고구마 · 감자 등

2) 공예작물(특용작물)

섬유작물	목화 · 삼 · 모시풀 · 아마 · 왕골 · 닥나무 · 수세미 등
유료작물	참깨 · 들깨 · 아주까리 · 유채 · 해바라기 · 땅콩 등
전분작물	옥수수 · 고구마 · 감자 등
기호료작물	차 · 담배 등
약료작물	제충국 · 박하 · 홉 · 인삼 등
당료작물	사탕무 · 단수수 등

3) 사료작물

화본과	옥수수 · 귀리 · 티머시 · 오처드그라스 등
콩과	알팔파 · 화이트클로버 · 레드클로버 등
기타	순무 · 비트 · 해바라기 등

4) 녹비작물(비료작물)

화본과	귀리 · 호밀 · 라이그라스 등
콩과	자운영 · 베치 · 콩 · 알팔파 등

5) 원예작물

① 과수

인과류(仁果類)	배 · 사과 · 비파 등
핵과류(核果類)	복숭아 · 자두 · 살구 · 앵두 · 양앵두 등
장과류(漿果類)	포도 · 무화과 · 나무딸기 등
각과류(殼果類)	밤 · 호두 등
준인과류(準仁果類)	감 · 감귤 등

② 채소

과채류(果菜)		오이 · 호박 · 참외 · 멜론 · 수박 · 토마토 · 딸기 등
협채류(莢菜)		완두 · 강낭콩 · 동부 등
근채류 (根菜)	괴근류(塊根)	고구마 · 감자 · 토란 · 마 · 생강 · 연근 등
	직근류(直根)	무 · 순무 · 당근 · 우엉 등
엽경채류 (葉莖菜)	채류(菜類)	배추 · 양배추 · 갓 등
	생채류(生菜)	상추 · 셀러리 · 파슬리 등
	유채류(柔菜)	미나리 · 쑥갓 · 시금치 · 아스파라거스 등
	총류(蔥類)	파 · 양파 · 마늘

③ 화훼(花卉) 및 관상식물(觀賞植物)

초본류(草本類)	국화 · 코스모스 · 달리아 · 난초 등
목본류(木本類)	철쭉 · 동백 · 유도화 · 고무나무 등

(3) 생태적 특성에 따른 분류

생존연한	1년생작물, 월년생작물, 2년생, 다년생작물
생육계절	하작물, 동작물
온도방응	저온작물, 고온작물, 열대작물
생육형	주형(柱形)작물, 포복형작물
저항성	내산성작물, 내건성작물, 내습성작물, 내염성작물

(4) 재배 및 이용에 따른 분류

작부방식	논작물과 밭작물, 전작물과 후작물, 대파작물, 구황작물
토양보호	피복작물, 토양보호작물, 토양조성작물, 토양수탈작물
경제면	자급작물, 환금(換金)작물, 경제작물
사료용도	청예작물, 건초작물, 사일리지작물, 종실사료작물

(5) 기타 분류

그 품종의 내력에 의한 분류 등 분류자의 편의에 따라 다양한 분류방법(환금작물, 도입육종 등)이 있을 수 있다.

3. 농경의 재배형식상 분류

(1) 원경(園耕)

① 한자의 뜻 : 울타리가 쳐진 밭을 간다는 뜻(밭 또는 울타리 園, 밭갈 耕)

② 작은 면적의 농지에 자본과 인력을 집약적으로 투입하여 단위 면적당 수확량을 많게 하는 농업 형태로 현재의 도시근교 시설원예가 이에 해당한다.

③ 예로부터 유럽의 농업에서는 취락 근처의 농지를 울짱 등으로 둘러싸서 원지(園地 ; garden)로 삼고 여기에서 야채나 과수를 재배하는 것이 일반적이었으며, 멀리 떨어진 바깥쪽의 경지(耕地 ; field)에서 영위되는 곡물재배와는 집약도(集約度)라는 점에서 현저하게 다르기 때문에 원경과 곡경(穀耕)은 특히 구별되어 왔다.

(2) 곡경(穀耕)

① 한자의 뜻 : 곡식농사를 위하여 밭을 간다는 뜻(곡식 穀, 밭갈 耕)

② 미국, 아르헨티나 등지에서의 밀 재배와 같이 밀, 벼, 옥수수 따위의 곡류가 광대한 지대에 걸쳐 재배되는 농업 형태

③ 대규모 기계화 단지

(3) 포경(圃耕)

① 한자의 뜻 : 넓은 들에서 밭을 간다는 뜻(들판 圃, 밭갈 耕)

② 넓은 들이므로 사료작물을 키운다는 의미가 있어 축산(유축, 有畜)을 겸하는 농업 형태

③ 식량과 사료를 균형 생산할 수 있는 방법으로 구미의 발달한 농업형태이고, 유기농업이 추구하는 방향이기도 하다.

(4) 소경(疎耕)

① 한자의 뜻 : 거칠게 또는 적게 밭을 간다는 뜻(거칠 또는 적을 疎, 밭갈 耕)

② 거름을 많이 넣으면 밭을 깊게 많이 갈아야 하지만, 적게 간다는 것은 비배관리가 거의 전무한 원시적 약탈농업임을 의미(이동경작 형태)

③ 아프리카 중남부, 동남아 아열대의 섬지방 등 후진국의 척박지에서 시행

(5) 식경(殖耕)

① 한자의 뜻 : 많은 이익을 위하여 밭을 간다는 뜻(불릴 殖, 밭갈 耕)

② 열대나 아열대 지방에서 선진국의 자본과 원주민의 노동력을 결합하여 벼, 목화, 담배 따위의 작물을 대규모로 경작하는 농업 형태

③ 식민지농경의 형태이다.

01 작물의 일반분류 중 원예작물의 근채류에 해당하는 것은?

㉮ 상추

㉯ 아스파라거스

㉰ 우엉

㉱ 땅콩

02 작물의 생존연한에 따른 분류에서 2년생 작물에 대한 설명으로 옳은 것은?

㉮ 가을에 파종하여 그 다음해에 성숙·고사하는 작물을 말한다.

㉯ 가을보리, 가을밀 등이 포함된다.

㉰ 봄에 씨앗을 파종하여 그 다음해에 성숙·고사하는 작물이다.

㉱ 생존연한이 길고 경제적 이용연한이 여러 해인 작물이다.

03 식용작물의 분류상 연결이 틀린 것은?

㉮ 맥류 – 벼, 수수, 기장

㉯ 잡곡 – 옥수수, 조, 메밀

㉰ 두류 – 콩, 팥, 녹두

㉱ 서류 – 감자, 고구마, 토란

04 분류상 구황작물이 아닌 것은?

㉮ 조

㉯ 고구마

㉰ 벼

㉱ 기장

05 유축(有畜)농업 또는 혼동(混同)농업과 비슷한 뜻으로 식량과 사료를 서로 균형있게 생산하는 농업을 가리키는 것은?

㉮ 포경(圃耕)

㉯ 곡경(穀耕)

㉰ 원경(園耕)

㉱ 소경(疎耕)

3 농업의 특징 및 우리나라의 현황

1. 농업의 특징

(1) 일반적인 특징

① 농업은 기본적으로 자연환경(자연환경의 3요소 : 토양, 기상, 생물)의 영향을 크게 받는다.

② 농업은 계절성이 강하다.

③ 농업은 지역성이 강하다.

④ 농업은 생산과정이 순환적이다.

(2) 작물생산 수량의 삼각형

① 작물의 생산수량은 유전성(품종), 재배환경, 재배기술을 세 변으로 하는 삼각형의 면적으로 표시할 수 있다. 따라서 생산량이 많아지려면 세 변이 균형 있게 발달하여야 한다.

② 작물의 생산성 증가에 기여하는 정도는 재배작물의 종류와 재배지역에 따라 다르지만 일반적으로 품종의 기여도가 50% 정도이다. 우리나라 벼의 경우 품종 51%, 재배기술 26%, 기상환경 23%로 분석되었다.

③ 품종의 기여도가 높다고 해서 농작물의 수량 극대화를 위해서 우수한 품종의 선택에 더 큰 비중을 두어야 한다는 것을 의미하지는 않는다. 농작물의 수량 극대화를 위해서는 수량의 삼각형에 대한 개념이 필요한데, 수량은 삼각형의 면적을 의미하므로 어떤 것이라도 "0"이 되면 수량이 0이 된다. 따라서 농작물의 수량이 최대로 되려면 품종, 재배환경 및 재배기술이 동등하게 중요시 되어야 한다.

(3) 농산물 유통의 특성

① 농산물은 상품적 가치에 비해 부피가 크고 무게가 많이 나가며, 수요의 계절성이 크고 부패와 변질이 쉬운 특성(수요의 일용성)을 갖고 있다. 또한 농산물은 같은 품종이라 하더라도 크기와 품질이 같지 않아 표준화 및 규격화가 어렵다.

② 농산물의 수요는 소비자의 기호에 따르고(수요의 지역성), 공급은 생산량과 재고량에 의존하며, 생산은 자연조건에 크게 영향을 받아 가격이 매우 불안정하다.

③ 영세한 생산 규모와 복잡한 유통경로는 많은 유통비용을 유발한다.

④ 농산물의 수요와 공급의 비탄력성(수요 : 가격에 무관하게 먹어야 함, 공급 : 가격에 무관하게 자연조건에 따라 생산됨)은 필요한 물량에서 조금만 과부족이 생겨도 가격의 등락을 크게 한다. 영국의 경제학자 킹은 이를 "킹의 법칙"이라 칭하고 수요가 공급을 초과하는 경우 가격은 산술급수가 아닌 기하급수적으로 오르며, 공급이 수요보다 크면 농산물의 일용성(저장성이 약함)에 의해 가격이 폭락한다고 설명하고 있다.

2. 우리나라의 현황

(1) 농업일반 현황

① 우리나라의 국토 면적은 22만 1,000㎢로 남한의 면적은 9만 9,000㎢(약 1,000만 ha)이다. 이중 농경지는 2006년 180만ha이었으나 2015년 167만 9,000ha로 줄어들었다. 10년 만에 여의도 면적의 약 420배에 가까운 농지가 사라졌다.

② 우리나라의 농가평균 경지면적은 약 1.37ha로 1인당으로 환산하면 세계적으로도 매우 작은 규모에 머무르고 있다. 이것은 오스트레일리아 373ha, 캐나다 303ha, 미국 82ha 등과 단순 비교를 하여도 너무나도 큰 차이를 보이고 있다.

③ "2014년 농림어업조사"에 따르면, 우리나라 농가 인구수는 275만2,000명으로 2013년에 비해 3.4% 감소했다. 농가 인구가 전체적으로 농사를 다 짓는 것은 아니므로 농업인구는 200만 명 미만일 것으로 추측이 된다. 특히 전체 인구에서 65세 이상 노인이 차지하는 비율인 고령화율은 39.1%를 기록할 정도로 급속히 치솟고 있다.

(2) 농업생산 현황

① 우리나라의 쌀 생산량은 1980년대까지 지속적으로 증가하였으나, 1990년 이후에는 벼의 재배면적과 쌀 생산량이 점차 감소하였으며, 연간 1인당 쌀 소비량은 1970년 136.4kg을 정점으로 2000년 93.6kg, 2016년에는 62.9kg로 급감하고 있다.

② 그러나 쌀 소비와는 달리, 육류의 생산 및 1인당 소비량은 지속적으로 증가하고 있다. OECD에 따르면, 지난 2014년 기준 OECD 국가의 연간 1인당 육류소비량은 63.5kg(쇠고기 14.0, 돼지고기 21.9, 닭고기 27.6)이었다. 1인당 육류소비량이 가장 많은 국가는 미국(89.7kg)이며, 가장 적은 국가는 방글라데시(2.1kg)이고, 우리나라의 연간 1인당 육류소비량은 51.3kg(쇠고기 11.6, 돼지고기 24.3, 닭고기 15.4)으로 나타났다.

③ 우리나라의 2015년 곡물자급률은 23.6%, OECD회원국 중 32번째로 하위권에 머물러 있다. 또 식량 자급률도 50.2%로 하위권이다. 다행히 쌀 자급률은 100%를 넘어섰지만 밀의 자급률은 0.1~0.2%, 옥수수는 0.7~0.9%로 거의 수입에 의존하고 있다.

보충

01 자연생태계와 비교했을 때 농업생태계의 특징이 아닌 것은?

㉮ 종의 다양성이 낮다.

㉯ 안정성이 높다.

㉰ 지속기간이 짧다.

㉱ 인간 의존적이다.

■ 재배식물(농업생태계)의 특징: 재배식물은 특수 부분만이 매우 발달한 일종의 기형식물(종의 다양성이 낮다)을 이루고 있는 경우가 많다. 따라서 재배식물은 생존경쟁에 있어 약하다(안정성이 낮다).

02 유전자 중심설에 대한 설명으로 틀린 것은?

㉮ 작물발상의 중심지에는 재배식물의 변이가 가장 풍부하다.

㉯ 작물발상의 중심지에는 우성형질과 열성형질이 동일 비율로 존재한다.

㉰ 작물발상의 중심지에는 원시적 형질을 가진 품종이 많다.

㉱ 중심지에서 멀어질수록 열성유전자가 많다.

■ 유전자중심지설: 발상 중심지에는 재배식물의 변이가 풍부하고, 다른 지방에 없는 변이도 보이며, 우성형질이 많고, 원시적 형질을 가진 품종이 많으며, 열성유전자도 없다는 학설이다.

03 삼한시대에 재배된 오곡에 포함되지 않는 작물은?

㉮ 벼

㉯ 보리

㉰ 기장

㉱ 피

■ 벼는 한국의 농작물 중에서 가장 오래된 농작물이다. 따라서 삼한 시대에도 벼는 있었을 것이나 "삼국지"에 "오곡과 벼를 가꾸기에 알맞다(宜種五穀及稻)."라 하여 벼를 5곡에 포함시키지는 않았다. 삼한시대의 5곡은 보리, 참깨, 피, 기장, 조이다.

04 작물 재배 시 일정한 면적에서 최대수량을 올리려면 수량 삼각형의 3변이 균형 있게 발달하여야 한다. 다음 중 수량 삼각형의 요인으로 볼 수 없는 것은?

㉮ 유전성
㉯ 환경조건
㉰ 재배기술
㉱ 비료

■ 작물의 생산수량은 유전성, 재배환경, 재배기술을 세 변으로 하는 삼각형의 면적으로 표시할 수 있다. 비료는 중요도가 덜한 기술환경으로 본다.

05 자연 환경의 3요소가 아닌 것은?

㉮ 토양요소
㉯ 기상요소
㉰ 기술요소
㉱ 생물요소

■ 자연 환경의 3요소는 토양, 기상, 생물이다.

06 작물의 발달과 관련된 용어의 설명 중 틀린 것은?

㉮ 작물이 원래의 것과 다른 여러 갈래로 갈라지는 현상을 작물의 분화라고 한다.
㉯ 작물이 환경이나 생존경쟁에서 견디지 못해 죽게 되는 것을 순화라고 한다.
㉰ 작물이 점차 높은 단계로 발달해 가는 현상을 작물의 진화라고 한다.
㉱ 작물이 환경에 잘 견디어 내는 것을 적응이라 한다.

■ 작물이 원래의 것과 다른 여러 갈래로 갈라지는 현상을 분화, 그 결과로 점차로 더 높은 단계로 발달해 가는 현상을 진화라 한다. 분화는 유전적 변이의 발생 → 도태와 적응 → 순화 → 적응의 과정을 거친다. 작물이 환경이나 생존경쟁에서 견디지 못해 죽게 되는 것을 도태라고 한다.

07 농작물의 분화과정에서 자연적으로 새로운 유전자형이 생기게 되는 가장 큰 원인은?

㉮ 영농방식의 변화
㉯ 재배환경의 변화
㉰ 재배기술의 변화
㉱ 자연교잡과 돌연변이

■ 분화의 첫 과정은 자연교잡과 돌연변이 등에 의한 유전적 변이(heritable variation)의 발생이다.

08 농작물의 유연관계를 교잡에 의해 분석할 때 서로의 관계가 멀고 가까움을 나타내는 지표는?

㉮ 종자의 임실률

㉯ 생리적인 특성의 차이

㉰ 염색체의 모양과 수적 변이

㉱ 종자가 함유하고 있는 단백질 조성의 차이

■ 유연관계를 파악하는 방법으로는 교잡에 의한 방법, 염색체에 의한 방법, 종자에 함유된 단백질의 특성을 파악하는 면역학적 방법 등이 있다. 이중 교잡에 의한 방법이란 종자의 임실률을 보는 것으로 유연이 먼 경우일수록 잡종종자가 생기기 힘들다(임실률이 낮다).

09 이명법에 의한 학명(學名)의 옳은 설명은?

㉮ 과명과 속명을 함께 표시한 것이다.

㉯ 영어로 명명하고 라틴체로 쓴다.

㉰ 용도에 따른 식물분류에 기본으로 활용한다.

㉱ 식물의 학명은 세계 공통으로 쓰인다.

■ 이명법은 속명과 종소명 순서로 쓰며, 종소명의 뒤에 처음 종을 발견한 명명자를 표기하기도 한다. 속명과 종소명은 라틴어 또는 라틴어화한 단어를 사용하여 이탤릭체로 나타낸다. 식물의 학명은 학문적 소통을 위해서 세계 공통으로 쓰인다.

10 식물학적 분류에서 볏과(禾本科)작물이 아닌 것은?

㉮ 메밀

㉯ 옥수수

㉰ 대나무

㉱ 라이그라스

■ 볏과 또는 화본과(禾本科)는 한해살이 또는 여러해살이 초본이 대부분이지만 대나무류와 같이 목질화되는 것도 있다. 줄기는 속이 빈 원통형으로, 잎의 밑부분은 잎집이 되어 줄기를 둘러싸고 있는데 그 위 끝에는 잎혀라고 부르는 돌기가 있다. 메밀은 마디풀과에 속한다.

11 화곡류를 미곡, 맥류, 잡곡으로 구분할 때 다음 중 맥류에 속하는 것은?

㉮ 조

㉯ 귀리

㉰ 기장

㉱ 메밀

■ 맥류: 보리, 귀리, 밀, 호밀 등

12 경영면에 따른 작물의 분류는?

㉮ 조생종

㉯ 도입품종

㉰ 환금작물

㉱ 장간종

■ 작물은 경영면에 따라 환금(換 바꿀 환, 金 쇠 금, 판매를 위하여 재배)작물, 자급작물, 경제작물(환금작물 중 수익성이 높은 작물), 동반작물(하나의 작물이 다른 작물에 이익을 주는 조합식물) 등으로 분류한다.

08 ㉮ 09 ㉱ 10 ㉮ 11 ㉯ 12 ㉰

13 농경의 재배형식상 분류가 다른 것은?

㉮ 포경

㉯ 곡경

㉰ 원경

㉱ 화경

14 다음 중 가장 집약적으로 곡류 이외에 채소, 과수 등의 재배에 이용되는 형식은?

㉮ 원경(園耕)

㉯ 포경(圃耕)

㉰ 곡경(穀耕)

㉱ 소경(疎耕)

15 우리나라에서 가장 많이 재배되고 있는 시설채소는?

㉮ 근채류

㉯ 엽채류

㉰ 과채류

㉱ 양채류

13 ㉱ 14 ㉮ 15 ㉰

02 재배환경

1 작물의 구성원소와 원소의 생리작용

1. 작물의 구성원소

(1) 작물의 필수원소

1) 필수의 조건
① 원소가 결핍되었을 경우, 식물의 생활환(life cycle)이 완성되지 못함
② 원소의 기능이 특이적이고 다른 원소로 대체 불가능
③ 원소가 식물의 생육에 필수적인 생체물질의 구성성분이거나 대사활동에 직접적으로 관련

2) 다량원소(9종)
탄소(C), 수소(H), 산소(O), 질소(N), 황(S), 칼륨(K), 인산(P), 칼슘(Ca), 마그네슘(Mg)

3) 미량원소(8종)
붕소(B), 염소(Cl), 몰리브덴(Mo), 아연(Zn), 철(Fe), 망간(Mn), 구리(Cu), 니켈(Ni)

(2) 유기화합물

① 식물의 일반 조성은 보통 75% 이상이 수분이고 나머지는 탄소(C), 수소(H), 산소(O), 회분 등이다. 건물(乾物)은 주로 탄소(C), 수소(H), 산소(O)의 합계가 약 93~96%이고, 질소(N) 및 광물질이 4~7%로 구성되어 있다. 조금 더 세부적으로 보면 식물체의 뼈대인 세포막과 세포 내용물의 대부분을 차지하는 탄수화물 및 지방은 C, H, O로, 세포질의 주요 성분인 단백질은 C, H, O, N, (S)으로, 그리고 세포핵의 대부분은 C, H, O, N, P로 구성되어 있다.

② 식물에서 주요 유기화합물의 구성성분

유기화합물	구성요소	유기화합물	구성요소
셀룰로오스	C, H, O	유기산	C, H, O
헤미셀룰로오스	C, H, O	펙틴	C, H, O, (Ca)
카로틴	C, H, (O)	아미노산	C, H, O, N, (S)
리그닌	C, H, O	단백질	C, H, O, N, (S)
녹말	C, H, O	핵산	C, H, O, N, P
유지	C, H, O	엽록소	C, H, O, N, Mg

2. 원소의 생리작용

(1) 필수원소의 생리작용

1) 탄소(C)
① 유기물 구성성분의 45% 이상이 탄소이다.
② 이산화탄소에서 공급된다.

2) 수소(H)
① 탄소(C), 산소(O)와 더불어 다양한 유기화합물을 구성한다.
② 물에서 공급된다.

3) 산소(O)
① 탄소(C), 질소(N)와 더불어 다양한 유기화합물을 구성한다.
② 이산화탄소에서 공급된다.

4) 질소(N)
① 질소는 아미노산, 단백질, 핵산, 엽록소의 구성 필수원소로서 원형질 건물의 40~50%를 차지하며, 무기태(암모늄염이나 질산염)에서 유기태로 전환된다.
② 질소가 모자라면 식물은 자라지 못한다. 즉 초장, 분지수, 분지장 등이 짧고 작다. 그리고 식물체에 엽록체 생성이 잘 안되어 황백화가 생기며 결국 백화되어 괴사한다.
③ 질소는 식물체 내에서 이동성이 좋아 노엽에서 신엽으로 이동하므로 노엽에서 결핍 증상이 먼저 나타난다. 그러나 질소결핍에 의한 황백화과 외견상 유사한 황백화 증상을 보이는 철(Fe), 황(S), 칼슘(Ca) 등의 결핍은 이들 원소들의 체내 이동성이 나빠 신엽에서 나타난다.
④ 과잉하면 도장(徒長, 웃자람)하거나 엽색이 짙어지며 한발, 저온, 기계적 상해, 병충해 등에 약하게 된다.

5) 인산(P)

① 인산이 부족하면 핵산 중 RNA가 적어지고, 이는 단백질 생산을 감소시키므로 식물의 영양생장을 감소시키는데, 특히 뿌리의 발달이 미약(생육초기에 더 심함)하고 줄기가 가늘며 키가 작아진다. 곡류는 분얼이 안 되고, 과수는 신초의 발육과 화아분화가 저하되므로 종실 형성도 감소된다. 즉 인산은 과실을 잘 맺히게 하며, 많게 하고, 품질을 향상시킨다(종자와 과실에 많이 함유).

② 인산도 질소처럼 체내이동성이 좋아 결핍증상은 먼저 노엽에서 나타나는데 잎이 암록색을 띠고, 일년생 식물에서는 줄기가 자주색을 띠는데, 이는 인산이 결핍되어 안토시아닌 색소가 형성되기 때문이다.

6) 칼륨(K)

① 칼륨은 특정 유기화합물은 만들지 않고 이온화하기 쉬운 형태로 잎, 생장점, 뿌리의 선단에 많이 함유되어 세포 내의 수분 공급, 증산에 따른 수분 상실을 조절하여 세포의 팽압을 유지하게 하는 등 수분 관련의 중요한 일을 하며 광합성, 탄수화물 및 단백질 형성에도 관여한다.

② 결핍되면 생장점이 말라죽고, 줄기가 연약해지며, 잎의 끝이나 둘레가 황화하고, 아랫잎이 떨어지며, 결실이 나쁘다. 생육초기에 칼륨이 부족하면 잎이 암록색으로 변하고, 점차 아랫잎에서부터 적갈색의 반점이 나타난다. 뿌리를 수확하는 작물은 질소질보다 칼륨비료의 효과가 크다(고구마에는 칼륨이 아주 많다).

7) 칼슘(Ca)

① 칼슘은 작물에서 체내이동이 거의 되지 않으므로 결핍 증상은 생장점과 어린잎에서 나타나는데, 칼슘은 세포막 중 중간막의 주성분이므로 세포벽이 용해되어 연해지며, 신엽은 황화되고 심하면 잎 주변이 백화되어 고사한다.

② 사과에서는 표면 전체가 적갈색으로 변하고 흑반점이 생기는 고두병이 생기며, 토마토와 수박에서는 과실 끝부분의 세포질이 파괴되는 배꼽썩음병을 발생한다.

③ 칼슘은 산성을 중화하므로 유독한 유기산을 중화한다. 따라서 산성토양을 중화하여 알루미늄의 과잉흡수를 억제함으로써 그 독성을 줄여준다. 칼슘은 피드백작용(길항작용과 반대)에 의하여 음이온인 질산태질소나 붕소의 흡수를 촉진하나, 석회가 과다하면 길항작용에 의해 양이온인 마그네슘, 철, 아연 등의 흡수가 억제된다.

8) 마그네슘(Mg)

① 마그네슘은 엽록소를 구성하는 유일한 광물질 원소(엽록소 분자의 15~20%)로서, 광합성에서 산소발생을 수반하는 광화학반응(명반응)에 촉매작용을 한다. 식물체내에서 마그네슘은 칼슘과 마찬가지로 증산류를 타고 이동하지만 칼슘과 다른 점은 체관부를 통해서도 이동한다는 것이다. 따라서 마그네슘은 칼슘과는 달리 노엽에서 신엽으로 또는 아래에서 정상부위로 잘 이동한다.

② 결핍증상은 철의 결핍증과 유사하게 잎맥과 잎맥 사이가 황백화되고 심하면 괴사한다. 또 마그네슘이 결핍된 잎은 얇아지고 부스러지기 쉬우며 옆맥이 꼬여 위를 향하여 굽어진다. 석회가 부족한 산성토양에서는 용출량 자체가 적으며 칼슘, 칼륨, 나트륨 등의 양이온이 많은 경우는 길항작용으로 흡수가 억제된다.

9) 황(S)

① 황은 몇 가지 황함유 아미노산(시스틴, 시스테인, 메치오닌)의 성분이며, 비타민 중 바이오틴, 지아민, 비타민 B₁ 등의 성분이고, 엽록소의 형성에 관여하며, 황의 요구도가 크고 함량이 많은 양배추, 파, 마늘, 아스파라거스 등에서는 휘발성 향의 성분이기도 하다.

② 황의 결핍 시 단백질 생성이 억제되고 아스파라진, 구루타민, 아르지닌 등과 같은 유황이 함유되어 있지 않은 아미노산과 아미드가 집적되므로 잎이 황백화 된다. 질소 결핍과의 차이점은 황은 체내 이동성이 나빠 어린잎이 초기에 황화하며, 노엽은 어린잎에 황을 공급하지 못한다. 콩과작물에서는 근류균에 의한 질소고정량이 감소한다.

10) 철(Fe)

① 철은 체내 이동성이 나쁘므로 결핍증상은 어린잎부터 먼저 나타난다. 그 증상은 엽맥과 엽맥 사이에 황백화 현상(마그네슘 결핍과 유사하나 마그네슘은 노엽에서 시작)이 나타나며, 어린잎은 완전히 백화된다. 철이 부족하면 엽록체의 그라나의 수와 크기가 현저히 감소되는데, 총 철분의 75% 이상이 엽록체에 있을 만큼 광합성에서 중요 역할을 담당한다.

② 칼슘, 망간, 구리 등의 양이온은 철의 흡수 · 이동을 방해하고, 철의 농도가 높으면 인과 칼륨의 흡수가 억제된다.

11) 망간(Mn)

① 망간은 여러 효소의 활성을 높여 동화물질의 합성과 분해, 호흡작용, 엽록소의 형성 등에 관여한다. 따라서 생리작용이 왕성한 부위에 많이 포함되어 있는데 체내 이동성이 낮다.

② 토양이 강알칼리성이거나 과습하거나 철분이 과다하면 결핍증상이 나타난다. 토양이 산성이거나 과잉하면 뿌리가 갈색으로 변하고, 잎이 황백화하며, 만곡현상이 생기고, 사과나무의 경우 적진병이 발생한다. 쌍자엽 식물은 잎에 작고 노란반점이 생기고, 단자엽 식물인 귀리는 잎의 밑부분에 녹회색 반점과 줄이 생기며, 광엽식물에서 엽맥 사이가 황화된다.

12) 붕소(B)

① 붕소도 칼슘처럼 수동적 흡수로 증산류에 의해 상향이동 한다. 즉 체내 이동성이 나쁘므로 결핍증은 분열이 왕성한 정단 생장점이나 저장기관에 나타난다.

② 결핍 시 생육이 비정상적이거나 전혀 안 된다. 그리고 어린잎은 주름이 잡히고 두터운 형태로 기형이 되며, 진한 청록색이 된다. 붕소 결핍 증상을 분류하면 다음과 같다.

  ㉠ 불임 또는 과실이 생기지 않은 것 : 밀, 포도
  ㉡ 줄기, 엽병의 쪼개짐 : 셀러리, 배추 심부, 튤립, 뽕나무 줄기쪼김병
  ㉢ 비대근 내부의 괴사(속썩음병)나 껍질이 거칠어짐 : 무, 사탕무의 심부, 순무 갈색 심부, 사탕무 심부
  ㉣ 과실의 과피나 내부의 괴사 : 토마토의 배꼽썩음병, 오이의 열과, 사과의 축과병, 알팔파의 황색병, 감귤류에서는 과피의 두께 불균일과 많은 혹 발생(경과병)
  ㉤ 생장점 괴사 : 토마토, 당근, 사탕무, 고구마
  ㉥ 측아는 신장하는 끝이 고사되기 때문에 식물체의 초장이 짧고 측지는 총생이 된다.

13) 아연(Zn))

① 아연은 단백질과 탄수화물의 대사에 관여하고 엽록소의 형성에도 관여한다. 아연의 결핍 증상은 크게 세 가지로 나타난다.

② 첫째는 엽신과 절간의 신장이 정지되는 왜화현상과 잎이 총생하는 증상으로 사과나무의 경우 로젯트병(외엽병)이 유발된다. 이 현상은 식물호르몬 IAA(옥신)의 생성이 미흡하기 때문이다. 두 번째는 오래된 잎에서 발생하는 갈색의 작은 반점으로 특히 엽병이나 엽맥 간에 많이 나타난다. 셋째는 엽맥 사이에서 황백화가 나타나는 증상인데, 감귤류에서는 잎무늬병, 소엽(왜화)병, 결실불량 등을 볼 수 있다.

14) 구리(Cu)

① 구리는 광합성, 호흡작용 등에 관여하고, 엽록소의 생성을 촉진한다. 결핍되면 곡류에서 분얼기에 잎의 끝이 백색으로 변하고 나중에 잎 전체가 좁아진 상태로 뒤틀린다. 또 절간신장이 억제되고 이삭 형성이 불량하며 덤불 모양이 된다.

② 구리는 두과작물의 질소고정작용에 필수원소이나 과잉하면 뿌리의 신장이 나빠진다.

15) 몰리브덴(Mo)

① 몰리브덴은 질소고정균에서 활성적인 요소이므로 콩과작물에 그 함량이 많으며, 결핍하면 황백화하고, 모자이크병과 유사한 증세를 보인다. 결핍이 심하면 잎모양이 회초리처럼 보이는 편상엽증이 발생한다.

② 또한 몰리브덴은 질산환원[질산이온((NO_3)을 아질산이온(NO_2)으로 환원]효소의 조효소로서 질소동화에도 필수성분이다. 따라서 결핍되면 질산이온의 동화가 순조롭지 못하여 질산이온의 과잉 축적(청색증 유발)이 발생한다.

16) 염소(Cl)

① 염소는 일반적으로 결핍보다는 과다에 의한 독성이 나타나는데 증상은 잎 끝이나 잎 가장자리의 염소현상, 청동색변, 황화 등으로 조기낙엽의 원인이 된다.

② 염소는 칼륨(K)의 급속한 방출과정에서 상대이온으로 이용되어 팽압이 유지되는 등 삼투압을 조절하고 pH도 조절한다. 또한 광합성에서 물의 광분해로 생기는 전자를 제2광계의 엽록소에 전달하는 역할도 한다.

③ 염소의 시용은 섬유작물에서는 유효하나 전분작물, 담배 등에서는 불리하다. 사탕무에서 염소가 결핍되면 황백화현상이 나타나는데, 염분에 강한 사탕무, 유채 양배추, 목화, 순무, 라이그래스 등도 염소를 좋아할 것이다.

17) 니켈(Ni)

① 니켈이 고등식물에서 필수원소로 작용한다는 사실은 1980년대 후반에서야 확인되었으며, 필수원소 중에서 가장 소량으로 요구된다. 니켈은 요소를 암모니아와 이산화탄소로 분해시키는 효소의 보조인자 역할을 한다.

② 따라서 이 원소가 결핍되면 잎 끝부분의 괴사가 나타나는데, 요소분해효소의 작용이 미흡하여 요소가 과다하게 축적됨으로써 발생되는 것이다.

(2) 유익원소의 생리작용

식물은 17종의 필수원소 이외에도 여러 가지 원소를 흡수하여 이용하고 있는데 그 중 일부 원소는 특정식물의 생육에 유익작용을 한다. 유익원소는 모든 식물에서 반드시 요구되지는 않기 때문에 필수원소는 아니다. 현재까지 유익원소로 인정된 원소는 규소(Si), 나트륨(Na), 코발트(Co), 셀레늄(Se) 등의 4종이다.

1) 규소(Si)

① 규소는 규산의 형태로 흡수되며, 벼과에서는 거의 필수원소로 인정되고 있다. 규소가 흡수되면 잎이나 줄기의 표피세포에 침적되어 세포를 규질화시킴으로서 식물체가 튼튼하게 되고 내병충성을 증대시킨다.

② 전자현미경으로 규질화된 벼 잎의 표피세포를 보면 각피에 실리카층이 있고 그 밑에 셀룰로오즈와 결합한 또 하나의 실리카층이 있는데, 이는 수분의 증산을 억제하고 균사의 침입을 막는 작용을 한다.

③ 규소가 부족하면 식물이 축 늘어지고 잎이 말리며 식물체가 시드는 현상을 나타내는데 이는 규소의 부족으로 잎의 증산율이 높아졌기 때문이다. 화본과의 초본과 곡류의 잎에서는 괴사반점이 생기고, 규소 농도가 낮아지면 지상부의 망간(Mn), 철(Fe) 및 다른 무기영양소가 농축되어 망간과 철의 독성이 생기기도 한다. 부족 시 피해를 정리하면 다음과 같다.

ㄱ 벼의 도열병, 깨씨무늬병이 많아진다.

ㄴ 뿌리의 활력이 떨어져 분얼수가 감소한다.

ㄷ 벼의 잎과 줄기가 연약해져 내도복성이 약해진다.

ㄹ 잎이 늘어져 수광태세가 나빠지며 증산이 조장되어 내한성이 약해진다.

ㅁ 보리의 내한성이 약해지며, 엽폭이 좁고 연약해진다.

2) 나트륨(Na)

① 염생식물은 나트륨(Na)을 다량으로 흡수하며 일반식물도 어느 정도는 흡수한다. 염생식물은 나트륨으로 세포액의 삼투압을 낮추어 수분 흡수와 기공의 개폐를 조절한다. 염소를 좋아하는 작물(사탕무, 유채, 양배추, 목화, 순무)과 마늘, 근대, 귀리 등의 작물에서 나트륨의 공급이 수량을 증대시킨다.

② 나트륨은 C_4식물과 CAM식물에서 PEP 탈탄산효소 기능 발휘에 관여한다. 나트륨이 부족하면 C_4식물의 광합성경로가 C_3경로로 바뀐다.

3) 코발트(Co)

콩과작물의 근류(뿌리혹)에는 코발트가 구성성분 중의 하나인 비타민 B_{12}가 많다. 즉 몰리브덴처럼 코발트도 근류근에 유익한 원소이다.

1. 토양수분

(1) 토양수분의 분류

① 물에 젖은 수건은 그대로 걸어만 놓아도 물이 흘러 떨어지지만, 흘러 떨어진 다음에 이와 같은 양의 물을 짜려면 점점 많은 힘이 들어가고 종국에는 수건에 상당량의 물이 남아 있어도 손으로는 짜낼 수 없는 상태로 된다. 이와 마찬가지로 토양 중의 물도 여러 종류의 힘으로 토양에 부착되어 있다.

② 토양수분의 종류

지하수 (地下水)	● 중력수가 땅속에 스며들어 정체상태에 있는 것을 말한다. ● 지하수도 모관수의 근원이 된다. ● 지하수위가 너무 낮으면(땅속 깊이 있으면) 토양이 건조하기 쉽고, 너무 높으면 과습상태의 토양이 된다.
중력수 (重力水)	● 포장용수량 이상이며, 토양의 큰 공극에 존재한다. ● pF 2.5 이하의 약한 장력으로 보유되어 있다. ● 밭작물에게는 대부분 불필요하게 과잉되어 있으며 배수에 의하여 제거된다. ● 큰 공극에 있는 것은 중력에 의해, 작은 공극에 있는 것은 물의 막장력에 의해 이동한다. ● 물이 아래로 침투되어 내려갈 때 양분이 함께 용탈된다.
모관수 (毛細管水)	● 토양의 작은 공극 사이에서 모세관력과 표면장력에 의해 보유되어 있다. ● pF 2.5 ~ pF 4.5의 장력으로 보유되어 있다. ● 대부분의 작물에게 이용될 수 있는 유효한 수분이다. ● 수분막의 상태에 따라 두터운 곳에서 엷은 곳으로 이동한다. ● 토양용액으로 작용한다.
흡습수 (吸濕水)	● 흡습계수에서 보유되어 있다. ● pF 4.5 ~ pF 7의 장력으로 보유되어 있다. ● 보통 토양교질물의 표면에 몇 개의 분자층으로 흡착되어 있다. ● 식물에게 흡수될 수 없는 무효한 수분이다. ● 100~110℃의 온도로 8~10시간 가열하면 제거된다.
결합수 (結合水)	● 결합수는 화합수 또는 결정수라고도 부르며, 토양의 고체분자를 구성하는 수분으로 105~110℃로 가열해도 분리시킬 수 없는 화합수이다. 이는 식물이 이용할 수 없는 무효한 수분이다. ● pF 7.0(10,000기압) 이상의 수분을 말한다.

(2) 토양수분의 흡착력

① 토양이 수분을 흡착, 유지하는 힘은 그 힘에 의하여 유지되는 물기둥(수주, 水柱)의 높이로 나타내며, 수주 높이의 대수(log)를 취하여 pF(potential force)로 표시한다.

② 1기압의 힘을 물기둥의 높이로 환산하면 약 10m에 상당하며 이 물기둥 높이(㎝)의 대수(log값)는 3이므로 pF = 3이다.

1기압(atm) = 1,034cm   수주 = 1,000 = 10^3cm   pF = log(수주의 높이, cm) = log 10^3 = 3   pF = 3

연구 **토양수의 흡착력과 토양수의 구분**

기압(bar)	물기둥의 높이(㎝)	pF값	수분의 종류 및 항수
0.001	1	0	최대용수량(pF 0), 중력수(pF 0~2.5)
0.01	10	1	
0.1	100(= 10^2)	2	
1/3	346(= $10^{2.5}$)	2.5	포장용수량(pF 2.5), 모관수(pF 2.5~4.2 또는 4.5), 수분당량(pF 2.7)
1	1,000(= 10^3)	3	
10	10,000(= 10^4)	4	초기위조점(pF 3.9)
15	15,800(= $10^{4.2}$)	4.2	영구위조점(pF 4.2)
31	31,023(= $10^{4.5}$)	4.5	흡습계수(pF 4.5), 흡습수(pF 4.5~7)
100	100,000(= 10^5)	5	
1,000	1,000,000(= 10^6)	6	풍건상태
10,000	10,000,000(= 10^7)	7	건토상태(결합수는 pF 7.0 이상)

(3) 수분항수

인생에서 초등학교를 졸업하면 중학생, 중학교를 졸업하면 고등학생이 되는 어떤 의미 있는 시점이 있듯이 토양수의 토양입자에 대한 흡착력은 연속적으로 변화되지만, 토양수의 운동성이나 물리성에 주어지는 영향이 비교적 확실하게 변하는 어떤 점이 있게 된다. 이것은 토양수의 성질을 이해하는 데 매우 중요하며 아래와 같다.

① 흡습계수 : 흡습계수에서의 pF값은 4.5 정도(-31bar)이다. 토양이 영구위조점과 흡습계수를 지나 풍건상태(pF 6.0) 또는 건토상태(乾土狀態, pF 7.0)로 더욱 건조됨에 따라 작물이 전혀 흡수·이용할 수 없는 수분만 남게 된다.

② 위조점 또는 위조계수

초기위조점	토양의 수분함량이 점차 감소함에 따라 작물의 지상부가 시들기 시작하는 함수상태이다. 작물 생육억제의 초기단계로 pF값은 3.9 정도(-10 bar)이다.
영구위조점	토양이 초기위조점을 지나고도 수분이 계속 감소되어 pF값이 4.2(-15 bar) 정도가 되면, 물과 토양의 접착력이 너무 강하여 작물의 뿌리는 수분을 흡수할 수 없게 된다. 따라서 이 상태에서는 식물이 죽게 되는데, 이 상태(pF 4.2)를 나타내는 점을 영구위조점이라 한다.

③ 용수량

최대용수량	최대용수량은 토양의 모든 공극이 수분으로 포화된(모관수가 최대인) 상태이며, pF값은 0(0 bar)이다. 최대용수량을 포화용수량이라고도 한다.
최소용수량	최소용수량은 수분이 포화된 상태에서 증발을 방지하면서 중력수를 완전히 배제하고 남은 수분상태를 말한다. 최소용수량은 pF 2.5~2.7(1/3~1/2기압)이며, 최대용수량의 70~80% 범위이다. 최소용수량을 포장용수량이라고도 한다.

④ 유효수분 : 식물이 토양 중에서 흡수·이용하는 수분으로 포장용수량에서부터 영구위조점까지의 범위이며, pF 2.5~4.2이다. 따라서 포장용수량 이상의 수분은 과습상태이므로 잉여수분이라 하고, 영구위조점 이하의 수분은 작물이 이용할 수 없어 무효수분이라 한다. 작물생육의 최적함수량은 작물에 따라 다르지만 최대용수량의 60~80% 범위에 있다. 봄 호밀은 60%, 콩은 90% 정도가 좋다. 보통 작물에 직접적으로 이용되는 유효수분은 pF 1.8~4.0이며, 작물이 정상적으로 생육할 수 있는 유효수분의 범위는 pF 1.8~3.0이다.

⑤ 수분당량 : 물로 포화시킨 토양에 중력의 1000배에 상당하는 원심력을 작용시킬 때 토양 중에 남아 있는 수분을 말한다. 이것은 대공극의 물이 대부분 제거된 상태이다.

연구 **토양의 수분상태**

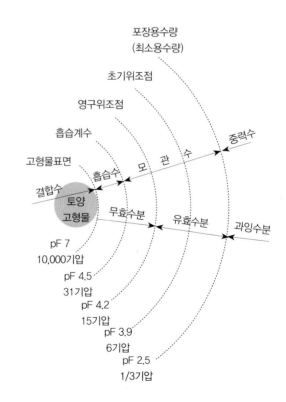

(4) 토양수분의 보존관리

토양수분의 보존방법에는 토양의 보수력 증대 및 증발산 억제 방법이 있다.

1) 토양의 보수력 증대

① 토양의 입단화로 보수력을 증대한다.

② 누수가 심한 토양은 점토로 객토하여 보수력을 증대한다.

2) 증발산에 의한 토양 유효수분의 손실방지

① 봄, 여름의 건조기에는 비닐 등의 인공피복 재료로 피복(멀칭)하거나 톱밥, 짚, 청초 등으로 부초하면 지면증발이 억제된다. 한발기에는 잡초에 의한 증산손실이 크므로 잡초를 제거하고 풀로 피복한다.

② 지표면을 얇게 천경(淺耕)하면 하층토와의 모세관이 절단되므로 모세관현상이 발생하지 않아 모관수 상승에 의한 지표의 증발이 억제된다.

2. 수분의 흡수

(1) 뿌리의 수분 흡수부위

① 수분함량이 충분한 경우 일반적으로 식물의 뿌리가 수분을 흡수하는 토양깊이는 30㎝ 정도이다. 뿌리 선단부의 구조를 보면, 뿌리골무(根冠), 생장점, 신장부, 근모부(根毛部) 등으로 나누어지는데, 뿌리에 있어서 생장이나 조직분화를 하고 있는 것은 그 선단에서 가까운 부분이며 물, 양분 등의 흡수가 이 부분에서 이루어진다.

② 작물체의 수분 흡수기관인 뿌리는 많이 분기하여 땅 속에 넓은 범위에서 물을 흡수할 뿐만 아니라 뿌리의 선단 부근에 많은 뿌리털(根毛)이 발달하여 토양입자 사이에 신장함으로써 뿌리와 땅과의 접촉면적을 확대하고 있다.

③ 근모는 가장 왕성하게 수분흡수가 일어나는 곳으로 표피세포의 일부가 돌출한 것이며 길이는 1.3㎝에 달하기 때문에 육안으로 관찰이 가능하고, 성장속도가 매우 빠르다. 하루에 1억 개 이상의 근모를 생성하는 식물도 있다. 근모는 연약하여 토양에 부딪치면 쉽게 상처를 입으며 평균수명은 5일 정도이다.

④ 수분은 근모의 느슨한 세포벽과 세포막의 인지질이중층을 확산운동으로 침투해 들어가고, 일부는 세포막의 단백질인 아쿠아포린을 통하여 집단류로 들어가기도 한다. 한편으로는 세포벽과 세포벽 사이 공간으로 침투해 들어가는 수분도 있다.

(2) 뿌리의 수분흡수기구

수분의 흡수는 토양용액과 뿌리내부의 수분포텐셜의 기울기로 일어난다. 토양수분보다 근모세포의 수분포텐셜이 낮기 때문에 흡수가 가능하다. 흡수된 수분은 안으로 이동하고, 또 증산작용으로 배출되기 때문에 계속해서 수분흡수가 이루어진다. 흡수기구에는 수동적 흡수와 능동적 흡수가 있다.

1) 수동적 흡수

① 뿌리에서 삼투에 의한 흡수 : 작물의 뿌리는 실제로 토양의 용액으로부터 수분을 흡수하는데, 이 때 토양의 수분보류력은 흡수를 저해하며, 또 토양용액 자체의 삼투포텐셜도 흡수에 저해적 방향으로 작용한다. 따라서 토양으로부터의 작물뿌리의 흡수는 DPD(확산압차, 세포로 수분이 들어오려는 삼투압과 못 들어오게 하는 세포벽압의 차이)와 SMS(토양의 수분보류력과 삼투압을 합친 것)의 사이에 의해서 이루어진다.

> 뿌리에서의 수분포텐셜: DPD – SMS = (a – m) – (t + a^0)
> a: 세포의 삼투포텐셜, a^0: 토양용액의 삼투포텐셜, m: 세포의 팽압(벽압), t: 토양의 수분보류력

② 집단류에 의한 흡수 : 증산작용이 활발하면 잎의 수분포텐셜이 감소되어 엽맥의 수분을 끌어들인다. 엽맥의 수분이 감소하면 물의 장력(매트릭포텐셜)이 커져 엽맥의 수분포텐셜은 낮아진다. 엽맥은 줄기와 뿌리로 연결되어 있기 때문에 엽맥에 생긴 부압은 줄기의 물을 끌어 올리고 이로 인해 뿌리에서도 부압이 발생한다. 바로 이 부압에 의해 토양으로부터 수분을 집단류로 흡수하게 된다. 즉, 집단류에 의한 흡수의 원동력은 증산작용이며, 증산이 일어나는 대기의 수분포텐셜은 아주 낮아(–30.1MPa) 증산작용은 물을 끌어올리는 강력한 펌프의 역할을 한다.

2) 능동적 흡수

① 뿌리를 통한 능동적 수분흡수는 주로 잎이 없는 겨울에 일어나는 현상으로 증산작용과 무관하게 일어날 수 있다. 물관 내에 무기염류를 축적시켜 수분포텐셜을 낮춤으로써 이루어지는 흡수를 능동적 흡수라고 하는데, 뿌리의 구조적 특징이 능동적 흡수를 가능하게 하며, 무기염류의 축적에는 에너지가 필요하다.

② 즉, 뿌리 중심주에 있는 카스파리대가 축적된 무기염류의 외부 유출을 막아서 물관의 수액에서 용질이 집적되게 함으로써 수분포텐셜이 낮아져 토양에서 뿌리로 물이 흡수된다.

② 줄기를 자른 곳에서 물이 배출되는 일비현상과 잎의 가장자리에 있는 수공에서 물이 나오는 일액현상은 뿌리세포의 근압에 의한 능동적 흡수에 의해 일어난다.

3. 작물의 요수량

(1) 물의 생리작용

생명현상 모두 물과 결부된 가운데 이루어진다. 생체에서 물을 제거하면 생명현상은 끝나고 죽게 된다. 일반적으로 원형질은 75% 이상의 수분을 함유하며, 다육식물에는 85~95%, 목질부에는 50%의 수분이 함유되어 있다. 작물생육에 대한 수분의 기본역할은 다음과 같다.

① 식물세포 원형질의 유지
② 세포의 긴장 상태를 유지하여 식물의 체제 유지
③ 식물체의 구성물질 형성
④ 물질을 흡수하는 용매 역할
⑤ 식물체 내에서 물질의 이동
⑥ 일정한 체온의 유지

(2) 요수량

1) 정의 및 특징

① 건물 1g을 생산하는 데 소요되는 수분량(g)을 그 작물의 요수량(要水量)이라고 한다. 요수량과 비슷한 의미로 증산계수가 있는데, 이것은 건물 1g을 생산하는 데 소비된 증산량을 말하므로 요수량과 동의어로 사용된다.

② 대체로 요수량이 작은 작물이 건조한 토양과 가뭄에 대한 저항성이 강하다.

2) 요수량에 영향을 미치는 요인

① 작물의 종류 : 화곡류 중의 잡곡(수수, 기장, 옥수수 등)의 요수량이 가장 작고, 화곡류 중의 맥류(보리, 밀, 호밀, 귀리)나 미곡(벼, 밭벼)은 잡곡의 2배, 알팔파·클로버 등의 콩과식물은 잡곡의 3배 정도이며, 명아주의 요수량은 극히 크다. 대체적으로 건성적인 작물의 요수량은 일반작물에 비하여 작다.

② 생육단계 : 생육후기보다 건물생산의 속도가 낮은 생육초기에 요수량이 크다.

4. 공기 중의 수분

(1) 공기습도의 영향

① 공기습도 : 공기가 다습하면 증산작용이 약해지므로 뿌리의 수분흡수력이 감퇴하여, 필요물질의 흡수 및 순환이 저하된다. 또한 공기습도가 포화상태에 이르면 기공이 거의 닫혀 광합성도 하지 못한다.

② 과습은 표피를 연약하게 하고 작물을 도장하게 하므로 도복을 일으키며, 또한 작물의 개화수정에 장해가 되고, 탈곡ㆍ건조 작업도 곤란하게 한다. 한편 공기의 과도한 건조는 불필요한 증산을 크게 하여 가뭄의 해를 유발한다.

> **연구 증산작용**
>
> 작물체 내의 수분이 기화하여 대기 중으로 배출되는 것을 증산이라 하며, 주로 잎의 기공을 통하여 증산작용이 일어난다. 광도는 강할수록, 습도는 낮을수록, 온도는 높을수록, 기공이 크고 그 밀도가 높을수록, 어느 범위까지는 엽면적이 증가할수록 증산작용은 증가한다.

(2) 공기습도의 영향인자

비, 이슬, 안개, 눈 등이 있다.

5. 관수

(1) 관수의 효과

① 논에서의 담수효과
  ㉠ 생리적으로 필요한 수분의 공급
  ㉡ 질소, 칼륨, 규산 등의 영양분 공급
  ㉢ 염분이나 유해물질의 제거
  ㉣ 잡초 발생의 억제
  ㉤ 토양 병충해의 경감
  ㉥ 냉온기와 혹서기에 온도의 조절 작용 등
  ㉦ 토양이 부드러워져 이앙, 중경, 제초작업 등의 편리

② 밭에서의 효과 : 작물의 생리적 필요에 따른 수분을 공급하며, 시비ㆍ파종ㆍ이식 등의 작업을 편리하게 하고, 지온을 조절하며, 영양분의 공급 및 토양 중 양분의 이용률을 높이고, 풍식을 방지한다.

(2) 밭의 관수방법

① 지표관수 : 지표면을 따라 물이 흐르게 하여 관개하는 방법으로, 지표면 전면에 걸쳐 물이 흐르게 하는 전면관개와 고랑으로 흐르게 하는 휴간(畦 밭두둑 휴, 間 사이 간)관개로 구분된다. 전면관개는 경사면을 따라 주급수로를 내고 여기에서 등고선 방향으로 지수로(支水路)를 낸 뒤, 지수로의 끝을 막고 물을 대어 넘치게 하는 일류관개(溢 넘칠 일, 流 흐를 유, 灌 물댈 관, 漑 물댈 개), 완경사 포장에 알맞게 칸을 만들고 각 칸의 가장자리(border)로부터 아래 칸의 전체 표면에 물이 흐르게 하는 보더법, 수반법 등이 있다.

② 지하관수 : 겉도랑(개거) 형식과 속도랑(암거) 형식의 두 가지가 있다. 개거법이란 일정한 간격으로 수로를 마련하고 이곳에 물을 흐르게 하여 수로 옆과 바닥으로 침투하게 하여 뿌리에 물을 공급하는 방식이다. 암거법은 땅속 $30 \sim 60 \text{cm}$ 깊이에 토관이나 기타 급수관을 묻어 관의 구멍으로부터 물이 스며나와 뿌리에 물이 공급되게 하는 방식으로 배수시설의 역(逆)이라 생각하면 된다.

③ 살수관수 : 노즐을 설치하여 물을 뿌리는 방법으로 스프링클러가 이용된다.

④ 점적관수 : 물을 천천히 조금씩 흘러나오게 하여 필요한 부위에 집중적으로 관수하는 방법으로 토양이 굳어지지 않고, 표토에 유실이 없으며, 물을 절약할 수 있고, 넓은 면적에 균일하게 관수할 수 있는 장점이 있다.

⑤ 저면관수 : 아래구멍을 물에 잠기게 하여 물이 모세관 현상으로 위로 올라오게 하는 방법으로 미세종자 파종상자와 양액재배, 분화재배 등에 이용한다.

6. 배수

(1) 저습지에서 배수의 효과
① 습해나 수해의 방지
② 토양의 입단화 가능
③ 기계작업을 통한 생력화
④ 경지이용도 제고

(2) 저습지의 배수법
① 객토법 : 지반을 높여서 배수
② 기계배수

③ 명거(明渠)배수 : 배수로가 눈에 띄게 노출되어 물을 **빼는** 방법

④ 암거(暗渠)배수 : 배수로가 지하에 매설되어 물을 **빼는** 방법. 습답 등에 암거배수시설을 한 당년에는 기존 유기물의 분해에 대비하여 질소비료의 시용량을 줄이고, 토양의 산성화(환원성 황화물의 산화 및 유기물 분해 시 탄산과 유기산 발생)를 방지하기 위하여 석회를 충분히 주도록 하며, 벼 생육의 초기에는 지온이 낮아 토양의 환원상태가 심하지 않고, 뿌리의 산소요구량도 크지 않으므로 산소공급을 위한 배수를 하여 비료분의 유실을 초래할 이유가 없다. 또한 배수를 하지 않으면 높은 온도가 유지되므로 암거를 막아 배수가 되지 않도록 하는 것이 유리하다.

01 큰 공극의 물이 중력에 의하여 제거된 후 모세관 작용에 의해 토양이 지니게 된 수분량과 관계 없는 것은 무엇인가?

㉮ 최대용수량

㉯ 최소용수량

㉰ 모세관용수량

㉱ 포장용수량

02 포장용수량과 흡습계수 사이의 토양수분을 뜻하는 것으로 소공극에서 중력에 저항하여 유지되며 작물이 주로 이용하는 수분은?

㉮ 결합수

㉯ 흡습수

㉰ 모관수

㉱ 중력수

03 풍건상태일 때 토양의 pF 값은?

㉮ 약 4

㉯ 약 5

㉰ 약 6

㉱ 약 7

01 ㉮ 02 ㉰ 03 ㉰

3 공기

1. 대기환경

① 대기의 조성 : 대기(지상의 공기) 중의 성분은 용량비로 보아 질소가스(N_2) 약 79%, 산소가스(O_2) 약 21%, 이산화탄소(CO_2) 약 0.03% 그리고 기타(연기 · 먼지 · 수증기 · 미생물 · 오염물질 등)로 구성되어 있다.

② 질소 : 공기 중의 질소는 질소의 가장 큰 저장소이며, 그 다음은 해저면의 퇴적물, 바닷물, 토양, 육지의 생물, 대기의 산화질소의 순이고 가장 적은 장소는 해양의 생물이다. 질소는 단백질을 고정하는 필수원소로 동 · 식물 모두에서 매우 중요하다.

③ 산소 : 산소농도가 5~10% 이하 또는 90% 이상이면 호흡에 지장이 있다고 하나, 대기 중의 산소농도인 21%는 작물이 호흡하는 데 알맞은 농도이다. 그러나 토양 중의 산소는 토양수분에 크게 영향을 받으며, 특별한 조건에서는 심각한 산소부족 문제가 발생한다.

2. 이산화탄소

(1) 광합성과 이산화탄소

① 이산화탄소 농도가 낮아지면 광합성 속도가 낮아지며 어느 농도에 도달하면 그 농도 이하에서는 호흡에 의한 유기물의 소모를 보상할 수 없는 상태에 이르게 되는데 이와 같은 한계점의 이산화탄소 농도를 이산화탄소 보상점이라고 한다. 이 보상점은 매우 낮아 대기 중 농도의 1/10~1/3(30~80ppm) 정도이다. 즉, 거의 언제나 흑자살림을 하는 편이다.

② 이산화탄소 농도가 증가할수록 광합성의 속도도 증가하나 어느 농도에 도달하면 이산화탄소 농도가 그 이상 증가해도 광합성 속도는 그 이상 증가하지 않는 상태에 도달하게 된다. 이점의 이산화탄소 농도를 이산화탄소 포화점이라 하며, 대기 중 농도의 7~10배(0.21~0.3%, 1,200~1,800ppm) 정도이다.

③ 광합성은 어느 한계까지는 온도, 광도, 이산화탄소의 농도가 높아감에 따라서 증대한다. 즉 온도, 광도, 이산화탄소 농도의 3자를 알맞게 조절하면 광합성 속도와 광포화점을 극히 고도화할 수 있다.

④ 시설재배 시 작물의 증수를 위하여 인공적으로 이산화탄소를 공급해 주는 것을 탄산시비라 하며, 퇴비나 녹비의 시용도 부패 시 이산화탄소가 발생하므로 이것도 탄산시비의 하나로 볼 수 있다.

(2) 이산화탄소의 농도에 관여하는 요인

① 계절 : 여름철에는 낮고 상대적으로 가을철에 높아진다. 식물잎이 무성한 여름철에는 광합성이 왕성하여 이산화탄소 농도가 낮고 가을은 다시 높아진다. 그러나 지표면에서 가까운 곳은 유기물 분해와 식물호흡으로 이산화탄소 농도가 높을 수도 있다.

② 식생 : 식물체가 무성한 곳은 지면에 가까운 공기층의 이산화탄소 농도는 높으나, 지표에서 떨어진 공기층의 이산화탄소 농도는 낮다. 식생이 왕성하면 뿌리 호흡이 왕성하고, 바람의 유통을 막아 지면에 가까운 곳의 이산화탄소 농도를 높게 한다. 반면 지표에서 떨어진 위쪽은 왕성한 광합성으로 이산화탄소의 농도가 낮아진다.

③ 지면과의 거리 : 이산화탄소는 공기보다 무겁기 때문에 지표에 가까울수록 높다. 공기 중 이산화탄소 농도가 불균형한 경우 바람이 이를 회복한다.

④ 미숙유기물의 시용 : 미숙퇴비, 구비, 낙엽, 녹비를 시용하면 이들의 분해 시 이산화탄소의 발생이 많아져 일종의 탄산시비 효과를 준다.

3. 대기오염

(1) 주요 유해물질

1) 아황산가스(SO_2, SO_3, 황산 mist 등)
① 증상 : 광합성 속도 저하, 줄기와 잎의 갈변
② 대책 : 칼륨과 규산질비료 살포

2) 오존가스(O_3)
① 증상 : 잎의 황백화 또는 적색화, 암갈색 점상 반점 발생
② 대책 : 저항성 작물 재배
③ 지상에서 오존(O_3)은 내연기관에서 발생하는 열에 의하여 공기 중의 질소와 산소가 반응하여 이산화질소(NO_2)가 생성되고, 이 NO_2가 광에너지를 받아 NO와 O로 분해된 후 산소원자(O)가 산소분자(O_2)와 결합하여 만들어진다.

3) 암모니아가스
① 증상 : 잎 표면에 흑색 반점, 잎 전체가 회백색·백색 또는 황색으로 변함
② 대책 : 시설의 환기 철저, 시설에서 유기질비료 시용 금지

4) 질소산화물(NO_2)
① 증상 : 엽맥 사이 백색 내지 황백색의 작은 괴사부위 형성

② 대책 : 저항성 작물 재배

4) 산성비

① 대기 중의 이산화탄소(CO_2)는 빗물에 녹아 H_2CO_3가 되어 pH 5.6을 유지하는데, 대기에 SO_2, NO_2, Cl_2 등이 많으면 빗물은 pH 5.6보다 낮아지며, 이런 비를 산성비라고 한다.

② 산성비의 피해는 식물, 기상환경 등에 따라 다르지만 대개 pH 3 이하에서 발생한다.

(2) 피해에 미치는 요인

① 작물에 질소를 과다 시용하면 식물체가 약해지므로 대기오염에도 약하게 되고 규산, 칼륨, 칼슘 등을 많이 시용할 경우에는 각종 오염물질의 피해가 경감된다.

② 오염물질은 기공이나 수공을 통하여 들어오므로 이들이 크게 열리면 피해가 크게 나타난다. 즉, 식물의 동화작용이 왕성한 시간대(오전 11시경, 봄과 여름 등)에 피해가 클 수 있다.

4. 연풍의 효과

(1) 작물에 미치는 효과

① 풍속 4~6km/hr 이하의 부드러운 바람을 연풍이라고 하며 작물생육에 많은 영향을 미친다.

② 공기의 순환으로 이산화탄소 농도를 일정하게 유지하여 광합성을 조장하며, 오염물질을 확산시켜 오염물질의 농도를 낮추어 준다.

③ 바람은 잎을 계속 움직여 그늘진 곳의 잎이 받는 일사량을 증가시킴으로써 총광합성량을 증가시킨다.

④ 잎에서의 증산작용을 촉진한다. 증산이 활발하게 이루어지면 기공이 계속 열려 이산화탄소 흡수량이 증가하여 광합성이 활발하고, 뿌리로부터의 양분흡수도 촉진된다.

⑤ 풍매화의 경우 바람에 의해 수정이 이루어진다.

(2) 환경에 미치는 효과

① 기온을 낮추고 서리의 피해를 막아준다. 바람은 고온기에 기온과 지온을 낮게 해주고, 봄·가을에는 서리의 해를 막아 작물을 보호한다.

② 바람은 습기를 배제하여 수확물의 건조를 촉진하고 다습한 조건에서 다발하는 병해를 경감시킨다.

4 온도

1. 유효온도와 생육온도 변화

(1) 작물의 유효온도

1) 유효온도

① 유효온도란 작물의 생장과 생육이 효과적으로 이루어지는 온도로, 작물은 어느 일정 범위 안의 온도(일반적으로 45℃, 선인장은 65℃, 건조종자는 120℃)에서만 생장할 수 있으며, 그 범위의 온도에 있어서도 온도에 따라 생장속도는 다르다

② 작물생육이 가능한 가장 낮은 온도를 최저온도, 작물생육이 가능한 가장 높은 온도를 최고온도, 생육이 가장 왕성한 온도를 최적온도라고 한다. 이와 같은 최저·최적·최고의 3온도를 주요온도라 한다.

③ 춘파작물의 최저온도는 그 작물의 파종시기의 결정과 보온재배의 여부에 중요하며, 최고온도는 재배지의 선정에 중요하다.

> **연구** 최적온도
>
> 열대원산인 고추(중남미), 토마토(남미), 수박(아프리카 중부) 등의 최적온도는 약 25℃이고, 온대원산인 배추, 상추 등의 최적온도는 17~20℃로 당연하게 열대원산의 작물이 온대원산의 작물보다 최적온도가 높다. 최적온도는 작물의 생육이 가장 활발하게 이루어지는 온도로 최대 수량을 거둘 수 있는 온도의 범위이다.

2) 적산온도

① 적산온도는 작물이 정상적인 생육을 마치려면 일정한 총 온도량이 필요하다는 관점에서 생긴 개념이다. 즉, 작물이 일생을 마치는 데 소요되는 총온량을 표시하는 것으로, 작물의 발아로부터 성숙에 이르기까지의 0℃ 이상의 일평균기온을 합산하여 구한다.

② 작물의 적산온도는 생육시기와 생육기간에 따라서 차이가 있다. 여름작물이며 생육기간이 긴 벼는 3,500~4,500℃, 여름작물이지만 생육기간이 짧은 메밀은 1,000~1,200℃, 감자는 1,300~3,000℃이며, 겨울작물인 추파맥류는 1,700~2,300℃ 등이다.

3) 온도 계수

① 작물의 여러 생리작용(세포분열, 생장, 양분의 흡수와 동화 호흡 등)은 각종 이화학

적 반응의 종합적 표현이라고 할 수 있는데, 이러한 이화학적 반응은 어떤 한계까지는 온도가 높아질수록 속도가 증대한다.

② 온도가 10℃ 상승하는 데 따르는 이화학적 반응이나 생리작용의 증가배수를 온도계수 또는 Q_{10}이라고 한다. 일반적으로 작물의 온도계수는 2~4로 알려져 있으며, Q_{10}은 온도와 작물의 생리작용 속도와의 관계를 단적으로 표시하는 한 방법으로, Q_{10}은 어느 한 온도와 그보다 10℃ 낮은 온도에서의 반응속도의 비율로 나타낸다.

(2) 작물의 생육온도 변화

1) 연(年)변화

① 최저기온은 작물의 월동을 지배하며, 최고기온은 작물이 여름을 넘기게 하는 요인으로 감자의 경우, 고랭지에서는 여름을 넘기지만 평지에서는 여름을 견디지 못한다.

② 무상기간은 1년에 서리가 내리지 않는 일수로 여름작물의 생육가능기간을 나타내며, 무상기간이 짧은 고지대나 북부지대에서는 벼의 조생종이 재배되며, 무상기간이 긴 남부지대에서는 만생종이 재배된다. 봄 일찍이 기온이 상승하게 되면 맥류의 수확이 빨라지고, 가을에 기온이 늦게 내려가면 벼의 등숙이 좋아진다.

③ 초여름에 기온이 급히 상승하게 되면 월동목초의 하고(夏故)가 심해지고, 초여름에 기온이 급히 내려가면 맥류의 결실이 나쁘다.

2) 일변화(변온)

① 하루 중에서 기온의 최저는 오전 4시경, 최고는 오후 2시경에 오며, 오전 10시의 기온은 일평균기온에 가깝다. 일변화(변온)는 작물의 발아, 동화물질의 전류와 축적, 생장, 개화, 결실 등의 생리작용에 큰 영향을 미친다.

② 변온과 발아 : 변온은 작물의 발아를 조장하는 경우가 있다(셀러리 등).

③ 변온과 동화물질의 축적 : 낮의 기온이 높으면 광합성과 광합성 산물의 전류가 촉진되고, 밤의 기온은 비교적 낮아야 호흡에 의한 소모가 적다. 따라서 변온이 어느 정도로 큰 것이 동화물질의 축적이 많아져 신장생장(키가 크는 것)과 덩이뿌리 및 덩이줄기의 발달에 도움이 된다. 고구마의 괴근 형성은 29℃의 항온보다 20~29℃의 변온에서 현저하게 촉진되고, 감자의 경우도 밤의 기온이 10~14℃로 저하되는 변온의 조건에서 괴경의 발달이 현저하다. 그러나 야간 온도가 너무 내려가면 동화양분이 소모되지 않고, 그 결과 양분흡수가 불량하므로 생장(여러 기관이 양적으로 증대하는 것)에 장해가 발생한다. 즉 밤의 기온이 어느 정도 높아져 변온이 작을 때 생장이 빠른데 이는 무기성분의 흡수와 동화양분의 소모가 왕성하기 때문이다.

④ 변온과 개화 : 맥류에서는 변온이 작은 것이 출수·개화를 촉진하나 일반적으로는(화훼, 담배, 콩 등) 변온이 개화를 촉진하고 화기도 키운다.

⑤ 변온과 결실 : 변온은 대체로 결실에 유리한 것으로 알려져 있다. 특히 가을에 결실하는 작물은 변온에 의해 결실이 조장된다. 벼의 경우 온도교차가 큰 분지의 벼가 교차가 적은 해안가의 벼보다 등숙이 빠르며, 청미(불량미)가 적게 발생한다고 한다.

(3) 작물 생육온도 변화의 이용

① 식물의 신장량은 광합성량과 호흡량과의 차이라고 할 수 있으므로, 건물중(생물체에서 수분을 제거한 상태의 무게로 식물의 신장량을 나타내는 지표)이 증가하려면 광합성량이 호흡량보다 많아야 한다. 그런데 광합성량과 호흡량은 모두 온도의 함수이다.

② 광합성량이 많으려면 낮의 온도가 높아야 하고, 호흡량이 적으려면 낮·밤 모두 온도가 낮아야 한다. 따라서 주간 온도는 높고, 야간 온도는 낮은 것이 유리하다.

③ 낮과 밤의 온도 차이를 DIF(differential)라 하며, 시설에서는 DIF를 크게 하여 관리하는 것이 가능하여 상업적으로 널리 활용되고 있다. DIF가 클수록 신장생장이 좋아져 생산량이 늘어나고(백합, 국화, 토마토 등), 그 값이 0이나 음(−)인 경우에는 신장이 억제되므로 식물체를 왜화시킬 수 있어 분재식물 등에 이용된다.

2. 목초의 하고현상

(1) 하고현상의 정의와 원인

1) 하고현상의 정의

여름철에 생장이 현저히 쇠퇴하거나 정지하고 심하면 고사하는데, 이런 현상을 하고(夏枯)현상이라 한다.

2) 하고현상의 원인

① 고온 : 북방형 목초는 12~18℃에서 생육이 가장 좋고, 25℃ 이상이면 생육이 정지상태에 이르러 하고현상이 발생한다.

② 건조 : 북방형 목초는 요수량이 커서(알팔파 852, 브롬그라스 828, 스위트클로버 731, 레드클로버 698 등) 많은 물을 필요로 하는데, 우리나라의 경우 초여름에 건조하므로 건조가 하고현상의 큰 원인이 된다.

③ 장일 : 월동하는 다년생의 북방형 목초(티머시, 블루그라스, 레드클로버 등)는 장일식물인데, 초여름의 장일조건은 생식생장을 촉진시켜 하고현상을 조장한다.

④ 병충해 : 병충해의 발생이 많으면 목초가 약해져 하고현상이 촉진된다.

⑤ 잡초 : 잡초는 고온에 의해 무성하게 되어 쇠약해지는 목초의 생육을 더욱 억제하므로 하고현상을 조장한다.

(2) 하고현상의 대책

① 봄철 일찍부터 방목하거나 채초하여 생장속도를 줄이고, 추비를 늦게 여름철에 주면 스프링플러시(목초생산량이 봄철에 집중되는 현상)의 정도가 완화되어 하고현상도 경감된다.

② 고온건조기에 충분한 관개를 한다.

③ 재배지역의 환경조건을 감안하여 북방형 목초 대신, 하고현상이 덜한 초종(수단그라스, 라이그라스, 오처드그라스, 화이트클로버 등)을 선택한다.

④ 재배지 변경 : 티머시는 중남부평지에서는 격심한 하고현상을 보이나, 산간부 고지대에서는 하고현상이 경미하다.

⑤ 잡초 제거, 병충해 방제 등

5 빛(광)

1. 광의 작용

(1) 광의 작용과 작물의 생장

① 굴광 현상 : 식물이 광을 향하여 굴곡반응을 나타내는 것을 굴광 현상이라고 하는데, 이에는 440~480nm의 청색광이 가장 유효하다. 식물체가 한 쪽에 광을 받으면 그 부분의 옥신(신장촉진 호르몬) 농도는 낮아지고, 반대쪽의 농도는 높아져서 발생한다.

② 배광성 : 줄기에서는 옥신의 농도가 높은 쪽이 생장속도가 빨라지기 때문에 광을 향하여 구부러지는 현상(굴광성, 향광성)이 나타나지만, 뿌리에서는 그 반대현상(배광성)이 나타난다.

③ 엽록소 형성과 착색 : 광이 없으면 엽록소의 형성이 저해되고 에티올린이란 담황색 색소가 형성되어 황백화 현상을 일으킨다. 엽록소 형성(광합성에도)에 효과적인 광파장은 450nm 정도의 청색광역과 650nm 정도의 적색광역이다. 사과, 포도, 딸기 등은 광을 잘 받을 때 착색이 좋아지는데, 이는 청색부터 적색의 색을 내는 안토시아닌의 생성이 조장되기 때문이다.

④ 신장 및 개화 : 자외선과 같은 단파장의 광은 신장을 억제하므로, 광이 부족하거나 자외선의 투과가 적은 환경에서는 웃자라기 쉽다. 일장의 장단도 개화에 큰 영향을 미치며, 간접적이기는 하지만 광을 잘 받으면 탄수화물의 축적이 많아져 C-N율이 높아짐으로써 화성이 촉진된다.

2. 광합성

(1) 광합성 개관
① 광합성은 잎에서 흡수한 이산화탄소와 뿌리에서 흡수한 물에 태양에너지를 부가하여 탄수화물을 합성하고 산소를 방출하는 물질대사이다.
② 에너지에 초점을 맞추면 태양에너지를 생물이 사용할 수 있는 화학에너지로 바꿔 주는 과정이며, 산화환원반응을 수반한다는 점에서 보면 물의 산화와 더불어 이산화탄소의 환원에 의하여 탄수화물을 생성하는 과정이다. 그래서 광합성을 탄소동화작용이라고도 하는데 흔히 아래와 같이 간단하게 요약된다.

$$CO_2 + H_2O \xrightarrow{\ \uparrow\ \text{태양에너지}\ } C_6H_{12}O_6 + O_2$$

③ 그렇지만 엽록체 안에서 일어나는 광합성 과정은 50여 단계를 거치는 복잡한 대사적 경로를 통하여 이루어지며 크게 명반응과 암반응으로 나눈다. 그리고 식물의 종류에 따라서는 특이한 광합성 경로를 거치는 경우도 있다.

(2) 광합성에 영향을 미치는 내적요인
① 엽록소 함량 : 엽록소량은 광합성량과 직접적인 관계에 있다. 엽록소의 생합성에는 유전자가 관여하고 반드시 광조건 하에서 이루어진다. 또한 엽록소의 구성성분인 질소와 마그네슘의 공급이 생합성에 관계되며 Cu, Fe, Mn 등도 구성요소는 아니지만 생성과정에서 요구된다.
② 함수량 : 광합성에 사용되는 물은 총 흡수량의 1% 이하이므로, 수분이 부족하여 광합성이 억제되지는 않는다. 그러나 체내 수분이 부족하면 광합성이 억제되는데, 그 이유는 잎에서 수분이 부족하면 기공이 닫혀 CO_2가 흡수되지 않기 때문이다.
③ 동화물질의 축적 : 광합성이 왕성하여 동화물질이 미처 수송되지 못하면 광합성이 억제되는데, 포도나무의 경우 탄수화물이 건물중의 25%로 증가하면 광합성은 완전히

중지된다고 한다. 점심 때 쯤에 광합성 속도가 현저히 저하되었다가 회복되는 현상을 낮잠현상이라고 하는데, 동화생산물의 축적, 기공의 폐쇄, CO_2의 부족 등이 원인이다.

(3) 광합성에 영향을 미치는 외적요인

1) 광도
① 작물은 광합성에 의해서 유기물을 합성하는 동시에 호흡에 유기물을 소모한다. 호흡을 무시하고 본 절대적인 광합성을 진정광합성이라 하고, 호흡에 의한 유기물소모를 빼고 외견상으로 나타난 광합성을 외견상광합성이라 한다.
② 외견상광합성 속도가 0(진정광합성속도 = 호흡속도)이 되는 광도를 광보상점이라 하며, 광도가 보상점을 넘어서 커짐에 따라 광합성속도도 증대하나 어느 한계에 이르면 조도가 더 증대되어도 광합성 속도는 증가하지 않게 되는 광포화점이 있다.
③ 음지식물은 보상점이 낮고, 양지식물은 보상점이 높으며, 강한 광선을 요구하는 수박, 토마토 등의 작물은 광포화점이 높다.

2) 광파장
① 광합성에는 675nm을 중심으로 한 650~700nm의 적색 부분과 450nm을 중심으로 한 400~500nm의 청색 부분이 가장 효과적이다.
② 식물의 잎이 녹색인 것은 식물은 녹색광을 흡수하지 않고 반사하기 때문이다. 짧은 파장의 자외선은 식물의 신장을 억제시키며, 파장이 긴 적외선은 신장을 도모한다.

3) 기타
앞에서 설명한 이산화탄소, 온도 등도 광합성에 영향을 미치는 외적요인 중 하나이다.

3. 광 흡수율과 이용률

(1) 광합성 능률
① 광합성 능률이란 식물 잎의 단위면적당, 단위시간에 고정한 이산화탄소량이므로 광합성속도와 같은 의미이다.
② 에너지 이용효율이란 투사된 광에너지와 광합성에 의한 이용비율로 단위시간의 건물 증가량으로 표시되며, 광합성에 의한 생산량에서 호흡에 의한 소모량을 뺀 것이다. 작물의 에너지 이용률은 약 3.5%인데 인간식량으로의 전환은 0.1%, 우유는 0.04%, 돼지고기는 0.015%, 달걀은 0.002%에 지나지 않는다.

(2) 포장에서의 광합성

1) 군락의 광포화점

① 작물의 잎 거의 모두가 직사광선을 쪼일 수 있는 고립상태에서 양생식물은 최대 일사의 36~60% 정도에서 광포화점에 도달하나, 많은 잎들이 직사광선을 받지 못하는 군락상태에서는 양상이 달라진다. 즉, 훨씬 높은 광도에서만 광포화점에 도달할 수 있는데, 자연상태에서는 최대 일사에서도 광포화상태에 도달하지 못한다.

② 군락을 이룬 벼의 경우 투사광의 10%만이 잎을 투과하므로 그늘진 곳의 잎은 광도가 매우 낮다. 따라서 포화점에 도달하려면 훨씬 높은 광도가 필요하지만, 현실에서 그런 빛은 없기 때문에 언제나 광포화상태에 도달하지 못한다.

2) 포장동화능력

① 포장상태에서 단위면적당 동화능력을 포장동화능력이라 하는데, 아래의 식으로 표시되며 수량과 직접적인 관계에 있다. 즉, 포장동화능력은 총엽면적, 평균동화능력, 수광능률의 곱이다.

> 포장동화능력 = 총엽면적 × 평균동화능력 × 수광능률

② 위의 식에서 총엽면적과 평균동화능력은 시비, 물관리, 병해충관리 등을 잘하여 식물체의 건강상태를 좋게 하였을 때 높아진다.

③ 수광능률은 군락의 수광태세에 지배되므로, 수광능률을 높이려면 광을 군락 내로 잘 받아들이도록 수광태세를 개선해야 한다.

3) 최적엽면적

① 외견상광합성량(건물생산량)은 어느 한계까지는 군락의 커짐에 따라서 증대하지만, 어느 한도 이상으로 엽면적이 증대하면 외견상광합성량은 오히려 감소하게 된다. 즉 건물생산이 최대가 되는 군락엽면적이 존재하는데 이것을 최적엽면적이라 한다.

② 군락의 엽면적을 토지면적에 대한 배수치로 나타낸 것을 엽면적지수라고 하며, 엽면적이 최적엽면적일 경우의 엽면적지수를 최적엽면적지수라 한다.

③ 최적엽면적지수를 크게 하면 군락의 건물생산을 크게 하여 수량을 증대시키는 첩경이 된다. 옥수수의 경우 수광태세가 좋으면 최적엽면적지수가 8 이상인데, 수광태세가 나쁜 수평엽에서는 3 이하가 된다.

(3) 군락의 수광태세

1) 수광에 이상적인 초형

벼	잎이 두껍지 않고 약간 가늘며 상위엽이 직립한 것, 키가 너무 크거나 작지 않은 것, 분얼은 개산형(開散型)으로 포기 내부로의 광투입이 좋은 것, 각 잎이 공간적으로 균일하게 분포한 것
옥수수	상위엽이 직립한 것, 아래로 내려오면서 경사를 더하여 하위엽은 수평인 것, 수이삭이 작고 잎혀가 없는 것, 암이삭이 1개인 것보다 2개인 것
콩	키가 크면서도 도복이 안 되는 것, 가지를 적게 치며 가지가 짧은 것, 꼬투리가 주줄기에 많이 착생하고 밑에까지 달린 것, 엽병이 짧고 일어선 것, 잎이 작고 가는 것

2) 재배기술에 의한 수광태세 또는 수량광의 개선

① 벼에서 규산과 칼륨을 넉넉히 시용하면 규질화로 잎이 직립하며, 무효분얼기에 질소를 적게 주면 급속한 성장을 막아 상위엽이 직립한다.

② 벼와 콩에서 밀식을 할 때에는 줄 사이를 넓히고 포기사이를 좁히면 파상군락이 형성되므로 군락 하부로의 광 투사가 좋아진다.

③ 맥류에서는 광파재배가 아닌 다조파재배(드릴파)를 하면 조기에 포장 전면을 덮을 수 있으므로 광을 많이 받을 수 있고, 증발량도 적어진다.

④ 어느 작물에서나 재식밀도와 비배관리를 적절히 하면 수광태세를 개선하여 수광량을 늘릴 수 있다.

⑤ 이랑의 방향을 이용하여 수광량을 늘릴 수도 줄일 수도 있다. 남북이랑은 동서이랑보다 수광시간은 약간 짧으나, 작물 생장기의 수광량이 훨씬 많아서 유리하며 온도도 1~3℃나 높다. 그러나 아침, 저녁의 수광량은 동서방향이 크므로 작물에 따라서 적절히 이용함이 좋다.

6 상적발육과 환경

1. 상적발육

(1) 작물의 발육상

① 작물의 키가 크는 것을 신장이라 하고, 여러 기관이 양적으로 증대하는 것을 생장이라 한다. 그리고 작물이 아생(芽 싹 아, 生), 분얼(分蘖 그루터기 얼), 화성(花 꽃 화, 成 이룰 성), 등숙 등의 과정을 거치면서 체내에 질적인 재조정작용이 생기는 것을 발육이라 한다.

② 1년생 종자식물의 발육상은 하나하나의 단계, 즉 하나하나의 상으로 구성되어 있다.

③ 개개의 발육단계 또는 발육상은 서로 접속해서 발생하고 있으며, 앞의 발육상이 완료 되지 못하면 다음 발육상으로 이행할 수 없다.

④ 한 개의 식물체가 하나하나의 발육상을 경과하려면 발육상에 따라 서로 다른 특정한 환경조건이 필요하다.

(2) 상적발육설

① 작물이 순차적인 여러 발육상을 거쳐서 발육이 완성되는 것을 상적발육이라 하며, 이 개념은 러시아의 리센코에 의해서 제창되었다.

② 작물의 상적발육에서 가장 중요한 발육상의 전환점은 영양기관의 생육단계인 영양적 생장에서, 화성을 이루는 것을 시작으로 계속하여 체내의 질적인 변화를 계속하는 생식적 발육으로 전환하는 것이다. 이 생육상의 전환, 특히 화성의 유인에는 내·외부적인 조건이 존재하는데 내부적 조건으로는 C/N율, 최소엽수 및 호르몬 등의 유전적 소질이, 외부적 조건으로는 특수한 온도와 일장이 관여한다.

(3) 작물의 발육상

1) 감온상

① 추파맥류의 경우 생육초기에 일정한 저온에 두지 않고(그래서 가을에 파종), 또 봄의 장일조건을 경과하지 못하게 하면(실험실에서) 개화·성숙하지 못한다.

② 이처럼 작물의 상적발육에서 초기의 특정 온도(맥류에서는 저온)가 필요한 단계를 감온상(감온기, 요온기 등이라고도 함)이라 한다.

③ 감온상이 필요한 작물을 감온형 작물이라 한다.

2) 감광상

① 위에서 설명한 추파맥류는 어린 시절이 지난 다음 "봄의 장일조건"이 필요한데, 이처럼 특정한 일장이 필요한 단계를 감광상(감광기, 요광기 등)이라 한다.

② 감광상이 필요한 작물을 감광형 작물이라 한다.

3) 기타

① 작물의 발육상은 감온상, 감광상 이상으로 세분되기도 하지만, 가장 두드러진 상은 감온상과 감광상이다.

② 추파맥류는 감온상과 감광상이 모두 뚜렷하며, 만생종 벼는 감광상만이 뚜렷하고, 토마토는 감온상과 감광상이 모두 없다.

2. 내부적 화성유인의 조건

(1) C/N율(탄질률)

① 식물체 내의 탄수화물(C)과 질소(N)의 비율을 C/N율(carbon/nitrogen ratio)이라 하며 생육, 화성(花成), 결실을 지배하는 기본요인이 된다. C/N율이 높을 경우에는 화성을 유도하고, C/N율이 낮을 경우에는 영양생장이 계속된다.

② 고구마 순을 나팔꽃 대목에 접목하면 지상부의 탄수화물 축적이 많아져 개화 · 결실이 조장되며, 과수에서 환상박피의 경우도 박피한 곳의 상부에서 개화하는 것 등으로 C/N율을 설명할 수 있다. 환상박피란 줄기나 가지의 껍질을 3~6㎜ 정도 둥글게 벗겨내는 것을 말한다.

(2) 최소엽수

식물체가 화아분화 및 개화에 가장 알맞은 조건에 놓여있을 때 주경(主莖)에 있는 엽수를 최소엽수라 한다.

(3) 식물호르몬

1) 옥신의 작용기작
① 생장 촉진 : 세포가 확장하려면 세포벽이 늘어나야 하므로 우선 유연한 세포벽이 필수적이다. 세포벽을 유연하게 하는 물질이 옥신이다.
② 개화 촉진
③ 생장 및 분화 억제 : 옥신 농도가 어느 이상이 되면 분화 및 생장을 억제하는 작용을 한다. 고구마의 괴근은 옥신(NAA) 함량이 많아야 비대가 촉진되고, 감자의 괴경은 옥신 함량이 적어야 비대가 촉진된다.

2) 지베렐린의 작용기작
① 줄기의 생장 촉진
② 화아분화와 개화 촉진 : 저온과 장일처리가 개화를 촉진하는 식물들(화성유도를 위하여 저온 춘화처리와 장일처리가 필요한 식물)은 지베렐린(GA)으로 이들 처리를 대신할 수 있다.
③ 휴면타파와 발아 촉진 : 종자의 휴면타파는 ABA/GA의 비율이 낮을수록 잘 일어나는데 GA보다는 ABA가 주요인이다.
④ 착과와 과실생장 촉진 : 토마토, 오이, 포도 등에서 단위결과를 유도한다.

3) 시토키닌의 작용기작

① 세포분열

② 휴면타파

③ 기관 형성

④ 노화 억제

⑤ 정아우세성 억제 : 시토키닌은 측아의 유관속 분화를 촉진함으로써 옥신에 의해 생기는 정아우세성을 감소시킨다.

4) 에틸렌의 작용기작

① 숙성 및 노화 촉진

② 잎, 꽃, 과실에서 이층을 형성하여 탈리를 유도한다.

5) 아브시스산(ABA)의 작용기작

① 휴면 유도

② 탈리 촉진

③ 수분스트레스에 대한 방어기능 : 수분이 부족하면 공변세포의 ABA 농도가 증가함으로써 K^+의 농도가 감소되고, 그 결과 팽압이 떨어짐으로써 기공이 닫힌다.

3. 외부적 화성유인의 조건

(1) 춘화처리

1) 춘화현상과 개화반응

① 여러 사람의 연구를 거처 상적발육설을 주장한 러시아인 리센코가 춘화(春化)라는 용어로 러시아어인 "야로비자치아"라는 말을 처음 사용하였다. 춘화(야로비자치아)는 to make like spring 또는 springization(봄의 것으로 만들다)의 뜻으로 추파성에서 춘파성으로의 전환을 의미한다.

② 리센코가 발견한 것은 추파맥류를 가을에 파종하지 않고, 봄에 저온처리를 하여 봄에 파종해도 열매가 맺는다는 것이다. 농부들의 오랜 바람이 현실화된 것이었다.

2) 춘화현상의 작용기구

① 춘화현상에서 저온에 감응하는 부위는 생장점(종자의 배, 줄기의 정단분열조직)이다. 생장점 이외의 부분은 효과가 없음이 실험으로 밝혀졌다.

② 생장점이 저온에 의해 화성이 유도되는 기구에 대해서는 2가지 설이 있다. 리센코는 원형질변화설을, 영국의 그레고리는 화성호르몬설을 주장하였다.

3) 춘화처리의 종류

① 맥류와 같은 작물은 최아종자의 저온처리가 효과적이며, 양배추와 같은 작물은 생육 도중의 녹체기에 저온처리가 효과적이다. 전자를 종자춘화형식물이라고 하며 추파맥류, 완두, 잠두, 봄무 등이 이에 속한다. 한편 후자는 녹식물춘화형식물이라 하는데 양배추, 양파, 당근 등이 여기에 속한다.

② 한편 춘화처리 효과가 인정되지 않는 작물도 있는데 이러한 작물을 비춘화처리형이라고 한다.

4) 춘화현상의 농업적 이용

① 추파맥류를 춘화처리하여 춘파하면 춘파형지대에서도 추파형이 재배가 가능하여 증수적 효과를 거둘 수 있다.

② 딸기는 화아분화에 저온이 필요하므로 겨울에 출하할 수 있는 촉성재배를 하려면 여름철에 저온에서 딸기묘의 화아분화를 유도한다.

③ 월동이 필요한 식물이라도 저온처리 후 봄에 심으면 개화, 출수하므로 채종할 수 있으며, 이렇게 하면 육종기간도 단축할 수 있다.

④ 춘화처리 후 발아율을 조사하면 종 또는 품종을 감별할 수 있다.

⑤ 가을보리의 춘화처리는 종자의 싹을 틔워 0~3℃의 저온에서 품종별 추파성 정도에 따라서 일정기간(10~60일) 처리한다. 저온처리기간에는 종자가 마르지 않도록 수분을 충분히 공급해야 하며, 가능하면 8~10시간의 일장(햇빛) 조건을 주면 더 좋다. 가을보리의 춘화처리방법은 1619년 고상안이 지은 농가월령에 기술되어 있는데, 이는 리센코가 춘화현상을 발표한 시기(1928년)보다 300년이나 앞선 것이다.

(2) 일장

1) 일장효과의 뜻

① 하루는 24시간을 주기로 밤(암기)과 낮(명기)이 반복되며, 낮의 길이를 일장이라 한다. 계절별 일장의 변화에 의하여 유도되는 생체반응을 광주기성이라 하며, 이는 광주성, 광주반응, 일장효과, 일장반응 등 다양하게 불린다. 식물에서의 생체반응은 종자의 발아, 화성의 유도, 개화, 추대, 저장기관의 형성, 낙엽, 휴면, 무성번식기관의 형성 등 다양하게 나타난다. 동물의 경우도 철에 따른 이동, 짝짓기 등 다양한 반응이 있다.

② 다양한 반응 중 여기서는 화성의 유도에 대해 알아본다. 화성을 유도하는 일장효과는 담배 품종을 연구하던 가너와 앨러드에 의해 발견되었다(워싱턴주에서는 여름철의 일장이 비교적 길기 때문에 단일식물인 담배는 개화하지 못하고 영양생장만 계속하지만, 플로리다주에서 재배하면 여름철의 일장이 비교적 짧아서 개화한다).

③ 일장에는 유도일장(식물의 화성을 유도할 수 있는 일장)과 비유도일장(화성을 유도할 수 없는 일장)이 있다. 유도일장과 비유도일장의 경계가 되는 일장을 한계일장(또는 임계일장)이라 한다.

2) 식물의 일장형

① 장일식물

㉠ 장일식물은 일반적으로 낮이 밤보다 긴 조건에서 개화하는 식물로 정의되어 있다. 그러나 이렇게 정의하면 우리나라의 많은 단일식물이 낮의 길이가 12시간보다 긴 추분 이전에 개화하므로 장·단일식물을 이해하기도 어렵고 식물을 구별할 수도 없게 된다. 여기에서는 장일식물이란 장일기간(일장이 늘어나는 기간)에서 화성이 유도·촉진되는 작물로 정의한다. 우리나라의 경우 일장이 가장 짧은 날이 동지(夏至)로 약 9.5시간이 동지의 일장이다. 따라서 동지 이후에서 하지 이전에 화성이 유도된다는 것은 일장이 계속 늘어나는 시기에 개화한다는 것을 뜻한다. 이것이 장일식물이다.

㉡ 장일식물에는 봄철(동지 이후에, 사실은 춘분 이후에)에 꽃이 피는 맥류, 티머시, 시금치, 상추, 감자, 아마, 아주까리 등이 있다.

② 단일식물

㉠ 단일기간(일장이 줄어드는 기간)에서 화성이 유도·촉진된다. 우리나라의 경우 일장이 가장 긴 날이 하지(夏至)로 약 14.5시간이 하지의 일장이다. 따라서 하지 이후에서 동지 이전에 화성이 유도된다는 것은 일장이 줄어드는 시기에 개화한다는 것을 뜻한다. 이것이 단일식물이다.

㉡ 단일식물에는 가을철(하지 이후에)에 꽃이 피는 국화, 콩, 담배, 들깨, 코스모스, 벼, 목화, 도꼬마리, 샐비어, 나팔꽃 등이 있다.

③ 중성식물

㉠ 중성식물(또는 중일성식물)은 일정한 한계일장이 없고 대단히 넓은 범위의 일장에서 화성이 유도되므로 일장의 영향이 없다고 할 수 있다.

㉡ 가지과 작물, 강낭콩, 당근, 셀러리, 오이, 호박 등이 이에 해당한다.

3) 일장효과에 영향을 끼치는 조건

① 발육단계

    ㉠ 본엽이 나온 뒤 어느 정도 발육한 후에 감응한다.

    ㉡ 벼는 주간엽수 7~9매, 도꼬마리는 발아 1주일 후, 차조기는 발아 15일 후부터 감응한다.

② 광의 강도

    ㉠ 명기가 약광(최저 3~5℃)이라도 일장효과는 발생한다.

    ㉡ 그러나 착화수는 광이 어느 정도 강해야 증가한다.

③ 광의 파장

    ㉠ 600~680nm의 적색광이 가장 효과가 크며, 적색광에서 멀어질수록 일장효과에서의 효과는 적다. 따라서 청색광의 효과는 아주 적다.

    ㉡ 그러나 광합성과 엽록소 형성에서는 청색광이 적색광 다음으로 효과가 높다.

④ 연속암기와 야간조파

    ㉠ 1938년 햄너와 보너는 광주기성에서 암기가 더 중요하다(암기가 모자라거나 암기 중 짧은 시간이라도 광이 조사되면 화성은 유도되지 않음)는 사실을 발견하고 단일식물은 장야식물로, 장일식물은 단야식물로 고쳐 부를 것을 제안하였다. 이것이 받아들여지지는 않았지만 이렇게 생각하는 것이 이해에 도움이 된다.

    ㉡ 단일식물에서 암기의 중간에 광을 조사하여 암기를 분단하면, 분단된 암기의 합계가 개화가 유도되는 연속암기의 길이보다 길어도 단일효과(개화)는 발생하지 않는다. 이를 야파처리(또는 야간조파)라 하는데, 야파처리는 밤에 불을 켜서 밤을 분단함으로써, 밤의 연속길이를 짧게 하는 것이다. 따라서 연속적인 밤이 길어야 하는 장야식물, 즉 들깨, 국화 등 가을에 개화하는 단일식물에 이용할 수 있다.

    ㉢ 위에서 설명한 바와 같이 야파처리에 가장 효과가 큰 광의 파장은 600~680nm의 적색광이다. 그런데 적색광 조사 후 곧바로 780~800nm의 근적외광(원적색광)을 재조사하면 적색광의 조사효과가 감쇄하여 야간조파의 효과는 발생하지 않는다. 즉 적색광을 조사하지 않은 것과 같이 되어 개화한다.

4) 일장효과의 농업적 이용

① 재배기술의 고도화

  ㉠ 우리나라는 중위도에 위치하여 봄·여름의 장일기와 여름·가을의 단일기가 다 있으므로 자연일장을 활용할 수 있다.

  ㉡ 예를 들면, 벼 만생종은 단일에 감응하여 개화·출수하는 단일식물이므로 조파조식하면 그만큼 영양생장이 증대하여 결과적으로 증수할 수 있고, 시금치는 장일에 감응하여 추대·개화하는 장일식물이므로 월동 전에 추파하면 추대 전에 영양생장을 증대시켜 많은 채종을 할 수 있다.

② 개화기 조절

  ㉠ 가을국화는 단일성식물이므로 단일처리하면 개화가 촉진되고, 장일처리하면 개화가 억제된다.

  ㉡ 즉, 8~9월에 개화하는 가을국화를 7~8월에 개화시키려면 차광하고, 12~1월에 개화시키려면 조명처리하여 공급가능 기간을 늘릴 수 있으므로 주년재배가 가능하다.

③ 육종상의 이용

  ㉠ 인위 개화 : 고구마순을 나팔꽃(단일식물) 대목에 접목하고 8~10시간 단일처리하면 인위적으로 개화되어 교잡육종이 가능하다.

  ㉡ 개화기 조절 : 개화기가 다른 두 품종을 교배할 필요가 있는 경우, 일장처리에 의해 그 중 한 품종의 개화기를 촉진 또는 지연시켜 두 품종의 개화기를 일치시키면 육종기간이 단축된다.

④ 성전환의 이용

  ㉠ 삼은 암그루가 생육이 왕성하므로 암그루를 재배하는 것이 섬유생산량에서 유리하다. 그러나 품질은 숫그루가 좋다고 한다. 삼은 단일조건에서 성이 전환되므로 이것을 이용하여 암그루만을 생산할 수 있다

  ㉡ 오이, 호박 등은 단일에서 암꽃이 많아지고, 장일에서는 수꽃이 많아진다.

4. 품종의 기상생태형

(1) 기상생태형을 구성하는 3가지 성질

1) 감온성(感溫性)

① 작물이 고온에서 출수·개화가 촉진되는 성질로 감온성이 크면 T, 작으면 t로 표시한다.

② 감온성이 큰 작물(T)을 북쪽에 심었다면 6월의 고온에 의한 개화이므로 개화 후 등숙까지 추위가 없어 수확이 가능하고, 일찍 수확하므로 조생종이 된다. 만약에 북쪽에 단일의 L(만생종 벼 등)을 심었다면 일장이 긴 여름 내내 영양생장을 하다가 그 후 일장이 짧아져야 비로소 유수분화가 시작되는데, 거기는 가을이 짧기 때문에 완전히 성숙하지 못한다.

③ 조생종은 시간이 촉박하므로 일찍 파종해야 한다.

2) 감광성(感光性)

① 작물이 단일환경에서 출수·개화가 촉진되는 성질로 감광성이 크면 L, 작으면 l로 표시한다.

② 위에서 설명한 바와 같이 감광성이 큰 작물(L)을 북쪽에 심었다면 개화 후 등숙되기 전에 추위가 와서 수확이 불가능하다. 만약 저위도 지방에서 T를 재배한다면 영양생장이 충분히 이루어지기 전에 고온이 되므로, 빈약한 상태에서 일찍 유수를 형성하여 다수확을 기대할 수 없다.

③ 따라서 L은 남쪽에 심어야 하고, 늦게 수확하므로 만생종이 된다.

3) 기본영양생장성

① 기본영양생장의 기간이 길고 짧음에 따라 기본영양생장이 크다(B, 높다) 또는 작다(b, 낮다)로 표시한다.

② 알맞은 온도와 일장환경에 놓여도 일정한 정도의 기본영양생장을 하지 않으면 출수·개화에 이르지 못하는 성질을 말한다.

(2) 기상생태형의 지리적 분포

1) 고위도지대

① 일본의 홋카이도, 만주, 몽골 등으로 5~6월에 고온기가 있고, 8~9월에 단일기간이 있으며 일찍 서리가 내리고 곧 추워진다.

② 이런 지방에서는 Blt형은 생육기간이 길므로 서리가 오기 전에 성숙하지 못하고, bLt형은 단일기에 감응하면 출수·개화가 늦어 등숙하는 시기가 저온기이므로 성숙이 어렵다.

③ 따라서 5~6월 여름 고온에 감응하여 출수·개화하고 서리 전에 성숙할 수 있는 감온성이 큰 blT형이 재배된다.

2) 중위도지대

① 우리나라와 같은 중위도 지대는 여름철의 장일기에 기온이 높으므로 고위도에서 재배하는 blT형이 가능하고, 가을의 단일기에도 비교적 온도가 높고 서리도 늦으므로 bLt형도 재배가 가능하다.

② 따라서 이 지대에서 blT형은 조생종 또는 북부 재배용이고, bLt형은 만생종 또는 남부 재배용이 된다. blT형은 조기파종하여 조기수확한다(조생종). bLt형은 수확기가 늦(만생종)을 뿐만 아니라 늦게 파종해도 되므로 2모작, 윤작 등 작부체계를 다양하게 할 수 있고, 조파조식하면 생육기간이 길어져 증수효과도 얻을 수 있다.

③ 그러나 Blt형은 생육기간이 길어서 안전하게 성숙하기 어렵다.

3) 저위도지대

① 태국, 인도 등으로 이 지역은 고온, 중일(일장이 약 12시간) 조건이다.

② 즉, blT형은 고온에 의해, bLt형은 단일에 의해 출수·개화되므로 생육기간이 짧아 수량이 적다.

③ 따라서 감광성과 감온성은 모두 안 되고, 기본영양생장성에 지배되는 형태의 작물인 Blt형이 재배된다.

(3) 주요 작물의 기상생태형

① 우리나라에서 대체로 조생종은 감온형(blT)이고, 만생종은 감광형(bLt)이며, 그 중간 것도 있다.

② 우리나라 주요 작물의 기상생태형과 분포는 아래와 같다.

작물별		감온형(blT형)	중간형	감광형(bLt형)
벼	명칭	조생종	중생종	만생종
	분포	북부	중북부	중남부
콩	명칭	올콩(하대두형)	중간형	그루콩
	분포	북부	중북부	중남부
조	명칭	봄 조	중간형	그루조
	분포	서북부, 중부의 산간지		중부 평야, 남부
메밀	명칭	여름 메밀	중간형	가을 메밀
	분포	서북부, 중부의 산간지		중부 평야, 남부

01 결핍 시 잎의 황백화 현상이 어린잎에 나타나지 않는 것은?

㉮ Ca

㉯ N

㉰ S

㉱ Fe

02 필수원소의 생리작용에 대한 설명으로 틀린 것은?

㉮ 마그네슘은 엽록소의 구성원소이며 광합성 인산대사에 관하여 효소의 활성을 높인다.

㉯ 황은 단백질, 아미노산, 효소 등의 구성성분이며 엽록소의 형성에 관여한다.

㉰ 망간은 세포벽 중층의 주성분이다.

㉱ 아연은 촉매 또는 반응조절물질로 작용하며 단백질과 탄수화물의 대사에 관여한다.

03 작물에 유해한 성분이 아닌 것은?

㉮ 수은

㉯ 납

㉰ 황

㉱ 카드뮴

04 작물이 주로 이용하는 토양수분의 형태는?

㉮ 흡습수

㉯ 모관수

㉰ 중력수

㉱ 결합수

■ 체내 이동성이 좋은 원소라면 토양에서 흡수를 못해도 기존에 흡수한 성분(오래된 잎 등에 보관)을 부족한 곳(새롭게 만드는 잎 등)에 공급하면 큰 문제가 발생하지 않을 것이다. 그러나 체내 이동성이 나쁜 원소는 이미 흡수한 것이라도 이동을 못하므로 새로이 만들어지는 어린잎에 결핍현상이 나타난다. 보기의 Ca, S, Fe는 체내 이동성이 나쁘고, N은 이동성이 좋다. 따라서 N은 결핍되어도 잎의 황백화 현상이 어린잎에 나타나지 않는다.

– 체내 이동성이 나쁜 원소 암기법: 먹어 살이 되고 뼈가 되었는데 내놓으라고 시(Ca)비(B)만(Mn) 걸어봐라. 황(S)천(Fe)보낸다.

■ 세포벽 중층의 주성분은 칼슘(Ca)이고, 망간(Mn)은 각종 효소의 활성을 높여서 호흡, 광합성 등에 작용한다.

■ 황(S)은 식물의 필수원소이며 생육기간 중 대량으로 필요한 다량원소에 속한다. 보기의 다른 성분은 토양의 오염원이다.

■ 모관수는 토양의 작은 공극 사이에서 모세관력과 표면장력에 의해 보유되어 있다. 대부분의 작물에게 이용될 수 있는 유효한 수분이다.

보충

01 ㉯   02 ㉰   03 ㉰   04 ㉯

05 식물이 이용할 수 있는 유효수분을 간직하는 힘이 가장 강한 토양은?

㉮ 사양토   ㉯ 양토

㉰ 식양토   ㉱ 식토

06 다음 중 토양수분항수의 pF(potential force)로 틀린 것은?

㉮ 최대용수량 : pF = 7

㉯ 초기위조점 : pF = 3.9

㉰ 포장용수량 : pF = 2.5 ~ 2.7

㉱ 흡습계수   : pF = 4.5

07 토양의 공극이 수분으로 완전히 포화되었을 때 이 토양의 pF는?

㉮ 0   ㉯ 3

㉰ 4.18   ㉱ 7

08 포장용수량과 위조계수가 각각 40%, 5%일 때 이 토양의 유효수분은?

㉮ 5%   ㉯ 35%

㉰ 40%   ㉱ 45%

09 건조 전 질량이 150g이고 건조 후 질량이 125g일 때 이 토양의 질량 수분함량은?(단, 105℃에서 완전 건조하였다.)

㉮ 10%

㉯ 20%

㉰ 30%

㉱ 40%

10 다음 중 토양수분의 표시방법이 아닌 것은?

㉮ 부피 ㉯ 중량

㉰ 백분율(%) ㉱ 장력(pF)

11 작물의 요수량에 대한 설명 중 옳은 것은?

㉮ 작물의 건물 1g을 생산하는 데 소비되는 수분의 양

㉯ 작물의 건물 100g을 생산하는 데 소비되는 수분의 양

㉰ 건물 1kg을 생산하는 데 소비되는 증산량

㉱ 건물 100kg을 생산하는 데 소비되는 증산량

12 점적관개에 대한 설명으로 옳은 것은?

㉮ 미생물을 물에 타서 주는 방법

㉯ 작은 호스 구멍으로 소량씩 물을 주는 방법

㉰ 싹을 틔우기 위해 물을 뿌려주는 방법

㉱ 스프링클러 등으로 물을 뿌려주는 방법

13 다음 중에서 물을 가장 절약할 수 있는 관개법은?

㉮ 지표 관개

㉯ 다공관 관개

㉰ 스프링클러 관개

㉱ 물방울 관개

14 지표관개 방법이 아닌 것은?

㉮ 일류 관개

㉯ 보더 관개

㉰ 수반법

㉱ 스프링클러 관개

■ 토양수분은 중량(질량 수분함량)이나 용적의 백분율(%) 또는 장력(tension, pF)으로 표시한다. 토양수분은 토양입자에 붙어 있으므로 모여야 표시가 되는 부피로는 표시할 수 없다.

■ 건물 1g을 생산하는 데 소요되는 수분량(g)을 그 작물의 요수량이라고 한다. 요수량이 작은 작물이 건조한 토양과 가뭄에 대한 저항성이 강하다.

■ 점적관수: 물을 천천히 조금씩 흘러나오게 하여 필요한 부위에만 관수하는 방법으로 토양이 굳어지지 않고, 표토에 유실이 없으며, 물을 절약할 수 있고, 넓은 면적에 균일하게 관수할 수 있다.

■ 점적관수(點 점 점, 滴 물방울 적, 물방울 관수)는 물을 방울방울 흘러나오게 하여 필요한 부위에 집중적으로 관수하는 방법으로 물을 절약할 수 있다.

■ 지표관수 : 지표면을 따라 물이 흐르게 하여 관개하는 방법으로, 지표면 전면에 걸쳐 물이 흐르게 하는 전면관개와 고랑으로 흐르게 하는 휴간관개로 구분된다. 전면관개는 경사면을 따라 주급수로를 내고 여기에서 등고선 방향으로 지수로(支水路)를 낸 뒤, 지수로의 끝을 막고 물을 대어 넘치게 하는 일류관개(溢 넘칠 일, 流 흐를 유, 灌 물댈 관, 漑 물댈 개), 완경사 포장에 알맞게 칸을 만들고 각 칸의 가장자리(border)로부터 아래 칸의 전체 표면에 물이 흐르게 하는 보더법, 수반법 등이 있다.

10 ㉮ 11 ㉮ 12 ㉯ 13 ㉱ 14 ㉱

15 작물의 생리작용인 양분의 흡수 및 체내이동과 가장 관련이 깊은 환경요인은?

㉮ 빛

㉯ 수분

㉰ 공기

㉱ 토양

■ 수분은 작물체 구성물질의 성분이며 필요 흡수물질의 용매역할을 한다. 또한 양분은 수분에 의해 체내에서 이동된다.

16 작물의 수분 부족 장해가 아닌 것은?

㉮ 무기양분이 결핍된다.

㉯ 증산작용이 억제된다.

㉰ ABA양이 감소된다.

㉱ 광합성능이 떨어진다.

■ 아브시스산(Abscisic acid, ABA): 추위, 염, 수분의 부족 시 함량이 늘어나므로 스트레스 호르몬이라고도 부른다. 특히 수분부족에는 그 함량이 40배까지 늘어나며, 기공을 닫아 수분의 증발을 막는다.

17 다음 대기의 공기 중 가장 많이 함유되어 있는 가스는?

㉮ 산소가스

㉯ 질소가스

㉰ 이산화탄소

㉱ 아황산가스

■ 대기 중의 성분은 대체로 일정한 비율로 유지되는데 용량비로 보면 질소가스 약 79%, 산소가스 약 21%, 이산화탄소 약 0.03%, 기타로 구성된다.

18 대기조성과 작물에 대한 틀린 설명은?

㉮ 대기 중 질소(N_2)가 가장 많은 함량을 차지한다.

㉯ 대기 중 질소는 콩과작물의 근류균에 의해 고정되기도 한다.

㉰ 대기 중의 이산화탄소의 농도는 작물이 광합성을 수행하기에 충분한 과포화 상태이다.

㉱ 산소농도가 극히 낮아지거나 90% 이상이 되면 작물의 호흡에 지장이 생긴다.

■ 대기 중의 이산화탄소 농도인 0.03%는 작물이 충분한 광합성을 수행하기에는 부족한 상태이므로 인공적으로 이산화탄소를 공급해주는 탄산시비를 하기도 한다.

15 ㉯　16 ㉰　17 ㉯　18 ㉰

(2) 현재의 주요 작부체계

① 합리적인 작부체계는 경지이용률을 높여 주고 태양에너지의 이용효율을 증대시키며 지력을 증진하는 등의 효과가 있다.

② 작물의 주요 작부체계는 연작(連作, one crop cropping), 윤작(輪作, crop rotation), 간작(間作, intercropping), 혼작(混作, companion cropping), 답전윤환재배(畓田輪換栽培), 교호작(交互作), 주위작(周圍作), 자유작(自由作) 등이 있으며, 이들은 각각 장단점이 있으므로 이와 관련한 적절한 보완조처가 있어야 한다.

2. 주요 작부체계

(1) 연작과 기지

1) 연작

① 동일한 포장에 동일작물(또는 근연작물)을 매년 계속해서 재배하는 작부방식을 연작이라 한다.

② 연작에 의한 피해가 적은 작물(벼 등 식용작물)이나 연작의 피해가 크다 하더라도 특히 수익성이 높거나 수요가 큰 작물(채소 등)은 이 작부방식에 의해 재배된다.

2) 기지의 정의 및 정도

① 연작을 할 때 작물의 생육이 뚜렷하게 나빠지는 것을 기지(忌地, soil sickness)라 하며 기지의 정도는 작물에 따라 차이가 크다.

② 작물별 기지 정도

연작의 해가 적은 작물	벼, 맥류, 옥수수, 조, 수수, 고구마, 삼, 담배, 무, 양파, 당근, 호박, 아스파라거스, 딸기, 양배추, 미나리
1년간 휴작이 필요한 작물	시금치, 콩, 파, 생강
2~3년간 휴작이 필요한 작물	감자, 오이, 참외, 토란, 강낭콩
5~7년간 휴작이 필요한 작물	가지과(가지, 고추, 토마토), 수박, 우엉, 사탕무
10년 이상 휴작이 필요한 작물	인삼, 아마

3) 기지의 원인

① 토양 비료성분의 소모 : 식물마다 더 좋아하는(필요로 하는) 양분이 있으므로 연작을 하면 그 성분이 모자라게 된다.

② 염기의 과잉 집적 : 채소는 기지현상이 뚜렷하나 수익성 때문에 도시근교의 시설에서 재배되는데 염기의 과잉이 문제가 된다.

③ 토양물리성의 악화 : 벼, 보리 등의 천근성 작물의 연작은 작토의 하층을 굳어지게
한다.
④ 토양전염병원균 및 선충의 번성 : 어느 작물이나 그 작물을 좋아하는 병원균이나 선
충이 있다.
⑤ 유독물질의 축적 : 어떤 작물의 유체(잎, 줄기, 뿌리 등)를 동일한 작물에 거름으로
주면 생육이 저해한다는 보고가 많다. 즉, 유체에서 나오는 물질이 독으로 작용한다는
뜻이므로 연작으로 재배작물과 동일한 작물의 유체가 많이 쌓이면 기지가 심해진다.
⑥ 잡초의 번성 : 병균처럼 어떤 작물을 특히 좋아하는 잡초가 있다.

연구 논에서 벼의 연작이 가능한 이유

1. 관개수에 의해 양분이 공급된다.
2. 담수조건이므로 토양전염성 해충의 발생이 적다.
3. 담수조건이므로 생장저해물질의 축적이 적다.
4. 담수조건이므로 잡초의 발생이 적다.

4) 기지의 대책

앞에서 설명한 기지의 원인은 단독적 또는 복합적으로 작용하여 작물의 생육장해를
초래시키는데, 기지의 대책으로는 윤작, 답전윤환재배, 저항성 품종의 육성, 토양소독,
객토 및 환토, 유독물질의 제거, 지력배양과 결핍성분의 보급 등이 있다.

(2) 윤작 – 제3과목 "유기농업일반" 참조
① 윤작의 방식 및 원리
② 윤작의 효과 : 연작 장해를 해소하기 위한 가장 친환경적인 영농방법
③ 유기농업에서 윤작과 관련한 법령

(3) 간작

1) 간작의 정의
① 한 작물이 생육하고 있는 조간(條間)에 다른 작물을 조합하여 재배하는 작부방식(보
리+콩, 보리+고구마 등)으로 조간에 재배되는 작물을 간작물이라 한다. 즉, 간작은
생육시기를 달리하는 작물을 일정기간 같은 포장에 생육시키는 것으로, 여름작물이
조합되는 것이 보통이며 두 작물의 수확기는 다르다. 간작(間作)의 사이 간(間)을 시간
사이로 이해하면 편리하다.

② 간작에 있어서 이미 생육하고 있는 작물을 상작이라 하고, 나중에 조간에 파종 또는 심겨지는 작물을 하작이라 한다. 추파맥류의 조간에 콩, 고구마, 목화 등을 파종 또는 이식할 경우 보리나 밀을 상작이라고 하고 콩, 고구마 등을 하작이라고 한다.

2) 간작의 장점
① 토지 이용도의 증대
② 상 · 하작의 적절한 조합으로 비료를 경제적으로 이용
③ 기상여건과 병해충에 대하여 경우에 따라 상작이 하작 보호
④ 노력의 합리적 분배 가능

3) 간작의 단점
① 기계화 곤란
② 후작의 생육장해가 심함
③ 후작으로 인하여 토양비료의 부족

(4) 혼작
① 혼작의 정의 : 생육기가 거의 같은 두 종류 이상의 작물을 동시에 같은 포장에 섞어서 재배하는 작부방식으로 주 · 부의 관계가 뚜렷한 경우(콩밭에 수수, 옥수수 혼작)와 뚜렷하지 못한 경우(화본과 목초와 두과 목초의 혼파)가 있다.
② 혼작의 종류 : 혼작의 종류에는 조혼작, 점혼작, 난혼작 등이 있다. 콩밭에 수수나 옥수수를 일정한 간격으로 점점이 재배하면 점혼작, 조파하여 재배하면 조혼작이 되며, 콩밭에 수수, 조 등을 질서 없이 파종하여 재배하면 난혼작이 된다.
③ 혼작의 이익 : 혼작은 작물들이 생태적 특성에 의해서 협력적으로 작용하여 그 작물들을 분리하여 재배하는 것보다 합계수량이 많은 때이어야 의미가 있다.

(5) 답전윤환 재배

1) 답전윤환 재배의 정의 및 현황
① 포장을 논 상태와 밭 상태로 몇 년씩 규칙적으로 윤환하여 이용하는 작부방식으로, 벼가 자라지 않는 기간만 맥류나 감자 등의 작물을 재배하는 답리작이나 답전작과는 그 의미가 다르다.
② 답전윤환이 실현되는 경우는 천수답과 같은 용수 부족지, 도시 근교와 같이 논보다는 밭이 수익성이 큰 경우 등에서 실시된다. 답전윤환의 적당한 연수는 지력, 잡초 문제

등을 고려할 때 2~3년 정도가 알맞은 것으로 알려져 있고, 도시 근교 농업지대에서는 채소 → 채소 → 벼 → 벼의 채소형 답전윤환, 낙농지대에서는 목초 → 목초 → 벼 → 벼의 낙농형 답전윤환이 실시되고 있다.

2) 답전윤환의 효과

① 밭으로 사용되는 기간에는 논으로 사용되는 기간에 비해 토양구조가 입단화되므로 물리·화학성이 개선되며, 건토효과에 의한 잠재양분을 이용할 수 있고, 환원성유해물질이 제거된다.

② 논으로 사용되는 기간에는 과도한 염기가 용탈되며, 일부 무기물이 환원되어 가용성이 되므로 영양원으로의 사용이 가능하게 된다.

③ 밭 기간에는 수생병균 및 논 잡초를, 논 기간에는 건생병균 및 밭 잡초를 각각 경감시킬 수 있다.

④ 채소류의 연작에 의한 기지를 회피할 수 있다.

⑤ 노력을 적절히 배분할 수 있다.

(6) 그 밖의 작부체계

1) 교호작

① 생육기간이 비슷한 두 종류 이상의 작물을 일정한 이랑씩 번갈아서 재배하는 작부방식이 교호작이며, 전작물의 휴간을 이용하여 후작물을 재배하는 간작과는 구별된다. 즉, 간작에 비하면 주작물과 부작물, 전작물과 후작물의 뚜렷한 구분이 없다. 따라서 시비 및 관리를 다른 작물에 상관없이 충분히 할 수 있고, 재배기간도 같거나 거의 비슷한 작물이 조합되는데 옥수수와 콩의 교호작이 대표적이다.

② 교호작의 방식에는 옥수수와 콩 교호작에서와 같이 한 줄씩 교호로 작부하는 방식부터, 작물의 연속 이랑수가 대단히 많은 대상재배법까지 다양하다. 대상재배는 주로 경사지의 토양침식의 방지책으로 등고선재배 시에 실시된다.

2) 주위작

① 포장의 주위에 포장 내의 작물과는 다른 작물을 재배하는 작부방식으로 포장주위의 빈 공간을 생산에 이용하는 혼작의 일종이라고 볼 수 있다.

② 논두렁콩의 재배는 대표적인 것이며, 방풍을 위해 옥수수, 수수와 같은 키가 큰 작물을 재배한다거나, 병충해 방제를 위해 기피식물을 심기도 하고, 경사지 밭 주위에 나무를 심어 토양침식을 방지하며 포장 내의 작물을 보호하는 것 등이 주위작의 예이다.

3) 자유작

① 시장의 경기변동에 따라 그때그때 적당한 작물을 재배하는 작부방식을 자유작이라고
   한다.

② 자유작을 성립시키는 조건은 생산물을 대량 소비할 수 있는 큰 시장이 있어야 하고,
   수익성이 커야 한다. 따라서 도시근교에서 많이 실시되고 있으며, 수익성이 큰 채소,
   특히 과채류의 재배에 많이 적용된다.

4) 답리작(畓裏作)

① 답리작이란 논에서 벼 이외에 다른 작물도 재배하여 토지 이용률을 높이는 작부 방법
   이다.

② 답리작에서 답전작을 하는 경우 먼저 재배하는 작물을 위한 시간이 필요하므로 벼의
   파종기가 늦어지게 된다. 따라서 벼의 만식적응성이 요구된다. 또한 벼를 재배하고 난
   뒤 답후작을 하는 경우에는 후작물을 또 키워야 하기 때문에 벼를 빨리 수확할 수 있
   는 단기성 품종이 필요하다.

01 기지현상의 방지 및 경감 대책과 가장 거리가 먼 것은?

㉮ 담수

㉯ 토양소독

㉰ 객토

㉱ 시설재배

02 답전윤환의 효과와 가장 거리가 먼 것은?

㉮ 기지의 회피

㉯ 잡초발생의 감소

㉰ 지력의 감퇴

㉱ 연작장해의 경감

03 휴한지에 재배하면 지력의 유지·증진에 가장 효과가 있는 작물은?

㉮ 클로버

㉯ 밀

㉰ 보리

㉱ 고구마

보충

■ 시설재배 토양은 용탈되는 염류의 양이 적고 다비재배에 의해 염류가 집적되므로 기지현상이 심하게 나타난다.

■ 답전윤환은 포장을 논상태와 밭 상태로 규칙적으로 윤환하여 이용하는 작부방식으로 지력의 유지 증진, 기지의 회피, 잡초 발생 억제, 수량 증가, 노력 절감 등의 효과가 있다.

■ 18세기 영국에서는 휴경을 없애고 클로버와 같은 콩과 목초인 지력 증진 식물을 재배하는 개량 3포식 농법을 실시하였다.

01 ㉱ 02 ㉰ 03 ㉮

1. 종묘

(1) 종묘의 뜻

식물 번식의 시발점이 되는 종자와 모를 합하여 종묘(種苗)라 한다.

(2) 종묘로 이용되는 것

1) 종자

종묘 중에서 유성생식의 결과 수정에 의해 배주가 발달된 것을 식물학상 종자라 하며, 종자는 종묘로 가장 많이 이용된다.

2) 영양기관

① 눈 : 포도, 꽃의 아삽 등

② 잎 : 고무나무, 베고니아 등

③ 줄기

지상경	사탕수수, 모시풀, 홉 등
지하경(땅속줄기)	생강, 연, 박하 등
덩이줄기(괴경)	감자, 토란, 뚱딴지 등
알줄기(구경)	글라디올러스
비늘줄기(인경)	나리, 마늘, 튤립 등

④ 뿌리

지근	닥나무, 고사리 등
덩이뿌리(괴근)	달리아, 고구마, 마 등

2. 종자

(1) 종자의 구조

① 종피(種皮, 씨껍질) : 종피는 배주를 싸고 있는 주피에서 발달한 것으로 일반적으로 외종피와 내종피로 되어 있으며, 성숙한 종자에는 배꼽, 배꼽줄, 씨구멍 등이 있다.

② 배유(胚乳, 배젖) : 2개의 극핵과 꽃가루관에서 온 정핵의 하나가 수정을 한 다음 세포분열을 거듭하여 만들어진 것으로 종자가 발아하는 과정과 발아 후 일정기간 사용

할 각종 양분이 저장되어 있다. 배유는 외배유와 내배유로 구분되는데 주피의 일부 조직, 즉 주심조직이 발달하여 된 것을 외배유라고 한다. 시금치와 비트는 외배유가 잘 발달된 종자이다.

③ 배(胚) : 배낭 속의 난핵과 꽃가루관에서 온 정핵의 하나가 수정한 결과 생긴 것으로 장차 식물체가 되는 부분으로 4개(유아, 떡잎, 배축, 유근)로 구성되어 있다. 배축(胚軸)은 속씨식물에서 배의 중심을 이루는 부분으로 자라서 위쪽은 떡잎과 어린 눈(유아)이 되고 아래쪽은 어린뿌리(유근)로 된다.

(2) 종자의 수명

① 종자가 발아력을 보유하고 있는 기간을 종자의 수명이라 한다. 일반 실내저장의 경우 종자수명은 다음과 같다.

단명종자(1~2년)	고추 · 양파 · 메밀 · 토당귀 등
상명종자(2~3년)	토마토 · 벼 · 완두 · 목화 · 쌀보리 등
장명종자(4~6년 또는 그 이상)	가지 · 콩과(콩, 녹두) · 박과(호박, 오이) · 배추 등

② 저장 중에 종자가 발아력을 상실하는 원인 : 원형질을 구성하는 단백질의 응고(효소의 활력 저하 포함)에 기인한다. 호흡으로 인한 저장양분의 소모가 있으나 발아력을 상실한 후에도 상당량의 양분이 남아 있는 것으로 보아 저장양분의 소모는 발아력 상실의 직접원인은 아닌 것으로 추측된다.

1) 종자의 수명에 영향을 미치는 조건

① 저장 중의 종자수명에 영향을 미치는 주요 조건은 종자의 수분함량과 저장장소의 습도, 온도, 산소이다.

② 건조한 종자를 저온, 저습, 산소가 차단된(밀폐된) 상태로 저장하면 수명이 연장된다.

③ 건조저장 : 수분함량을 13% 이하로 건조시켜 저장하면 안전하다.

④ 토중저장 : 종자의 과숙을 억제하고 여름철의 고온 및 겨울철의 저온을 피하기 위한 저장법이다.

(3) 종자의 품질

1) 내적 요건

① 유전성 : 우량품종에 속하는 유전성(우수성, 균일성, 영속성 및 광지역적응성)을 가지는 종자가 좋은 품질의 종자이다.

② 발아력 : 종자의 발아율이 높고 발아세가 빠른 종자가 우량하다, 종자의 용가 또는 진가는 순도(전체종자에 대한 순정종자의 중량비)와 발아율에 의해 결정되며, 종자의 용가가 높은 것이 좋은 품질의 종자이다.

$$종자의\ 용가(진가) = \frac{발아율(\%) \times 순도(\%)}{100}$$

2) 외적 조건

① 우량종자는 그 종이나 품종 고유의 순수종자 이외의 불순물 즉 이형종자, 잡초종자, 기타협잡물(돌, 흙, 잎, 줄기 등)이 포함되지 않아야 한다. 순도가 높을수록 좋은 품질의 종자이다.

② 종자의 크기는 보통 1,000립중 또는 100립중으로 표시하고, 종자의 무게는 1L중 또는 비중으로 표시하는데, 종자의 크기가 크고 무거운 것이 영양분이 충실하여 발아와 그 후의 생육이 좋으므로 좋은 품질의 종자이다.

③ 종자의 수분함량이 낮을수록 좋다(13% 이하이면 안전). 저장 중의 변질, 발아력 상실 등은 수분함량에 크게 영향 받는다.

(4) 종자의 발아조건

1) 수분

① 모든 종자는 어느 정도의 수분을 흡수해야만 발아한다. 발아에 필요한 수분의 흡수량은 각 작물에 따라 다르다. 종자무게에 대한 필요 수분량은 벼 23%, 밀 30%, 콩은 100% 정도이다.

② 종자가 수분을 흡수하면 종피가 찢어지고(벼는 23%를 흡수하여 부피를 40% 늘리고, 콩은 100% 흡수하여 부피를 167% 늘림), 가스교환이 용이해지며, 각종 효소들의 작용이 활발해진다.

2) 산소

① 대부분의 종자는 산소가 충분히 공급되어 호기호흡이 잘 이루어져야 발아가 잘 되지만, 벼처럼 산소가 없을 경우에는 무기호흡에 의하여 발아에 필요한 에너지를 얻을 수 있는 것도 있다. 그러나 벼도 산소가 없는 경우는 유아(초엽)만 도장해서 연약하게 되고, 뿌리의 생장이 불량해 못쓰게 된다.

② 산소 요구도는 수중에서 발아하는 상태를 보고 파악할 수 있다.

수중에서 발아하지 못하는 종자	밀 · 콩 · 무 · 귀리 · 양배추 · 가지 · 고추
수중에서 발아가 감퇴하는 종자	담배 · 토마토 · 카네이션 등
수중에서 발아가 되는 종자	벼 · 상추 · 당근 · 셀러리 등

3) 온도

① 발아의 최저온도는 0~10℃, 최적온도는 20~30℃, 최고온도는 35~40℃인데 저온
작물은 고온작물에 비하여 발아온도가 낮다.

저온에서 발아하는 종자	귀리 · 호밀 · 시금치 · 상추 · 셀러리 · 부추
고온에서 발아하는 종자	박과채소 · 토마토 · 가지 · 고추

② 최적온도에서는 발아율이 높고 발아속도(발아세)도 빠르다. 일반적으로 파종 시의 지
온은 최저온도보다는 높으나 최적온도보다는 낮으므로 파종 시에 최적온도를 만들어
주기 위한 멀칭 등의 보온조치가 필요하다.

③ 담배, 아주까리 등은 변온상태에서 발아가 촉진된다.

4) 광선

① 대부분의 종자는 광선이 발아에 무관하지만 종류에 따라서는 광선에 의해서 조장되
는 것도 있고, 반대로 억제되는 것도 있다.

호광성 종자	상추 · 화본과 목초 · 담배 · 우엉 · 셀러리 등
혐광성 종자	가지과(토마토, 고추, 가지) · 박과(호박, 오이) · 양파 · 백일홍 등
광무관계 종자	벼, 보리, 옥수수 등의 화곡류 · 대부분의 콩과작물 등

② 호광성 종자의 발아 촉진에는 적색광이 유효하고, 지베렐린으로 처리하면 호광성 성
질을 제거하여 암발아를 시킬 수 있다.

(5) 종자의 발아력 검정

1) 발아조사에 의한 검정

① 발아율(發芽率) : 파종된 총 종자수에 대한 발아종자의 비율

② 발아세(發芽勢) : 치상 후 정해진 시일 내의 발아율

③ 발아시(發芽始) : 발아가 처음 나타난 날

④ 발아기(發芽期) : 파종된 종자의 50%가 발아한 날

⑤ 발아전(發芽揃) : 파종된 종자의 대부분(80% 이상)이 발아한 날

⑥ 발아일수(發芽日數) : 파종기부터 발아기까지의 일수

⑦ 평균발아일수 : 발아한 모든 종자의 평균적인 발아일수

⑧ 발아속도 : 그날그날의 발아속도의 합

$$발아속도 = \sum \frac{해당일의\ 발아수}{파종부터의\ 일수}$$

2) 발아시험에 의한 검정

$$발아율 = \frac{정상묘\ 발아입수}{총공시\ 종자입수} \times 100$$

3) 간이법에 의한 검정

① 테트라졸륨법 : 테트라졸륨용액은 배가 호흡에 의해 방출하는 수소이온과 결합하여 배를 적색으로 물들인다. 종자의 활력측정에 사용된다.

② 전기전도율 검사법

(6) 종자의 휴면

1) 휴면의 정의

① 성숙한 종자에 적당한 발아조건을 주어도 일정 기간 동안 발아하지 않을 때 이 종자는 휴면을 하고 있다고 한다. 즉, 휴면은 생육의 일시적인 정지 상태라고 볼 수 있다.

② 대부분의 경우 휴면은 식물 자신이 처한 불량환경의 극복수단이다. 휴면 중인 종자나 눈은 저온, 고온, 건조 등에 저항성이 강하여 좋은 시기가 올 때까지 살아남을 수 있다.

2) 휴면의 종류

① 자발적 휴면 : 외적 조건이 생육에 적당하지만, 내적 원인에 의해서 유발되는 휴면으로 본질적(진정한) 휴면이다.

② 타발적 휴면 : 발아력이 있으나 외적 조건이 부적당하기 때문에 유발되는 휴면이다.

③ 1차휴면과 2차휴면 : 자발적 휴면과 타발적 휴면을 합쳐 1차휴면이라 하고, 성숙한 종자가 불리한 환경조건에 장기간 보존되어 적당한 조건에 놓여져도 발아하지 않고 휴면이 유지되는 것을 2차휴면이라 한다.

3) 휴면의 생리적 원인

① 경실 : 종피가 단단하여 수분의 투과를 저해하기 때문에 발아하지 못하는 종자를 경실(硬實)이라고 한다. 경실은 콩과의 소립종자에서 볼 수 있다. 녹비로 우리나라에서 많이 심는 자운영, 헤어리비치가 경실이고, 고구마, 연 등도 이에 속한다.

② 종피의 산소흡수 저해 : 보리, 귀리 등에서는 종피의 불투기성 때문에 산소가 흡수되지 못하여 발아하지 못하고 휴면한다.

③ 종피의 기계적 저항 : 어떤 잡초종자에서는 물이 흡수되면 종피가 기계적 저항을 갖기 때문에 배가 물을 함유한 상태로 휴면하는 것이 있다. 그러나 종자가 건조해지면 기계적 저항이 약화되어 휴면이 타파되고 발아한다. 우기를 피하려는 의도로 보인다.

④ 배의 미숙 : 장미과, 미나리아재비과 식물에서는 종자가 모주를 이탈할 때 배가 미숙 상태이므로 바로 발아하지 못한다. 이들은 수주일 또는 수개월이 경과하면 배가 완전히 발육하고 생리적 변화를 완성하여 발아할 수 있게 된다. 이 과정을 후숙이라 하며 후숙은 자신의 보호수단이다.

⑤ 발아억제물질의 존재 : 발아와 휴면은 GA와 ABA의 상대적 비율이 관계된다. ABA가 상대적으로 많으면 휴면이 되는데 많은 종자에는 ABA 등 발아억제물질이 존재한다.

4) 휴면 타파와 발아 촉진

① 경실의 발아촉진법

종피파상법	단단한 경실의 종피에 상처를 내는 방법이다. 자운영 등의 경실종자는 모래와 섞어 절구에 가볍게 찧어서 상처를 내고, 고구마 종자는 손톱깎기를 이용한다.
황산 처리	경실종자를 황산에 넣어 종피의 표면을 침식시킨 다음 물에 씻어서 파종한다.
변온(저온) 처리	자운영 등은 변온처리로 발아된다.
진탕(振 떨칠 진, 盪 씻을 탕) 처리	스위트클로버의 경우 플라스크에 종자를 넣고 1초간 3회 진탕의 비율로 10분간 진탕, 질산처리로도 발아가 된다.

② 배의 미숙으로 휴면을 하는 종자는 습한 모래나 이끼를 종자와 층층으로 쌓아, 이를 저온에 두어 후숙을 촉진시키는 층적법을 이용한다.

③ 발아촉진물질의 처리

　㉠ 지베렐린은 각종 종자의 휴면타파 또는 발아촉진에 효과가 크다.

　㉡ 에틸렌(상품명, 에스텔)을 사용하여 양상추 등의 발아를 촉진시킨다.

　㉢ 질산염은 화본과 목초에서 발아를 촉진한다.

　㉣ 시토키닌도 지베렐린처럼 호광성종자의 암발아를 유도한다.

3. 육묘

(1) 육묘의 정의

① 재배에 있어서 번식용으로 이용되는 어린 식물 즉, 뿌리가 있는 어린 작물을 모라 하며 초본묘와 목본묘, 종자로부터 생산된 실생묘, 종자 이외의 식물영양체로부터 분리

양성한 삽목묘, 접목묘, 취목묘로 구분된다.

② 종자 등을 경작지에서 키우지 않고 모를 일정기간 시설 등에서 생육시키는 것을 육묘라 한다.

(2) 육묘의 목적과 방식

1) 육묘의 목적

① 수확시기를 앞당길 수 있다.

② 품질향상과 수량증대가 가능하다.

③ 집약적인 관리와 보호가 가능하다.

④ 종자를 절약하고 토지이용도를 높일 수 있다.

⑤ 직파가 불리한 딸기, 고구마 등의 재배에 유리하다.

2) 육묘의 방식

① 가열온상육묘 : 저온기에 인공적인 가온과 태양열을 최대한 이용하는 묘상으로 이른 봄의 육묘에 이용하며, 가온은 분뇨, 깻묵, 짚 등의 유기물을 이용하여 열을 얻는 양열 또는 전열, 온수보일러 등을 이용한다.

② 보온육묘 : 인공적인 가온 없이 태양열만을 이용하는 육묘방식으로 냉상육묘라고도 한다. 보온을 위주로 낮에는 축열하고, 밤에는 여러 가지 방법으로 보온한다.

③ 공정육묘(플러그육묘) : 육묘의 생력화, 효율화를 목적으로 상토조제, 파종, 물주기 등 관련된 여러 작업을 자동화된 생산시설에서 품질이 균일한 규격묘를 생산한다. 식재 시에는 전기플러그에 소켓을 꽂듯이 땅속에 모를 꽂는다 하여 플러그육묘라고도 한다.

④ 접목육묘 : 토양전염병의 예방, 양수분의 흡수력 증대, 저온신장성 강화, 이식성의 향상 등을 목적으로 접목을 실시한 모를 말한다. 대목의 조건은 앞에서 설명한 목적을 달성할 수 있는 것이어야 한다. 접목방법은 쪼개접, 꽂이접, 맞접 등이 있으며 오이, 토마토, 수박, 멜론, 과수나무 등 광범위하게 사용된다.

⑤ 양액육묘 : 작물의 생육에 필요한 모든 영양소를 지닌 배양액을 이용하는 방법으로 상토육묘보다 생육이 빠르다. 노력과 자재의 절감, 병충해의 위험이 적고, 운반이 간편하며, 동질의 대량육묘가 가능하나 건물률이 낮고, 정식 후 활착이 더디며, 웃자라기 쉬운 약점이 있다.

01 종자휴면의 원인이 아닌 것은?

㉮ 종피의 기계적 저항   ㉯ 종피의 산소 흡수 저해

㉰ 배의 미숙   ㉱ 후숙

02 발아기간을 발아시, 발아기, 발아전으로 구분할 때 발아전에 대한 설명으로 옳은 것은?

㉮ 파종된 종자 중 최초의 1개체가 발아한 날

㉯ 전체 종자수의 50% 발아한 날

㉰ 파종된 종자 중 최초의 1개체가 발아하기 전날

㉱ 전체 종자수의 80% 이상이 발아한 날

03 엽삽이 잘 되는 식물로만 이루어진 것은?

㉮ 베고니아, 산세베리아   ㉯ 국화, 땅두릅

㉰ 자두나무, 앵두나무   ㉱ 카네이션, 펠라고늄

04 인공 영양번식에서 발근 및 활착을 촉진하는 처리방법으로 틀린 것은?

㉮ 새 가지를 일광에 충분하게 노출시켜서 엽록소의 형성을 증대시킨다.

㉯ 취목(取木)을 할 때 발근시킬 부위에 환상박피, 절상(切傷), 연곡(撚曲) 등을 처리한다.

㉰ 포인세티아의 삽목 시 삽수의 일부분 3㎝ 정도를 물에 담갔다가 상토에 꽂는다.

㉱ 포도의 단아삽(單芽揷)에서 6% 자당액에 60시간 침지한다.

보충

■ 종자가 모주를 이탈할 때 배가 미숙상태여서 발아하지 못할 경우 수 주일 또는 수 개월 경과하면 배가 완전히 발육하고 생리적 변화를 완성하여 발아할 수 있게 되는데, 이 과정을 후숙이라 한다.

■ ㉮ 발아시(發 쏠 발, 芽 싹 아, 始 처음 시)
㉯ 발아기(發芽期, 정할 기)
㉱ 발아전(發芽揃, 전진할 전) : 발아기(50%)보다 전진했으므로 전(80%)이다.

■ 엽삽(잎꽂이)은 줄기를 제외한 잎과 잎자루를 잘라 배양토에 꽂은 후 뿌리를 내리고 새로운 잎과 줄기를 만드는 방법이다. 베고니아, 산세베리아는 엽삽이 정말 잘 된다.

■ 일광을 차단하여 엽록소의 형성을 억제하여야 뿌리내림이 좋다.

---

01 ㉱   02 ㉱   03 ㉮   04 ㉮

1. 정지

(1) 경운

1) 경운의 방법

① 경운이란 토양을 갈아 일으켜 흙덩이를 반전시키고 대강 부스러뜨리는 작업을 말한다.

② 경운의 시기는 정해진 것은 아니지만 작물의 재배시기에 따라 봄, 여름, 가을로 구분할 수 있고 이를 각각 춘경, 하경, 추경이라 한다.

③ 추경은 경운 후 파종까지의 기간이 춘경보다 길므로 토양모재의 풍화가 촉진되고 시용한 유기물의 분해가 증대되며, 월동 중 추위에 의해서 잡초와 해충의 방제효과가 높아짐은 물론, 쇄토, 이랑만들기, 진압 등 작업이 간편해지는 등 일반적으로 겨울에 농사를 짓지 않는 경우에는 추경이 유리하다.

2) 심경

① 경운의 깊이는 재배하려는 작물의 종류, 토성, 토양구조, 토양의 비옥도, 기상조건, 시비량 및 재배법에 따라 결정되어야 한다. 천근성작물은 10㎝ 정도의 천경도 좋으나, 대부분의 작물에 있어서 생육조장과 수량증대를 위해서는 20㎝ 이상의 심경이 필요하다.

② 일반적으로 심경 후 생육이 불량하고 수량이 감소한다. 그 이유는 심토는 대체로 척박할 뿐만 아니라 풍화정도가 낮기 때문이다.

③ 논의 아래층에 사력층이 있는 경우 누수의 위험이 있으므로 심경을 하지 말아야 하며, 이와 같은 경우에는 기본적으로 객토하여 작토층을 두텁게 하여야 한다. 또한 기후가 한랭하고 작물의 생육기간이 짧은 중북부, 산간지대에서는 심경에 의해서 작물의 생육이 지연되어 성숙이 늦어지므로 주의해야 한다.

3) 일반적 경운의 효과

토양의 물리, 화학적 성질의 개선	토양입단화의 촉진으로 토양의 투수성, 통기성이 좋아지고, 파종 및 관리 작업이 용이해지며, 종자발아 및 근군의 발달이 조장된다. 토양통기가 좋아지므로 호기성 토양미생물의 활동이 활발해져서 유기물의 분해와 무기화가 촉진되어, 가급태 비료성분이 증가한다.

잡초의 경감	호광성인 잡초종자가 경운에 의하여 지하 깊숙이 매몰되므로 잡초발생이 억제된다.
해충의 경감	땅속에 은둔하고 있는 해충의 유충이나 번데기를 지표에 노출시켜 죽게 한다.

(2) 작휴(이랑 만들기)

① 작물이 심긴 부분과 심기지 않은 부분이 규칙적으로 반복될 때 이 반복되는 1단위를 이랑이라고 한다. 그런데 이랑이 평평하지 않고 기복이 있을 때 융기부를 두둑, 침몰부를 고랑 또는 골이라고 한다.

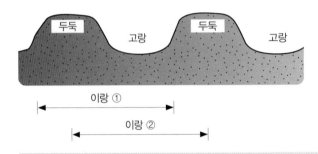

※ 이랑은 두둑+고랑이며 이랑의 측정 방법은 ①과 ②의 2가지 이론이 있다.

② 이랑을 만드는 이유 : 파종, 제초, 솎음 등의 관리작업에 작업공간을 제공하고, 작토층을 두껍게 하며, 지온을 높이고 배수 및 통기를 좋게 한다.

③ 작휴법의 종류

평휴법	두둑과 고랑의 구별을 없게 하는 방식으로 건조해와 습해가 동시에 완화되어 채소, 밭 벼에서 실시한다.
휴립법	두둑을 세워서 고랑을 낮게 하는 방식 ● 휴립구파법 : 두둑을 세우고 골에 파종하는 방식으로 맥류의 한해(旱害)와 동해방지, 감자에서는 발아촉진 및 배토(세상사, 두둑이 고랑된다.)를 위해 실시한다. ● 휴립휴파법 : 두둑을 세우고 두둑에 파종하는 방식으로 고구마는 두터운 작토층이 필요하므로 두둑을 높게 세우고 조, 콩 등은 두둑을 비교적 낮게 세운다. 두둑에 재배하면 배수와 토양통기가 좋아진다. ● 벼의 두둑재배: 습답이나 간척지의 두둑에서 재배하는 방식으로 지온이 높아지고, 토양통기가 개선되어 환원성 유해물질의 생성이 경감된다. 그러나 염분이 용탈되고, 잡초가 많아진다.
성휴법	두둑을 보통보다 넓고(약 1.2m 정도), 평평하게 만드는 방식으로 중부지방에서 맥후작 콩의 재배(두둑에 4줄 점파)에 이용한다.

2. 파종

(1) 파종시기 및 종자처리

① 파종시기 : 파종을 하려면 온도가 파종된 종자가 발아 및 성장할 수 있는 최저온도 이상이고, 토양수분도 필요한 한도 이상이어야 한다. 파종의 실제 시기는 작물의 종류 및 품종, 재배지역, 작부체계, 재해여부, 토양조건, 출하시기, 인력투입 등에 따라 결정된다.

② 파종 전의 종자처리

선종(종자고르기) ··· 육안, 체적, 중량, 비중에 의한 선별
  ↓
침종(종자담그기) ··· 발아억제물질의 제거, 종자의 수분흡수, 균일한 발아촉진
  ↓
최아(싹틔우기) ··· 생육의 촉진 : 벼, 맥류, 땅콩, 가지 등

(2) 파종방법

산파(살파)	포장전면에 종자를 흩어 뿌리는 방법으로 파종 노력이 적게 드나, 종자가 많이 들고, 통풍 및 수광자세가 나쁘며, 기타 병해충 방지, 제초 등의 관리 작업도 불편하다. 목초, 자운영의 답리작에서 실시
조파(드릴파)	뿌림골을 만들고 종자를 줄지어 뿌리는 방법으로 통풍, 수광이 좋아 수량과 품질에 좋은 영향을 미치며, 관리 작업도 편리하다. 맥류 등 차지하는 평면공간이 넓지 않은 작물에서 실시
점파	일정한 간격을 두고 종자를 몇 개씩 띄엄띄엄 파종하는 방법으로 노력은 다소 많이 들지만 건실하고 균일한 생육을 한다. 콩, 팥, 옥수수, 감자 등 평면공간을 많이 필요로 하는 작물에서 실시
적파	점파와 비슷한 방식으로 점파를 할 때 한 곳에 여러 개의 종자를 파종하는 것 노력은 많이 드나 통풍, 수광이 좋아 생육 양호. 목초, 맥류 등 평면을 좁게 차지하는 작물에서 실시. 벼의 모내기도 결과적으로 이 방식임

(3) 파종량

① 파종량의 의미 : 파종량의 다소는 작물 각 개체가 차지하는 생육면적을 결정하는 요소이다. 따라서 일반적으로 단위면적당 파종량이 많을수록 수량이 증가하나, 도를 넘으면 작물간의 과다경쟁 등으로 수량이 감소한다.

② 파종량 결정 요인

기후	추운 곳은 대체로 발아율이 낮으므로 난지보다 파종량을 늘려야 한다.
토질 및 비료	땅이 척박하거나 시비량이 적을 때는 파종량을 늘린다.
종자의 조건	병충해를 입은 것, 장기저장 등으로 발아력이 낮은 것, 경실종자 등은 파종량을 늘린다.
파종기	파종기가 늦어질수록 발육이 부실하므로 파종량을 늘린다. 발아조건이 나쁜 저온기 파종도 그 양을 늘려야 한다.
재배방식	토양이 건조하거나 병해충 발생 우려 시, 산파는 조파나 점파보다, 배추나 상추처럼 솎아내어 이용하는 경우 등은 파종량을 늘린다.

(4) 복토

① 종자를 뿌린 다음에 그 위에 흙을 덮는 것을 복토라고 하며, 종자를 보호하고 발아에 필요한 수분을 유지시키기 위해 실시한다.

② 복토의 기준은 종자의 크기, 발아습성, 토양조건에 따라 아래와 같이 달라지나 보통 종자의 경우 종자 두께의 2~3배 정도로 한다.

③ 호광성종자(파, 양파, 당근, 상추)나 점질토양, 적온에서는 얕게 하고, 혐광성 종자나 사질토양, 저온 또는 고온에서는 깊게 복토한다. 대립종자는 깊게 하고, 미세종자는 가급적 얕게 복토하며, 파종 후 가볍게 눌러만 주고 복토하지 않는 경우도 있다.

④ 감자 괴경의 형성 및 비대는 지표 밑 10㎝ 부위에서 가장 잘 이루어지므로 이 깊이로 심는다.

⑤ 파종 절차는 먼저 정지와 시비를 하고 간토(間土 : 비료가 종자에 닿지 않도록 약간 흙을 덮는 것)를 한 후에 파종을 하고, 복토(覆土 : 씨를 뿌리고 나서 다시 흙을 덮어주는 것)를 한다.

3. 정식

(1) 정식과 가식

① 정식 : 묘상에서 키운 묘를 본밭(수확기까지 생육할 장소)에 옮겨 심는 것을 정식이라 하며, 방법에는 난식(산파와 유사), 점식(점파와 유사), 조식(조파와 유사), 혈식(포기 사이를 많이 띄워서 구덩이를 파고 심는 방법) 등이 있다.

② 가식 : 정식할 때까지 잠정적으로 이식해 두는 것으로, 가식의 이점은 불량묘 도태, 이식성 향상, 도장의 방지 등이다. 마지막 가식으로부터 정식할 때까지의 기간이 길면

뿌리가 너무 길게 뻗어 정식할 때 뿌리가 많이 끊어지므로 정식 7~10일 전 모의 자리를 바꾸어(한 번 더 가식하여) 정식 시 활착을 돕는다.

1) 정식을 위한 모의 준비

① 포장에 정식하기 전 외부 환경에 견딜 수 있도록 모종을 굳히는 경화(硬化, 모종 굳히기)가 필요하다.

② 경화란 관수량을 줄이고, 온도를 낮추며, 서서히 직사광선을 받게 하는 등의 재배적 조치를 말한다. 이를 통하여 저온, 건조 등의 자연환경에 대한 저항성 증대, 흡수력 증대, 조속한 착근 및 뿌리의 발달 촉진, 엽육이 두꺼워짐, 건물량 증가, 내한성 증가, 왁스피복 증가 등의 효과를 가져 온다.

(2) 정식의 원칙 및 장단점

1) 정식의 원칙

① 과수 등의 다년생 목본식물은 새싹이 나오기 전에 춘식하거나, 낙엽이 진 뒤 추식한다.

② 일반작물이나 채소는 파종기를 지배하는 요인들에 의해서 정식기가 지배된다. 토마토, 가지는 첫 꽃이 핀 정도의 모가 이식 후의 활착과 생육에 좋다.

③ 토양수분이 넉넉하고, 바람이 없고, 흐린 날이 좋으며, 지온이 충분하고, 동상해의 우려가 없는 시기이어야 한다.

④ 묘상에서 흙에 묻혔던 깊이로 이식하는 것을 원칙으로 하되 토양이 건조하면 좀 더 깊게 심는다. 이식 후의 몸살을 방지하려면 흙을 많이 붙여서 이식하며, 충분히 관수하고, 지온을 높인다.

⑤ 정식 후의 관리 : 잘 진압하고 충분히 관수한다. 건조가 심한 경우에는 지표면을 피복해 주며, 쓰러질 우려가 있을 때는 지주를 세운다.

2) 정식의 장단점

장점	● 조파조식에 의한 생육기간 연장으로 증수 ● 초기생육의 촉진으로 수확기가 빨라짐 ● 본포에 작물이 있는 경우 토지이용도 증가
단점	● 무, 당근, 우엉 등의 직근류는 이식이 어려움 ● 수박, 참외, 결구배추 등도 뿌리가 절단되어 발육에 지장이 많음 ● 벼의 한랭지 이앙재배는 생육이 늦고 임실이 불량함

출제 가능성이 높은  문 제

01 땅갈기(경운)의 특징에 대한 설명으로 틀린 것은?

㉮ 토양미생물의 활동이 증대되어 작물 뿌리 발달이 왕성하다.

㉯ 종자를 파종하거나 싹을 키워 모종을 심을 때 작업이 쉽다.

㉰ 잡초와 해충의 발생을 억제한다.

㉱ 땅을 깊이 갈면 땅속 깊숙이 물이 들어가 수분 손실이 심하다.

■ 투수성이 큰 토양의 경우 심경하면 보기 ㉱와 같으나, 일반적으로 경운하면 토양의 투수성, 통기성이 좋아져 파종, 관리작업이 용이해지며 종자발아, 유근신장 및 근군의 발달이 조장된다.

02 작물재배에서 이랑 만들기의 주된 목적으로 가장 적당한 것은?

㉮ 작물의 습해 방지

㉯ 토양건조 예방

㉰ 잡초발생 억제

㉱ 지온조절

■ 이랑을 만드는 이유: 파종, 제초, 솎음 등의 관리작업에 작업공간을 제공하고, 작토층을 두껍게 하며, 지온을 높이고 배수 및 통기를 좋게 한다. 가장 중요한 것은 배수이다.

03 점파에 대한 설명으로 옳은 것은?

㉮ 포장 전면에 종자를 흩어 뿌리는 방식이다.

㉯ 골타기를 하고 종자를 줄지어 뿌리는 방식이다.

㉰ 일정한 간격을 두고 종자를 1~수 립씩 띄엄띄엄 파종하는 방식이다.

㉱ 노력이 적게 들고 건실하고 균일한 생육을 하게 된다.

■ 점파는 일정한 간격을 두고 종자를 몇 개씩 파종하는 방법으로 노력은 다소 들지만 건실하고 균일한 생육을 한다. 콩, 팥, 옥수수, 감자 등 평면공간을 많이 필요로 하는 작물에서 실시한다.

01 ㉱   02 ㉮   03 ㉰

4 생력재배

1. 생력재배의 효과와 조건

(1) 생력재배의 효과
① 농촌노동력 부족은 생력기계화 영농기술 개발에 박차를 가하게 되었고, 생력재배는 정밀농업기계의 이용, 자동화시설, 제초제의 사용, 재배기술의 개선 등을 통해 이루어지고 있다. 이 기술들에 의해 농업생산비의 절감과 농업생산효율의 증대가 가능해짐에 따라 농업경영이 크게 개선될 수 있다.
② 생력재배기술로 큰 효과를 거두는 사례
　　㉠ 노지재배 → 비 가림 시설재배
　　㉡ 호미에 의한 중경 → 심경굴착기에 의한 심경
　　㉢ 인력에 의한 시비 → 비료살포기에 의한 시비
　　㉣ 자연강우 → 점적 관수
　　㉤ 인공 수분 → 꿀벌의 이용

(2) 생력재배의 조건
① 생력화가 가능하도록 농지의 정리
② 공동관리에 의한 집단재배로 대형화
③ 대체된 노동력의 수익화
④ 기계화적응 재배체계 확립

2. 기계화 재배

(1) 기계화 농업
① 농업기계화의 추진은 노동력 절감, 재배면적 증대 및 노동생산성과 토지생산성을 증대시켜 농업경영을 개선하고, 농업인을 중노동에서 벗어나게 한다.

노동생산성	단위노동시간당 작업량으로 작업의 능률성을 의미
토지생산성	단위토지면적당 생산량으로 수익성을 의미

② 농업기계 선정 시 고려사항
　　㉠ 포장면적과 농로 및 경사도 등의 경지조건

ⓒ 농업기계의 가격, 이용시간 등 경제성

ⓒ 작업기의 구동능력 등 기계사양

ⓔ 기타(A/S 등)

(2) 정밀농업

1) 정밀농업의 필요성

① 농촌의 노동력 부족을 해결하기 위해 추진된 농업기계화는 포장의 특성을 무시한 일괄적인 농작업처리가 대부분이었다. 그러나 불필요한 농자재 투입의 최소화, 기계이용효율의 향상, 수확량 증가와 고품질화를 위하여 필요한 시기에, 필요한 곳에, 필요한 만큼만을 투입하는 정밀농업이 필요하게 되었다.

② 정밀농업은 농업의 생산성 증대, 환경오염의 최소화, 농산물의 안전성 확보, 수익 증대 등 환경보호와 경제적 효율성을 동시에 달성할 수 있는 수단으로 선진국을 중심으로 실용화되고 있다.

2) 정밀농업 실천방법

① 작물의 생육 조건은 포장마다 또는 같은 포장 내에서도 위치마다 다르다는 것을 전제로, 포장의 세부 정보를 파악하여 비료, 농약 등을 필요한 양만큼만 투입하는 것이 변량형농업인데, 이는 정밀농업의 구현을 위해서 필수적이다.

② 정밀농업은 GPS를 이용한 위치정보시스템, 각종 필요정보를 검출하는 센싱시스템, 검출된 포장정보를 가시적인 지도로 표현하는 지도화시스템 그리고 이 지도를 바탕으로 포장을 정밀하게 관리할 수 있는 제어시스템으로 구성된다. 현재 가장 많이 보급되어 있는 정밀관리기술은 위치측정장치를 장착한 콤바인으로 수확하면서, 위치별로 수확량을 기록하는 시스템이다.

---

5 재배 관리

1. 엽면시비

(1) 엽면시비 일반사항

① 작물은 뿌리뿐만 아니라 잎에서도 양분을 흡수할 수 있으므로 필요에 따라 비료를 용액의 상태로 잎에 뿌려주기도 하는데 이를 비료의 엽면시비 또는 엽면살포라고 한다.

② 엽면시비에 이용되는 것은 철(Fe), 아연(Zn), 망간(Mn), 칼슘(Ca), 마그네슘(Mg) 등의 각종 무기원소와 질소질 비료 중 요소 등이 있다.

③ 잎의 구조(기공의 위치)와 표면상태(큐티클층의 발달정도)의 차이로 엽면흡수는 표피보다 잎의 뒷면에서 주로 이루어진다.

(2) 요소비료의 엽면시비

① 엽면흡수가 뿌리흡수와 다른 점은 요소가 분해되지 않고 그대로 잎에서 흡수되는 것이다.

② 피해가 나타나지 않는 한도 내(2% 이하)에서는 살포액의 농도가 높을수록 흡수가 빠르며, 보통 약산성의 상태에서 가장 잘 흡수된다. 조건이 양호한 상태에서는 2~5시간 내에 잎에 묻은 요소량의 50% 이상이 흡수되기도 한다.

(3) 엽면시비의 효과적 이용

급속한 영양회복	동상해, 풍수해, 병충해 등의 해를 받아 생육이 쇠퇴한 경우 실시하면 회복이 빠르다.
뿌리의 흡수력 저하	뿌리가 병충해, 습해, 환원성 유해물질의 해를 받은 경우, 엽면시비는 생육을 좋게 하고 아울러 신근의 발생에도 기여한다.
토양시비가 곤란한 경우	수박 등 덩굴이 지상에 만연하였거나, 과수원에서 초생재배로 토양시비가 곤란한 경우 엽면시비가 효과적이다.
미량요소의 공급	미량요소 결핍증을 보이는 경우 엽면시비는 효과도 빠르고, 시용량도 적게 든다.
특별한 목적이 있는 경우	채소류의 엽색을 좋게 하고 영양가를 높일 수 있으며, 청예사료 등에서는 작물체 내의 단백질 함량을 증대시키고, 뽕나무나 차나무에서는 품질향상에 기여한다.
노력절약	비료를 농약과 혼합해서 살포하면 노력이 절약된다.

2. 잡초의 관리

(1) 잡초의 해작용

① 양분, 수분의 수탈 : 잡초는 양분과 수분의 흡수력이 강하고, 발생하는 종류나 양도 많으므로 작물의 수확량 감수를 가져온다. 작물과 잡초가 가장 심하게 경합하는 잡초 경합한계기간은 초관형성기부터 생식생장기까지이며, 이때가 작물의 생육기간 중 잡초를 가장 철저히 방제해 주어야 하는 시기이다.

② 광의 차단 : 잡초가 무성하면 작물이 빛을 받지 못하므로 광합성이 저해된다.

③ 상호대립억제(allelopathy, 타감) 작용 : 잡초에서 작물의 발아나 생육을 억제하는 특정물질을 분비하여 작물에 나쁜 영향을 미친다.

④ 병해충의 매개 : 잡초는 작물병을 유도하고, 병해충의 서식처 역할을 한다.

⑤ 생육환경의 악화 : 지온저하, 통풍억제, 높은 습도 등 작물의 생육환경이 나빠진다.

⑥ 종자에 혼입 및 부착 : 잡초 종자의 혼입·부착으로 작물의 품질을 저하시킨다.

⑦ 새삼, 겨우살이 등의 기생성 잡초는 기주식물의 뿌리나 줄기에 침입한다.

⑧ 물관리상의 피해 : 수로를 막거나 수질을 오염시킨다.

⑨ 조경상의 피해와 도로 및 시설의 피해

(2) 잡초의 방제

1) 친환경농업 관련 법령에서 허락한 방법

① 예방적 방제 : 관개수로, 논두렁 등을 통해 유입되는 것을 막고, 벼종자에 혼입되거나 퇴비에 섞여 들어오는 것 예방

② 경종적 방제 : 잡초의 생육조건을 불리하게 하여 작물과 잡초와의 경합에서 작물이 이기도록 하는 재배법으로 윤작, 이앙시기, 재식밀도, 시비법 등의 효율화

③ 물리적 방제 : 경운, 정지, 피복, 예취, 심수관개, 화염제초 등

④ 생물적 방제

2) 광의의 종합적 잡초방제

종합적 잡초방제는 친환경농업의 잡초 방제법 이외에 화학적 방법(제초제 등)도 포함되는 것으로 모든 방법을 조화롭게 이용하는 것을 말하며, 경제성의 확보는 물론 환경에 나쁜 영향을 최소화하는 것을 말한다.

3. 기타 재배관리

(1) 중경

1) 중경의 정의

① 파종 또는 이식 후 작물사이의 토양표면을 호미 등으로 긁어 부드럽게 하는 토양관리 작업

② 김매기는 중경과 제초를 겸한 작업이며, 기계화 농업에서 중경기로 실시하는 경우도 중경과 제초를 겸하고 있다.

2) 중경의 이로운 점

① 발아 조장 : 파종 후 비가 와서 토양표면에 피막이 생겼을 때 중경으로 피막이 제거되고, 토양이 부드럽게 되어 발아가 조장된다.

② 토양의 통기성 향상 : 중경하면 통기성이 향상되므로 뿌리의 활력이 증진되고, 유기물의 분해가 촉진되며, 환원성 유해물질의 생성이 감소된다.

③ 토양수분의 증발억제 : 중경으로 모세관이 절단되어 토양 수분의 증발을 억제한다.

④ 비효증진 : 논에서 암모니아태 질소를 표층인 산화층에 추비하고 중경하면, 비료가 환원층으로 들어가(전층시비) 심층시비한 것과 같이 되므로 탈질작용이 억제되어 비효가 증진된다.

⑤ 잡초방제 : 중경을 하면 잡초도 함께 제거된다.

3) 중경의 해로운 점

① 단근 피해 : 작물의 어린 시기에는 근군이 널리 퍼지지 않아서 단근이 적고 또는 단근이 되더라도 뿌리의 재생력이 왕성하므로 피해가 적다. 그러나 생식생장에 접어들면 단근의 피해가 크다.

② 토양침식의 조장 : 중경으로 표층이 건조되어 바람이 심한 지역에 풍해의 우려가 있다.

③ 동상해의 조장 : 중경으로 모세관현상에 의한 지열상승이 억제되어, 발아 중의 유식물에 저온이나 서리에 의한 동상해의 우려가 있다.

(2) 멀칭

토양표면을 여러 가지 재료로 피복하는 것을 멀칭이라고 한다.

1) 피복재료

① 짚, 건초, 플라스틱 필름 등이 있다.

② 플라스틱 필름

투명 플라스틱	지온상승, 건조방지, 토양 및 비료유실 방지 등의 효과가 있으며, 작물이 멀칭한 필름 속에서 상당한 생육을 하는 경우 불투명 필름에 비하여 투명 필름이 안전하다.
불투명 플라스틱	흑색 또는 녹색필름으로 지온상승 효과는 떨어지나 투명 플라스틱의 효과와 유사하며, 추가적으로 광발아성이 높은 잡초의 발생을 강력하게 억제한다.

1. 병 · 해충

(1) 병해

1) 식물병의 종류

① 진균, 세균, 마이코플라즈마, 바이러스 등 생물성 병원에 의한 병으로, 생물성 병원에 의한 병은 진균에 의한 병이 가장 많고 그 다음이 세균 및 바이러스에 의한 것이다.

② 양분, 수분, 온도, 광, 공기 등의 부적절한 환경요인에 의한 환경성 병이 있다.

2) 주요 생물성 병

진균	벼도열병, 키다리병, 깨씨무늬병, 깜부기병, 탄저병, 배추 뿌리잘록병, 포도나무 노균병, 감자 · 토마토 · 고추의 역병 등
세균	벼흰빛마름병, 세균성줄무늬병, 점무늬병, 감귤 궤양병 무 · 배추의 세균성 검은 썩음병, 토마토 풋마름병, 과수 근두암종병
마이코플라즈마	벼누른 · 옥수수 오갈병, 감자 · 대추나무 · 오동나무 빗자루병 등
바이러스	벼오갈병, 줄무늬잎마름병, 검은줄오갈병, 배추 · 무 모자이크병 사과나무 고접병, 감자 · 고추 · 오이 · 토마토 바이러스병 등

(2) 충해

① 주요 해충 목 : 톡톡이목, 메뚜기목, 총채벌레목, 노린재목, 나비목, 딱정벌레목, 파리목, 벌목 등

② 작물에 피해를 끼치는 양상

  ㉠ 해충은 작물체의 조직을 외부로부터 또는 내부로부터 가해하여 피해 흔적을 남긴다.

  ㉡ 식물체의 즙액을 빨아먹는 해충들은 작물체에 2차 증세를 유발시켜서 녹색이던 부위가 변색된다.

  ㉢ 진딧물이나 멸구류, 매미충류의 곤충들은 각종 병원체(바이러스 등)를 옮겨서 2차 피해를 유발시킨다.

2. 식물의 병

(1) 발병조건

① 식물병이 성립되려면 병을 일으킬 수 있는 주인인 병원과 적당한 환경 등의 유인, 그리고 감수성 있는 기주식물이라는 소인이 있어야 한다.

② 발병의 3요소

병원(주인)	병을 일으키는 생물적, 비생물적인 요인
환경(유인)	주인의 활동을 도와서 발병을 촉진시키는 환경요인 등
기주(소인)	기주식물이 병원에 대해 침해당하기 쉬운 성질

③ 병의 삼각형 : 기주식물, 병원체, 환경조건을 3변으로 하는 삼각형으로, 이 3가지 요소가 정량화되면 삼각형의 면적은 해당 식물체의 발병량을 나타내며, 이들 3요소 중 어느 하나라도 "0"의 값을 가지면 병은 발생할 수 없다.

(2) 병에 대한 식물의 반응

① 병에 대한 식물의 반응은 농약의 사용이나 내병성 품종의 개발 등 재배와 육종에 매우 중요하다.

② 반응의 종류

병원성	병원체가 기주에 감염하여 병을 일으키는 능력
감수성	식물이 병원체를 수용하는(병에 걸리기 쉬운) 성질로, 이 성질이 있는 식물을 감수체라 함
저항성	식물이 병원체를 수용하지 않는(병에 걸리지 않는) 성질
친화성 또는 비친화성	병원체가 기주에 성공적으로 감염될 때 병원체와 기주와의 관계
면역성	식물이 어떤 병에 걸리지 않는 성질
내병성	감염되지 않거나, 감염되어도 기주가 실질적인 피해를 적게 받는 성질

3. 병해충 방제

(1) 유기경종(친환경농업)에서 병해충 방제

① 물리적(기계적) 방제법

② 경종적 방제법

③ 생물적 방제법 : 포식자와 기생동물의 방사 등 천적의 활용

④ 허용물질(보르도액 등)의 사용

(2) 병해충 종합관리(Integrated Pest Management, IPM)

① IPM은 병해충 방제를 하는 데 있어서 농약 사용을 최대한 줄이고, 이용가능한 방제 방법을 적절히 조합하여 병해충의 밀도를 경제적 피해수준 이하로 낮추는 방제체계이다.

② 이용가능한 방제 방법에는 유기화합 농약의 사용은 물론, 병해충에 강하도록 작물의 유전자를 변형하는 방법까지 사용된다. 단, 유기경종에서는 이러한 방법은 사용이 금지되어 있다.

(3) 천적

① 기생성 천적 : 일생의 어느 시기를 숙주인 유해한 동물의 몸 속에서 보내며, 결국 그 동물을 죽이거나 산란수를 감소시키는 기생충을 말한다. 기생벌(맵시벌·고치벌·수중다리좀벌·혹벌·애배벌 등), 기생파리(침파리, 진디혹파리 등), 기생선충 등이 있다. 1마리의 숙주를 먹고 자라며, 종류마다 숙주가 정해져 있는 기생충이 많다.

② 포식성 천적 : 스스로 먹이를 찾아 일생 동안 1마리 이상의 유해한 동물을 먹는 동물을 말한다. 무당벌레·꽃등에·풀잠자리, 칠레이리응애, 팔라시스이리응애, 캘리포니쿠스이리응애 등은 진딧물, 깍지벌레, 응애 등을 포식하고, 딱정벌레·개미·거미 등은 많은 곤충을 먹이로 한다. 도마뱀·개구리·새 등도 포식성 천적이다.

(4) 보르도액 이야기

1878년 일부 프랑스 포도나무 과수원 포도 잎의 뒷면에 흰 솜털 같은 점들이 보이더니 잎이 누렇게 변했고, 결국에는 흑갈색으로 변하여 죽기 시작하였다. 잎뿐만이 아니라 포도 과실도 감염되어 수확을 하지 못하게 되었다. 이러한 병은 노균병으로 알려지기 시작하였으며, 점점 빠른 속도로 다른 포도나무 과수원으로 퍼져나갔다. 노균병은 프랑스에 나타난 지 5년 만에 전 지역으로 퍼져 포도나무 재배자들을 공포에 떨게 만들었다. 그러던 어느 날 프랑스의 식물학 교수 Pierre Alexis Millardet는 보르도 지역의 포도밭 샛길을 거닐다가 포도나무 덩굴의 잎이 푸르스름한 막으로 덮인 것을 보게 되었다. 그런데 신기한 것은 이런 잎들은 건강한 반면에 포도밭 안쪽에 있는 푸르스름한 막이 없는 덩굴의 잎과 어린 포도송이에는 노균병이 심하게 감염되어 있다는 점이었다.

당시에도 포도 과수원을 지나던 사람들이 과수원으로 들어와 탐스러운 포도송이를 몰래 따 가는 포도 서리를 했던 모양이다. 그러자 과수원 주인은 지나가던 사람들이 포도밭으로 들어와 포도를 따가는 것을 막고자 포도가 독성이 있는 것처럼 보이게 하기 위하여 포도나무 덩굴에 푸른 돌(황산구리)과 생석회(포도 잎에 더 잘 달라붙게 하기 위함)를 섞어서 살포하였다고 한다.

Millardet 교수는 이런 이야기를 들은 후 즉시 실험실에서 황산구리와 생석회를 다양한 비율로 섞어 노균병에 걸린 포도나무에 처리하였고, 마침내 1885년 그는 포도 노균병 방제에 가장 적합한 혼합비율을 찾아냈다. 포도 서리를 막으려다가 우연히 개발한 이 용액은 처음 사용된 프랑스의 보르도 지방의 명칭을 따서 '보르도액(Bordeaux mixture)'이라는 이름으로 알려지기 시작하였다.

그러니까 보르도액은 황산구리($CuSO_4 \cdot 5H_2O$)와 생석회(CaO)가 섞여서 만들어진 혼합제라고 할 수 있다. 그런데 이런 보르도액을 유기농업에서 사용해도 되는 것일까? 유기농업은 화학농약과 화학비료 등을 사용하지 않고 농사를 짓는 것이기 때문이다.

결론부터 말하면 보르도액은 유기농업에서 사용이 허용된 자재이다. 각각의 재료가 천연 광물질에서 유래한 것이기 때문에 인축과 자연에 해가 없다. 또한 보르도액은 다른 자재에 비하여 효과가 좋기 때문에 포도 노균병뿐만이 아니라 다양한 식물병해에 적용되고 있다. 만들어진 보르도액은 보통 만든 즉시 살포해야 하며, 오래두면 황산구리의 입자가 커져서 약효(방제 효과)가 떨어진다. 보르도액을 살포하게 되면 식물체 표면에 엷은 막을 형성해서 병원균의 침입을 방지하는 예방적 효과가 크게 나타나기 때문에 병이 발생한 이후보다 병의 증상이 나타나기 2~7일 전에 살포하는 것이 가장 좋다. 또한 살포를 하게 되면 완전히 건조해서 막을 형성해야 하므로 비 오기 직전 또는 직후에 살포해서는 안 된다.

이외에도 많은 작물의 병해 방제에 보르도액이 사용되고 있고 그 효과를 인정받고 있다. 하지만 이런 보르도액도 항상 긍정적인 면만 있는 것은 아니다. 보르도액의 종류, 살포량, 제조방법(황산에 알칼리 혼합금지 등), 사용방법을 정확하게 지키지 않고 잘못 살포하게 되면 보르도액은 병원균으로부터 식물체를 보호해 주는 방패가 아니라 식물체에게 도리어 피해(약해)를 주는 무서운 창이 될 수도 있기 때문이다. 여기에서도 우리네 인생처럼 모순(矛盾)이라는 게 존재하는 것이다.

출처: 농촌진흥청 홍성준님

01 하나 또는 몇 개의 병원균과 해충에 대하여 대항할 수 있는 기주의 능력을 무엇이라 하는가?

㉮ 민감성   ㉯ 저항성

㉰ 병회피   ㉱ 감수성

02 시설고추 재배 시 발생한 총채벌레의 천적으로 이용하기에 가장 효과적인 곤충은?

㉮ 애꽃노린재

㉯ 콜레마니진딧물

㉰ 온실가루이

㉱ 칠레이리응애

03 석회보르도액의 제조에 대한 설명으로 틀린 것은?

㉮ 고순도의 황산구리와 생석회를 사용하는 것이 좋다.

㉯ 황산구리액과 석회유를 각각 비금속용기에서 만든다.

㉰ 황산구리액에 석회유를 가한다.

㉱ 가급적 사용할 때마다 만들며, 만든 후 빨리 사용한다.

보충

■ 저항성: 식물이 병원체를 수용하지 않는(병에 걸리지 않는) 성질, 즉 병원균이나 해충의 작용을 억제하는 기주의 능력을 저항성이라 한다.

■ 병해충 관리를 위하여 사용이 가능한 자재 중 총채벌레의 천적으로는 애꽃노린재가 있는데, 이 이름에만 죽어야 할 해충의 이름이 없다. 보기에서 죽어야 할 해충 이름은 진딧물, 가루이, 응애이다. 애꽃노린재 대신 총채벌레죽임이나 총채벌레싹쓸이 등으로 했으면 공부가 쉬울 걸.

■ 보르도액은 석회유(생석회, CaO)에 황산구리액($CuSO_4 \cdot 5H_2O$)을 가하여 제조한다. 즉, 석회유의 양이 황산구리보다 많다.

01 ㉯   02 ㉮   03 ㉰

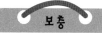

01 작부 체계별 특성에 대한 틀린 설명은?

㉮ 단작은 많은 수량을 낼 수 있다.

㉯ 윤작은 경지의 이용 효율을 높일 수 있다.

㉰ 혼작은 병해충 방제와 기계화 작업에 효과적이다.

㉱ 단작은 재배나 관리 작업이 간단하고 기계화 작업이 가능하다.

■ 혼작은 생육기간이 거의 같은 두 종류 이상의 작물을 동시에 같은 포장에 섞어서 재배하는 작부방식으로 병해충 방제와 기계화 작업에는 불리하다.

02 다음 중 경작지 전체를 3등분하여 매년 1/3씩 경작지를 휴한(休閑)하는 작부 방식은?

㉮ 3포식 농업

㉯ 이동 경작 농법

㉰ 자유 경작 농법

㉱ 4포식 농법

■ 8세기 초 독일에서는 동작(밀) → 하작(보리) → 휴경이라는 "3포식 농법"을 생각해 냈다. 이는 포장을 3등분하여 1/3에는 여름작물, 1/3에는 겨울작물을 재배하고, 나머지 1/3은 휴한하는 방법이다.

03 농작물 재배지의 지력 감퇴를 방지하기 위해 농경지의 일부를 몇 년에 한 번씩 휴한(休閑)하는 작부방식은?

㉮ 순환농법 ㉯ 자유경작

㉰ 휴한농법 ㉱ 대전경작

■ 휴한농법은 농업기술이 발달하기 이전에 행해진 작부방식이다.

04 연작 장해를 해소하기 위한 가장 친환경적인 영농방법은?

㉮ 토양소독 ㉯ 유독물질의 제거

㉰ 돌려짓기

㉱ 시비를 통한 지력 배양

■ 돌려짓기(윤작)는 동일한 재배포장에서 서로 다른 종류의 작물을 순차적으로 조합·배열하는 방식으로 작물은 윤작을 통하여 양분을 공급받고 토양전염성 병해가 방지되어 생육과 수량이 안정화된다.

01 ㉰ 02 ㉮ 03 ㉰ 04 ㉰

05 다음 중 연작의 피해가 심하여 휴작을 요하는 기간이 가장 긴 것은?

㉮ 벼 ㉯ 양파
㉰ 인삼 ㉱ 감자

■ 인삼과 아마는 10년 이상 휴작이 필요한 작물이다.

06 논 상태와 밭 상태로 몇 해씩 돌아가며 재배하는 방법은?

㉮ 윤작 재배
㉯ 교호작 재배
㉰ 이모작 재배
㉱ 답전윤환 재배

■ 답전윤환은 포장을 논상태와 밭 상태로 규칙적으로 윤환하여 이용하는 작부방식으로 지력의 유지증진, 기지의 회피, 잡초발생 억제, 수량 증가, 노력 절감 등의 효과가 있다.

07 우리나라의 이모작 형태 중 〈여름 작물~여름 작물〉 형태로 재배하는 작물이 아닌 것은?

㉮ 담배 – 콩 ㉯ 마늘 – 배추
㉰ 감자 – 배추 ㉱ 풋옥수수 – 배추

■ 〈마늘 – 배추〉는 〈겨울 작물~여름 작물〉의 형태이다. 마늘은 늦가을에 심는다.

08 종자의 발아에 관여하는 외적조건 중 가장 영향이 적은 것은?

㉮ 수분 ㉯ 온도
㉰ 산소 ㉱ 양분

■ 종자의 발아에 관여하는 외적조건은 수분, 산소, 온도, 광선 등이다. 양분은 내적조건이다.

09 다음 중 발아에 필요한 종자의 수분흡수량이 가장 많은 작물은?

㉮ 벼
㉯ 콩
㉰ 옥수수
㉱ 밀

■ 발아에 필요한 수분의 흡수량은 각 작물에 따라 다르다. 종자무게에 대한 필요 수분량은 벼 23%, 밀 30%, 콩은 100% 정도이다.

05 ㉰ 06 ㉱ 07 ㉯ 08 ㉱ 09 ㉯

10 변온에 의하여 종자의 발아가 촉진되지 않는 것은?

㉮ 당근

㉯ 담배

㉰ 아주까리

㉱ 셀러리

11 물속에서는 발아하지 못하는 종자는?

㉮ 상추

㉯ 가지

㉰ 당근

㉱ 셀러리

12 수중에서는 발아를 하지 못하는 종자로만 짝지어진 것은?

㉮ 벼, 토마토, 카네이션

㉯ 상추, 당근, 셀러리

㉰ 귀리, 밀, 무

㉱ 셀러리, 티머시, 상추

13 산소가 부족한 깊은 물속에서 볍씨는 어떤 생장을 하는가?

㉮ 어린뿌리가 초엽보다 먼저 나오고 제1엽이 신장한다.

㉯ 초엽만 길게 자라고 뿌리와 제1엽이 자라지 않는다.

㉰ 뿌리와 제1엽이 먼저 자란다.

㉱ 정상적으로 뿌리가 먼저 나오고 제1엽이 나오며 초엽이 나온다.

14 종자 발아에 광선이 필요한 호광성종자로만 나열된 것은?

㉮ 토마토, 가지

㉯ 호박, 오이

㉰ 상추, 우엉, 담배

㉱ 옥수수, 콩

보충

■ 당근의 발아촉진에는 화학물질(지베렐린)의 처리나 침수처리가 이용되고 있다.

■ 물속에서 발아하지 못하는 종자에는 가지과(가지, 고추), 귀리, 밀, 무, 콩, 양배추 등이 있다.

■ 밀 · 귀리 · 콩 · 무 · 양배추 · 가지 · 고추 등은 수중에서 발아하지 못하는 종자이다. 벼, 셀러리, 당근은 수중발아를 한다. 당근은 변온 없이도 발아한다.

■ 벼처럼 산소가 없을 경우에는 무기호흡에 의하여 발아에 필요한 에너지를 얻을 수 있는 것도 있다. 그러나 벼도 산소가 없는 경우는 유아(초엽)만 도장해서 연약하게 되고, 뿌리와 제1엽의 생장이 불량해 못쓰게 된다.

■ 담배 · 상추 · 우엉 · 셀러리 · 화본과 목초 등 미립종자는 일반적으로 호광성종자이다. 가지과 종자는 수중발아가 어려운 특성이 있고, 고온과 혐광성 발아를 하며 배유종자이다. 호박, 옥수수, 콩 등은 대립종자이다.

15 종자의 발아에 관한 설명으로 틀린 것은?

㉮ 발아시(發芽始)는 파종된 종자 중에서 최초 1개체가 발아한 날이다.

㉯ 발아기(發芽期)는 전체종자수의 약 50%가 발아한 날이다.

㉰ 발아전(發芽揃)은 종자의 대부분(80% 이상)이 발아한 날이다.

㉱ 발아일수(發芽日數)는 파종기부터 발아 전까지의 일수이다.

■ 발아일수(發芽日數)는 파종기부터 발아기까지의 일수이다.
始(1), 期(50), 揃(80)으로 암기

16 종자의 활력을 검사하려고 할 때, 테트라졸륨 용액에 종자를 담그면 씨눈 부분에만 색깔이 나타나는 작물이 아닌 것은?

㉮ 벼   ㉯ 옥수수

㉰ 보리   ㉱ 콩

■ 콩은 무배유종자로 어린 싹을 위한 양분은 자엽(떡잎)에 있다. 그러나 벼, 옥수수, 보리는 배유종자로 어린 싹을 위한 양분은 배유에 있다. 테트라졸륨 용액에 종자를 담그면 살아 있는 부분만 색깔이 나타나므로 배유종자는 배만, 자엽종자는 자엽까지 색깔이 나타난다

17 수박을 이랑 사이 200cm, 이랑 내 포기 사이 50cm로 재배하고자 한다. 종자의 발아율이 90%이고, 육묘율(발아하는 종자를 정식묘로 키우는 비율)이 약 85%라면 10a당 준비해야 할 종자는 몇 립이 되겠는가?

㉮ 703립

㉯ 1,020립

㉰ 1,307립

㉱ 1,506립

■ 10a = 1,000㎡
2m×0.5m = 1㎡이므로 종자 1,000개 필요
준비 종자×0.9×0.85 = 1,000
준비 종자 = 1,307립

18 유기종자 생산을 위한 종자의 소독 방법으로 적합하지 않은 것은?

㉮ 냉수온탕침법

㉯ 온탕침법

㉰ 건열처리

㉱ 분의소독

■ 종자에 약제를 묻혀서 소독하는 방법을 분의소독이라 한다. 유기종자에는 화학적 처리를 할 수 없다.

19 경실종자의 휴면타파 방법이 아닌 것은?

㉮ 종자소독약 처리

㉯ 씨껍질의 손상

㉰ 습열 처리

㉱ 저온 처리

■ 경실의 발아촉진법: 종피파상법 (씨껍질의 손상), 황산처리(씨껍질의 손상), 변온처리, 기타(진탕처리, 습열처리 등), 저온처리는 개화를 위한 춘화처리이다.

20 종자의 퇴화 원인 중 품종의 균일성과 순도에 가장 크게 영향을 미치는 것은?

㉮ 생리적 퇴화   ㉯ 유전적 퇴화

㉰ 병리적 퇴화   ㉱ 재배적 퇴화

■ 유전성은 종자의 우수성, 균일성, 영속성 및 광지역적응성 등에 관여하므로 퇴화원인 중 품질에 미치는 영향이 가장 크다.

21 일반적인 육묘재배의 목적으로 거리가 먼 것은?

㉮ 조기 수확

㉯ 집약 관리

㉰ 추대 촉진

㉱ 종자 절약

■ 꽃눈의 분화가 진행되어 이삭이나 꽃대가 올라오는 현상을 추대라 하며 배추, 상추 등의 채소에서 추대를 방지하기 위해 육묘를 실시한다.

22 휘묻이 방법의 종류가 아닌 것은?

㉮ 당목취법

㉯ 선취법

㉰ 파상취목법

㉱ 고취법

■ 당목취법: 모주에서 나온 가지에 마디마다 상처를 낸 다음 묻어 발근
- 파상취목법: 잘 휘어지는 가지를 구불구불하게 묻어 발근
- 선취법: 가지를 휘어서 흙속에 묻는 방법
- 고취법은 공중의 가지에 상처를 내어 뿌리를 발생시키는 방법

23 종묘로 이용되는 영양기관이 땅속줄기가 아닌 것은?

㉮ 생강

㉯ 연

㉰ 호프

㉱ 마

■ 근채류 중 생강·연·호프 등은 땅속줄기인 근경류이고 마·고구마 등은 덩이뿌리인 괴근류이다.

19 ㉮   20 ㉯   21 ㉰   22 ㉱   23 ㉱

24 종묘로 이용되는 영양기관이 덩이뿌리(괴근)인 것은?

㉮ 생강   ㉯ 연

㉰ 호프   ㉭ 마

■ 마·고구마 등은 덩이뿌리인 괴근류이고, 감자는 덩이줄기인 괴경류이다.

25 수박을 신토좌에 접붙여 재배하는 주목적으로 옳은 것은?

㉮ 흰가루병을 방제하기 위하여

㉯ 덩굴쪼김병을 방제하기 위하여

㉰ 크고 당도가 높은 과실을 생산하기 위하여

㉭ 과실이 터지는 현상인 열과를 방지하기 위하여

■ 수박의 접목육묘는 덩굴쪼김병(만할병)에 저항성을 가진 호박을 이용한다. 옛말에 "호박에 줄 긋는다고 수박되나?"라는 말이 있었는데 지금은 "호박 없이는 수박도 없다."이다.

26 경운(땅갈기)의 필요성을 설명한 것 중 거리가 먼 것은?

㉮ 잡초 발생 억제

㉯ 해충 발생 증가

㉰ 토양의 물리성 개선

㉭ 비료, 농약의 시용효과 증대

■ 땅속에 은둔하고 있는 해충의 유충이나 번데기를 지표에 노출시켜 얼어 죽게 하는 등 해충의 발생을 경감시킨다.

27 작물 재배 전 경운작업의 효과와 거리가 먼 것은?

㉮ 토양입단 형성

㉯ 잡초 경감

㉰ 토양유기물 분해 촉진

㉭ 해충 경감

■ 적절한 경운은 토양의 입단화를 촉진하나, 지나친 경운은 토양의 입단을 파괴한다. 문제에서는 어떤 경운인지를 규정하지 않아 출제오류로 보여진다.

28 토양을 경운하더라도 이겨지지 않고, 입자는 연하여 부드러운 입단으로 되어 있어 경운에 가장 알맞은 토양의 견지성은?

㉮ 강성

㉯ 가소성

㉰ 이쇄성

㉭ 소성

■ 강성 : 토양이 건조하여 딱딱하게 되는 성질
- 가소성(소성) : 어떤 물체에 힘을 가했을 때 파괴됨 없이 모양이 변하고, 힘이 제거된 후에도 원 상태로 되돌아가지 않는 성질
- 이쇄성 : 쉽게 분말상태로 깨지는 성질

24 ㉭ 25 ㉯ 26 ㉯ 27 ㉮ 28 ㉰

29 목야지(牧野地)를 조성할 때 실시하는 혼파의 장점이 아닌 것은?

㉮ 목초별 생장에 따른 시비, 병해충 방제, 수확작업을 용이하게 할 수 있다.

㉯ 상번초와 하번초가 섞이면 공간을 효율적으로 잘 이용할 수 있다.

㉰ 콩과목초가 고정한 질소를 화본과목초도 이용하게 되므로 질소비료가 절약된다.

㉱ 화본과목초와 콩과목초가 혼파되면 잡초발생이 경감된다.

■ 혼파는 생육기간이 거의 같은 두 종류 이상의 작물을 동시에 같은 포장에 섞어서 재배하는 작부방식이다. 혼파는 일반적으로 이용의 측면에서는 유리하나 시비, 병해충 방제, 수확작업 등 관리의 측면에서는 불리하다.

30 생력재배의 효과와 가장 거리가 먼 것은?

㉮ 농업노력비의 절감

㉯ 품질의 향상

㉰ 재배면적의 증대

㉱ 단위수량의 증대

■ 농업기계화의 추진은 노동생산성과 토지생산성을 증대시키고, 농업인을 중노동에서 벗어나게 한다. 따라서 "품질의 향상"도 기대되나 이는 보기 중 가장 거리가 먼 효과이다.

31 농업기계 자동화를 통한 생력재배에 관한 설명으로 가장 거리가 먼 것은?

㉮ 노동생산성을 향상시킨다.

㉯ 농기계의 내구성이 저하된다.

㉰ 농산물 품질을 향상시킨다.

㉱ 작업능률을 향상시킨다.

■ 농기계의 내구성이 저하되는 것은 단점이므로 보기 ㉯가 가장 거리가 멀다.

32 작물재배에서 생력기계화재배의 효과로 보기 어려운 것은?

㉮ 농업노동 투하시간의 절감

㉯ 작부체계의 개선

㉰ 제초제 이용에 따른 유기재배면적의 확대

㉱ 단위수량의 증대

■ 유기재배에서는 제초제를 사용할 수 없다. 만일 보기 ㉰가 "제초제 이용에 따른 재배면적의 확대"라면 옳은 내용이다.

33 요소를 0.1% 용액을 만들어 엽면시비하려고 한다. 물 20L에 들어갈 요소의 양은?(단, 비중은 1로 한다.)

㉮ 10g

㉯ 20g

㉰ 100g

㉱ 200g

■ 요소 0.1% 용액은 물 1L(1000g)에 요소 1g이 필요하므로 물 20L에는 요소 20g이 필요하다.

34 동상해 · 풍수해 · 병충해 등으로 작물의 급속한 영양 회복이 필요할 경우 사용하는 시비방법은?

㉮ 표층시비법

㉯ 심층시비법

㉰ 엽면시비법

㉱ 전층시비법

■ 엽면(葉 잎 엽, 面 표면 면)시비는 비료를 용액의 상태로 잎에 뿌려 주는 것으로 급속한 영양 회복, 뿌리의 흡수력이 약해졌을 때, 토양시비가 곤란한 경우 등에 이용하는 시비방법이다. 화장품광고에 "먹지 말고 피부에 양보하세요"라는 말이 있는데 사람도 엽면시비를 하는가 보다. 그런데 사람은 어떤 경우에 할까?

35 비료의 엽면흡수에 영향을 끼치는 요인에 대한 설명으로 틀린 것은?

㉮ 잎의 표면보다 표피가 얇은 이면이 더 잘 흡수된다.

㉯ 잎의 호흡작용이 왕성할 때 흡수가 잘 되며 노엽보다 성엽에서 흡수가 잘 된다.

㉰ 살포액의 pH는 알칼리성인 것이 흡수가 잘 된다.

㉱ 전착제를 가용하는 것이 흡수가 잘 된다.

■ 피해가 나타나지 않는 한도 내(2% 이하)에서는 살포액의 농도가 높을수록 흡수가 빠르며, 보통 약산성의 상태에서 가장 잘 흡수된다.

36 우리나라 맥류 재배 포장에서 나타나는 광엽월년생 잡초가 아닌 것은?

㉮ 바랭이

㉯ 벼룩나물

㉰ 냉이

㉱ 갈퀴덩굴

■ 바랭이는 볏과에 속하는 한해살이 식물이다. 볏과는 광엽(넓고 큰 잎)이 아니다.

33 ㉯ 34 ㉰ 35 ㉰ 36 ㉮

37 잡초의 방제는 예방과 제거로 구분할 수 있다. 예방의 방법으로 가장 거리가 먼 것은?

㉮ 답전윤환 실시

㉯ 제초제 사용

㉰ 방목 실시

㉱ 플라스틱필름으로 포장을 피복

■ 제초제의 사용은 잡초의 예방이 아닌 화학적 제거법에 속한다.

38 잡초의 생태적 방제법에 대한 설명으로 거리가 먼 것은?

㉮ 육묘이식재배를 하면 유묘가 잡초보다 빨리 선점하여 잡초와의 경합에서 유리하다.

㉯ 과수원의 경우 피복작물을 재배하면 잡초발생을 억제시킨다.

㉰ 논의 경우 일시적으로 낙수를 하면 수생잡초를 방제하는 효과를 볼 수 있다.

㉱ 잡목림지나 잔디밭에는 열처리를 하여 잡초를 방제하는 것이 효과적이다.

■ 열처리를 하여 잡초를 방제하는 것은 화염제초로서 물리적 방제법에 속하여 허락된 방법이기는 하나 생태적 방제법은 아니므로 이 문제의 답이 된다.

39 다음 중 중경의 효과가 아닌 것은?

㉮ 발아의 조장

㉯ 제초 효과

㉰ 토양 수분 손실

㉱ 토양 물리성 개선

■ 중경의 이로운 점은 발아 조장, 토양의 통기성 향상, 토양수분의 증발 억제(지하로 연결된 모세관을 중경으로 제거하여), 비효 증진, 잡초 방제 등이다.

40 다음 중 멀칭의 효과에 대해 잘못 설명한 것은?

㉮ 지온 조절

㉯ 토양, 비료 양분 등의 유실

㉰ 토양건조 예방

㉱ 잡초발생 억제

■ 멀칭은 보기의 ㉮㉰㉱ 효과 이외에 토양과 비료의 유실을 방지한다.

37 ㉯ 38 ㉱ 39 ㉰ 40 ㉯

41 식물병의 주인(主因)으로 거리가 먼 것은?

㉮ 침수
㉯ 선충
㉰ 곰팡이
㉱ 세균

■ 식물병이 성립되려면 병을 일으킬 수 있는 주인인 병원과 적당한 환경 등의 유인 그리고 감수성이 있는 기주식물이라는 소인이 있어야 한다. 침수는 유인이다.

42 유기농산물 생산을 위한 식물병 방제방법으로 적절치 않은 것은?

㉮ 생물적 수단 강구
㉯ 내병성 품종재배
㉰ 경종적 수단 동원
㉱ 발병예방을 위한 살균제 살포

■ 화학적 방제법: 농약을 살포해서 병충해를 방제하는 방법으로 유기경종에서는 허락되지 않는다.

43 농기구나 맨손으로 잡초나 해충을 직접 죽이거나 열, 물, 광선 등을 이용하여 잡초, 병해충을 방제하는 방법은?

㉮ 화학적 방제
㉯ 생물학적 방제
㉰ 재배적 방제
㉱ 물리적 방제

■ 농기구나 맨손으로 잡초나 해충을 직접 죽이는 등의 물리적 방제법은 방제법 중 가장 오랜 역사를 가지고 있다.

44 다음 중 생물학적 방제법에 속하는 것은 어느 것인가?

㉮ 윤작
㉯ 병원미생물의 사용
㉰ 온도 처리
㉱ 소토 및 유살 처리

■ 천적곤충이나 천적미생물 등의 생물을 이용하는 방제법을 생물학적 방제법이라 한다.

45 다음 중 세균성 병원균이 주원인인 병은?

㉮ 벼도열병
㉯ 사과, 배의 검은별무늬병
㉰ 토마토의 풋마름병
㉱ 담배모자이크병

■ 진균: 벼도열병, 사과·배 검은별무늬병
– 바이러스: 담배모자이크병
– 세균: 썩음병, 풋마름병

46 밀폐된 창고나 온실에서 약제를 가스로 발생시켜 병충해를 방제하는 방법은?

㉮ 연무법

㉯ 미량살포법

㉰ 훈증법

㉭ 관주법

■ 훈증(薰 연기낄 훈, 蒸 찔 증)제는 가스 형태로 해충에 접촉시켜 살충효과를 발휘하는 약제이다.

47 다음 중 포식성 천적은?

㉮ 기생벌

㉯ 세균

㉰ 무당벌레

㉭ 선충

■ 무당벌레는 진딧물류와 깍지벌레류를 잡아먹는 포식성 천적이다.

48 다음 중 성페로몬을 이용하여 효과적으로 방제할 수 있는 해충은?

㉮ 응애류

㉯ 진딧물류

㉰ 노린재류

㉭ 나방류

■ 페로몬: 같은 종의 동물에서 의사소통에 사용되는 화학적 신호를 말한다. 곤충의 경우 성페로몬은 보통 미교배 암놈이 방출하여 성충 수놈을 유인하는 물질이므로 수놈의 대량 제거가 가능하다. 나방류의 방제에 많이 이용되고 있다.

49 딸기 재배 시설에서 뱅커플랜트(Banker Plant)로 이용되는 작물은?

㉮ 밀

㉯ 호밀

㉰ 콩

㉭ 보리

■ 뱅커플랜트(Banker Plant)란 천적의 먹이가 서식하는 식물로, 천적을 유지·증식시키는 식물이다. 진딧물의 천적인 진딧벌은 보리에 서식하는 보리두갈래진딧물 등을 먹고 살다가 딸기에 목화진딧물 등이 발생하면 그것을 먹는다.

50 딸기 시설재배에서 천적인 칠레이리응애를 방사하는 목적은?

㉮ 해충인 응애를 잡기 위하여

㉯ 해충인 진딧물을 잡기 위하여

㉰ 수분을 도와주기 위하여

㉭ 꿀벌의 일을 도와주기 위하여

■ 칠레이리응애는 점박이응애의 천적이다.

51 생태계를 교란시킬 위험성이 있고 환경을 오염시켜 농산물의 안전성을 위협할 수 있는 병해충 방제 방법은?

㉮ 경종적 방제   ㉯ 물리적 방제

㉰ 화학적 방제   ㉱ 생물학적 방제

■ 화학적 방제법은 농약에 견디는 변종 등이 출현하여 생태계를 교란시킬 수 있으며, 환경을 오염시키는 것은 주지의 사실이다.

52 병해충 종합관리(Integrated Pest Management)에 대한 설명으로 옳은 것은?

㉮ 효과범위가 넓은 약제를 살포하여 여러 가지 병해충을 동시에 방제할 수 있다.

㉯ 농약을 사용하지 않고 천적만을 이용하여 병해충을 방제할 수 있다.

㉰ 생물학적, 경종적 방법 등을 이용하고 농약살포를 최소화 할 수 있다.

㉱ 병해충에 강하도록 작물의 유전자를 변형하여 병해충을 방제할 수 없다.

■ IPM은 병해충 방제를 하는 데 있어서 농약 사용을 최대한 줄이고, 이용가능한 방제 방법을 적절히 조합하여 병해충의 밀도를 경제적 피해수준 이하로 낮추는 방제체계이다. 보기 ㉱에서 말하는 유전자변형법은 이미 옥수수 등에서 실용화되어 있다. 따라서 IPM의 관점에서는 매우 효율적인 방법이다. 다만 유전자를 변형하였기 때문에 유기농업에서는 사용할 수 없다.

53 다음 병충해 방제법 중 경제적으로 방제 효과가 가장 높은 것은?

㉮ 생육시기의 조절

㉯ 윤작과 재배양식의 변경

㉰ 병해충 저항성 품종의 재배

㉱ 시비방법의 개선과 중간기주 제거

■ 저항성 품종의 선택은 다른 방제법에 비해 환경 조절 및 자재의 소모 등이 적은 근본(경제)적인 방제법이다.

54 작물체에 발생되는 병의 방제방법에 대한 설명으로 가장 적합한 것은?

㉮ 병원체의 종류에 따라 방제방법이 다르다.

㉯ 곰팡이에 의한 병은 화학적 방제가 곤란하다.

㉰ 바이러스에 의한 병은 화학적 방제가 비교적 쉽다.

㉱ 식물병은 생물학적 방법으로는 방제가 곤란하다.

■ 식물의 병은 진균, 세균, 마이코플라스마, 바이러스 등 생물성 병원에 의한 병과 양수분의 결핍 및 과다, 온도, 광, 대기오염, 부적절한 환경요인 등 비생물성 병원에 의한 병이 있다. 이렇듯 병의 원인이 다양하므로 방제법 또한 달라야 한다. 이 중 가장 어려운 것은 바이러스병으로, 한마디로 약이 없다. 진균병은 약제로 비교적 쉽게 방제할 수 있고, 세균병은 진균과 바이러스의 중간쯤에 있다. 그러나 세균병도 바이러스 쪽에 가깝게 어렵다. 따라서 할 수만 있다면 예방이 최선인데, 윤작이 대표적이고 효율적인 예방법이다.

51 ㉰   52 ㉰   53 ㉰   54 ㉮

04 각종 재해

1 저온해, 냉해, 동해

1. 저온해와 냉해

(1) 저온해와 냉해의 정의

1) 저온해

식물체 조직 내에 결빙이 생기지 않을 정도의 저온에 의해 받는 피해를 일반적으로 저온해라고 한다.

2) 냉해

① 특히 여름작물이 생육상 고온이 필요한 여름철에 냉온을 만나서 받는 피해를 냉해라 부른다. 여름작물은 보통 1~12℃ 범위에서 장해를 받는다.

② 냉해는 주로 벼, 수수, 강낭콩, 토마토, 오이, 고구마, 목화 등 열대나 아열대 원산인 작물을 온대지방에서 봄과 가을에 재배할 때 발생한다. 그러나 벼의 경우 여름에도 저온에 의한 장해를 받을 수 있는데 1980년에는 격심한 냉해 발생으로 수량이 전국 평균 약 35%가 감소되었다.

③ 일반적으로 벼의 영양기관은 10℃ 이하의 저온이 계속되면 냉해를 받고, 생식기관은 20℃ 이하가 계속될 때 해를 입는다. 생식기관은 영양기관에 비하여 예민하고 약하므로 영양기관에게는 탈이 없는 높은 온도에서도 냉해를 받는다.

(2) 벼 냉해의 종류

벼의 냉해에는 지연형 냉해, 장해형 냉해 및 병해형 냉해가 있다.

1) 지연형 냉해

① 지연형 냉해의 피해양상인 등숙불량은 등숙기의 저온에 의한 것이지만, 그 근본적인 원인은 출수의 지연이다.

② 출수의 지연은 육묘나 이앙이 늦었거나, 저온에 의한 초기생육의 지연, 유수발육의 지연 등 출수기를 지연시키는 모든 것이 원인이 되며, 심하면 출수를 못하는 경우도 있다.

③ 벼는 10~13℃에서 발아하고 생육이 개시되는데, 냉온으로 기온이 8~10℃ 이하가 되면 잎에 황백색의 반점이 생기고, 끝에서부터 마르며, 분얼이 지연된다.

④ 특히 출수 30일 전부터 25일 전까지의 약 5일간, 즉 벼가 생식생장기에 접어들어 유수형성을 하는 시기에 냉온을 만나면 출수가 가장 지연된다.

⑤ 다만 출수가 지연되어도 조생종을 식재했거나, 늦가을까지 온도가 높으면 피해는 경미하다. 그러나 대개의 경우 지연형 냉해는 그 피해가 크며, 특히 등숙기온(출수 후 40일 간의 평균기온)이 18℃ 이하이면 흉년이 된다.

2) 장해형 냉해

① 장해형 냉해는 영양생장기의 기상은 정상이어서 영양생장이 양호했으나, 생식생장의 중요한 시기에 저온을 받아 불임현상을 보이는 냉해이다.

② 장해형 냉해를 유발하는 냉온감수기는 수잉기와 개화·수정기의 두 시기이다. 이 중 수잉기에 냉온을 받는 경우가 피해가 더 큰데, 감수분열기부터 1~1.5일 후인 소포자 초기(출수 11~12일 전)에 16℃(자포니카벼는 17℃) 이하의 저온이 오면 약벽의 tapete 조직이 이상비대해지고, 이것으로부터 영양을 공급받아야 할 화분이 죽어 거의 완전 불임이 되기 때문이다.

③ 후자의 경우(개화·수정기의 저온)는 20℃ 이하에서 수정불량, 배나 배유의 발생이상 등으로 불임이 된다.

④ 장해형 냉해는 앞에서 설명한 두 시기에 발생하여 수정 없음으로 끝나기 때문에 등숙기간의 기후가 아무리 좋아도 수량이 회복될 수 없다. 따라서 지연형 장해보다 손해가 심각하다.

3) 병해형 냉해

① 냉온 하에서 증산작용이 감퇴하여 규산흡수가 저하되면, 표피세포의 규질화가 불량하여 도열병균 등 병원균 침입이 용이해진다. 또한 저온으로 광합성이 활발하지 못하여 탄수화물이 충분히 생성되지 못하면 질소대사는 단백질 합성까지 진행되지 못하고 수용성인 아미노산이나 아미드만을 축적하게 된다.

② 그러면 도열병균은 어렵게 분해해야 이용할 수 있는 단백질보다 분해가 쉬운 아미노산을 바로 이용할 수 있기 때문에 도열병에 이병되기 쉬운데, 이와 같이 저온으로 인하여 도열병이 발생하는 것을 병해형 냉해라고 한다.

② 냉온 하에서는 지연형 및 장해형의 냉해와 함께 냉도열병 등의 병해가 겹치는 복합(혼합)형 냉해가 발생하기도 한다.

(3) 벼의 냉해 대책

우리나라의 경우 한랭지대나 산간지대에서는 묘대기에서 등숙기까지 전 생육기간에 걸쳐 항시적인 냉해의 위험성을 지니고 있고, 난지대에서도 냉해를 받는 일이 있어 아래의 냉해 대책이 중요한 재배기술이 되고 있다.

① 냉해저항성 품종의 선택 : 냉해저항성(내냉성) 품종 또는 냉해회피성(도열병 저항성 품종 또는 조생종 등) 품종의 선택은 기본적인 냉해대책이다.

② 입지조건의 개선 : 방풍림 조성, 암거배수로 습답 개량, 객토로 누수답 개량, 지력배양 등 입지조건을 개선한다.

③ 육묘법 개선 : 보온육묘로 못자리 때의 냉해를 방지하고, 생육기간을 앞당겨서 등숙기의 냉해를 피할 수 있는 육묘법으로 개선한다.

④ 시비법 개선 : 질소비료의 과용은 단백질 생산을 늘려 세포는 커지나, 세포막 성분의 적은 생산으로 세포막이 부실하게 되어 도열병 저항성이 낮아지는 요인이 된다. 칼륨, 인산, 규산질비료를 증시하여 조직을 강건하게 하고 건실한 생육을 꾀한다.

⑤ 재배적 조처 : 파종, 육묘, 이식 등의 작물관리 방법을 개선하여 영양생장량을 증대하고 등숙기를 단축하여야 하며, 냉온기에는 심수관개(15~20cm), 관개수온 상승책의 강구 등 적절한 물관리도 병행 실시되어야 한다.

2. 동해(凍害)

(1) 동해의 종류

① 동해는 온도가 낮아 세포내 결빙이 생겨 조직이 파괴되는 장해인데 상해(霜害)와 한해(寒海)로 나눌 수 있다.

② 상해는 옥수수와 같은 여름작물을 재배할 때 봄의 늦서리 또는 가을의 첫서리가 올 때 받는 장해인데 0℃ 가까운 영하의 온도에서 받는 장해이다.

③ 한편 한해는 가을에 파종하여 월동하는 작물과 과수 등의 다년생작물이 받는 장해이며, 이들은 내저온성이 있으므로 0℃보다 훨씬 낮은 온도에서 피해를 받는다. 예를 들어 맥류와 유채의 동사 온도는 −17.0 ~−15.0℃나 된다.

(2) 동상해 대책

1) 응급대책

관개법	서리가 예상될 때는 저녁에 충분히 관개하면 물이 가진 잠열을 활용하여 동상해를 방지할 수 있다.
송풍법	동상해의 위험기에는 온도역전현상으로 지면부근보다 상공의 공기온도가 높은데 지상 10㎝ 정도의 높이에 송풍기를 설치하고 따뜻한 공기를 지면으로 송풍하면 상해를 방지 및 경감할 수 있다.
발연법	연기를 발산하면 지온의 방열을 막아 서리의 피해를 방지할 수 있다.
피복법	거적 · 비늘 등으로 덮어 보온하는 방법이다.
연소법	중유나 고형재료 등을 연소시켜서 열을 공급하는 방법이다.
살수빙결법	스프링클러로 살수하여 식물체의 표면을 동결시키는 것으로 물이 얼 때는 잠열이 발생하기 때문에 외부기온이 많이 내려가더라도 식물체온을 0℃ 정도로 유지할 수 있다.

2) 재배적 대책

① 채소와 화훼류는 보온재배를 한다.

② 맥류는 파종시기를 품종에 알맞게 하고, 추운 곳에서는 파종량을 늘리며, 봄철에는 답압을 하여 상주해의 피해를 막는다.

③ 맥류재배에서 두둑을 세워 뿌림골을 깊게 함으로써 찬 공기와의 직접 접촉을 막는다.

④ 세포에 당, 칼슘, 칼륨 등의 용질함량이 많으면(용질의 농도가 높으면) 용액의 어는 점을 강하시키므로 과냉각 상태가 되어 세포액이 얼지 않는다. 칼륨의 함량증대를 위하여 칼륨질 비료를 증시한다.

(3) 내동성의 요인

① 식물체의 함수량 : 건조종자와 균의 포자는 절대온도에서 장기간 저장해도 해를 받지 않으며, 구근류도 내동성이 강하다. 이는 자유수가 적어 세포내 결빙이 일어나지 않기 때문이다. 그러나 종자도 수분함량이 많으면 동해를 받고, 수목의 가지나 눈도 겨울 추위는 견디지만, 봄이 되어 함수량이 많아지면 저온의 피해를 받기 쉽다.

② 경화와 ABA 처리 : 경화나 ABA를 처리하면 내동성이 증가한다. 이는 내동성과 관계가 있는 새로운 단백질이 생기기 때문이다. 감자는 15일간 저온처리하면 내동성이 생기고, 따뜻한 곳에서 24시간이 경과하면 내동성이 상실된다.

③ 용질(무기성분)의 함량 : 세포에 당, 칼슘, 칼륨, 마그네슘 등의 용질 함량이 많으면 (용질의 농도가 높으면) 용액의 어는점을 강하시키므로 과냉각 상태가 되어 세포액이 얼지 않는다. 그러나 당분이 전분으로 전환되어 전분 함량이 많아지면 당분 함량은 감소하고, 전분립은 원형질의 기계적 견인력에 의한 파괴를 크게 하므로 전분 함량이 많으면 내동성은 저하된다.

④ 지방 함량 : 지방과 수분이 공존할 때 빙점강하도가 커지므로 지유 함량이 높은 것이 내동성이 강하다.

⑤ 친수성 콜로이드 함량 : 저온에서 내동성이 증가할 때는 당분과 함께 친수성콜로이드 함량이 증가한다. 친수성 콜로이드에 들어있는 수분은 얼지 않으므로 같은 수분 함량이면 친수성 콜로이드 함량이 많을수록 내동성이 증가한다.

⑥ 단백질의 특성 : 원형질단백질에 −SH기가 많은 것은 −SS기가 많은 것보다 기계적 견인력을 받을 때 분리되기 쉬우므로 원형질의 파괴가 적어 내동성이 크다.

⑦ 원형질의 특성 : 원형질의 투과성이 클수록 내동성이 증가한다. 이는 세포 외에서 결빙될 때 탈수되기 쉬워 세포내 결빙을 막아주고, 반대로 얼음이 녹을 때는 세포 안으로 물이 빨리 흡수되므로 기계적인 저항을 적게 받기 때문이다.

출제 가능성이 높은 문제

01 다음 중 냉해에 대한 작물의 피해현상과 가장 거리가 먼 것은?

㉮ 벼의 등숙 지연 ㉯ 병해 발생

㉰ 불임 발생 ㉱ 세포 내 결빙

■ 식물체 조직 내에 결빙이 생기지 않을 정도의 저온에 의한 피해를 저온해라 하고, 여름작물이 생육상 고온이 필요한 여름철에 냉온을 만나서 받는 피해를 냉해라 부른다. 세포 내 결빙은 동해이다.

02 냉해(冷害)에 대한 설명으로 틀린 것은?

㉮ 식물체의 조직 내 결빙이 생기지 않을 범위의 저온에 의하여 식물이나 식물의 기관이 피해 받는 현상을 냉온장해라 한다.

㉯ 지연형 냉해와 장해형 냉해가 있다.

㉰ 영양생장기의 냉온이나 일조부족의 피해로 나타나는 냉해는 장해형 냉해이다.

㉱ 냉온에 의해서 작물의 생육에 장해가 생기는 생리적 원인은 증산과잉, 호흡과다, 이상호흡, 단백질의 과잉분해 등이 있다.

■ 지연형 냉해의 피해양상인 등숙불량은 등숙기의 저온에 의한 것이지만, 그 근본적인 원인은 출수의 지연이다. 출수의 지연은 육묘나 이앙이 늦었거나, 저온에 의한 초기생육의 지연, 유수발육의 지연 등으로 발생한다. 따라서 영양생장기의 냉온이나 일조부족의 피해로 나타나는 냉해는 지연형 냉해이다.

03 과수, 채소, 차나무 등의 동상해 응급대책으로 볼 수 없는 것은?

㉮ 관개법

㉯ 송풍법

㉰ 발연법

㉱ 하드닝법

■ 동상해의 응급대책으로 관개법, 송풍법, 발연법 외 피복법, 연소법, 살수빙결법 등이 있다.
– 하드닝법 : "어릴 때 고생은 사서도 한다."는 속담처럼 시련을 통해 강해지는 원리를 식물에 적용한 방법이 하드닝(Hardening, 경화) 처리이다. 이 처리를 하면 새로운 단백질이 생기기 때문에 내동성이 증가한다. 따라서 이 방법은 응급대책으로 쓸 수는 없지만 내동성이 약한 작물을 길들이는 데 유용하게 사용될 수 있는 방법이다.

01 ㉱ 02 ㉰ 03 ㉱

2 　습해, 수해 및 가뭄해

1. 습해(과습 장해)

(1) 습해의 정의

① 일반적으로 작물의 토양 최적함수량은 최대용수량의 70~80%의 범위이다. 따라서 토양공극이 모두 물로 채워지면 식물은 산소부족으로 해를 입는데, 이를 습해 또는 과습장해라 한다. 즉, 토양수분이 작물의 정상적인 생육을 위한 최적함량보다 과다하여 생장 및 수량이 저하되는 피해를 습해라고 한다.

② 관수장해 : 식물체 전부가 물에 잠겨 나타나는 식물의 피해를 말하며, 수해라고도 한다.

(2) 습해 대책

1) 경종적 방법

① 내습성 작물 및 품종의 선택 : 작물에 따라 내습성의 차이가 크므로 저습지에 있어서는 이를 잘 고려해야 한다. 일반적으로 화훼류는 습해에 약하고 경엽을 재배 목적으로 하는 채소류, 섬유작물, 화본과 목초, 벼, 피, 수수, 옥수수, 땅콩 등은 침수에 강하다.

② 시비의 개선 : 황화수소(H_2S)의 발생을 막기 위하여 미숙유기물이나 황산근비료(유안, 황산칼륨 등) 시용을 금하고, 표층시비하여 뿌리를 지표 가까이 유도하면 산소부족을 경감시킬 수 있다. 또한 웃자람을 방지하기 위하여 질소질비료 다용을 피하고, 칼륨과 인산질비료를 충분히 시용해야 한다. 뿌리가 썩어 뿌리의 흡수기능이 저하한 경우는 요소, 미량요소, 칼륨 등을 엽면시비하는 것도 필요하다.

③ 병충해 방제의 철저 : 저습지에서는 일반적으로 토양병의 발생이 병행되므로 병충해 방제를 철저히 하는 것도 습해대책이 된다.

④ 과산화석회의 시용 : 과산화석회(CaO_2)를 작물종자에 분의해서 파종하거나 토양에 시용하면 상당 기간 산소가 방출된다.

2) 배수 및 통기 향상

① 배수 : 지하수위가 높고 배수상태가 불량한 저습지나 과습지에서는 배수가 습해의 기본 대책이 된다. 배수방법에는 객토법, 자연배수법(명거배수·암거배수), 기계배수법 등이 있다.

② 두둑만들기 : 밭작물의 경우 휴립휴파하여 고휴재배(높은 두둑재배)하고, 벼의 경우도 습답에서는 두둑재배를 고려할 수 있다.

③ 토양개량 : 입단을 조성하여 토양통기 및 투수성을 개선한다.

2. 수해

(1) 수해 발생조건 및 종류
① 수해는 단기간의 집중호우나 장기간에 걸친 장마에 의해 토양이 보수 또는 저수 한계를 넘거나 하천이나 강이 범람하여 일어난다.
② 수해는 작물체가 완전히 물로 침수되어 나타나는 관수해, 침수에 의한 습해, 기계적 손상, 도복 등이 나타나며 더욱 심한 경우에는 포장의 표토가 유실되고 토양이 붕괴하거나 사력이 침전하여 농작물이 매몰되기도 한다.

(2) 관수해

1) 관수해의 정의
① 작물체가 물속에 완전히 잠기는 것을 관수라 한다.
② 관수 시에는 산소가 부족하여 무기호흡을 하게 되고 이에 따라 당분, 전분, 단백질 등 호흡기질이 과다 소모되어 청고나 적고현상을 일으킨다.

2) 청고와 적고현상
① 청고현상은 탁한 물이 정체되고 수온이 높을 때, 양분이 급격히 소모되어 빨리 죽으므로 잎에 있는 엽록소까지는 분해되지 않았기 때문에 청색을 띠는 것을 말한다.
② 적고는 맑고 흐르는 물에 잠겼을 때 수온이 높지 않아 양분이 서서히 소모된 후 엽록소에 있는 단백질까지 모두 다 기질로 이용되어 잎이 적갈색이 된 경우를 말한다.

(3) 수해 대책

1) 사전 대책
① 치산치수사업의 적극추진
② 경사지 등 위험지역에서는 피복작물을 재배하거나 인공피복 등으로 유거수량을 줄여 토양유실을 방지하여야 한다.
③ 작물의 생육기를 조절하여 수해를 회피 또는 경감하도록 한다.
④ 추비를 한 경우 관수해가 더 커지므로 위험강우기에 추비를 하지 말고, 수해상습지대에서는 질소과용을 피해야 한다.

2) 관수 중의 대책

① 관수해는 시간에 비례하므로 관수시간을 최대로 단축하고, 물이 빠져나갈 때 잎에 묻은 흙을 제거한다.

② 옥수수, 수수, 벼 등 초장이 커서 가능한 작물은 몇 대씩 묶어서 도복을 방지하도록 한다.

3) 사후 대책

① 산소가 많은 새물로 바꾸어 위조를 막아야 한다.

② 흙앙금이 집적된 토양을 중경하여 토양통기를 개선한다.

③ 표토가 유실된 논이나 밭에서는 새 뿌리가 발생된 후에 추비하여 영양상태를 회복시키고, 관수 후에는 작물체가 매우 약화되어 병해충 발생이 많아지므로 적절한 방제가 필요하다.

3. 가뭄해(한해, 旱害)

(1) 내건성

1) 일반사항

① 종자나 휴면 중의 세포는 내건성이 강하나 생장 중인 식물체는 쉽게 건조해를 입는다.

② 생장점 세포처럼 세포 또는 액포가 작으면 건조나 재흡수 시에 수축 및 팽창률이 작으므로 피해가 적다.

③ 식물의 내건성은 구조적 내건성과 세포질적 내건성으로 구분한다.

2) 구조적 내건성

① 구조적 내건성이란 수분의 손실을 방지(수분 보존형)하거나, 수분흡수를 증가(수분 소비형)시킬 수 있는 식물의 구조에 의해 결정되는 내건성이다.

② CAM 식물은 낮에는 기공을 닫아 증발을 막는 구조를 가지고 있다. 수분 보존형이다.

③ 보존형에는 저수능력이 있는 것, 잎이 작고 왜소한 것, 잎의 조직이 치밀하거나 울타리조직이 발달한 것, 각피가 발달한 것, 기공의 크기도 수도 적은 것, 건조 시에는 잎을 키우지 않는 것, 아예 잎을 떨어뜨리는 것 등이 있다.

④ 또 다른 식물은 건조 시 뿌리로 탄수화물을 많이 보내서, 뿌리가 수분이 있는 곳까지 빨리 성장하여 물을 많이 흡수하도록 한다. 수분 소비형이다.

3) 세포질적 내건성

① 수분이 부족하면 세포가 작아지고, 세포액의 농도는 높아지므로 수분포텐셜이 감소 (삼투압이 증가)하여 수분을 흡수하려 한다. 그런데도 물의 공급이 안 되면 세포 내의 효소가 활성화된다.

② 효소의 활성으로 세포 내에는 당, 유기산, 무기염류 등이 증가하여 수분포텐셜은 더욱 더 낮아지므로 토양으로부터 물을 더 잘 흡수하게 된다.

③ 세포질적 내건성이란 건조 시와 재흡수 시에 원형질막이 어떻게 힘을 받느냐와 그 힘에 저항할 수 있느냐의 여부에 따라 결정되는 내건성으로, 원형질막의 수분투과성이 좋아야 막에 무리한 힘을 받지 않아 내건성이 높아진다.

④ 세포질적 내건성을 탈수저항성이라고도 한다.

(2) 가뭄해 대책

1) 일반사항

① 가뭄해의 근본대책은 관개시설을 확충하는 것이다.

② 가뭄해 상습지에서는 가뭄에 강한 작물이나 품종을 선택하여 재배한다.

③ 토양수분의 보유력 증대와 증발 억제를 위해 토양구조의 입단화 조성과 피복, 멀칭, 중경 및 제초 등의 내건농법을 실시한다.

④ 가능한 경우 조, 피, 기장, 메밀 등 대파작물을 재배한다.

2) 밭의 가뭄 대책

① 뿌림골을 낮게 하여 토양수분을 최대로 이용한다.

② 과도한 수분경쟁을 하지 않도록 밀식을 피한다.

③ 질소비료의 과용을 피하여 웃자람을 방지하고 퇴비, 인산, 칼륨을 증시하여 세포 내에 무기질이 많게 함으로써 수분포텐셜을 낮추어 수분흡수를 왕성하게 한다.

④ 봄철에 밭을 밟아주어 수분증발을 막는다.

보충

01 벼의 침수피해에 대한 설명 중 틀린 것은?

㉮ 탁수(濁水)는 청수(淸水)보다 물속의 산소가 적어서 피해가
크다.

㉯ 벼가 수온이 높은 정체탁수(停滯濁水)중에서 급히 고사할 때
는 단백질이 소모되지 못하고 푸른 상태로 죽는다.

㉰ 수온이 낮은 유동청수(流動淸水) 속에서는 단백질과 탄수화
물이 소모되지 못하고 죽는다.

㉱ 수온이 높으면 호흡기질의 소모가 빨라서 피해가 크다.

■ 적고는 맑고 흐르는 물(유동청수,
流動淸水)에 잠겼을 때 수온이 높지
않아 양분이 서서히 소모된 후 엽록
소에 있는 단백질까지 기질로 이용
되어 잎이 적갈색이 된 경우를 말한
다. 즉, 너무 오래 살아서 재산이 다
탕진된 상태이다.
"너희들 그렇게 나오면 나도 적고할
테다."

02 내건성 작물의 특징이 아닌 것은?

㉮ 수분의 흡수능이 크다.

㉯ 체내수분의 상실이 적다.

㉰ 체내의 수분 보유력이 작다.

㉱ 수분함량이 낮은 상태에서도 생리기능이 높다.

■ 식물의 내건성은 구조적 내건성
과 세포질적 내건성으로 구분한다.
구조적 내건성이란 수분의 손실을
방지(수분 보존형)하거나, 수분흡수
를 증가(수분 소비형)시킬 수 있는
식물의 구조에 의해 결정되는 내건
성이다.

01 ㉰   02 ㉰

3 도복과 풍해

1. 도복

(1) 도복의 양상과 피해

1) 도복의 양상

① 도복이란 작물이 비바람 등에 의해 쓰러지는 것을 말하며 주로 화곡류(수도, 맥류, 잡곡)와 두류에서 발생한다.

② 화곡류는 줄기 등에 저축된 양분이 곡식으로 이동하여 이삭이 무거워지는 반면, 줄기는 취약해지는 등숙후기에 주로 발생하고, 도복지수(벼의 키×지상부생체중×100÷줄기좌절중)가 클수록 도복의 위험성이 높다.

③ 두류는 줄기가 급속히 자라는 개화기부터의 약 10일간이 도복의 위험성이 높다.

2) 도복의 피해

① 도복은 수량의 감소와 품질의 악화를 초래하며, 콩이나 목화 등의 맥간작인 경우 간작물에 큰 피해를 준다. 특히 다비다수확 재배에서는 도복의 피해가 심각하며, 기계화 수확에 결정적인 불편이 따른다.

② 도복의 피해는 시기에 따라 차이가 있으며, 벼의 경우 출수개화기 초기의 도복이 감수와 품질악화에 영향이 가장 크다.

③ 작물이 도복하면 상처에 의한 상해(傷害)호흡으로 기질양분이 과잉소모되고, 각종 생리작용이 저하되어 양분의 전류가 감소됨으로써 종실의 비대가 불충분하다. 벼나 맥류의 경우 발육정지립이 증가하고 등숙률과 천립중이 감소한다. 또한 이삭이 지면에 닿음으로써 부패립과 수발아가 발생되어 수량감소와 품질악화가 초래된다.

> **연구 수발아**
>
> 벼나 맥류가 수확기에 장기간 비를 맞아서 젖은 상태로 있거나, 도복해서 이삭이 젖은 땅에 오래 접촉해 있을 경우 이삭에서 싹이 트는 것을 수발아라고 한다. 수발아된 종실은 종자용으로는 물론 식용에도 부적당하다. 수발아의 대책은 다음과 같다.
> 1. 작물의 선택 : 우리나라에서는 기후조건상 보리가 밀보다 수확시점이 빠르므로 장마철을 피할 수 있어 수발아의 위험이 적다.
> 2. 품종의 선택 : 맥류의 경우 장마철(7월 초) 관계상 조숙종이 만숙종보다 수발아의 위험이 적다.
> 3. 도복방지 : 도복은 수발아의 결정적 유발원인이므로 도복을 방지하여야 한다.
> 4. 발아억제제의 살포 : 출수 후 20일경 종피가 굳어지기 전에 발아억제제를 살포하면 수발아가 억제된다.

(2) 도복의 요인

도복에 관여하는 요인은 아래의 4가지로 구분할 수 있다. 이들은 단독적으로 발생하는 경우도 있으나 복합적으로 작용하는 것이 보통이다.

① 기상적 요인 : 강우기간이 길어 일조가 부족하면 줄기가 연약해지는데, 바람도 심하게 불면 도복한다.

② 토양적 요인 : 저습답의 벼는 이른 봄에 분해된 유기물에 의해 생육초기에는 질소성분을 충분히 흡수하나, 생육후기에는 질소부족이 초래되고 각종 환원성 유해물질의 피해를 받아 근활력이 저하되므로 도복하기 쉽다. 또한 비옥한 토양이거나 질소질비료를 과잉 시비한 경우 벼, 잡곡, 맥류 등은 질소성분의 과잉흡수로 인하여 대가 연약해져 도복하기 쉽다. 반면에 칼륨과 규산질 비료는 내도복성을 향상시킨다.

③ 재배적 요인 : 작물이 밀생하게 되면 군락의 통풍, 통광이 불량하여 연약한 생육상을 보이며 근계발달이 불량하여 도복의 피해를 받게 된다.

④ 품종의 유전적 요인 : 키가 크고, 대가 약하며, 이삭이 크고 무거운 품종, 근계발달이 불량하고, 근활력이 약한 작물은 도복하기 쉽다.

(3) 도복의 대책

도복의 요인을 제거한다.

① 방풍림 조성 등

② 배토, 답압 등으로 뿌리의 건전성 유도

③ 질소의 과비를 삼가고 칼륨, 규산의 균형시비

④ 병해충 방제

⑤ 재식밀도 조절로 통풍 및 수광태세 개선

⑥ 재배작물 선정 시 키가 너무 크지 않고 대가 튼튼한 품종 등 유전적 요인의 고려

2. 풍해

(1) 풍해의 기구

보통 4~6km/hr 이상의 강풍(태풍)은 풍해를 유발시키는데 이 속도를 넘어 풍속이 클수록, 공기습도가 낮을수록 풍해는 크다.

① 물리적 장해 : 나무는 부러지며, 화곡류에서는 도복하거나, 수분 및 수정이 저해되어 불임립(不稔粒)이 발생하고, 상처에 의해 각종 병이 발생한다.

② 호흡증가 : 상처에 의한 상해(傷害)호흡으로 기질양분이 과잉소모된다.

③ 탈수 장해 : 식물은 대개 표면에 불투수성 각피층이 발달되어 있고, 강풍 시에는 기공이 닫히므로 토양수분이 충분하면 탈수에 의한 피해는 크지 않다. 그러나 벼와 같은 경우 출수 직후 즉, 영화의 각피층이 충분히 발달하지 못한 때에 건조한 강풍이 불면 기공이 닫혀도 탈수가 빨라 백수(白穗)가 된다. 습하고 따뜻한 바람이 산을 넘을 때 산이 높을수록 기온이 낮으므로 수증기가 응결되어 그곳에는 비가 내리나, 산을 넘은 바람은 건조한 바람이 되어 백수의 피해를 가져온다. 백수현상은 공기습도 60%, 풍속 10m/sec의 조건에서부터 발생한다.

④ 광합성 저해 : 강풍 시에 기공이 닫혀 탄산가스가 엽내로 들어오지 못하므로 광합성이 저하된다.

⑤ 풍식과 조해(潮害) : 강풍이나 돌풍은 풍식을 조장하고, 해안지대에서는 소금을 운반하여 염해(鹽害)를 유발한다.

(2) 풍해 대책

1) 바람강도의 저하

① 풍해를 상습적으로 받은 지역에서는 방풍림을 조성한다. 방풍림의 방풍효과는 나무 높이의 10~15배 정도이므로 포장면적을 고려하여 수종을 선택한다.

② 방풍울타리의 설치 : 고도로 방풍의 필요성이 있는 경우 무궁화 등의 관목이나 옥수수, 수숫대로 간이 울타리를 조성한다.

2) 재배적 대책 채용

내풍성 작물 선택	목초, 고구마 등 바람피해가 없거나 적은 품종 선택
내도복성 품종의 선택	키가 작고 대가 강하며 이삭이 적은 품종 선택
작기 이동	태풍을 피하도록 생육기간 변경
관개담수조치	논물을 깊게 대면 도복과 건조 경감
배토와 지주 및 결속	맥류의 배토, 토마토의 지주, 수수나 옥수수의 결속
비배관리의 합리화	질소 대신 칼륨질비료 증시 및 요소의 엽면시비

01 작물이 도복되었을 때 나타나는 피해가 아닌 것은?

㉮ 광합성이 감퇴한다.

㉯ 저장양분의 소모가 적어진다.

㉰ 동화물질의 전류가 저해된다.

㉱ 등숙이 나빠져서 수량이 감소한다.

> ■ 작물이 도복하면 상처에 의한 상해(傷害)호흡으로 기질(저장)양분이 과잉 소모되고, 각종 생리작용이 저하되어 양분의 전류가 감소됨으로써 종실의 비대가 불충분하다.

02 풍해의 생리적 장해로 거리가 먼 것은?

㉮ 호흡 감소

㉯ 광합성 감퇴

㉰ 작물의 체온저하

㉱ 식물체 건조

> ■ 풍해의 종류(생리적 기구): 물리적 장해, 호흡 증가(상해에 의한), 탈수 장해, 광합성 저해(기공폐쇄에 의한), 풍식과 조해

01 장해형 냉해의 설명으로 가장 옳은 것은?

㉮ 냉온으로 인하여 생육이 지연되어 후기등숙이 불량해지는 경우

㉯ 생육초기부터 출수기에 걸쳐 냉온으로 인하여 생육이 부진하고 지연되는 경우

㉰ 냉온하에서 작물의 증산작용이나 광합성이 부진하여 특정병해의 발생이 조장되는 경우

㉱ 유수형성기부터 개화기까지, 특히 생식세포의 감수분열기의 냉온으로 인하여 정상적인 생식기관이 형성되지 못하는 경우

보충

■ ㉮㉯는 지연형 냉해, ㉰는 병해형 냉해에 대한 설명이다. 장해형 냉해는 영양생장기의 기상은 정상이어서 영양생장이 양호했으나, 생식생장의 중요한 시기(유수형성기부터 개화기까지, 특히 생식세포의 감수분열기)에 저온을 받아 불임현상을 보이는 냉해이다.

02 규산에 대한 설명으로 틀린 것은?

㉮ 벼, 보리 등 외떡잎식물에서 많이 흡수되며, 엽신에 침적되어 규질화세포를 형성한다.

㉯ 규질화된 잎은 도열병균이 침입하기 어려우며, 각피 증산이 촉진된다.

㉰ 규소가 잎에 축적되면 잎을 직립하게 하여 수광 태세가 좋아지고 도복을 방지한다.

㉱ 규소가 물관에 축적되면 증산이 심할 때 받는 압력에 견디게 해준다.

■ 냉온 하에서는 증산작용이 감퇴하여 규산 흡수(벼는 규산을 질소보다 최소 8배나 많이 흡수함)가 저하되며 표피세포의 규질화가 불량하여 도열병균 등 병원균 침입이 용이해진다. 규산은 벼 표피조직의 세포막에 집적하여 조직의 규질화를 이루고 각피 증산을 억제한다.

03 냉해의 생리적 원인으로 거리가 먼 것은?

㉮ 호흡량의 급감소로 생장저해

㉯ 광합성 능력의 저하

㉰ 양분의 전류 및 축적방해

㉱ 화분의 이상발육에 의한 불임현상

■ 추우면 동물처럼 식물도 호흡과다 또는 이상(異常) 호흡이 진행된다. 천남성과의 '앉은부채', 수련과의 '연꽃' 등은 스스로 발열도 한다. 따라서 추우면 호흡은 당연히 증가한다.

01 ㉱ 02 ㉯ 03 ㉮

04 수도의 냉해 발생과 품종의 내랭성에 관한 설명으로 틀린 것은?

㉮ 남풍벼, 장성벼는 냉해에 약한 편이다.

㉯ 오대벼, 운봉벼는 냉해에 강한 편이다.

㉰ 벼의 감수분열기에는 8~10℃ 이하에서부터 냉해를 받기 시작한다.

㉱ 생육시기에 의하여 위험기에 저온을 회피할 수 있는 것을 냉해회피성이라 한다.

05 냉해에 대한 설명으로 틀린 것은?

㉮ 우리나라에서는 특히 벼농사에서 냉해가 문제된다.

㉯ 작물의 냉해는 벼를 위시해서 지연형 냉해, 장해형 냉해, 병해형 냉해가 있다.

㉰ 작물이 조직 내에 결빙이 생기지 않는 범위의 저온에 의해서 받는 피해를 냉온장해라 한다.

㉱ 지연형 냉해는 유수형성기~개화기의 냉온 피해로 등숙 불량을 초래한다.

06 작물의 동상해 대책으로써 칼륨 비료를 증시하는 이유로 가장 적합한 것은?

㉮ 뿌리와 줄기 등 조직을 강화시키기 위해

㉯ 작물체내에 당 함량을 낮추기 위해

㉰ 세포액의 농도를 증가시키기 위해

㉱ 저온에서 칼륨의 흡수율이 낮으므로 보완하기 위해

07 다음 중 맥류의 동상해 방지대책으로 거리가 먼 것은?

㉮ 퇴비 등을 시용하여 토질을 개선함

㉯ 내동성이 강한 품종을 재배함

㉰ 이랑을 세워 뿌림골을 깊게 함

㉱ 적기파종과 인산비료를 증시함

■ 칼륨비료를 증시하는 것이 동상
해 방지에 도움이 된다.

08 작물의 내동성에 관여하는 요인에 대한 설명으로 틀린 것은?

㉮ 세포의 수분함량이 많으면 내동성이 저하한다.

㉯ 전분함량이 많으면 내동성이 증가한다.

㉰ 세포액의 삼투압이 높아지면 내동성이 증가한다.

㉱ 당분함량이 높으면 내동성이 증가한다.

■ 세포에 당, 칼슘, 칼륨 등의 용질
함량이 많으면 삼투압이 높아져 내
동성이 증가하나, 전분은 그 크기가
커서 용질로 작용하지 못하고 오히
려 얼음결정이 생기는 빙핵으로 작
용하여 내동성을 낮춘다.

09 습해의 방지대책으로 가장 거리가 먼 것은?

㉮ 배수

㉯ 객토

㉰ 미숙유기물의 시용

㉱ 과산화석회의 시용

■ 시비의 개선: H_2S의 발생을 막기
위하여 미숙유기물이나 황산근비료
(유안, 황산칼륨 등) 시용을 금하고,
표층시비하여 뿌리를 지표 가까이
유도하면 산소부족을 경감시킬 수
있다.

10 공기가 과습한 상태일 때 작물에 나타나는 증상이 아닌 것
은?

㉮ 증산이 적어진다.

㉯ 병균의 발생빈도가 낮아진다.

㉰ 식물체의 조직이 약해진다.

㉱ 도복이 많아진다.

■ 공기가 다습하면 증산작용이 약
해져서, 뿌리의 수분흡수력이 감퇴
하므로 필요물질의 흡수 및 순환이
쇠퇴하고, 병균(특히 곰팡이)의 발생
빈도는 높아진다.

07 ㉱   08 ㉯   09 ㉰   10 ㉯

11 다음 중 수해의 요인과 작용에 관한 설명으로 틀린 것은?

㉮ 벼에 있어 수잉기~출수 개화기에 특히 피해가 크다.

㉯ 수온이 높을수록 호흡기질의 소모가 많아 피해가 크다.

㉰ 흙탕물과 고인물이 흐르는 물보다 산소가 적고 온도가 높아 피해가 크다.

㉱ 벼, 수수, 기장, 옥수수 등 화본과 작물이 침수에 가장 약하다.

12 수해에 관여하는 요인으로 틀린 것은?

㉮ 생육단계에 따라 분얼초기에는 침수에 약하고, 수잉기~출수기에 강하다.

㉯ 수온이 높으면 물속의 산소가 적어져 피해가 크다.

㉰ 질소비료를 많이 주면 호흡작용이 왕성하여 관수해가 커진다.

㉱ 4~5일의 관수는 피해를 크게 한다.

13 벼 침·관수 피해에 대한 설명으로 틀린 것은?

㉮ 분얼초기에서 보다는 수잉기나 출수기에 크게 나타난다.

㉯ 같은 침수기간이라도 맑은 물에서 보다는 탁수에서 피해가 크다.

㉰ 침수 시에 높은 수온에서 피해가 큰 것은 호흡기질의 소모가 빨라지기 때문이다.

㉱ 침수 시에 흐르는 물에서 보다는 흐르지 않는 정체수에서 피해가 상대적으로 적다.

■ 일반적으로 화훼류는 습해에 약하고 경엽을 재배 목적으로 하는 채소류, 섬유작물, 화본과목초, 벼, 피, 수수, 옥수수, 땅콩 등은 침수에 강하다.

■ 벼는 분얼초기에 침수에 강하고 (분얼을 위하여 물대기 필수), 수잉기~출수개화기에는 약하다.

■ 흙탕물(濁水)은 맑은 물(淸水)보다, 머물러 있는 물(停滯水)은 흐르는 물(流水)보다 수온이 높고 물속의 산소도 적으므로 피해가 크다.

11 ㉱ 12 ㉮ 13 ㉱

14 수해의 사전 대책으로 틀린 것은?

㉮ 경사지와 경작지의 토양을 보호한다.

㉯ 질소 과용을 피한다.

㉰ 작물의 종류나 품종의 선택에 유의한다.

㉱ 경지정리를 가급적 피한다.

■ 수해의 사전대책으로는 치산치수, 경지 정리, 관수 저항성 작물과 품종 선택, 작기 조절 등이 있다.

15 도복 방지대책과 가장 거리가 먼 것은?

㉮ 키가 작고 대가 가장 튼튼한 품종을 재배한다.

㉯ 서로 지지가 되게 밀식한다.

㉰ 칼륨질 비료를 시용한다.

㉱ 규산질 비료를 시용한다.

■ 밀식하면 군락의 통풍 및 통광이 불량하여 식물체가 약하므로 도복의 피해를 받는다.

16 작물의 일반적인 도복 방지 대책으로 거리가 먼 것은?

㉮ 단간품종의 선택

㉯ 밀식

㉰ 답압 · 배토 · 토입

㉱ 규산과 석회의 시용

■ 밀파 · 밀식하여 작물이 밀생하게 되면 군락의 통풍 · 통광이 불량하여 연약한 생육상을 보이며 근계 발달이 불량하여 도복해를 받게 된다.

17 작물재배 시 도복현상이 발생하는 주요한 원인은?

㉮ 마그네슘이 부족하다.

㉯ 질소가 과다하다.

㉰ 인산이 과다하다.

㉱ 칼륨이 과다하다.

■ 비옥한 토양이거나 질소질비료를 과잉 시비한 경우 벼, 잡곡, 맥류 등은 질소성분의 과잉흡수로 인하여 대가 연약해져 도복하기 쉽다. 반면에 칼륨과 규산질 비료는 내도복성을 향상시킨다.

14 ㉱ 15 ㉯ 16 ㉯ 17 ㉯

18 다음 중 작물의 도복을 방지하기 위한 방법이 아닌 것은?

㉮ 칼륨질 비료의 절감

㉯ 내도복성 품종의 선택

㉰ 배토 및 답압

㉱ 밀식재배 지양

19 벼 등 화곡류가 등숙기에 비, 바람에 의해서 쓰러지는 것을 도복이라고 한다. 도복에 대한 설명으로 틀린 것은?

㉮ 키가 작은 품종일수록 도복이 심하다.

㉯ 밀식, 질소다용, 규산부족 등은 도복을 조장한다.

㉰ 벼 재배 시 벼멸구, 문고병이 많이 발생되면 도복이 심하다.

㉱ 벼는 마지막 논김을 맬 때 배토를 하면 도복이 경감된다.

20 벼의 도복과 가장 관련성이 높은 병해는?

㉮ 도열병

㉯ 흰잎마름병

㉰ 잎집무늬마름병

㉱ 깨씨무늬마름병

21 작물을 재배할 때 발생하는 풍해에 대한 재배적 대책이 아닌 것은?

㉮ 내풍성 품종의 선택

㉯ 내도복성 품종의 선택

㉰ 요소의 엽면시비

㉱ 배토 · 지주 및 결속

18 ㉮ 19 ㉮ 20 ㉰ 21 ㉰

당근을 길들인 사연

지금도 불모의 벌판에서 자라는 야생 당근은 굵기가 볼펜 정도로 빈약하고 당분도 없다. 여기에 프랑스 식물학자인 빌모랑씨가 도전을 하였다.

첫 해에 식물학자답지 않게 오만한 생각을 한다. 영양이 충분하면 우리가 먹을 수 있는 당근이 될 것이라고. 거름을 잔뜩 주고 씨를 뿌렸다. 훌륭한 줄기에 탐스런 꽃이 피었다. 그러나 먹을 뿌리는 없었다.

식물학자로 돌아와 생각한다.

"식물은 쓸데없는 짓은 하지 않지. 뿌리의 임무는 줄기와 잎을 잘 키워 꽃을 피우고 열매를 맺는 것이니까 열매를 맺지 못하게 하면 되겠군"

그는 파종을 한 달 늦추어 4월에 파종하고 아래 쪽 잎만 보존한 채 줄기는 나오는 대로 잘라 버렸다.

당근도 성질이 있다는 사실은 정말 당근이다. 지상의 사태를 알아챈 당근이 자살을 해버린 것이다.

둘째 해의 실험도 실패했다. 식물학자는 학자적 반성을 하고 논리적으로 생각한다.

"사람도 그렇지만, 뿌리가 희망을 잃지 않으려면 뿌리가 할 일이 있어야 하고, 힘들지만 그것이 또한 가능해야 할 것이다."

파종시기를 6월 말로 하여 8개월의 성장기간을 반으로 줄였다. 그런데 대부분의 씨앗은 4개월만에 급속성장을 하여 씨를 맺었다. 실패다.

영화를 보면 절망적인 순간에 반전이 일어난다. 몇 개의 당근이 성장이 늦고 줄기도 뻗지 못한 것을 발견한 것이다. 이상하다. 학자는 뿌리를 캐 보았다.

뿌리가 굵어졌다. 뿌리가 자기의 소임을 다하지 못함을 반성한 것이다. 1년생 식물인 당근의 뿌리가 자기의 소임을 다하지 못하자 죽을 수도 없었던 것이다. 사람도 그러하다. 그래서 새순을 만들었고 그 자식을 살리기 위하여 1년 더 살기로 결심을 한 것이다. 그래서 뿌리에 양분을 저축했다.

학자는 이들을 얼어 죽지 않게 잘 보관했다가 이듬해 봄에 다시 심었다. 결과는 성공이다. 진짜 당근이 된 것이다. 그 후 자식사랑이 각별했던 이들에게서 나온 씨는 엄마의 유전자를 받아 2년을 사는 데 익숙해졌고 우리의 당근이 되었다.

출처 : 파브르 식물기

II 토양관리

이해함을 포기하지 말라

도끼는 나무를 찍거나 패는 데 쓰이는 연장이다. 이 도끼를 많이 쓰다 보면 날이 닳아서 무디거나 없어지는 수가 있다.

그래서 "도끼의 날이 없어졌다고 자루마저 버리지 말라."는 속담이 있다. 일생을 살아가는 동안 어떠한 시련에도 포기하지 말고 전력투구하라는 말이다.

도끼날이 없어지는 어려운 상황에서도 도낏자루를 버리지 않은 이가 있었으니 그가 바로 "처칠 수상"이다.

처절한 2차 대전 중에 하루에도 수십 차례 독일의 폭격기가 영국 땅에 폭탄을 떨어뜨렸다. 런던의 모든 건물들이 파괴되고 불바다가 되었다.

이 참혹한 광경을 지켜본 그는 이를 깨물고 하루 17시간씩 피나는 노력을 했으니, 이 처칠경의 위대한 의지는 영국을 위기에서 건졌던 것이다.

1947년 8월 애틀리씨에게 후임 수상 직을 넘겨주고 그는 챳트월에 돌아가서 저술 생활을 하였다. 어느 날 처칠경은 헬로우의 모교에서 학생들을 위하여 연설해 줄 것을 부탁받았다.

그 때 교장선생님은 모든 학생들에게 처칠경의 연설을 하나도 빼놓지 말고 노트하도록 미리 준비를 시켰다. 마침내 처칠경이 강단에 올라섰다. 돋보기안경을 끼고는 옛날 자신이 앉았던 그 자리에 앉아 있는 학생들을 감개무량한 듯 한참 동안 조용히 바라보면서 아무 말이 없었다. 얼마 후 그는 입을 열었다.

"결코 포기하지 마시오. 결코 포기하지 마시오. 결코, 결코…"

이것이 그의 연설 전부였다. 위대한 삶의 푯대를 향하여 가는 길에 어려운 시련이 닥쳐오더라도 결코 포기하지 말라는 교훈이다.

열화 같은 의지만 있다면 무딘 도끼날은 벼리면 되고, 벼릴 수 없다면 새로 장만하면 된다. 공부에서 무뎌진 도끼날이 무엇인가? 원리를 터득하지 않으려는 마음가짐이다. 복잡할 거 같으면 포기하는 습관이다. 그리고는 합리화다. "100점 맞을 필요가 있나? 60점이면 합격인데!" 90점으로 합격하면 큰 손해라도 보는 듯한 계산법이다.

그럴까? "사소한 일에 최선을 다하면 큰일은 저절로 이뤄진다." 데일 카네기의 말이다.

이 과목에서 최선을 다한 다는 것은 이해함을 포기하지 않는 것이다. 이해하면 농업과 농학을 이해하게 되고, 그러면 큰일인 토양을 이해하게 된다. 토양을 이해해야 작물재배에서의 탁월함이 가능하다. 쉽게 말해 토양을 알아야 돈을 번다.

또한 이 과목은 시험 전체에서 차지하는 비중이 40% 이상이므로 하지 않을 수 없다. 즉, 이 과목의 이해 없이는 장인이나 도사가 될 수 없고, 더하여 앞의 과목인 "재배작물"도, 뒤의 과목인 "유기농업일반"도 완전히 이해할 수 없다. 따라서 이 과목의 이해 후 "재배작물"에서 미진했던 부분은 다시 공부하여야 한다. 그러면 뭔가 보인다는 것을 약속한다. 허니, 결코 포기하지 마시오. 결코, 결코…

토양생성

1 암석과 풍화작용

1. 토양생성에 중요한 암석

(1) 모재와 토양

① 모암 : 지각표면에서 발견되는 주요 조토암석(모암)은 그 생성원인에 따라 화성암, 퇴적암(수성암), 변성암으로 분류되며 화성암과 변성암이 95%를 차지하고 퇴적암은 5% 정도이다.

연구 생성 원인에 의한 분류

화성암	지각 내부의 마그마가 굳어서 이루어진 암석
퇴적암	퇴적된 풍화물이 굳어서 이루어진 암석
변성암	열과 압력의 영향을 받아 새로운 성질로 변한 암석

② 모재(1차 광물) : 모암은 대부분 물리적 성질이나 화학적 조성이 다른 여러 광물이 혼합되어 있어서 풍화에 대한 저항성이 각각 다르며, 모암을 구성하는 각각의 광물을 조암광물이라고 한다. 조암광물은 오랫동안 비ㆍ바람ㆍ기온ㆍ생물 등의 영향을 받아 그 조직이 변화 및 기계적으로 붕괴되어 미세한 입자로 되고 다시 화학적으로 분해되어 그 본질이 변하게 된다. 이같은 작용을 받아 생성된 물질이 토양의 모재(1차 광물)가 된다.

③ 토양(2차 광물) : 모재(1차 광물)가 유기물의 생화학적 작용을 받아 생성된 것이다. 식물의 양분이 되는 토양의 무기성분은 모두 1차 광물로부터 생성된 것이며 그 화학적 조성은 지각(모암)의 조성과 비슷하다.

"토양이란 지구의 표면을 덮고 있는, 바위가 부스러져 생긴 가루인 무기물과 동식물에서 생긴 유기물이 섞여 이루어진 물질. 고상, 액상, 기상으로 나눔" – 사전적 정의

(2) 생성 원인에 의한 분류

1) 화성암

생성 상태 ＼ 규산 함량	산 성 암 (규산 〉 66%)	중 성 암 (규산 : 66~52%)	염 기 성 암 (규산 〈 52%)
심 성 암	화 강 암	섬 록 암	반 려 암
반심성암	석영반암	섬록반암	휘 록 암
화산암(분출암)	유 문 암	안 산 암	현 무 암

연구 화강암과 현무암

화강암	지각의 심층부에서 서서히 냉각된 심성암으로 심성암 중 가장 많으며 우리나라 전면적의 약 2/3를 차지한다. 화강암의 풍화토는 대개 양질~사질토양이 된다.
현무암	화산암이며, 암색을 띠는 미세질의 치밀한 염기성암으로 제주도의 토양은 현무암을 모암으로 하고 있다. 사장석, 휘석으로 구성되어 있으며 산화철이 풍부한 황적색의 중점식토가 많다.

① 화성암은 마그마가 냉각된 것이며 화학적으로 규산(SiO_2) 함량에 따라 암석의 색깔이나 화학적 특징을 달리한다. 암석은 규산(SiO_2) 함량이 많을수록 그 색이 엷고, 규산(SiO_2) 함량이 낮고 유색광물인 철(Fe), 마그네슘(Mg) 등의 염기가 많을수록 어두운 색을 띤다. 산성암(화강암, 석영반암, 유문암), 중성암(섬록암, 섬록반암, 안산암), 염기성암(반려암, 휘록암, 현무암)으로 구분한다.

② 화강암의 주요 조암광물 : 화성암의 대표 암석은 우리나라에 많은 화강암으로 화강암의 조암광물은 석영, 장석, 운모, 각섬석, 감람석, 휘석(6대 조암광물), 인회석 등이다. 장석과 운모 등은 풍화되어 점토를 형성하지만 석영은 풍화에 잘 견디므로 모래입자로 남는다. 우리나라 중부지방의 산악지와 곡간지에 모래가 많은 사질토가 널리 분포하는 이유는 암석 중에 석영이 많기 때문이다.

③ 화강암이 이룬 우리나라 토양의 특징

- 규산분이 많고 염류(칼슘, 마그네슘, 철 등)가 적다.
  규산(SiO_2) 〉 알루미나(Al_2O_3) 〉 산화철(Fe_2O_3) 〉 석회(CaO) 〉 고토(MgO) 〉 소다(Na_2O) 〉 칼륨(K_2O)
- 염류(특히 Ca)가 적어 산성토양으로 되었다.
- 양토~사질토로서 배수와 통기가 잘 된다.
- 양분을 지니는 힘이 약하다.

2) 퇴적암

① 퇴적암은 중량으로는 암석권의 5%에 불과하나 면적으로는 지구표면의 3/4을 차지한다. 우리나라에서는 중생대에 속하는 경상분지에 넓게 분포되어 있다. 퇴적암은 물에 의해 수송된 것이 대부분이므로 수성암이라고도 하나 바람에 의한 것도 포함시켜 퇴적암이라 부른다. 쇄설성 퇴적암이란 암석의 조각이 물이나 바람에 의해 운반·퇴적되고 규산, 점토, 철, 유기물 등의 응결제에 의해 굳은 것으로 이를 구성하는 주요 조암광물은 일정하지 않다. 쇄설성 퇴적암 외에도 탄산염이 물속에서 침전된 화학성 퇴적암과 동식물 유체로부터 생성된 유기성 퇴적암이 있다.

② 퇴적암은 입자의 직경이나 구성성분에 따라 혈암(점토가 굳은 것), 사암(모래가 굳은 것), 석회암, 응회암 등이 있으며 화석은 당연히 퇴적암에만 존재한다.

③ 혈암은 모래가 점토와 같은 미세한 입자에 의하여 고결된 것으로 그 구성입자는 육안으로 식별하기 어렵다. 조성광물은 주로 석영, 장석, 점토광물이며 그 빛깔은 여러 가지이다. 혈암의 분포는 전 퇴적암의 약 절반을 차지하고 있으며 혈암에 의해 형성된 토양은 식질이다.

④ 사암은 모래가 점토, 규산 산화철, 석회 등의 응결제에 의해 고결된 것으로 응결제의 빛깔에 따라 회색, 갈색, 암색, 암록색 등이 있다. 사암에서 유래된 토양은 사질 또는 양질이다.

⑤ 석회암은 석회석과 다소의 백운석을 함유하고 있어 이산화탄소(탄산수)에 의하여 쉽게 용해된다. 회백색~갈색을 띠는 수성암으로 우리나라의 충북 단양일대에 분포한다.

3) 변성암

① 변성암은 기존의 화성암이나 퇴적암이 화산작용이나 지각변동 시의 고압과 고열에 의한 변성작용을 받아 생성된다. 변성작용을 받으면 주로 탈수, 환원되므로 광물의 조성과 구조 등이 변하여 편상이나 주상(횡방향으로 압축되어 상당한 방향성을 지닌 석리를 보여주는 암석의 모양) 또는 판상(퇴적층이 종방향의 힘을 받음)으로 되거나 석영이 녹아 흰 띠를 보이기도 한다.

② 변성암은 원래의 암석보다 조직이 치밀하고 비중이 무겁게 되어 풍화속도가 느리므로 토양으로 변하는 데 많은 시간이 소요된다.

③ 편마암은 화강암과 같은 조성을 가지는 편마상의 변성암으로 화강암과 혼재하는 경우가 많다. 변성암의 풍화로 생성된 토양은 풍화에 견디는 암편이 많기 때문에 자갈이 많은 토양이 된다.

화성암	화강암 → 편마암
	현무암 → 결정편암
퇴적암	혈암 → 점판암(점토가 풍부) → 천매암, 결정편암
	석회암 → 대리석 사암 → 규암

2. 풍화작용과 토양생성

(1) 풍화작용

지각에서 일어나는 암석의 풍화작용은 모암 또는 모재(1차 광물)가 대기환경에 의해 그 형태가 변화되는 기계적 풍화작용과 암석을 구성하는 물질이 화학적으로 분해되는 화학적 풍화작용 및 생물에 의한 생물학적 풍화작용으로 구분할 수 있다. 이들 작용은 단독적 또는 병행하여 일어난다.

(2) 기계적 풍화작용

물리적 풍화작용이라고도 하며 암석이 화학적 변화 없이 물, 바람, 압력, 충격, 온도, 동결, 염류작용 등의 영향을 받아 크기가 작아지는 현상을 말한다. 대표적인 것은 온도 변화에 따라 팽창과 수축률의 차이에서 오는 바위의 붕괴현상이다. 그 외에도 바람에 의한 풍식, 물에 의한 수식 및 빙하에 의한 빙식작용 등이 있으며, 식물의 뿌리가 커감에 따라 바위를 부수는 것도 일종의 기계적 풍화작용이다.

(3) 화학적 풍화작용

산소, 물 또는 이산화탄소에 의하여 일어나는 여러 화학반응과 그 밖의 화학적인 현상이 단독 또는 공동으로 일어나 암석이나 광물의 용해도와 조직, 조성 등을 변화시킨다. 가수분해작용, 수화작용, 탄산작용, 산화환원작용, 용해작용 등이 있다.

① 가수분해

$$KAlSi_3O_8 + H_2O \rightarrow HAlSi_3O_8 + KOH$$
장석　　　　물　　　　　　규반산　　수산화칼륨

② 수화작용 : 물 분자가 광물 격자 사이에 끼어들어 팽창시킨다.

$$2Fe_2O_3 + 3H_2O \rightarrow 2Fe_2O_3 \cdot 3H_2O$$
적철광　　　물　　　　　　갈철광

③ 탄산(화)작용
　㉠ 공기 중의 CO_2가 물에 용해되어 탄산이 되고, 이때 발생하는 이온에 의해 일어나는 화학적 풍화작용이다.

> CO_2 + H_2O → H_2CO_3 → H^+ + HCO_3^-
> 이산화탄소　　물　　　탄산　　수소이온　탄산이온

　㉡ 탄산은 1차광물을 2차광물로 만들며 탄산염을 유리하고, 이후 중탄산염으로 되어 가용화되므로 석회암동굴 등을 만든다.

> $2KAlSi_3O_8$(정장석, 1차광물) + $2H_2O$ + CO_2 → $H_4Al_2Si_2O_9$(kaolinite) + $4SiO_2$ + K_2CO_3(탄산염)
> $CaCO_3$ + H_2O + CO_2 → $Ca(HCO_3)_2$

④ 산화작용 : 암석광물은 환원조건에서 생성되었기 때문에 공기와 접촉하면 산화되며, 철이 산화되면 용적이 증가하여 물리적 풍화작용이 촉진된다.

> $4FeO$ + O_2 → $2Fe_2O_3$
> 산화1철　산소　산화2철(적철광)

⑤ 환원작용 : 논, 저습지, 침수지에서는 산소부족으로 환원작용이 쉽게 일어난다.
　㉠ Fe과 Mn의 산화물이 환원되어 환원형이 된다.
　㉡ Fe수산화물이나 황산염도 환원되어 환원형이 된다.
⑥ 용해작용 : 본래 화학적 반응은 아니지만, 광물이나 구성성분의 이온이 용출되어 모재가 변하는 것으로 탄산염의 용해도는 순수한 물에 대해서는 매우 낮으나 물에 염류나 CO_2가 녹아 있으면 염의 형태가 변화하여 잘 녹는다.

(4) 생물적 풍화작용
① 동물에 의한 기계적(물리적) 풍화와 식물뿌리 및 토양미생물에 의한 화학적 풍화로 구분할 수 있다.
② 식물뿌리와 토양미생물의 호흡작용 결과 생성되는 이산화탄소는 OH^-를 중화시키거나 토양수(H_2O)와 함께 탄산염 또는 중탄산염을 형성하여 암석광물의 탄산화작용을 촉진한다. 토양미생물은 암모니아를 산화하여 질산을 생성하고, 황화물을 산화하여 황산을 생성하며, 유기물에서 각종 유기산을 생성하여 암석의 분해를 한층 촉진한다.

(5) 암석의 풍화 저항성

1) 순서

 석영(가장 강함) 〉 백운모, 정장석(K장석) 〉 사장석(Na와 Ca장석) 〉 흑운모, 각섬석, 휘석 〉 감람석 〉 백운석(방해석의 일종), 방해석 〉 석고

2) 이유

① 방해석, 석고 : 이산화탄소로 포화된 물에 쉽게 용해(탄산화 작용)

② 감람석, 흑운모(철, 고토광물) : Fe^{2+} 많아서 유색이고, 쉽게 풍화

③ 백운모 : Fe^{2+} 적어서 백색이고, 풍화가 어려움

3. 풍화산물의 이동과 퇴적

(1) 토양의 생성과정

① 암석의 풍화산물(토양모재)은 모암이 있던 자리나 그 부근에 퇴적한 정적토와 수력, 풍력 등에 의해 다른 곳으로 이동된 운적토로 구분할 수 있다. 이들은 어느 것이나 일종의 퇴적물로 아직 토양이라고 할 수는 없다.

② 풍화산물의 가동률

　㉠ 풍화생성물은 물에 용해되어 이동하는 것(집적성 풍화물, Na, K, Ca, Mg, SO_4)과 그렇지 않은 것(잔적성 풍화물, SiO_2, Fe_2O_3, Al_2O_3)이 있다.

　㉡ 풍화에 의하여 가동성으로 된 것은 물에 의해 먼저 하천이나 호수로 들어가지만, 결국은 바다로 들어가므로 바닷물에는 가동성 물질이 모두 있다고 생각할 수 있다.

　㉢ 바다에 있는 성분의 양을 조사해보면 어떤 성분이 가동성이 좋은지를 알 수 있다. 예를 들어 Cl^-는 바닷물 중 광물잔재의 조성비로 6.75%가 있는데, 암석에 있는 Cl^-의 함량은 0.05%에 불과하다. 즉 Cl^-은 가동성이 매우 높아서 바다로 빨리 갔다. 이 Cl^-의 가동률을 100%라고 하고, 각 원소가 암석과 바닷물에 들어 있는 각각의 양을 계산하면 각 원소의 가동률을 계산할 수 있다.

　㉣ 이상의 이론에 근거할 때 토양에서의 주요원소 유실순서는 Ca 〉 Na 〉 Mg 〉 K 〉 SiO_2 〉 Fe_2O_3 〉 Al_2O_3로 될 것이다. 다만 가동률이 제일 높은 Cl^-이 유출될 때 Na^+와 결합되어 유출하므로 Ca보다 Na가 많이 유출되어 실제의 주요원소 유실순서는 Na 〉 Ca 〉 Mg 〉 K 〉 SiO_2 〉 Fe_2O_3 〉 Al_2O_3가 된다.

③ 이들 퇴적물은 토양생성작용을 받음으로써 토양층위의 분화가 생기고 토양단면이 발달되어야 토양으로 불리게 된다. 토양생성작용이란 지표에 떨어진 낙엽 또는 기타

외부로부터 가해진 유기물이 점차 분해를 받아 일부는 퇴적되고(A층), 분해가 더 진전된 유기물은 무기입자와 섞이게 되는 층(B층)이 나타난다. 또 그 밑에는 위와 같은 변화를 전혀 받지 않았거나 일부가 용탈된 층(C층)이 형성된다.

④ 이와 같이 토양은 수평방향으로는 비슷하면서도 수직방향으로는 성질을 달리하는 층으로 분화되어 나간다. 이러한 토층의 집합체를 수직으로 잘라 보이는 면을 토양단면이라 한다.

(2) 정적토

① 풍화 생성물이 그대로 제자리에 남아서 퇴적된 토양으로 부스러진 암석조각이 많으며 하층일수록 미분해물질이 많은 것이 특징이다. 잔적토와 유기물이 제자리에 퇴적된 이탄토로 나눈다.

② 정적토의 대부분이 잔적토이며 이는 암석의 풍화산물 중 가용성인 것은 용탈되고 남아 있는 부분이 그 장소 또는 그 부근에 퇴적된 것으로, 우리나라의 산지토양이 여기에 해당된다.

③ 이탄토는 습지나 얕은 호수에 식물의 유체가 암석의 풍화산물과 섞여 이루어진 것으로 퇴식토라고도 한다. 환원상태에서는 산소가 없으므로 유기물이 분해되지 않고, 오랫동안 쌓여 많은 이탄(peat)이 만들어지는데 이런 곳을 이탄지(泥炭地, moor)라 한다.

(3) 운적토

① 붕적토 : 토양모재가 중력에 의하여 경사지에서 미끄러져서 퇴적된 것으로 토양단면이 불규칙하고 재료가 매우 거칠며 자갈이 많아 경작지로 적당하지 않다.

② 선상퇴토 : 큰 비로 말미암아 경사가 심한 산간 골짜기로부터 평지 또는 하천으로 밀려 내려온 모래, 자갈, 암석조각 등의 퇴적물이다. 대개 경사가 완만하고 부채꼴(선상)로 전개되어 충적선상토이며, 경사가 급한 것은 추상퇴토라 한다. 대체로 1/50,000 지형도에서 부채꼴로 등고선이 그려져 있어 잘 알 수 있다.

③ 수적토

㉠ 하성충적토(수적토) : 하수(河水)에 의하여 퇴적된 것이며 우리나라 대부분의 논토양은 이에 해당된다. 하류(河流)는 퇴적작용 외에도 운반 및 수식작용을 한다. 그중 운반력은 유속, 수량, 경사 등에 따라 달라지며 상류에서는 자갈, 하류에서는 가는 입자가 운반된다. 흐르는 물의 운반력은 유속의 5제곱에 비례하고, 침식력은 유속의 제곱에 비례하므로 유속이 배로 증가하면 운반력은 32배, 침식력은 4배로 증가한다. 하성충적토는 보통 홍함지, 삼각주, 하안단구로 구분한다.

홍함지 (洪涵地)	하천의 홍수에 의해 거듭 범람되었을 때 퇴적·생성된 토양이며, 1회의 범람으로 수직단면의 층리를 형성. 이 같은 층리의 집합체로 된 토층을 충적층이라 하며 이것은 하천의 양안에서 잘 발달되고 비옥도가 큼. 우리나라 대부분의 논토양
하안단구	홍함지가 수식에 의해 깎여 계단상으로 된 토양. 이것은 홍함지보다 높은 상류지방에 분포하며 거칠고 큰 입자로 지력은 홍함지나 삼각주보다 낮음. 그러나 유기물과 무기양분이 많아 경작지로 이용
삼각주	하천이 바다로 들어가는 어귀에서 유속은 감소되고 운반된 퇴사가 퇴적. 점토나 그 밖의 교질물은 바닷물의 전해질과 전기적 중성이 되어 응고되고 침전됨. 홍함지와 마찬가지로 비옥하여 농경지로 이용됨

ⓛ 해수 및 호수의 운적물 : 풍화된 모재가 바닷물에 의하여 해안에 운반, 퇴적된 것을 해성토라 한다. 해안에 가까운 곳에는 거칠고 무거운 입자가 퇴적되고, 미세입자는 조류에 의해 먼 곳으로 운반·퇴적되며, 우리나라 서남해안의 간석지(갯벌)가 대표적인 해성토이다. 호수물결에 의해 만들어지는 것은 호성수적토라 하며 이는 수생식물이 섞여있으므로 저위이탄토를 형성한다.

④ 풍적토 : 풍화모재 중 토사가 풍력에 의해 운반·퇴적된 것으로 사구, loess, adobe, 화산회토가 이에 해당된다.

사구	모래만으로 되어 있는 곳에서 바람이 일정한 방향으로 불 때 형성되며 식생으로는 쓸모가 없다. 방풍림이 필요할 수도 있다.
loess	라인계곡의 주민이 붙인 이름으로 바람에 의해 운반된 황색토이다. 미시시피강 유역, 러시아 남부, 프랑스 북부지방, 황하지역 등에 널리 존재하며 비옥하다. 황화는 loess를 침식하여 언제나 흙물이 흐른다.(百年 河淸을 기다린다.)
adobe	미국 남부지방 특히 뉴멕시코주에 상당히 많은 석회질점토나 미사질을 말하는데 매우 비옥하므로 관개가 적당하면 큰 수확이 가능할 것이다.
화산성토	화산의 폭발물이 퇴적한 것으로 분상이고 규산질이 많다. 이에는 화산사, 화산회토 등이 있으며 제주도에서 볼 수 있다.

⑤ 빙하토 : 빙하에 의해 운반·퇴적된 것으로 이것은 모암을 달리하는 여러 가지의 붕괴분해물질이 불균일하게 혼합되어 있다. 빙하의 작용은 높은 지형의 정상부를 깎아 평활하게 하는 한편, 계곡이나 요지를 메워 평지를 이루게 하였다. 미국이나 북유럽지역의 대평원은 빙하토로 주요한 농경지가 되었다.

01 다음 중 염기성암은?

㉮ 현무암

㉯ 안산암

㉰ 유문암

㉱ 화강암

보충

■ 화성암은 규산(SiO_2) 함량에 따라 산성암(화강암, 석영반암, 유문암), 중성암(섬록암, 섬록반암, 안산암), 염기성암(반려암, 휘록암, 현무암)으로 구분된다.

02 화성암을 산성, 중성 및 염기성암으로 분류할 때 기준이 되는 성분은?

㉮ CaO

㉯ Fe_2O_3

㉰ SiO_2

㉱ CO_2

■ 규산(SiO_2) 함량에 따라 산성, 중성 및 염기성암으로 분류된다.

03 암석의 화학적인 풍화작용을 유발하는 현상이 아닌 것은?

㉮ 산화작용

㉯ 가수분해작용

㉰ 수축팽창작용

㉱ 탄산화작용

■ 기계적 풍화작용: 물리적 풍화작용이라고도 하며 온도변화에 따라 팽창과 수축률의 차이에서 오는 바위의 붕괴현상이다.

04 정적토는 모재가 풍화된 제자리에 퇴적된 것이다. 이와 같은 풍화산물에 의해 형성된 토양은?

㉮ 삼각주, 하안단구

㉯ 붕적토, 선상퇴토

㉰ 해성토, 로이스(loess)

㉱ 산지토양, 이탄토

■ 정적토: 잔적토와 유기물이 제자리에 퇴적된 이탄토로 나눈다. 정적토의 대부분이 잔적토이며 이는 암석의 풍화산물 중 가용성인 것은 용탈되고 남아 있는 부분이 그 장소 또는 그 부근에 퇴적된 것으로, 우리나라의 산지토양이 여기에 해당된다.

05 우리나라 평야지대의 비옥한 농경지를 이루는 운적토는?

㉮ 붕적토

㉯ 하성충적토

㉰ 선상퇴토

㉱ 풍적토

■ 하성충적토(수적토): 하수(河水)에 의하여 퇴적된 것이며 우리나라 대부분의 논토양은 이에 해당된다. 하성충적토는 보통 홍함지, 삼각주, 하안단구로 구분한다.

01 ㉮ 02 ㉰ 03 ㉰ 04 ㉱ 05 ㉯

1. 토양의 생성인자

① 토양은 주위환경의 영향을 받아 끊임없이 변화되는 동적인 자연물이다. 즉 모재가 환경의 영향을 오랫동안 받으면 그 환경에 안정된 토양이 된다. 이와 같이 일정한 형태를 갖는 토양이 생성될 때에는 여러 가지 인자가 작용한다.

② 토양의 생성인자는 기후, 식생, 모재, 지형, 시간 등으로 기후, 식생은 적극적(능동적)인자이며 모재, 지형, 시간은 소극적(수동적)인자이다. 기후와 식생의 영향을 받아 생성된 토양을 성대성토양이라 하고 모재, 지형, 시간의 영향을 받아 이루어진 토양을 간대성토양이라 한다.

③ 이와 같이 생성인자에 따라, 또한 생성인자의 세기에 따라 많은 종류의 토양이 생성되지만 그 결과는 토양단면에 그대로 반영되므로 토양단면은 역사의 기록물이다.

(1) 기후의 영향

① 토양의 생성인자 중 가장 광범위한 영향을 미치는 것은 기후이며, 특히 강우량이 중요한 인자로서 토양생성에 큰 영향을 미친다. 따라서 같은 강우조건 하에서는 모재의 성질이 달라도 같은 형의 토양이 형성될 수 있는데 냉대습윤침엽수림에서 생성되는 포드졸(podzol)과 고온다습활엽수림에서 생성되는 라테라이트(laterite)가 그 좋은 예가 된다. 즉, podzol이나 laterite 토양의 경우 광대한 면적을 차지하는 대(토양대 또는 기후적 토양대)를 형성하는데, 이 지역 모두의 모재가 같은 것이 아니라, 기후가 같아 같은 토양이 되었다는 것이다. 우리나라의 경우 남부지방에서는 약한 laterite화로 갈색~적갈색의 토양이 생성되고 북부지방의 냉온침엽수림에서는 podzol토가 생성되었다.

② 강우는 토양수분을 보충하고, 그와 함께 가용물질의 용해 또는 이동을 초래하여 토양단면의 특징을 이루게 한다. 또한 토양의 염류용탈을 촉진하여 표토의 pH가 4.5까지 내려가므로 미생물에 의한 유기물의 분해가 억제되어 표면에 낙엽 등 유기물이 집적되게 하기도 한다.

③ 기후에서 온도는 화학적, 물리적 반응에 가장 큰 영향을 미치므로 역시 중요한 인자이다. 온도 상승에 따라 변화속도가 빨라지므로 비교적 따뜻하고 습윤한 곳에서의 유기물의 분해 속도가 빨라 유기물이나 부식의 집적이 한랭습윤한 지역보다 적은 편이다. 온도는 식생에도 영향을 끼쳐서 낙엽 등 유기물의 생산에도 영향을 끼치게 된다.

(2) 식생의 영향

① 식물은 그 자신이 토양의 모재가 되지만 그 생육과 분해는 기후조건과 토양에 큰 영향을 받는다. 한랭습윤지에서는 습윤하기 때문에 유기물의 분해가 늦어지며, 생성된 부식은 염류가 용탈되므로 산성부식으로 된다. 이에 반하여 건조지방의 체르노잼(chernozem)과 같은 곳은 염기, 특히 칼슘(Ca)이 풍부한 염기포화(알칼리성) 부식이 생성된다.

② 지표에 퇴적되는 유기물의 성분도 토양에 중요하다. 활엽수의 낙엽은 침엽수의 낙엽보다 다량의 양분을 함유하고 있으므로 토양의 비옥도를 높인다. 또한 비교적 온난한 지방에서도 침엽수림 하에서는 염기분의 결핍으로 podzol화 토양이 발달한다.

③ 삼림(식생)이 없으면 온도가 높고 건습이 되풀이 되는 열대지방과 비슷하게 되므로 북방에서도 남방형 토양이 발달한다. 우리나라 남부대지의 토양이 아열대식 적색토(laterite)와 유사한 것은 나지풍화의 결과로 알려져 있다.

(3) 모재의 영향

① 한랭 · 건조지대에서는 생성된 토양이 모재의 성질을 많이 가지고 있으나, 고온 · 다습지대에서는 화학적 풍화작용이 우세하여 생성된 토양에서 모재의 성질을 찾아보기 어렵다.

② 우리나라에 토양모재가 되는 암석은 제주도 일대와 함경도 중부의 현무암, 충청북도의 석회암을 제외하고, 대부분 전국토의 2/3가 화강암과 화강암이 변성작용을 받아 형성된 약간의 화강편마암으로 되어 있다. 화강암은 규산 함량이 많은 대표적인 산성암으로 화강암에서 풍화된 모재에 의해 생성된 토양은 물리성(배수성, 통기성)은 좋으나 강산성이어서 척박하다.

(4) 지형의 영향

① 지형은 토양생성에 있어서 기후 및 식생과 함께 토양의 수분함량 및 토양침식에 영향을 준다. 경사지에서는 강우에 의해 토양의 침식이 크고, 생성된 토양도 유실되어 결국 토양생성작용이 평탄지보다 느리다.

② 우리나라의 지형은 서해안 및 서남해안에 분포하는 평탄지가 20% 정도에 불과하고, 나머지 80% 정도가 경사가 급한 산악지로서 여름철의 강우에 의해 침식을 많이 받아 표토의 유실이 많은 구릉지 내지 산록경사지를 이루고 있다.

(5) 시간의 영향

① 토양의 성질로 보아 그 토양이 환경조건과 평행을 이루어 충분히 발달한 상태로 되는 데 요하는 시간은 일정하지 않다. 어떤 것은 수천 년이 걸리는데, 간척지를 논으로 하는 경우에는 수 년이면 가능하다.

② 토양은 각종 토양생성인자의 조합에 의하여 그 환경과 평형을 이루게 되며 그에 독특한 토양단면형태를 나타내게 되는데 이와 같은 토양을 성숙토양이라 한다. 성숙토양이 되기 위해서는 토양이 침식을 받지 않고 환경조건과 평행을 이룰 수 있는 충분한 시간을 필요로 한다. 성숙토양이 되기 위해서는 토양의 침식속도보다 생성속도가 빨라야 한다.

2. 토양생성작용

토양생성작용은 풍화작용에 의해 암석이 토양모재가 된 후 또 다른 풍화작용과 함께 용탈, 집적, 분해, 합성, 산화, 환원을 통해 토양의 형태적 특징인 층위분화를 형성하는 작용이라 할 수 있다.

(1) 포드졸화작용(podzolization)

① 한랭습윤지에서는 한랭하고 습윤하기 때문에 유기물의 분해가 늦어지며, 생성된 부식은 습윤하여 염류가 용탈되므로 산성부식으로 된다. 이 상태에서의 토양 무기성분은 산성질부식의 영향으로 심하게 분해되어 이동성이 가장 작은 Fe, Al 까지도 sol 상태로 되어 하층으로 이동하는 토양생성과정을 거치는데 이를 podzol화작용이라 한다. 이때 모재나 첨가물로부터의 염기가 그다지 공급되지 않는 조건과 분해산물이 표층에서 지하로 이행되는 물의 작용이 필요하다.

② 이상의 조건을 갖춘 곳이 일반적으로 한랭습윤지대의 침엽수림이며, 이곳에서는 지표에 pH 4 내외의 산성부식이 집적되는데 이 부식질에 의해 알칼리염이 먼저 용탈되고 이어서 철 및 알루미늄도 용탈된다. 이들은 하층에서 용액으로부터 석출되어 집적층을 이룬다. 침엽수는 염기를 거의 흡수하지 않으므로 낙엽이 토양에 공급되어도 염기의 보급은 매우 적어 상기의 조건을 충족한다. 담수하의 논토양(특히 노후화답)에서 무기성분의 용탈과 집적현상인 포드졸현상이 일어나며, 우리나라 대부분의 야산구릉지는 이에 속한다.

③ 용탈층(A층)에는 화학적으로 안정한 석영과 비결정질의 규산
이 남아 백색의 표백층이 되고 집적층은 이동성이 큰 용탈물
질(Fe 및 Al)에 의해 황갈색이 되어 집적층과 용탈층이 확연히
구분되는 특징적인 토양단면을 보인다. 용탈된 A층은 회색으
로 표백되어 '표백토' 또는 '회백산림토'라고도 불린다. 집적층
은 집적물질에 따라 '철포드졸', '철부식포드졸', '부식포드졸'
등이 있다.

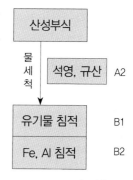

podzol화 작용

(2) Latsol화작용(laterization)

① 고온다우의 조건에서는 유기물의 분해가 너무 빨라 유기산 등이 거의 생기지 않으므
로 삼투수는 중성에서 약알칼리에 가깝다. 따라서 중성~약염기성의 조건 하에서 가수
분해에 의하여 규산염광물이 분해되어 유리된다. 이렇게 유리된 염기류나 규산은 용
탈되고 표토에는 Fe_2O_3와 Al_2O_3가 집적되는 현상, 즉 철과 알루미늄이 부화(富化)되는
현상이 발생한다.

② Fe와 Al은 이와 같은 pH 범위에서는 등전점이 되므로 불용성으로 되어 그 장소에
적색의 앙금으로 남는다. 이 앙금이 햇빛에 의하여 경화된 것을 laterite라 한다. 이
laterite는 농업의 큰 장애물이 되나 광석으로 사용되기도 하고 건축자재로 사용되기
도 한다.

(3) 글라이화작용(gleization)

① 지하수위가 높은 저지대나 배수 불량한 저습지대는 정체된 지하수의 영향으로 토양
통기가 불량하여 수면과 접한 토양표면을 제외하고는 토양이 심한 환원상태가 된다.
토양표면과 아주 가까운(수 ㎝) 층은 산화상태이므로 적색계통이나, 그 아래의 환원층
에서는 $Fe^{+3} \rightarrow Fe^{+2}$, $Mn^{+4} \rightarrow Mn^{+3} \rightarrow Mn^{+2}$ 등 대부분의 무기성분이 환원되므로,
환원토양의 색이 청회색(암회색)을 띠는 토층분화가 일어나는데 이와 같은 토양생성
작용을 글라이화작용이라 한다.

② 글라이화가 된 작토(청회색의 환원층) 밑의 층에서는 환원층과 달리 산소가 있으므로
철과 망간의 산화에 의하여 회백색의 토층이 형성되는데 이를 논에서의 podzol화작용
이라고 한다.

(4) 석회화작용(calcification)

① 온대에서는 600mm, 열대에서는 1000mm 이하의 건조~반건조 기후 하에서 진행되는 토양생성작용이다. 우기에는 용탈이 일어나서 가장 용해되기 쉬운 염화물, 황산염 등의 대부분은 세탈되지만 규산염의 가수분해로 떨어져 나온 칼슘, 마그네슘 등은 탄산염으로 되어 토양 전체에 집적된다.

② 토양은 칼슘으로 포화되어 gel 상태가 되며 전해질이 존재하면 응고된다. 겨울에는 다량의 물이 토양에 저장되며 봄에 초본식물이 이 물을 이용하고 건기에 고사한다. 그러나 우기가 되면 기온이 내려가므로 유기물은 분해가 늦어져 부식이 집적된다.

③ 석회화작용으로 이루어진 토양은 석회로 포화된 중성부식과 무기질의 토양이므로 매우 비옥하며 B층은 없고 A와 C의 두층으로 되어 있다. 대표적인 토양이 체르노젬(Chernozem)으로 흑색 또는 암흑색을 띤다. 표토는 유기물(중성부식) 함량이 높은 입상구조이며, 비옥하여 농업적으로 매우 중요하다.

(5) 염류화작용(salinization)

1) 염류토양

① 일반적으로 건조기후 하에서의 토양생성과정에서는 가용성의 염류가 토양에 집적된다. 특히 glei화가 이루어지는 배수불량지에서는 백색의 탄산염, 황산염, 염화물, 질산염 등이 표층에 쌓여 피각(皮殼)을 형성하는 경우가 있는데 이를 solonchak 또는 알칼리백토라 한다.

② 염류토양의 pH는 대개 8.5 이하이나 8.5에 가까운 강알칼리성이고, 치환성 Na의 비율은 15% 이하이다.

2) 염류나트륨성 토양(saline sodic soil)

① 염류토양에 Na^+염이 첨가되면 토양교질은 Na^+교질로 변화되는데 이 토양은 알칼리성이 강하고 이 알칼리에 의해 유기물이 분해되어 토양자체가 흑색이 된다. 이와 같은 토양을 solonetz 또는 알칼리흑토라고 한다. 즉, 토양 중 교환성 Na^+이 Ca^{2+}, Mg^{2+}와 대체되면서 토양입자를 분산시켜 투수, 통기, 경운 및 뿌리의 신장에 적합하지 않게 된다.

② 알칼리에 의해 부식이 용해되고 교질이 해교되어 하층으로 이동하면 하층에 불투성의 토층을 형성하고 원주상 구조가 발달하게 된다. 이런 불투성 토양이 발달되면 물이 표면에 머물게 되어 규소도 분해되는 일종의 퇴화현상, 즉 솔로디화가 진행된다.

③ 나트륨성 알칼리 토양의 pH는 대개 8.5~10이고 치환성 Na의 비율은 15% 이상이다.

(6) 점토화작용(siallitization)

① siallit란 비교적 규산이 많은 점토광물을 함유하는 풍화물을 말한다. 그러므로 siallit 화란 2차적인 점토광물의 생성작용 즉, 토양물질의 점토화라 할 수 있다. 이와 같은 작용에는 충분한 수분과 적어도 물이 얼지 않는 온도가 필요하다.

② 교질상의 풍화물이 응고되어 점토의 집적작용이 일어난다. 즉, 점토가 하층으로 이동하여 집적되는 현상이며 이동 시 Fe, Al, Si 등도 점토와 함께 이동된다. 우리나라 남부의 갈색삼림토는 전형적인 점토화 작용이 이루어진 토양으로 강한 산성을 나타낸다.

(7) 부식집적작용

① 부식은 생성환경으로 보아 육성부식, 반육성부식, 수성부식으로 나눈다.

② 육성부식

조부식(mor)	한랭습윤지방의 침엽수림 하에서 잘 발달된다.
모더(Moder)	Mor(초기부식단계)와 Mull(완성된 부식)의 중간단계를 말한다.
멀(Mull)	체르노젬이 대표적이다.

③ 반육성부식 및 수성부식

3. 토양단면

(1) 토층의 분화

① 토양생성작용에 의하여 모재로부터 토양이 형성되면 어느 정도 명확한 층이 발달되는데 이것은 특히 배수가 잘 되는 토양에서 현저하다. 토양표면은 무엇보다 기후의 영향을 크게 받아 층위의 분화가 활발히 일어나며 유기물이 집적되었을 때에는 더욱 활발하다.

② 토양은 위로부터 A층, B층, C층으로 구별하여 부른다. A층은 토양의 표면이 되는 부분으로 많은 성분이 빗물에 의하여 씻겨 내려간 토양으로서 용탈층, B층은 A층으로부터 용탈된 물질이 쌓이는 층으로 집적층이라 부르기도 한다. A층은 부식의 함량이 높은 층이어서 B층에 비하여 검은 색을 띠는 것이 보통이다.

③ C층은 무기물층으로서 아직 토양생성작용을 받지 않은 모재의 층으로 광물학적 조성은 상부의 토층과 유사하다. 토층은 A층, B층, C층 외에도 O층과 R층을 추가할 수 있는데 O층은 A층 위의 유기물 집적층이며 R층은 C층 밑의 모암층(기암층)이다. 시간과 더불어 토양단면은 발달하지만 층위가 어느 토양에서나 구분되는 것은 아니다.

(2) 토양의 세부 층위

O1	유기물층	① O층(유기물 집적층): O1층과 O2층으로 분류한다. ⊙ O1층 : 아직 분해되지 않은 잎, 가지 등의 유기물이 육안으로 확인 가능(F층) ⓛ O2층 : 유기물이 약간 분해되어 원형확인이 불분명(H층)
O2		
A1	용탈층	② A층(용탈층) ⊙ A1층 : 부식이 토양과 혼합되어 있기 때문에 암흑색을 띠며, 생물이나 온도, 습도의 영향을 크게 받는 층 ⓛ A2층 : Fe, Al, 점토 등이 최대로 용탈하여 토양색은 회색 또는 회백색을 띠며, A층에서의 용탈은 대부분 A2층에서 일어남(국제토양학회에서는 E층으로 분류) ⓒ A3층 : B층으로의 전이층으로 B층보다는 A층에 가까운 특성을 보임
A2		
A3		
B1	집적층	③ B층(집적층) ⊙ B1층 : A층에서 B층으로 이행되는 층위 ⓛ B2층 : B층의 성질이 가장 뚜렷하고 집적이 가장 심한 층 ⓒ B3층 : C층으로의 전이층으로 C층보다는 B층에 가까운 특성을 보임
B2		
B3		
C	모재층	④ C층(모재층): A층과 B층을 이루는 암석이 풍화된 그대로이거나 풍화 도중에 있는 모재층
R	모암층	⑤ R층(모암층): 굳어져 있는 암반층으로 D층이라고도 부른다.

출제 가능성이 높은 문제

01 토양생성에 가장 큰 영향을 미치는 토양생성인자로서 특히 성대성 토양의 생성에 영향을 미치는 인자는?

㉮ 모재

㉯ 기후

㉰ 지형

㉱ 지하구조

■ 토양의 생성인자는 기후, 식생, 모재, 지형, 시간 등으로 기후, 식생은 적극적(능동적)인자이며 모재, 지형, 시간은 소극적(수동적)인자이다. 기후와 식생의 영향을 받아 생성된 토양을 성대성토양이라 하고 모재, 지형, 시간의 영향을 받아 이루어진 토양을 간대성토양이라 한다.

02 토양단면에서 유기물의 분해가 활발하게 진행되고 있는 층위(F층)와 부식화가 진행된 층위(H층)가 존재하는 토양의 층은?

㉮ 유기물층(O층)

㉯ 용탈층(A층)

㉰ 집적층(B층)

㉱ 모재층(C층)

■ O층에는 O1층과 O2층이 있다
O1층 : 아직 분해되지 않은 잎, 가지 등의 유기물이 육안으로 확인 가능 (F층)
O2층 : 유기물이 약간 분해되어 원형확인이 불분명(H층)

03 토양 단면에서 비토양부위에 해당되는 층으로 토양생성작용을 거의 받지 않은 층은?

㉮ 성토층

㉯ 집적층

㉰ 용탈층

㉱ 모재층

■ 비토양부위 : 모재층과 모암층 사전에서 "토양이란 표면을 덮고 있는 바위가 부스러져 생긴 가루인 무기물과 동식물에서 생긴 유기물이 섞여 이루어진 물질이다."라고 규정하고 있으므로 유기물이 없는 모재층과 모암층은 토양이 아니고, 그 위의 층이라도 유기물이 없으면 토양이 아니다.

01 ㉯ 02 ㉮ 03 ㉱

3 토양분류

1. 토양의 분류 기준

① 토양분류란 토양의 특성을 쉽게 이해하고 작물의 생산을 위해 토지를 효율적으로 관리할 수 있도록 유사한 특징을 갖는 토양을 종류별로 분류하는 것으로, 토양분류의 기본이론은 일정한 형태를 가진 토양은 같은 토양생성인자가 관여하였다는 것이다.

② 토양의 분류체계에는 토양의 기후, 식생, 모재 등 토양생성인자에 근거한 생성론적 분류(구분류)와 토양의 단면에 나타난 형태에 근거한 형태론적 분류(신분류)가 있다.

2. 토양의 신·구 분류

(1) 구(생성론적) 분류

① 토양분류를 최초로 시도한 사람은 러시아의 도쿠챠프(Dokuchaev)로 그는 생성론적 분류를 주장하였다. 이 방법은 많은 수정이 가해지고 발전을 거듭하였으며 1960년까지 사용되었다. 이 분류법에서는 가장 대표적인 토양의 특성은 매우 명확하지만 타 토양과의 한계가 모호한 점이 큰 문제이다.

② 생성론적 토양분류 : 목 → 아목 → 대토양군 → 속 → 통 → 구 → 상

③ 목의 분류 : 토양의 목은 생성방법에 따라 성대성토양(Zonal Soils), 간대성토양(Intrazonal Soils), 비성대성 토양(무대토양, Azonal Aoils)으로 분류한다.

성대성토양	적극적(능동적) 인자인 기후와 식생의 영향을 받아 생성된 토양으로 기후대나 산림대와 같이 지구상에 위도를 따라 대상(띠모양)을 이룬 토양이다.
간대성토양	소극적(수동적) 인자인 모재, 지형, 시간의 영향을 받아 이루어진 토양으로 띠를 이루지 않고, 성대성토양의 경계를 넘어서 있기 때문에 간대성이라 한다.
비성대성토양	최근의 충적토, 산림의 퇴적토, 화산퇴적층과 같이 층위의 변화가 거의 없어서 단면도 명확히 구분하기 어려운 토양이다.

(2) 신(형태론적) 분류

① 1960년 미국 농무부는 국제토양학회의 의결을 받아 포괄적인 토양분류체계를 세웠으며 토양의 특성을 최대한 고려하여 세계의 토양을 통일성 있게 분류하였다. 이 분류체계는 토양의 형태를 중시한 형태론적 분류로서 토양의 생성인자보다는 토양 그 자체의 특성에 따라 분류하는 것이다. 1960년 이후 수정이 거듭되었고, 1975년에 신 토양분류법으로 인정받게 되었다.

② 형태론적 분류단위 : 목 → 아목 → 대군 → 아군 → 속 → 통

③ 목과 아목의 분류 : 형태론적 토양분류법은 전세계의 토양을 12개의 목(目)으로 나누며 현재까지 밝혀진 우리나라의 토양목은 알피솔·안디솔·엔티솔·히스토솔·인셉티솔·몰리솔·울티솔 등 7개목이고 아리디솔·젤리솔·옥시솔·스포도솔·버티솔은 분포하지 않는다. 형태론적 토양분류의 아목(亞目)은 생성학적으로 보아 동질성을 띤 토양의 특성에 따라 목(目)으로부터 세분된 것이다.

[연구] 신분류체계에 의한 형태론적 토양분류

목	조어요소 및 어원	토양의 특징	해당되는 구분류의 대토양군
알피솔 (alfisols)	alfi (Al, Fe로 만들어 낸 말)	석회가 세탈되고 Al, Fe가 하층토에 집적되는 습윤지방의 토양으로 염기포화도가 35% 이상이다. 우리나라 토양의 2.9%가 알피솔이다.	회갈색 또는 갈색 podzol 성토, 회색삼림토
안디솔 (andisols)	ando (검은색)	화산재를 모재로 발달한 토양. 유기물 함량이 매우 높고 어두운 색. 제주도와 철원지역에서 발견되며 우리나라 토양의 1.3%를 차지함	
아리디솔 (aridisols)	aridus (건조)	건조한 지대에서 생성되는 염류집적 토양	사막토
엔티솔 (entisols)	ent (recent, 최근)	토양발달과정이 거의 없는 토양. 따라서 풍화에 저항성이 매우 강한 모재의 토양이거나 최근 형성된 토양일 수 있고 계속적인 침식이 일어나는 경사지일 수도 있음. 우리나라 토양의 13.7%를 차지	비성대성토양의 대부분, 툰드라
젤리솔 (gelisols)	gelic (결빙)	영구동결층(툰드라지대)	
히스토솔 (histosols)	histos (조직)	늪지대와 같이 유기물 분해가 완만하여 집적량이 많은 유기질 토양. 우리나라에는 0.004% 존재	이탄토, 흑니
인셉티솔 (inceptisols)	inceptum (시작)	온대, 열대습윤에서 생성. 토층발달이 중간 정도인 토양으로 우리나라 토양의 69.2%를 차지	산성갈색토, 회색토
몰리솔 (mollisols)	mollis (연한)	유기물 함량이 많고 물리성이 좋으며 생산성이 높은 토양으로 암색의 표층을 갖는 초지토양. 우리나라에는 0.1%가 존재	율색토, 갈색 산림토, 프레이리토

옥시솔 (oxisols)	oxide (산화물)	풍화와 용탈이 매우 심하게 일어나는 고온다습한 열대지역에서 발생. 철산화물의 영향으로 적색 또는 황색이며, 양분보유량이 적어 비옥도는 낮다.	라토졸, laterite
스포도솔 (spodosols)	spodos (회백)	용탈이 용이한 사질 모재 조건과 냉온대의 습윤조건에서 발달. 낙엽의 분해 시 산의 생성이 많고 염기공급이 부족한 침엽수림 지대에서 잘 발생	포드졸
울티솔 (ultisols)	ultimus (마지막)	온난, 습윤한 열대 또는 아열대 지역에서 알피솔보다는 더 강한 풍화 및 용탈작용이 일어나는 조건에서 발달. 우리나라 토양의 4.2%를 차지	적황색토, 적갈색 laterite
버티솔 (vertisols)	verto (뒤집음, 전화)	점토분이 많은 토양으로 건조와 습윤이 교호되는 아열대, 열대에서 생성되며 수분 상태에 따라 수축 팽창이 심함	그러므졸, 열대 흑색토

(3) 토양통

① 생물분류의 과(科)에 비유할 수 있는 분류단위로서 토양의 특성을 명료하게 상호 비교할 수 있고, 이용과 관리법에 따른 반응이 비슷하므로 토지이용자들에게도 큰 의미가 있다. 구분류법과 신분류법 모두 토양통을 공통점으로 하고 있기 때문에 고차분류단위를 상호 비교할 수 있으며 과거에 이루어진 토양조사성적도 신분류법을 적용할 수 있다.

② 토양통이란 토양의 분류에서 가장 기본이 되는 단위로 표토를 제외한 심토의 특성이 유사한 페돈(Pedon)을 모아 하나의 토양통으로 구성한다. 동일한 모재로부터 발달된 토양이고 토층의 배열상태, 토성, 토색, 자갈함량 등 주요 형태적 특성과 이화학적인 특성이 유사하며 비슷한 지형조건에 분포되어 있다. 토양통의 특징은 다음과 같다.

㉮ 같은 통에 속하는 토양은 표토의 성질을 제외하고는 토양의 단면특성이 같다.

㉯ 같은 모재에서 같은 생성과정을 거쳐 생성되었다.

㉰ 토층의 배열 성질이 같다.

㉱ 토양층의 명칭은 처음 밝혀진 지역의 이름을 따서 만든다(안산통, 제주통, 낙동통 등).

③ 우리나라의 현재 토양통은 약 400개이다.

01 다음에서 설명하는 모암은?

> – 우리나라 제주도 토양을 구성하는 모암이다.
> – 어두운 색을 띠며 치밀한 세립질의 염기성암으로 산화철이 많이 포함되어 있다.
> – 풍화되어 토양으로 전환되면 황적색의 중점식토로 되고 장석은 석회질로 전환된다.

㉮ 화강암   ㉯ 석회암
㉰ 현무암   ㉱ 석영조면암

02 화성암을 구성하는 주요 광물이 아닌 것은?

㉮ 방해석
㉯ 각섬석
㉰ 석영
㉱ 운모

03 다음 중 비중이 가장 낮은 것은?

㉮ 석영
㉯ 정장석
㉰ 부식
㉱ 카올리나이트

■ 현무암: 화산암이며, 암색을 띠는 미세질의 치밀한 염기성암으로 제주도의 토양은 현무암을 모암으로 하고 있다. 풍화토는 황적색의 중점식토로 되고, 조암광물인 장석은 석회질로 전환된다.

■ 화성암을 이루는 6대 조암광물은 석영, 장석류, 운모류, 각섬석, 휘석, 감람석 등이다.

■ 부식은 유기물이 분해되어 생성된 것으로 비중(약 0.2)은 토양광물의 비중(약 2.65)보다 매우 낮다.

01 ㉰   02 ㉮   03 ㉰

04 자연상태 토양에 존재하는 화학성분 중 토양에 많이 존재하는 순서대로 배열된 것은?

㉮ 규산 〉 반토(Al_2O_3) 〉 산화칼슘 〉 산화철

㉯ 규산 〉 반토(Al_2O_3) 〉 산화철 〉 산화칼슘

㉰ 반토(Al_2O_3) 〉 규산 〉 산화칼슘 〉 산화철

㉱ 반토(Al_2O_3) 〉 규산 〉 산화철 〉 산화칼슘

> ■ 화강암이 이룬 우리나라 토양의 특징: 규산분이 많고 염류(칼슘, 마그네슘, 망간, 칼륨 등)가 적다. 규산(SiO_2) 〉 알루미나(반토, Al_2O_3) 〉 산화철(Fe_2O_3) 〉 석회(산화칼슘, CaO) 〉 고토(MgO) 〉 소다(Na_2O) 〉 칼륨(K_2O)

05 화강암과 같은 광물조성을 가지는 변성암으로 석영을 주요 조암광물로 하고 있으며, 우리나라 토양생성에 있어서 주요 모재가 되는 암석은?

㉮ 편마암

㉯ 섬록암

㉰ 안산암

㉱ 석회암

> ■ 편마암은 화강암과 같은 조성을 가지는 편마상의 변성암으로 화강암과 혼재하는 경우가 많다. 변성암의 풍화로 생성된 토양은 풍화에 견디는 암편이 많기 때문에 자갈이 많은 토양이 된다.

06 점판암은 무슨 암석이 변성작용을 받아서 된 것인가?

㉮ 사암

㉯ 규암

㉰ 혈암

㉱ 편암

> ■ 퇴적암 중의 혈암 → 점판암(점토가 풍부) → 천매암, 결정편암. 석회암 → 대리석. 사암 → 규암

07 화학적 풍화작용이 아닌 것은?

㉮ 가수분해작용

㉯ 산화작용

㉰ 수화작용

㉱ 대기의 작용

> ■ 암석의 화학적 풍화작용에는 산화 및 환원작용, 가수분해작용, 탄산화작용, 수화작용, 킬레이트화작용, 용해작용 등이 있다. 대기의 작용(붕괴, 수식작용 등)은 기계적 풍화작용이다.

---

04 ㉯ 05 ㉮ 06 ㉰ 07 ㉱

08 다음 중 대기로부터 토양에 유입된 이산화탄소가 토양 내 물과 반응하였을 때 생성되는 화합물은?

㉮ 아세틱산

㉯ 옥살릭산

㉰ 탄산

㉱ 메탄가스

09 석회암지대의 천연동굴은 사람이 많이 드나들면 호흡에서 나오는 탄산가스 때문에 훼손이 심화될 수 있다. 천연동굴의 훼손과 가장 관계가 깊은 풍화작용은?

㉮ 가수분해(hydrolysis)

㉯ 산화작용(oxidation)

㉰ 탄산화작용(carbonation)

㉱ 수화작용(hydration)

10 다음 중 물리 · 화학적 풍화에 대한 안정성이 가장 큰 것은?

㉮ 석영

㉯ 방해석

㉰ 석고

㉱ 각섬석

11 암석과 광물의 물리적 풍화작용에 해당되는 것은?

㉮ 탄산화작용

㉯ 착염형성

㉰ 산화작용

㉱ 온도의 변화

■ 탄산 : 공기 중의 이산화탄소(CO_2)가 물에 용해되어 탄산(H_2CO_3)이 된다. 콜라 등의 탄산음료 제조 시 시럽과 물을 먼저 섞고 여기에 이산화탄소를 가압 · 용해시키는 방법이 널리 쓰이고 있다.

■ $CO_2 + H_2O \rightarrow H_2CO_3 \rightarrow H^+ + HCO_3^-$
상기 식과 같이 탄산작용으로 발생한 $H^+ + HCO_3^-$은 아래 식과 같이 방해석(석회암)과 만나 물에 잘 녹는 탄산수소칼슘을 만든다.
$CaCO_3$(방해석) $+ H^+ + HCO_3^- \rightarrow Ca(HCO_3)_2$
즉 방해석이 녹아 동굴은 확장(훼손)된다. 이후 물에 섞여 흐르던 $Ca(HCO_3)_2$에서 물과 이산화탄소가 빠져나오면 CaO만 남으며, 이것이 석순이 되어 자란다.

■ 풍화저항성 : 석영(가장 강함) 〉 백운모, 정장석(K장석) 〉 사장석(Na와 Ca장석) 〉 흑운모, 각섬석, 휘석 〉 감람석 〉 백운석(방해석의 일종), 방해석 〉 석고
우리나라 산악지와 곡간지에 모래가 많은 이유는 암석 중에 석영이 많기 때문이다.

■ 기계적 풍화작용 : 암석이 화학적 변화 없이 물, 바람, 압력, 충격, 온도, 동결, 염류작용 등의 영향을 받아 크기가 작아지는 현상을 말한다. 대표적인 것은 온도변화에 따라 팽창과 수축률의 차이에서 오는 바위의 붕괴현상이다.

12 암석의 물리적 풍화작용 요인으로 볼 수 없는 것은?

㉮ 공기

㉯ 물

㉰ 온도

㉱ 용해

13 물리적 풍화작용에 속하는 것은?

㉮ 가수분해작용

㉯ 탈산화작용

㉰ 빙식작용

㉱ 수화작용

14 우리나라 산지토양(山地土壤)은 어느 것에 속하는가?

㉮ 잔적토

㉯ 충적토

㉰ 풍적토

㉱ 하성토

15 토양이 자연의 힘으로 다른 곳으로 이동하여 생성된 토양 중 중력의 힘에 의해 이동하여 생긴 토양은?

㉮ 충적토

㉯ 붕적토

㉰ 빙하토

㉱ 풍적토

16 우리나라에서 관측되는 중국의 황사는 주로 무엇에 의한 이동인가?

㉮ 바람

㉯ 물

㉰ 빙하

㉱ 파도

12 ㉱ 13 ㉰ 14 ㉮ 15 ㉯ 16 ㉮

17 우리나라 논토양의 일반적인 퇴적 양식은?

㉮ 충적토

㉯ 붕적토

㉰ 잔적토

㉱ 풍적토

■ 하성충적토(수적토): 河水에 의하여 퇴적된 것이며 우리나라 대부분의 논토양은 이에 해당된다. 하성충적토는 보통 홍함지, 삼각주, 하안단구로 구분한다.

18 다음이 설명하는 것은?

> 하천의 홍수에 의하여 거듭 범람했을 때 퇴적 · 생성된 토양이며, 1회의 범람으로 수직단면(垂直斷面)의 층리(層理)를 형성한다. 이것은 하천 하류의 양안(兩岸)에서 잘 발달되며 비옥한 농경지로 이용된다. 우리나라 논토양의 대부분은 이에 속한다.

㉮ 삼각주   ㉯ 붕적토

㉰ 선상퇴토   ㉱ 홍함지

■ 홍함지(洪 큰물 홍, 涵 젖을 함, 地): 하천의 홍수에 의해 거듭 범람되었을 때 퇴적 · 생성된 토양이며, 1회의 범람으로 수직단면의 층리를 형성한다. 이 같은 층리의 집합체로 된 토층을 충적층이라 하며, 이것은 하천의 양안에서 잘 발달되고 비옥도가 크다.

19 다음 중 유기물이 가장 많이 퇴적되어 생성된 토양은?

㉮ 이탄토

㉯ 붕적토

㉰ 선상퇴토

㉱ 하성충적토

■ 이탄토는 습지나 얕은 호수에 식물의 유체가 암석의 풍화산물과 섞여 이루어진 것으로 퇴식토라고도 한다. 환원상태에서 유기물이 오랫동안 쌓이면 분해되지 않고 이탄(peat)이 만들어지는데 이런 곳을 이탄지(moor)라 한다.

20 우리나라의 전 국토의 2/3가 화강암 또는 화강편마암으로 구성되어 있다. 이러한 종류의 암석은 토양생성과정 인자 중 어느 것에 해당하는가?

㉮ 기후

㉯ 지형

㉰ 풍화기간

㉱ 모재

■ 모재(1차 광물): 조암광물은 오랫동안 비 · 바람 · 기온 · 생물 등의 영향을 받아 그 조직이 변화 및 기계적으로 붕괴되어 미세한 입자로 되고 다시 화학적으로 분해되어 그 본질이 변하게 된다. 이같은 작용을 받아 생성된 물질이 토양의 모재(1차 광물)가 된다.

17 ㉮ 18 ㉱ 19 ㉮ 20 ㉱

21 토양생성에 기여하는 요인으로 가장 거리가 먼 것은?

㉮ 기후

㉯ 시간

㉰ 모재

㉱ 대기의 조성

22 다우·다습한 열대지역에서 화강암과 석회암에서 유래된 토양이 유년기를 거쳐 노년기에 이르게 되었을 때의 토양 반응은?

㉮ 화강암에서 유래된 토양은 산성이고 석회암에서 유래된 토양은 알칼리성이다.

㉯ 화강암에 유래된 토양도 석회암에서 유래된 토양도 모두 산성을 나타낼 수 있다.

㉰ 화강암에 유래된 토양도 석회암에서 유래된 토양도 모두 알칼리성을 나타낼 수 있다.

㉱ 화강암에서 유래된 토양은 알칼리성이고 석회암에서 유래된 토양은 산성이다.

23 토양의 생성 및 발달에 대한 설명으로 틀린 것은?

㉮ 한랭 습윤한 침엽수림 지대에서는 podzol 토양이 발달한다.

㉯ 고온다습한 열대 활엽수림 지대에서는 latosol 토양이 발달한다.

㉰ 경사지는 침식이 심하므로 토양의 발달이 매우 느리다.

㉱ 배수가 불량한 저지대는 황적색의 산화토양이 발달한다.

24 다음의 성분 중 토양에 집적되어 Sodic 토양의 염류집적을 나타내는 것은?

㉮ Ca   ㉯ Mg

㉰ K   ㉱ Na

21 ㉱   22 ㉯   23 ㉱   24 ㉱

25 지하수면이 높거나 토양 중에 물이 장기간 정체되는 조건하에서 일어나기 쉬우며, 물에 포함된 토양 중의 유리산화철이 강하게 환원되어 토양은 청회색 또는 회녹색을 띠는 토양생성작용은?

㉮ 철알루미늄 집적작용

㉯ podzol화 작용

㉰ glei화 작용

㉱ sialliti화 작용

26 토양단면상에서 확연한 용탈층을 나타나게 하는 토양생성작용은?

㉮ 회색화작용

㉯ 라토졸화작용

㉰ 석회화작용

㉱ 포드졸화작용

27 토양단면 중 집적층을 나타내는 것은?

㉮ A층 ㉯ E층

㉰ B층 ㉱ C층

28 용탈층에서 이화학적으로 용탈·분리되어 내려오는 여러 가지 물질이 침전·집적되는 토양 층위는?

㉮ 유기물층

㉯ 모재층

㉰ 집적층

㉱ 암반

■ 지하수위가 높은 저지대나 배수 불량한 저습지대는 정체된 지하수의 영향으로 토양통기가 불량하여 수면과 접한 토양표면을 제외하고는 토양이 심한 환원상태가 된다. 토양표면과 아주 가까운(수 cm) 층은 산화상태이므로 적색계통이나, 그 아래의 환원층에서는 $Fe^{+3} \rightarrow Fe^{+2}$, $Mn^{+4} \rightarrow Mn^{+3} \rightarrow Mn^{+2}$ 등 대부분의 무기성분이 환원되므로, 환원토양의 색이 청회색(암회색)을 띠는 토층분화가 일어나는데 이와 같은 토양생성작용을 글라이화작용이라 한다.

■ 우리나라에서 발생하는 포드졸화작용에 의해 용탈층(A층)에는 안정한 석영과 비결정질의 규산이 남아 백색의 표백층이 되고, 집적층은 이동성이 큰 용탈물질에 의해 황갈색이 되어 집적층과 용탈층이 확연히 구분되는 특징적인 토양단면을 보인다.

■ O(유기물)층 → A(용탈)층 → B(집적)층 → C(모재)층 → R(모암)층

■ 집적층은 용탈층과 모재층의 사이에 존재한다. 따라서 용탈층에서 이화학적으로 용탈·분리되어 내려오는 여러 가지 물질이 침전·집적되는 토양 층위는 집적층이다.

29 토양통기성이 양호한 밭토양에서 미생물의 분포가 가장 많은 토층은?

㉮ A층　　　　　　㉯ B층
㉰ C층　　　　　　㉱ R층

■ A층은 유기물(미생물의 먹이)과 광물질이 섞여있는 층이다.

30 토양의 토양목 중 토양발달의 최종단계에 속하며 가장 풍화가 많이 진행된 토양으로 Fe, Al 산화물이 많은 것은?

㉮ Mollisols
㉯ Oxisols
㉰ Ultisols
㉱ Entisols

■ 옥시솔(oxisols): 어원은 oxide(산화물)이며, 풍화와 용탈이 매우 심하게 일어나는 고온다습한 열대지역에서 발생한다. 철산화물의 영향으로 적색 또는 황색이며, 양분보유량이 적어 비옥도는 낮다. 옥시솔은 Latsol화작용으로 발생한다.

토양의 성질

1 토양의 물리적 성질

1. 토성

(1) 토성의 분류와 명칭

① 토양 무기물입자의 입경조성에 의한 토양의 분류를 토성이라 하며 모래(조사, 세사), 미사 및 점토의 함량비로 분류한다.

연구 토양입자의 분류

입자 명칭	입경(알갱이의 지름, ㎜)	
	국제토양학협회	미국농무성(우리나라)
자갈	2.0 이상	2.0 이상
조사(거친모래)	2.0 ~ 0.2	0.05 ~ 2
세사(가는모래)	0.2 ~ 0.02	
미사(고운모래)	0.02 ~ 0.002	0.002 ~ 0.05
점토	0.002 이하	0.002 이하

② 토성은 점토 함량이 적은 것을 사토(모래흙), 많은 것을 식토(진흙), 이 중간의 것을 양토(참흙)라 하며, 이들 각각의 중간에 속하는 것을 각각 사양토(모래참흙)나 식양토(질참흙)라 하여 점토의 함량을 기준으로 구분하고 있다. 미국 농무성은 삼각도표를 사용하여 더 많은 종류의 토성으로 분류한다.

연구 진흙(점토)의 함량에 따른 분류 및 촉감에 의한 판정

토양의 종류	진흙량(%)	촉감에 의한 판정
사 토(모래땅)	12.5 이하	모래의 함량이 많아 손에 거친 촉감
사양토(모래참땅)	12.5 ~ 25.0	대부분 모래인 것 같은 촉감
양 토(참땅)	25.0 ~ 37.5	미사는 건조하면 밀가루를 비비는 감이 있고, 젖었을 때는 어느 정도 가소성이 있다.
식양토(질참땅)	37.5 ~ 50.0	양토와 식토의 중간 성질
식 토(질땅)	50.0 이상	식토는 건조하면 미끈거리는 감이 있고, 젖었을 때는 가소성과 점착력이 크다.

(4) 토성구분 삼각도(미국농무성법)

1) 삼각도

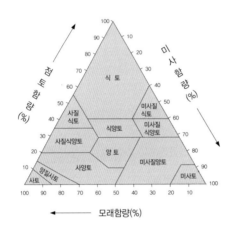

2) 삼각도표 이용법

① 모래, 미사, 점토의 함량비를 침강법 등으로 정확히 조사한다.

② 삼각형 안으로 어떤 하나의 변과 평행하게 선을 그어 만나는 점의 구역이 토성이 된다.

③ 만나는 점이 경계선 위에 있을 경우 작은 알갱이가 많은 토성의 이름을 취한다.

2. 토양의 구조

(1) 구조단립의 분류

자연적으로 형성된 입단의 단위를 구조단립이라 하는데 구조단립의 종류는 3가지 특성, 즉 모양과 크기 및 발달정도(안정도)를 기준으로 분류한다.

1) 모양에 따른 분류

구상	입 상 (granular)	1. 외관이 구형이며 유기물이 많은 건조지역에서 발달한다. 2. 입단의 모양이 둥글고 A1층에서 가장 흔히 볼 수 있다. 3. 작물 생육에 가장 좋은 구조이다.
	분 상 (crumb)	입상과 비슷하나 다공성이다.
괴상	각 괴 상 (A.blocky)	1. 외관이 다면체 각형(세로 축과 가로 축의 길이가 비슷, 대개 6면체)으로 밭토양과 산림토양의 B층에서 발견된다. 2. 다면체이므로 통기성이 양호하고, 통기성이 양호하므로 뿌리의 발달이 원활하다.
	아 각 괴 상 (S.blocky)	각괴상과 비슷하나 모가 없어진 것이다.
판상		1. 가로축의 길이가 세로축보다 긴 판자(접시 또는 렌즈)상이므로 공극률이 급속히 낮아지며, 대공극이 없다. 모재의 특성을 그대로 가지고 있다. 2. 수분은 가로축 방향으로 이동하므로 수직이동이 어렵다. 3. 습윤지대 및 논의 작토 밑(인위적인 요인에 의하여도 만들어짐)에서 발견된다.
주상	각 주 상 (prismatic)	1. 세로축의 길이가 가로축의 길이보다 길며, 모가 있고 B2층에 흔히 나타난다. 2. 우리나라 해성토의 심토에서 발견된다.
	원 주 상 (columnar)	각주상과 다른 점은 모가 없다는 것이다.

2) 크기 및 발달정도에 따른 분류

① 크기에 따른 분류 : 매우 미세한 것, 미세한 것, 중간 것, 거친 것, 매우 거친 것으로 5가지로 분류한다.

② 발달정도(안정도)에 따른 분류 : 0, 1, 2 및 3의 4가지 등급으로 분류한다. 현지 상태에서 입단을 정할 수 없을 때는 등급이 0이며, 등급이 3일 때가 입단의 구조가 가장 잘 발달된 상태이다.

(2) 단립, 입단 구조

토양입자는 단독으로 존재할 수도 있지만 여러 개의 입자가 모여 입단을 형성하여 존재함이 보통이다. 토양의 구조란 이들 입단의 모양, 크기 및 배열방식 등에 의하여 결정되는 것으로 토양의 물리성을 결정한다.

단립구조 (홀알구조)	토양 입자가 단독으로 존재한다. 모래, 미사 등
입단구조 (떼알구조)	토양의 여러 개의 입자가 모여 단체를 만들고 이 단체가 다시 모여 입단을 만든 구조로서 입체적인 배열상태를 이루고 있으므로 토양수의 이동·보유 및 공기유통에 필요한 공극을 가지게 된다.

(3) 입단의 생성 및 파괴

1) 입단의 생성

① 미생물의 작용 : 균사에 의한 직접적인 결합작용과 미생물이 분비하는 다당류 또는 Polyuronide 등 접착제로 작용하는 결합체의 작용이다. 이 작용을 적극적으로 이용하기 위하여 미숙 퇴비 및 녹비를 사용한다.

② 양이온의 작용 : 양이온은 음전하로 대전된 점토 사이에 연결되어 입단 생성에 영향을 준다. 이것은 용액 중의 양이온과 점토입자 표면의 음전하 사이에서 물분자가 연쇄를 만들어 결합된 것이 나중에 수분이 증발함에 따라 양이온이 점토입자를 서로 접근시키는 결과를 가져와 입자의 자유운동을 제한하기 때문에 발생한다. 양이온 중 수화도가 큰 Na이온은 입단화 작용이 약하지만(사실은 입단을 파괴함) 수화도가 낮은 Ca이온은 그 작용이 매우 강하다. Ca의 시용은 이 작용 외에 토양의 중성화를 통한 미생물 작용의 증진효과가 있으며, 입단형성에서 이 효과가 더 크다.

③ 피복 콩과작물의 재배 : 클로버, 알팔파 등의 피복 콩과작물은 토양을 잘 피복하며, 잔뿌리가 많고, 심근성(알팔파는 2m 이상 들어감)이며, 석회분이 풍부(칼슘 흡수가 많음)하여 입단을 형성하는 효과가 크다.

④ 지렁이의 작용 : 지렁이의 몸을 통과한 토양은 점성이 크며, 토괴로서 좋은 입단이다.

⑤ 토양개량제의 작용 : 여러 종류의 고분자화합물(폴리비닐형, 폴리아크릴형)이 물의 침투, 통기성의 증진, 침식의 방지 등에 효과가 있다.

2) 입단의 파괴

① 토양수분이 너무 적거나 많은 때의 경운

② 과도한 경운 : 경운은 토양을 산화상태로 만들며, 이 상태에서는 유기물의 분해가 촉진되므로 입단이 파괴된다.

③ 토양의 건조와 습윤의 반복, 동결과 융해의 반복 등 물리적 변형

④ Na의 작용 : 수화도가 큰 Na이온은 토양입자를 분산시킨다.

⑤ 입자의 결합제인 유기물의 분해

3. 토양공극

(1) 토양의 밀도와 공극률

1) 토양의 밀도

$$\text{알갱이 밀도(진비중)} = \frac{\text{건조한 토양의 무게}}{\text{토양알갱이의 부피}} \text{, 단위 : g/cm}^3$$

$$\text{부피 밀도(가비중)} = \frac{\text{건조한 토양의 무게}}{\text{토양알갱이의 부피} + \text{토양공극}} \text{, 단위 : g/cm}^3$$

토양의 밀도는 105~110℃에서 8시간 정도 건조된 후의 토양, 즉 고상과 기상으로만 구성된 토양의 밀도를 말한다. 알갱이 밀도는 대부분의 토양에서 2.65g/cm³로 동일하며, 부피 밀도(용적밀도)는 토양구조의 발달정도에 따라 대략 1.0~1.6g/cm³의 범위에 있다.

2) 토양의 공극률

$$\text{공극률(\%)} = (1 - \frac{\text{가비중}}{\text{진비중}}) \times 100$$

가비중(용적밀도)	1.6(사토) 〉 1.5(사양토) 〉 1.4(양토) 〉 1.3(미사질양토) 〉 1.2(식양토) 〉 1.1(식토)
공극량(%)	40(사토) 〈 43(사양토) 〈 47(양토) 〈 50(미사질양토) 〈 55(식양토) 〈 58(식토)

(2) 토양공극량에 관여하는 요인

토양공극량은 토양구조, 요소(토립 또는 입단)의 배열상태 및 입단의 크기에 지배된다.

① 토양구조 : 토양구조의 발달에는 토성이 결정적으로 작용한다. 모래의 함량이 많은 사질계 토양은 비모관공극(대공극)이 모관공극(소공극)보다 많으며, 찰흙(점토)의 함량이 많은 식질계토양은 그 반대이다. 일반적으로 사질계토양에 대공극은 많으나, 식질계토양보다 소공극이 절대적으로 적어서 전공극량(대공극 + 소공극) 또는 공극률(%)은 사질계토양이 작다.

② 요소(토립 또는 입단)의 배열상태 : 정렬은 사열보다 전공극량이 커진다.

〈단립구조〉

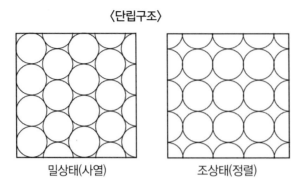

밀상태(사열)　　　　　　　　조상태(정렬)

〈입단구조〉

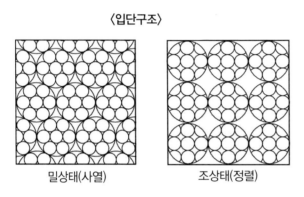

밀상태(사열)　　　　　　　　조상태(정렬)

단립구조에서의 공극량(%)	정렬(47.64) 〉 사열(25.95)
입단구조에서의 공극량(%)	입단도 입단 내부도 모두 다 정렬(72.58) 〉 입단이나 입단 내부 중 하나는 정렬이고 하나는 사열(61.28) 〉 입단도 입단 내부도 모두 다 사열(45.17)

단립구조에서의 정렬배치 공극량	47.64 %
입단구조에서의 정렬배치 공극량	72.58 %

③ 입단의 크기 : 소립단보다 대립단일수록 비모관공극량(대공극량)의 증대가 모관공극량(소공극량)의 감소보다 훨씬 커서 전공극량 또는 공극률이 커진다.

(3) 토양공극과 작물의 생육

① 공극의 크기가 너무 작으면 공기유통이 불량하여 작물의 호흡작용이 저하되고, 뿌리의 발달이 불량해진다. 반대로 공극량이 너무 과다하거나 공극의 크기가 너무 크면, 공기 유통은 좋으나 수분의 보유력이 작아 건조고사 등 한해를 받기 쉬우며 비료성분의 유실을 초래한다. 즉, 비모관(非毛管)공극(대공극)은 잉여수분의 배제와 공기의 통로역할을 하고, 모관(毛管)공극(소공극)은 모세관(毛細管 → 毛管) 현상에 의하여 토양의 유효수분을 보관·공급하는 장소가 된다. 사질토양은 식질토양보다 전공극량은 작지만, 대공극량이 많아서 공기와 물의 유통이 빠르다.

② 작물생육에 알맞은 토양입자와 공극의 비율은 1 : 1이며, 기상공극과 액상공극의 상대적 비율도 1 : 1이고, 입단간공극(대공극)과 입자간공극(소공극)의 비율도 1 : 1이 적합한 것으로 알려져 있다."

(4) 토양경도와 작물의 생육

① 토양경도란 외력에 대한 토양의 저항력을 말하며, 이것은 토립사이의 응집력과 입자간의 마찰력으로 생긴다.

② 경도가 큰 토층의 경우 뿌리가 토립을 밀고 들어갈 수 없어 작물생육에 나쁘다. 또한 경도가 큰 토양은 입단구조의 발달도 나빠 물, 공기, 양분의 공급도 나쁘다.

4. 토양온도

(1) 토양온도의 성질 및 역할

① 토양의 온도는 물리적 성질의 하나로 태양의 복사광선에서 열을 얻고 다시 대기로 열을 방출하며, 그 입출의 차이가 온열로서 토양에 남는다. 여기에는 많은 인자들이 관여하며, 작물의 생육에 알맞은 온도가 토양 안에서 유지되어야 한다.

② 토양에서 온도는 미생물의 활동 증가, 종자의 발아, 식물의 생장, 토양의 화학반응 촉진, 토양수분의 이동 등 많은 현상에 관여한다.

(2) 토양온도의 결정요소

토양수분 함량	토양의 수분함량은 토양온도의 가장 큰 변화 요소이다. 수분은 비열이 크기 때문에 토양수분이 많을 경우 토양온도는 쉽게 변화하지 않는다. – 비열 : 어떤 물질 1g의 온도를 1℃ 올리는 데 필요한 열량으로, 광물 알갱이의 비열은 물의 1/5 정도이다.
토양의 색깔	흑색, 남색, 적색, 갈색, 녹색, 황색, 백색의 순으로 열을 흡수한다.
경사도	수광량은 태양광선이 지면에 수직으로 투사될 때 가장 많고, 경사도가 작아질수록 수광량이 작아진다.
피복식물	피복식물, 멀칭 등은 토양온도의 변동을 작게 하므로 식생으로 피복된 초지가 나지보다 온도변화가 작다.
열전도율	습윤토양 〉 건조토양, 부식 많음 〉 부식 적음, 큰 토양입자 〉 작은 토양입자 사토 〉 양토 〉 식토 〉 이탄토

5. 토양색깔

(1) 토양의 색깔에 영향을 주는 요인

① 토양을 구성하는 암석과 광물 : 토양의 색은 모재의 성질과 종류에 따라 차이가 생긴다. 염기성 화성암에서 생긴 토양은 산성암의 것보다 더 짙은 색을 띠고 석회암에서는 적색, 사암에서는 황색, 혈암에서는 회백색의 토양이 많은 편이다. 흑운모, 각섬석, 전기석, 감람석, 자철광 등에는 Fe이 들어 있어서 흑색과 초록색에 이르는 여러 가지 색을 띠고 이들이 풍화되면 황색, 적색을 띠게 된다.

② 유기물의 함량 : 토양은 유기물에 의해 어두운 회색 내지 흑색을 띠며 부식물의 종류와 상태에 따라 차이가 있으나 보통 어두운 색일수록 유기물의 함량이 많다.

③ 수분의 함량 : 수분함량 및 배수성에 따라 토양색깔이 달라진다.

[연구] 성분과 토양수분에 따른 토양색깔

성 분	화학식	토 색	특 성
유기물	–	검은색	부식이 많을수록 흑색
아산화철	FeO	청회색	수분이 많고 공기유통이 불량한 곳
적철광	Fe_2O_3	붉은색	수분이 적고 공기유통이 잘 되는 곳
수적철광	$2Fe_2O_3 \cdot H_2O$	황 색	수적철광은 수화도가 높은 경우는 황색, 탈수가 진행되면 적색으로 됨

(2) 토양색의 표시

토양색은 적갈색, 청회색 등 그 색상을 주관적으로 표시할 수 있으나, 객관적이고 미세한 차이를 확실히 구별하기 위해 'Munsell 컬러차트'를 사용하여 색상, 명도, 채도의 3속성을 조합하여 나타낸다.

① 색상 : 빛의 색을 숫자로 표시한 것으로 대표적인 숫자는 5이다.(5YR, 5Y 등으로 5가 붙은 색상은 각 색상의 대표가 된다.)

② 명도 : 색상의 밝기로 순흑(0)~순백(10)으로 표시. 부식함량과 관계가 깊으며, "4/"와 같이 표기한다.

③ 채도 : 색의 순도(강도)를 나타내는 값으로 그 값은 백색광이 줄어들음에 따라 커지고(무채색 : 0, 최고 : 20), 채도가 증가함에 따라 1, 2, 3 ···· 으로 증가하며, "/2"와 같이 표시한다.

01 Hydrometer법에 따라 토성을 조사한 결과 모래 34%, 미사 35%였다. 조사한 이 토양의 토성이 식양토일 때 점토함량은 얼마인가?

㉮ 31%

㉯ 35%

㉰ 21%

㉱ 38%

■ 입자의 입경조성에 의한 토양의 분류를 토성이라 하며 모래(조사, 세사), 미사 및 점토의 함량비로 분류한다. 모래, 미사, 점토 함량의 합은 100%가 된다.

02 토양 입자의 입단화 촉진에 가장 우수한 양이온은?

㉮ Na^+

㉯ Ca^{++}

㉰ NH_4^+

㉱ K^+

■ 양이온의 작용: 양이온은 음전하로 대전된 점토 사이에 연결되어 입단 생성에 영향을 준다. 양이온 중 수화도가 큰 Na이온은 입단화 작용이 약하지만(사실은 입단을 파괴함) 수화도가 낮은 Ca이온은 그 작용이 매우 강하다 Ca의 시용은 이 작용 외에 토양의 중성화를 통한 미생물 작용의 증진효과가 있으며, 입단형성에서 이 효과가 더 크다.

03 다음 중 보수력이 가장 큰 토양의 토성은?

㉮ 사양토

㉯ 식토

㉰ 양토

㉱ 식양토

■ 점토 함량이 많을수록 모관공극(소공극)이 많으므로 보수력이 크며, 점토의 함량이 가장 많은 것은 식토로 50% 이상이다.

04 토양의 입자밀도가 2.65g/㎤, 용적밀도가 1.45g/㎤인 토양의 공극률은?

㉮ 약 30%

㉯ 약 45%

㉰ 약 60%

㉱ 약 75%

■ 알갱이밀도 = 진밀도 = 진비중 = 입자밀도
부피밀도 = 가밀도 = 총밀도 = 용적중 = 가비중 = 용적밀도
공극률(%)
= {1 − (가비중/진비중)} × 100
= {1 − (1.45 / 2.65)} × 100
= (1 − 0.55) × 100 = 45%

01 ㉮ 02 ㉯ 03 ㉯ 04 ㉯

05 유기재배 토양에 많이 존재하는 떼알구조에 대한 설명으로 틀린 것은?

㉮ 떼알구조를 이루면 작은 공극과 큰 공극이 생긴다.

㉯ 떼알구조가 발달하면 공기가 잘 통하고 물을 알맞게 간직할 수 있다.

㉰ 떼알구조가 되면 풍식과 물에 의한 침식을 줄일 수 있다.

㉱ 떼알구조는 경운을 자주하면 공극량이 늘어난다.

■ 경운은 토양을 산화상태로 만들며, 이 상태에서는 유기물의 분해가 촉진되므로 잦은 경운은 입단을 파괴하여 결과적으로 공극량을 줄인다.

06 일반적으로 유기물이 많이 함유되어 있는 토양은 대부분 어떤 빛깔을 띠는가?

㉮ 흑색   ㉯ 흰색

㉰ 적색   ㉱ 녹색

■ 토양 색은 부식화가 클수록 흑색이 짙다. 부식이 아주 많은 산흙은 진한 흑색이다.

05 ㉱   06 ㉮

1. 점토광물

(1) 점토광물의 특성

① 점토광물은 암석의 풍화산물이 일정한 환경조건하의 토양생성작용을 받는 과정에서 재합성된 광물이며 2차광물이라고도 한다. 점토광물은 재합성될 때 환경조건에 따라서 여러 종류의 것이 만들어진다.

② 점토광물의 입경은 0.002㎜ 이하의 소립자로 규정되어 있으며, 그 활성표면적이 매우 크고, 이 크기부터 전기를 가짐으로써 작물무기양분의 흡착·고정, 수분의 흡수유지, 토양반응, 통기성 등 토양의 물리·화학적 성질에 큰 영향을 미쳐 토양의 성질을 지배한다.

(2) 점토광물질의 분류

1) 격자구조에 의한 분류

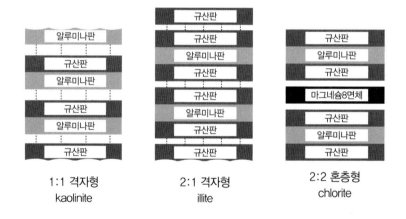

| 1:1 격자형 | 2:1 격자형 | 2:2 혼층형 |
| kaolinite | illite | chlorite |

① 1 : 1 격자형 : 규산판 1개와 알루미나판 1개가 결속되어 한 결정단위를 이루고 있는 것이며 kaolinite, halloysite 등 kaolinite계 점토광물이 대표적이다.

② 2 : 1 격자형 : 2개의 규산판 사이에 알루미나판 1개가 삽입된 모양으로 결속되어 한 결정단위를 이루고 있는 것이며 illite, montmorillonite, vermiculite계가 있다.

③ 2 : 2 격자형(혼층형) : 마그네슘 8면체를 중간에 넣고 2 : 1 격자형 점토광물이 결합된 것으로 chlorite가 있다. chlorite의 양이온치환용량은 illite와 비슷하다.

④ 부정형 : 일정한 결정형으로 규정할 수 없는 광물로 알로판(alloohane)이 있다.

2) 팽창성에 의한 분류

① 팽창형

㉠ 수분이 결정단위 사이를 자유롭게 왕래할 수 있어 아래 그림의 건조상태와 습윤상 태에 따라 수축하거나 팽창할 수 있는 점토광물이다.

㉡ 수분 중에 용존하는 K^+, NH_4^+가 규산판 표면의 6각형 공극 내부에 빠지면 고정이 된다.

㉢ 2 : 1 격자형 점토광물 중 montmorillonite, vermiculite 등이 팽창형이다

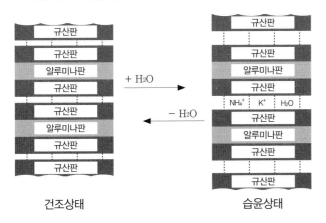

건조상태　　　　　　　　　　　　습윤상태

② 비팽창형

㉠ 결정단위 사이에 다량의 K^+이온이 존재하여 물(H_2O)이 자유로이 통과하지 못하고, 토양이 습윤ㆍ건조의 반복에도 결정단위 사이의 간격이 변동하지 않는 점토광물로 illite 계통이 이에 해당된다.

㉡ 1 : 1 격자형 점토광물인 kaolinite계도 그 조직이 단단하여 비팽창형이다.

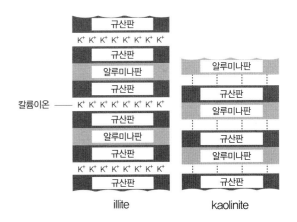

illite　　　　　　　kaolinite

(3) 점토광물의 특성

① 카올리나이트(kaolinite)계 : kaolinite, halloysite 등이 속하며 우리나라에서는 고 령토라고 한다. 적색 또는 회색 podzol 토양의 주요 점토광물이며, 우리나라의 토양은 kaolinite 점토가 대부분이다. kaolinite는 온난습윤한 기후조건에서 염기물질이 신속히 용탈될 때 생성되므로 척박하다.

② 일라이트(illite) : 가수운모라고도 하며 구조는 montmorillonite와 같으나 규산 4면체 중의 몇 개의 규소가 Al^{+3}에 의해 동형치환된 결과 생긴 양전하의 부족량만큼이 K^+에 의해 충족되어 있다. 따라서 illite는 점토광물 중 칼륨의 함유량이 가장 많으며(칼륨비료로 이용), 이 칼륨이 공간을 막고 있어 물이 통과할 수 없기 때문에 비팽창성이다. 강하게 부착되어 있는 K^+이 제거되는 등의 일정 조건 하에서 montmorillonite 또는 vermiculite라는 팽창성 점토광물로 된다.

③ 몬모릴로나이트(montmorillonite)계 점토광물 : montmorillonite, saponite 등이 속하며 산성백토라 불린다. 이광물은 염기성 광물이 고토가 많은 조건 하에서 풍화될 때 토양 중에서 재합성되는 것으로, 이것도 2 : 1 격자형 팽창성 점토광물이며, 각 결정단위의 표면에도 흡착위치가 존재하므로 양이온치환용량이 매우 크다.

④ 버미큘라이트(vermiculite) : 운모류에서 K^+나 Mg^{+2} 이온이 풍화과정에서 용탈될 때 생성되는 2 : 1 격자형 팽창성 점토광물로 광물 중 양이온치환용량이 가장 크다.

⑤ 알로판(allophane) : 규소와 알루미늄의 산화물이 약하게 결합한 광물로 결정형을 규정할 수 없는 부정형 점토광물이다.

(4) 점토광물의 음(-)전하 생성

1) 동형치환

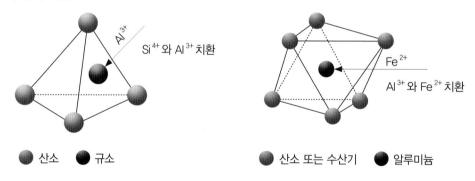

① 점토광물의 형태적 변화 없이 즉, 규산판과 알루미나판의 구조적인 변화 없이 규산판의 Si^{+4}나 알루미늄판의 Al^{+3}이 Al^{+3}과 Fe^{+2}로 치환되는 현상이다. 이와 같은 동형치환으로 점토표면은 과잉의 유리음전하(Si^{+4}는 그 주위에 있는 4개의 산소가 가진 8개의 음전하 중 4개와 결합하여 전기적 중성을 이루었는데 Al^{+3}로 대체되면 Si^{+4}와 중화상태에 있던 4개의 음전하 중 1개의 음전하는 결합할 양전하가 없어졌으므로 유리상태에 놓임)가 발생하여 양이온의 흡착위치를 가지게 되는데 여기에 토양용액 중에서 이액순위가 큰 양이온이 흡착된다.

② 이러한 치환은 2 : 1 또는 2 : 2 격자형 광물에서만 발생하고 1 : 1 격자형 광물에서는 그 결합이 단단하여 발생하지 않는다.

③ 동형치환에 의한 전하는 변두리 전하, 잠시적 전하보다 큰 영구적 전하이다.

2) 변두리 전하

① 동형치환이 발생하지 않는 1 : 1 격자형 광물에서도 적지만 음전하는 엄연히 존재한다. 그 원인은 변두리 전하로 판상결정형의 a축 방향과 c축 방향 임의의 위치에서 결정단위가 끊어질 때 유리되는 전하로 점토광물의 변두리에서만 생성된다. 적은 양이지만 kaolinite는 이 변두리 전하에 의하여 영구적 음전하가 생성된다.

② 변두리 전하의 생성을 증명하는 것으로, 점토광물을 분쇄하여 그 분말도를 크게 할수록 음전하의 생성량이 많아 양이온치환용량이 증가하는 현상을 들 수 있다.

3) 잠시적 전하

① 잠시적 전하(pH 의존전하) : 점토광물의 음전하는 동형치환이나 변두리 전하에 의한 영구적 전하 외에도 토양용액의 pH 변화에 의해서도 생성된다. 즉, 토양용액에 H^+ 이온이나 OH^- 이온을 증감시킬 수 있는 물질의 첨가에 의해서 점토광물은 하전량이 변화된다.

② 산성에서는 H^+가 많은데 알칼리 물질의 첨가로 OH^-가 많아지면 점토의 표면에서 외부로 노출된 H^+가 해리되어 OH^-와 결합함으로서 H_2O로 되고 점토의 표면은 H^+가 유리되어 음전하를 띤다. 그러나 pH가 낮아져 H^+가 다시 증가하면 음전하량이 본래의 값으로 환원되고, 더욱 더 pH가 낮아지면 오히려 양전하가 증가한다. 이 양전하에 의하여 PO_4^{-3}가 고정(산성토양에 의한 인의 고정)되어 불용화 되기도 한다.

(5) 수산화물의 전하

① 수산화물에는 잠시적 전하만 있다.

② 철과 알루미늄의 산화물 또는 가수산화물의 입자표면에는 수많은 OH^-기가 노출되어 있고 동형치환은 일어나지 않는다. pH의 변화에 따라 반응하여 음전하 또는 양전하를 생성한다.

(6) 부식(유기 콜로이드)의 전하 생성

① 음전하 생성 : 탄수화물, 단백질, 지방 등 유기성분이 분해되면 외부에 노출되어 있던 수산기(-OH), 카르복실기(-COOH) 등에서 H^+의 해리가 일어나 O^-, COO^-가 되어 음전하를 띤다. pH를 높이면 유기물 각 기에서 H^+의 해리가 더욱 빨라져서 음전하의 보유량은 더욱 높아진다.

② 양전하 생성 : 잠시적 전하에 의하여 아미노산을 만드는 아민기는 양전하($-NH_2$ + H^+ = NH_3^+)를 띤다.

2. 토양교질과 염기치환

(1) 토양교질(토양 콜로이드)

① 토양입자 중에서 입경이 1μ 이하의 미세입자를 말하며 무기교질물과 유기교질물이 있다. 무기교질물은 암석의 풍화산물이 토양생성과정에서 재합성된 점토광물이고, 유기교질물은 유기물의 분해산물인 부식을 말한다. 토양교질물은 미세입자이기 때문에 활성표면적이 크고 양분·수분을 흡착하는 등 토양의 이화학적 성질을 지배하는 중요한 역할을 한다.

② 토양의 무기교질물과 유기교질물은 각각 독립적인 역할을 하지만 서로 결합하여 작용하기도 하며, 토양교질물의 함량이 많은 토양일수록 보수력이 클 뿐만 아니라 보비력도 크다. 따라서 이들 교질물의 보존유지는 토양비옥도 유지·증진상 매우 중요하다. 강우가 심할 때 밭고랑에서 흘러내리는 혼탁한 물에 섞여 있는 것이 토양교질물인데 떠내려 보내기에는 너무 아까운 물질이다.

(2) 양이온(염기) 치환

① 교질입자를 중심으로 가까이는 불가동층과 그 외곽에 가동층이 있는데 이를 가르켜 확산 2중층이라 한다. 이 2중층의 외곽 즉, 가동층에 있는 양이온은 교질입자의 음이온과 전기적 인력이 매우 적기 때문에 2중층 밖에 있는 토양용액의 유리 양이온과 자리를 바꿀 수 있다. 이 현상을 양이온치환 또는 염기치환이라 한다.

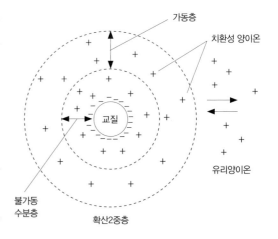

② 양이온의 치환능력(이액순위) : 유리 양이온의 농도가 일정(어느 이온의 농도가 높으면 그 이온의 확산압 발생)할 때 확산 2중층으로 침입·침출하는 힘은 교질의 음전하와의 인력의 대소 및 수용액 중에서의 이동성에 따라 달라지며 그 순위는 다음과 같다.

치환 침입력	$H^+ \geqq Ca^{+2} \rangle Mg^{+2} \rangle K^+ \geqq NH_4^+ \rangle Na^+$
치환 침출력	$Na^+ \rangle K^+ \geqq NH_4^+ \rangle Mg^{+2} \rangle Ca^{+2} \geqq H^+$

③ 이에 적용된 원칙은 원자가가 높은 양이온(2가 이온, 알칼리토금속, Mg와 Ca)이 낮은 양이온(1가 이온, 알칼리금속, Na와 K)보다 치환침입력이 크다. 양전하수가 같은 양이온 사이에는 이온의 크기가 작은 것이 침입력이 크다(3주기 : Na, Mg, 4주기 : K, Ca에서 주기가 높은 것이 크기는 작다. 따라서 K, Ca가 Na, Mg보다 침투력이 강하다). 수소이온은 그 수가 많기 때문에(농도가 높아) 확산압이 작용하고, 크기도 가장 작기 때문에(아직도 그 크기를 모름) 침입력이 가장 크다. 다만 양이온치환용량이 큰 토양에서의 침입력은 $H^+ = Ca^{+2}$의 상태가 된다.

④ 양이온치환용량(C.E.C: cation exchange capacity) : 염기치환용량이라고도 하며, 토양이 양이온을 흡착할 수 있는 능력, 즉 토양 100g이 흡착할 수 있는 양이온의 총량으로 과거에는 밀리그램 당량(當量, me; milli equivalent)으로, 현재는 cmolc/kg으로 표시한다(1 me/100g = 1 cmolc/kg). 즉, 교질물 1kg이 보유하고 있는 음전하의 수와 같다. 유기물이나 점토의 함량이 많아 토성이 미세할수록, 비표면적(단위질량에 있는 입자표면적의 합)이 클수록 양이온치환용량은 커진다.

⑤ 토양교질의 종류와 양이온치환용량(me/100g) : 유기콜로이드(부식) 200, 버미큘라이트 120, 몬모릴로나이트 100, 알로판 80~200, 일라이트와 크로라이트 30, 카올리나이트 10, 가수산화물 3 정도이며 우리나라 토양의 평균 양이온치환용량은 논이 11.0, 밭이 10.3 정도이다.

⑥ 양이온치환용량과 작물생육 : 토양의 양이온치환용량이 크다는 것은 작물생육에 필요한 양이온(영양성분)을 전기적 힘으로 많이 보유하고 있는 비옥한 토양을 의미한다. 토양의 완충능은 양이온치환용량이 클수록 커지므로 양이온치환용량이 큰 토양일수록 작물생육은 안전하다.

연구 양이온총량을 높이기 위한 농경지대책

- 유기물의 사용(부식)
- 점토함량이 높은 토양으로 객토(버미큘라이트가 최고)
- 산성토양의 개량(잠시적 전하 활용)

⑦ 염기포화도 : 토양의 양이온치환용량에 대한 H^+ 이온과 Al^+ 이온을 제외한 치환성염기인 Ca^{+2}, Mg^{+2}, K^+, NH_4^+, Na^+ 등의 함유비율(%)을 염기포화도(degree of base saturation)라고 한다.

염기포화도

① 공식 : 염기포화도 = $\dfrac{치환성염기량}{양이온치환용량} \times 100$

② 예제 1: 어떤 교질물의 양이온치환용량이 10cmolc/kg이고, 치환성염기함량 Ca^{+2}, Mg^{+2}, K^{+}, NH_4^{+}, Na^{+}이 6cmolc/kg일 때의 염기포화도는?

→ 염기포화도(%) = 6/10 = 60(%)

③ 예제 2: 양이온치환용량이 40cmolc/kg 토양에서 염기포화도가 60%라면 H^{+}이 차지하는 값은?

→ 염기포화도가 60%이면 치환성염기함량은 24cmolc/kg이고, 전체 40cmolc/kg에서 H^{+}이 차지하는 값은 16cmolc/kg가 된다.

⑧ 토양의 치환성염기는 토양을 알칼리성으로 만드는 작용이 있으나 치환성수소이온과 Al 이온은 반대로 토양을 산성으로 만들게 된다. 따라서 토양은 염기포화도가 높을수록 알칼리성을 띠고 낮을수록 산성을 띤다.

(3) 음이온 흡착

① 점토에서는 잠시적 전하에 의해, 부식에서는 잠시적 전하와 아민기에 의해 pH가 낮을 때 양이온이 발생한다. 이 외에도 pH가 낮을 때 Fe, Al 등의 수산화물에 의해 양전하가 발생된다.

② 음이온이 토양교질물에 의해 흡착되는 순위는 SiO_4^{-2} > PO_4^{-3} > SO_4^{-2} > NO_3^{-} > Cl^{-}이다. 따라서 SiO_4^{-2}나 PO_4^{-3}가 고정되는 경우 후순위인 SO_4^{-2}, NO_3^{-}, Cl^{-} 등은 토양 양이온에 흡착될 수 없어 유실이 많아진다. 수산화물이 많은 열대토양에서는 SO_4^{-2} 이하가 고정되기도 하나, 온대에서 SO_4^{-2} 이하의 고정은 어렵다.

3. 토양반응

(1) 토양반응의 표시

① 토양반응이란 토양이 나타내는 산성 또는 중성이나 알칼리성이며 이를 pH(Potential of Hydrogenion)로 표시한다. pH란 용액 중에 존재하는 수소이온 몰농도의 역수에 로그를 취한 값이다.

② 순수한 중성의 물이 해리되면 각각 10^{-7}molo/L의 H^{+}와 OH^{-}가 생성되며, pH는 7이 된다. pH는 1에서 14까지 변하며, pH 7에서 수가 줄수록 강한 산성이 되고, 늘수록 강한 알칼리성이 된다.

(2) 토양 산성화의 원인

1) 기후의 영향

① 1차 광물의 풍화와 동식물 잔재의 분해로 Ca^{+2}, Mg^{+2}, K^+, Na^+ 등의 염기가 토양에 가해지는데, 이들이 그곳에 머무르는가 또는 다른 곳으로 흘러나가는가에 따라 토양이 산성이나 알칼리성이 된다.

② 즉, 증발량보다 강우량이 많은 지대에서는 염기가 세탈되고, 점토광물의 양이온치환부위는 H^+로 포화되어 산성을 나타내며, 증발량보다 강우량이 적은 지대에서는 염기가 점점 축적되어 알칼리성을 나타낸다.

③ 이를 다른 관점에서 보면 강우량이 많은 곳은 염기의 세탈로 산성이 되는 반면, 건조 상태에서는 토양수가 모세관력으로 상승하므로 지하의 염기가 작토층에 축적되는 결과라고도 설명할 수 있다.

④ 토양 산성화의 원인은 여러가지가 있으나 기후에 의한 영향이 가장 강하므로 이 원인에 근거한 산성 개량대책이 나와야 한다.

2) 비료에 의한 산성화

① 화학적 및 생리적 산성비료는 산성화를 가져온다.

$(NH_4)_2SO_4 \rightarrow NH_4$는 다 흡수하고 SO_4만 남아 산성화 촉진

② 암모늄태 비료의 질산화 작용에서 H^+가 발생하여 산성화가 촉진된다.

$NH_4^+ + 2O_2 \rightarrow NO_3^- + H_2O + 2H^+$

③ 화학적 및 생리적 중성비료인 요소비료도 미생물의 작용을 받아 탄산암모늄이 되고, 이어서 암모늄태로 바뀌어 앞에서 설명한 암모늄태 비료와 동일한 작용을 한다.

3) 알루미늄(Al) 이온에 의한 산성화

(3) 산성토양에서 작물의 장해

① 알루미늄(Al) 등의 해작용 : 토양이 산성으로 되면 Al이 많이 용출되어 작물에 해작용을 일으키며, 특히 인산을 고정하여 인산결핍을 유발한다. 또한 Fe, Mn, Cu, Zn 등의 다량용출에 의한 해작용도 나타난다.

② 필수원소의 결핍 : 산성에서 용해도가 떨어지는 Mg, B, Ca, P, Mo는 물론 N, K, S 등 거의 모든 필수원소의 유효도가 낮아져서 결핍되게 된다. 특히 몰리브덴(Mo)은 매우 적은 양을 필요로 하는 필수 미량원소이지만 산성토양에서는 용해도가 크게 줄어들어 결핍되기 쉽다.

③ 유용미생물의 활동 저해 : 토양의 산성이 강해지면 일부 사상균은 증가할 수 있으나 세균은 줄어들게 되므로 질소고정균, 근류균 등의 활동이 약화되어 질소공급이 줄게 된다. 또한 전반적으로 토양의 입단형성도 저해된다.

④ 수소이온에 의한 뿌리의 세포막 파괴(세포투과성 약화 초래)와 세포의 효소작용을 억제하여 세포의 단백질이 응고되거나 용해되어 작물뿌리의 흡수력이 저하된다.

(4) 산성토양과 작물의 저항성

가장 강한 작물	벼, 귀리, 호밀, 고구마, 감자, 토란, 땅콩, 봄무, 수박, 아마, 베리류, 진달래, 철쭉, 소나무
강한 작물	메밀, 밀, 조, 옥수수, 수수, 베치, 오이, 호박, 토마토, 딸기, 당근, 담배
조금 강한 작물	유채, 피, 무
약한 작물	보리, 고추, 가지, 쌀보리, 완두, 당근, 우엉, 클로버
가장 약한 작물	상추, 시금치, 콩, 팥, 보리, 사탕무, 양파, 아스파라거스, 파, 부추

(5) 산성토양의 개량

① 염기의 공급에 의한 개량 : 전술한 바와 같이 산성토양은 칼슘, 마그네슘 등의 염기가 용탈되어 생긴 것이므로 산성을 개량하기 위해서는 알칼리성인 염기를 보충해 주어야 한다. 이 물질에는 주로 탄산석회와 탄산마그네슘을 주성분으로 하는 석회석분말이나 백운석분말, 탄산석회분말, 규회석분말 등의 산성토양 개량제가 사용된다.

② 유기물 공급에 의한 개량 : 앞에서 설명한 산성토양 개량제 사용 시 유기물을 넉넉히 주어서 산성의 토양반응과 토양구조를 동시에 개선하는 것이 개량의 근본대책이다. 산성토양은 염기 용탈의 결과이므로 석회만 주어도 반응은 당연히 조절된다. 그러나 유기물과 함께 석회를 주면 석회의 지중침투성을 높여서 석회의 중화 효과를 더욱 깊은 층까지 미치게 할 수 있다. 또한 유기물로 토양구조가 개선되어 물리성이 좋아지고, 부족한 미량요소들이 공급되며, 완충능이 증대되고, 알미늄이온 등의 독성이 경감된다. 산성토양의 이화학적 성질의 개선을 위해서는 완숙된 것보다 미숙유기물이 효과적이다.

③ 밭토양은 논토양보다 호기성미생물의 생육이 왕성하므로 시용량을 증가해야 하며 또한 시용되는 유기물이 부식으로 집적되는 양은 10% 정도에 불과하므로 개량목표에 맞는 시용량을 결정하여야 한다. 콩과식물을 재배하려는 곳에서는 근류균을 새로 접종하는 것이 유리하다. 근류균을 종자에 침지하거나 부식토 등에 섞어 토양에 뿌려주는 방법 등이 있다.

④ 산성토양 개량제를 시용할 때에는 토양 성질, 산도 및 석회물질의 종류와 분말도에 따라 중화력에 차이가 있으므로 주의해야 한다. 중화 효과는 분말도가 작을수록 크지만 용탈·유실되는 양이 많으며, 토양수분이 적당한 때에 토양전면에 고루 살포하고 혼합되도록 하여야 한다. 또한 석회 시용은 한 번에 하는 것이 아니라 매년 시비계획에 의거 연차적으로 실시되어야 한다.

⑤ 산성비료의 시용은 피하는 것이 좋다. 용성인비는 산성토양에서도 유효태인 구용성 인산을 함유하고, 마그네슘의 함량도 많으므로 효과가 크다. 붕소는 10a당 0.5~1.3kg 의 붕사를 주어 보급하는 것이 좋다.

⑥ 그 밖의 방법에 의한 개량 : 개량은 아닌, 소극적 방법이기는 하나 산성토양에 강한 작물의 재배도 산성토양을 이용하는 방법이다. 식량작물로는 밭벼, 옥수수, 귀리 등이 적합하다. 어쩌면 가장 현명한 방법일 수 있다.

(6) 토양의 완충능

① 토양의 수소이온에는 2종류가 있다. 그 중 하나는 교질입자의 표면에 붙어 있거나 교질입자로부터 영향을 받아 떨어져 나오지 못하는 수소이온이고, 다른 하나는 교질입자에서 떨어져 나온 유리수소이온이다. 전자를 잠산성 수소라 하며, 후자를 활산성 수소라 한다.

② 토양산도를 교정하기 위하여 석회물질을 투여하면 먼저 잠산성 수소가 줄어들고, 잠산성 수소의 감소가 상당히 진행된 다음에야 pH 값을 표시하는 활산성 수소의 감소를 가져온다. 따라서 pH 값으로 표시되는 산도교정을 위해서는 잠산성 수소와 활산성 수소 모두를 없애야 한다. 이 둘을 합한 것을 전산도라 한다.

③ 앞의 ②를 다시 설명하면 석회를 시용해도 상당한 잠산성 수소가 줄어들지 않는 한 잠산성 수소가 용액으로 유출되어 활산성 수소(활성유리수소)가 되므로, 활성유리수소이온의 농도를 나타내는 pH 값은 변하지 않는다는 뜻이다. 이처럼 pH 값이 상승하는 데 저항하는 힘을 토양의 완충능이라 한다.

④ 따라서 완충능이 커지려면 잠산성 수소가 용액으로 유출되어 활산성 수소가 되는 능력(치환산도라 함)이 커져야 될 것이고, 치환산도가 크려면 잠산성 수소가 많아야 할 것이다. 잠산성 수소가 많다는 말은 토양이 보유하고 있는 음전하의 수가 많다는 것을 의미하며, 음전하의 수가 많으려면 당연히 교질물이 많아야 할 것이다.

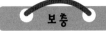

출제 가능성이 높은 문제

01 토양염기에 포함되는 치환성 양이온이 아닌 것은?

㉮ Na^+

㉯ S^{++}

㉰ K^+

㉱ Ca^{++}

02 다음 중 밭토양이나 산림지에서 유실이 가장 빠른 원소는?

㉮ Na   ㉯ Ca

㉰ Mg   ㉱ K

03 토양용액 중 유리양이온들의 농도가 모두 일정할 때 확산이 중층 내부로 치환 침입력이 가장 낮은 양이온은?

㉮ Al^{3+} ㉯ Ca^{2+}

㉰ Na^+ ㉱ K^+

04 토양의 양이온치환용량을 높이는 농경지 관리 대책으로 가장 거리가 먼 것은?

㉮ 산성토양의 개량

㉯ 유기물 시용

㉰ 점토 함량이 높은 토양으로 객토

㉱ 적절한 수분관리

보충

■ 음이온이 토양교질물에 의해 흡착되는 순위: SiO_4^{-2} 〉 PO_4^{-3} 〉 SO_4^{-2} 〉 NO_3^- 〉 Cl^- 이다. 즉, 황(S)은 양이온이 아닌 음이온이다.

■ 치환 침출력: Na^+ 〉 K^+ ≥ NH_4^+ 〉 Mg^{+2} 〉 Ca^{+2} ≥ H^+ 이므로 Na의 유실이 가장 빠르다

■ 양이온의 치환 침입력: H^+ ≥ Ca^{+2} 〉 Mg^{+2} 〉 K^+ ≥ NH_4^+ 〉 Na^+ (암기법 : 하, 카마타고 카나?) 나트륨의 경우 치환침입력이 가장 약하므로 치환침출력은 가장 강하다.

■ 양이온치환용량(C.E.C): 염기치환용량이라고도 하며, 토양이 양이온을 흡착할 수 있는 능력으로, 유기물이나 점토의 함량이 많아 토양에 음전하가 많을수록, 염기포화도가 클수록(산성토양의 염기포화도는 작다) 양이온치환용량은 커진다. 수분관리로 양이온치환용량을 높일 수는 없다.

01 ㉯   02 ㉮   03 ㉰   04 ㉱

05 양이온교환용량이 높은 토양의 특징으로 옳은 것은?

㉮ 비료의 유실량이 적다.

㉯ 수분 보유량이 적다.

㉰ 작물의 생산량이 적다.

㉱ 잡초의 발생량이 적다.

■ 양이온치환용량이란 토양이 양이온을 흡착할 수 있는 능력, 즉 토양이 가진 음전하수를 말하므로, 이것이 크다는 것은 음전하가 많아 작물생육에 필요한 양성의 영양성분을 많이 흡착할 수 있음을 뜻한다. 달리 말하면 비료의 유실량이 적다는 뜻이다.

06 다음 중 토양반응(pH)과 가장 밀접한 관계가 있는 것은?

㉮ 토성

㉯ 토색

㉰ 염기포화도

㉱ 양이온치환용량

■ 염기포화도란 토양의 양이온치환용량에 대한 H^+이온과 Al^+이온(토양을 산성화시키는 이온)을 제외한 치환성염기의 함유비율이므로 산성토양의 염기포화도는 작고, 알칼리토양은 크다. 따라서 토양반응(pH)과 가장 밀접한 관계가 있는 것은 염기포화도이다.

07 산성토양을 개량하기 위한 물질과 가장 거리가 먼 것은?

㉮ 탄산(H_2CO_3)

㉯ 탄산마그네슘($MgCO_3$)

㉰ 산화칼슘(CaO)

㉱ 산화마그네슘(MgO)

■ 토양의 치환성염기는 토양을 알칼리성으로 만드나 H^+이온과 Al^+이온은 반대로 토양을 산성으로 만든다. 따라서 산성토양을 개량하려면 H^+이온과 Al^+이온을 제외한 치환성염기인 Ca^{+2}, Mg^{+2}, K^+, NH_4^+ 등이 공급되어야 하는데 탄산(H_2CO_3)에서는 H^+이온이 방출되므로 오히려 산성을 심화시킨다.

08 토양이 산성화됨으로써 나타나는 간접적 피해에 대한 설명으로 옳은 것은?

㉮ 알루미늄이 용해되어 인산유효도를 높여준다.

㉯ 칼슘, 칼륨, 알루미늄 등 염기가 용탈되지 않아 이용하기 좋다.

㉰ 세균 활동이 감퇴되기 때문에 유기물 분해가 늦어져 질산화 작용이 늦어진다.

㉱ 미생물의 활동이 감퇴되어 떼알구조화가 빨라진다.

■ 산성토양에서는 토양미생물의 활동이 저하되어 미생물에 의한 작용들(암모니아화 작용, 질산화 작용, 입단형성 작용 등)이 늦어진다.
㉮ 알루미늄이 용해되어 인산유효도가 낮아진다.
㉯ 알루미늄, 철, 망간, 구리 등의 용해도가 증가한다.
㉱ 미생물의 활동이 감퇴되어 떼알구조화가 늦어진다.

01 토양학에서 의미하는 토성(土性)의 의미로 가장 적합한 것은?

㉮ 토양의 성질

㉯ 토양의 화학적 성질

㉰ 입경구분에 의한 토양의 분류

㉱ 토양반응

■ 토성(土 흙 토, 性 성질 성)의 한자적 의미는 "토양의 성질"이나, 토양학에서의 정의는 토양 무기물입자의 입경구분에 의한 토양의 분류를 토성(土性)이라 한다.

02 토양의 무기입자의 입경조성에 의한 토양분류로서 모래, 미사, 점토의 함유 비율에 의해 결정되는 것은?

㉮ 토양 견지성   ㉯ 토성

㉰ 토양구조   ㉱ 토양공극

■ 토성(土性)은 모래·미사 및 점토의 함량비이다.

03 토성 결정에 사용되지 않는 인자는?

㉮ 모래   ㉯ 미사

㉰ 점토   ㉱ 유기물

■ 토성 결정 시 단기간에 변하지 않는 모래·미사 및 점토를 결정인자로 한다.

04 토성에 관한 설명으로 틀린 것은?

㉮ 토양입자의 성질에 따라 구분한 토양의 종류를 토성이라 한다.

㉯ 식토는 토양 중 가장 미세한 입자로 물과 양분을 흡착하는 힘이 작다.

㉰ 식토는 투기와 투수가 불량하고 유기질 분해 속도가 늦다.

㉱ 부식토는 세토(세사)가 부족하고 강한 산성을 나타내기 쉬우므로 점토를 객토해 주는 것이 좋다.

■ 식토는 점토의 함량이 50% 이상으로, 소공극에서는 모세관현상으로 많은 물을 강하게 흡착하고, 점토의 많은 음전하는 많은 양분을 흡착하므로 보수력과 보비력이 크다.

01 ㉰ 02 ㉯ 03 ㉱ 04 ㉯

05 다음 토양 중 투수가 잘 되어 토양의 환원상태가 오랫동안 유지되지 못하는 토양은?

㉮ 저습지 토양

㉯ 유기물이 많은 토양

㉰ 점질 토양

㉱ 사질 토양

■ 모래(조사+세사)의 함량이 많은 사질계 토양은 점토에 비하여 입자의 크기가 크므로 비모관공극(대공극)이 모관공극(소공극)보다 많다. 투수는 대공극을 통하여 이루어지므로 사질토양에서는 환원상태(담수상태)가 오랫동안 유지될 수 없다.

06 다음 중 점토함량이 가장 많은 토성은?

㉮ 사토

㉯ 양토

㉰ 식토

㉱ 식양토

■ 사토(沙 모래 사, 土): 12.5% 이하, 양토: 25~37.5%, 식양토: 37.5~50%, 식토(埴 찰흙 식, 土): 50% 이상

07 기후조건과 지형이 같은 지역에서 일반적으로 생산력이 가장 클 것으로 기대되는 토성은?

㉮ 양질사토

㉯ 양토

㉰ 미사질 식양토

㉱ 식토

■ 점토(25~37.5%)와 미사, 모래의 함량이 적당한 양토(壤 흙 양, 土)는 한자 뜻으로 "흙"이다. 즉, 경험적으로 모든 토양을 대표하는 것이므로 생산력이 가장 좋은 토양을 의미한다. 중앙에 위치한 양토에서 멀어질수록(가장 먼 것은 사토와 식토) 생산량은 떨어진다

08 토양의 용적밀도를 측정하는 가장 큰 이유는?

㉮ 토양의 산성 정도를 알기 위해

㉯ 토양의 구조발달 정도를 알기 위해

㉰ 토양의 양이온 교환용량 정도를 알기 위해

㉱ 토양의 산화환원 정도를 알기 위해

■ 용적밀도(부피밀도, 가비중) = 건조한 토양의 무게 / (토양알갱이의 부피 + 토양공극)의 식에서 부피밀도는 고상(토양알갱이)과 기상(토양공극)의 함수이므로 토양의 구조(발달) 상태를 알아볼 수 있다. 예를 들어 토양공극이 적을수록 부피밀도는 커지는데, 밀도가 크다는 것은 딱딱한 땅(구조발달이 미약한)임을 의미한다. 토양구조가 발달된 토양일수록 용적밀도는 작아진다

05 ㉱ 06 ㉰ 07 ㉯ 08 ㉯

09 토양공극에 대한 설명으로 옳은 것은?

㉮ 토양무게는 공극량이 적을수록 가볍다.

㉯ 일정한 부피의 용기에 채워진 젖은 토양무게를 알면 공극량을 계산할 수 있다.

㉰ 물과 공기의 유통은 공극의 양보다 크기에 따라 주로 지배된다.

㉱ 모래질 토양은 공극량이 많고 공극의 크기가 작아서 공기의 유통과 물의 이동이 빠르다.

10 유효수분이 보유되어 있는 공극은?

㉮ 대공극

㉯ 기상공극

㉰ 모관공극

㉱ 배수공극

11 경작지토양 1ha에서 용적밀도가 1.2g/㎤일 때 10㎝ 깊이까지의 작토 총 질량은?(단, 토양수분 질량은 무시한다.)

㉮ 120,000kg

㉯ 240,000kg

㉰ 1,200,000kg

㉱ 2,4000,000kg

12 공극을 포함한 전체 부피가 600㎤인 토양을 채취하였다. 실험실에서 건조시킨 후 토양 시료 전체 무게는 800g이었고 토양만의 부피는 300㎤이었다. 이 토양의 용적밀도(g/㎤)는 약 얼마인가?

㉮ 1.33

㉯ 2.66

㉰ 2.00

㉱ 0.50

13 다음 중 토양의 공극량(%)을 계산하기 위한 식이 바르게 된 것은?

㉮ {1 − (부피밀도/알갱이밀도)} × 100

㉯ {1 − (알갱이밀도/부피밀도)} × 100

㉰ {(알갱이밀도/부피밀도) − 1} × 100

㉱ {(부피밀도/알갱이밀도) − 1} × 100

14 토양의 알갱이밀도가 2.5g/㎤이고 부피밀도가 1.1g/㎤일 때 토양의 공극률은?

㉮ 50%　　　　㉯ 35%

㉰ 56%　　　　㉱ 46%

15 토양 구조의 발달에 불리하게 작용하는 요인은?

㉮ 석회물질의 시용　　㉯ 퇴비의 시용

㉰ 토양의 피복 관리　　㉱ 빈번한 경운

16 토양의 떼알구조(입단화)를 위한 조치로서 틀린 것은?

㉮ 완숙 유기물의 시용

㉯ Na^+의 시용

㉰ 토양의 피복

㉱ 콩과 작물의 재배

17 떼알구조의 토양으로 볼 수 없는 것은?

㉮ 지렁이가 배설한 토양

㉯ 유기물이 풍부한 토양

㉰ 곰팡이 균사의 물리적 결합이 이루어진 토양

㉱ 물빠짐이 좋지 않은 토양

■ 토양의 공극(률)량(%) =
(1 − 부피밀도/알갱이밀도) × 100
알갱이밀도 = 진밀도 = 진비중 = 입자밀도
부피밀도 = 가밀도 = 총밀도 = 용적중 = 가비중 = 용적밀도
토양의 공극량이 음수(−)일 수는 없으므로 '부피밀도/알갱이밀도'에서 '알갱이밀도'가 '부피밀도'보다 큰 값이어야 한다.

■ 토양의 공극(률)량(%) =
(1 − 부피밀도/알갱이밀도) × 100
= 1 − (1.1 / 2.5) = 1 − 0.44
= 56%

■ 입단의 생성과 파괴에 관한 문제이다. 빈번한 경운이나 물이 많은 토양을 경운하면 입단구조가 파괴된다.

■ 입단의 생성: 미생물의 작용, 양이온의 작용, 두과식물 등의 뿌리의 작용, 지렁이의 작용, 토양개량제의 작용. "토양의 피복"은 떼알구조를 보호하기 위한 조치이며, 나트륨이온은 입단구조를 파괴한다.

■ 떼알구조가 발달하면 대공극을 통하여 공기와 물이 잘 통하고, 소공극을 통하여 물을 알맞게 간직할 수 있다.

13 ㉮　14 ㉰　15 ㉱　16 ㉯　17 ㉱

18 유기농업 실천에 따른 토양구조 변화로 홑알구조가 떼알구조로 변화되었을 때 특징으로 옳은 것은?

㉮ 공기 중의 산소와 광선 침투가 용이하지 않다.

㉯ 부드럽기 때문에 수분보유가 어렵다.

㉰ 익충 및 유효균의 번식이 어렵다.

㉱ 물에 의한 침식률을 줄일 수 있다.

■ 입단구조(떼알구조): 토양의 여러 개의 입자가 모여 단체를 만들고, 이 단체가 다시 모여 입단을 만든 구조로서 입체적인 배열상태를 이루고 있으므로 토양수의 이동·보유 및 공기유통에 필요한 공극을 가지게 된다. 또한 빗물 등의 유거수가 토양 속으로 잘 침투되므로 침식도 줄일 수 있다.

19 일반적으로 작물생육에 가장 알맞은 이상적인 토양3상의 분포로 적당한 것은?

㉮ 고상 25%, 액상 25%, 기상 50%

㉯ 고상 25%, 액상 50%, 기상 25%

㉰ 고상 50%, 액상 25%, 기상 25%

㉱ 고상 30%, 액상 30%, 기상 40%

■ 고상 50%, 액상 25%, 기상 25%로 구성된 토양이 보수·보비력과 통기성이 좋아 이상적인 것으로 알려져 있다.

20 일반적으로 작물생육에 가장 알맞은 토양 조건은?

㉮ 토성은 수분·공기·양분을 많이 함유한 식토나 사토가 가장 알맞다.

㉯ 작토가 깊고 양호하며 심토는 투수성과 투기성이 알맞아야 한다.

㉰ 토양구조는 홑알(單粒)구조로 조성되어야 한다.

㉱ 질소, 인산, 칼륨의 비료 3요소는 많을수록 좋다.

■ 작물생육에서 토성은 사양토~식양토가 알맞고, 토양구조는 떼알구조(입단구조)가 적당하며, 토양 3상의 비는 고상 50%, 액상 25%, 기상 25%이 좋고, 비료의 3요소는 적당히 균형을 이루어야 한다. 보기의 ㉯도 포함된다.

21 토양 구성 3상 중 비열이 가장 높은 것은?

㉮ 물

㉯ 점토

㉰ 유기물

㉱ 공기

■ 비열은 어떤 물질 1g의 온도를 1℃ 올리는 데 필요한 열량으로, 광물 알갱이의 비열은 물의 비열의 1/5 정도이다. 토양 3상 중 물의 비열이 가장 높으므로 토양수분이 많을 경우 토양온도는 쉽게 변화하지 않는다.

18 ㉱ 19 ㉰ 20 ㉯ 21 ㉮

22 토양의 비열이란?

㉮ 토양 100g을 1℃ 올리는 데 필요한 열량

㉯ 토양 1g을 1℃ 올리는 데 필요한 열량

㉰ 토양 10g을 1℃ 올리는 데 필요한 열량

㉱ 토양 1g의 열량으로 수온 1℃ 올리는 데 필요한 열량

■ 비열은 어떤 물질 1g의 온도를 1℃ 올리는 데 필요한 열량이다.

23 일반적으로 표토에 부식이 많으면 토양의 색은 어떠한가?

㉮ 암흑색 ㉯ 회백색

㉰ 적색 ㉱ 황적색

■ 유기물이 썩어 부식이 되며, 부식은 흑색이다.

24 토양의 빛깔이 검은색으로 보이는 원인은 다음 착색재료 중 어느 것에 주로 기인하는가?

㉮ FeO ㉯ Fe_2O_3

㉰ $Fe_2O_3 \cdot 3H_2O$ ㉱ 토양 부식

■ 아산화철(FeO)은 청회색, 적철광(Fe_2O_3)은 붉은색, 수적철광($Fe_2O_3 \cdot 3H_2O$)은 황색 또는 적색을 나타낸다.

25 산화철이 존재하는 토양에 물이 많고 공기의 유통이 좋지 못한 곳의 색상은?

㉮ 붉은색

㉯ 회색

㉰ 황색

㉱ 흑색

■ 이산화철(FeO)은 수분이 많고 공기유통이 불량한 곳에서 발생하며 청회색을 띤다.

26 다음 토양 입자의 크기 중 점토에 해당되는 것은?

㉮ 입자 지름이 2㎜ 이상

㉯ 입자 지름이 0.02 ~ 0.2㎜

㉰ 입자 지름이 0.02 ~ 0.002㎜

㉱ 입자 지름이 0.002㎜ 이하

■ 점토광물의 입경은 0.002㎜ 이하의 소립자로 규정되어 있으며, 그 활성표면적이 매우 커서 작물무기양분의 흡착·고정, 수분의 흡수유지, 토양반응, 통기성 등 토양의 물리·화학적 성질에 큰 영향을 미쳐 토양의 성질을 지배한다.

22 ㉯ 23 ㉮ 24 ㉱ 25 ㉯ 26 ㉱

27 우리나라 토양에 많이 분포한다고 알려진 점토광물은?

㉮ 카올리나이트

㉯ 일라이트

㉰ 버미큘라이트

㉱ 몬모릴로나이트

28 다음 중 2:2 규칙형 광물은?

㉮ kaolinite

㉯ allophane

㉰ vermiculite

㉱ chlorite

29 유기농업에서 칼륨질 화학비료 대신 사용할 수 있는 자재는?

㉮ 석회석

㉯ 고령토

㉰ 일라이트

㉱ 제올라이트

30 다음 중 단위무게당 가장 많은 양의 음전하를 함유한 광물은?

㉮ kaolinite

㉯ montmorillonite

㉰ illite

㉱ chlorite

31 점토광물에 음전하를 생성하는 작용은?

㉮ 변두리 전하

㉯ 이형치환

㉰ 양이온의 흡착

㉱ 탄산화작용

■ kaolinite계 : 우리나라의 토양은 kaolinite 점토가 대부분이다. kaolinite는 염기물질의 신속한 용탈작용을 받았기 때문에 철, 칼슘, 칼륨 등의 염기가 적다. 또한 격자구조는 1:1이기 때문에 구조가 견고하여 비팽창형이고, 영구전하 발생 기작이 동형치환이 아닌 변두리전하이기 때문에 발생하는 음전하가 적다. kaolinite는 척박한 조건은 다 갖춘 토양이다.

■ 2:2 격자형(혼층형): 마그네슘 8면체를 중간에 넣고 2:1 격자형 점토광물이 결합된 것으로 chlorite가 있다.

■ illite: 구조는 montmorillonite와 같으나 규산 4면체 중의 몇 개의 규소가 Al^{+3}에 의해 동형치환된 결과 생긴 양전하의 부족량만큼이 K^+에 의해 충족되어 있어 점토광물 중 칼륨의 함유량이 가장 많다.

■ 토양교질의 종류와 양이온치환용량(me/100g) : 유기콜로이드(부식) 200, 버미큘라이트 120, 몬모릴로나이트 100, 알로판 80~200, 일라이트와 크로라이트 30, 카올리나이트 10, 가수산화물 3 정도이다.

■ 점토광물의 음전하는 동형치환이나 변두리 전하에 의한 영구적 전하 외에도 토양용액의 pH 변화에 의해서도 생성된다. 변두리 전하는 1:1 격자형 광물에서 일어난다.

---

27 ㉮ 28 ㉱ 29 ㉰ 30 ㉯ 31 ㉮

32 중성 토양교질입자에 잘 흡착될 수 있는 질소의 형태는?

㉮ 질산태

㉯ 암모늄태

㉰ 요소태

㉱ 유기태

■ 요소와 유기태 질소는 전하를 갖지 않으며, 암모늄태(NH_4^+)는 양전하를, 질산태(NO_3^-)는 음전하를 가지므로 음전하를 가지는 토양교질에는 암모늄태가 잘 흡착한다.

33 토양콜로이드 물질 중 pH 의존전하를 가장 많이 가진 콜로이드 물질은?

㉮ 몬모릴로나이트

㉯ 카올리나이트

㉰ 일라이트

㉱ 토양부식

■ pH가 높아지면, 즉 수산이온(OH^-)이 늘어나면 유기성분(부식 등)에 있던 수산기(−OH), 카르복실기(−COOH) 등에서 H^+의 해리가 일어나 물($H^+ + OH^- = H_2O$)이 되면서 수산기는 O^-, 카르복실기는 $COOH^-$가 되어 음전하를 띤다. pH를 높이면 H^+의 해리가 더욱 빨라져서 음전하의 보유량은 더욱 높아진다.

34 토양 유기교질물의 기능으로 옳은 것은?

㉮ 염기치환용량이 커지고, 인산을 고정시켜 환경오염이 덜 되게 한다.

㉯ 염기포화도를 낮아지게 하여 pH를 높인다.

㉰ pH를 높이면 유기물의 각 기(基)에서 H^+ 해리가 더욱 잘 일어나 음전하의 보유량(CEC)이 높아진다.

㉱ 유기교질물은 토양 중에서 음이온들의 흡착을 방해한다.

■ ㉰ 33번 문제 참조
㉮ 염기치환용량이 커지고, 인산의 고정을 막아 인산의 유효도를 증가시킨다.
㉯ 염기포화도를 높아지게 하여 pH를 높인다.
㉱ 유기교질물은 토양 중에서 음이온들의 흡착을 조장한다.

35 토양의 입단화(粒團化)에 좋지 않은 영향을 미치는 것은?

㉮ 유기물 시용

㉯ 석회 시용

㉰ 칠레초석 시용

㉱ krillium 시용

■ 토양에 나트륨(Na) 이온이 흡착되면 토양입자들이 분산되어 입단화를 저해한다. 칠레초석은 질산 나트륨($NaNO_3$)이 주성분이다.

32 ㉯ 33 ㉱ 34 ㉰ 35 ㉰

36 토양에 사용한 유기물의 역할로 가장 적합하지 않은 것은?

㉮ CEC를 증가시킨다.

㉯ 수분보유량을 증가시킨다.

㉰ 유기산이 발생하여 토양입단을 파괴한다.

㉱ 분해되어 작물에 질소를 공급한다.

■ 유기물은 입단구조를 형성하므로 보기 가, 나의 효과가 있으며, 단백질에 있던 질소를 분해하여 작물에 공급한다. 한편 유기물의 분해시 유기산이 발생되기도 하지만 유기산이 입단을 파괴하지는 않는다.

37 토양 중의 유기물은 지력유지에 매우 중요한데 그 기능이 아닌 것은?

㉮ 여러 가지 산을 생성하여 암석의 분해를 촉진한다.

㉯ 질소, 인 등 양분을 공급한다.

㉰ 이산화탄소를 흡수하므로 대기중의 이산화탄소 농도를 낮춘다.

㉱ 토양미생물의 번식을 돕는다.

■ 토양유기물은 부식화과정에서 작물 주변 대기 중에 이산화탄소를 공급하여 광합성을 조장한다.

38 토양용액 중 유리양이온들의 농도가 모두 일정할 때 확산이 중층 내부로 치환 침입력이 가장 높은 양이온은?

㉮ NH_4^+

㉯ Ca^{+2}

㉰ Na^+

㉱ K^+

■ 양이온의 치환 침입력: $H^+ \geq$ $Ca^{+2} \rangle Mg^{+2} \rangle K^+ \geq NH_4^+ \rangle Na^+$. 나트륨의 경우 치환침입력이 가장 약하므로 치환침출력은 가장 강하다.

39 토양의 pH가 7.50이며 양이온치환용량이 큰 토양입자의 표면에 가장 강하게 흡착할 수 있는 이온은?

㉮ Fe^{3+}

㉯ NO^{3-}

㉰ K^+

㉱ PO_4^{3-}

■ 토양은 음전하를 띠므로 우선 양이온이 결합할 것이고, 양이온 중에서는 많은 양전하를 가진 것이 강하게 흡착된다. 즉, 원자가가 높은 양이온(2가 이온, 알칼리토금속, Mg와 Ca)이 낮은 양이온(1가 이온, 알칼리금속, Na와 K)보다 치환침입력이 크다. 보기에서는 Fe^{3+}가 3가로 침입력이 가장 크므로 가장 강하게 흡착할 수 있다.

40 다음 음이온 중 치환순서가 가장 빠른 이온은?

㉮ PO_4^{3-}

㉯ SO_4^{2-}

㉰ Cl^-

㉱ NO_3^-

■ 음이온이 흡착되는 순위: SiO_4^{-2} 〉 PO_4^{-3} 〉 SO_4^{-2} 〉 NO_3^- 〉 Cl^- 이다. 따라서 SiO_4^{-2}, PO_4^{-3}(인은 고정이 잘되어 항상 문제가 됨)가 고정되는 경우 후순위인 황, 질소 등의 중요 양분이 토양에 흡착되지 못하여 유실된다.

41 토양의 CEC란 무엇을 뜻하는가?

㉮ 토양 유기물용량

㉯ 토양 산도

㉰ 양이온교환용량

㉱ 토양수분

■ 양이온치환(교환)용량(C.E.C: cation exchange capacity): 염기치환용량이라고도 하며, 토양이 양이온을 흡착할 수 있는 능력, 즉 교질물 1kg이 보유하고 있는 음전하의 수를 말한다.

42 양이온치환용량(CEC)이 10cmol(+)/kg 인 어떤 토양의 치환염기의 합계가 6.5cmol(+)/kg 라고 할 때 이 토양의 염기포화도는?

㉮ 13%

㉯ 26%

㉰ 65%

㉱ 85%

■ 염기포화도
= (치환성 염기량 / 양이온치환용량) × 100
= (6.5 / 10) × 100 = 65%

43 양이온교환용량이 10me/100g인 토양의 염기포화도가 70%이다. 이 토양의 100g에 흡착되어 있는 염기는 몇 me인가?

㉮ 3me

㉯ 7me

㉰ 10me

㉱ 13me

■ 염기포화도
= (치환성 염기량 / 양이온치환용량) × 100
70% = (치환성 염기량 / 10) × 100
치환성 염기량 = 7me

44 양이온치환용량(CEC) 20mol/kg의 토양에서 염기포화율이 60%라면 H^+가 차지하는 값(mol/kg)은?

㉮ 15

㉯ 12

㉰ 8

㉱ 6

■ 염기포화율이 60%라면 양이온치환용량의 40%가 H^+이 차지하는 값이므로 20×40% = 8

45 토양의 염기포화도 계산에 포함되지 않는 이온은?

㉮ 칼슘이온

㉯ 나트륨이온

㉰ 마그네슘이온

㉱ 알루미늄이온

■ 토양의 양이온치환용량에 대한 H^+와 Al^+이온을 제외한 치환성염기인 Ca^{+2}, Mg^{+2}, K^+, NH_4^+, Na^+ 등의 함유비율(%)을 염기포화도라고 한다.

46 다음 중 pH 교정에 필요한 석회 시용량이 가장 적은 토양은?(단, 토양의 유기물 함량 및 pH 수준은 모두 같다.)

㉮ 식토

㉯ 사양토

㉰ 양토

㉱ 사토

■ 토양의 완충능(pH 변화에 저항하는 힘)은 조건이 같은 경우에는 양이온치환용량이 큰 토양일수록 크므로, 유기물이나 점토의 함량이 많을수록 크다. 따라서 양이온치환용량이 가장 작은 사토의 석회 시용량이 가장 적다.

47 2년 전 pH가 4.0이었던 토양을 석회 시용으로 산도 교정을 하고 난 후, 다시 측정한 결과 pH가 6.0이 되었다. 토양 중의 H^+ 이온 농도는 처음 농도의 얼마로 감소되었나?

㉮ 1/10

㉯ 1/20

㉰ 1/100

㉱ 1/200

■ 수소이온의 몰농도가 10^{-4}에서 10^{-6}으로 측정되었으므로 10^{-2}(1/100) 감소되었다.

48 산성토양을 개량하기 위한 대책으로 가장 적합하지 않은 것은?

㉮ 석회요구량을 계산하여 그 양만큼 시용

㉯ 유기물 시용

㉰ 마그네슘, 칼슘 등 염기 시용

㉱ 토양개량제에 황을 첨가

■ 유기산, 황산 등의 산성물질이 첨가되면 토양이 산성화되므로 토양개량제에 황을 첨가하면 토양의 산성화가 심해진다.

45 ㉱   46 ㉱   47 ㉰   48 ㉱

49 토양이 산성화됨으로써 나타나는 불리한 현상이 아닌 것은?

㉮ 미생물 활성 감소

㉯ 인산의 불용화

㉰ 알루미늄 등 유해 금속이온 농도 증가

㉱ 탈질반응에 따른 질소 손실 증가

50 토양이 알칼리성을 나타낼 때 용해도가 높아져 작물의 과잉 독성을 나타낼 수 있는 성분은?

㉮ 몰리브덴(Mo) 　　㉯ 철(Fe)

㉰ 알루미늄(Al) 　　㉱ 망간(Mn)

51 다음 중 토양산성화로 인해 발생할 수 있는 내용으로 가장 거리가 먼 것은?

㉮ 토양 중 알루미늄 용해도 증가

㉯ 토양 중 인산의 고정

㉰ 토양 중 황 성분의 증가

㉱ 염기의 유실 및 용탈의 증가

■ 질산태질소(NO_3^-)를 시비할 경우 토양에 흡착되지 못하고 탈질균에 의해 환원되어 공기 중으로 휘산되는 것을 탈질현상이라고 한다. 탈질반응도 미생물에 의하므로 산성화된 토양에서는 미생물의 감소로 탈질에 의한 질소감소도 줄어들것이다.

■ 산성에서 용해(가용)도가 높아지는 원소: Al, Fe, Mn, Cu, Zn
(♣ 알. 철망구아?)
- 산성에서 가용도가 떨어지거나 알칼리로 갈수록 용해도가 높아지는 원소: Mg, B, Ca, P, Mo, N, K, S
(♣ 산을 싫어하는 MBC PM님(N)은 KS야!)

■ 황은 산성에서 용해되지 않으므로(50번 참조) 성분의 증가가 없다.

03 토양생물과 영양분, 토양침식, 토양오염

1 토양생물

1. 토양미생물

(1) 토양미생물의 활동과 종류

① 통기가 잘 되는 곳에서는 여러 종류의 미생물들이 활동하지만 논토양과 같이 산소가 부족한 상태의 토양에서 일어나는 중요한 생화학적 반응과 물질의 변환은 주로 세균에 의하여 일어난다.

② 토양비옥도에 영향을 미치는 중요한 미생물로는 세균, 사상균(버섯균, 곰팡이 등), 방사상균류, 조류(녹조류, 규조류, 남조류 등) 등을 들 수 있으며 이들 미생물은 종류나 수적으로 볼 때 다른 토양생물보다 압도적으로 많다.

(2) 토양미생물의 특징

1) 세균

① 핵과 핵막이 없는 원핵생물이고 단세포생물이며, 크기는 $1 \sim 2\mu$ 정도이고 세포분열에 의해 증식하며, 토양미생물 중에서 그 수가 가장 많다.

② 세균은 활동과 번식에 필요한 에너지원에 따라 자급영양세균과 타급영양세균으로 나누며, 전자에 비하여 후자가 그 종류나 수에 있어 월등히 많고 토양생성이나 비옥도에 미치는 영향도 크다.

③ 세균의 분류

세균류	자급영양세균 (무기영양)	질산화성균(아질산균, 질산균), 황세균, 철세균 Nitrosomonas, Nitrobacter, Thiobacillus		
	타급영양세균 (유기영양)	단독유리질소고정세균	호기성세균: Azotobacter	
			혐기성세균: Clostridium	
		공생유리질소고정세균	근류균: Rhizobium	
		암모니아화성균(호기성세균, 혐기성세균)		
		섬유소분해균(호기성세균, 혐기성세균)		

2) 사상균(진균, Fungi)

① 사상균은 포자로부터 생장하여 균사를 형성하고 큰 뭉치가 되어 균사체가 되는데 이것은 토양의 입단 형성과 안정화에 크게 기여한다. 또한 세균보다 많은 질소와 탄소를 흡수하므로 보다 적은 이산화탄소와 암모니아를 분해부산물로 내놓아 결과적으로 부식 생성률을 높인다.

② 사상균은 일반적으로 호기성이어서 통기가 불량하면 활동과 번식이 극히 불량한 반면, 광범위한 토양반응(pH)의 조건에서도 잘 생육하며 세균이나 방사상균이 잘 번식하지 못하는 산림유기질토양 등 산성토양에 적응성이 강하므로 산성부식 생성과 토양입단 형성에 중요하다.

③ 균근(Mycorrhizae) : 사상균 중 담자균은 대부분의 식물뿌리에 감염하여 공생관계를 형성하는데, 이 특수한 형태의 뿌리를 균근(菌根)이라 한다. 균근에는 외생균근과 내생균근이 있고, 이들은 균사망을 형성하고 있으며, 숙주식물은 사상균에 필요한 물질을 제공하고, 균근은 다음의 역할을 수행한다.

  ㉠ 사상균 등이 내생균근을 형성하면 뿌리의 유효표면이 확장되어 식물은 물과 양분(특히 인)의 흡수가 용이해지고, 그 결과 내건성, 내병성, 내염성 등이 강해진다.

  ㉡ 외생균근이 왕성해지면 병원균의 침입을 막는데, 이는 균사가 뿌리의 외부에 연속적으로 자라면서 하나의 피복을 이루어 뿌리를 완전히 둘러싸기 때문이다.

  ㉢ 내·외생균 모두 토양을 입단화한다.

3) 방사상(방선)균

① 방사상균은 세균과 같은 원핵생물이다. 방사상균은 실모양의 균사상태로 자라면서 포자를 형성한다는 점에서 사상균과 비슷하지만 차이점은, 사상균은 진핵생물이지만 방사상균은 원핵생물이고, 사상균은 균사 폭이 $3 \sim 8\mu m$이지만 방사상균은 $0.5 \sim 1.0\mu m$로 매우 작다는 점이다. 사상균과 유사하게 물에 녹지 않는 점착물질을 분비하여 토양에 내수성 입단을 형성한다.

② 방사상균은 토양 전체 미생물 개체군의 $10 \sim 50\%$를 구성하고 있다. 대부분의 방사상균은 유기물을 분해하며 생육하는 부생성 생물로서 정원이나 들판의 흙에서 나는 냄새는 방사상균이 분비하는 물질인 지오스민(geosmins)에 의한 것이다.

③ 방사상균은 토양에서 세균 다음으로 많으며, 한발에 내성을 가지고 있지 않지만 방사상균이 만드는 포자는 한발에 견딜 수 있다. 유기물에서 분해되기 쉬운 것은 세균과 진균이 주로 분해하고 분해에 대한 저항성이 큰 리그닌, keratin 등의 부식성분을 분해하여 영양원(질소화합물)과 에너지원(탄소화합물)을 얻는다.

④ 방사상균은 호기성이어서 통기불량에 약하고 최적 pH는 6.0~7.5이다. 특히 산성에 약하여 pH 5.0 이하에서는 생육이 억제되는데 감자의 더뎅이병 등은 토양을 산성으로 조정하여 원인균을 방제할 수 있다.

4) 조류

① 토양 중에 서식하는 조류는 지름 3~50μm인 단세포로 되어 있고, 엽록소를 가지고 있어 이산화탄소를 이용하여 광합성을 하고 산소를 방출하는 것과 광합성을 하지 않고 타급영양적인 생활을 하는 것이 있다. 조류에는 녹조류(온대지방), 남조류(열대지방), 황녹조류 등이 있다.

② 조류는 식물과 동물의 중간적 성질을 가지며, 토양 중에서는 세균과 공존하고 세균에게 유기물을 공급한다. 조류는 유기물 생산능력이 있기 때문에 질소, 인, 칼륨 등의 영양원이 많은 경우(부영양화) 조류의 생육이 급증하여 녹조나 적조현상을 일으킨다.

③ 토양 중에서의 다른 작용에는 공중질소의 고정(특히 남조류[blue-green algae]는 논토양이나 초지에서 공중질소를 고정하여 열대의 벼농사에 중요성이 높다), 무기양분의 동화(규산염을 생물학적으로 풍화) 및 담수토양에서 벼의 뿌리에 산소 공급 등이 있다.

5) 토양미생물의 개체수와 생체량 (토심 15㎝)

구분	개체수(par/g)	생체량(kg/ha)
세 균	10^8~10^9	400~5,000
방선균	10^7~10^8	400~5,000
사상균	10^5~10^6	1,000~15,000
조류(Algae)	10^4~10^5	10~500

(3) 토양미생물의 작용 종합(해당항에서 세부설명)

1) 토양미생물의 유익작용

① 탄소순환 : 대기 중의 이산화탄소는 작물에 의해 흡수되어 탄수화물을 합성하고, 탄수화물을 근간으로 각종 양분을 결합한 작물체는 신선유기물인 퇴구비, 녹비의 형태로 토양에 가해진다. 이 유기물은 토양미생물에 의해 분해됨으로써 일부는 작물생육에 이용되고, 탄소는 다시 이산화탄소로 환원되어 순환된다.

② 질소의 변화와 관련된 작용

　㉠ 공중질소고정작용

　　- 단독생할 질소고정균은 주로 토양유기물을 영양원으로 하지만, 일부는 공중 유리 질소를 고정하여 균체조직을 형성하였다가 죽으면 분해된 질소를 식물이 이용한다. 단독생활균으로는 아조터박터와 크로스트리디움이 있다.

　　- 공생 질소고정균은 콩과식물의 리조비움과 콩과식물이 아닌 식물과 공생하는 일부가 있다.

　㉡ 암모니아화성작용

　㉢ 질산화성작용

③ 무기물의 산화 : 예를 들어 인산은 토양 중에서 $Al-PO_4$, $Fe-PO_4$ 등 인산염의 형태로 침전되거나 점토광물의 결정격자 중 OH^-, SiO_4^{-4}와 치환 흡착되어 난용성 또는 불가급태로 고정되어 있다. 이와 같이 고정된 인산이 Mycobacterium 등의 세균에 의하여 산화됨으로써 가급태로 변화된다.

④ 토양구조의 입단화

⑤ 가용성 무기성분의 동화와 유실 감소 : 토양미생물은 작물의 각종 무기영양 성분을 에너지원 또는 영양원으로서 흡수·동화하여 균체의 몸체가 됨으로써 양분의 유실이나 용탈을 감소시키고, 사체가 됨으로써 토양에 이를 다시 환원시켜 작물에 흡수·이용된다.

⑥ 유해작용 경감 : 철과 망간은 배수가 잘 되어 산화상태에 있게 되면 자양성 미생물이 작용하여 산화되는데, 산화되면 독성이 낮아진다.

⑦ 길항작용

　㉠ 미생물 간의 길항작용으로 전염균의 활동이 억제된다.

　㉡ penicillin, streptomycin, aureomycin 등의 항생물질은 인축의 질병치료에 많이 이용된다.

⑧ 비타민과 같은 식물의 생장촉진 물질의 분비

⑨ 균근의 형성

2) 토양미생물의 유해작용

① 병해 및 선충해 유발 : 토양생물 중 일부는 잘록병, 풋마름병, 무름병, 썩음병, 더뎅이병, 깜부기병 등의 병을 유발시키는 것이 많아 중요한 수량 감모 요인이 되고 있다. 토양선충은 특정 작물의 뿌리를 가해하여 직접적인 피해를 주고, 상처를 통하여 병원균의 침투를 조장하여 간접적인 병해도 유발한다.

② 유기산과 환원성 유해물질의 생성 집적 : 배수가 불량한 저습지대의 토양이나 습답토
   양에 유기물이 과잉으로 시용되면 혐기성미생물에 의한 혐기적 분해를 받아 유기산이
   생성되고, 각종 환원성 유해물이 생성·집적되어 유해하다.

③ 작물과의 양분경합 : 토양 중에서 토양미생물 상호간은 물론 토양미생물과 작물 간에
   도 양분경합이 일어난다. 인산, 칼륨, 석회뿐만 아니라 무기질소나 미량원소를 경합적
   으로 흡수·이용하여 부족을 초래하는 때가 있다.

④ 탈질작용질소의 변화와 관련된 작용
   ㉠ 질산환원작용
   ㉡ 탈질작용

⑤ 황산염의 환원작용 : 황함유 아미노산이 분해되면 SO_4와 같은 가급태로 변하는데,
   Desulfovibrio 등의 혐기성 세균은 SO_4를 H_2S로 환원한다.

(4) 토양조건과 미생물

① 토양미생물의 활동이 왕성하려면 토양온도는 20~30℃, 토양반응은 중성에서 미산
   성, 토양수분은 적절의 조건이다.

② 콩과작물을 새로운 땅에 재배할 때 콩과작물의 생육이 좋았던 주변의 표토를 40~60
   kg/10a 정도 종자에 첨가하는데, 이를 종토접종이라 한다. 접종 효과는 토양에 석회를
   주어 토양반응을 미산성에서 중성으로 조절했을 때 크다.

③ 아조토박토와 같은 단독질소 고정균, *Bacillus megatherium* 같은 질소나 인산을 가급
   태화하는 세균, 근류균, 미생물의 길항작용에 관여하는 항생물질, 세균의 영양원 등을
   혼합하여 시용함으로써 작물의 생육을 촉진하기도 하는데 이를 세균비료라 한다. 세
   균비료는 토양에 유기물이 많고, 기타 조건이 맞을 때 효과가 크다.

2 토양영양분

1. 유기물

(1) 유기물의 공급과 유지

1) 인공 퇴구비의 증산을 통한 공급

작부조직에 사료작물·녹비작물의 윤작체계를 도입하고, 자연초지의 야생초를 채취하여 인공퇴구비를 증산하여 시용한다. 답리작이나 원예지 토양에서의 초생재배도 퇴구비 증산 방안의 하나이다. 또한 작물유체는 가능한 환원시켜 일정수준의 토양유기물 함량을 유지시켜야 한다.

2) 유기물의 유지

① 토양침식의 방지 : 경작지토양은 강우에 의한 수식 등에 의해 토양유기물의 함량이 점점 감소하므로 토양표면이 계속적으로 나지화되지 않도록 피복하는 토양보호의 수단이 필요하다. 윤작, 간작, 교호작 등 작부체계의 적절한 도입과 원예지에서 영년생 목초의 초생재배는 수식과 풍식에 의한 토양무기성분의 세탈, 입단의 파괴와 토양부식의 유실을 방지할 수 있다.

② 지나친 경운의 금지

(2) 토양유기물의 역할

① 토양유기물은 미생물에 의하여 분해되어 CO_2, H_2O, 무기염류 및 에너지로 변환되고, 이 생산물들은 자연으로의 회귀, 식물에 이용, 미생물 생육 및 증식에 이용되고 일부는 부식 형태로 토양에 집적된다.

② 작물잔재와 녹비 및 축분퇴비를 토양표면의 10㎝ 내외에 혼입하면 통기성이 좋아 미생물의 활력이 높아지므로 토양피각화(soil crusting)의 방지, 침투수의 개선, 유거수의 저감 등 여러 가지 이점이 있다. 따라서 작물잔재 등을 쟁기로 깊이 갈아 넣지 않고 토양표면의 10㎝ 내외에 남겨두는 것이 중요하다고 보고 있다. 뿐만 아니라 녹비작물 혼입 또는 축분의 시용은 가비중(bulk sensity), 공극률(porosity) 및 유기물 함량 등 토양의 물리적 성질을 좋게 한다.

(3) 토양유기물의 부식화에 미치는 영향

1) 부식화

① 부식화란 토양미생물이 그들의 활동과 번식에 필요한 에너지원과 영양원을 얻기 위하여 유기물을 분해하는 것을 말한다.

② 탄소는 활동을 위한 에너지원이며, 질소는 영양원으로 세포 구성(번식 포함)에 사용된다.

③ 유기물의 분해에는 관여하는 미생물이 달라지며, 그 종류에 따라 간단한 무기화합물(CO_2, NH_3, 질산염, 황산염, 인산염, 염화물 등)부터 복잡한 유기산(butylic acid, citric acid 등) 및 환상구조 유기화합물(polyphenol, quinone 등)까지 분해대상이 다양하다.

2) 부식화에 영향을 주는 인자

① 가장 중요한 인자 : 유기물의 C/N율

② 기타 인자 : 호기 · 혐기 등의 공기조건, 세균종류, 기후, 식생, 토양반응 등

(4) 유기물의 탄질률

① 탄질율(C/N)은 식물마다 다르다.

② 보통 볏짚, 밀짚, 보릿짚 등 곡류의 짚은 탄질률이 높고, 콩과식물의 탄질률은 낮으며, 부식의 탄질비는 매우 낮은 10~12 정도이다. 탄질률이 다른 이유는 유기물의 탄소함량은 40~50%로 거의 일정하나 식물의 종류에 따라서 질소의 함량에 차이가 있기 때문이다.

> 밀짚(110:1) 〉 볏짚(70:1) 〉 옥수수(60:1) 〉 콩(30:1) 〉 피복작물(20:1) 〉 사상균(10:1) 〉
> 방사상균(6:1) 〉 세균(5:1)

(5) 탄질률과 유기물 분해

1) 토양유기물의 탄질률

① 표토층에서 토양유기물의 질소함량은 평균 5%이며, 탄소함량은 52%로 약 C : N = 10 : 1에 가깝다. 하층토에서는 탄소가 줄어 이 값이 8 : 1이다. 토양의 탄질률(10 : 1)이 토양 중에 있는 미생물의 탄질률(평균하여 8 : 1)과 비슷한 것은 부식의 대부분이 토양미생물의 분해생성물에 의해서 이루어진 것임을 의미한다. 토양의 탄질률이 미생물의 탄질률보다 높은 것은 토양에는 질소를 함유하지 않은 리그닌이 있기 때문이다.

② 탄질률이 높은 경우 에너지원은 충분하나, 미생물의 몸체가 될 단백질 합성에 필요한 질소가 부족하여 미생물 증식이 늦어지고, 그 결과 유기물의 분해도 늦어진다. 따라서 유기물의 분해는 탄질률에 따라 크게 달라진다.

③ 유기물을 분해하는 데 부족한 질소량의 정도를 질소인자라 하는데, 이는 토양 중의 질소가 고정(분해되지 않음)되는 것을 막기 위하여 유기물질의 100 단위에 대하여 가해지는 무기질소의 단위수로 정의된다.

④ 부족한 질소를 별도로 공급해주면 분해가 급격히 일어나 빠른 시간 내에 토양의 탄질률은 평형상태인 10 : 1의 상태로 된다.

2) 질소기아현상

① 우리는 식물에 질소를 공급하려고 유기물을 시비하였으나 탄질률이 높은 유기물 시용 시 토양미생물과 작물 간에 질소경합이 일어난다. 경합이 발생하면 질소를 생산한 미생물에 우선권이 있으므로 미생물만 질소를 먹게 되는데, 만약 탄질률이 높는 유기질 이외에 다른 질소가 없다면(또는 탄질률이 높은 이 유기질만 근거한다면) 식물의 입장에서는 질소기아현상이 발생한다.

② C/N율이 30 이상이면 분해된 질소가 증식하는 미생물의 몸체가 되어 고정(불용)되는 것이고(미생물이 늘어나는 시기), 15~30이면 질소의 고정량과 미생물이 생산한 무기화된 질소량이 같아지는 구역이다. C/N율이 15 이하이면 무기화량이 고정량보다 더 커져서(미생물이 줄어드는 시기) 식물이 이용할 수 있다.

③ 질소기아현상을 방지하기 위하여 부족한 질소를 별도로 공급해주려면 요소 등의 석회질비료나 인공의 완숙퇴구비를 시용해야 하며, 부숙화 정도가 낮은 미숙퇴구비는 피해야 한다. 다만 유기물시용의 목적이 토양구조의 입단화일 경우에는 탄질률이 높은 미숙퇴구비나 신선유기물을 시용하는 것이 효과적이다.

(6) 부식의 생성

① 식물조직이 토양에 들어가면 복잡한 분해반응이 일어나 여러가지 물질이 생성되는데 완전히 분해되면 이산화탄소와 물이 생성된다. 식물조직을 구성하고 있는 화합물의 분해속도는 당류, 단백질 〉 헤미셀룰로스 〉 셀룰로스 〉 유지, 왁스, 리그닌의 순이다.

② 리그닌은 식물의 줄기나 목재조직 등 늙은 조직에 함유되어 있으며, 식물체의 유기화합물 중 생물적 분해에 대하여 비교적 저항성이 강하다. 리그닌은 토양미생물에 의해 미생물학적 분해를 받으면 변환물질이 생기고, 이 변환물질이 질소화합물과 결합하여 분해가 아주 어려운 리그닌단백복합체(부식)를 이룬다.

(7) 부식의 기능

① 토양의 보비력 증대 : 부식은 점토광물에 비해서 양이온치환용량이 월등히 크므로 작물생육에 필요한 각종 무기성분을 흡착 · 보유하여 공급하며, 이들의 용탈 · 유실도 억제한다.

② 중금속이온의 유해작용 감소: 부식 생성과정의 중간 산물인 polyphenol류, uronic acid 유도체, aminoglucoside, melanoidin 등의 유기화합물은 각종 유해 중금속이온인 Cu^{+2}, Zn^{+2}, Fe^{+2}, Al^{+3} 등과 유기복합체(chelate)를 형성하여 유해작용을 감소시켜 작물생육을 안전하게 한다. 또한 중금속(활성철, 알루미늄 등)을 chelate화를 통하여 불활성화함으로써 중금속과 결합되는 유효인산의 고정을 억제하여 인산의 유효도를 증대시킨다.

연구 유기복합체(chelate, 킬레이트) 형성

그리스어 "Chele"는 매의 주둥이나 고양이 발톱같이 구부러져 있는 것을 말한다. 킬레이트의 기능은 음이온(−)인 유기킬레이트가 양이온(+)을 띤 염기성물질(아연, 망간, 철, 구리, 마그네슘, 칼슘 등)의 주위를 감싸서 킬레이트형(+, −)이 되어 염기성물질이 다른 음이온과 결합하여 침전되는 현상(불용성화, 인산의 고정 등)을 방지하는 것이다.

③ 토양의 보수력 증대 : 부식은 그 자체가 점토광물에 비해서 토양수분의 흡수력이 월등히 크므로(무게의 4~6배 흡수) 작물 생육에 필요한 유효수분을 포화한다. 따라서 한발기의 한해를 경감하고, 강우기의 토양유실을 경감시킨다.

④ 토양구조의 발달 : 부식은 가소성이 작은 토양에서 가소성을 향상시켜 입단화를 촉진하며, 부식 자체가 토립을 연결시키는 일종의 접착제(유기물 분해 시 생성되는 폴리우로니드가 가장 중요한 접착제)의 역할을 수행하여 입단화를 촉진하기도 한다. 따라서 대공극량과 소공극을 균형 있게 발달시켜 토양의 물리성을 개선시킨다.

연구 가소성(可塑性)

(가)소성이란 외부의 힘에 의해서 변형된 물체가 그 힘을 제거해도 원래의 상태로 돌아오지 않고 영구변형을 남기는 성질을 말한다. 즉, 적당한 물기가 있는 점토는 외부에서 힘을 가해도 부서지지 않고 여러 형태로 변하며, 그 후 외부의 힘을 제거해도 변형된 그대로의 상태를 유지하기 때문에 점토에 가소성이 있다고 말한다.

⑤ 각종 토양무기양분의 가급태화 : 부식 생성과정의 중간 산물인 각종 유기산은 토양 중의 암석광물과 화학반응하여 암석의 풍화와 토양생성작용에 관여한다. 따라서 작물 생육에 필요한 각종 무기성분의 가급태화를 촉진한다.

⑥ 토양온도의 상승 : 부식의 조성물질인 부식산과 부식탄은 흑색이고, 부식 생성과정에서 합성되는 melanoidin 등의 암갈색물질에 의해 토양빛깔이 암흑색으로 되어 지온 상승효과가 크다.

⑦ 토양미생물학적 성질 개선 : 신선유기물의 무기화작용과 부식화작용으로 토양의 이화학적 성질이 개선됨으로써 토양 중 각종 유용미생물의 활동 및 번식이 왕성해진다. 또한 부식은 각종 호르몬과 비타민을 함유하므로 작물은 물론 토양 중 유용미생물의 생육을 촉진한다.

⑧ 양분의 공급 : 유기물이 분해되어 질소, 인, 칼륨 등의 다량원소와 붕소, 철, 망간, 구리, 아연 등의 미량원소를 공급한다.

⑨ 완충능의 증대 : 양이온치환용량이 증가함에 따라 토양의 완충능(토양반응이 쉽게 변하지 않는 성질)이 증대한다.

⑩ 토양보호 : 유기물에 의한 입단형성 이외에도 유기물의 피복으로 토양침식이 방지되고, 유기물 투입으로 지하투수를 촉진시켜 토양침식을 경감한다.

2. 비료의 3요소

(1) 질소

1) 생태계에서 질소의 순환

① 생태계의 물질 순환 중에서 탄소의 순환 못지않게 중요한 것이 질소의 순환이다. 탄소는 유기물의 중심역할을 하지만, 반드시 질소가 있어야 합성될 수 있는 유기물이 단백질, 핵산, 엽록소이다.

② 우리 인체에서 가장 많은 것은 물이지만, 유기물 중에서 가장 많은 것은 단백질이다. 물은 인체의 약 66%를 차지하고, 단백질은 약 16%를 차지한다. 단백질은 근육이나 머리카락, 피부 등 세포의 구성 물질이며, 효소와 호르몬 등의 주성분이고, 핵산(DNA와 RNA)을 구성하는 뉴클레오타이드에도 질소 원자가 들어간다. 따라서 단백질과 핵산을 만들기 위해 식물이든 동물이든 끊임없는 노력을 한다. 단백질의 구성 단위체는 아미노산인데, 아미노산에는 아미노기(NH_2)라는 질소 원자가 들어 있는 분자가 존재한다.

③ 아미노기(NH_2)는 토양 속의 암모늄이온(NH_4^+과 질산이온(NO_3^-에서 출발한다. 즉, 암모늄이온 등이 생산자인 식물에게 흡수되어 '질소동화작용'에 의해 아미노산, 단백질, 핵산과 같은 유기질소화합물로 변환된다.

④ 바로 이 질소화합물은 먹이사슬을 따라 각 영양 단계의 생물에게로 전해진다. 궁극적으로 생산자와 소비자의 사체 및 배설물에 들어 있던 질소화합물은 다시 세균과 같은 분해자에 의해 분해되어 생태계에서 질소가 순환된다.

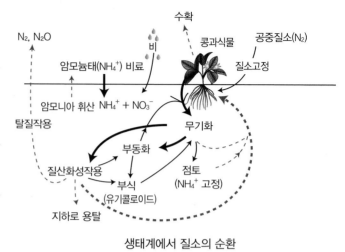

생태계에서 질소의 순환

2) 미생물에 의한 질소의 변화

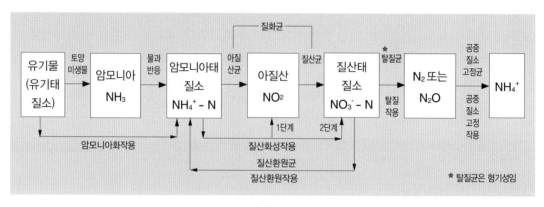

논토양에서 질소의 변화

① 암모니아화성작용(ammonification) : 토양 중의 유기질소화합물인 단백질은 토양미생물에 의해 아미노산(대부분 아민기 형태)으로 분해되고, 아민기는 물과 반응하여 암모니아(NH_3)로 변하며, 이는 다시 물과 반응하여 가급태 무기성분인 NH_4^+가 되어 작물(벼과식물 등 일부)이 흡수·이용할 수 있다. 암모니아화의 촉진요인으로는 건토 효과, 지온 상승, 석회 시용 등이 있다.

R–NH_2(아미노산이나 유기 아민기) + H_2O → NH_3 + R–OH(또는 다른 화합물)

NH_3 + H_2O → NH_4^++ OH^-

② 질산화성작용(nitrification) : 암모니아태질소(NH_4^+)는 산소가 충분한 산화적 조건하에서 호기성 무기영양세균인 아질산균과 질산균에 의해 아질산(NO_2^-)을 거쳐 질산태질소(NO_3^-)로 변화된다. 이것은 가급태 무기질소이므로 작물(대부분의 작물)에 흡수·이용될 수 있으나 전기적 음성이므로 토양교질물에 흡착되지 않아 하층토로 용탈될 수 있다.

③ 질산환원작용 : 질산이나 아질산이 호기적 조건하에서 질산환원균에 의해 암모니아 (NH_3)로 환원되는 현상을 말하는데, 이는 식물의 입장에서 이용할 수 있는 질산이 없어지므로 손실이다.

④ 탈질작용 : 암모니아태질소가 산화조건에서 질산태질소로 바뀌고, 질산태질소가 혐기성균인 탈질균에 의하여 질소가스(N_2) 또는 아산화질소(N_2O) 등으로 날아가는 것이다. 탈질현상은 경제상 손실이므로 암모니아태(NH_4-) 비료의 심층시비가 필요하다.

⑤ 공중질소고정작용(nitrogen fixation) : 미생물에 의하여 공중질소가 암모니아태질소로 고정된다.

3) 기타 질소의 손실

① 암모니아의 휘산 : 토양이 염기성이면 암모늄은 암모니아로 되어 휘산된다.

$$NH_4^+ + OH^- \rightarrow NH_3(g) + H_2O$$

$$CO(NH_2)_2 \rightarrow NH_4^+ \quad \text{(요소도 암모늄으로 바뀌므로 위와 동일 현상이 발생함)}$$

② 질소의 용탈 : NH_4^+도 토양의 양이온치환용량에 따라 용탈될 수 있으나, 음이온인 NO_3^-가 주로 용탈된다. 하층토양에는 용탈된 질소화합물이 유기태질소보다 더 많은 경우도 있다.

③ 질소의 세탈 : 토양표면을 따라 흐르는 유거수를 통해 질소가 유실되는 현상을 세탈이라 한다. 용탈현상과 같이 NO_3^-가 세탈되기 쉬우며, 세탈로 하천이나 호수의 부영양화 현상이 발생한다.

④ 질소의 고정 : NH_4^+과 K^+ 이온은 층상점토광물의 층과 층 사이에 들어가서 비치환성으로 고정되며, 점토광물의 음전하를 중화시키는 역할을 한다. 이 현상은 2 : 1 결정형 광물에서 많이 일어나며, 이렇게 고정된 NH_4^+은 이용될 수 없다.

⑤ 부동화 작용 : 무기태질소화합물이 미생물의 몸체로 동화되는 현상으로, 미생물이 사멸하면 부동화되었던 질소는 다시 무기화되므로 식물이 이용할 수 있다.

4) 질소의 비효 증진방안

① NH_4^+의 증가 : 유기물 및 질소질비료의 투입량 증가와 암모니아화성작용의 촉진으로 NH_4^+의 절대량을 증가시킨다.

② NH_4^+의 유지

㉠ NH_4^+의 흡착량 증대 : 토양의 양이온치환용량 증가를 통하여 NH_4^+이온의 흡착량을 증대시킴으로써 용탈을 방지한다.

ⓒ 질산화성작용 억제 : 질산태질소는 음이온이므로 용탈이 많고, 탈질작용도 발생하
　　　므로 질산화성작용을 억제하여 NH_4^+로 유지시키면 비효가 증진된다. 경종적 방법
　　　으로는 심층시비가 있고, Nitrapyrine, Dwell 등의 억제제를 사용할 수 있다.
　③ NO_3^-의 유실방지 : 누수답 개량으로 용탈을 막고, 혐기조건의 개선으로 탈질작용을
　　방지하여야 한다.
　④ 기타 앞의 3)항(기타 질소의 손실)에서 언급한 손실을 방지하여야 한다.

5) 질소질 비료

구 분	특 성
질산태질소 ($NO_3^- - N$)	● 우리나라에서는 거의 사용되지 않는다. ● 토양입자에 잘 흡착되지 않아 유실되기 쉽다. ● 논에서 탈질작용이 일어나기 쉽다.
암모늄태질소 ($NH_4^+ - N$)	● 물에 잘 녹고 속효성이다. ● 토양입자에 잘 흡착되어 유실이 적다. ● 논, 밭 모두 사용할 수 있다. ● 황산암모늄(유안), 질산암모늄(초안)
요소태질소	● 질소의 함량이 높은 비료로 CO_2와 암모니아로 제조한다. ● 우리나라에서 가장 많이 쓰인다. ● 물에 잘 녹고 속효성이며 지효성이다. ● 토양 중에서의 변화 : 요소태 → 탄산암모늄 → 질산암모늄

(2) 인산

1) 인산의 존재 형태

① 토양 pH에 따라 존재하는 인의 형태는 산성토양의 경우 $H_2PO_4^-$로 존재하고, 토양이
　알칼리이면 HPO_4^{-2}로 존재한다.

② $H_2PO_4^-$, HPO_4^{2-} 등의 흡착은 편의상 비특이적인 것과 특이적인 것으로 구분한다.
　비특이적인 것은 토양교질의 양전하에 음이온인 인산이 흡착하는 것으로 이것은 흡착
　력이 약하다. 그러나 특이적 흡착은 Al^{3+}, Fe^{3+} 에 대한 인산이온의 강한 친화성에 의
　해 일어나며, 이것에 의하여 아주 강한 결합(고정)이 발생된다.

2) 인산의 불용화

① 인산은 작물에 의한 흡수 정도 즉, 유효도가 낮아 가용성 인산을 토양에 시용하여도
　매우 적은 양이 가용성의 유효태로 남고 대부분이 토양에 흡수되어 토양교질입자에
　단단히 결합한 난용성이 된다. 이와 같은 현상을 인산의 고정이라고 한다.

② pH 5 이하인 강산성토양의 토양액 중에는 Al^{3+}, Fe^{3+} 이온의 농도가 높으며, 이들 이온은 인산과 결합하여 난용성염으로 되어 침전한다. pH 5~7까지의 산성토양에서는 철, 알루미늄, 망간 등의 수산화물에 의해 고정된다. 또한 pH가 중성 이상인 토양에서는 Ca^{2+} 이온과 결합하여 인회석으로 침전한다. 한편 pH가 중성 근처가 되면 Al^{3+}, Fe^{3+}의 활성이 감소하고, 흡착광물 표면의 양전하도 감소하므로 인산의 흡착이 크게 감소한다. 따라서 이 부분(그림의 D 영역)에 있는 인산만이 이용 가능하다.

③ 인산은 앞에서 설명한 바와 같이 토양에 고정되는 이외에도, 미생물 무게의 2.5%가 인산이므로 미생물에 의하여도 상당량이 고정된다. 그러나 미생물의 사후에는 가급태화 된다.

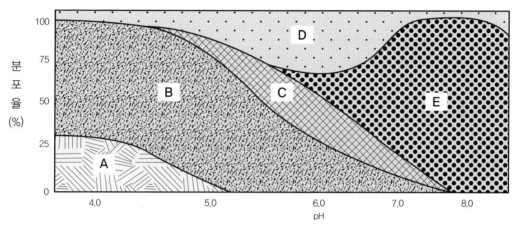

(A: 가용성 Fe, Al, Mn 등에 의한 화학적 고정, B: Fe, Al, Mn 등의 수산화물에 의한 고정, C: 규산광물에 의한 고정, E: Ca–P 형태의 고정. D: 식물이 이용할 수 있는 유효한 인산)

3) 인산의 비효 증진방안

① 인산과 경쟁적으로 점토광물에 부착할 수 있는 음이온(규산, 탄산, 유기산 등)들은 자신들이 토양의 양전하와 먼저 결합하여 인산이 흡착되는 것을 방지하거나, 흡착된 인산을 방출시킬 수 있으므로 인산의 비효를 증진시킬 수 있다.

② 토양유기물의 부식은 인산과 복합체를 형성하므로 인산이 광물에 특이적으로 부착하는 것을 방지한다. 또한 유기물 분해 시 생성되는 유기산이 고정된 인산을 가용화하기도 한다. 즉, 유기물 시용으로 토양의 인산흡수계수를 감소시킬 수 있다.

③ 소토 및 건토로 유기태인산의 분해를 촉진하고 고정된 인산의 유리를 도모할 수 있다.

④ 인산비료가 토양과 빨리 반응하지 못하게 크게(대립화) 만들고, 가용성상태로 오랫동안 보유시키는 것이 비효증진상 유효하다. 따라서 가용성을 위하여 수용성 인산(과인산석회, 중과인산석회 등)보다 구용성 인산(용성인비)을, 분상보다는 접촉면이 작은 입상을 선택하여야 한다.

⑤ 작물의 인산 흡수속도는 인산의 농도에 지배되므로 작물생육이 억제되는 환경조건일수록 보통 시용량보다 2~3배를 증량 시용한다. 또한 시비한 인산은 거의 이동하지 않으므로 작물의 뿌리 주위에 시비하여야 한다.

⑥ 인산은 pH 6.5 정도의 중성토양에서 비효가 가장 증진되며 철, 알루미늄에 의한 불용화도 방지된다.

4) 인산질 비료

인산의 형태				해당되는 비료
무기태	가용성 인산	수용성	인산일칼슘 $Ca(H_2PO_4)_2$	과인산석회, 중과인산석회, 인산암모늄, 용과린의 일부
		구용성	인산이칼슘 $CaHPO_4$	용성인비, 용과린의 일부, 소성인비
	불용성		인산삼칼슘 $Ca_3(PO_4)_2$	뼛가루, 인광석
유기태	불용성		피틴(phytin) 인지질 핵산	쌀겨, 밀기울 유박, 어비 (핵산 중에 함유)

(3) 칼륨

1) 토양의 칼륨

① 토양 중의 칼륨은 토양용액에 녹아 있는 수용성칼륨, 토양교질입자 표면에 흡착된 치환성칼륨, 점토광물(2차광물)의 결정격자 내에 존재하는 비치환성칼륨(고정태칼륨)으로 구분할 수 있으며, 이 밖에 1차광물의 성분으로 존재하는 칼륨이 있다. 작물생육에 직접적인 관계가 있는 것은 수용성 및 치환성칼륨이다.

② 토양 중의 칼륨 함량은 대체로 작물생육에 충분할 정도이나 여러 가지 이유 때문에 유효도가 낮아 칼륨 역시 비료로서 시용해야 한다.

2) 칼륨 비료

① 칼륨질 비료는 과거부터 초목재, 해초제, 소금에서 나오는 간수 등이 사용되었으나,

19세기 무렵부터 지하 암염층에서 칼륨염류가 발견되어 염화칼륨이나 황산칼륨 등을 생산하고 있다.

② 칼륨질 비료의 형태는 주로 수용성 염이며 염의 종류에는 염화물, 황산염, 질산염, 탄산염, 인산염 등이 있다. 현재 사용되고 있는 칼륨질 비료는 모두 속효성이다.

③ 주요 칼륨질 비료

  ㉠ 염화칼륨(KCl)

  ㉡ 황산칼륨(K_2SO_4)

3. 비료의 반응

비료의 반응에는 화학적 반응과 생리적 반응이 있다. 화학적 반응은 화학적인 조성이 원인이 되어 나타나는 수용액의 반응이며, 생리적 반응은 시비 후 잔여물질에 의하여 나타나는 것으로 생리적 반응이 중요하다.

1) 화학적 반응에 따른 비료의 분류

화학적 산성비료	과인산석회, 중과인산석회 등
화학적 중성비료	염화암모늄, 요소, 질산암모늄, 황산칼륨, 염화칼륨, 콩깻묵, 어박 등
화학적 염기성비료	석회질소, 용성인비, 토머스인비, 나뭇재 등

2) 생리적 반응에 따른 비료의 분류

① 생리적 산성비료 : 작물은 비료의 3요소 N, P, K(NH_4, NO_3, PO_4, KCl)는 흡수하고 나머지를 토양에 남기며, 토양에 남은 성분이 생리적 반응을 결정한다. 황산암모늄, 황산칼륨, 염화암모늄, 염화칼륨 등의 경우 암모늄, 칼륨은 다 흡수하고 황산, 염화(염산)만이 남아 생리적 산성을 띤다.

② 생리적 중성비료 : 토양에 남은 성분이 생리적 반응을 결정한다. 질산암모늄(NH_4NO_3), 요소($CO(NH_2)_2$)와 과인산석회($CaH_4(PO_4)_2$)는 다 같이 흡수되거나 토양에 영향을 주지 않아 생리적 중성이다.

③ 생리적 염기성비료 : 토양에 남은 성분이 생리적 반응을 결정한다. 질산나트륨, 질산석회, 석회질소, 용성인비, 토머스인비, 퇴구비, 나뭇재 등은 NO_3와 PO_4 등은 다 흡수되고 나트륨, 석회, 마그네슘 등의 염기만 남아 염기성을 띤다.

01 질소를 고정할 뿐만 아니라 광합성도 할 수 있는 것은?

㉮ 효모

㉯ 사상균

㉰ 남조류

㉱ 방사상균

■ 남조류(blue-green algae)는 엽록소가 있어 광합성도 하며, 논토양이나 초지에서 공중질소를 고정하여 열대의 벼농사에 중요성이 높다.

02 다음 중 토양입단 생성에 가장 효과적인 토양미생물은?

㉮ 세균

㉯ 나트륨세균

㉰ 사상균

㉱ 조류

■ 사상균은 포자로부터 생장하여 균사를 형성하고 큰 뭉치가 되어 균사체가 되는데, 이것은 접착제로 작용하여 토양의 입단형성과 안정화에 크게 기여한다.

03 질소화합물이 토양 중에서 $NO_3^- \rightarrow NO_2^- \rightarrow N_2O$, N_2와 같은 순서로 질소의 형태가 바뀌는 작용을 무엇이라 하는가?

㉮ 암모니아 산화작용

㉯ 탈질작용

㉰ 질산화작용

㉱ 질소고정작용

■ 탈질작용 : 암모니아태질소가 산화조건에서 질산태질소로 바뀌고, 질산태질소가 혐기성균인 탈질균에 의하여 질소가스(N_2) 또는 아산화질소(N_2O) 등으로 날아가는 것이다. 탈질현상은 경제상 손실이므로 암모니아태(NH_4-) 비료의 심층시비가 필요하다.

04 다음 중 작물에 대한 미생물의 유익작용이 아닌 것은?

㉮ 미생물간 길항작용 ㉯ 탈질작용

㉰ 입단화작용 ㉱ 질소고정작용

■ 탈질작용, 병해·선충해 유발, 질산환원작용, 환원성 유해물질의 생성집적, 무기성분의 형태 변화, 황산염의 환원작용, 작물과의 양분경합 등은 미생물의 유해작용이다.

01 ㉰ 02 ㉰ 03 ㉯ 04 ㉯

05 다음 중 호기성 토양미생물의 활동이 활발할수록 토양공기 중에서 농도가 가장 증가되는 성분은?

㉮ 산소

㉯ 질소

㉰ 이산화탄소

㉱ 일산화탄소

06 균근(mycorrhizae)이 숙주식물에 공생함으로써 식물이 얻는 유익한 점과 가장 거리가 먼 것은?

㉮ 내건성을 증대시킨다.

㉯ 병원균 감염을 막아준다.

㉰ 잡초 발생을 억제한다.

㉱ 뿌리의 유효면적을 증가시킨다.

07 근권에서 식물과 공생하는 Mycorrhiza(균근)는 식물체에서 특히 무슨 성분의 흡수를 증가시키는가?

㉮ 산소

㉯ 질소

㉰ 인산

㉱ 칼슘

08 물에 잘 녹고 작물에 흡수가 잘 되어 밭작물의 추비로 적당하지만, 음이온 형태로 토양에 잘 흡착되지 않아 논에서는 유실과 탈질현상이 심한 질소질비료의 형태는?

㉮ 질산태질소

㉯ 암모니아태질소

㉰ 시안아미드태질소

㉱ 요소태질소

09 논토양에서 유기태질소의 무기화 촉진과 가장 관계가 먼 것은?

㉮ 건토

㉯ 지온상승

㉰ 알칼리 시용

㉱ 객토

■ 산소를 좋아하는 호기성 미생물의 활동: 포도당($C_6H_{12}C_6$) + 산소($6O_2$) = 이산화탄소($6CO_2$) + 수분($6H_2O$) + 에너지(38개의 ATP)

■ 균근(Mycorrhizae): 사상균 중 담자균은 대부분의 식물뿌리에 감염하여 서로 이익(균근에게 잡초발생을 억제하는 힘은 없다)을 주는 공생관계를 형성하는데, 이 특수한 형태의 뿌리를 균근(菌根)이라 한다.

■ 균근은 토양 중에 이동성이 낮은 인산, 철, 몰리브덴을 흡수하는 뿌리의 역할을 한다.

■ 질산태질소(NO_3^-)는 음이온이므로 음이온을 가진 토양에 흡착되지 못하여 유실이 심하고, 또 일부는 탈질균에 의해 환원($NO_3^- \rightarrow NO$, N_2, 탈질현상)되어 공기 중으로 휘산된다.

■ 유기물의 부식화에 영향을 주는 인자 : 유기물의 C/N율(가장 중요한 인자), 호기(건토와 관련)·혐기 등의 공기 조건, 세균 종류, 기후(지온상승과 관련), 식생, 토양반응(알칼리 시용과 관련) 등

10 비료의 3요소가 아닌 것은?

㉮ 질소   ㉯ 인산
㉰ 칼륨   ㉱ 칼슘

11 토양산성화 방지 및 산성토양 개량을 위한 시비방법으로 가장 적합하지 않은 것은?

㉮ 석회질비료의 사용
㉯ 유기질비료의 사용
㉰ 유안·염화칼륨의 사용
㉱ 용성인비의 사용

12 질소 6kg/10a을 퇴비로 주려할 때 시비해야 할 퇴비의 양은? (단, 퇴비 내 질소함량은 4%이다.)

㉮ 100kg/10a   ㉯ 150kg/10a
㉰ 240kg/10a   ㉱ 300kg/10a

계산문제만 나오면 "난 수학이 싫어"라는 사람이 있는데, 이것은 수학이 아니고 산수입니다. 근데 여러분! 식물이 고등수학을 안다는 것 아세요? 물론 산수도 하구요. 여기 여백이 조금 있으니 조금 설명하지요.
파리지옥이라는 파리를 잔혹하게 잡는 식물이 있어요. 그런데 이 친구는 한 번이 아닌 두 번을 건드려야 지옥문을 닫습니다. 이것은 파리지옥이 수를 셀 수 있다는 것을 의미하지요? 네, 산수 정도는 하는 겁니다. 문제에 나오는 산수, 식물도 하는데! 라고 생각하세요. 식물의 고등수학은 기회가 되는 다른 곳에서 설명드리지요.

3 토양침식

1. 수식

(1) 수식의 정의
수식(水蝕)이란 강우에 의한 표토충격으로 토립의 분산, 입단의 파괴 및 비산으로 인하여 발생하는 토양침식 과정으로 풍식보다 광범위하고, 그 피해 정도도 크다.

(2) 수식의 종류 및 특징

입단파괴 침식	빗방울의 지표 타격작용에 의해 입단이 파괴되는 침식
면상(세류상) 침식	침식의 초기 유형으로 비교적 지표가 고른 경우 유거수는 지표면을 고루 흐르는데 이때 토양표면 전면이 엷게 유실되는 침식
우곡 침식	침식의 중기 유형으로 토양표면에 잔 도랑이 생기면서 유속은 빨라지고 침식력은 더욱 강해짐으로써 토양이 유실되는 침식
구상(계곡) 침식	우곡 침식이 더 진행되면 넓고 깊은 도랑이 생기는 구상 침식 발생. 이 침식을 받으면 농기계의 접근이 어렵고 농지로서의 가치가 급격히 상실됨

(3) 수식에 영향을 미치는 요인
① 수식의 정도는 강우속도와 강우량, 경사도와 경사장, 토양의 성질 및 지표면의 피복 상태 등에 따라 다르다. 즉 기상조건, 지형, 토양조건 및 식물생육상태에 따라 다르며 이들 인자가 종합적으로 작용한다.
② 강우인자 : 수식에 관여하는 강우인자로 강우속도와 강우량이 있는데, 강우강도가 강우량보다 토양침식에 더 영향이 크다.
③ 토양의 성질 : 토양침식과 관계가 깊은 토양의 성질은 크게 2가지로 나누어 생각할 수 있다. 그 중 하나는 빗물을 흡수하는 흡수능이고, 다른 하나는 강우나 유거수에 의해 분산되는 성질이다. 이에 대하여 각각 알아본다.
④ 토양의 흡수능
　㉠ 토양이 물을 흡수하는 능력은 여러 가지 조건에 영향을 받지만 가장 큰 영향인자는 공극량 중 비모세관공극(대공극)량이다.
　㉡ 수분이 잘 침투하는 토양의 조건은 수분함량이 적을수록, 유기물함량이 많을수록, 입단이 클수록, 점토 및 교질의 함량이 적을수록(대공극이 많을수록), 가소성이 작을수록, 팽윤도가 작을수록 잘 침투하므로 이런 조건에서 유거수가 줄어 토양의 내식성이 커진다.

⑤ 토양의 분산
  ㉠ 물에 의한 토양의 분산이나 운반에 대한 저항은 안정된 입단, 즉 내수성입단을 형성하고 있는 토양이나 식물뿌리가 많은 토양에서 크다.
  ㉡ 토양구조의 안정성은 빗방울의 충격에 의한 토입의 비산이나 분산 이외에도 유거수에 의한 토양유실에도 큰 영향을 준다.
⑥ 경사도와 경사장 : 다른 조건이 같다면 경사도가 클수록 유거수의 속도가 증가되어 유거수량이 삼투수량보다 많아지므로 토양유실량이 증가한다. 또한 경사면의 길이(경사장)가 길수록 한 곳으로 집중되는 유거수량이 증가되어 토양유실량이 커지고 토양침식은 증대된다. 토양침식량은 유거수량이 많을수록 증대하며, 유속이 2배이면 운반력은 유속의 5제곱에 비례하여 2^5 = 32배가 되고, 토양침식량은 4배가 된다.
⑦ 작물관리 인자, 토양보전관리 인자 : 토양표면의 피복 등과 관련된다.

(4) 수식의 대책

① 전반적이고도 기본적인 수식대책은 치산치수이며 이를 위해서는 산림조성과 자연초지의 개량이 선행되어야 하고, 앞에서 설명한 수식에 영향을 미치는 요인들을 관리하여야 한다.
② 이들 중 특히 중요한 것은 토양개량에 의한 토양의 투수성과 보수력을 증대시키고 토양구조를 안정성이 있는 내수성 입단구조로 발달시키는 일이다. 안정성 있는 토양구조란 비모세관 공극의 확대와 안정으로 내수성입단의 생성을 촉진하여 빗물을 충분히 침투시키는 구조이다.
③ 입단형성에는 퇴구비·녹비 등 유기물의 시용, 규회석·탄산석회·소석회 등 석회질 물질의 시용, 크릴륨·아크리소일 등 입단생성제인 토양개량제를 시용한다.
④ 경사지나 구릉지토양에 있어서는 유거수의 속도조절을 위하여 아래의 적절한 경작법이 실시되어야 한다.
  ㉠ 초지화
    – 목초로 초지화하면 토양침식은 거의 완전히 방지된다.
    – 주목초의 생육이 늦으면 동반작물을 혼파하여 조속한 초지화를 꾀한다.
  ㉡ 초생재배
    – 과수원에서는 청경재배보다 초생재배가 유리하다.
    – 풀은 땅을 피복하고, 뿌리가 얕으며, 지력도 증진되는 것이 좋다.
    – 오처드그래스와 라디노클로버의 혼파가 많으며 베치, 매듭풀 등도 이용된다.

ⓒ 계단(단구)식 재배
- 계단의 윗부분과 아랫부분에서 계단 중심부로 흙을 옮겨 평지로 만들어 재배하는 방법이다.
- 토양유실 방지의 대표적 방법으로 배수로가 반드시 설치되어야 한다.
- 경사도가 15° 이상일 때 계단식 재배와 반계단식 재배가 사용된다.

ⓔ 대상재배
- 경사지에서 수식(受蝕)성 작물을 재배할 때 등고선으로 일정한 간격(3~10m)을 두고 적당한 폭의 목초대를 두면 토양침식이 크게 경감된다.
- 이를 대상재배 또는 등고선윤작이라 한다.

ⓜ 등고선경작
- 경사지에서 등고선을 따라 이랑을 만드는 방식이다.
- 이랑 사이에 물이 괴어 유거수가 생기지 않으므로 이랑이 무너지지 않으면 침식이 방지된다.

ⓗ 합리적 작부체계
- 윤작체계에 피복작물을 많이 삽입하거나 밀 같은 작물 사이에 매듭풀 등을 간작한다.
- 전작과 후작 사이에 나지가 없게 하는 등 토양보호 면에서 작부체계를 구성한다.

⑤ 토양피복 : 연중 나지기간을 단축시키는 일이 매우 중요하며 우리나라의 수식은 대개 7~8월의 위험강우기에 주로 발생되고 있으므로 이 기간에 특히 지표면을 잘 피복하여야 한다. 경작지토양의 수식방지를 위한 주요 피복법으로는 부초법, 인공피복법, 내식성작물의 재배와 작부체계 개선에 의한 피복작물의 유지 등을 들 수 있다.

ⓐ 지표면이 작물로 피복되어 있으면 빗방울이 토양을 직접 타격하지 못하므로 입단 파괴와 토입의 분산을 막고, 뿌리에 의하여 토양구조가 발달하고 공극률이 커져 투수성이 향상되므로 유거수를 감소시켜 수식을 경감한다.

ⓑ 강우차단효과는 작물의 종류, 재식밀도, 비의 강도 등에 따라 다르나 항상 지면이 피복되어 있는 목초지는 토양 유실량이 가장 적으며, 지면의 피복 정도가 좋은 고구마나 보리의 작부체계도 토양보존에 좋다.(토양유실량 : 나지 > 무 > 옥수수 > 소맥 > 밭벼 > 대두간작 > 목초)

2. 풍식

(1) 풍식의 기구

① 풍식(風蝕)도 수식(水蝕)과 마찬가지로 2개의 과정, 즉 토양의 분리 그리고 이탈과 운반과정을 수반한다. 바람이 미세한 토양입자들을 토양입단이나 토괴로부터 유리시키고, 유리된 입자가 바람을 타고 날아서 더 큰 힘으로 토양입단이나 토괴를 강타하여 또 다른 입자들을 분리시킨다.

② 바람에 의한 토양침식 중 약동(도약)은 지름이 0.1~0.5㎜인 토양입자가 지표면 위의 30㎝ 이하에서 구르거나 튀는 모양으로 이동하는 것을 말한다. 도약과 운반을 동반한 풍식은 지표면을 한 껍질 벗겨내기도 한다

③ 풍식은 어떤 종류의 토양에도 영향을 줄 수 있는데 매우 고운 미사나 점토입자는 아주 높이 떠서 수백 킬로미터나 날아간다. 봄에 우리를 불편하게 하는 황사현상이 이것이다.

(2) 풍식의 대책

① 방풍림조성, 방풍울타리 설치 : 경작지 외곽에 풍향과 직각 방향으로 방풍림을 조성하고 방풍울타리를 설치하여 풍세를 약화시킨다.

② 피복작물의 재배 : 지표면이 식물로 피복되어 있으면 풍식이 경감되므로 토양보호작물로 초생화한다.

③ 관개 및 담수 : 토양수분이 충분하면 풍식이 경감되므로 풍식이 우려되면 관개하여 토양건조를 막아주고 관개수가 충분하면 담수하여 토양입자의 비산을 방지한다.

④ 경작적 방법

풍향과 직각방향으로 이랑 만들기	작물 재배 시 풍향과 직각방향으로 이랑을 만들어 토사이동과 비산을 막는다.
토양개량	유기물의 다량 시용, 양질 점토의 객토로 입단화를 도모한다. C/N율이 높은 유기물이 입단구조 발달에 효과적이므로 미숙 난분해성 유기물을 시용한다.
토양진압	겨울철이나 봄철 건조기에 토양을 진압하면 풍식을 경감할 수 있다.

01 강우에 의한 토양침식을 옳게 설명한 것은?

㉮ 중점(重粘)토양에서는 거친 입자로 이루어져 있는 토양에 비해 유거수의 이동이 적다.

㉯ 강우에 의한 침식은 강우강도에 비해 우량에 의해 크게 작용 받는다.

㉰ 강우의 세기가 30분간 2~3㎜로 비가 내리면 초지에서 토양 침식이 일어난다.

㉱ 유기물이 함유된 토양은 무기질 토양에 비해 강우에 의한 토양침식이 적게 일어난다.

■ ㉮ 중점토양에서는 물이 아래층으로 삼투되지 않기 때문 유거수의 이동이 많다.
㉯ 강우에 의한 침식은 우량에 비해 강우강도에 의해 크게 작용 받는다.
㉰ 강우의 세기가 30분간 2~3㎜로 비가 내리면 나지(裸地)에서 토양침식이 일어난다.

02 토양침식을 방지하는 대책으로 가장 적절치 않은 것은?

㉮ 경사지에서는 유거수의 조절을 위하여 등고선재배법을 도입한다.

㉯ 부초(敷草)법 및 간작을 통하여 경작지의 나지기간을 최대한 단축시킨다.

㉰ 토양부식을 증가시켜 토양입단구조 형성이 잘 되게 한다.

㉱ 나트륨이 많이 포함된 비료를 시용하여 입단화를 증가시킨다.

■ 칠레초석처럼 나트륨이 많이 포함된 비료는 토양의 입단화를 저해한다. 입단이 파괴되면 비모세관공극량이 적어져 토양의 흡수능이 작아지므로 유거수량이 증가하여 침식이 증대된다.

03 빗방울의 타격에 의한 침식 형태는?

㉮ 입단파괴침식   ㉯ 우곡침식

㉰ 평면침식   ㉱ 계곡침식

■ 입단파괴침식이란 빗방울의 지표 타격작용에 의해 입단이 파괴되는 침식을 말한다.

1. 토양오염

(1) 정의 및 오염물질

① 토양오염은 "인간의 활동에 의해 만들어지는 여러 가지 물질이 토양에 들어감으로써 환경구성 요소로서의 토양이 그 기능을 상실하는 것"이라고 정의할 수 있다. 자연조건 하에서 토양은 인위적 요인에 대하여 매우 큰 완충능력을 지니고 있는데 토양오염의 상황은 이 토양계의 완충능이 한계를 넘게 됨으로써 시작된다.

② 토양오염이란 일반적으로 유기오염물질, 영양염류, 중금속 등 각종 오염물질이 토양 중에 집적되어 나타나는 현상을 말한다. 우리나라에서는 토양오염의 원인이 되는 토양오염물질을 토양환경보전법에서 정하고 있다. 여기에는 카드뮴, 구리, 비소 등 21종 과 이들과 유사한 물질로 특별관리가 필요하여 환경부장관이 고시하는 물질이 포함된다.

③ 토양환경보전법상 토양오염물질의 기준에는 사람의 건강, 재산이나 동물, 식물의 생육에 지장을 줄 우려가 있는 토양오염의 기준인 "우려기준"과 우려기준을 초과하여 사람의 건강 및 재산과 동물, 식물의 생육에 지장을 주어서 토양오염에 대한 대책이 필요한 토양오염의 기준인 "대책기준" 두 가지로 나눌 수 있다. 대책기준은 우려기준의 3배에 해당한다. 우려기준과 대책기준은 토양오염물질이 인간에 노출될 가능성이 감소하는 순서로 각각 1지역, 2지역, 3지역으로 구분된다.

(2) 잔류농약

① 농작물이나 물·토양 등에 잔류하는 유독농약은 농약 그 자체가 잔류하고 있는 경우와 농약의 성분 물질이 화학적으로 변화하여 생성된 물질이 잔류하고 있는 경우가 있다. 또 일부는 작물 속 등에 잔류하여 이것을 식량으로 하는 사람과 가축의 체내에 들어간다. 농약의 잔류성은 농약에 따라 다르다.

② 유기염소계농약(예 DDT, BHC)은 잔류성이 길어 오염문제를 일으키며, 유기인제농약(예 마라치온, 파라치온)은 잔류성이 비교적 짧다. 잔류성 농약으로서 농작물에 관련되는 것은 애드린·BHC·비산납 등이고, 토양에 관련되는 것은 디엘드린·알드린이며, 수질에 관련되는 것은 PCP·벤조에핀·로테논 등이다.

③ 그런데 도열병에 쓰는 아세트산페닐수은 등의 유기수은제는 쌀 속에 잔류하므로 그 사용이 중지되었고, 살충제인 DDT · BHC도 잔류성 때문에 사용이 금지되었다.

(3) 오염토양 복원기술

① 오염된 토양의 복원기술은 처리방법(생물학적, 물리학적, 열적 처리방법), 처리매체(토양, 지하수, 배출가스), 처리위치(원위치, 현장 외 위치), 오염물질의 종류(휘발성 유기화합물, 중금속, 폭발성 물질 등) 및 처리대상 부지(매립지, 광산지, 군사기지, 지하 저유조, 하상 저니 등)에 따라 매우 다양하다.

② 토양오염 처리기술은 오염물질을 분해하여 무해화시키는 기술, 오염물질을 분리하거나 추출하는 기술, 오염물질을 고정화하는 기술로 나눌 수 있다.

01 질소와 인산에 의한 토양의 오염원으로 가장 거리가 먼 것은?

㉮ 광산폐수　　　　　㉯ 공장폐수

㉰ 축산폐수　　　　　㉱ 가정하수

■ 광산폐수에는 주로 카드뮴, 구리, 아연, 납, 비소 및 니켈 등의 광물질이 포함되어 있다.

02 일본에서 이타이 이타이(Itai-Itai)병이 발생하여 인명 피해를 주었는데 그 원인이 된 중금속은?

㉮ 니켈　　　　　　　㉯ 수은

㉰ 카드뮴　　　　　　㉱ 비소

■ 이타이 이타이(아프다 아프다의 뜻)병은 일본의 광산촌에서 카드뮴 중독에 의해 발생한 병이다(암기법: 정말 이타이카?). 수은 중독에 의한 병은 미나마타병이다.

03 중금속 오염토양에서 작물에 의한 중금속의 흡수를 경감시키는 방법으로 옳지 않은 것은?

㉮ 유기물을 시용한다.

㉯ 인산질비료를 증시한다.

㉰ pH를 낮춘다.

㉱ Eh를 낮춘다.

■ pH가 낮은 산성에서 용해도가 높은 원소(알, 철망구아)는 미량 필수원소이기도 하다. 미량원소란 미량이 아닌 경우에는 독이 된다. 과유불급[過猶不及]일까요? pH를 낮추면 과유불급이 된다.

01 ㉮　02 ㉰　03 ㉰

01 토양소동물 중 가장 많이 존재하면서 작물의 뿌리에 크게 피해를 입히는 것은?

㉮ 지렁이 ㉯ 선충
㉰ 개미 ㉱ 톡톡이

■ 기생성 토양선충은 작물의 뿌리에 기생하며, 뿌리조직을 공격하여 연작장해를 일으킨다.

02 토양생물인 선충의 종류 중 농업상 재배작물에 피해를 주로 끼치는 것은?

㉮ 부생성 선충 ㉯ 포식성 선충
㉰ 기생성 선충 ㉱ 공생성 선충

■ 기생성 선충은 작물의 생장점, 잎, 뿌리 등 거의 모든 부분에 기생하며 구침으로 세포의 내용물을 흡즙하는 피해를 준다.

03 토양미생물에 대한 설명으로 옳은 것은?

㉮ 토양미생물은 세균, 사상균, 방선균, 조류 등이 있다.
㉯ 세균은 토양미생물 중에서 수(서식수/㎡)가 가장 적다.
㉰ 방선균은 다세포로 되어 있고 균사를 갖고 있다.
㉱ 사상균은 산성에 약하여 산도가 5 이하가 되면 활동이 중지된다.

■ ㉯ 세균은 토양미생물 중에서 수(서식수/㎡)가 가장 많다.
㉰ 방선균은 단세포로 되어 있다.
㉱ 사상균은 광범위한 토양반응(pH)의 조건에서도 잘 생육하며 산성토양에 적응성이 강하다.

04 호기성미생물의 생육요인으로 가장 거리가 먼 것은?

㉮ 수소
㉯ 온도
㉰ 양분
㉱ 산소

■ 미생물의 생육조건에는 온도, 수분, pH, 공기(호기성은 산소 필요), 유기물 등이 있다

01 ㉯ 02 ㉰ 03 ㉮ 04 ㉮

05 호기적 조건에서 단독으로 질소고정작용을 하는 토양미생물 속은?

㉮ 아조토박터

㉯ 클로스트리듐

㉰ 리조비움

㉱ 프랭키아

■ 공중질소를 고정하는 토양미생물에는 1. 단독적으로 수행하는 *Azotobacter*속의 세균(호기성), *Clostridium*속의 세균(혐기성), 남조류(호기성). 2. 두과작물과 공생체제를 유지하는 *Rhizobium*속의 세균(근류균) 등이 있다.

06 질소 고정 능력이 없는 미생물은?

㉮ 클로스트리듐　　㉯ 니트로박터

㉰ 근류균　　㉱ 남조류

■ 니트로박터는 아질산성 질소를 질산성 질소로 산화시키는 미생물이다. 이 균은 산화시킬 때 나오는 에너지를 생활에너지로 하여 산다. 즉, 유기물을 사용하지 않으므로 자급영양세균이다.

07 공생 질소 고정균은?

㉮ *Rhizobium*속　　㉯ *Azotobacter*속

㉰ *Azomonus*속　　㉱ *Clostridium*속

■ *Rhizobium*속은 두과작물과 공생체제를 유지한다.

08 두과작물과 공생관계를 유지하면서 농업적으로 중요한 질소 고정을 하는 세균의 속은?

㉮ *Azotobacter*

㉯ *Rhizobium*

㉰ *Clostridium*

㉱ *Beijerinckia*

■ 공중질소를 고정하는 토양미생물에는 단독적으로 수행하는 *Azotobacter*속과 두과작물과 공생체제를 유지하는 *Rhizobium*속이 있다.

09 공생 유리질소 고정 세균은?

㉮ 근류균

㉯ 질산균

㉰ 황산화세균

㉱ 아질산균

■ 근류균(*Rhizobium*, 뿌리혹박테리아)은 공중질소를 고정하여 콩과식물에 주고, 콩과식물은 광합성 산물을 근류균에 제공하는 공생체제를 가지고 있다.

10 토양미생물 중 황세균의 최적 pH는?

㉠ 2.0 ~ 4.0   ㉡ 4.0 ~ 6.0

㉢ 6.8 ~ 7.3   ㉣ 7.0 ~ 8.0

11 다음 설명하는 균류는?

> 산성에 대한 저항력이 강하기 때문에 산성토양에서 일어나는 화학변화는 이 균류의 작용이 대부분이다.

㉠ 근류균   ㉡ 세균

㉢ 사상균   ㉣ 방사상균

12 질산화작용에 대한 설명으로 옳은 것은?

㉠ 논토양에서는 일어나지 않는다.

㉡ 암모늄태 질소가 산화되는 작용이다.

㉢ 결과적으로 질소의 이용률이 증가한다.

㉣ 사상균과 방사상균들에 의해 일어난다.

13 일반 벼재배 논토양에서 탈질현상을 방지하기 위한 질소질 비료의 시비법은?

㉠ 암모니아태 질소를 산화층에 준다.

㉡ 질산태 질소를 산화층에 준다.

㉢ 암모니아태 질소를 환원층에 준다.

㉣ 질산태 질소를 환원층에 준다.

14 논토양에서 탈질작용이 가장 빠르게 일어날 수 있는 질소의 형태는?

㉠ 질산태 질소   ㉡ 암모늄태 질소

㉢ 요소태 질소   ㉣ 유기태 질소

보충

■ 일반적으로 토양세균은 보통 온도(25~30℃)와 중성(pH 6~8) 부근에서 생육이 양호하나 산성에 저항력이 강한 황세균(*Thiobacillus thiooxidans*)은 pH 2~4가 최적 생육환경이다.

■ 사상균은 일반적으로 호기성이어서 통기가 불량하면 그 활동과 번식이 불량하나, 광범위한 pH의 조건에서도 잘 생육하며, 세균이나 방사상균이 잘 번식하지 못하는 산성토양에 적응성이 강하다(암기법: 사상균은 사酸균이다).

■ 질산화성작용 : 암모니아태질소(NH_4^+)는 산소가 충분한 산화적 조건하에서 호기성 무기영양세균인 아질산균과 질산균에 의해 2단계 산화반응을 거쳐 질산태질소(NO_3^-)로 변화된다. 산화란 (NH_4^+)가 (NO_3^-)로 바뀌듯 산소가 붙는 것이다.

■ 질산의 탈질현상은 질소비료경제상 큰 손실이므로 NH₄–N 비료의 심층시비(환원층에 시비)가 필요하다. 심층시비하면 혐기적 조건이므로 호기성인 질산화균이 없어 질산으로 변화하지 못하고, 질산이 없으므로 탈질작용도 일어나지 못한다.

■ 논토양의 환원층에서 질산태 질소가 혐기성인 탈질균에 의해 환원되어 가스태 질소가 됨으로써 공기 중으로 휘산되는 것이 탈질현상이다.

---

10 ㉠ 11 ㉢ 12 ㉡ 13 ㉢ 14 ㉠

15 다음 중 탈질현상이 가장 심할 것으로 예상되는 토양은?

㉮ 누수가 심한 논토양

㉯ 보수력이 큰 논토양

㉰ 경사지 밭토양

㉱ 나대지 밭토양

16 토양 중의 암모니아태질소가 산소에 의해 산화되면 무엇이 되는가?

㉮ 단백질

㉯ 질산

㉰ 질소가스

㉱ 암모니아가스

17 작물 생육에 불리한 토양미생물의 작용은?

㉮ 탈질작용   ㉯ 유리질소 고정

㉰ 암모니아 화성작용   ㉱ 불용인산의 가용화

18 질소기아현상을 옳게 설명한 것은?

① 탄질비(C/N)가 높은 유기물을 시용하면 나타난다.

② 만약 토양에 들어가는 유기물의 탄질비가 크면 미생물은 일정한 탄질비에 도달하기 위해 토양 속에 있는 무기태 질소까지 동화한다.

③ 탄질비가 10 이하인 유기물을 시용하면 질소기아가 일어난다.

④ 미생물은 에너지원으로 탄소보다 질소를 많이 사용하기 때문에 질소기아현상이 일어나며, 탄소는 주로 미생물의 세포를 구성하는 데 필요한 영양원이다.

㉮ ①, ②   ㉯ ②, ③, ④

㉰ ①, ②, ③, ④   ㉱ ①, ③, ④

보충

■ 탈질현상은 암모니아태질소가 질산태질소로 산화되고, 산화된 질산태질소가 환원층에서 N_2로 환원되어 가스로 날아가는 것이다. 즉 '질산태질소로 산화'와 '질산태질소가 N_2로 환원'이라는 2개의 조건이 다 충족되어야 발생하므로 2 조건 중 하나만 막아도 탈질현상은 발생할 수 없다. '질산태질소로 산화'를 막으려면 산소가 없는 심층에 비료를 두면 된다. '질산태질소가 N_2로 환원'을 막으려면 공기가 잘 통하게 하면 된다. 문제의 '보수력이 큰 토양'에서는 공기를 잘 통하게 할 수 없어 탈질이 심할 것이다.

■ 질산화성작용 : 암모니아태질소(NH_4^+)가 질산태질소(NO_3^-)로 산화된다.

■ 탈질작용은 질산태(NO_3^-) 질소 비료가 탈질균에 의해 유리질소(N_2O , N_2 등)로 변화되어 공기 중으로 휘산되는 현상이다.

■ 탄질률이 높은 유기물을 시용하면 토양미생물 상호간은 물론 토양미생물과 작물간에 질소경합이 일어나므로 이런 경우 무기태질소질 비료의 인위적 보급을 통하여 일시적이나마 작물의 질소기아현상을 피해야 한다. C/N율이 15 이하이면 분해를 위한 질소가 충분하고, 15~30이면 보통(충분~부족하지 않는 수준)이며, 30 이상이면 질소가 부족하다.

19 다음 영농활동 중 토양미생물의 밀도와 활력에 가장 긍정적인 효과를 가져다 줄 수 있는 것은?

㉮ 유기물 시용 ㉯ 상하경 재배
㉰ 농약 살포 ㉱ 무비료 재배

> ■ 유기물은 토양미생물에게 탄소와 질소를 공급한다. 탄소는 활동을 위한 에너지원이며, 질소는 영양원으로 세포구성에 사용된다.

20 농경지 토양에서 질소기아현상이 일어나는 데 가장 크게 관여하는 것은?

㉮ 탄질비 ㉯ 수분
㉰ pH ㉱ Eh

> ■ 탄질률이 높은 유기물을 사용하면 토양미생물 상호간은 물론 토양미생물과 작물간에 질소경합이 일어난다.

21 다음 유기물 중 토양 내에서 분해속도가 가장 빠른 것은?

㉮ 나무껍질 ㉯ 보릿짚
㉰ 톱밥 ㉱ 녹비

> ■ 탄질률이 낮을수록 분해속도가 빠르다. 식물의 경우 어릴수록, 부드러울수록 질소의 함량이 높다.

22 일반 벼재배 논토양에서 탈질현상을 방지하기 위한 질소질비료의 시비법은?

㉮ 암모니아태 질소를 산화층에 준다.
㉯ 질산태 질소를 산화층에 준다.
㉰ 암모니아태 질소를 환원층에 준다.
㉱ 질산태 질소를 환원층에 준다.

> ■ 암모니아태질소(NH_4^+)를 논토양의 심부환원층(산소가 없는 곳)에 주어서 질산태질소(NO_3^-)로 산화되지 못하게 하여, 궁극적으로 탈질작용($NO_3^- \rightarrow$ N, NO 등)을 방지함으로써 비료의 증진을 꾀하는 것을 심층시비라고 한다.

23 다음 설명 중 심층시비를 가장 바르게 실시한 것은?

㉮ 암모늄태 질소를 산화층에 시비하는 것
㉯ 암모늄태 질소를 환원층에 시비하는 것
㉰ 질산태 질소를 산화층에 시비하는 것
㉱ 질산태 질소를 표층에 시비하는 것

> ■ 심층시비는 암모늄태 질소(NH_4^+)를 산소가 없는 환원층에 넣어 산소와 차단시킴으로써 질산태질소(NO_3^-)가 될 수 없도록 하는 것이다.

19 ㉮ 20 ㉮ 21 ㉱ 22 ㉰ 23 ㉯

24 비료의 4요소는?

㉮ 질소, 인산, 칼륨, 부식

㉯ 탄소, 수소, 질소, 산소

㉰ 수분, 공기, 인산, 질소

㉱ 칼슘, 칼륨, 인산, 질소

■ 질소(N), 인산(P), 칼륨(K)을 비료의 3요소라 하고, 칼슘(Ca)을 더하여 비료의 4요소라고도 한다. 칼슘은 세포벽 중층의 주성분이다.

25 시비량의 이론적 계산을 위한 공식으로 맞는 것은?

㉮ $\dfrac{\text{비료요소흡수율} - \text{천연공급량}}{\text{비료요소흡수량}}$

㉯ $\dfrac{\text{비료요소흡수량} - \text{천연공급량}}{\text{비료요소흡수율}}$

㉰ $\dfrac{\text{천연공급량} + \text{비료요소흡수량}}{\text{비료요소흡수량}}$

㉱ $\dfrac{\text{천연공급량} - \text{비료요소공급량}}{\text{비료요소흡수율}}$

■ 시비량
= {비료요소흡수량(목표수량) − 천연공급량} / 비료요소의 흡수율

26 현미 155kg을 생산할 때 질소의 흡수량은 약 3.50kg이며, 천연공급량은 4.5kg, 흡수율은 0.50이라고 가정하면 현미 465kg을 생산의 목표로 할 경우 시비량은?

㉮ 8kg   ㉯ 10kg

㉰ 12kg   ㉱ 14kg

■ 시비량
= {비료요소흡수량(목표수량) − 천연공급량} / 비료요소의 흡수율
= (3.50×3) − 4.5 / 0.5
= 6 / 0.5 = 12kg

27 시설하우스 600a 토양에 원액 발효 액비 1.5ℓ를 800배액으로 살포할 때 최종 희석 발효 액비의 양은?

㉮ 600ℓ   ㉯ 800ℓ

㉰ 1200ℓ   ㉱ 1400ℓ

■ 1.5ℓ를 800배액으로 살포하면 1.5×800배액으로 희석된 것이다.

24 ㉱   25 ㉯   26 ㉰   27 ㉰

28 생리적 중성비료인 것은?

㉮ 황산칼륨

㉯ 염화칼륨

㉰ 요소

㉱ 용성인비

29 생리적 염기성비료는?

㉮ 칠레초석 ㉯ 황산암모늄

㉰ 황산칼륨 ㉱ 과인산석회

30 토양 검정 후 그 토양에 알맞게 시비 처방하여 배합 후 사용하는 비료로서 환경보존에도 기여하는 비료는?

㉮ 벌크배합비료(BB비료)

㉯ 4종복비

㉰ 복합비료

㉱ 부산물 비료

31 토양침식 관여 인자로 거리가 먼 것은?

㉮ 토성 ㉯ 빗물

㉰ 바람 ㉱ 파도

32 토양침식 중 수식(水蝕)에 관여하는 요인으로 적합하지 않은 것은?

㉮ 경사도

㉯ 강우량

㉰ 투수속도

㉱ 풍속

■ 토양에 남은 성분이 생리적 반응을 결정한다. 황산암모늄, 염화칼륨 등의 경우 암모늄(NH₄), 칼륨(K)은 양분이므로 다 흡수하고 황산, 염화(염산)만이 남아 산성을 띤다. 요소는 화학적·생리적 모두 중성인데, 요소는 사람의 오줌과 같은 것이므로 중성이어야 한다.

■ 질산나트륨(칠레초석), 질산석회, 석회질소, 용성인비, 나뭇재 등의 경우 질산(NO₃), 인산(PO₄)은 양분이므로 다 흡수되고 나트륨, 석회, 마그네슘 등의 염기만 남아 염기성을 띤다.

■ 입상배합비료(B.B; Bulk Blending)는 지역별, 작물별 토양검정결과에 의한 시비처방을 근거로 질소, 인산, 칼륨 등 입상원료비료 2종 이상을 물리적으로 단순배합에 의하여 만든 주문비료이다.

■ 토양침식(浸蝕)은 토양의 표면이 물이나 바람, 파도 등에 의해 깎여 이탈되는 현상으로 수식(水蝕)과 풍식(風蝕)으로 나눌 수 있다. 토성은 침식 관여인자가 아니라 침식을 당하는 수식(受蝕)인자이다.

■ 수식의 정도는 기상조건, 지형, 토양조건 및 식물생육상태에 따라 다르며 이들 인자가 종합적으로 작용한다. 풍속(風速)은 풍식(風蝕)의 인자이다.

---

28 ㉰ 29 ㉮ 30 ㉮ 31 ㉮ 32 ㉱

33 경사지 토양의 침식 방지책으로 가장 적합하지 않은 것은?

㉮ 나대지는 자주 갈아 준다.

㉯ 등고선 재배를 한다.

㉰ 승수구를 설치한다.

㉱ 초생대를 설치한다.

■ 토양침식을 방지하기 위해서는 토양을 피복하여 나지기간을 단축시킨다. 나대지를 자주 갈아주면 난리가 난다.

34 강우에 의한 토양침식 방지 대책으로 적합하지 않은 것은?

㉮ 토양피복

㉯ 청경재배

㉰ 초생재배

㉱ 등고선 경작

■ 경작지토양의 수식방지를 위한 주요 피복법으로는 부초법, 인공피복법, 내식성작물의 선택과 작부체계개선 등을 들 수 있다. 청경재배는 토양에 풀이 자라지 않게 하는 방법으로 수식에 매우 약하다.

35 물에 의한 토양침식의 방지책으로 가장 적당하지 않은 것은?

㉮ 초생대 대상재배법

㉯ 토양개량제 사용

㉰ 지표면의 피복

㉱ 상하경재배

■ 아래 위로 줄을 만들어 심는 상하경재배는 토양침식을 가속화시킨다.

36 토양의 침식을 방지할 수 있는 방법으로 적절하지 않은 것은?

㉮ 등고선 재배

㉯ 토양 피복

㉰ 초생대 설치

㉱ 심토 파쇄

■ 지표 밑 깊은 곳의 토양을 부수는 심토 파쇄는 토양의 침식을 조장할 수 있다.

37 경사지 밭토양의 유거수의 속도조절을 위한 경작법으로 적합하지 않은 것은?

㉮ 등고선재배법

㉯ 간작재배법

㉰ 초생대대상재배법

㉱ 승수구설치재배법

■ 승수구설치재배법이란 초생대의 위치에 초생대 대신 배수로를 만드는 방법으로 초생대재배보다 더 유리한 방법이다. 간작은 작부체계의 하나로 유거수의 감소와 무관하다.

33 ㉮ 34 ㉯ 35 ㉱ 36 ㉱ 37 ㉯

38 다음 중 토양을 수침식해로부터 보호하는 방법으로 적합하지 않은 것은?

㉮ 작부체계 개선

㉯ 토양개량제 시용

㉰ 등고선 재배

㉱ 경운

39 토양침식에 관한 설명으로 틀린 것은?

㉮ 강우강도가 높은 건조지역이 강우량이 많은 열대지역보다 토양침식이 심하다.

㉯ 대상재배나 등고선재배는 유거량과 유속을 감소시켜 토양침식이 심하지 않다.

㉰ 눈이나 서릿발 등은 토양침식 인자가 아니므로 토양유실과는 아무 관계가 없다.

㉱ 상하경재배는 유거량과 유속을 증가시켜 토양침식이 심하다.

■ 눈이나 서릿발 등도 토양의 입단구조를 파괴할 수 있으므로 토양침식 인자에 속한다.

40 토양이 물이나 바람에 유실되면 유기농업에서는 상당한 손실이다. 토양침식을 막기 위한 수단으로 틀린 것은?

㉮ 경사도가 5° 이상인 비탈에서는 등고선을 따라 띠 모양으로 번갈아 재배한다.

㉯ 유기물사용이 많아지면 입단구조가 되어 유실이 적어진다.

㉰ 경사지에서는 이랑 방향과 경사지 방향을 같도록 재배한다.

㉱ 경사도가 15° 이상인 곳은 초지를 조성하는 것이 바람직하다.

■ 경사지에서는 이랑 방향과 경사지 방향이 직각이 되도록 재배해야 유거수나 바람의 속도를 줄일 수 있다.

41 강물이나 바닷물의 부영양화를 일으키는 원인물질로 가장 거리가 먼 것은?

㉮ 질소   ㉯ 인산

㉰ 칼륨   ㉱ 염소

■ 부영양화(富營養化)는 하천, 호수 등에 화학비료 등으로부터 유출되는 질소, 인산, 칼륨 등의 유기 영양물질들이 축적되는 현상이다. 염소는 일반적으로 독성이 강하다.

38 ㉱ 39 ㉰ 40 ㉰ 41 ㉱

42 토양 풍식에 대한 설명으로 옳은 것은?

㉮ 바람의 세기가 같으면 온대습윤지방에서의 풍식은 건조 또는 반건조 지방보다 심하다.

㉯ 우리나라에서는 풍식작용이 거의 일어나지 않는다.

㉰ 피해가 가장 심한 풍식은 토양입자가 도약(跳躍), 운반(運搬)되는 것이다.

㉱ 매년 5월 초순 만주와 몽고에서 우리나라로 날아오는 모래먼지는 풍식의 모형이 아니다.

43 토양을 담수하면 환원되어 독성이 높아지는 중금속은?

㉮ As

㉯ Cd

㉰ Pd

㉱ Ni

■ 풍식도 수식과 마찬가지로 2개의 과정, 즉 토양의 분리·이탈과 운반과정을 수반한다. 바람에 의해 날리기에 너무 무거운 입자들은 굴러서 포행으로 이동하게 되는데, 도약·운반이 포함된 포행에서는 암석의 삭마작용과 돌, 자갈을 굴리며 지표면을 한 껍질 벗겨내기도 한다.

■ 비소(As)의 독성은 화학형태에 따라 크게 다르다. 독성은 무기형태가 유기형태보다 강하며, 무기형태 비소 화합물로는 3가 비소(As^{3+})가 5가 비소(As^{5+})보다 훨씬 강하다. 무기비소는 담수로 환원상태가 되면 발생한다.

토양관리

1 논토양

1. 논토양의 특성과 변화

(1) 논토양의 일반적 특성
① 논에서는 벼 재배가 목적이므로 표고와는 무관하게 논은 그 주위의 지형에 대해서는 항상 낮은 곳에 위치한다.
② 따라서 논은 지하수위가 높고, 벼를 재배하는 기간에는 담수기간이 길기 때문에 담수 상태와 그렇지 않은 상태가 반복된다. 논토양에 담수하면 토양층에서는 여러 가지 물리 · 화학적, 미생물학적 변화가 일어나며 물을 빼면 또 다른 변화가 일어난다.

(2) 담수에 의한 토양상태의 변화
① 담수 후 토층의 산소함량은 급격히 감소되나, 작토의 표면과 물이 접하는 표층수 1㎝ 아래에는 관개용수가 함유한 산소 및 탄소동화작용을 하는 조류의 영향으로 비교적 산소가 많아 산화층을 형성한다.
② 산화층 아래에는 산소함량이 급격히 적어지며, 미생물학적 환원작용의 결과로 환원층이 생성된다. 환원된 화학물질 때문에 토양은 암회색(청회색)으로 되어 회갈색(적갈색)인 산화층과 구별되며, 이 구별을 논토양의 토층분화라 한다.

(3) 담수에 의한 미생물의 작용
① 담수하면 대기의 산소공급이 차단되므로 담수한 다음 몇 시간 후에는 호기성 미생물의 활동은 정지되고, 혐기성 미생물들의 활동은 왕성해진다.
② 혐기성 미생물들은 혐기적 발효과정을 거쳐 활동에너지를 얻는다. 이 과정에서는 유기물이 지닌 총에너지의 극소량만이 방출 · 이용되므로 매년 유기물 투입이 많은 경우 유기물의 집적량이 많아진다.

③ 유기물의 혐기적 분해과정에서는 탄수화물(당)에서 발효에 의해 젖산, 에틸알코올 또는 아세트산이 생기고, 부패에 의해 프로피온산, 뷰틸릭산, 포름산 등이 생기며, 단백질에서는 암모니아, 아민류, 황화수소 등이 발생하는데 이들 생성물들의 농도가 높아지면 작물의 생육에 해롭다.

④ 담수하면 앞에서 설명한 탈질현상이 발생하는데, 탈질은 손해이므로 다음과 같이 이 현상을 방지하여야 한다.

  ㉠ 암모늄태 질소비료를 환원층(담수되어 산소가 없는 층, 일반적으로 땅속 1cm 아래는 환원층)에 주면, 호기성균인 질화균은 그곳에서 살 수 없으므로 질산화 작용이 발생하지 않아 비료는 NH_4^+의 상태로 토양에 부착되어 유지된다. 밭작물은 NO_3^-를 흡수하지만 벼는 NH_4^+를 흡수한다. 따라서 NH_4^+의 상태로 유지된다는 것은 비효가 오래 지속된다는 것을 의미한다. 이런 목적으로 논토양의 심부 환원층에 암모늄태 질소비료를 주어 비효의 증진을 꾀하는 것을 심층시비(이론적 용어)라고 한다.

  ㉡ 이론적 용어인 심층시비의 실행적 방법으로서 암모늄태질소를 논을 갈기 전에 논 전면에 뿌린 다음 갈고, 써려서 작토의 전층(아래, 위의 개념으로 전층)에 섞이도록 하는 전층시비법이 사용된다. 그러나 누수답에서의 심층시비는 하토를 건드리게 되므로 도리어 질소의 용탈이 커져 불리할 수 있다.

(4) 담수에 의한 화학적 변화

담수조건에서 변화되는 물리 · 화학적 변화의 중요한 것은 수소이온농도(pH), 산화환원전위(Eh), 이온강도 등이다.

1) 수소이온농도(pH)

① 대부분의 토양에서 담수 후에는 산성토양의 pH 값은 올라가고, 알칼리성 토양의 pH 값은 내려와 pH 6.5~7.5의 상태가 된다.

② 중성토양은 식물의 양분(특히 인) 흡수에 유리하다.

③ 중성토양에서는 독성물질의 발생이 적어진다.

2) 산화환원전위(Eh)

① 토양 내의 산소가 없어지면 혐기성 미생물들이 자신들의 에너지 대사를 위하여 전자의 수용체인 산소를 산화상태의 화합물에서 가져오므로, 결과적으로 보면 산화상태의 화합물들이 산소를 빼앗겨 환원된다.

② 환원물질이 많아지면 Eh 값은 작아지며, Eh 값이 작다는 것은 산소가 부족한 상태, 즉 담수되어 배수가 필요함을 뜻한다.

3) 이온강도(비전도도)

① 담수하면 Mn^{2+}나 Fe^{2+}의 농도가 증가하므로 비전도도 역시 증가한다.

② 이 증가는 최고에 달한 후 안정된 상태로 낮아진다.

2. 각종 논토양의 특징

(1) 노후화답

1) 토양의 노후화와 추락

① 작토의 환원층에서는 가용화(환원)된 Fe^{2+}와 Mn^{2+}이 물을 따라 하층에 운반되며, 하층에서 다시 산화하여 적갈색의 무늬로 침전한다. 이러한 작용으로 작토층의 철, 망간, 칼륨, 칼슘, 마그네슘 등이 점차 결핍되어 가는데 이를 논토양의 노후화라고 하며, 노후화된 논토양을 노후답(특수성분결핍답)이라고 한다.

② 환원상태에서 황화수소(H_2S)가 발생하는 경우, 토양에 철 성분이 많으면 벼의 뿌리에 적갈색의 산화철 피막이 쌓이는 것을 볼 수 있는데, 이 피막은 황화수소가 철과 반응하여 만들어진 황화철(FeS)이다. 이렇게 황화철이 충분히 생성되면 벼에 해가 없는데, 철이 부족한 경우 벼 뿌리는 회백색을 보이며 상하는 것을 볼 수 있다. 그렇게 되면 늦여름이나 초가을부터 벼의 잎이 아래로부터 마르고, 깨씨무늬병 등이 발생하여 수량이 많이 떨어지는 추락현상(秋落現象)이 발생한다. 이 현상이 여름철에 나타나면 하락현상(夏落現象)이라고 한다.

③ 추락현상은 노후화답뿐만 아니라 누수가 심해서 양분의 보유력이 적은 사질답이나 역질답에서도 나타나며, 유기물 피해가 심한 습답에서도 나타난다.

2) 노후화답의 개량

① 객토 : 철분, 점토가 많은 산의 붉은 흙(山赤土), 연못의 바닥 흙, 바닷가의 진흙 등으로 객토한다. 10a당 10~20ton 정도가 필요하다.

② 심경 : 심경으로 침적된 성분을 작토층으로 되돌린다.

③ 함철자재의 사용 : 갈철광 분말, 비철토, 퇴비철 등을 사용한다.

④ 규산질 비료의 시용 : 규산질 비료는 철, 망간, 마그네슘도 함유하고 있다.

3) 노후화답의 재배대책

① 저항성 품종의 선택

② 조기재배 : 일찍 수확하면 추락이 덜하다.

③ 무황산근 비료의 시용 : 황화수소의 발생을 원천 차단한다.

④ 덧거름 중심의 시비 : 후기에 영양을 확보하기 위하여 완효성 비료의 시용 등이 필요하다.

⑤ 엽면시비 : 후기에 영양보급

(2) 습답

1) 습답의 특징

① 논토양의 하루 적정 투수량은 15~25㎜이며, 증발산까지 합친 적정 감수량은 하루 20~30㎜라고 한다. 이보다 적으면 습답이다.

② 습답은 지하수위가 높고, 침투되는 수분의 양이 적어 1년 중 건조하지 않으므로 유기물의 분해가 적다.

③ 습답은 혐기조건이므로 유기산, 황화수소 등의 유해물질이 생성되고, 이 유해물질이 작토에 집적되어 뿌리의 기능에 장해를 일으키고 양분의 흡수를 방해한다. 유해물질 때문에 흡수에 방해받는 성분의 순서는 $H_2O \rangle K \rangle P \rangle Si \rangle NH_4 \rangle Ca \rangle Mg$이다. 즉, 습답에서 가장 흡수가 안 되는 것이 아이러니하게도 물이고, 토양에 비교적 많은 칼륨이 부족해질 가능성이 많은 반면 질소성분의 흡수장해는 비교적 적다. 그러므로 이런 논에서 자라는 벼는 초기에 질소의 흡수가 많아 분얼이 왕성하고 엽색이 진하여 잘 된 것 같지만 유해물질의 영향과 흡수양분의 불균형으로 인하여 각종 병이 많아져 적고현상이 발생하거나, 수확량이 심하게 떨어지는 추락현상이 발생한다. 또한 지온상승 효과로 지력질소(유기물에서 발생한 질소)가 다량 공급되므로 생육 후기에 질소과다가 되어 병해와 도복 등을 유발하기도 한다. 그러나 유기물의 피해가 나타나지 않는 습답은 수량이 상당하다.

2) 습답의 대책

① 습답을 개량하려면 암거배수 등으로 투수를 좋게 하여야 한다. 철분 등을 공급하기 위하여 객토를 하는 것도 좋다.

② 재배상으로는 석회, 규산 등을 주어 산성의 중화와 부족 성분의 보급을 꾀하고, 이랑재배를 하며, 질소비료의 시용량을 줄이는 것이 좋다.

(3) 간척지답

1) 일반특성

① 간척지 토양은 육지에서 운반된 암석풍화물의 퇴적토이기 때문에 일반적으로 무기물의 함량이 많다. 즉 마그네슘과 칼륨의 함량은 5배 이상 많고, 나트륨 함량은 20배

이상 많으며, 전기전도도는 적정보다 15~20배(30~40dS/m)나 높다. 그러나 일반 논에 비해 경작에 유리한 유기물은 1/10, 치환성 석회는 1/3~1/2, 활성철은 1/4 정도로 아주 적다.

② 간척지는 일반적으로 벼농사에 불리한 다음의 특성을 가지고 있다.

  ㉠ 높은 염분농도는 벼의 생육을 제한한다. 염분농도가 NaCl로 0.3% 이하면 벼의 재배는 가능하나, 0.1% 이상이면 염해가 있다.

  ㉡ 점토가 과다하고, 나트륨이온이 많아 토양의 투수성과 통기성이 나쁘다.

2) 세척 및 제염

① 물세척

② 제염

  ㉠ 간척지는 석회 함량이 적으므로 소석회와 같은 석회물질로 Na를 이탈(Ca와 Na의 치환)시킨 후 물로 제염하면 효과적이다. 이때 벼가 아닌 밭작물을 재배하려는 경우 석회석 대신 석고($CaSO_4 \cdot nH_2O$)를 사용하면 pH 값을 높이지 않고도 제염을 할 수 있다.

  ㉡ 어느 정도 제염이 되면 염생식물을 심어 염분을 흡수하게 한 다음 식물을 제거한다.

3) 내염재배

간척지에서의 재배법을 내염재배라 하는데 그 요점은 다음과 같다.

① 내염성이 강한 작물을 재배한다. 벼의 경우 계화벼, 서해벼, 섬진벼, 영산벼 등이 적합하다. 내염성이 강한 작물에는 사탕무, 유채, 양배추, 목화, 순무, 라이그래스 등이 있다. 고구마, 감자, 가지, 셀러리, 완두 및 과일류는 약하다.

② 조기재배, 휴립재배를 한다.

③ 논물을 말리지 말고, 자주 환수환다.

④ 석회, 규산석회, 규회석을 시용하고, 황산근비료는 시용하지 않는다.

(4) 중점토답

① 점질토(중점토)라고도 하며, 전토층 단면을 통하여 점토의 함량이 40% 이상되는 토양을 말한다. 이런 논은 작토층의 점토가 아래로 이동·집적되어 투수할 수 없는 단단한 층을 형성하므로 젖으면 끈기가 많고, 마르면 단단해서 경운이 어려우며, 배수가 불량한 경우가 많다.

② 공기의 유통이 나빠 산소가 부족하고 벼의 뿌리 뻗음이 좋지 않아 깨씨무늬병이 자주 발생한다. 이런 토양은 심경하고 유기물과 토양개량제 등을 시용하여 토양의 입단화로 통기·투수성을 향상시키며, 흙의 굳기를 낮추어 뿌리 뻗음을 좋게 해주어야 한다.

③ 답전윤환, 추경, 이랑재배 등도 효과가 있다.

(5) 사력질답

① 사력질답은 누수가 심하여 누수답이라고도 한다.

② 누수가 심하므로 수온이 낮고, 가뭄해를 입기 쉬우며, 양분의 함량이 적고, 교질이 적으므로 보비력이 약해 토양이 척박하다.

③ 좋은 점토로 객토하고 유기물을 증시하여 토양개량을 하여야 한다.

(6) 퇴화염토답

① 퇴화염토답이란 제염된 간척지가 퇴화한 토양을 말한다.

② 투수성과 투기성이 나쁘고 규산, 철 등이 용탈되었기 때문에 습답이나 노후화답에 준한 개량이 필요하다.

---

2 밭토양

1. 밭토양의 특성

(1) 우리나라 밭토양의 일반적 특성

① 우리나라의 주식은 쌀이었기 때문에 평탄지나 기후조건이 좋은 곳은 모두 논으로 개발되었고, 밭은 척박한 경사지에 조성되어 침식의 우려가 있으며 유효토심이 얕다. 옛말에 "논농사는 자리로 해 먹고, 밭농사는 거름으로 해 먹는다"란 말이 있다.

② 밭은 위치적으로 보아 관개의 기회가 없으므로 양분의 천연공급량이 낮고, 유해생물의 번식 등에 의하여 논보다 연작장해가 많이, 심하게 발생한다.

③ 세립질(식질, 미사식양질, 식양질) 토양이 많다(전체의 48%). 이런 토양에서는 투수성이 불량하고 건조하면 토양이 단단하게 되어 뿌리의 신장에 불리하며, 우기에는 점착성이 강하여 농작업에 어려움이 있다. 한편 조립질(사질, 사력질) 토양은 24%인데 이 토양은 한발의 피해를 입기 쉽고, 자갈이나 모래가 많아 비옥도가 매우 낮다.

(2) 시설재배토양

1) 현황

① 시설재배토양은 연중 수급이라는 특수성으로 말미암아 일반 밭토양과는 그 성질이 많이 달라지고 있다. 특히 강우가 없고, 재배횟수가 많기 때문에 다비조건이 되어 인산은 일반 토양에 비해 3배가 많고 칼륨, 칼슘, 마그네슘 등은 2배가 많은 등 염류의 집적이 심해지고 있으며, 염류집적에 의한 장해발생의 유형은 다음과 같다.

⊙ 고농도에 의한 장해 : 작물은 작물뿌리와 토양용액의 삼투압 차이를 이용하여 양분과 수분을 흡수하게 되므로 뿌리 삼투압과 토양용액 삼투압의 차이가 적은 경우 토양에 수분이 충분히 있어도 작물은 정상적인 수분흡수를 할 수 없게 된다. 따라서 염류농도 장해의 초기단계 증상으로는 잎이 짙은 녹색을 띠고, 잎의 가장자리가 말리는 현상을 볼 수 있으며, 계속되면 수분흡수 저해로 한낮에 작물체가 시들고, 아래 잎부터 말라죽으며, 잎이 타거나 잎끝이 말라 죽는(tip burn) 현상도 볼 수 있다.

⊙ 암모니아에 의한 장해 : 비료로서 토양에 시용되는 질소의 형태는 유기태, 암모니아태, 요소태, 질산태 등 여러 가지이며 미생물활동으로 질산태로 분해되어 작물에 흡수되는데, 과다시비로 pH가 5.5 이하로 내려가면 미생물활동이 억제되어 질산화 과정이 중단되므로 다량의 암모니아와 아질산 가스가 발생되고 이로 인하여 작물생육이 저해된다.

⊙ 양분결핍에 의한 장해 : 양분결핍 발생은 성분 절대량이 부족한 경우와 성분 상호 간의 길항관계의 경우가 있는데, 일부 미량원소는 소비만 해서 절대량이 부족하고, 다른 대부분의 원소는 길항작용으로 양분부족이 발생한다. 예를 들어 칼슘, 마그네슘은 이 둘이 또는 암모니아나 칼륨과의 길항관계로 흡수가 저해된다.

② 이상과 같은 염류가 많은 조건에서 물리·화학적인 균형을 맞추기 위한 유기물 함량은 아주 많아야 함에도 불구하고 일반 토양과 비슷한 2.5%에 지나지 않아 향후 점점 더 큰 문제가 될 수 있다.

③ 시설에서는 기온이 낮은 시기에 재배하는 경우가 많아 토양미생물 활성에 불리한 환경이며, 연작의 가능성이 높아 병원성 미생물이나 해충의 생존밀도가 높아진다.

④ 시설에서 인공관수의 경우 물을 많이 주지 않으므로 염류가 지하로 용탈되지 않고, 오히려 모세관현상으로 지표에 염류가 집적된다. 따라서 토양공극은 작아지고 관수를 하여도 물의 흡수가 방해된다.

2) 개선 방안

① 적극적인 제염

② 윤작재배

③ 비종의 선택과 균형시비

④ 퇴비·구비·녹비 등 유기물의 적정 시용

  ㉠ 미분해성 유기물(볏짚 등)을 사용하면 무기태질소가 유기화되어 무기태질소, 특히 염류농도와 관계가 깊은 질산태질소의 함량을 감소시켜 토양의 EC를 감소시킨다.

  ㉡ 토양의 입단화 조성으로 투기·투수성을 좋게 한다.

⑤ 제염작물의 재배

  ㉠ 시설원예지에서 제염작물(지력소모작물, 흡비작물)로 과잉 염분의 제거가 가능하다.

  ㉡ 옥수수, 보리, 수수, 호밀, 귀리, 이탈리안라이그라스 등의 화본과작물과 순무 등이 적합하다.

⑥ 내염성 작물의 재배

⑦ 기타

  ㉠ 수분증발을 방지할 수 있는 멀칭으로 염류의 표면집적을 방지한다.

  ㉡ 휴한기에 비닐을 벗긴다.

  ㉢ 답리작을 실행한다.

(3) 개간지, 사구지 및 절토지

1) 개간지

① 새로 개간한 토양은 대체로 산성이며, 부식과 점토가 적고 토양구조가 불량하며, 인산을 위시한 비료성분도 적어서 토양의 비옥도가 낮다. 따라서 산성토양과 같은 토양적·재배적 대책을 강구할 필요가 있다. 또한 개간지는 경사진 곳에 많으므로 토양보호에 유의해야 한다.

② 개간지 토양을 안정시키기 위해서는 작토층의 증대, 유기물·석회물질·인산질 비료의 사용, 토양보전대책 수립 등이 필요하다. 또한 지형도 나쁘며 기상조건도 좋지 못한 개간지에서는 작물의 내한성, 내산성, 내병성, 내건성, 내습성 등을 고려하여 재배에 가장 적합한 품종을 선택하는 일이 중요하다.

2) 사구지(砂丘地)

① 사구지는 점토와 부식의 함량이 아주 적고, 수분이 부족하며, 풍식도 받기 쉬우므로 작물재배에 아주 부적당하다.

② 그러나 지하에 중점토, 비닐, 아스팔트 등을 깔고 관개, 시비하여 재배하는 방법이 있다.

③ 사구지 토양에서도 생육이 가능한 진주조, 헤어리베치 등의 피복작물을 먼저 심어 토양부식의 증대를 꾀하는 것도 한 방법이다.

3) 경지정리 지구의 절토지

① 생산비를 낮추기 위한 경지정리 과정에서 높은 논의 갈이흙(경토)이 낮은 논의 갈이흙에 더해진 성토지와 심층토만 남은 절토지가 생긴다.

② 절토지는 단단한 층이므로 심경하여 부드럽게 하여야 뿌리 뻗음에 좋으며, 시비량도 다르게 해야 감수를 면할 수 있다. 즉 절토지의 경토에는 유기물(전질소) 함량이 극히 적으나, 새 흙이고 과거 작토층에서의 양분용탈에 의하여 유효규산, 치환성 석회, 고토성분은 많으며, 그로 인하여 pH도 높다. 실제로 pH가 너무 높아 벼에 아연부족 현상이 유발되어 감수되는 수가 많다.

2. 논토양과 밭토양의 비교

(1) 양분의 존재형태

1) 밭토양과 논토양의 원소 형태의 차이

원 소	산화 상태(밭)	환원 상태(논)
탄소(C)	CO_2	CH_4, CO, 알데히드
질소(N)	NO_3^-	N_2, NH_4^+, NH_3
망간(Mn)	Mn^{4+}	Mn^{2+}, Mn^{3+}
철(Fe)	Fe^{3+}	Fe^{2+}
황(S)	SO_4^{2-}	H_2S, S^{2-}

2) 산화 – 환원 반응(oxidation–reduction reaction)

① 오늘날 대부분의 산화, 환원 반응은 산소 원자, 수소 원자 또는 전자의 이동과 관련된 모든 반응을 말한다.

② 산화와 환원은 서로 반대 작용으로, 한쪽 물질에서 산화가 일어나면 반대쪽에서는 환원이 일어난다.

③ '산화'는 분자, 원자 또는 이온이 산소를 얻거나 수소 또는 전자를 '잃는' 것을 말한다. '환원'은 분자, 원자 또는 이온이 산소를 잃거나 수소 또는 전자를 '얻는' 것을 말한다.(참고 : Mn^{4+}는 전자가 4개가 모자라고, Mn^{2+}는 2개가 모자라는 것이므로 $Mn^{4+}→Mn^{2+}$는 전자를 2개 얻은 환원반응이다.)

④ 원래 고전적인 의미의 산화와 환원은 산소 원자의 이동을 말하였지만, 이후에는 산소의 이동보다는 수소와 전자의 이동에 주목한다. 산소를 얻으면 산화이고, 수소나 전자를 얻으면(늘어나면) 환원이다.

(2) 토양의 색깔

① 논토양은 철 등이 환원상태이므로 회색이나 청회색이다.

② 밭토양은 철 등이 산화상태이므로 적갈색이나 황갈색이다.

(3) 양분의 유실과 천연공급

① 논토양은 관개수에 녹아 들어오는 양분의 천연공급이 많다.

② 밭토양은 빗물로 인한 양분의 유실이 많다.

(4) 토양 pH

① 논토양은 담수기간과 낙수기간에 pH에 차이가 있으며, 담수기간에는 밤과 낮에도 차이가 있다.

② 밭토양은 그렇지 않다.

(5) 산화환원전위

① 논토양의 Eh는 여름에 환원이 심할수록 작아지고, 가을부터 봄까지 산화가 심할수록 커진다.

② 밭토양은 그렇지 않다.

(6) 유기물 함량

① 유기물은 모자라도 문제지만 논토양에서 너무 많으면 혐기조건에 의한 유해성분의 생성으로 오히려 해가 되는데 해가 없는 최대치는 2.5%이며, 이를 임계 유기물 함량이라 한다.

② 밭토양에서는 임계 유기물 함량이 없다.

보충

01 다음 중 작물의 생산량이 낮은 토양의 특징이 아닌 것은?

㉮ 자갈이 많은 토양

㉯ 배수가 불량한 토양

㉰ 지렁이가 많은 토양

㉱ 유황 성분이 많은 토양

■ 지렁이가 많은 토양은 비옥한 토양으로 작물의 생산량이 많은 토양이다.

02 노후화답의 특징이 아닌 것은?

㉮ 작토층의 철은 미생물에 의해 환원되어 Fe^{2+}로 되어 용탈한다.

㉯ 작토층 아래층의 철과 망간은 산화되어 용해도가 감소되어 Fe^{3+}와 Mn^{4+}형태로 침전한다.

㉰ 황화수소(H_2S)가 발생한다.

㉱ 규산함량이 증가된다.

■ 노후화의 영향으로 작토가 심하게 용탈되어 철, 망간을 비롯한 염기, 유효 규산, 그 밖의 식물양분 등의 일부 또는 전부가 결핍된 논토양을 노후화답이라고 한다.

03 토양에서 암거배수의 가장 큰 효과는?

㉮ CEC 증가

㉯ 인산유효도 증가

㉰ 배수력 증가

㉱ 이력현상 증가

■ 암거배수는 땅속이나 지표에 넘쳐 있는 물을 지하에 매설한 관이나 수로를 이용하여 배수하는 방법이다.

01 ㉰ 02 ㉱ 03 ㉰

04 간척지 토양의 특성에 대한 설명으로 틀린 것은?

㉮ Na^+에 의하여 토양분산이 잘 일어나서 토양공극이 막혀 수직배수가 어렵다.

㉯ 토양이 대체로 EC가 높고 알칼리성에 가까운 토양반응을 나타낸다.

㉰ 석고($CaSO_4$)의 시용은 황산기(SO_4^{2-})가 있어 간척지에 시용하면 안된다.

㉱ 토양유기물의 시용은 간척지 토양의 구조발달을 촉진시켜 제염효과를 높여 준다.

■ 벼가 아닌 밭작물을 재배하려는 경우 석회석 대신 석고를 사용하면 pH 값을 높이지 않고도 제염을 할 수 있다.

05 염해지 토양의 개량 방법으로 가장 적절치 않은 것은?

㉮ 암거배수나 명거배수를 한다.

㉯ 석회질 물질을 시용한다.

㉰ 전층 기계경운을 수시로 실시하여 토양의 물리성을 개선시킨다.

㉱ 건조시기에 물을 대줄 수 없는 곳에서는 생짚이나 청초를 부초로 하여 표층에 깔아주어 수분 증발을 막아준다.

■ 전층 기계경운은 하부의 소금을 상부로 끌어올리며, 토양의 물리성을 극도로 악화시킨다

06 지하수위가 높은 저습지 또는 배수가 불량한 곳은 물로 말미암아 $Fe^{3+} \rightarrow Fe^{2+}$로 되고 토층은 담청색~녹청색 또는 청회색을 띤다. 이와 같은 토층의 분화를 일으키는 작용은?

㉮ Podzol화 작용 ㉯ Latosol화 작용

㉰ Glei화 작용 ㉱ Siallit화 작용

■ 환원상태에서는 대부분의 무기 성분이 환원되어 용탈·유실되고, 토양단면은 청회색을 띠는 토층분화가 일어나는데 이와 같은 토양생성작용을 글라이화작용이라 한다.

07 건토효과로 옳은 것은?

㉮ 염기포화도가 높아진다.

㉯ 부식물의 집적이 증가한다.

㉰ 인산화작용을 촉진한다.

㉱ 암모니아화작용을 촉진한다.

■ 논토양을 건조시킨 후 다시 물을 대면 암모니아화작용이 촉진되는데 이를 건토효과라 하며, 유기물의 질소를 작물에 유효한 가급태인 암모늄태로 변화시켜 이용하는 것이다.

04 ㉰ **05** ㉰ **06** ㉰ **07** ㉱

08 밭토양 조건보다 논토양 조건에서 양분의 유효화가 커지는 대표적 성분은?

㉮ 질소　　　　　　　　　㉯ 인산

㉰ 칼륨　　　　　　　　　㉱ 석회

■ 대부분의 토양에서 담수 후에는 산성토양의 pH 값은 올라가고, 알칼리 토양은 내려와 pH 6.5~7.5의 상태가 된다. 인산은 중성에서 고정이 제일 적다.

09 논토양에서 토층분화란?

㉮ 산화층과 환원층의 생성　　㉯ 산성과 알칼리성의 형성

㉰ 떼알구조와 홑알구조의 배열　㉱ 유기물과 무기물의 작용

■ 표면의 산화층 아래에는 산소함량이 급격히 적어지며, 미생물학적 환원작용의 결과로 환원층이 생성된다. 환원된 화학물질 때문에 토양은 암회색(청회색)으로 되어 회갈색(적갈색)인 산화층과 구별된다.

10 논토양보다 배수가 양호한 밭토양에 많이 존재하는 무기물의 형태는?

㉮ Fe^{3+}　　　　　　　　㉯ CH_4

㉰ Mn^{2+}　　　　　　　　㉱ H_2S

■ 환원상태란 산소가 줄어든 상태(CO_2 → CH_4, CO) 또는 전자를 얻은 상태(Fe^{+3} → Fe^{+2}, 3가란 3개의 전자가 부족하다는 뜻인데, 2가가 되었다는 것은 전자를 하나 얻어 2개의 전자만 필요하다는 의미이다)를 말한다.

11 하우스 등 시설재배지에서 일어날 수 있는 염류집적에 대한 설명으로 옳은 것은?

㉮ 수분 침투량보다 증발량이 많을 때 염류가 집적된다.

㉯ 강우로 인하여 염류는 작토층에 남고 나머지는 유실된다.

㉰ 토양염류가 집적되면 칼슘이 많이 존재하며 수분의 흡수율이 높아진다.

㉱ Na 농도가 증가되어 토양입단형성이 많이 증가된다.

■ 수분이 침투하는 경우는 염류가 하층으로 이동하나, 증발하면 모든 염류가 모세관현상으로 올라와 지표에 쌓인다. 따라서 침투량보다 증발량이 많을 때 염류가 집적된다.

12 시설재배지의 토양관리를 위해 토양의 비전도도(EC)를 측정한다. 다음 중 가장 큰 이유가 되는 것은?

㉮ 토양 염류집적 정도의 평가

㉯ 토양 완충능 정도의 평가

㉰ 토양 염기포화도의 평가

㉱ 토양 산화환원 정도의 평가

■ 토양의 염류농도를 알기 위해(염류집적 정도를 평가하기 위해) 토양용액의 전기전도도(EC)를 측정하는데 염류 이온의 농도가 높으면 전기전도도가 비례하여 높아지는 원리를 이용한 것이다.

01 벼를 재배하고 있는 논토양의 색깔이 청회색을 나타내면 어떠한 조치를 하는 것이 가장 바람직한가?

㉮ 유기물을 투여한다.

㉯ 배수를 한다.

㉰ 유안비료를 시비한다.

㉱ 물을 깊이 대어 준다.

02 미사와 점토가 많은 논토양에 대한 설명으로 옳은 것은?

㉮ 가능한 산화상태 유지를 위해 논 상태로 월동시켜 생산량을 증대시킨다.

㉯ 유기물을 많이 사용하면 양분집적으로 인해 생산량이 떨어진다.

㉰ 월동기간에 논 상태인 습답을 춘경하면 양분손실이 생기므로 추경해야 양분손실이 적다.

㉱ 완숙유기물 등을 처리한 후 심경하여 통기 및 투수성을 증대시킨다.

03 논토양의 일반적인 특성이 아닌 것은?

㉮ 토층의 분화가 발생한다.

㉯ 조류에 의한 질소공급이 있다.

㉰ 연작장해가 있다.

㉱ 양분의 천연공급이 있다.

01 ㉯ 02 ㉱ 03 ㉰

04 다음 중 논토양의 특징이 아닌 것은?

㉮ 광범위한 환원층이 발달한다.

㉯ 연작장해가 나타나지 않는다.

㉰ 철이 쉽게 용탈된다.

㉱ 산성 피해가 잘 나타난다.

■ 대부분의 토양에서 담수 후에는 산성토양의 pH 값은 올라가고, 알칼리 토양은 내려와 pH 6.5~7.5의 상태가 된다. 산성 피해가 잘 나타나지 않는다.

05 논토양이 가지는 특성으로 적합하지 않은 것은?

㉮ 담수 후 대부분의 논토양은 중성으로 변한다.

㉯ 담수하면 토양은 환원 상태로 전환된다.

㉰ 호기성 미생물의 활동이 증가된다.

㉱ 토양용액의 비전도도는 증가하다 안정화된다.

■ 담수 후 수 시간 내에 토양에 함유된 산소가 호기성미생물에 의해 소모되면 호기성 미생물의 활동이 정지되고, 혐기성 미생물의 활동이 강해진다.

06 논의 특징적 성질로 볼 수 없는 것은?

㉮ 재배기간 중 토양은 대부분 환원상태로 지속된다.

㉯ 논에서의 전형적인 질소 손실은 탈질작용이다.

㉰ 경사지에 분포하고 있어 토양침식과 용탈이 많다.

㉱ 밭토양에 비하여 인산의 유효도가 높다.

■ 밭은 척박한 경사지에 조성되어 침식의 우려가 있으며 유효토심이 얕다. 옛 말에 "논농사는 자리로 해 먹고, 밭농사는 거름으로 해 먹는다"란 말이 있다.

07 논 토양이 환원상태로 되는 이유로 거리가 먼 것은?

㉮ 물에 잠겨 있어 산소의 공급이 원활하지 않기 때문이다.

㉯ 철·망간 등의 양분이 용탈되기 때문이다.

㉰ 미생물의 호흡 등으로 산소가 소모되고 산소공급이 잘 이루어지지 않기 때문이다.

㉱ 유기물의 분해과정에서 산소 소모가 많기 때문이다.

■ 산화란 산소가 붙는 것이고, 환원이란 붙어 있던 산소가 떨어져 나가는 것이므로 산소가 많은 곳에서는 산화가 일어날 것이고, 산소가 적은 곳에서는 환원이 일어날 것이다. 따라서 보기 ㉮㉰㉱는 산소가 없어지는 환경을 말하므로 환원이 일어나는 조건들이다. 반면 보기 ㉯는 환원 후에 일어나는 현상이므로 환원상태로 되는 조건은 아니다.

08 토양의 산화환원전위 값으로 알 수 있는 것은?

㉮ 토양의 공기유통과 배수상태

㉯ 토양산성 개량에 필요한 석회소요량

㉰ 토양의 완충능

㉱ 토양의 양이온 흡착력

■ 토양의 통기상태가 좋으면 산화 물질이 많다는 것, 즉 산화물질의 농도가 높은 것이므로 Eh값은 크다. 반대로 통기상태가 나쁘면 Eh값은 작게 되므로 Eh값은 환원상태(배수가 되지 않아 통기가 막힌 상태)를 알아보는 지표가 된다.

09 밭토양에 비하여 논토양의 철(Fe)과 망간(Mn) 성분이 유실되어 부족하기 쉬운데 그 이유로 가장 적합한 것은?

㉮ 철(Fe)과 망간(Mn) 성분이 논 토양에 더 적게 함유되어 있기 때문이다.

㉯ 논 토양은 벼 재배기간 중 담수상태로 유지되기 때문이다.

㉰ 철(Fe)과 망간(Mn) 성분은 벼에 의해 흡수 이용되기 때문이다.

㉱ 철(Fe)과 망간(Mn) 성분은 미량요소이기 때문이다.

■ 논토양이 환원상태가 되면 Fe과 Mn이 환원되는데(전자를 받아 Fe^{+3} → Fe^{+2}가 됨), 환원되면 가용성이 높아져 유실될 수 있다. 환원상태의 조건이 담수이다.

10 우리나라 밭토양의 특징과 거리가 먼 것은?

㉮ 밭토양은 경사지에 분포하고 있어 논토양보다 침식이 많다.

㉯ 밭토양은 인산의 불용화가 논토양보다 심하지 않아 인산유효도가 높다.

㉰ 밭토양은 양분유실이 많아 논토양보다 비료 의존도가 높다.

㉱ 밭토양은 논토양에 비하여 양분의 천연공급량이 낮다.

■ 논에 담수하면 산성토양의 pH 값은 올라가고, 알칼리 토양은 내려와 pH 6.5~7.5의 상태가 되는데, 인산은 이 범위에서 고정이 제일 적다. 밭토양은 이 범위의 pH를 유지하기가 어려워 인산의 불용화가 심하다.

11 점토 함량이 높은 밭토양의 개량방법으로 적합하지 않은 것은?

㉮ 심토파쇄

㉯ 객토

㉰ 암거배수

㉱ Na 계통 비료 시용

■ Na 이온은 점토의 결합을 분산시켜서 토양의 입단을 파괴한다. 입단이 파괴되면 공극을 막아 배수는 더 어렵게 된다.

12 산화 상태에서 주로 나타나는 토양성분은?

㉮ Fe^{3+}, Mn^{4+}

㉯ NH_3, H_2S

㉰ CH_4, S

㉱ N_2, 알데히드

13 밭토양에서 원소(N, S, C, Fe)의 산화형태가 아닌 것은?

㉮ NH_4^+

㉯ SO_4^{2-}

㉰ CO_2

㉱ Fe^{3+}

14 우리나라 시설재배지 토양에서 흔히 발생되는 문제점이 아닌 것은?

㉮ 연작으로 인한 특정 병해의 발생이 많다.

㉯ EC가 높고 염류집적 현상이 많이 발생한다.

㉰ 토양 환원이 심해 황화수소의 피해가 많다.

㉱ 특정 양분의 집적 또는 부족으로 영양생리장해가 많이 발생한다.

15 시설재배지 토양의 특성이 아닌 것은?

㉮ 연작으로 인해 특수 영양소의 결핍이 발생한다.

㉯ 용탈현상이 발생하지 않으므로 염류가 집적된다.

㉰ 소수의 채소작목만을 반복 재배하므로 특정 병해충이 번성한다.

㉱ 빈번한 화학비료의 사용에 의한 알칼리성화로 염기포화도가 높다.

16 표토에 염류집적 피해가 일어날 가능성이 큰 토양은?

㉮ 벼논

㉯ 사과 과수원

㉰ 인삼밭

㉱ 보리밭

17 토양의 염류집적 방지 대책 중 염류를 제거하는 데 가장 적합한 방법은?

㉮ 작물 수확 후 토지를 그대로 방치한다.

㉯ 담수한 후 경운하고 얼마 후에 물을 뺀다.

㉰ 비닐하우스에 경제적인 이득을 위하여 한 품목만 재배한다.

㉱ 최소 깊이의 경운을 실시하여 토양을 반전시킨 후 계속해서 경작한다.

■ 담수 후 경운하고 얼마 후 물을 빼면 염소, 마그네슘, 나트륨, 칼륨, 질산, 황산 등의 염류를 가장 확실하게 제거할 수 있고, 여름에 피복물을 제거하여 비를 충분히 맞추어도 염류농도가 크게 저하된다.

18 시설원예지 토양의 개량방법으로 거리가 먼 것은?

㉮ 화학비료를 많이 준다.

㉯ 객토하거나 환토한다.

㉰ 미량원소를 보급한다.

㉱ 담수하여 염류를 세척한다.

■ 시설원예지 토양은 과다시비와 염류집적이 있으므로 화학비료 시비를 자제한다.

19 10a의 논에 산적토를 이용하여 객토하려 한다. 객토심 10cm, 토양의 용적밀도(BD) 1.2g/cm³의 조건으로 객토를 한다면 마른 흙으로 몇 톤의 흙이 필요한가?

㉮ 1.2톤

㉯ 12톤

㉰ 120톤

㉱ 1,200톤

■ 10a = 1,000㎡
1.2g/cm³ × 1,000㎡ × 10cm
= 120톤(1m³ = 1ton)

20 노후답(老朽畓)의 개량방법으로 가장 거리가 먼 것은?

㉮ 좋은 점토로 객토한다.

㉯ 심토층까지 심경한다.

㉰ 규산질비료를 시용한다.

㉱ 함철자재의 시용을 억제한다.

■ 황화수소(H_2S)가 발생해도 황화수소가 황화철(FeS)로 바뀌면 벼에 해가 없다. 따라서 철분, 점토가 많은 산의 붉은 흙(山赤土)으로 객토하던가, 함철자재의 시용을 늘려야 한다

17 ㉯ 18 ㉮ 19 ㉰ 20 ㉱

21 배수불량으로 토양환원작용이 심한 토양에서 유기산과 황화수소의 발생 및 양분흡수 방해가 중요 원인이 되어 발생하는 벼의 영양장해 현상은?

㉮ 노화 현상　　　　　㉯ 적고현상

㉰ 누수현상　　　　　㉱ 시들음 현상

■ 배수불량으로 토양환원작용이 심한 토양에서 유기산과 황화수소의 발생 및 양분흡수 방해로 인하여 각종 병이 많아지므로 적고현상이나 추락현상이 발생한다.

22 습답의 특징으로 볼 수 없는 것은?

㉮ 지하수위가 표면으로부터 50㎝ 미만이다.

㉯ 유기산, 황화수소 등 유해물질이 생성된다.

㉰ Fe^{3+}, Mn^{4+}가 환원작용을 받아 Fe^{2+}, Mn^{2+}가 된다.

㉱ 칼륨 성분의 용해도가 높아 흡수가 잘 되나 질소 흡수는 저해된다.

■ (20번에 이어) 유해물질로 흡수에 방해받는 순서는 H_2O 〉 K 〉 P 〉 Si 〉 NH_4이다. 즉, 습답에서 가장 흡수가 어려운 것이 물이고, 칼륨이 부족해질 가능성이 많은 반면 질소는 잘 흡수된다. 따라서 벼는 질소 흡수로 초기에 잘된 것 같지만 후기 생육이 극히 부진해지는 추락현상이 발생한다.

23 투수가 잘 되어 토양의 환원상태가 오랫동안 유지되지 못하는 토양은?

㉮ 저습지토양　　　　㉯ 유기물이 많은 토양

㉰ 점질토양　　　　　㉱ 사질토양

■ 진흙의 함량이 12.5% 이하인 사질토양은 보수력이 낮다.

24 사력질의 습답을 개량하는 방법으로 틀린 것은?

㉮ 점토함량이 많은 질흙으로 객토하고 암거배수나 명거배수를 한다.

㉯ 석회질 물질을 사용한다.

㉰ 배수가 불량한 사력질답에서는 생짚 시용을 많이 할수록 벼의 생육이 양호해진다.

㉱ 양분흡수균형을 조절하기 위한 합리적인 시비방법을 꾀해야 한다.

■ 배수가 불량하면 유기물의 분해가 느리므로(혐기성 미생물에 의한 발효만 있음), 유기산류가 토층에 쌓여 벼의 생육에 해가 된다.

21 ㉯　22 ㉱　23 ㉱　24 ㉰

25 습답의 개량방법으로 적합하지 않은 것은?

㉮ 석회로 토양을 입단화한다.

㉯ 유기물을 다량 시용한다.

㉰ 암거배수를 한다.

㉱ 심경을 한다.

■ 물속은 혐기상태이므로 유기물의 분해가 느리고 유기산 등 유해물질이 발생한다.

26 추락현상이 나타나는 논이 아닌 것은?

㉮ 노후화답

㉯ 누수답

㉰ 유기물이 많은 저습답

㉱ 건답

■ 추락현상은 누수가 심해서 양분의 보류력이 적은 사질답이나 역질답에서도 나타나며, 습답에서 유기물이 과다하게 집적될 때에도 나타난다. 건답은 좋은 논이다.

27 논토양의 지력증진방향으로 옳지 않은 것은?

㉮ 미사와 점토가 많은 논토양에서는 지하수위를 낮추기 위한 암거배수나 명거배수가 요구된다.

㉯ 절토지에서는 성토지의 경우보다 배나 많은 질소비료를 시용해도 성토지의 벼 수량에 미치지 못한다.

㉰ 황산산성토양에서는 다량의 석회질 비료를 시용하지 않으면 수량이 적다.

㉱ 논의 갈이흙은 유기물 함량이 2.5% 이상이 되게 유지하는 토양관리가 필요하다.

■ 벼의 수확량을 최대로 하는 갈이흙(표토층의 경토)의 유기물함량은 2.5%이다. 이 이상 축적되면 오히려 해가 된다. 논토양에 이런 상한치가 있는 이유는 환원조건에서 유해물질이 생산되기 때문이다. 따라서 언제나 산화조건에 있는 밭토양에는 유기물의 상한치가 없다.

28 일반토양에 비하여 염해지토양에 많이 존재하는 물질은?

㉮ 유기물

㉯ 철

㉰ 석회

㉱ 나트륨

■ 염해지토양: 마그네슘과 칼륨의 함량은 5배 이상 많고, 나트륨 함량은 20배 이상 많으며, 비(전기)전도도는 적정보다 15~20배나 높다.

25 ㉯ 26 ㉱ 27 ㉱ 28 ㉱

29 간척지 토양의 일반적 특성이 아닌 것은?

㉮ Na⁺ 함량이 높다.

㉯ 제염 과정에서 각종 무기염류의 용량이 크다.

㉰ 토양교질이 분산되어 물 빠짐이 양호하다.

㉱ 유기물 함량이 낮다.

■ 간척지 토양은 토양교질 표면의 제타전위가 커져서 교질이 분산되며, 이 교질이 하층으로 이동·축적함에 따라 물빠짐이 급격히 감소한다.

30 간척지 논토양에서 흔히 결핍되기 쉬운 미량성분은?

㉮ Zn

㉯ Fe

㉰ Mn

㉱ B

■ 간척지 토양, 염해지 토양, 석회질 토양, 유기질 토양은 pH가 높으므로 알칼리에서 용해도가 극히 낮은 아연(Zn) 부족증이 나타난다. 아연 결핍 증상을 북새병이라 한다.

31 간척지 토양에서 벼를 재배할 때 염해를 일으킬 수 있는 염분(NaCl) 농도의 최저 범위는?

㉮ 0.05% 내외

㉯ 0.1% 내외

㉰ 1% 내외

㉱ 10% 내외

■ 벼의 생육이 가능한 염분농도는 0.3% 이하이고 염해가 발생하는 농도는 0.1% 내외이다.

32 다음 중 내염성이 약한 작물은?

㉮ 양란

㉯ 케일

㉰ 양배추

㉱ 시금치

■ 양란, 콩, 감자 등은 내염성이 약한 작물이고 사탕무, 면화, 유채, 양배추, 시금치 등은 강하다.

33 토양의 산화환원전위 값으로 알 수 있는 것은?

㉮ 토양의 공기유통과 배수상태

㉯ 토양산성 개량에 필요한 석회소요량

㉰ 토양의 완충능

㉱ 토양의 양이온 흡착력

■ 토양의 통기상태가 좋으면 산화물질이 많다는 것, 즉 산화물질의 농도가 높은 것이므로 Eh값은 크다. 반대로 통기상태가 나쁘면 Eh값은 작게 되므로 Eh값은 환원상태(배수가 되지 않아 통기가 막힌 상태)를 알아보는 지표가 된다.

---

29 ㉰   30 ㉮   31 ㉯   32 ㉮   33 ㉮

식물은 수학박사

나뭇잎이 가지에 어떻게 붙어 있는가를 주의 깊게 본 일이 있으세요? 꽃잎은 어떻게 붙어 있던 가요? 솔방울이나 해바라기 씨는 어떻게 붙어 있지요? 눈으로만이 아니라 생각하면서 본 적이 있나요? 이 모두가 수학입니다. 수학으로 알 수 있는 것이 아주 많은데 식물도 수학이라는 것을 아이와 함께 확인해 보시지요. 엄마, 아빠의 설명에 도움 받아 수학에 관심을 갖게 될 꼬마 천재를 기대하면서 이야기를 시작합니다.

아무리 초라한 집이라도 건축가는 삼각자도 사용하고 컴퍼스도 사용하면서, 사람들이 별로 좋아하지 않는 수학이 기본이 되는 기하학이라는 학문의 도움을 받습니다. 인간이 짓는 초라한 집도 그런데 위대한 신이 만든 모든 생명의 기원이자 젖줄인 식물을 신께서 그냥 적당히, 또는 아무렇게나 만드셨다고 생각하시지는 않겠지요? 우선 잎의 배열부터 보시지요.

식물도 우리처럼 비싼 땅을 효율적으로 사용하기 위하여 고층 아파트를 짓습니다. 그런데 우리의 아파트는 위, 아래층이 똑같은 땅 위에, 높이만 다르게 건축되어 있다 보니 위층 사람이 소란을 피우면 아래층이 피해를 볼 수밖에 없습니다. 그래서 심각하게 싸우기도 하지요. 식물은 같은 고층 아파트에 사는데 왜 싸우지 않을까요?

싸울 필요가 없습니다. 위층에서 어떤 피해도 주지 않으니까요. 식물은 나선형이라는 기하학을 이용합니다. 어느 곳에 첫째 잎을 답니다. 둘째 잎은 그보다 조금 높은 곳이면서 첫째 잎과는 약간 빗나간 곳에 자리를 잡습니다. 그 위도 마찬가지로 높이는 높아지지만 첫째 잎의 수직선을 기준으로 보면 다 위치가 다른 곳에 배열이 됩니다.

이렇게 나선형으로 돌다 보면 몇 층 올라가서는 첫째 잎과 같은 위치에 오는 잎이 당연히 있겠지요. 그러나 상관없어요. 우리 집보다 3층이나 5층 정도 높은 집에서 나는 발소리 정도는 참을만하니까요(나무의 경우 5층 구조가 가장 많음, 학문적으로는 "2/5의 개도(開度)"라고 표시하는데 이는 수직선을 기준으로 나뭇잎의 1번 위치와 똑같은 위치는 6번째이고 5개의 잎을 한 주기로 함, 그 사이에 줄기를 2번 돌았다는 의미)

지금 바로 벚나무를 확인해 보세요. 틀림없이 2/5의 개도입니다. 더 확인해 보시지요. 느릅은 1/2, 오리나무는 1/3, 벚나무는 2/5, 장미는 3/8, 소나무는 5/13, 돌나무는 8/21입니다. 그런데 이 수에는 엄청난 비밀이 숨어있어요.

계속된 3개의 수치를 뽑아봅시다. 가장 앞에 있는 3개의 수치 1/2, 1/3, 2/5를 보면 분모와 분자 모두 앞의 두 분모와 분자의 합이란 사실입니다. 1+1= 2, 2+3= 5 그렇지요? 다른 수도 다 그래요. 이것은 무엇을 의미할까요?

벚나무(2/5)는 느릅(1/2)과 오리나무(1/3)의 설계도를 조립했다는 의미입니다. 돌나물(8/21)은 장미(3/8)와 소나무(5/13)로부터 설계도를 도입했습니다. 분명히 어떤 예지가 우연이란 것이 개입할 여지 없이 공동의 법칙으로 잎을 건축하고 있는 것입니다. 법칙을 알았으므로 또 다른 식물의 개도를 구할 수 있겠지요. 8/21 다음의 개도는 8+5= 13, 21+13= 34, 즉 13/34가 됩니다. 그 다음은 21/55, 34/89입니다. 이 수들은 솔방울, 엉겅퀴 꽃잎, 해바라기 씨와 같이 복잡한 모양의 개도에 해당합니다.

이번에는 꽃잎의 수를 볼까요? 백합 3장, 진달래 5장, 코스모스 8장, 금잔화 13장, 쑥부쟁이 21장, 데이지 34장, 국화과는 55 또는 89장입니다. 잎의 개도도 그렇고, 꽃잎의 수도 그렇고, 씨앗의 수도 1(기본수), 2, 3, 5, 8, 13, 21, 34, 55, 89를 따르고 있습니다.

신기하지요? 그래서 수학자들이 1+2= 3, 3+5= 8, 8+13= 21, 34+55= 89와 같이 앞의 두 수의 합이 그 다음의 수가 되는 수들을 "피보나치수열"이라고 이름을 지었습니다. 즉, 신이 사용한 기하학의 기본은 피보나치수열이었습니다. 이 수열의 다른 특징을 하나 더 보지요. 앞의 수를 뒤의 수로 나누어 보겠습니다. 2/3 = 0.666, 3/5 = 0.625, 13/21 = 0.6190, 55/89 = 0.61797, 89/144 = 0.61805⋯ 값이 황금비라고 부르는 0.6180339⋯에 점점 가까이 가고 있습니다.

식물에서 사용하는 황금비를 조금 더 보지요. 꽃잎은 대개 그 아래 두 장의 꽃잎 사이에 포개지는데 그 위치는 정 중앙(0.5)이 아니고 약간 빗긴 황금비의 위치입니다. 로제트식물(냉이, 민들레 등)의 잎도, 엉겅퀴의 복잡한 꽃봉오리도, 파인애플의 알맹이도, 야자나무나 소나무의 엽적도 또한 같습니다. 식물은 정말 황금비 덩어리입니다. 그런데 황금비는 무엇일까요? 황금비란 르네상스 시대부터 관심을 받은 것으로 부분과 부분 사이에서 조화로운 비율을 의미합니다. 예를 들어 건물 전체의 길이와 높이, 지붕이 차지하는 공간, 창틀의 위치와 모양, 각종 예술품의 구도, 아름다운 인체 등에서 언급되는 수치입니다.

식물은 왜 황금비를 사용하고 있을까요? 철학적 의미는 모릅니다. 그런데 수학적 의미는 있어요. 식물의 잎나기 순서에는 4가지가 있는데 가장 진화한 식물이 보여주는 것이 어긋나기 방식이고, 그 아래가 마주나기 방식입니다. 이 두 방식을 극장의 좌석배열을 예로 들어 설명하지요.

어긋나기   마주나기   돌려나기

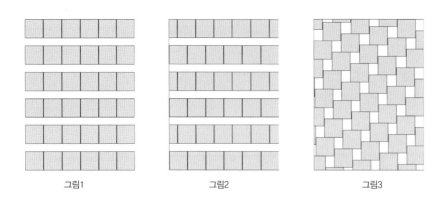

<table>
<tr><td>그림1</td><td>그림2</td><td>그림3</td></tr>
</table>

그림 1과 같이 좌석을 배열하였다면 맨 앞줄만 빼 놓고는 모든 사람이 영화를 볼 수 없겠지요. 그래서 식물도 이렇게 배열하는 경우는 없습니다.

그림 2는 어떨까요? 줄 간 간격이 충분히 넓으면 문제가 없으나 그렇지 않으면 맨 뒷줄에서는 앞이 보이지 않는 문제가 발생하겠지요. 식물에서도 마디사이가 짧아지면 같은 현상이 발생합니다. 이런 경우 사람은 뒷사람이 고개를 돌려 앞을 보고, 식물은 위 잎이 방향을 틀어 아래 잎이 햇빛을 보도록 배려하는데, 들깨에서 볼 수 있습니다. 여하튼 최고의 방법은 아닙니다.

그림 3은 어떨까요? 관객의 시선은 앞줄에 앉은 두 사람 사이의 정중앙을 통과하는 것이 아닙니다. 왼쪽 사람에 약간 가깝게(황금비가 되도록) 통과하고 있으며, 그 사람은 다행히 무대 앞 쪽으로 좀 더 멀리 있습니다. 그리고 앞에 있는 사람 중에 시선을 정면으로 가리는 사람은 없습니다. 즉 모든 관객의 시야가 확보되어 있습니다. 이것이 어긋나기 방식의 잎들이 줄기 주변의 공간을 공평하게 나누어 갖는 구조입니다. 즉, 황금비의 수학적 의미는 "공평"입니다.

이야기가 너무 길었습니다. 엄마에게 부탁합니다. 아이들에게 그 나이에 맞는 아이들의 언어로 다음을 설명해주시지요. "식물의 꽃은 아주 아름답지? 색뿐만이 아니야. 네가 수학을 좋아해서 많이 공부하면 알게 되겠지만 인간이 가장 좋아하는 황금비를 가지고 있단다.

그런데 식물은 단지 시각에만 호소하는 것이 아니야. 그 안에는 온갖 즐거움의 원천이 담겨 있지. 미각의 극치인 꿀, 곤충만을 위하기에는 너무 사치스러운 향기, 너의 피부처럼 부드러운 꽃잎의 촉감, 꽃이 만드는 꿀벌의 윙윙거림. 즉, 인간이 가진 모든 감각기관, 즉 오감에 모든 것을 다 바쳐 사람에게 다가오고 싶어 하는 거야. 너를 그렇게 사랑하는데 너도 식물을 사랑하는 것이 좋지 않을까? 네가 제일 좋아하는 친구의 이름을 부르듯 꽃의 이름을 불러보렴"

아빠에게 부탁합니다. 아이와 같이 나뭇잎의 개도를 계산해 보세요. 더하고, 빼고, 곱하고, 나누며 수식의 답만을 알아내기 위해 머리를 쥐어짜야 하는 학교의 수학이 아닌, 식물을 매개로 하는 아빠의 수학을 소개해 주시지요. 젊은 시절부터 계속되는 아이와의 대화는 든든한 보험입니다. 무슨 뜻인지 아시지요? 아빠들 화팅!

III 유기농업일반

연장들의 사연

훌륭한 목수는 죽은 나무에 두 번째의 목숨을 준다는 말처럼 이 댁 주인 목수의 솜씨는 이름이 나 있다.

그래도 자기의 여문 손끝보다는 연장들이 빈틈없이 잘해 주는 것을 기쁨과 자랑으로 여기고 있다.

그런데 어느 날 우연히 연장궤에서 비아냥대는 소리가 났다. 누군가가

"망치야, 너는 소리를 크게 내기 때문에 없어져야 한다."고 하니, 망치는 눈을 부릅뜨고

"내가 떠나면 톱도 떠나야 한다. 이것 저것 무엇이든지 사정없이 잘라내니 말이다."라고 대꾸했다.

그러자 톱은 목에 힘을 주며

"그렇다면 대패도 떠나야 한다. 대패는 항상 남의 깊은 속은 모르고 겉만 보고 깎아대니 떠나야 한다." 그러자 대패는 어이없다는 듯이 한 마디 했다.

"내가 꼭 떠나야 한다면 자(尺)도 떠나야 한다. 자는 항상 자기 것만 옳다고 하며 모든 기준을 자기 중심으로 해서 크고 작다고 가늠하기 때문이다."라고 그럴싸하게 이유를 설명했다.

이렇게 법석을 치는 동안에 주인 목수가 작업복을 갈아입고는 예쁜 화장대를 만들기 시작했다. 물론 망치, 톱, 대패, 자 등 어느 것 하나 버리지 않고 연장 모두를 사용했다. 어느 한 가지라도 빠지면 만들고자 하는 작품을 만들 수 없기 때문이다.

연장에게는 제각기 맡겨진 역할이 있다. 하늘이 맡겨 준 사명이다. 이 역할과 사명을 다할 때 보람을 느끼게 된다.

더불어 남이 맡은 역할을 존중하고 인정해 줄 때 훈훈한 정이 흐르고 일심동체가 된다.

이것을 깨달은 연장들은 푸른 이끼가 낀 바위처럼, 오랜 연륜이 쌓인 거목처럼, 사랑과 정과 보람과 인정이 더욱 두터워지는 만남을 추구하자고 다짐을 한다.

맑고 고운 그들의 얼굴엔 함박꽃 같은 미소가 흐른다. 이윽고 포근한 연장주머니 속에서 함께 잠들고 있다. 예쁜 화장대를 다 만들고 나서.

예쁜 화장대와 같은 예쁜 기능사자격증을 만들려면 어떤 연장들이 필요할까? 최소한 3개의 연장이 필요하다.

이 과목의 난이도는 높지 않다. 연장으로 치지면 특별한 기술이 필요 없는 망치 수준(?)이다. 그런데 망치도 잘 다루어야지, 잘못 하다간 여지없이 발등 찍힌다. 같은 33점이다. 다만 점수를 주려는 과목이다. 그래서 비교적 쉽다.

여기서도 물론 외우는 것은 금물이다. 이해하여야 한다. 원리나 현상은 물론 고유명사까지도 이해하여야 한다. "고유명사의 이해", 의미를 가진 심오한 말이다.

유기농업의 의의

1 유기농업의 배경 및 의의

1. 유기농업의 배경

(1) 아주 오래 전의 시작

① 독일의 테어는 1810년 그의 저서 "합리적 농업의 원리"에서 1년간 휴한이 있는 3포식 농업을 폐지하고, 사료작물을 윤작체계에 포함하는 노퍽식 윤작체계(순무 → 보리 → 클로버 → 밀)의 도입을 주장하였다. 사료작물이 추가되면 구비가 확보되므로 지력을 유지 또는 증진할 수 있다는 이론이었다.

② 찰스 다윈은 자신의 아들과 함께 1881년에 지은 저서 "부엽토와 지렁이"에서 지렁이의 역할(만일 지렁이가 없다면 식물은 죽어 사라질 것)을 기술하였기에 그가 최초로 유기농업의 이론(식물영양론)을 만들었다고 인정된다.

③ 이 이외에도 아주 많은 학자를 유기농업에 관련시킬 수 있으나 그때는 유기농업이 아니면 다른 방법이 없던 때였기에 더 이상의 논의는 큰 의미가 없다.

(2) 어쩔 수 없는 선택

① 대량생산에 대한 욕구 → 화학비료 · 농약에 대한 많은 의존 → 토양황폐화, 환경오염

② 육류소비의 증가 → 축산의 대규모화 → 축산분뇨의 대량 배출 → 수질, 환경오염

③ 1962년 미국에서 발간된 Rachel L. Carson의 저서, Silent spring(침묵의 봄)은 무차별한 농약사용이 환경과 인간에게 얼마나 나쁜 영향을 미치는지를 감성적으로 처절하게 알렸다. 이 책은 출간 후 일반인, 학자, 정부관료들의 사고에 변화를 유도하여 IPM(Integrated Pest Management, 해충이나 다른 작물 병해충 방제에 화학살충제의 의존도를 줄이고 오염을 최소화하며 생산물에 남는 독성을 줄이기 위해 물리적, 화학적, 생물학적 방법을 연합하여 사용하는 것) 사업과 저투입 지속농업(LISA)을 출발시켰다.

④ 이상의 환경에 더하여 어쩔 수 없이 유기농업을 선택하게 된 더 근원적인 이유는 선진농업 국가에서의 식량의 과잉생산이다. 대규모의 관행농업 체계를 그대로 두고는 남아도는 농산물을 처리할 수 없었기 때문이다.

(3) 우리나라에서의 시작
① 1986년 '한살림농산' 개설, 1988년 '한살림공동체소비자협동조합' 창립
② 1991년 농림축산식품부 농산국에 유기농업발전기획단 설치
③ 1994년 농림축산식품부에 환경농업과 신설
④ 1997년 환경농업육성법 제정
⑤ 1998년 친환경농업 원년선포
⑥ 1999년 친환경농업 직불금제 도입
⑦ 2001년 친환경농업육성법으로 법제명 변경, 친환경농업육성 5개년계획 수립
⑧ 2005년 유기농업기사 등 국가기술자격제도 도입
⑨ 2011년 제 17차 세계유기농대회 남양주시 유치
⑩ 2012년 친환경농어업 육성 및 유기식품 등의 관리·지원에 관한 법률로 법제명 변경
⑪ 2015년 세계 유기농산업 엑스포 괴산군 개최

2. 국제유기농업운동연맹
[International Federation of Organic Agriculture Movements, IFOAM]

(1) IFOAM의 요약
① 국제유기농업운동연맹은 전 세계 116개국의 850여 단체가 가입한 세계 최대 규모의 유기농업운동 민간단체이다. 1972년 프랑스에 창립되었으며 독일 본에 본부를 두고 있다.
② 유기농업의 원리에 바탕을 둔 생태적·사회적·경제적 유기농업 실천을 지향하며 유기농업의 기준 설정, 정보 제공 및 기술 보급, 국제 인증기준과 인증기관 지정 등의 역할을 하고 있다.
③ 국제유기농운동 지원을 주로 하며, 3년에 한번씩 세계유기농대회를 개최한다.

(2) IFOAM에서 정한 유기농업의 기본목적
① 가능한 폐쇄적인 농업시스템 속에서 적당한 것을 취하고, 또한 지역 내 자원에 의존하는 것

② 장기적으로 토양비옥도를 유지하는 것

③ 현대 농업기술이 가져온 심각한 오염을 회피하는 것

④ 영양가 높은 음식을 충분히 생산하는 것

⑤ 농업에 화석연료의 사용을 최소화시키는 것

⑥ 전체 가축에 대하여 그 심리적 필요성과 윤리적 원칙에 적합한 사양조건을 만들어 주는 것

⑦ 농업생산자에 대해서 정당한 보수를 받을 수 있도록 하는 것과 더불어 일에 대해 만족감을 느낄 수 있도록 하는 것

⑧ 전체적으로 자연환경과의 관계에서 공생·보호적인 자세를 견지하는 것

※ 이상의 목적에 도달 또는 접근하기 위해서 유기농업은 일정한 기술을 도입해야 하는데 그 기술의 내용은 다음과 같다.

① 위와 같은 기본 목적에 반하는 자재(농약, 화학비료 등)와 농법을 배제하는 것

② 자연의 생태학적 균형을 존중하는 것

③ 농업생산자와 공존하는 것(미생물, 식물, 동물) 전반에 대해 적(敵)이나 노예로 삼지 않도록 공생의 방법을 모색하는 것

01 유기농업의 이해 및 관심 증가에 대한 1차적 배경으로 가장 적합한 것은?

㉮ 지역사회개발론

㉯ 생명환경의 위기론

㉰ 농가소득보장으로 부의 농촌경제론

㉱ 육종학적 발달과 미래지향적 설계론

■ 1962년 미국에서 발간된 Rachel L. Carson의 저서, "침묵의 봄"은 무차별한 농약사용이 환경과 인간에게 얼마나 나쁜 영향을 미치는지를 감성적으로 처절하게 알렸다.

02 친환경농업의 출현 배경으로 틀린 것은?

㉮ 세계의 농업정책이 증산위주에서 소비자와 교역중심으로 전환되어가고 있는 추세이다.

㉯ 국제적으로 공업부분은 규제를 강화하고 있는 반면 농업부분은 규제를 다소 완화하고 있는 추세이다.

㉰ 대부분의 국가가 친환경농법의 정착을 유도하고 있는 추세이다.

㉱ 농약을 과다하게 사용함에 따라 천적이 감소되어가는 추세이다.

■ 친환경농업의 출현 배경
① 대량생산에 대한 욕구 → 화학비료 · 농약에 대한 많은 의존 → 토양 황폐화, 환경오염
② 친환경농업을 선택하게 된 더 근원적인 이유는 선진농업 국가에서의 식량의 과잉생산이다.
③ 무역자유화 추세에 따라 국제적으로 공업부분은 규제를 풀고 있으나, 농업부분은 환경에 미치는 다원적 기능을 중시하여 자국의 농업을 보호하려고 규제가 강화되는 추세이다.

03 IFOAM 이란 어떤 기구인가?

㉮ 국제유기농업운동연맹

㉯ 무역의 기술적 장애에 관한 협정

㉰ 위생식품검역 적용에 관한 협정

㉱ 식품관련법

■ IFOAM(International Federation of Organic Agriculture Movement, 국제유기농업운동연맹): 유기농업운동을 선도 · 통합 · 지원하기 위하여 1972년 11월 5일 프랑스 베르사유에서 창립된 국제적 유기농업운동 민간단체이다.

01 ㉯ 02 ㉯ 03 ㉮

1. Codex 유기식품의 생산, 가공, 표시 및 유통에 관한 가이드라인

(우리나라는 Codex 가이드라인을 준수함) — 필요한 부분만 발췌

(1) 전문(前文)

1. 본 가이드라인은 유기식품의 생산, 표시 및 강조표시에 관하여 합의된 요건을 제공하기 위하여 마련되었다.

7. 유기농업은 생물의 다양성, 생물학적 순환의 원활화, 토양의 생물학적 활동 촉진 등 농업생태계의 건강을 증진시키고 강화시키는 총체적 생산관리제도이다. 유기농업은 지역 형편에 따라 현지적응 체계가 필요하다는 사실을 고려하면서 농장 외부 물자의 투입(off-farm input)보다는 관리규범을 사용할 것을 강조한다. 이는 가능한 한 합성물질 사용과 반대되는 재배방법이나 문화적, 생물학적, 기계적 방법을 사용하여 체계의 목표를 달성하도록 해야 한다. 유기생산 체계는 다음을 목적으로 한다.

(a) 체계 전체(whole system)의 생물학적 다양성을 증진시키기 위하여

(b) 토양의 생물학적 활성을 촉진시키기 위하여

(c) 토양 비옥도를 오래도록 유지시키기 위하여

(d) 동식물 유래 폐기물을 재활용하여 영양분을 토양에 되돌려주는 한편 재생이 불가능한 자원의 사용을 최소화하기 위하여

(e) 현지 농업체계 안에서 재생 가능한 자원에 의존하기 위하여

(f) 영농의 결과로 초래될 수 있는 모든 형태의 토양, 물, 대기오염을 최소화할 뿐만 아니라 그런 것들의 건전한 사용을 촉진하기 위하여

(g) 제품의 전 단계에서 제품의 유기적 순수성(organic integrity)과 필수적인 품질 유지를 위하여 가공방법에 신중을 기하면서 농산물을 취급하기 위하여

(h) 현존하는 어느 농장이든 전환기간만 거치면 유기농장으로 정착할 수 있게 한다. 전환기간은 농지의 이력, 작물과 가축의 종류 등 특정요소를 감안하여 적절히 결정한다.

(2) 제1장 범위

1.5 유전공학 / 유전자변형 물질(GEO/GMO)로부터 생산된 모든 재료 그리고 / 또는 제품은 유기생산원칙(재배, 제조, 가공)과 부합하지 않으므로 본 가이드라인에서 허용되지 않는다.

2. 친환경농어업 육성 및 유기식품 등의 지원에 관한 법률 중 중요사항

법 제1조(목적) 이 법은 농어업의 환경보전기능을 증대시키고 농어업으로 인한 환경오염을 줄이며, 친환경농어업을 실천하는 농어업인을 육성하여 지속가능한 친환경농어업을 추구하고 이와 관련된 친환경농수산물과 유기식품 등을 관리하여 생산자와 소비자를 함께 보호하는 것을 목적으로 한다.

법 제2조(정의) 이 법에서 사용하는 용어의 뜻은 다음과 같다.

1. "친환경농어업"이란 합성농약, 화학비료 및 항생제·항균제 등 화학자재를 사용하지 아니하거나 그 사용을 최소화하고 (생략)
2. "친환경농수산물"이란 친환경농어업을 통하여 얻는 것으로 다음 각 목의 어느 하나에 해당하는 것을 말한다.
   가. 유기농산물
   나. 무농약농산물, 무항생제축산물

3. 유럽의 유기농업 경영성과

① 유기농법 독농가와 입지 및 경영여건이 비슷한 관행적 농법 경영자의 경영구조 및 경영성과를 비교한 것을 보면, 재배작물의 종류, 생산성, 판로 등 여러 가지의 차이가 있으나 경영성과의 차이만 보면

② 유기농법에서는 화학비료, 농약을 사용하지 않고 가축과 사료구입도 가급적 적게 하여 자급생산을 하고 있기 때문에 그만큼 지출비용이 적다. 대신 유기농법에서는 일손이 많이 드는 농작업과 직접판매 때문에 생산·판매과정에서 많은 노동이 소요되고 고용노임이 많아진다. 그러나 수익에서 비용을 뺀 이익은 유기농법이 관행농법에 비하여 많다고 한다. 즉, 경영수익은 유기농법이, 토지생산성은 관행농법에서 높다고 조사되었다.

4. 우리나라의 유기농업

(1) 인증현황
① 인증농가 : 2001년(2,087호, 전체농가의 0.2%), 2012년(107,058호, 전체농가의 6.5%), 2015년(60,018호, 전체농가의 6%)

② 인증재배면적 : 2001년(5천ha, 전체면적의 0.1%), 2012년(84천ha, 전체면적의 5%), 2015년(75천ha 전체면적의 4.5%)

③ 분석 : 2012년까지 빠르게 증가하였으나 취약한 생산기반, 부실인증에 따른 여론악화 등으로 2012년 이후 감소하였다. 그러나 인증강화 등에 따른 신뢰회복으로 2016년부터 다시 증가세로 전환하였고 2017년부터 가파른 상승세를 유지하고 있다.

(2) 유통 및 가격현황

① 유통비율 : 대형마트 및 전문점(27.5%), 생협(24.5%), 학교급식(16.2%)

② 가격 : 일반 농산물 대비 1.6~1.7배 수준

③ 분석 : 전문점, 생협 중심의 폐쇄적 판매구조로 소비자의 접근성이 낮으며, 선진외국에 비하여 가격이 낮다.(소비자 만족도조사 결과 가격에 대한 만족도가 가장 낮은 것으로 보아, 소비층 확대 없이 공급만 확대할 경우 가격의 추가하락은 불가피할 것임)

(3) 환경개선

① 화학비료/농약사용량 : 2000년(382, 11.2kg/ha), 2005년(376, 10.7kg/ha), 2014년(258, 9.3kg/ha)

② 인증농지 이외의 일반농업에서 화학자재 사용감축에 대한 실적은 아직 미흡

(4) 소비자가 중시하는 사항

① 우리나라(2016년 설문조사 결과) : 식품의 안전성(75.8%), 영양(12.4%), 맛(5.2%), 환경보호(4.1%)

② 선진외국 : 환경보호(약 80%) > GMO 기피 > 지역산품 소비 > 안전성, 영양, 맛

01 유기재배 농가에서 사용하지 말아야할 종자는 어떤 육종 기술에 의해 생산된 것인가?

㉮ 교잡육종

㉯ 계통분리육종

㉰ 잡종강세육종

㉱ 유전자변형(형질전환)육종

02 GMO의 바른 우리말 용어는?

㉮ 유전자농산물

㉯ 유전자이용농산물

㉰ 유전자형질농산물

㉱ 유전자변형농산물

보충

■ Codex 규격: 유전공학/유전자변형 물질(GEO/GMO)로부터 생산된 모든 재료 그리고/또는 제품은 유기 생산 원칙(재배, 제조, 가공)과 부합하지 않으므로 본 가이드라인에서 허용되지 않는다. 우리나라법은 당연히 Codex 규격을 따른다.

■ 유전공학/유전자변형물질 (GEO/GMO)
– GMO: Genetically Modified Organism

01 ㉱ 02 ㉱

1. 친환경농업의 정의

"친환경농어업"이란 합성농약, 화학비료 및 항생제·항균제 등 화학자재를 사용하지 아니하거나 그 사용을 최소화하고 농업·수산업·축산업·임업 부산물의 재활용 등을 통하여 생태계와 환경을 유지·보전하면서 안전한 농산물·수산물·축산물·임산물을 생산하는 산업을 말한다.　　　– 친환경농어업 육성 및 유기식품 등의 관리·지원에 관한 법률 제2조

2. 친환경농업(유기경종)에서 토양비옥도 증진방안

(1) 유기경종가의 철학

① 유기농법 실천가들은 토양은 외부로부터의 투입자재 없이도 고생산성을 유지할 수 있다고 생각하며, 작물과 가축에 의해 탈취되는 영양분은 녹비작물, 퇴비, 윤작 등을 통해 충분히 공급됨으로써 토양 고유의 비옥도를 계속 유지할 수 있다고 본다. 다만 일부 토양은 어떤 필수원소가 결핍될 수 있고, 이러한 결핍현상은 인위적 양분공급(허용물질의 시용)에 의해 교정될 수 있다고 본다.

(2) 퇴비

1) 퇴비의 정의와 역할

① 퇴비(유기질비료, 부산물비료)의 정의 : 유기질비료는 내용물의 질소, 인산, 칼륨 등 비료성분의 함량을 공정규격의 규제기준으로 적용하고 있다. 반면에 부산물비료는 내용물의 유기물 함량과 질소 함량의 비(OM/N Ratio)를 규제하는 점이 유기질비료와 다르다. 그러나 유기질비료나 부산물비료는 공정규격의 규제기준으로 선정된 비료성분 대부분이 퇴비화(composting) 과정을 거쳐 제조되므로 넓은 의미의 퇴비에 포함시킬 수 있다.

② 퇴비의 역할 : 퇴비는 작물에 영양분을 직접 공급하는 동시에 토양의 입단화에 기여하여 토양의 물리적·화학적 성질을 개선하고, 완충능을 증대하는 등의 작용으로 작물의 증수는 물론 화학비료 및 농약의 사용을 절감시켜 환경보전에도 기여하게 된다.

2) 퇴비에 관한 규정

① 고시 별표 1, 2. 유기농산물, 다. 재배방법, 3)항

"토양에 투입하는 유기물은 유기농산물의 인증기준에 맞게 생산된 것이어야 한다."

② 고시 별표 1, 2. 유기농산물, 다. 재배방법, 5)항

"가축분뇨를 원료로 하는 퇴비 · 액비는 유기농축산물 · 무항생제축산물 인증 농장 및 경축순환농법으로 사육한 농장에서 유래된 것만 사용할 수 있으며, 완전히 부숙시켜서 사용하되, 과다한 사용, 유실 및 용탈 등으로 인하여 환경오염을 유발하지 아니하도록 하여야 한다. 다만, 유기농축산물 · 무항생제축산물 인증 농장 및 경축순환농법으로 사육하지 아니한 농장에서 유래된 가축분뇨로 제조된 퇴비는 항생물질이 포함되지 아니하여야 하고, 유해성분함량은「비료관리법」제4조에 따라 농촌진흥청장이 비료공정규격설정 및 지정에 관한 고시에서 정한 퇴비규격에 적합하여야 한다."

3) 퇴비화 관련 인자 — 출처: 일본 농업기술연구기관 축산연구소

① 미생물 : 호기성 미생물은 혐기성 미생물보다 유기물의 분해속도가 매우 빠르므로, 호기성 미생물의 활동을 활발하게 해주기 위하여 다음과 같은 적정한 환경조건을 만드는 것이 퇴비화를 촉진하는 길이다.

② 통기성 : 퇴비화 과정은 주로 유기물의 호기적 산화분해이기 때문에 산소의 존재가 필수적이다. 퇴비화 과정에서 공급되는 공기는 미생물이 호기적 대사를 할 수 있도록 하고, 온도를 조절하며, 수분 · CO_2 및 다른 기체들을 제거하는 역할을 한다. 그러나 과도하게 많은 공기를 공급하면 필요한 수분이 제거되고 겨울철에는 퇴비온도가 저하되어 퇴비화가 늦어진다.

③ pH : 유기물 분해는 중성 혹은 약알칼리성의 범위에서 활성이 가장 높다. 초기에 투입되어진 원료 중에 포함되어진 전분질, 각종 산, 단백질에 유래되는 탄소는 서서히 분해되어 공기 중의 CO_2으로 전환되고, 질소원은 일부 탈질이 일어나지만 주로 암모니아로 전환되며, 이러한 암모니아에 의하여 pH가 상승되어 pH는 8보다 약간 높은 값으로 자연적으로 제어되게 된다.

④ 영양원 : 퇴비의 원료에 있어서 가장 적합한 탄소와 질소비(C/N율)는 약 20~30이라고 알려져 있다. 적정한 C/N율를 유지하기 위한 수단으로 대부분의 퇴비화공정에서는 2종류의 원료를 혼합하여 사용하는 방법을 이용하고 있다. 예를 들면 C/N율이 높은 수피와 낮은 축분을 혼합하는 식이다.

⑤ 수분함량 : 퇴비더미의 수분 함량은 퇴비화 속도를 지배하는 필수적 요소이다. 퇴비화에 적합한 초기 수분함량은 50~65% 범위이다. 수분함량이 40% 미만인 경우는 미생물의 생존이 어려워 분해속도가 저하되며, 65% 이상인 경우는 호기성 미생물의 활성이 억제되어 퇴비화가 지연되고 퇴비더미의 혐기상태를 초래하여 악취를 일으키는 원인이 된다.

⑥ 온도 : 퇴비화 과정 중의 온도상승은 미생물에 의한 유기물의 분해에 기인되며 광합성의 역과정으로 이해될 수 있다. 퇴비화 과정 중 온도는 40℃ 이하의 중온대와 40℃ 이상의 고온대로 구분된다. 유기물분해에 가장 효율적인 온도범위는 45~65℃의 범위이다.

신선유기물 퇴비화의 부수적인 효과 중 병원균과 잡초종자의 사멸도 중요하기 때문에 65℃ 정도의 고온대 퇴비화 과정은 반드시 필요하다. 다만 65℃ 이상의 경우 미생물의 활성이 떨어지기 때문에 퇴비화를 지연시키는 요인이 된다.

⑦ 퇴비화 기간 : 기간은 퇴비화 도달목표에 따라 다르지만 일반적인 방법에 의한 퇴비발효의 경우는 다음과 같다.

가축 분뇨 단독의 퇴비화	약 2개월(60일)
볏짚류의 혼합	약 3개월(90일)
톱밥 등의 혼합	약 6개월(180일)

⑧ 퇴적 및 환적 : 퇴비의 퇴적은 퇴비화 과정이 충분히 일어날 수 있도록 최소한 1㎥ 이상으로 쌓아야 하며, 퇴비화 과정 동안 호기상태를 충분히 유지할 수 있도록 폭 2.5m, 높이 1.5m 이상 되지 않아야 한다. 퇴비더미는 전체 유기물을 골고루 분해하기 위하여 환적하여야 하며, 이 과정에서 분해에 필요한 온도를 확보할 수 있고, 퇴비화 과정의 진행 정도를 파악할 수 있으며, 부적절한 퇴비화 환경이 발견되는 경우 보완할 수 있다. 퇴적 발효시설의 경우, 1개월에 1회 이상 전체적으로는 적어도 4~5회 환적하여야 한다.(최초 1개월 간은 발효온도가 저하하면 환적)

4) 퇴비의 검사
① 화학적 검사법 : 탄질률 검사, pH 검사, 질산태 질소 측정 등
② 생물학적 검사법 : 발아 시험법, 지렁이법, 유식물 시험법 등
③ 관능적 검사법

5) 퇴비의 관능검사
① 일반사항 : 관능검사를 통한 퇴비의 부숙도 검사는 퇴비원료의 종류와 비율에 따라 다르게 나타나므로 오랜 경험의 축적이 필요하다. 일반적으로 퇴비자재를 쌓아 놓고서 부숙됨에 따라 형태, 색, 냄새가 달라진다.
② 형태에 의한 검사 : 대체로 초기에는 잎과 줄기 등 원료의 형태가 완전하나 부숙이 진전되어감에 따라 형태의 구분이 어려워지며, 완전히 부숙되고 나면 잘 부스러지면서 당초 재료를 구분하기 어렵다.

③ 색깔에 의한 검사 : 퇴비 원료의 종류에 따라서 다양하게 나타나며, 산소가 충분히 공급된 상태에서와 산소의 공급이 부족한 상태에서 부숙된 경우는 색이 달라진다. 대체로 검은 색으로 변해가는 것이 일반적이지만 볏짚만을 쌓아서 퇴비를 만드는 경우 퇴비더미 속에서(혐기상태) 부숙된 것은 누런색을 띠게 되나 이것도 공기에 노출되면 검은색 계통으로 변화하게 된다.

④ 냄새에 의한 검사 : 냄새도 퇴비 원료의 종류에 따라 크게 다른데 볏짚이나 산야초 퇴비는 완숙되면 퇴비 고유의 향긋한 냄새가 나며, 가축분뇨(계분 포함)는 당초의 악취가 거의 없어진다.

⑤ 촉감으로 하는 검사 : 촉감 방법은 퇴비화가 진전됨에 따라 원자재가 분해되어 조직이 파괴된다. 이 퇴적물을 손으로 만져서 입자가 부서지는 상태 또는 긴 섬유질이 끊어지는 정도를 관찰하여 측정하는 방법이다.

3. 친환경농업에서 병해충 및 잡초 방제

(1) 법령

① 시행규칙 : 병해충 및 잡초는 유기농업에 적합한 방법으로 방제 · 조절해야 한다.

② 고시 : 병해충 및 잡초는 다음의 방법으로 방제 · 조절하여야 한다.

  ㉠ 적합한 작물과 품종의 선택

  ㉡ 적합한 윤작체계

  ㉢ 기계적 경운

  ㉣ 재배포장 내의 혼작 · 간작 및 공생식물의 재배 등 작물체 주변의 천적활동을 조장하는 생태계의 조성

  ㉤ 멀칭 · 예취 및 화염제초

  ㉥ 포식자와 기생동물의 방사 등 천적의 활용

  ㉦ 식물 · 농장퇴비 및 돌가루 등에 의한 병해충 예방 수단

  ㉧ 동물의 방사

  ㉨ 덫 · 울타리 · 빛 및 소리와 같은 기계적 통제

③ 병해충이 ②에 따른 기계적, 물리적 및 생물학적인 방법으로 적절하게 방제되지 아니하는 경우에 규칙 별표 1 제1호가목 2)의 병해충 관리를 위하여 사용이 가능한 물질이나 법 제37조에 따른 공시등 제품을 사용할 수 있으나, 그 용도 및 사용 조건 · 방법에 적합하게 사용하여야 한다.

(2) 친환경농업에서 허락한 병해충 방제방법의 분류

① 물리적(기계적) 방제법 : 방제법 중 가장 오랜 역사를 가진 가진 것으로 손으로 잡기, 낙엽의 소각, 상토의 소독, 밭토양의 담수, 과실 봉지씌우기, 나방 유충의 포살, 비가림 재배, 유아등의 설치, 온탕처리와 건열처리 등

② 경종적 방제법

윤작 및 답전윤환	병해충 밀도 감소를 통하여 토양병의 피해경감
파종기 조절	파종시기를 조절하여 방제(고온기에 배추 무름병 발병)
합리적 시비	질소과다로 유발되는 병 : 벼도열병·문고병, 오이만할병
내병성 대목의 접목	오이, 수박은 내병성이 있는 호박 종류의 대목에 접목
생장점 배양	딸기, 카네이션, 감자 등에서 생장점을 무병주생산에 이용
토지의 선정	고랭지에서는 진딧물이 적어 바이러스병의 발생이 적음
토양산도 개선	산성 또는 알칼리성 토양에서만 발생하는 병이 있음
토양물리성 개선	객토 등 토양물리성 개선으로 유효균을 증가시켜 피해 경감
중간 기주식물의 제거	배나무 적성병은 향나무를 제거하면 방제

③ 생물적 방제법

천적곤충	칠레이리응애, 무당벌레, 온실가루이좀벌, 애꽃노린재, 굴파리좀벌, 알벌, 마일스응애 등 천적의 활용
천적미생물	곤충에 기생하거나 병을 일으키는 바이러스 등 이용
약독바이러스	바이러스의 간섭작용을 이용
미생물농약	세균, 곰팡이, 바이러스 이용
불임충 방사	해충의 번식을 근본적으로 차단
페로몬 이용	같은 종의 동물끼리의 의사소통에 사용되는 화학적 신호를 말한다. 체외 분비성 물질이며 경보 페로몬, 음식 운반 페로몬, 성적 페로몬 등 행동과 생리를 조절하는 여러 종류의 페로몬이 존재한다. 덧붙여, 몇몇의 척추동물과 식물이 페로몬을 사용해 의사소통을 한다. 곤충의 내분비샘에서 주로 검출되나, 인간에게서도 페로몬의 사용이 발견되기도 했다. 곤충의 경우 성페로몬은 보통 미교배 암놈이 방출하여 성충 수놈을 유인하는 물질이므로 수놈의 대량 제거가 가능하다.

(3) 친환경농업에서 허락한 잡초 방제방법의 분류

① 고시에서 규정한 잡초 제거방법 : 고시에서는 잡초의 방제방법으로 적합한 작물과 품종의 선택, 적합한 윤작체계, 기계적 경운, 멀칭·예취 및 화염제초, 동물의 방사 등을 제시하고 있다. 이 방법과 기존에 사용하던 방법들을 모아 다시 기계적(물리적) 방법과 경종적(생태적) 방법 및 생물적 방법으로 분류하면 다음과 같다.

② 기계적(물리적) 방법

심수관개 및 써레질	논에서 10~15㎝ 수심을 유지하면 잡초발생 억제, 써레질은 잡초의 종자나 지하경을 매몰시킴
중경과 배토	자연적인 잡초 제거
토양피복	볏짚, 비닐 등으로 피복하면 잡초발생 및 생육억제
화염제초	흙속의 잡초종자는 65℃ 이상에서 사멸
기타 방법	수취, 베기, 경운, 소각, 관수, 훈연 등

③ 경종적(생태적) 방법 : 잡초의 생육조건을 불리하게 하거나(답전윤환, 답리작, 윤작, 토양피복, 재식밀도 등), 작물과 잡초와의 경합에서 작물이 이기도록 하는 재배법(잡초에 강한 작물의 선택, 파종과 비배관리, 작부체계 등)

④ 생물적 방법 : 생물학적 잡초방제 방법으로는 특정 잡초의 제어에 효과가 있는 곤충, 곰팡이, 박테리아와 같은 생물을 이용하는 방법을 사용하고 있다. 곤충을 사용하는 생물학적 잡초방제는 가장 흔히 그리고 광범위한 지역에서 사용되는 방법이자, 화학적인 잡초방제방법으로는 효과적 제어가 불가능한 광지역적 발생 잡초에 대해 사용되는 방법이다. 또한 동물에 의한 잡초제어도 사용하고 있다.

병원미생물	병원미생물로 올방개, 돌피 등의 방제에 실용화
대, 소동물	오리, 새우, 참게, 왕우렁이 등을 이용
어패류	수생잡초를 선택적으로 방제
타감작용(allelopathy)	인접식물의 생육에 부정적인 영향(답리작의 헤어리베치)
잡초식해곤충	돌소리쟁이에 대한 좀남색잎벌레의 이용 등

4. 친환경농업에서 윤작

(1) 법령 중 윤작과 관련된 내용

1) 용어의 정의

① 윤작(輪作) : 동일한 재배포장에서 동일한 작물을 연이어 재배하지 아니하고, 서로 다른 종류의 작물을 순차적으로 조합 · 배열하는 방식의 작부체계

② 경축순환농법(耕畜循環農法) : 친환경농업을 실천하는 자가 경종과 축산을 겸업하면서 각각의 부산물을 작물재배 및 가축사육에 활용하고, 경종작물의 퇴비소요량에 맞게 가축사육 마리 수를 유지하는 형태의 농법

2) 시행규칙(유기식품등의 인증기준 등)

① 화학비료와 유기합성농약은 사용하지 않을 것

② 장기간의 적절한 윤작을 실시할 것

3) 고시

① 화학비료와 유기합성농약을 전혀 사용하지 아니하여야 한다.

② 두과작물·녹비작물 또는 심근성작물을 이용하여 다음 어느 하나의 방법으로 장기간의 적절한 윤작계획을 수립하고 이행하여야 한다.

　㉠ 최소 3년 주기로 두과작물, 녹비작물 또는 심근성작물을 일정기간 이상 재배하여 토양에 환원(還元) 한다.(다만, 매년 수확하지 않는 다년생 작물(예 인삼)은 파종 이전에 두과작물 등을 재배하여 토양에 환원한다.)

　㉡ 최소 2년 주기로 식물분류학상 "과(科)"가 다른 작물을 재배하되 재배작물에 두과작물, 녹비작물 또는 심근성작물을 포함한다.

　㉢ 최소 2년 주기로 담수재배작물과 원예작물을 조합하여 답전윤환재배(畓田輪換栽培)한다.

　㉣ 매년 두과작물, 녹비작물, 심근성작물을 이용하여 초생재배(草生栽培)한다.

(2) 윤작 실행

1) 윤작의 방식

① 삼포식 농법 : 포장을 3등분하여 1/3에는 여름작물, 1/3에는 겨울작물을 재배하고, 나머지 1/3은 휴한하는 방법이므로 포장 전체가 3년에 한번 휴한된다.

② 개량삼포식 농법 : 농지이용도를 제고하고 지력 유지를 더욱 효과적으로 하기 위해서 휴한하는 대신 클로버와 같은 두과의 지력증진 작물을 삽입하여 재배하는 방식으로 3포식농법보다 더 진보적인 것이다.

③ 노퍽식 농법 : 춘파맥류 − 두과작물 − 추파맥류 − 근채와 같이 4년 주기 윤작방식으로 이는 지력 유지, 잡초 발생, 토지이용도, 생산성 등 여러 면에서 우수한 윤작방식이다. 유럽에서는 이 방법에 의해 밭작물의 생산량이 급증하였다.

2) 윤작의 원리

① 지력유지를 위해 콩과나 녹비작물이 포함된다.

② 토지이용도를 높이기 위해 하작물과 동작물이 결합된다.

③ 잡초의 경감을 위해 중경작물이나 피복작물이 포함된다.

④ 주작물은 주로 화본과 작물로 식용이거나 사료작물이며, 품종은 지역 사정에 따라 달라진다.

⑤ 토양보호를 위하여 피복작물이 포함된다.

보충

01 친환경농어업 육성 및 유기식품 등의 관리·지원에 관한 법률에 근거한 친환경농업의 개념과 가장 거리가 먼 것은?

㉮ 합성농약·화학비료 등 화학자재의 사용을 절대 금한다.

㉯ 농·축·임업 부산물의 재활용을 이용한 순환농업이다.

㉰ 농업생태계와 환경을 유지·보전하는 농업이다.

㉱ 환경을 보전하면서 안전한 농축임산물을 생산하는 것을 목표로 한다.

■ 법 2조(정의)에서 "친환경농어업이란 합성농약, 화학비료 및 항생제·항균제 등 화학자재를 사용하지 아니하거나 그 사용을 최소화"라고 규정하고 있다.

02 유기농업과 가장 관련이 적은 용어는?

㉮ 생태학적 농업　　㉯ 자연농업

㉰ 관행농업　　㉱ 친환경농업

■ 관행농업이란 화학비료와 유기합성농약을 사용하여 작물을 재배하는 일반 관행적인 농업형태를 말한다.

03 유기농업으로 전환할 때 유기농가가 고려할 사항으로 틀린 것은?

㉮ 가축분뇨나 인분을 사용한다.

㉯ 유전자 변형종자를 사용하지 않는다.

㉰ 외부투입자재를 최대화하여 생산성을 향상시킨다.

㉱ 적당한 유기물, 수분, 산도, 양분의 이용으로 균형 잡힌 토양관리를 실시한다.

■ 유기농법 실천가들은 토양은 외부로부터의 투입자재 없이도 고생산성을 유지할 수 있다고 생각한다. 따라서 외부투입자재를 최소화하고, 갱신가능한 자원을 최대한으로 이용한다. 유기농업은 자재에 관한 한 폐쇄성을 요구한다

04 친환경농산물에 해당되지 않는 것은?

㉮ 천연우수농산물　　㉯ 무농약농산물

㉰ 무항생제축산물　　㉱ 유기농산물

■ 시행규칙 2조(정의) 2항: "친환경농축산물"이란 친환경농업을 통하여 얻는 것으로 다음 각 목의 어느 하나에 해당하는 것을 말한다.
가. 유기농산물·유기축산물 및 유기임산물
나. 무농약농산물 및 무항생제축산물

01 ㉮　02 ㉰　03 ㉰　04 ㉮

05 발효퇴비를 만드는 과정에서 일반적으로 탄질비(C/N율)가 가장 적합한 것은?

㉮ 1 이하
㉯ 5 ~ 10
㉰ 20 ~ 35
㉱ 50 이상

06 퇴비의 검사방법이 아닌 것은?

㉮ 관능적 방법
㉯ 화학적 방법
㉰ 물리적 방법
㉱ 생물적 방법

07 병해충 관리를 위해 사용이 가능한 유기농 자재 중 식물에서 얻는 것은?

㉮ 목초액
㉯ 보르도액
㉰ 규조토
㉱ 유황

08 한 포장에서 연작을 하지 않고 몇 가지 작물을 특정한 순서로 규칙적으로 반복하여 재배하는 것은?

㉮ 혼작
㉯ 교호작
㉰ 간작
㉱ 돌려짓기

09 윤작의 효과가 아닌 것은?

㉮ 지력의 유지 증강
㉯ 토양구조 개선
㉰ 병해충 경감
㉱ 잡초의 번성

기출문제

01 친환경농업의 필요성이 대두된 원인으로 거리가 먼 것은?

㉮ 농업부문에 대한 국제적 규제 심화

㉯ 안전농산물을 선호하는 추세의 증가

㉰ 관행농업 활동으로 인한 환경오염 우려

㉱ 지속적인 인구증가에 따른 증산위주의 생산 필요

02 우리나라에서 유기농업이 필요하게 된 배경이 아닌 것은?

㉮ 안전농산물에 대한 소비자의 요구

㉯ 토양과 수질의 오염

㉰ 유기농산물의 국제교역 확대

㉱ 충분한 먹거리의 확보 요구

03 친환경농업이 태동하게 된 배경에 대한 설명으로 틀린 것은?

㉮ 미국과 유럽 등 농업선진국은 세계의 농업정책을 소비와 교역위주에서 증산 중심으로 전환하게 하는 견인역할을 하고 있다.

㉯ 국제적으로는 환경보전 문제가 중요 쟁점으로 부각되고 있다.

㉰ 토양양분의 불균형 문제가 발생하게 되었다.

㉱ 농업부분에 대한 국제적인 규제가 점차 강화되어가고 있는 추세이다.

보충

■ 친환경농업의 시작배경: 환경오염에 더하여 유기농업을 선택하게 된 더 근원적인 이유는 선진농업 국가에서의 식량 과잉 생산이다.

■ 우리나라도 쌀이 남는 선진농업 국가이다.

■ 선진농업 국가에서의 문제는 식량의 과잉 생산이다. 따라서 친환경농업은 증산, 대량생산, 녹색혁명 등의 단어와 친하지 않다.

01 ㉱ 02 ㉱ 03 ㉮

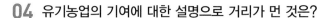

04 유기농업의 기여에 대한 설명으로 거리가 먼 것은?

㉮ 국민보건의 증진에 기여

㉯ 생산 증진에 기여

㉰ 경쟁력 강화에 기여

㉱ 환경보전에 기여

보충

■ 유기농업은 생산성 증진보다는 안전성 증진, 환경보호, 경쟁력 강화 등을 통하여 장기적인 이익에 초점을 맞춘다. 경쟁력 강화는 생산성 증진에만 국한되는 것이 아닌 포괄적 개념이다.

05 유기농업의 기본목표가 아닌 것은?

㉮ 환경보전에 기여한다.

㉯ 국민보건 증진에 기여한다.

㉰ 경쟁력 강화에 기여한다.

㉱ 정밀농업을 체계화한다.

■ 정밀농업은 작물의 생육 조건이 위치마다 다르다는 것을 인정하고 포장의 이력이나 현재의 정보를 기초로 필요한 위치에 종자, 비료, 농약 등을 필요한 양만큼 투입하여 증산을 목적으로 하는 변량형농업이다.

06 유기농업의 단점이 아닌 것은?

㉮ 유기비료 또는 비옥도 관리수단이 작물의 요구에 늦게 반응한다.

㉯ 인근 농가로부터 직·간접적인 오염이 우려된다.

㉰ 유기농업에 대한 정부의 투자효과가 크다.

㉱ 노동력이 많이 들어간다.

■ 유기농업에 대한 정부의 투자는 환경문제의 개선, 농산물의 안전성 확보, 농업기술의 발전 등 효과가 크며, 이는 장점이다.

07 온실효과에 대한 설명으로 틀린 것은?

㉮ 시설농업으로 겨울철 채소를 생산하는 효과이다.

㉯ 대기 중 탄산가스 농도가 높아져 대기의 온도가 높아지는 현상을 말한다.

㉰ 산업발달로 공장 및 자동차의 매연가스가 온실효과를 유발한다.

㉱ 온실효과가 지속된다면 생태계의 변화가 생긴다.

■ 온실효과로 인한 지구의 온도 상승은 생태계에 심각한 문제를 야기시키고 있다. 온실효과의 '온실'은 온실농업에서 온 것인데 온실농업은 겨울철에도 채소를 생산하는 주년농업을 가능하게 하였다.

04 ㉯   05 ㉱   06 ㉰   07 ㉮

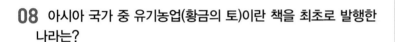

08 아시아 국가 중 유기농업(황금의 토)이란 책을 최초로 발행한 나라는?

㉮ 한국 ㉯ 일본

㉰ 중국 ㉱ 태국

09 다음은 식물영양, 작물개량, 작물보호와 관련이 있는 사람들이다. 맞게 짝지어진 것은?

㉮ 다윈(Darwin) ↔ 식물영양

㉯ 리벤후크(Leeuwenhoek) ↔ 작물개량

㉰ 요한센(Johannsen) ↔ 작물보호

㉱ 파스퇴르(Pasteur) ↔ 작물개량

10 저투입 지속농업(LISA)을 통한 환경친화형 지속농업을 추진하는 국가는?

㉮ 미국 ㉯ 영국

㉰ 독일 ㉱ 스위스

11 다음 중 자연농업에 대한 설명으로 옳지 않은 것은?

㉮ 무경운, 무비료, 무제초, 무농약 등 4대원칙을 지킨다.

㉯ 자연생태계를 보전, 발전시킨다.

㉰ 화학적 자재를 가능한 한 배제한다.

㉱ 안전한 먹을거리를 생산한다.

12 우리나라에서 유기농업발전기획단이 정부의 제도권 내로 진입한 연대는?

㉮ 1970년대 ㉯ 1980년대

㉰ 1990년대 ㉱ 2000년대

08 ㉯ 09 ㉮ 10 ㉮ 11 ㉰ 12 ㉰

13 유기농업과 관련된 국제활동조직 명칭은?

㉮ ILO ㉯ IFOAM
㉰ ICA ㉱ WTO

■ IFOAM(International Federation of Organic Agriculture Movement)은 국제유기농업운동연맹이다.

14 유기농업적 관점에서 가장 부적절한 멀칭용 피복재료는?

㉮ 플라스틱 필름 ㉯ 건초
㉰ 낙엽 ㉱ 전정한 나뭇가지

■ 유기생산 체계의 목적: (d) 동식물 유래 폐기물(낙엽 등)을 재활용하여 영양분을 토양에 되돌려주는 한편 재생이 불가능한 자원(플라스틱 필름)의 사용을 최소화하기 위하여

15 유기재배 인증농가가 지켜야 할 사항으로 틀린 것은?

㉮ 장기간의 적절한 윤작계획 수립 및 실험
㉯ 농자재 사용에 관한 자료 보관
㉰ 유전자변형종자 사용
㉱ 농산물 생산량에 관한 자료 보관

■ Codex 규격: 유전공학/유전자변형 물질(GEO/GMO)로부터 생산된 모든 재료 그리고/또는 제품은 유기생산 원칙(재배, 제조, 가공)과 부합하지 않으므로 본 가이드라인에서 허용되지 않는다.

16 다음 중 유기농산물의 생산에 이용될 수 있는 가장 적합한 종자는?

㉮ 유기농산물 인증기준에 맞게 생산·관리된 종자
㉯ 관행으로 재배된 모본에서 생산된 종자
㉰ 국내에서 생산된 종자로 소독을 반드시 실시한 종자
㉱ 국가가 보증한 종자

■ 종자는 유기농산물 인증기준에 맞게 생산·관리된 종자를 사용하여야 한다. 다만, 구할 수 없는 경우 가) 우선적으로 유기합성농약으로 처리되지 않은 종자
나) 허용물질로 처리한 종자

17 유기농업에서 유기종자를 이용하는 것은 가장 중요한 결정사항 중 하나이다. 유기종자로 적절치 않은 것은?

㉮ 병충해 저항성이 높은 품종
㉯ 잡초 경합력이 높은 품종
㉰ 유기농법으로 재배되어 채종된 품종
㉱ 종자의 화학적인 소독처리를 거친 품종

■ 유기농업에서는 특별한 경우를 제외하고는 화학적인 소독처리를 거친 품종의 종자를 사용할 수 없다.

13 ㉯ 14 ㉮ 15 ㉰ 16 ㉮ 17 ㉱

18 농업의 환경보전기능을 증대시키고, 농업으로 인한 환경오염을 줄이며, 친환경농업을 실천하는 농업인을 육성하여 지속가능하고 환경친화적인 농업을 추구함을 목적으로 하는 법은?

㉮ 친환경농어업 육성 및 유기식품 등의 관리 · 지원에 관한 법률

㉯ 환경정책기본법

㉰ 토양환경보전법

㉱ 친환경농산물표시인증법

■ 법의 명칭은 그 법의 목적과 깊은 관련이 있다. 제1조(목적): 이 법은 농어업의 환경보전기능을 증대시키고 농어업으로 인한 환경오염을 줄이며, 친환경농어업을 실천하는 농어업인을 육성하여 지속가능한 친환경농어업을 추구하고 이와 관련된 친환경농수산물과 유기식품 등을 관리하여 생산자와 소비자를 함께 보호하는 것을 목적으로 한다.

19 우리나라에서 친환경농산물 인증기준이 명시되어 있는 것은?

㉮ 친환경농업육성법

㉯ 친환경농어업 육성 및 유기식품 등의 관리 · 지원에 관한 법률 시행규칙

㉰ 농산물품질관리법

㉱ 농산물품질관리법 시행령

■ 친환경농어업 육성 및 유기식품 등의 관리 · 지원에 관한 법률 시행규칙에 인증기준이 명시되어 있다. 시행규칙 및 시행령 앞에는 관련되는 법의 명칭이 나온다.

20 친환경농업과 관련이 있는 내용들이다. 친환경농업과 가장 밀접한 관계가 있는 것은?

㉮ 저독성 농약의 지속적인 개발 필요

㉯ 화학자재 사용의 무한자유

㉰ 생물종의 단일성 유지

㉱ 단작중심 농법의 이행 필요

■ 친환경농업은 합성농약, 화학비료, 항생 · 항균제 등 화학자재를 사용하지 않거나 최소화하여야 하므로 합성농약이 아닌 저독성 농약의 지속적인 개발이 필요하다.

21 친환경농 · 축산물로 인증된 종류와 명칭에 포함되지 않는 것은?

㉮ 무농약농산물　　　　㉯ 유기농산물

㉰ 무항생제축산물　　　㉱ 고품질천연농산물

■ 시행규칙 2조(정의) 2항: 친환경농축산물이란 친환경농업을 통하여 얻는 것으로 다음 각 목의 어느 하나에 해당하는 것을 말한다.
가. 유기농산물 · 유기축산물 및 유기임산물
나. 무농약농산물 및 무항생제축산물

18 ㉮　19 ㉯　20 ㉮　21 ㉱

22 친환경농산물의 분류에 속하는 것은?

㉮ 천연농산물

㉯ 무공해농산물

㉰ 바이오농산물

㉱ 무농약농산물

■ 시행규칙 2조(정의) 2항에서 정한 용어를 제외하고 천연, 무공해, 바이오 등 소비자의 오해를 일으킬 수 있는 용어를 쓸 수 없다.

23 다음 농산물 중 친환경농·축산물로 품질인증이 되지 않는 것은?

㉮ 천연우수농산물

㉯ 유기축산물

㉰ 무농약농산물

㉱ 유기농산물

■ 시행규칙 2조(정의) 2항
가. 유기농산물·유기축산물 및 유기임산물
나. 무농약농산물 및 무항생제축산물

24 친환경농업에 포함하기 어려운 것은?

㉮ 병해충 종합관리(IPM)의 실현

㉯ 적절한 윤작체계 구축

㉰ 장기적인 이익추구 실현

㉱ 관행재배의 장점 도입

■ 관행농업이란 화학비료와 유기합성농약을 사용하여 작물을 재배하는 일반 관행적인 농업형태를 말한다.

25 유기농업과 밀접한 관계가 없는 것은?

㉮ 물질의 지역 내 순환

㉯ 토양유기물 함량

㉰ 인증농산물 생산

㉱ 유기농업 연작체계 마련

■ 유기식품 등의 인증기준
– 화학비료와 유기합성농약은 사용하지 않을 것
– 장기간의 적절한 윤작을 실시할 것
화학비료와 유기합성농약을 사용하지 않을 수 있는 현실적으로 유일한 방법은 장기간의 적절한 윤작을 실시하는 것뿐이다.

22 ㉱ 23 ㉮ 24 ㉱ 25 ㉱

26 유기농법의 정의로 가장 적합한 것은?

㉮ 관행농업의 30% 정도만 화학합성농약과 화학비료를 사용하는 농법이다.

㉯ 화학비료, 유기합성농약, 가축사료첨가제 등의 합성화학물질을 사용하지 않고 장기간의 적절한 윤작계획에 따라 작물을 재배하며 가급적 외부 투입자재의 사용에 의존하지 않는 농업방식이다.

㉰ 자연은 위대하므로 일체 인위적인 투여를 하지 않고 경운도 하지 않으며 종자만 뿌리고 때에 따라 수확물만 거두는 농업방식이다.

㉱ 화학합성농약과 화학비료를 사용하되 사용 권고량만을 사용하는 농업방식이다.

■ 친환경농업은 합성농약, 화학비료, 항생·항균제등 화학자재를 사용하지 않거나 최소화하는 농업이나, 친환경농업 중 유기농업은 합성화학자재를 일절 사용하지 않는 방법이다.

27 친환경 유기농자재와 거리가 먼 것은?

㉮ 고온 발효 퇴비

㉯ 미생물 추출물

㉰ 키토산(액상·입상)

㉱ 4종 복합비료

■ 4종 복합비료는 엽면시비용 또는 양액재배용 화학비료이다.

28 Codex 가이드라인의 기준에 따라 유기재배 인증 농가가 토양개량과 작물생육에 사용할 수 없는 자재는?

㉮ 공장형 농장에서 생산한 가축분뇨를 발효시킨 것

㉯ 식품 및 섬유공장의 유기적 부산물 중 합성첨가물이 포함되어 있지 않은 것

㉰ 퇴비화된 가축배설물 및 유기질비료 중 농촌진흥청장이 고시한 기준에 적합한 것

㉱ 나무숯 및 나뭇재와 천연 인광석

■ 공장형 농장에서 생산한 가축분뇨라도 항생물질이 포함되지 아니하고, 유해성분함량이 퇴비규격에 적합하면 사용할 수 있으나, 이런 전제조건이 없는 공장형 농장에서 생산한 가축분뇨를 발효시킨 것은 사용할 수 없다.

26 ㉯ 27 ㉱ 28 ㉮

29 유기농업에서 토양비옥도를 유지하기 위하여 사용이 인정되는 자재 또는 기술이 아닌 것은?

㉮ 두과 녹비작물

㉯ 유황

㉰ 인광석

㉱ 공장형 축분

■ "가축분뇨를 원료로 하는 퇴비·액비는 유기농축산물·무항생제축산물 인증 농장 및 경축순환농법으로 사육한 농장에서 유래된 것만 사용할 수 있다"가 원칙이나 조건이 맞으면(28번 참조) 사용할 수도 있다.

30 유기농업에서는 화학비료를 대신하여 유기물을 사용하는데 유기물의 사용 효과가 아닌 것은?

㉮ 완충능 증대

㉯ 미생물의 번식 조장

㉰ 보수 및 보비력 증대

㉱ 지온 감소 및 염류 집적

■ 퇴비는 미생물의 도움을 받아(먹이가 되어) 작물에 영양분을 공급하고, 토양의 입단화에 기여하여 토양의 물리적·화학적 성질을 개선(보수·보비력 증대)하며, 완충능을 증대하는 등의 작용을 한다. 유기물은 지온을 상승시키고, 염류의 집적을 막아준다.

31 다음 중 화학비료에 대한 틀린 설명은?

㉮ 토양이 산성화가 된다.

㉯ 토양입단 조성을 촉진한다.

㉰ 양분의 유실이 크다.

㉱ 수질이 오염된다.

■ 토양입단 조성을 촉진하기 위해 유기질비료, 녹비, 퇴비 등을 시용한다. 유기물이 없는 화학비료는 미생물 활성화에 영향이 없으므로 입단을 조성할 수 없다.

32 농산물 재배에 필요한 호기성 발효를 위한 퇴비화 조건에 적용되지 않는 것은?

㉮ 퇴비화를 위한 수분조절

㉯ 퇴비화 준비기간의 질소량 조절

㉰ 퇴비화 기간의 혐기성 미생물의 활성도 증진

㉱ 퇴비화과정의 산소량 고려

■ 호기성 미생물은 혐기성 미생물보다 유기물의 분해속도가 매우 빠르므로, 호기성 미생물의 활동을 활발하게 할 수 있는 환경조건을 만드는 것이 퇴비화를 촉진하는 길이다.

29 ㉱ 30 ㉱ 31 ㉯ 32 ㉰

33 잘 발효된 퇴비로 보기 어려운 것은?

㉮ 유해가스 배제 ㉯ 양분의 증가

㉰ 유효균 배양 ㉱ 영양분 손실

■ 퇴비가 잘 발효되면 미생물의 작용에 의해 비타민 등의 영양분이 증가된다.

34 발효퇴비의 장점이 아닌 것은?

㉮ 분해과정 중 양분의 손실

㉯ 유효균의 배양

㉰ 토양의 중화

㉱ 병·해충의 사멸

■ 발효과정에서 탄소는 손실되나 유기물에 있는 탄소는 식물의 영양원이 아니므로(탄소는 CO_2에서 흡수) 양분의 손실이 아니고, 유기물에 있는 단백질은 질소로 변환되므로 흡수가능한 질소의 함량이 높아진다.

35 고온 발효퇴비의 장점이 아닌 것은?

㉮ 흙의 산성화를 억제한다.

㉯ 작물의 토양 전염병을 억제한다.

㉰ 작물의 속성재배를 야기(惹起)한다.

㉱ 흙의 유기물 함량을 유지·증가시킨다.

■ 고온 발효퇴비를 포함한 모든 퇴비는 지효성이므로 작물의 속성재배에는 적합하지 않다. ㉯는 고온 발효퇴비이기 때문에 가능하다.

36 미부숙(未腐熟) 퇴비가 작물의 생장에 미치는 영향에 대한 설명으로 틀린 것은?

㉮ 병원균의 생존으로 식물에 침해를 줄 수가 있다.

㉯ 악취를 발생하여 인축에 위해성을 유발할 수가 있다.

㉰ 가스가 발생하여 작물에 해를 입힐 수 있다.

㉱ 토양산소 함량을 증가시킬 수 있다.

■ 미부숙 퇴비에는 이직도 호기성 미생물이 많으므로 이들의 호흡에 의하여 토양산소의 함량이 감소할 수 있다.

37 퇴비를 토양에 시용하였을 때 효과는?

㉮ 토양의 공극률 증대 및 보수력 증가

㉯ 토양의 치환용량 감소 및 미생물 활동 감소

㉰ 비료양분 공급 및 보수력 감소

㉱ 토양의 공극률 및 미생물 활동 감소

■ 퇴비를 토양에 시용하면 양분공급 효과, 토양의 입단화를 통한 물리성과 화학성 개선 효과, 미생물의 활성화를 통한 생물성 개선 효과 등이 나타난다. 토양의 공극률 증대 및 보수력 증가는 대표적인 물리성 개선 효과이다.

33 ㉱ 34 ㉮ 35 ㉰ 36 ㉱ 37 ㉮

38 퇴비의 기능으로 가장 거리가 먼 것은?

㉮ 작물에 영양분 공급

㉯ 작물생장 토양의 이화학성 개선

㉰ 토양 중의 생물상과 그 활성 유지 및 증진

㉱ 속성재배 시 특수효과 및 살충효과

■ 퇴비는 지효성이므로 속성재배와 관련이 없고, 미생물을 활성화시킬 뿐 살충효과는 없다.

39 유기질 퇴비에 관한 설명으로 틀린 것은?

㉮ 원재료에 비해 부피와 무게가 감소되어야 한다.

㉯ 유효미생물의 활동이 가능해야 한다.

㉰ 냄새가 나지 않아야 한다.

㉱ 원재료에 비해 탄소원 비율이 증가되어야 한다.

■ 퇴비화란 C/N율을 낮추는 것, 즉 'C'를 줄이고, 'N'를 늘리는 것이므로 원재료에 비해 탄소원 비율이 감소되어야 한다.

40 유기물의 C/N율이 큰 것에서 작은 것 순으로 옳게 표시된 것은?

㉮ 발효우분 〉 미숙퇴비 〉 볏짚 〉 톱밥

㉯ 톱밥 〉 볏짚 〉 미숙퇴비 〉 발효우분

㉰ 톱밥 〉 미숙퇴비 〉 볏짚 〉 발효우분

㉱ 발효우분 〉 볏짚 〉 톱밥 〉 미숙퇴비

■ 탄소와 질소의 함량비인 탄질률(C/N율)은 일반적으로 재질의 거친 순으로 높으므로 톱밥이 가장 높고 발효우분이 가장 낮다.

41 다음 작물 중 C/N율이 가장 높은 것은?

㉮ 화본과 작물   ㉯ 두류 작물

㉰ 서류 작물   ㉱ 채소류 작물

■ 밀짚, 볏짚 등 화본과 작물의 짚은 C/N율이 높아 분해되기 어렵다.

42 부식이 갖고 있는 특성이 아닌 것은?

㉮ 토양의 가뭄 피해를 줄여준다.

㉯ 토양의 입단구조 형성을 좋게 한다.

㉰ 필수 영양소를 고루 함유하고 있다.

㉱ 토양의 산도를 산성 쪽으로 기울게 한다.

■ 부식은 퇴비에서 생성되며, 퇴비는 작물에 영양분을 공급하고, 토양의 입단화에 기여하여 토양의 물리적·화학적 성질을 개선(보수·보비력 증대)하며, 완충능을 증대하는 등의 작용을 한다. 완충능의 증대는 토양 pH의 변화를 억제한다.

38 ㉱ 39 ㉱ 40 ㉯ 41 ㉮ 42 ㉱

43 유기재배인증으로 벼 재배 시 990㎡(약 300평)당 전 생육기간에 필요한 질소성분량이 9kg일 때, 혼합유박비료의 성분이 질소 3%, 인산 2%, 칼륨 2%인 유기질 비료를 몇 kg을 시용해야 하는가?

㉮ 300   ㉯ 350

㉰ 400   ㉱ 450

■ 질소 성분이 3%이므로 300kg을 시용하여야 질소성분량 9kg이 가능하다.

44 윤작의 기능과 효과가 아닌 것은?

㉮ 수량증수와 품질이 향상된다.

㉯ 환원 가능 유기물이 확보된다.

㉰ 토양의 통기성이 개선된다.

㉱ 토양의 단립화(單粒化)를 만든다.

■ 윤작에서 심는 심근성식물(근채, 알팔파 등) 및 화본과식물(유기물 공급원)에 의하여 토양의 입단화가 촉진된다.

45 윤작의 직접 효과와 거리가 가장 먼 것은?

㉮ 토양구조개선 효과   ㉯ 수질보호 효과

㉰ 기지회피 효과   ㉱ 수량증대 효과

■ 흡비작물을 심는 경우 수질보호 효과도 일부 있으나, 보기의 다른 효과에 비하여 아주 미미하다.

46 윤작의 효과로 거리가 먼 것은?

㉮ 자연재해나 시장변동의 위험을 분산시킨다.

㉯ 지력을 유지하고 증진시킨다.

㉰ 토지 이용률을 높인다.

㉱ 풍수해를 예방한다.

■ 윤작의 효과: 지력유지 및 증진, 기지현상의 회피, 병해충 발생억제와 잡초의 경감, 토지이용도 향상, 수량 및 생산성 증대, 노력분배의 합리화, 농업경영의 안정성 증대 등

47 토양관리에 미치는 윤작의 효과로 보기 어려운 것은?

㉮ 토양 병충해 감소

㉯ 토양유기물 함량 증진

㉰ 양이온치환능력 감소

㉱ 토양미생물 밀도 증진

■ 토양의 양이온치환용량이 크다는 것은 작물생육에 필요한 영양성분이 많다는 것을 의미하며 비옥한 토양이라 할 수 있다. 윤작은 양이온치환능력을 증가시키는 좋은 수단 중의 하나이다.

48 유기농림산물의 인증기준에서 규정한 재배방법에 대한 설명으로 틀린 것은?

㉮ 화학비료의 사용은 금지한다.
㉯ 유기합성농약의 사용은 금지한다.
㉰ 심근성 작물재배는 금지한다.
㉱ 두과 작물재배는 허용한다.

■ 법령 고시, "두과작물·녹비작물 또는 심근성작물을 이용하여 다음 각 호의 어느 하나의 방법으로 장기간의 적절한 윤작계획을 수립하고 이행하여야 한다."

49 다음 중 유기농법을 위한 토양관리와 관련이 없는 것은?

㉮ 퇴비를 적절히 투입한다.
㉯ 윤작을 실시한다.
㉰ 휴경을 해서는 안 된다.
㉱ 침식을 예방한다.

■ 윤작의 한 형태인 삼포식 농법: 포장을 3등분하여 1/3에는 여름작물, 1/3에는 겨울작물을 재배하고, 나머지 1/3은 휴한하는 방법이므로 포장전체가 3년에 한번 휴한된다.

50 지속적 농업 또는 유기농업에서 주로 이용되는 농법이 아닌 것은?

㉮ 단작   ㉯ 무경운
㉰ 퇴구비 시용   ㉱ 윤작

■ 단작(單作)은 하나의 작물만을 지나치게 재배하는 것으로, 병충해 유발이나 토질의 악화와 같은 단점을 가지고 있다.

51 다음 중 연작의 피해가 가장 심한 작물은?

㉮ 벼
㉯ 조
㉰ 옥수수
㉱ 참외

■ 연작을 해도 해가 적은 작물은 벼, 맥류, 옥수수, 조, 수수, 고구마, 삼, 담배, 무, 양파, 당근, 호박, 아스파라거스 등으로 식량작물과 많이 먹는 작물이다.

52 기지의 대책으로 틀린 것은?

㉮ 객토   ㉯ 담수처리
㉰ 토양소독   ㉱ 연작

■ 연작에 의해 토양이 작물에 대해 적합성을 상실하여 일어나는 피해를 기지라 한다.

48 ㉰ 49 ㉰ 50 ㉮ 51 ㉱ 52 ㉱

53 병해충 관리를 위해서 식물에서 추출한 유기농 자재는?

㉮ 님제제

㉯ 파라핀유

㉰ 보르도액

㉱ 벤토나이트

■ 님은 아열대 및 열대지방에 많이 서식하는 광엽상록수에서 추출된 살충성분으로 독성과 어독성이 낮고 진딧물에 대한 살충효과가 높다.

54 작물 생산 시 작물의 병저항성 증가를 위한 친환경적 경종방법이 아닌 것은?

㉮ 적절한 갱신작업 및 토양 pH 적정화를 유도한다.

㉯ 물리 · 화학적으로 안정된 토양을 사용하고 개선한다.

㉰ 적절한 관수를 실시하고 환기상태를 개선한다.

㉱ 구리나 크롬이 함유된 관개수를 사용하여 보수성을 증가시킨다.

■ 구리나 6가크롬 등은 토양오염물질로 토양에 있으면 안 된다.

55 친환경농산물 등 유기식품의 인증을 담당하는 기관으로 옳은 것은?

㉮ 농촌진흥청

㉯ 민간인증기관

㉰ 관할 시 · 군청

㉱ 국립농산물품질관리원, 민간인증기관

■ 인증을 받으려면 지정받은 민간인증기관에 정하는 서류를 갖추어 신청하여야 한다.(2017년부터 시행)

56 우리나라의 유기농산물 인증기준에 대한 설명으로 맞는 것은?

㉮ 영농일지 등의 자료는 최소한 3년 이상 기록한 근거가 있어야 하며, 그 이하의 기간일 경우에는 인증을 받을 수 없다.

㉯ 전환기농산물의 전환기간은 목초를 제외한 다년생 작물은 2년, 그 밖의 작물은 3년을 기준으로 하고 있다.

㉰ 포장(圃場) 내의 혼작, 간작 및 공생식물재배는 허용되지 아니한다.

㉱ 동물방사는 허용된다.

■ ㉮ 영농일지 등의 자료는 최소한 2년 이상 기록하고 보관하여야 한다.
㉯ 전환기간은 목초를 제외한 다년생 작물은 3년, 그 밖의 작물은 2년을 기준으로 하고 있다.
㉰ 포장(圃場) 내의 혼작, 간작 및 공생식물재배는 허용한다.
㉱ 잡초제거를 위하여 동물방사는 허용된다.

53 ㉮ 54 ㉱ 55 ㉯ 56 ㉱

57 농산물의 식품안전성 확보를 위하여 생산단계부터 최종소비
단계까지 관리사항을 소비자가 알 수 있게 하는 제도는?

   ㉮ GAP(농산물우수관리제도)

   ㉯ GMP(우수제조관리제도)

   ㉰ GHP(우수위생관리제도)

   ㉱ HACCP(위해요소중점관리제도)

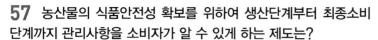

■ 농산물우수관리제도(GAP;
Good Agricultural Practices)는 농
산물의 안전성을 확보하고 농업환
경을 보전하기 위하여 농산물의 생
산, 수확 후 관리 및 유통의 각 단계
에서 위해요소를 적절하게 관리하
여 소비자에게 그 관리사항을 알 수
있게 하는 체계이다.

57 ㉮

품종과 육종

1 품종과 종자

1. 품종

(1) 품종과 계통의 정의

1) 품종의 정의

① 어떤 개체군에 다른 개체군과 구별되는 유전적 특성이 있는데, 그 특성이 그 개체군에서 균일하고, 또한 세대가 진전되어도 그 특성이 변하지 않는 개체군이 있다면, 그 개체군을 품종(variety)이라 한다.

② 어떤 품종을 다른 품종과 구별하는 데 필요한 특징을 특성(characteristics)이라 하며, 특성을 표현하기 위하여 측정의 대상이 되는 것을 형질(character)이라 한다. 예를 들어 키가 큰 품종이 있다면 키가 큰 것은 품종의 특성이며, 키(초장)는 형질이 된다.

2) 계통

① 유전형질이 균일하던 품종이라도 돌연변이, 자연교잡, 이형유전자형의 분리, 이형종자의 기계적 혼입 등에 의해서 유전형질이 서로 다른 개체들이 섞여 있게 되는 일이 있는데 이런 상태의 집단을 혼형 또는 혼계의 집단이라고 한다.

② 혼계의 집단이라도 그 속에서는 유전형질이 서로 같은 집단을 다시 가려낼 수 있을 것인데, 이렇게 다시 공통의 성질을 가진 집단을 계통(line, strain)이라고 한다. 육종에서는 인위적으로 만든 잡종집단에서 원하는 특성을 가진 개체를 선발하여 증식한 개체군을 보통 계통이라 한다.

(2) 신품종의 구비조건

1) 품종의 성립과 변천

① 품종에 대한 요구조건은 소비자의 기호, 경제사정, 영농방법의 발달 등과 같은 시간 적·시대적인 흐름에 따라 변화하게 된다.

② 신품종 : 신품종이 농민으로부터 선택을 받기 위해서는 재배적 특성 등이 우수한 우량품종이어야 하며, 우량품종이 되려면 기본적으로 다음의 조건을 구비하여야 한다.

2) 우량품종의 조건

① 구별성(Distinctness) : 신품종은 기존의 품종과 구별되는 분명한 특성이 있어야 한다.

② 균일성(Uniformity) : 그 특성은 재배나 이용상 지장이 없도록 균일하여야 한다. 특성이 균일하려면 모든 개체들의 유전물질이 균일해야 한다.

③ 안정성(Stability) : 그 특성은 세대를 반복하여 대대로 변하지 않고 유지되어야 한다. 이상의 3가지를 합하여 DUS라고도 부른다.

3) 보호품종의 조건

① 신품종에 대해 국가기관(국립종자원)에 품종보호권을 설정·등록하면 그 신품종은 보호품종이 되어 일정기간 법적보호를 받게 된다.

② 보호품종의 조건

구별성	신품종은 한 가지 이상의 특성이 기존의 알려진 품종과 분명히 구별되어야 한다.
균일성	규정된 균일성 판정기준을 초과하지 않을 때 균일성이 있다고 판정한다.
안정성	1년차 시험의 균일성 판정결과와 2년차 이상의 균일성 판정결과가 같으면 안정성이 있다고 판정한다.
신규성	출원일 이전에 상업화되지 않은 것이어야 하며, 신규성을 갖추려면 국내에서 1년 이상, 외국에서는 4년 이상, 과수의 입목은 6년 이상 상업적으로 이용 또는 양도되지 않았어야 한다.
품종명칭	신품종은 1개의 고유한 품종명칭을 가져야 한다. 명칭은 숫자 또는 기호로만 표시된 것은 사용할 수 없으나, 문자와 숫자의 조합은 사용할 수 있다. (예 캘리포니아 벼 품종, A-212 : A의 조생종(2)으로 12번째 개발품)

(3) 우량품종의 퇴화와 유지

1) 우량품종의 퇴화

① 우량한 신품종이라 하더라도 재배세대가 경과하는 동안에 유전적, 생리적, 병리적 원인에 의해 고유한 좋은 특성이 나쁜 방향으로 변하는 것을 품종 또는 종자의 퇴화라한다.

② 퇴화의 원인

유전적 퇴화	작물의 종류에 따라 다르나 이형유전자형의 분리, 자연교잡, 돌연변이, 이형종자의 기계적 혼입 등이 있다.
생리적 퇴화	재배환경(토양환경, 기상환경 및 생물환경)과 재배조건의 불량이 작물생육에 영향을 미치는 경우이다. 예를 들면 감자를 온난한 평지에서 채종하면 고랭지에서 채종한 것보다 생산성이 떨어진다. 감자는 서늘한 기후를 좋아하기 때문이다.
병리적 퇴화	종자로 전염하는 병해(맥류의 깜부기병 등)나 바이러스병(감자, 콩, 백합 등) 등으로 퇴화하는 것을 말한다. 감자는 진딧물에 의해 전염되는 바이러스병으로 인해 병리적으로 퇴화하기 때문에 무병주(virus free) 생산이 가능한 생장점 배양이나 진딧물의 발생이 억제되는 고랭지 재배로 퇴화를 억제해야 한다.

2) 우량품종의 유지

우량품종의 특성을 유지하는 일은 신품종을 육성하는 일 못지않게 중요하다. 품종의 특성(유전적 순도)을 유지하는 방법으로는 영양번식, 개체집단선발과 계통집단선발을 통한 종자갱신, 주보존 및 격리재배 등의 재배적 방법과 종자 일부를 장기저장하는 보존적 방법이 있다.

2. 종자

(1) 종자의 증식

1) 자식성 식물의 종자증식체계

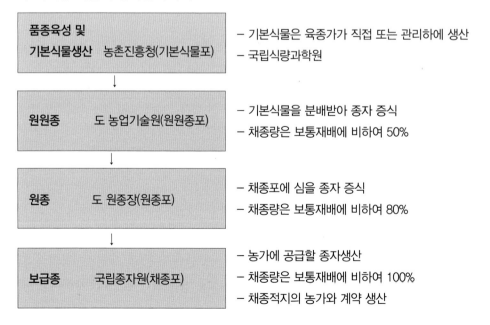

품종육성 및 기본식물생산	농촌진흥청(기본식물포)	– 기본식물은 육종가가 직접 또는 관리하에 생산
		– 국립식량과학원
원원종	도 농업기술원(원원종포)	– 기본식물을 분배받아 종자 증식 – 채종량은 보통재배에 비하여 50%
원종	도 원종장(원종포)	– 채종포에 심을 종자 증식 – 채종량은 보통재배에 비하여 80%
보급종	국립종자원(채종포)	– 농가에 공급할 종자생산 – 채종량은 보통재배에 비하여 100% – 채종적지의 농가와 계약 생산

2) 타식성 식물의 종자증식체계

① 타식성 식물의 종자증식은 특성검정을 하고, 근교약세가 일어나지 않도록 적절히 타식을 유도하는 것이 필요하다.

② 대부분의 타식성 식물은 1대잡종 품종을 이용한다.

③ 옥수수의 경우 기본식물은 국립식량과학원에서, 원원종과 원종은 강원도 농산물원종장에서 생산한다.

(2) 종자의 채종 및 갱신

1) 채종재배

① 채종을 목적으로 하는 작물재배를 채종재배라 하며, 이는 증수를 목적으로 하는 보통재배와 달리 재배지의 선정, 재배법, 비배관리, 종자의 선택과 처리, 수확 및 조제에 걸쳐 세심한 주의를 하여야 한다.

② 재배지의 선정 : 채종재배를 위해서는 주요 작물별로 적절한 집단채종포의 선정이 필요하다. 재배지는 지력, 수광, 통풍 등이 좋고 물관리가 편리하며, 결실기의 주야간 온도교차가 어느 정도 크고 각종 기상재해가 적은 곳이어야 한다. 종자의 생리적, 병리적 퇴화를 방지하기 위해 씨감자는 고랭지(14~23℃의 서늘한 곳)에서 재배한 것이 좋고, 콩도 우리나라 지방이 원산지이므로 서늘한 지역에서 생산한 종자가 양호하다. 한편 옥수수, 십자화과작물 등 타가수정 작물은 유전적 퇴화방지를 위해서 지리적 격리 등이 필요하다. 벼, 맥류 등 화본과 작물은 과도한 비옥지나 과도한 척박지 토양을 피하여야 한다.

③ 종자선택 : 채종재배에 사용할 종자는 원종포 등에서 생산 관리된 우량종자를 사용하여야 한다. 우량종자란 유전적으로 순수하고 발아력과 종자활력이 높으며, 유묘 생장이 왕성하고, 다른 품종이나 이물질이 없고, 병해충의 피해를 받지 않은 건전한 종자를 말한다.

④ 재배법과 비배관리 : 채종재배는 종자를 충실하게 하기 위해 다소 영양생장을 억제할 필요가 있으므로 질소 과용을 피하고 인산, 칼슘을 증시한다. 밀식을 피하여 수광태세를 양호하게 하며, 도복 및 병충해 방제를 철저히 하여 생리적 · 병리적 퇴화를 방지하고 건실한 생육을 유도한다.

⑤ 이형주의 도태 : 작물의 특성은 특정한 생육시기에 특정한 환경에서 발현되므로 이형주의 도태는 전 생육기간에 걸쳐 실시하여야 한다. 특히 출수개화기~성숙기에는 이형주의 식별이 더 쉬우므로 철저히 도태시킨다. 1주씩 점파하면 이형주 색출에 유리하다.

⑥ 수확 : 종자는 미숙한 때에도 이미 발아력은 생기지만 종자 속에 양분이 충분히 이행하여 축적하는 것은 그보다 훨씬 후기이므로 알맞은 시점에서 채종되어야 한다. 화곡류의 채종적기는 보통재배보다 다소 빠른 황숙기이다. 그것은 완숙기의 채종종자에 비해 발아력이 좋고, 균일하며, 차대 생산력이 높기 때문이다. 채소류는 갈숙기이다.

⑦ 수확 후 처리 : 수확한 볍씨는 화력건조를 피하고 자연건조를 할 것이며, 종자용 탈곡은 회전충격이 적은 탈곡기(종자용은 300~450회전)로 하여 상처로 인한 성묘 비율의 저하를 막아야 한다.

⑧ 병해충의 방제를 위하여 종자소독과 본답에서의 방제를 철저히 한다.

2) 종자갱신주기 및 효과

① 종자갱신주기

　㉠ 벼, 보리, 콩 등의 자식성 작물 : 4년 주기

　㉡ 옥수수, 채소 등의 1대 잡종품 : 매년 갱신

② 종자갱신에 의한 증수효과

　㉠ 벼 : 6%

　㉡ 옥수수 : 65%

　㉢ 맥류 : 12%

　㉣ 감자 : 50%

01 생산력이 우수하던 종자가 재배연수를 경과하는 동안에 생산력 및 품질이 저하되는 것을 종자의 퇴화라 하는데, 다음 중 유전적 퇴화의 원인이라 할 수 없는 것은?

㉮ 자연교잡

㉯ 이형종자 혼입

㉰ 자연돌연변이

㉱ 영양번식

■ 영양번식은 식물의 일부분을 번식에 이용하는 것으로 삽목, 접목, 취목 등의 방법이 있다. 영양번식에서는 유전자 퇴화가 발생하지 않는다.

02 십자화과 작물의 채종적기는?

㉮ 백숙기

㉯ 갈숙기

㉰ 녹숙기

㉱ 황숙기

■ 화곡류의 채종적기는 보통재배보다 다소 빠른 황숙기이다. 그것은 완숙기의 채종종자에 비해 발아력이 좋고, 균일하며, 차대 생산력이 높기 때문이다. 채소류는 갈숙기이다.

1. 육종과정

(1) 기본과정

육종목표 설정
↓
육종재료 및 육종방법 결정
↓
변이작성
↓
우량계통 육성
↓
생산성 검정
↓
지역적응성 검정
↓
신품종 결정 및 등록
↓
종자 증식
↓
신품종 보급

① 육종목표 설정 : 기존 품종의 단점, 농업인이나 소비자의 요구, 미래의 예측수요 등에 근거하여 개발할 신품종의 특성을 구체적으로 설정하여야 한다.

② 육종재료 및 육종방법의 결정(변이 탐구)

   ㉠ 육종목표 달성에 가장 효과적일 것으로 기대되는 재료를 선정한다.

   ㉡ 목표형질의 특성을 검정할 수 있는 방법이 개발되어야 한다.

   ㉢ 이 단계에는 육종가의 경험과 지식이 매우 중요하다.

③ 변이 창성

   ㉠ 만들 변이집단은 육종목표를 만족시킬 수 있는 유전자형(형질)을 가지고 있어야 한다.

   ㉡ 변이를 만드는 방법에는 자연변이를 이용하거나 인공교배, 돌연변이 유발, 염색체 조작, 유전자 전환 등의 인위적인 방법을 사용한다.

④ 우량계통 육성(변이 선택과 고정)

   ㉠ 변이의 반복적인 선발을 통하여 우량계통을 육성한다.

   ㉡ 이 단계는 여러 해가 걸리며, 재배포장, 검정실험시설, 인력, 경비 등이 많이 소요된다.

   ㉢ 육종가의 능력과 노력에 따라 결과에 큰 차이가 발생한다.

⑤ 검정

   ㉠ 육성한 우량계통은 생산성 검정과

   ㉡ 지역적응성 검정을 거친다.

⑥ 신품종 결정 및 등록

   ㉠ 검정을 거쳐 신품종으로 결정하고 국가기관에 등록한다.

   ㉡ 생산성 검정과 지역적응성 검정은 반복시험이 필요하다.

⑦ 증식 및 보급 : 정해진 종자 공급절차에 따라 증식하고 농가에 보급한다.

2. 육종방법

(1) 자식성 작물의 육종방법

1) 순계분리(선발)

① 육종을 위한 계획적인 교배과정을 거치지 않고 재래종 집단이나 육성품종 중에 있는 우수한 개체들을 선발하여 품종으로 만드는 방법으로, 벼의 "은방주", 콩의 "장단백목", 고추의 "풋고추"가 이 방법으로 육성되었다.

② 재래종은 오랜 세월 그 지역의 환경조건에 적응한 것이므로 환경적응력이 크다는 이점이 있다.

2) 교배육종

① 의의 및 장점

　㉠ 앞에서 설명한 순계분리육종은 재래집단 등 현존하는 품종에서 원하는 유전자형을 찾을 수 있을 때 사용한다. 그러나 현존하는 품종에서 찾을 수 없으면 교잡육종법을 사용하여야 한다.

　㉡ 교잡(교배)육종이란 교잡(cross)에 의해서 유전적 변이를 작성하고 그 중에서 우량한 유전자를 선발하여 신품종으로 육성하는 방법으로, 이 방법은 Mendel의 유전법칙을 근거로 하여 성립하며 가장 널리 사용되고 있는 육종법이다.

② Mendel의 유전법칙

　㉠ 분리의 법칙(제 1법칙)

　　– 한 쌍의 대립유전자는 감수분열 과정에서 분리되어 각각 다른 생식세포로 들어가, 자손에서 우성형질과 열성형질이 일정한 비율로 나타나는 현상

　　– 우성과 열성유전자의 분리비 = 1 : 1

　㉡ 독립의 법칙(제 2법칙)

　　– 두 쌍 이상의 대립형질이 동시에 유전될 때 각각의 형질을 나타내는 유전자는 다른 유전자에 영향을 주지 않고 독립적으로 유전되는 현상

　　– 두 쌍의 대립형질이 있는 경우 표현형의 분리비는 9 : 3 : 3 : 1

　㉢ 우열의 법칙(원칙)

　　– 대립형질의 순종의 개체끼리 교배하였을 때 잡종 1세대에서 우성형질의 개체만 나타나는 현상(3 : 1로 분리)

　　– Mendel은 우열의 법칙이라고 주장하였으나 후대에 와서 이 법칙에는 예외(두 형질의 중간형질이 나타나거나 두 형질 모두 나타나지 않는 경우 등)가 너무 많아 법칙은 아니고 원칙이라고 수정됨

③ 선발법에 의한 분류

    ㉠ 계통육종법

        – 꽃색, 종자색 등의 질적형질처럼 뚜렷한 차이가 있는 경우 선발하기 쉬워 처음부터 원하는 개체를 선발하는 방법

        – 계통육종법은 인공교배로 F_1을 만들고, F_3 세대부터 매 세대마다 계통재배, 개체선발을 계속하여 우수한 순계집단을 얻어서 신품종으로 육성하는 방법이다.

        – 잡종초기부터 계통단위로 선발하므로 육종기간을 단축하며, 소수의 유전자가 관여하는 질적형질의 개량에 유리하다.

        – 육종목표의 분명한 설정, 육종목표에 적합한 교배친 선택, 특성검정법 선정 및 개발, 원하는 개체의 선발능력 등에서 육종가의 능력이 필수적이다.

    ㉡ 집단육종법

        – 처음에는 뚜렷한 차이가 없는 경우 집단으로 재배하다보면 동형접합성이 어느 정도 높아져 차이가 나타나게 되는데 그 차이가 나타난 이후부터 원하는 개체를 선발하는 방법

        – 이 방법은 계통이 거의 고정되는 $F_5 \sim F_6$ 세대까지는 교배조합별로 보통재배를 하여 집단선발을 계속하고, 그 후에 가서 계통선발로 바꾸는 방법으로, 초기세대에는 개체선발보다 집단선발이 효율적이라는 관점의 육종법이다.

        – 수확량처럼 폴리진(하나의 유전자작용은 매우 약하나 여러 개가 함께 작용하여, 양적으로 나타나는 형질의 발현에 관계되는 유전자군)이 지배하는 양적형질의 개량에 유리하다.

        – 육종가의 실력이 덜 중요하나 개발시간이 많이 걸린다.

        – $F_5 \sim F_6$ 세대까지는 교배조합별로 보통재배를 하여 집단선발을 계속하므로 유용유전자의 상실 우려가 적다.

3) 여교배육종

① 여교배 육종은 어떤 한 가지의 우수한 특성을 가진 비실용품을 1회친으로 하고, 그 우수한 특성은 없지만 전체적으로 우수하여 현재 재배되고 있는 실용품종을 반복친으로 하여 연속적으로 교배·선발함으로써 비교적 작은 집단의 크기로 짧은 세대 동안에 품종을 개량하는 방법이다. 즉 연속적으로 교배하면서 이전하려는 1회친의 특성만 선발하므로 실수할 수 없어 선발효과가 확실하고 재현성이 높다는 장점이 있다. 그러나 목표가 너무 확실하기 때문에 목표형질 이외의 다른 형질을 우연히 개량하기는 어렵다.

② (A×B)×B×B 또는 (A×B)×A×A의 형식{부모 중의 하나와 교잡하니 여교잡(戾, 어그러질 려)이라 함}이며, 한 번 교잡시킨 것은 1회친, 두 번 이상 교잡시킨 것은 반복 친이라 한다.

③ 여교배 육종은 찰성과 같이 단순유전하는 형질이나 내병성처럼 감별이 용이한 형질 개량에 제일 효과적이지만, 여러 유전자를 집적하는 경우와 이종 게놈 식물의 유전자 를 도입하는 데에도 그 효율성이 인정된다.

(2) 타식성 작물의 육종

① 자식성은 자식이므로 이형접합체가 안 만들어져 인위적으로 교배하는 방법을 사용하 였으나 타식성에서는 인위적 교배가 불필요하다.

② 타식성 식물의 근친교배로 약세화한 식물체끼리 교배하면 그 F_1(Aa)은 양친보다 왕 성한 생육을 나타내는데 이를 잡종강세라 한다. 잡종강세는 근교약세의 반대현상으로 1대잡종육종의 이론적 배경이다.

(3) 영양번식 작물의 육종

① 영양번식 작물은 동형접합체는 물론 이형접합체도 영양번식에 의하여 영양계의 유전 자형을 그대로 유지할 수 있다. 따라서 영양번식 작물은 영양계선발을 통하여 신품종 을 육성한다.

② 영양계선발은 교배나 돌연변이(아조변이 등)에 의한 유전변이 또는 실생묘 중에서 우 량한 것을 선발하고 삽목이나 접목 등으로 증식하여 신품종을 육성한다. 이 때 바이러 스에 감염되지 않게 하는 것이 중요하다.

(4) 1대잡종육종

1) 의의 및 장점

① 잡종강세가 큰 교배조합을 찾아서 그 1대잡종을 품종으로 육성하는 방법을 잡종강세 육종, 하이브리드육종, 헤테로시스육종, 1대잡종육종 등으로 부른다.

② 교배친(어버이식물)을 일정한 상태로 유지하면서 해마다 1대 잡종을 만들어서 재배하 면 1대잡종도 고정된 품종과 거의 비슷하게 된다.

2) 1대잡종 품종의 장단점

① 장점 : 다수확성, 생산물의 균일성, 우성의 유용한 특성(강건성, 내병성 등)

② 단점 : 1대잡종에서 수확한 종자를 다시 심으면 변이가 심하게 일어나 품질과 균일성 이 크게 떨어지므로 종자를 매년 구입하여 사용하여야 한다.

(5) 배수성육종

① 자연적 또는 인위적 원인으로 게놈이 배가하는 현상을 배수성이라 하는데, 한 세포에 있는 게놈 수에 따라 2배체, 3배체, 4배체....10배체 등으로 불린다. 보통 배수체라 하면 3배체 이상의 식물을 말하며, 배수체는 2배체에 비하여 세포와 기관이 거대하고, 병해충에 대한 저항성이 증가하며, 함유 성분이 증가하는 등의 좋은 쪽과 생육의 지연, 낮은 임성 등의 나쁜 쪽으로의 형질변화가 일어난다.

② 이러한 배수성의 좋은 특성을 이용하여 신품종을 육성하는 것을 배수성육종이라 한다.

(6) 돌연변이육종

① 분리육종은 현존하는 자연집단에서 우량한 유전자를 골라 품종으로 고정하는 육종법이고, 교배육종은 주로 인공교배로 여러 유용유전자를 한 개체에 모으거나 유전자 상호 작용을 이용해서 새로운 품종을 육성하는 방법이다.

② 돌연변이육종은 기존 품종에 방사선이나 화학물질을 처리하여 특정한 형질만 변화시키거나, 새로운 형질을 발현시키는 방법이다.

(7) 생물공학(바이오테크놀로지)적 작물육종

1) 개요

① 바이오테크놀로지(biotechnology)는 생명과 생명체를 뜻하는 바이오(bio)와 기술을 의미하는 테크놀로지(technology)가 합쳐진 용어로 생명공학 또는 생물공학이라 부른다.

② 생명공학은 조직, 세포, 염색체, DNA 등을 대상으로 하며 구체적 방법은 조직배양, 세포융합, 유전자 전환 등이 주축을 이룬다.

2) 조직배양

① 조직배양의 정의 : 식물의 조직배양은 세포의 전체형성능을 이용하여 식물의 세포, 조직, 기관 등으로부터 완전한 식물체를 분화시키는 배양기술이다.

② 식물의 생장점을 조직배양하면 세포분열의 속도가 빨라서 바이러스가 증식하지 못하므로 무병주(virus free)를 생산하는 데 사용한다.(씨감자 생산 등)

3) (체)세포융합

① 세포융합은 나출원형질체(세포벽을 제거한 원형질체)를 융합시키고 융합세포를 배양하여 식물체를 재분화시키는 배양기술이다.

② 세포융합은 생식과정을 거치지 않고 다른 식물종의 유전자를 도입할 수 있으므로 육
   종재료의 이용범위를 크게 넓힐 수 있다.
③ 토마토와 감자의 잡종식물인 pomato는 세포융합법으로 개발되었다.

4) 유전자 전환
① 유전자 전환은 외래유전자(DNA)를 생식과정을 거치지 않고 직접 도입하여 새로운
   형질이 나타나게 하는 형질전환기술이다.
② 형질전환육종의 사례
   ㉠ 최초의 형질전환 품종 : 토마토의 플레이버세이버
   ㉡ 내충성 품종 : Bt 유전자를 도입한 Bt 옥수수
   ㉢ 제초제 저항성 품종 : 대두콩

3. 저항성 육종

(1) 저항성 메커니즘

1) 내병성 품종의 저항성 메커니즘
① 침입저항 : 병원균이 침입하는 데 저항을 주는 식물체의 형태
② 확대저항 : 병원균이 침입했으나 식물은 병원균에 필요한 영양분을 가지고 있지 않음
③ 억제물질 : 병원균이 침입 시 식물체가 억제물질(피토알렉신)을 생산

2) 내충성 품종의 저항성 메커니즘
① 비선호성 : 해충의 먹이로 적합하지 못하게 식물체가 가진 비선호성
② 항충성 : 해충의 성장을 저해하거나 번식률을 감소시키는 식물체의 항충성
③ 내성 : 해충이 가해할 때 견디는 식물체의 견딤성

(2) 저항성 육종의 문제점

1) 영원한 싸움
① 저항성 육종의 가장 큰 문제는 열심히 연구하여 재배식물에 어떤 병에 대한 저항성
   유전자를 넣어주어도 그것을 이길 수 있는 병해충이 생긴다는 것(병해충의 유전변이
   발생)이다. 원인은 숙주인 식물체와 기생체인 병균은 별개의 생명체로써 서로 대응하
   여 변이를 일으키기 때문이다.

② 벼도열병에 대한 저항성 품종은 병원균 레이스 때문에 품종의 평균수명은 3년에 지나지 않는다.

2) 저항성과 생산성의 불일치
① 아무리 고도의 저항성이 있어도 생산성이 낮으면 재배작물이 될 수는 없다.
② 그런데 많은 경우 저항성과 생산성은 부(−)의 관계에 있는 것이 저항성 육종의 문제이다.

(3) 병해충 저항성 육종

1) 전제조건
① 아무리 우수한 저항성을 가져도 생산성과 품질이 저하되지 않아야 한다.
② 따라서 저항성은 육종의 보완적 목표이다.

2) 육종가의 관심사항
① 병해충에 대한 저항성 육종의 개발 우선순위를 정해야 한다. 피해가 크면서 화학적 또는 재배적 방법으로 방제효과가 적은 병해충을 우선 개발대상으로 해야 한다.
② 대상 병해충의 생리적 특성과 재배식물의 상호 관계를 면밀히 검토하여야 한다. 이는 저항성의 검정방법과 식물의 선발방법을 개발함에 필수적이다.
③ 효과적인 저항성 검정방법이 있어야 한다.
④ 저항성과 다른 실용형질(생산성, 품질 등)과의 관련성을 충분히 검토해야 한다.

(4) 환경스트레스 저항성 육종

1) 정의 및 필요성
① 식물체에 나쁜 영향을 미치는 불량환경 요인을 환경스트레스라 하며, 식물체가 스트레스에 견디는 힘을 스트레스 내성 또는 저항성이라 한다.
② 우리나라에서 나쁜 환경에 의한 감수는 매년 약 3% 정도로 추측되나, 1980년에는 저온으로 벼가 32%나 감수되었다. 자연재해는 앞으로 증가될 것으로 예측되는 바 환경스트레스 저항성 품종의 개발이 중요시 된다.

2) 개발대상
① 온도스트레스 저항성 : 내냉성, 내동성, 내서성
② 수분스트레스 저항성 : 내습성, 내한성(耐旱性)
③ 토양스트레스 저항성 : 내염성, 내산성, 알칼리성, 중금속 내성

출제 가능성이 높은 **문제**

보충

01 멘델(Mendel)의 법칙과 거리가 먼 것은?

㉮ 분리의 법칙   ㉯ 독립의 법칙

㉰ 우성의 법칙   ㉱ 최소의 법칙

■ 멘델의 법칙은 우열(우성)의 법칙, 분리의 법칙, 독립의 법칙이다.

02 육종의 단계가 순서에 맞게 배열된 것은?

㉮ 변이탐구와 변이창성 → 변이선택과 고정 → 종자증식과 종자보급

㉯ 변이선택과 고정 → 변이탐구와 변이창성 → 종자증식과 종자보급

㉰ 종자증식과 종자보급 → 변이탐구와 변이창성 → 변이선택과 고정

㉱ 종자증식과 종자보급 → 변이선택과 고정 → 변이탐구와 변이창성

■ 육종은 육종목표의 결정 → 변이탐구와 변이창성 → 변이선택과 고정 → 신품종의 증식과 보급의 순으로 이루어진다.

03 형질이 다른 두 품종을 양친으로 교배하여 자손 중에서 양친의 좋은 형질이 조합된 개체를 선발하고 우량품종을 육성하거나 양친이 가지고 있는 형질보다도 더 개선된 형질을 가진 품종으로 육성하는 육종법은?

㉮ 선발육종법

㉯ 교잡육종법

㉰ 도입육종법

㉱ 조직배양육종법

■ 도입육종은 개발된 품종을 도입하는 것이고, 선발육종은 자연에 있는 우량한 유전자를 골라 품종으로 고정하는 육종법이며, 교배육종은 주로 인공교배로 새로운 품종을 육성하는 방법이다. 신기술인 바이오테크놀로지는 세포융합이나 유전자 조작기술을 말한다.

01 ㉱   02 ㉮   03 ㉯

01 농가에서 사용하는 우량품종의 기본적인 구비조건은?

㉮ 균일성, 우수성, 내충성
㉯ 내충성, 영속성, 우수성
㉰ 특수성, 내충성, 우수성
㉱ 균일성, 우수성, 영속성

02 품종의 보호요건 항목이 아닌 것은?

㉮ 구별성
㉯ 내염성
㉰ 균일성
㉱ 안정성

03 품종퇴화의 원인으로 볼 수 없는 것은?

㉮ 이형유전자의 분리
㉯ 이형종자의 혼입 억제
㉰ 자연교잡
㉱ 돌연변이

04 품종의 특성 유지 방법이 아닌 것은?

㉮ 영양번식에 의한 보존재배
㉯ 격리재배
㉰ 원원종재배
㉱ 집단재배

보충

■ 우량품종의 조건: 구별성(Distinctness), 균일성(Uniformity), 안정성(Stability)
이 3가지를 합하여 DUS라고도 부른다. 구별성은 우수성, 안정성은 영속성과 같은 의미이다.

■ 신품종에 대해 국립종자원에 품종보호권을 설정·등록하면 법적보호를 받게 된다.
보호품종의 조건: 구별성, 균일성, 안정성, 신규성, 품종명칭

■ 유전적, 생리적, 병리적 원인에 의해 고유한 좋은 특성이 나쁜 방향으로 변하는 것을 품종 또는 종자의 퇴화라 한다. 유전적 퇴화에는 이형유전자형의 분리, 자연교잡, 돌연변이, 이형종자의 기계적 혼입 등이 있다.

■ 품종의 특성(유전적 순도)을 유지하는 방법으로는 영양번식, 개체집단선발과 계통집단선발을 통한 종자갱신(원원종 재배), 주보존 및 격리재배 등의 재배적 방법과 종자 일부를 장기저장하는 보존적 방법이 있다.

---

01 ㉱ 02 ㉯ 03 ㉰ 04 ㉱

05 우량종자의 증식체계로 옳은 것은?

⑦ 기본식물 → 원원종 → 원종 → 보급종

⑭ 기본식물 → 원종 → 원원종 → 보급종

⑮ 원원종 → 원종 → 기본식물 → 보급종

⑯ 원원종 → 원종 → 보급종 → 기본식물

■ 기본식물은 육종가가 직접 또는 관리 하에 생산하며, 원원종은 원종보다 앞 단계이다.

06 우리나라 벼 품종의 일반적인 종자갱신 주기는?

⑦ 1년 1기

⑭ 4년 1기

⑮ 5년 1기

⑯ 6년 1기

■ 벼, 보리, 콩 등의 자식성 작물
: 4년 주기
옥수수, 채소 등의 1대 잡종품
: 매년 갱신

07 다음 중 오늘날 작물육종의 목표와 거리가 먼 것은?

⑦ 외관 및 식미의 개량

⑭ 다비 요구성

⑮ 병충해 저항성

⑯ 환경 적응성

■ 환경보호를 위하여 비료를 덜 주어도 되는 저비성 작물이 개발 목표이다.

08 다수성 품종을 육종하기 위하여 집단육종법을 적용하고자 한다. 이때 집단육종법의 장점으로 옳은 것은?

⑦ 잡종강세가 강하게 나타남

⑭ 선발개체 후대에서 분리가 적음

⑮ 각 세대별 유지하는 개체수가 적은 편임

⑯ 우량형질의 자연도태가 거의 없음

■ 집단육종법의 경우 처음에는 뚜렷한 차이가 없어도 집단으로 재배하다 보면 동형접합성이 어느 정도 높아져 차이가 나타나게 되는데, 그 차이가 나타난 이후부터 원하는 개체를 선발하므로 후대에서 분리가 적다.

09 여교잡에 대한 기호 표시로서 옳은 것은?

⑦ $(A \times A) \times C$

⑭ $((A \times B) \times B) \times B$

⑮ $(A \times B) \times C$

⑯ $(A \times B) \times (C \times D)$

■ 여교잡 육종은 우수한 특성을 가진 비실용품을 1회친으로 하고, 그 우수특성을 가지고 있지 않은 실용품종을 반복친으로 하여 품종을 개량하는 방법이다. $((A \times B) \times B) \times B$이면 A가 1회친, $(A \times B) \times A$이면 B가 1회친이다.

10 일대잡종(F₁) 품종이 갖고 있는 유전적 특성은?

㉠ 잡종강세   ㉯ 근교약세

㉢ 원원교잡   ㉣ 자식열세

11 육종에서 바이러스가 없는 개체 육성에 특히 많은 관심을 갖는 작물은?

㉠ 벼   ㉯ 보리

㉢ 옥수수   ㉣ 감자

12 토마토와 감자의 잡종식물인 pomato는 어떤 방법으로 만든 것인가?

㉠ 게놈융합법

㉯ 체세포융합법

㉢ 종간교잡법

㉣ 염색체부가법

13 작물의 병에 대한 품종의 저항성에 대한 설명으로 가장 적합한 것은?

㉠ 해마다 변한다.

㉯ 영원히 지속된다.

㉢ 때로는 감수성으로 변한다.

㉣ 감수성으로 절대 변하지 않는다.

유기원예

1 토양관리

1. 시설원예지 토양의 문제점 및 개선책 – "Ⅱ. 토양관리 제4장" 참조

2. 시설원예지의 태양열 토양소독

(1) 방법

시설하우스의 토양소독법 중 태양열 소독법은 현재 큰 주목을 받고 있다. 이에 대하여 자세히 알아본다.

① 경운 : 수확이 끝난 작물이나 자재 등을 제거하고 토양 깊은 곳까지(20㎝ 이상), 하우스 구석구석까지 충분한 열 전달을 위하여 깊게 경운하여 공극율을 높이고, 하우스 측면에는 열이 상승하기 어렵기 때문에 가능하면 토양을 하우스 안쪽으로 몰리게 한다.

② 유기물과 석회 사용 : 볏짚, 옥수수짚 등 벼과 작물의 유기물(건물중으로 2톤/10a)과 석회(100kg/10a)를 시용하고, 해당 작물에 대한 기비 기준량의 질소비료를 고루 살포한 후 로타리하여 토양 중에 잘 혼합한다.

③ 작은 이랑 만들기 : 뒤에 작업될 일시 담수 시의 수로를 만들고, 지표면적을 넓혀 열전도율을 높일 목적으로 작은 이랑(폭 60~70㎝)을 만들지만 이랑작성기가 부착된 기계의 경우 동시작업도 가능하고, 없는 경우에는 다목적 관리기를 이용한다.

④ 지표면 피복 : 작은 이랑을 만든 뒤 표면을 헌 비닐 등으로 피복한다. 이때 보온성을 높이기 위하여 비닐의 파손된 부분은 보수해서 사용하고, 하우스 구석구석 틈이 없도록 밀봉한다.

⑤ 일시 담수 : 고랑 사이에 물을 대고 일시 담수 상태로 한다. 이때 공급된 물은 열의 전달을 양호하게 하고, 유기물의 급격한 분해를 촉진시켜 토양 중의 산소를 소비하여 혐기 상태를 만들어 병균을 질식하여 죽게 만든다. 일시 담수는 1회에 한하고 자연히 심토로 스며들게 한다.

⑥ 하우스 밀폐 : 이상의 작업이 끝나면 하우스를 밀폐한다. 밀폐 상태의 양부(良否)가 하우스 내 기온 상승을 좌우하고, 지온의 상승도 결정짓기 때문에 하우스의 비닐이 파손된 부분은 보수하고 천창이나 측창의 출입구를 완전 밀폐하는 등 하우스의 기밀성(氣密性)을 높이는 노력이 필요하다. 태양열소독은 장마 1개월 전인 5월 하순 또는 장마 직후인 7월 하순부터 8월 말 사이에 기온이 높고 맑은 날에 실시하며, 처리기간은 4주 이상이어야 한다. － 출처 : 농촌진흥청 이한철님

(2) 본 소독법의 장점

① 폐비닐, 볏짚 등 자원재활용이 가능하다.

② 증기소독, 화학적 방제에 비해서 토양생태계에 대한 교란 정도가 적다.

③ 자연에너지를 활용한 소독법으로 작업이 단순하고, 특정한 기구 등이 필요하지 않으며, 작업자와 작물에 대하여 안전하고, 비용이 거의 들지 않는다.

④ 작물에 해가 없는 내열성 미생물은 거의 살아남게 되므로 토양미생물상을 질적으로 좋게 만들고, 파괴하는 경우는 적다.

⑤ 유기질자재의 시용과 토양소독을 동시에 행하게 되므로 미숙 유기물, 작물잔사 등에 존재하는 병원균을 사멸하여 병원균의 증식을 억제할 수 있다.

⑥ 염류집적이 많은 시설에서는 담수를 하여 토양에 집적된 염류를 제거함으로써 작물이 안전하게 생육할 수 있다.

⑦ 부차적인 효과로서 잡초의 방제효과도 크게 나타나서 제초노력이 절감된다.

3. 녹비

(1) 녹비작물

녹비(綠肥)란 어린 식물의 잎이나 줄기를 비료로 사용하는 것으로 토양의 비옥도 증진을 위해 재배한다. 식물이 아직 어릴 때에는 조직이 연하고 체내에 질소성분도 많이 함유하므로 토양에서 쉽게 분해되고 유기질비료의 효과를 잘 나타낸다.

1) 녹비작물의 필요성

① 두과 녹비작물을 통한 토양비옥도 유지는 유기농가에게 특히 중요하다. 왜냐하면 질소공급원으로 화학비료 사용이 허용되지 않기 때문에, 작물생산을 위한 질소는 생축분 또는 완숙퇴비 또는 두과 녹비작물 재배를 통해 충족되어야 하기 때문이다.

② 녹비작물의 토양 혼입은 얕게 이루어져야 하며, 충분한 양의 작물 잔재가 토양유실을 방지하기 위해 토양표면에 남겨져야 한다.

2) 녹비작물의 효용성

① 녹비는 토양비옥도와 토양의 물리성 개선에 여러 가지 장점을 가지고 있으며, 녹비작물로 헤어리베치, 알팔파, 자운영을 재배하면, 60~95kg/ha의 질소를 토양에 환원시켜 후작물이 이용하도록 할 수 있다. 한편 두과녹비를 가축의 사료로 이용하면 10~20 kg/ha의 질소만을 토양에 환원한다.

② 알팔파와 같은 심근성 작물은 심토까지 뿌리가 발달하여 타작물이 흡수할 수 없는 심토의 영양분을 흡수 · 이용한다. 또한 녹비작물의 뿌리는 썩어 표토층과 심토층 모두 즉, 토양 전층에 유기물을 제공하므로 토양공기의 통기성을 개선시키고, 토양층 내부의 배수 통로를 제공하므로 매우 유익하다.

③ 두과 녹비작물로 자운영, 알팔파, 헤어리베치, 동부, 화이트클로버, 루핀, 레드클로버 등이 재배되고, 두과가 아닌 녹비작물로는 유채, 귀리, 메밀, 조, 수수, 진주조, 수단그라스, 티모시 등이 많이 재배되고 있다.

3) 녹비작물의 작부체계

① 뿌리분포의 깊이가 각기 다른 작물은 각기 다른 토양층의 양분을 이용하므로, 모든 토양층의 양분을 골고루 이용하도록 하기 위해서는 심근성 작물과 천근성 작물의 작부체계를 갖추어야 한다.

② 작물잔재가 나타내는 독성물질의 타감효과(allelopathic effect)를 윤작 작부체계를 세울 때 최대한 고려하여야 한다. 예를 들어, 밀의 식물잔재가 나타내는 타감효과는 후작물로서 또 밀이나 보리를 재배할 때 수량의 감소뿐만 아니라 양분 고갈 등의 측면에서 더욱 크게 나타날 수 있다.

③ 녹비는 꽃이 만개하기 직전에 채취하는 것이 질소 등의 양분이 많아 유리하다.

4) 녹비작물의 조건

① 생육이 왕성하고 재배가 쉬워야 한다.

② 심근성으로 하층의 양분을 작토층으로 끌어올릴 수 있어야 한다.

③ 비료성분의 함유량이 높으며 유리질소의 고정력이 강해야 한다.

④ C/N율이 낮고 줄기, 잎이 유연하여 토양에서 분해가 빨라야 한다.

⑤ 가축의 사료로 이용될 수 있으면 더 좋다.

⑥ 논에서는 습기에 견디는 내습성이 강해야 한다.

5) 녹비작물의 이용

① 녹비는 생초보다 어느 정도 건조시켜 사용하는 것이 분해가 완만하여 안전하다.

② 한편 밭에서 어떤 작물의 파종 직전에 녹비를 갈아엎은 경우 녹비의 분해에서 발생하는 유해가스 등에 의하여 황화, 생육정지, 뿌리고사 등 발아나 유식물의 생육이 저해되는 현상이 나타날 수 있다.

③ 이것을 방지하려면 녹비를 갈아엎는 시기를 앞당겨 파종시기와의 사이에 간격을 많이 두는 것이 좋다. 만약 녹비작물을 완숙기에 수확했다면 짧게 절단하여 토양에 혼입하는 것이 부숙시간을 단축하므로 유리하다.

(2) 녹비작물을 도입한 작부체계

1) 일반사항

① 논에서 벼가 생육하지 않는 기간에 녹비작물을 재배한다면 화학비료를 대폭 절감할 수 있으며, 토양의 비옥도는 물론 토양의 물리성도 개선할 수 있다.

② 논에서 재배 가능한 녹비작물로는 보리, 호밀 등 맥류와 자운영, 헤어리베치 등의 콩과식물이 있다. 맥류를 녹비작물로 활용하면 벼와 같은 화본과작물이기 때문에 녹비로 토양에 넣었을 때 벼 재배에 좋지 않은 현상이 나타나므로 피하는 것이 좋다.

③ 콩과 녹비작물인 자운영이나 헤어리베치를 재배하면 질소 생산량이 많아 화학비료 대체율이 높고, 녹비를 토양에 투입 시 분해속도가 빨라 벼 생육에 미치는 나쁜 영향을 최소화할 수 있다.

2) 자운영의 재배

① 자운영은 연화초, 홍화채로도 불리는 콩과작물로 중부 이남의 따뜻한 지역에서 월동이 가능하므로 이 지역의 논에서 답리작으로 많이 재배되는 녹비작물이다.

② 자운영 재배토양의 적정 산도는 다른 콩과식물과 마찬가지로 pH 5.2~6.2 정도이며, pH 5.0 미만의 산성토양에서는 근류균의 생장이 나빠 식물생육도 매우 불량하므로 토양산도를 교정해 주어야 한다.

③ 자운영 종자는 경실(硬實)종자로 그 발아율은 60% 정도로 낮은 편이다. 따라서 종자를 모래와 섞어 손방아를 찧는 등 종피에 상처를 입혀 파종해야 발아율을 높일 수 있다. 균핵병 예방을 위해 소금물에 소독하여 파종하기도 한다.

④ 8월 하순에서 9월 중순 사이에 벼가 있는 논에 10a당 3~4kg의 종자를 종토접종하여 햇볕이 없는 날 뿌려주면 겨울을 넘기고 이듬해 4~5월에 좋은 녹비가 된다.

> 연구 **종토접종** 콩과작물을 재배하지 않은 새로운 재배지에 근류균을 이식하기 위하여 콩과작물 재배경력이 있는 토양을 종자와 함께 혼합하는 방법으로, 콩과작물이 자라고 있는 뿌리 부근의 흙을 떠서 종자의 2~3배로 섞는 것을 말한다.

⑤ 자운영 재배의 효과

- 질소 및 유기질비료 절감 효과
- 토양침식 및 유실 방지
- 해충 천적의 서식처 제공
- 식용 및 약용
- 토양 입단화로 토양의 물리, 화학성 개선
- 봄철 잡초 발생 억제
- 밀원식물이며 경관자원 가능

⑥ 수확한 자운영은 15~20㎝로 절단하여 벼 이앙 최소 2주 전에 마른 논에 갈아엎는 것
이 좋으며, 산성토양인 경우 생초 100㎏당 석회 5㎏ 정도를 같이 넣으면 석회만 넣는
산도개선보다 여러 면에서 더욱 효과적이다.

⑦ 최근 각 지방자치단체는 자운영 재배를 통한 지력증진 및 화학비료 사용량 절감으로
고품질 친환경농업을 실천하고, 아름다운 농촌경관을 조성하고자 많은 홍보와 지원을
하고 있어 재배면적이 많이 늘고 있다.

3) 헤어리베치의 재배

① 헤어리베치는 콩과 녹비작물 중 토양개량 효과와 활용편의성이 뛰어나며, 특히 내한
성이 강해 자운영이 월동하기 어려운 중북부지방에서 활용이 가능하다.

② 월동 후 이른 봄에 재생 속도가 빠르고, 토양을 완전히 뒤덮어 다른 잡초가 침입하는
것을 원천적으로 차단한다. 다른 콩과작물보다 질소함량이 월등히 높고 탄질비가 10:1
정도로 낮아서 매몰 후 한 달 안에 80% 정도가 분해되며, 토양에 혼입할 때도 기계에
의해 잘 절단되어 작업이 편리하다.

③ 콩과식물이므로 역시 산성토양에서는 생육이 불량하다.

④ 헤어리베치는 질소 생산능력이 뛰어나 녹비로 재배하면 뒷그루 작물에 필요한 대부
분의 질소를 공급한다. 화학비료와는 달리 토양의 유기태 질소를 증가시키므로 작물
의 생육기간 내내 지속적으로 질소를 공급하는 효과를 가져 온다.

⑤ 윤작의 측면에서 보면 논에서 벼, 밭에서는 옥수수와 조합하여 재배하는 것이 가능하
고, 시설하우스에서는 열매채소류와 짧은 윤작, 과수원에서는 초생재배, 경사진 고랭
지에서는 피복작물 등으로 활용할 수 있다.

⑥ 헤어리베치는 보통 10월 초순 이전, 벼베기 10일 전쯤 10a당 6~9㎏ 정도의 종자를
종토접종하여 파종하는데 이보다 늦어지면 동해를 입기 쉽고, 봄에도 생육부진이 이
어진다. 안전을 고려하면 9월 말까지는 파종을 마쳐야 한다.

⑦ 헤어리베치를 이앙 2주전에 10a당 생체중 2,000㎏ 정도 투입하면 많은 양의 질소를
고정하여 질소질비료를 시비하지 않아도 충분하며, 토양의 물리성도 개선되는 이점이
있다.

01 토양 용액의 전기전도도를 측정하여 알 수 있는 것은?

㉮ 토양 미생물의 분포도　　㉯ 토양 입경분포

㉰ 토양의 염류농도　　㉱ 토양의 수분장력

02 최근 우리나라 시설재배지 토양에서 가장 문제시 되는 것은?

㉮ 중성화　　㉯ 유기물 함량 과다

㉰ 치환성 양이온 부족　　㉱ 유효인산 함량 과다

03 태양열 소독의 특징으로 거리가 먼 것은?

㉮ 주로 노지토양소독에 많이 이용된다.

㉯ 선충 및 병해 방제에 효과가 있다.

㉰ 유기물 부숙을 촉진하여 토양이 비옥해진다.

㉱ 담수처리로 염류를 제거할 수 있다.

04 남부지방의 논에 녹비작물로 이용되며 뿌리혹박테리아로 질소를 고정하는 식물은?

㉮ 진주조　　㉯ 자운영

㉰ 호밀　　㉱ 유채

05 녹비작물의 재배 효과가 아닌 것은?

㉮ 유기물과 양분을 공급한다.

㉯ 토양의 구조와 비옥도를 높인다.

㉰ 클로버, 알팔파 등 두과 목초가 있다.

㉱ 지온이 낮을 때 특히 질소 고정량이 높다.

보충

■ 적정 토양의 염류농도는 2.0 dS/m(전기전도도 단위) 이하로 제시되고 있으나 시설하우스 토양의 평균 염류농도는 3.01dS/m이며, 이 중 약 30%에 해당하는 토양은 5.02 dS/m 이상이다.(2009년 기준)

■ 시설은 강우가 없고, 재배횟수가 많기 때문에 다비조건이 되어 인산은 일반 토양에 비해 3배가 많고, 칼륨, 칼슘, 마그네슘 등은 2배가 많은 등 염류의 집적이 심하다.

■ 토양소독을 하려면 약 60℃까지 토양의 온도를 올려야 하는데 노지에서는 집열을 할 수가 없다.

■ 자운영은 연화초, 홍화채로도 불리는 콩과작물로 중부 이남의 따뜻한 지역에서 월동이 가능하므로 이 지역의 논에서 답리작으로 많이 재배되는 녹비작물이다.

■ 지온이 낮을 때는 식물체가 잘 자라지 못하므로 질소 고정량도 적다.

---

01 ㉰　02 ㉱　03 ㉮　04 ㉯　05 ㉱

2　유기원예의 환경조건(시설원예의 경우)

1. 광 환경

(1) 시설에서 광의 변화

1) 광량의 감소

① 골격재에 의한 차광 : 골격재는 거의 불투명체이므로 그 비율이 커질수록 광선의 차
　단율은 커지며 유리온실은 피복재의 하중이 커서 골격재에 의한 차광률은 20% 정도
　이다. 플라스틱하우스의 파이프하우스는 5% 정도이고, 에어하우스 같은 경우는 0%에
　가깝다.

② 피복재에 의한 흡수와 반사 : 무색투명한 유리나 플라스틱필름의 광흡수율은 1% 정
　도로 작으나 열선흡수제를 혼입하거나 착색제가 들어 있으면 그 양에 비례하여 광흡
　수율이 늘어 시설로 들어오는 광량이 준다. 또한 입사각이 커지면 반사율은 증가하므
　로 투과율은 감소한다. 특히 60° 가 넘으면 반사 및 투과의 비율은 급격히 변한다.

2) 광질의 변화

① 판유리, 경질판, 플라스틱필름에서 가시광선 투과율은 거의 비슷하지만 적외선과 자
　외선의 투과율은 각기 다르므로 피복재를 통과한 후의 광질은 각기 다르다.

② 자외선 투과율이 낮은 유리온실, 염화비닐하우스 시설에서는 작물이 도장하기 쉬우
　며, 가지의 경우 발육이 불량하고 착과와 착색이 나쁘다. 또한 수분을 매개하는 벌의
　활동이 억제된다.

(2) 시설 내 광환경의 개선

1) 광환경 개선의 필요성

① 대부분의 시설원예는 저온 약광기에 이루어지므로 식물에의 광환경이 나쁘다.

② 따라서 다음에서 서술하는 투과광량의 증가, 인공광 도입 등이 필요하다.

2) 투과광량의 증가 대책

① 골격재의 선택 : 철강(강도) 중 파이프형(형상)의 차광률이 가장 낮다.

② 피복재 : 가시광선의 투과율은 아크릴판 〉 유리 〉 플라스틱필름 순이며, 플라스틱필
　름에서는 물방울이 생기지 않는 무적필름이 유적필름보다 높다.

③ 피복재의 세척 : 주기적 세척이 필요하다.

④ 시설의 설치방향 : 동서동이 남북동보다 유리하다.

⑤ 반사광의 이용

3) 경종적 방법

① 저온, 약광에 적합한 품종의 선정

② 재식간격을 넓게 하여 채광성 증진

③ 과채류는 낙과가 많고 과실비대가 불량하므로 엽채류나 관상식물의 재배가 유리

④ 착과절위를 높여서 엽면적지수가 증가되게

2. 수분 환경

(1) 시설 내 수분 환경의 특성

1) 토양수분 환경의 특성

① 자연강우에 의한 수분공급이 없다.

② 증발산량이 많아 건조해지기 쉽다.

③ 증발산에 의한 지하염류의 상승, 축적으로 적어진 토양공극 때문에 급수를 해도 토양에 물이 들어가지 못한다

④ 지층에 단열층을 매설하는 경우 수분의 모세관현상이 없어 지하수분의 상승이동이 억제된다.

⑤ 상기의 불리한 수분환경에 더하여 재배작물은 일반적으로 연약하고 근군의 분포가 빈약하여 흡수부위도 좁고, 흡수량도 적으며, 밀식으로 재배하므로 항시 토양수분 부족 장해를 받기 쉽다.

2) 공중습도 환경의 특성

① 인공적인 계획관수가 이루어지는 경우 토양수분이 노지보다 많으며, 시설 내의 기온이 높아 증발산이 심하고, 환기가 나빠 시설 내 공중습도는 노지에 비하여 항상 높다.

② 특히 겨울 저온기에는 환기를 억제하므로 공중습도가 항상 높게 유지된다.

③ 습도가 높으면 잎에서 증산작용의 억제로 광합성이 저하되고, 도장하며, 병이 많아진다. 시설재배의 병은 토양수분 때문이 아니라 공기의 다습조건으로 발생한다.

(2) 관수

① 시설작물은 상기에서 설명한 대로 "항시 토양수분 부족 장해를 받기 쉬운 상태"이고, 다비로 토양용액의 농도가 높아(수분포텐셜이 낮아) 뿌리에서의 수분흡수가 어려우므로 상대적으로 다습하게 토양을 관리하여야 한다.

② 따라서 시설재배에서의 관수개시점은 pF 2.0 전후로 노지(pF 3.0)에서 보다 훨씬 낮은 점에 있다.

③ 살수관수, 분수관수, 점적식관수, 기타 시설 내에 고랑을 만들어 물을 대는 고랑관수, 지중에 매설한 관수관에서 토양으로 물이 스며들게 하는 지중관수, 미세 종자를 파종한 파종상이나 분화재배 포트에 수분을 공급하는 저면급수 등의 방법이 사용된다.

3. 공기 환경

(1) 이산화탄소 환경

1) 이산화탄소 농도의 감소

① 저온기에는 거의 환기를 하지 않고 밀폐된 상태로 관리하므로 시설 내의 CO_2 농도는 대기보다 낮다.

② 유기물 분해에 따라 CO_2 농도가 다를 수 있다. 수경재배의 경우 유기물 분해가 없으므로 다른 시설보다 더 낮다.

2) CO_2 농도의 일변화

① 야간에는 식물체의 호흡과 토양미생물의 분해활동에 의하여 배출되는 CO_2로 인해 높은 농도를 유지하여 해뜨기 직전에 가장 높고, 아침에 해가 뜨고 광합성이 시작되면서부터 서서히 낮아진다.

② 일반적인 작물군락의 경우 일출 후 2~3시간이면 대기 중의 농도와 거의 비슷해진다.

③ 이후 방치하면 100ppm 정도(이산화탄소 보상점)까지 떨어지고, 이후 안정된 상태를 유지한다.

(2) 이산화탄소 시비

1) CO_2 시비효과

① 시용효과는 거의 모든 작물에서 인정되지만 오이, 멜론, 토마토, 가지, 고추, 딸기 등에서 수량증대 효과가 두드러지게 나타나고 있다.

② 국화, 카네이션 등 화훼작물에서는 수량증대와 절화수명을 연장시키는 효과가 인정되었다.

2) 시비 방법

① 액체이산화탄소 이용 : 고압으로 액화시켜 사용

② 고체이산화탄소 이용

   ㉠ 드라이아이스를 용기에 담아 이용

   ㉡ 값이 싸고 취급이 쉬우나, 보관이 어렵고 실내온도를 낮춤

   ㉢ 실외에 두고 호스로 주입하면 온도저하를 막을 수 있음

③ 유기물 연소법 : 유기물을 연소시켜 여기서 발생되는 이산화탄소를 공급하는 방식

④ 이산화탄소 발생제 : 탄산염에 묽은 산을 처리하면 이산화탄소 발생

⑤ 기타 : 퇴비를 토양에 넣어 그들이 분해하는 과정에서 발생하는 이산화탄소를 이용

1. 시설의 종류 및 특성

(1) 유리온실

외쪽 지붕형   3/4 지붕형   양쪽 지붕형   더치라이트형   곡선 지붕형

둥근 지붕형   연동형   벤로형

1) 외지붕형 온실

① 지붕이 한쪽에만 있으며, 대개 동서 방향으로 짓는다.

② 북쪽에는 담을 만들거나 기존의 건물에 잇대어 지으므로, 겨울에 채광량이 많고 북쪽 벽의 열손실이 적다.

③ 소규모로 지어 취미용이 적합하다.

2) 스리쿼터형 온실

① 주로 동서 방향으로 설치하며, 남쪽 지붕의 길이가 전 지붕 길이의 3/4이 되도록 짓는다.

② 남쪽 지붕 면적이 75%이므로 채광과 보온성이 뛰어나다.

3) 양지붕형 온실

① 남북 방향으로 짓는 것이 일반적이며, 광선이 사방으로 균일하게 입사하고, 통풍이 잘되는 장점이 있다.

② 대형화와 규모화가 용이하다.

4) 벤로형 온실

① 폭이 좁고 처마가 높은 양지붕형 온실을 연결한 것으로 연동형 온실의 단점을 보완한 것이다.

② 단위 온실의 폭은 3.2m와 4m의 2가지 형태가 있고, 처마 높이는 2.7m에서 최근 6m까지 높아지고 있다.

③ 이 온실의 지붕높이(추녀에서 용마루까지의 길이)가 약 70㎝로 짧아 서까래의 간격을 넓힐 수 있으므로 시설비 절약은 물론, 골격률을 12% 정도로 낮출 수 있다.

5) 둥근지붕형 온실
① 시설 내부에 그늘이 덜 생기고, 곡면 지붕이 다른 온실에 비해 높은 것이 특색이다.
② 지붕이 높으므로 대형 관상식물 재배가 가능하다.

6) 연동형 온실
① 양지붕형 온실을 여러 개 연결하고 내부의 칸막이를 제거한 온실이다.
② 단동 양지붕에 비해 풍압과 방열면적은 줄면서, 온실면적이 크게 확대된다. 따라서 토지이용률 향상, 건축비 절감, 난방비 절감, 재배관리의 능률화 등의 장점이 있다.
③ 반면 광분포가 불균일하고, 환기가 나쁘며, 적설의 피해를 받기 쉬운 단점도 있다.

(2) 플라스틱하우스

1) 지붕형하우스
① 유리온실처럼 외지붕, 양지붕, 스리쿼터형 지붕을 가진 것을 말한다.
② 적설량이 많은 지역에 적합하다.

2) 터널형하우스
① 보통 폭 4.0~5.4m, 높이 1.6~2.0m, 면적 200~500㎡의 소규모이다.
② 장점 : 큰 보온성, 강한 내풍성, 고른 광입사, 피복재의 긴 수명
③ 단점 : 고온장해 발생, 과습하기 쉬우며 내설성이 약하다.

3) 아치형하우스
① 양쪽 측면이 수직 또는 경사진 형태이고, 지붕이 곡면(반원)으로 되어 있는 하우스를 말한다.
② 일정한 처마높이가 있어 실내작업이 터널형보다 용이하다.
③ 지붕형에 비하여 내풍성이 강하고, 광선이 고르게 입사하며, 필름이 골격재에 잘 밀착하여 파손의 위험이 적다.

(3) 그 밖의 시설

1) 에어하우스

① 기초피복제로 씌운 2중의 필름 사이에 연속적으로 가압된 공기를 불어넣어 그 공기 압으로 하우스의 형태를 유지하고, 보온성을 크게 높인 시설이다. 에너지를 40%까지 절감한다.

② 구조재로 몇 개의 기둥과 측면 처마도리만 있으면 되므로, 골격재에 의한 광차단 및 골격재에 의한 열손실을 최소화할 수 있다.

2) 팰레트 하우스

① 시설의 지붕과 벽에 일정한 간격(6~8㎝)의 2중 구조를 만들고 야간에는 이 구조에 발포 폴리스티렌립(상표명, 스티로폼)을 송풍기로 충전시켜 보온효율을 높이는 방식 이다.

② 폴리스티렌립은 보온성이 좋아 내부기온을 외부보다 15~20℃ 높게 유지할 수 있다.

3) 수막하우스

① 커튼 위에 물을 뿌릴 수 있는 구조로 된 보온시설이다.

② 수막은 겨울철 난방뿐만 아니라 여름철 냉방도 가능하다.

(4) 시설의 설치 방향

① 시설의 설치 방향은 작물의 종류, 재배시기, 지형적인 특성 등에 따라 결정하며, 동 서동과 남북동이 있다.

② 동서동 : 고정시설인 유리온실에서 외지붕형과 3/4 지붕형은 동서동으로 설치함이 일반적이다. 이들은 태양고도가 낮은 계절에 채광이 잘 되도록 설계한 시설로, 겨울철 투광률은 남북동에 비하여 약 10% 높다.

③ 남북동 : 남북동은 연중 채광이 좋아 재배기간이 긴 경우와 봄, 여름 재배에 좋다. 양 지붕형과 연동남북동이 유리하다.

④ 플라스틱하우스 : 촉성재배는 동서동 배치, 반촉성재배는 남북동 배치가 바람직하며, 계절풍이 강한 지역에서는 바람과 평행되도록 설치하여 풍압을 줄이는 것이 좋다.

2. 시설자재의 종류 및 특성

(1) 골격 자재

① 목재 : 과거에 많이 이용되었다.

② 경합금재 : 알루미늄을 주성분으로 하는 여러 종류의 합금으로, 가볍고 내부식성이 강하며 목재보다 강하여 광투과율을 증가시킬 수 있으나, 강재보다 강도가 떨어지며 가격이 비싸다. 목재와 철재를 잘 조합하면 서로의 결점을 보완할 수 있다.

③ 강 재

    ㉠ 시설의 안전성과 내구성을 높이고 광투과율을 높이기 위하여 다양한 철재 골격자재가 사용된다. 강도가 높고 내구성이 있어 지붕의 하중이 큰 대형온실에 적합하다.

    ㉡ 철재 골격자재에는 형강(形鋼)과 파이프가 있다.

    ㉢ 파이프 : 플라스틱하우스의 골격자재로 많이 쓰인다.

(2) 피복 자재

1) 사용목적에 따른 분류

기초피복 (고정피복)	● 기본 골격구조물 위에 유리나 플라스틱필름 등으로 피복 ● 멀칭 등의 지면피복에 사용
추가피복 (가동피복)	● 보온, 보광, 차광, 반사 등의 목적으로 기초피복의 안팎에서 연질필름, 경질필름, 한랭사, 부직포 · 매트 · 거적 등을 추가로 피복 ● 외면피복, 지면피복, 소형터널피복, 차광피복, 보온커튼 등으로 구분

2) 재료에 따른 분류

① 유리 : 투과성, 내구성, 보온성이 우수하나 충격에 약하고 시설비가 많이 든다. 연질필름에 비해 기밀도가 떨어져 시설 내에 틈이 많이 생긴다.

② 플라스틱 피복자재

연질필름	● 두께 0.05～0.1㎜(PVC는 0.2㎜) 정도의 부드러운 필름 ● 염화비닐필름(PVC), 폴리에틸렌필름(PE), 에틸렌아세트산비닐필름(EVA) 등이 있는데, PE는 광선투과율이 높고, 필름 표면에 먼지가 적게 부착하며, 서로 달라붙지 않아 취급이 편리할뿐만 아니라 가격도 저렴하여 가장 많이 이용된다.
경질필름	● 두께 0.10～0.20㎜ ● 경질폴리염화비닐필름(내구성 : 3년 이상), 경질폴리에스테르필름(내구성 : 5년 이상), 불소수지필름(내구성 : 10년 이상)
경질판	● 두께 0.2㎜ 이상으로 시설의 기초피복제로 사용되며 유리와 비슷한 성질을 가짐 ● FRP판, FRA판, MMA판(유리와 비슷한 투과성이 있음), PC판(유리와 비슷한 투과성이 있음), 복층판
반사필름	● 알루미늄을 반사면으로 사용하는 필름으로 시설보온이나 보광에 이용

01 시설재배에서 문제가 되는 유해가스가 아닌 것은?

㉮ 암모니아가스

㉯ 아질산가스

㉰ 아황산가스

㉱ 탄산가스

> ■ 탄산가스는 광합성에 이용되며, 탄산가스를 시비하기도 한다.

02 시설 내 연료소모량을 줄일 수 있는 가장 적합한 방법은?

㉮ 난방부하량을 높임

㉯ 난방기의 열이용 효율을 높임

㉰ 온수난방방식을 채택함

㉱ 보온비를 낮춤

> ■ 난방기의 열이용 효율을 높이고 에너지 절감형 장치를 사용하며 폐자원을 활용하는 방안이 필요하다.

03 한겨울에 시설원예작물을 재배하고자 할 때 최대의 수광혜택(受光惠澤)을 받을 수 있는 하우스의 방향으로 가장 적합한 것은?

㉮ 동서동(東西棟)

㉯ 동남동(東南棟)

㉰ 남북동(南北棟)

㉱ 북동동(北東棟)

> ■ 시설 내의 광량은 시설의 설치방향에 따라 달라지는데 태양고도가 낮은 겨울에는 동서동의 광량이 햇볕을 받는 시간이 길어지므로 남북동에 비해 두드러지게 많다.

01 ㉱ 02 ㉯ 03 ㉮

4 과수원예

1. 품종의 특성

(1) 과수의 분류

1) 자연분류
① 계, 문, 강, 목, 과, 속, 종의 구분에 따라 분류한다.
② 유연관계와 교잡 가능성을 알 수 있다.

2) 기후적응성에 따른 인위분류
① 온대 과수
② 아열대 과수
③ 열대 과수

3) 나무특성에 따른 인위분류
① 교목성 과수
② 관목성 과수
③ 덩굴성 과수

4) 과실구조에 따른 인위분류
① 인과류(仁果類)
  ㉠ 꽃받기의 피층이 발달하여 과육부위가 되고 씨방은 과실의 안쪽에 위치하여 과심부위가 되는 과실
  ㉡ 과실의 과정부에 수술, 암술대, 꽃받침 등이 달려 있는 체외부가 남아 있으며, 배꼽 반대 쪽에 꼭지가 있다.
  ㉢ 배 · 사과 · 비파 등
② 핵과류(核果類)
  ㉠ 과육의 내부에 딱딱한 핵을 형성하여 이속에 종자가 있는 과실
  ㉡ 복숭아 · 자두 · 살구 · 앵두 · 양앵두 등
③ 장과류(漿果類)
  ㉠ 한 개 또는 여러 개의 씨방으로부터 발달한 과실로 중과피와 내과피는 유연하며 과즙이 많은 경우가 있다.
  ㉡ 포도 · 무화과 · 나무딸기 등

④ 각과류(殼果類)

　㉠ 다육질의 과실과 달리 과피가 밀착 건조하여 껍질이 딱딱해진 과실

　㉡ 밤 · 호두 등

(2) 주요 과수의 품종 선택

① 사과의 품종은 조생종(9월 상순) 10%, 중생종(추석용, 10월 중순) 30~40%, 만생종 50~60%로 구성하는 것이 바람직하다. 조생종으로는 산사 · 서광 · 쓰가루 등이, 중생종으로는 홍로 · 추광 · 조나골드 등이, 만생종으로는 후지 · 화홍 · 감홍 등이 유망시된다.

② 사과는 냉량한 지역에서는 과육이 단단하게 되고 품질이 좋아지나, 생육기에 고온이 되면 과육이 연해지고 저장력이 떨어지며 착색 불량, 수확전 낙과가 많으므로 품종 선택 시 유의해야 한다. 단, 비교적 고온인 지역이라도 밤기온이 저하되면 착색이 우수하다.

③ 배는 중부지방은 조 · 중생종, 남부지방은 만생종이 유리하다. 조생종은 행수 · 신수 등이, 중생종은 신고 · 장십랑 · 풍수 · 황금배 등이, 만생종은 만삼길 · 금촌추 · 추황배 등이 있다.

④ 배는 수출을 포함한 원거리의 수송에 잘 견딜 수 있고, 판매기간의 확대 및 가공이용 기간의 연장을 위해 수확기가 길고 저장력이 강한 품종이 요구된다.

⑤ 포도는 용도에 따라 생식용과 가공용을 선택하고 저장성을 고려하여 적정 출하기에 공급될 수 있도록 한다. 시장성과 도시 근교의 관광지 등 현지 판매가 가능하고 재배 조건에 알맞은 품종을 선택한다. 재배품종은 캠벨얼리, 거봉, 씨벨, 다노레드, 네오마스캇, 델라웨어, 새단 등이 있다.

2. 토양 재배관리 및 재배기술

(1) 토양 재배관리

1) 토양표면 관리법

① 청경법(淸耕法) : 과수원 토양에 풀이 자라지 않도록 깨끗하게 김을 매주는 방법으로, 잡초와 양수분의 경쟁이 없고 병 · 해충의 잠복처를 제공하지 않는 장점이 있으나, 토양침식과 토양의 온도변화가 심하다.

② 초생법(草生法) : 과수원의 토양을 풀이나 목초로 피복하는 방법으로, 장단점은 청경법과 상반된다. 현재 경사지 과수원에서 가장 많이 사용하고 있는 방법이다.

③ 부초법(敷草法) : 과수원의 토양을 짚이나 다른 피복물로 덮어주는 방법으로 토양침식 방지, 토양수분의 보수력 증대, 토양 내 유기물 증가와 입단화 촉진 등의 장점이 있으나, 인건비와 재료의 비용이 많이 들며 화재의 위험이 있다.

④ 어린 나무는 부초법이나 청경법을, 다 자란 나무에는 초생법을 적용하는 것이 효과적이며, 건조기에 청경법과 부초법을 병행하면 더욱 좋다.

2) 토양의 보전 및 유지방법

과수원의 토양을 보전하려면 등고선 계단식 심기와 배수로를 튼튼히 설치하고 초생·부초법 실시와 유기물을 시용하여 심경한다.

① 심경과 유기물 시용 : 토양의 물리적 성질을 개량하여 토양의 보수력·보비력을 좋게 하고 완충력을 높여 지온을 상승시키고 토양미생물의 증식을 돕는다.

② 석회 시용 : 토양의 물리적 성질 개량, 토양 중화, 미생물의 활동을 증가시키고 독성 물질을 해독한다. 석회는 이동성이 약해 겉흙에 뿌려서는 땅속에 침투하지 못하므로, 흙과 잘 섞어 땅속에 채워준다.

③ 배수 : 과수는 심근성으로 뿌리가 깊게 뻗어 양분과 수분을 충분히 흡수할 수 있어야 한다. 따라서 토양의 심층부까지 배수가 잘 되어야 하며, 지하수위가 높으면 산소의 공급이 부족하여 뿌리 발육에 장해를 일으킨다.

명거배수	지표에 배수로 시설을 한다.
암거배수	토관, 시멘트관, 관목, 대나무 등을 땅속 깊이 묻는 방법

④ 관수 : 과실의 비대기에는 다량의 물을 필요로 하기 때문에 비가 잘 오지 않거나 모래땅의 과수원에서는 관수를 해야 하며 위조현상이 나타나기 전에 실시한다.

표면관수법	둑 또는 골을 만들어 지표에 관수한다.
지하관개	지하에 급수하여 모세관작용으로 수분을 공급한다.
점적관수법	물을 천천히 조금씩 흘러나오게 하여 필요한 부위에 관수한다.

(2) 묘목

1) 묘목 고르기

① 뿌리가 비교적 짧고 잘 발달했는지, 뿌리에 상처가 없는지를 살피고, 뿌리에 발생하는 뿌리혹병 감염 여부를 확인해야 한다.

② 줄기가 곧게 잘 뻗었는지, 줄기 껍질은 매끈하고 상처가 없는지, 그리고 줄기에 발생하거나 잠복할 수 있는 줄기마름병, 겹무늬썩음병 증상이 있는지도 확인해야 한다.

③ 묘목이 길게 자란 것은 좋지 않다.

2) 심기

① 심기 전 묘목을 물에 담가 수분을 충분히 흡수하도록 한다.

② 접목비닐을 제거한다.

③ 구덩이에 물을 충분히 주고 원래 묻혔던 깊이만큼 심는다.(묘목을 너무 깊게 심으면 뿌리의 발육이 불량하고 가지가 잘 뻗지 않는다.)

(3) 정지와 전정

정지는 나무의 골격이 되는 부분을 계획적으로 구성·유지하기 위하여 유인 및 절단함으로써 수형을 완성시켜 나가는 작업이고, 전정은 과실의 생산에 관계되는 가지를 절단 또는 솎아주는 것으로 보통 정지와 전정을 합쳐 전정이라고 한다.

1) 전정의 효과

① 수형의 구성 및 유지 : 목적하는 수형을 만들고 유지

② 수세의 조절 : 전정을 하면 새 가지의 성장이 왕성해지므로 전정을 통하여 수세 조절

③ 꽃눈의 분화 조절 : 전정으로 C/N율을 관리하여, 꽃눈분화 조절 가능

④ 결실 조절 및 해거리 방지 : 꽃눈의 분화 조절을 통하여 가능

⑤ 과실의 품질향상 : 수광상태 개선으로 가능

⑥ 병충해 방지 : 통풍 및 통광상태의 개선으로 가능

⑦ 작업성 향상 : 결과부위의 상승을 막아 가능

⑧ 병·해충의 피해부나 잠복처 제거 등

(4) 수형의 종류

1) 주간(원추)형

① 수형이 원추상태가 되도록 하는 정지법으로, 일반적으로 큰 나무 및 사과나무나 감나무 등의 생장특성에 가장 가깝다.

② 주지수가 많고 주간과의 결합이 강한 장점이 있으나 수고가 높아서 관리에 불편하고 풍해도 심하게 받는다.

③ 위쪽 가지는 세력이 강해지나 아래쪽 가지는 쇠약해진다.

④ 폐심형이 되므로 수관 내부로 햇빛의 투과가 불량하여 과실의 품질이 나쁘다.

2) 배상형

① 짧은 원줄기에 3~4개의 원가지를 거의 동일한 위치에서 발생시켜 외관이 술잔 모양이 되는 수형

② 수고가 낮아 일반관리가 편리하고, 통풍과 수광상태가 좋다.

③ 원가지가 바퀴살 모양이므로 약하다.

④ 가지가 늘어져 과실의 수가 적어지고, 기계작업이 곤란하다.

3) 변칙주간형

① 유목기에는 원추형으로 키우다가 적당한 수의 원가지가 형성되면 원줄기의 상단을 제거하여 주지가 바깥쪽으로 가게 한다.

② 원추형과 배상형의 장점을 취할 수 있다. 즉, 원추형에 비하여 수고가 낮아지고 배상형보다는 못하지만 수광상태가 좋아진다.

③ 감나무, 밤나무 등에서 현재 사용되며, 과거 사과나무에서 널리 사용되었다.

4) 개심자연형

① 배상형의 바퀴살 배치를 개선하기 위해 원줄기에 2~4개의 원가지를 각각 15㎝ 정도의 거리를 두고 배치한다.

② 수고가 낮고, 개심형이 되면서도 배상형의 문제가 다 해결된다.

③ 결과부위도 입체적으로 이용할 수 있다.

④ 복숭아, 매실, 자두, 배 등에 광범위하게 이용된다.

5) 방추형

① 왜화성 사과나무에 사용된다.

② 밀식재배에 사용된다.

③ 축소된 원추형과 비슷하다.

6) 덩굴성 과수의 수형

① 평덕식 : 철사 등을 공중 수평면으로 가로·세로로 치고, 가지를 수평면의 전면에 유인하는 수형으로 포도나 배에 이용된다.

② 울타리식 : 포도 같은 덩굴성의 과수는 울타리형으로 전정한다. 웨이크만식과 니핀식이 있다.

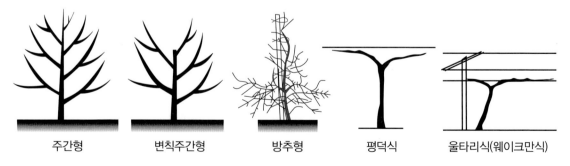

| 주간형 | 변칙주간형 | 방추형 | 평덕식 | 울타리식(웨이크만식) |

(5) 착과수의 조절(적화 등)

① 목적 : 열매의 수가 너무 많을 것 같아서 미리 그 수를 줄이는 방법으로 적기에 실시하면 과실의 발육이 좋고 비료도 낭비되지 않는다. 근래에는 식물호르몬으로 그 목적을 달성하고 있다.

② 조절의 시기 및 대상

적뢰	꽃봉오리 제거
적화	꽃 제거
적과	어린 열매 제거

(6) 봉지씌우기

① 목적 : 병·해충 방제, 착색 증진, 과실의 상품가치 증진, 열과 방지, 숙기 조절 등을 위하여 실시하나, 봉지를 씌우지 않고 재배(무대재배)하면 비타민 등의 함량이 많고, 당도도 높으며, 저장성도 좋은 과실을 생산할 수 있다.

② 시기 : 보통 조기낙과와 열매솎기가 모두 끝난 후에 봉지를 씌우나, 동록을 방지하기 위해서는 낙과 후 즉시 실시하는 것이 좋다.

01 다음 중 과수분류상 인과류에 속하는 것으로만 나열된 것은?

㉮ 무화과, 복숭아 ㉯ 포도, 비파

㉰ 사과, 배 ㉱ 밤, 포도

02 과수 묘목의 선택에 있어 유의해야 할 점이 아닌 것은?

㉮ 품종이 정확할 것 ㉯ 대목이 확실할 것

㉰ 근군이 양호할 것 ㉱ 묘목이 길게 자란 것

03 초생재배의 장점이 아닌 것은?

㉮ 토양의 단립화(單粒化) ㉯ 토양침식 방지

㉰ 지력증진 ㉱ 미생물 증식

04 붕소를 가장 많이 요구하는 작물은?

㉮ 쌀 ㉯ 콩

㉰ 포도 ㉱ 고추

05 과수원에서 쓸 수 있는 유기자재로 가장 적합하지 않은 것은?

㉮ 현미식초

㉯ 생선액비

㉰ 생장촉진제

㉱ 광합성 세균

보충

■ 인과류: 꽃받기의 피층이 발달하여 과육부위가 되고 씨방은 과실의 안쪽에 위치하여 과심부위가 되는 과실로 배 · 사과 · 비파 등이다.

■ 발육이 완전하고 줄기가 곧고 굵으며 뿌리가 비교적 짧고 근계가 발달한 것이 좋다. 묘목이 길게 자란 것은 좋지 않다.

■ 초생재배는 과수원의 토양을 풀이나 목초로 피복하는 방법이므로 토양의 입단화에 기여한다.

■ 포도재배 시 붕소가 부족하면 꽃떨이, 신초 생장 불량, 과육 흑변 등의 현상이 발생한다.

■ 유기농업에서 생장촉진제는 동물은 물론 식물에도 사용할 수 없다. 촉진을 하는 것은 자연적이지 않고, 유기농업은 증산을 목적으로 하지 않기 때문이다

01 ㉰ 02 ㉱ 03 ㉮ 04 ㉰ 05 ㉰

01 다음 중 토양의 3상이 아닌 것은?

㉮ 기상

㉯ 액상

㉰ 물상

㉱ 고상

보충

■ 토양은 무기물과 유기물의 고상(固相), 토양공기의 기상(氣相) 및 토양수분의 액상(液相) 등 3상으로 구성되어 있다.

02 다음 중 떼알구조 토양의 이점이 아닌 것은?

㉮ 공기 중의 산소 및 광선의 침투가 용이하다.

㉯ 수분의 보유가 많다.

㉰ 유기물을 빨리 분해한다.

㉱ 익충 유효균의 번식을 막는다.

■ 떼알구조 토양은 통기도 좋고 보수, 보비력이 강하므로 토양미생물의 번식에 유리하다.

03 유용미생물을 고려한 적당한 토양의 가열소독 조건은?

㉮ 100℃에서 10분 정도

㉯ 90℃에서 30분 정도

㉰ 80℃에서 30분 정도

㉱ 60℃에서 30분 정도

■ 유용미생물은 살려야 하므로 토양의 가열소독 온도는 60℃, 시간은 30분 정도가 적당하다.

04 시설의 토양관리에서 토양반응이란?

㉮ 식물체 근부의 상태

㉯ 토양 용액 중 수소이온의 농도

㉰ 토양의 고상, 기상, 액상의 분포

㉱ 토양의 미생물과 소동물의 행태

■ 토양반응이란 토양이 나타내는 산성, 중성, 알칼리성이며 이를 pH로 표시한다. pH란 용액 중에 존재하는 수소이온 농도의 역수의 대수치(log)이다.

01 ㉰ **02** ㉱ **03** ㉱ **04** ㉯

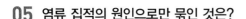

05 염류 집적의 원인으로만 묶인 것은?

㉮ 과잉 시비, 지표 건조

㉯ 과소 시비, 지표수분 과다

㉰ 시설재배, 유기재배

㉱ 노지재배, 무비료재배

■ 과잉 시비는 염류집적의 직접 원인이며, 지표 건조는 지하의 염류를 모세관현상으로 끌어올리며, 염류가 용탈되지 못하게 하므로 간접 원인이다.

06 다음 중 시설하우스 염류집적의 대책으로 적합하지 않은 것은?

㉮ 담수에 의한 제염   ㉯ 제염작물의 재배

㉰ 유기물 시용   ㉱ 강우의 차단

■ 여름에 피복물을 제거하여 비를 충분히 맞히면 염류농도가 크게 저하된다.

07 염류농도 장해 대책으로 거리가 먼 것은?

㉮ 심경   ㉯ 유기물 시용

㉰ 담수 처리   ㉱ 동반작물 이용

■ 제염작물(지력소모작물, 흡비작물)로 과잉 염분을 제거하여야 한다. 동반작물은 서로에게 이익을 주는 작물의 조합으로 염류대책과는 무관하다.

08 과수원의 석회 사용 효과와 거리가 먼 것은?

㉮ 토양의 입단구조를 증가시킨다.

㉯ 산성토양을 중화시켜 준다.

㉰ 수체의 생장 자체를 도와준다.

㉱ 미생물 활동을 억제해 준다.

■ 석회를 사용하면 산성토양이 개량되므로 토양미생물이 활성화되고, 이로 인하여 유기물 분해가 촉진되므로 제염되고, 입단구조가 발달되며, 그 결과 물리·화학성이 개선된다.

09 논에 녹비작물을 재배한 후 풋거름으로 넣으면 기포가 발생하는 원인은 무엇인가?

㉮ 메탄가스 용해도가 매우 낮기 때문에 발생된다.

㉯ 메탄가스 용해도가 매우 높기 때문에 발생된다.

㉰ 이산화탄소 발생량이 매우 작기 때문에 발생된다.

㉱ 이산화탄소 용해도가 매우 높기 때문에 발생된다.

■ 소의 트림이 지구온난화에 영향을 미친다. 소의 주식인 풀이 위에서 발효될 때 메탄가스가 나오기 때문인데, 소 한 마리가 내뿜는 양이 승용차 한 대보다 더 많다. 문제의 기포발생 원인도 메탄가스이다. 논에서는 메탄가스 용해도가 매우 낮기 때문에 흡수되지 못하고 기포로 방출된다.

05 ㉮ 06 ㉱ 07 ㉱ 08 ㉱ 09 ㉮

10 두과 녹비작물은?

㉮ 동부

㉯ 메밀

㉰ 조

㉱ 수수

11 다음 중 밭토양의 지력배양을 위한 작물로 적당한 것은?

㉮ 콩

㉯ 밭벼

㉰ 옥수수

㉱ 수단그라스

12 콩과작물의 뿌리혹박테리아 형성 조건으로 가장 거리가 먼 것은?

㉮ 토양이 너무 습하지 않은 곳

㉯ 석회 함량이 높은 곳

㉰ 토양 중 질산염 함량이 높은 곳

㉱ 토양 통기가 잘 되는 곳

13 토양 속 지렁이의 효과가 아닌 것은?

㉮ 유기물을 분해한다.

㉯ 통기성을 좋게 한다.

㉰ 뿌리의 발육을 저해한다.

㉱ 토양을 부드럽게 한다.

10 ㉮   11 ㉮   12 ㉰   13 ㉰

14 시설원예의 난방방식 종류와 그 특성에 대한 설명으로 옳은 것은?

㉮ 난로난방은 일산화탄소(CO)와 아황산가스(SO_2)의 장해를 일으키기 쉬우며 어디까지나 보조난방으로서의 가치만이 인정되고 있다.

㉯ 난로난방이란 연탄·석유 등을 사용하여 난로본체의 연통표면을 통하여 반사되는 열로 난방하는 방식을 말하는데, 이는 시설비가 적게 들며 시설 내에 기온분포를 균일하게 유지시키는 등의 장점이 있는 난방방식이다.

㉰ 전열난방은 온도조절이 용이하며, 취급이 편리하나 시설비가 많이 드는 단점이 있다.

㉱ 전열난방은 보온성이 높고 실용규모의 시설에서도 경제성이 높은 편이다.

■ 난로난방은 불완전연소로 인한 가스피해와 환경오염의 염려가 있다.

15 시설 내의 약광조건 하에서 작물을 재배할 때 경종방법에 대한 설명 중 옳은 것은?

㉮ 엽채류를 재배하는 것은 아주 불리함

㉯ 재식 간격을 좁히는 것이 매우 유리함

㉰ 덩굴성 작물은 직립재배보다는 포복재배하는 것이 유리함

㉱ 온도를 높게 관리하고 내음성 작물보다는 내양성 작물을 선택하는 것이 유리함

■ 시설은 노지보다 약광이므로 필요한 경종적 방법 : 과채류보다는 엽채류를 재배하는 것이 유리, 재식간격을 넓게, 저온·약광에 적합한 품종(내음성 등)의 선정, 엽면적지수가 증가되도록 재배
수박, 호박 등의 포복성 작물은 직립재배가 불가능하다.

16 시설 내 환경 특성에 대한 일반적인 설명으로 틀린 것은?

㉮ 일교차가 크다.

㉯ 광분포가 불균일하다.

㉰ 공중습도가 낮다.

㉱ 토양의 염류농도가 높다.

■ 시설은 계획관수가 이루어지므로 토양수분이 노지보다 많으며, 시설 내의 기온이 높아 증발산이 심하고, 환기가 나빠 시설 내 공중습도는 노지에 비하여 항상 높다. 특히 겨울 저온기에는 환기를 억제하므로 공중습도가 언제나 높게 유지된다.

17 시설의 환기효과라고 볼 수 없는 것은?

㉮ 실내온도를 낮추어 준다.

㉯ 공중습도를 높여준다.

㉰ 탄산가스를 공급한다.

㉱ 유해가스를 배출한다.

■ 환기를 하면 공중습도는 당연히 낮아진다.

18 다음 중에서 물을 절약할 수 있는 가장 좋은 관수법은?

㉮ 고랑관수

㉯ 살수관수

㉰ 점적관수

㉱ 분수관수

■ 점적관수는 송수관에 설치된 점적기로 몇 방울씩 천천히 관수하는 것으로 적은 양의 물로 토양, 비료의 유실 없이 넓은 면적을 균일하게 관수할 수 있으며, 농약 및 액비를 물과 혼합하여 시비와 방제작업을 동시에 할 수 있다.

19 수막하우스의 특징을 바르게 설명한 것은?

㉮ 광투과성을 강화한 시설이다.

㉯ 보온성이 뛰어난 시설이다.

㉰ 자동화가 용이한 시설이다.

㉱ 내구성을 강화한 시설이다.

■ 수막은 커튼 위에 물을 뿌릴 수 있는 구조로 된 보온시설이다. 물은 주로 지하수를 사용하며, 한겨울에도 영상의 온도를 유지할 수 있다고 한다.

20 가정에서 취미오락용으로 쓰기에 가장 적합한 온실은?

㉮ 외지붕형 온실

㉯ 쓰리쿼터형 온실

㉰ 양지붕형 온실

㉱ 벤로형 온실

■ 외지붕형 온실은 한쪽 지붕만 있는 시설로 동서방향의 수광각도가 거의 수직이다. 북쪽벽 반사열로 온도상승에 유리하고 겨울에 채광, 보온이 잘 된다.

21 비닐하우스에 가장 많이 사용되는 골격자재는?

㉮ 대나무   ㉯ 삼나무

㉰ 경합금재   ㉱ 철재파이프

■ 초기에는 목재가 많이 이용되었으나 내구성이 작아 점차 사용이 줄어들고 있다. 요즘에는 재질이 우수한 철재 또는 경합금재가 많이 이용된다. 경합금재는 철재보다 강도가 떨어지고 비싸 철재파이프가 많이 사용된다.

17 ㉯ 18 ㉰ 19 ㉯ 20 ㉮ 21 ㉱

22 우리나라 시설재배에서 가장 많이 쓰이는 피복자재는?

㉮ 폴리에틸렌필름

㉯ 염화비닐필름

㉰ 에틸렌아세트산필름

㉱ 판유리

■ 폴리에틸렌필름은 광선투과율이 높고, 필름 표면에 먼지가 적게 부착하며, 서로 달라붙지 않아 취급이 편리하다. 그리고 가격도 싸다.

23 과수재배를 위한 토양관리방법 중 토양표면관리에 관한 설명으로 옳은 것은?

㉮ 초생법(草生法)은 토양의 입단구조(粒團構造)을 파괴하기 쉽고 과수의 뿌리에 장해를 끼치는 경우가 많다.

㉯ 청경법(淸耕法)은 지온의 과도한 상승 및 저하를 감소시키며, 토양을 입단화하고 강우직후에도 농기계의 포장내(圃場內) 운행을 편리하게 하는 이점이 있다.

㉰ 멀칭(mulching)법은 토양의 표면을 덮어주는 피복재료가 무엇인가에 따라 그 명칭이 다른데 짚인 경우에는 grass mulch, 풀인 경우에는 straw mulch라 부른다.

㉱ 초생법(草生法)은 토양 중의 질산태질소의 양을 감소시키는 데 기여한다.

■ 질산태질소는 음이온이므로 토양에 흡착되지 못하여 유실될 가능성이 많은데, 초생법은 과수원의 토양을 풀이나 목초로 피복하는 방법이므로 이들이 유실가능성이 높은 질산태질소를 흡수한다. 이후 풀이나 목초는 유기질 질소가 되어 과수원에 환원된다.

24 경사지 과수원에서 등고선식 재배방법을 하는 가장 큰 목적은?

㉮ 토양침식 방지

㉯ 과실착색 촉진

㉰ 과수원 경관 개선

㉱ 토양물리성 개선

■ 과수원의 토양을 보전(침식을 방지)하려면 등고선 계단식 심기와 배수로를 튼튼히 설치하고 초생법, 부초법 실시와 유기물을 시용하여 심경한다.

25 과수의 내한성을 증진시키는 방법으로 옳은 것은?

㉮ 적절한 결실 관리 ㉯ 적엽 처리

㉰ 환상박피 처리 ㉱ 부초 재배

■ 과다 결실 등으로 저장양분이 감소하면 내한성도 약해져, 동사의 우려도 있다.

22 ㉮ 23 ㉱ 24 ㉮ 25 ㉮

26 지형을 고려하여 과수원을 조성하는 방법을 설명한 것으로 올바른 것은?

㉮ 평탄지에 과수원을 조성하고자 할 때는 지하수위와 두둑을 낮추는 것이 유리하다.

㉯ 경사지에 과수원을 조성하고자 할 때는 경사각도를 낮추고 수평배수로를 설치하는 것이 유리하다.

㉰ 논에 과수원을 조성하고자 할 때는 경반층(硬盤層)을 확보하는 것이 유리하다.

㉱ 경사지에 과수원을 조성하고자 할 때는 재식열(栽植列) 또는 중간의 작업로를 따라 집수구(集水溝)를 설치하는 것이 유리하다.

■ 경사지는 배수가 양호하고 숙기를 촉진시키며 지가가 싸고 상해는 적으나 토양이 유실될 우려가 있다. 계단 없이 과수원을 관리할 수 있는 경사도는 약 15° 이하이다. 따라서 경사지에 과수원을 조성하고자 할 때는 재식열 또는 중간의 작업로를 따라 집수구를 설치하는 것이 유리하다.

27 과수 묘목을 깊게 심었을 때 나타나는 직접적인 영향으로 옳은 것은?

㉮ 착과가 빠르다.　　　㉯ 뿌리가 건조하기 쉽다.
㉰ 뿌리의 발육이 나쁘다.　　　㉱ 병충해의 피해가 심하다.

■ 묘목을 원래 묻혔던 깊이보다 깊게 심으면 뿌리의 발육이 불량하고 가지가 잘 뻗지 않는다.

28 과실에 봉지씌우기를 하는 목적과 가장 거리가 먼 것은?

㉮ 병해충으로부터 과실보호　　　㉯ 과실의 외관 보호
㉰ 농약오염 방지　　　㉱ 당도 증가

■ 봉지를 씌우지 않고 재배(무대재배)하면 비타민 등의 함량이 많고, 당도도 높으며, 저장성도 좋은 과실을 생산할 수 있다.

29 포도재배 시 화진현상(꽃떨이현상) 예방방법으로 가장 거리가 먼 것은?

㉮ 질소질을 많이 준다.

㉯ 붕소를 시비한다.

㉰ 칼슘을 충분하게 준다.

㉱ 개화 5~7일 전에 생장점을 적심한다.

■ 질소 과다, 강전정 등으로 수세가 강해지면 줄기만 크고, 화기발달이 불량해져 꽃떨이현상(착립불량으로 이빠진 송이처럼 되는 것)이 발생되기 쉽다. 붕소와 칼슘을 충분히 주고 개화 5~7일 전에 생장점을 적심하여 수세를 약하게 한다. 질소질 비료를 많이 주는 것은 수세를 강하게 하는 것이므로 적극 피해야 한다.

26 ㉱　27 ㉰　28 ㉱　29 ㉮

30 석회보르도액 제조 시 주의할 사항이 아닌 것은?

㉮ 황산구리는 98.5% 이상, 생석회는 90% 이상의 순도를 지닌 것을 사용한다.

㉯ 반드시 석회유에 황산구리액을 희석한다.

㉰ 황산구리액과 석회유는 온도가 낮으면서 거의 비슷해야 한다.

㉱ 금속용기를 사용하여 희석액을 섞어나 보관한다.

■ 금속용기는 황산구리와 반응하여 약해를 일으킬 위험이 있다.

31 작물의 내적균형을 나타내는 지표인 C/N율에 대한 설명으로 틀린 것은?

㉮ C/N율이란 식물체내의 탄수화물과 질소의 비율 즉, 탄수화물질소비율(炭水化物窒素比率)이라고 한다.

㉯ C/N율이 식물의 생장 및 발육을 지배한다는 이론을 C/N율 설이라고 한다.

㉰ C/N율을 적용할 경우에는 C와 N의 비율도 중요하지만 C와 N의 절대량도 중요하다.

㉱ 개화·결실에서 C/N율은 식물호르몬, 버널리제이션(Vernalization), 일장효과에 비하여 더 결정적인 영향을 끼친다.

■ 개화·결실을 위한 화성의 유도에는 특수한 온도와 일장이 관여하는 버널리제이션과 일장효과 등의 외적요건이 C/N율 등의 내적요건보다 영향이 크다.

32 우리나라 과수재배의 과제로 볼 수 없는 것은?

㉮ 품질 향상   ㉯ 생산비 절감

㉰ 생력재배   ㉱ 가공 축소

■ 가공산업을 확대하고 첨단 기계화 작업으로 생산비 절감 및 품질 향상에 노력하여야 한다.

33 다음 중 과수재배에서 바람의 이로운 점이 아닌 것은?

㉮ 상엽을 흔들어 하엽도 햇볕을 쬐게 한다.

㉯ 이산화탄소의 공급을 원활하게 하여 광합성을 왕성하게 한다.

㉰ 증산작용을 촉진시켜 양분과 수분의 흡수 상승을 돕는다.

㉱ 고온 다습한 시기에 병충해의 발생이 많아지게 한다.

■ 바람은 나무도 시원하게 해주고 습기를 제거하여 병해충을 줄인다.

30 ㉱   31 ㉱   32 ㉱   33 ㉱

유기농 수도작

1 유기수도작의 재배기술

1. 볍씨준비와 종자처리

(1) 품종의 선택

1) 재배벼의 분류

① 재배지에 따른 분류 : 논벼, 밭벼로 크게 나누고 이들을 다시 숙기의 조만(早晚), 식물체의 크기, 까락의 유무로 세분한다.

② 용도에 따른 분류 : 메벼, 찰벼로 크게 나누고, 이들을 다시 쌀알의 형태, 색깔, 향기 등에 의해 세분한다.

2) 품종특성의 개념

① 하나의 품종이 다른 품종에 대하여 나타내는 형질의 특이성을 품종의 특성이라 한다. 예를 들어 출수기의 형질에는 조생, 만생 등이 있고, 키의 형질에는 단간, 장간 등의 특성을 가진 품종이 있다. 이런 특성에 따라 우리는 품종을 구별할 수 있다.

② 품종의 특성을 잘 이해하는 것은 육종뿐만 아니라, 재배를 위하여도 아주 필요하다. 재배목적에 가장 적합한 품종을 선정하게 하거나 재배조건 등을 알 수 있기 때문이다.

3) 벼의 품종선택 시 유의사항

① 유기농업이 가능하도록 병해충 저항성 및 소비성(少肥性, 거름을 적게 요구하는) 품종이어야 한다.

② 생리적인 퇴화가 없고 병충해를 입지 않은 건전한 품종이어야 한다.

③ 종자가 유전적으로 퇴화되지 않아야 한다.

④ 다른 품종의 종자가 물리적으로 혼입되지 않아야 한다.

⑤ 그 지역의 환경조건에 적응한 품종이어야 한다.

⑥ 장려품종이나 우량품종이 더 안전하다.

(2) 채종 및 선종

1) 채종

① 농가에서는 자가채종의 볍씨가 주로 사용되고 있다.

② 탈곡기로 탈곡할 때 가장 적합한 분당 회전속도는 400회 정도이다.

2) 선종(씨 가리기)

① 벼농사에서 모의 좋고 나쁨은 수량의 반을 결정한다고 한다. 튼튼하고 좋은 모를 기르기 위해서는 먼저 좋은 볍씨를 고르는 일이 중요하다.

② 볍씨는 자연조건에서 보관 시 2년 이상에서는 발아능력이 현저히 떨어지므로, 전년도산 볍씨를 사용하여야 한다.

③ 모의 초기 생육은 배유에 저장된 양분에 의존하며 저장 양분의 다소, 즉 벼알의 대소에 의해 영향을 받는다. 따라서 키나 풍구에 의한 풍선만으로는 부족하여 염수선이 사용되고 있다.

④ 염수선은 현미 그 자체의 비중을 보는 것이 아니고 현미와 왕겨껍질 사이의 공극에 있는 공기량의 다소 즉, 현미의 충실도를 식별하는 것이다. 현미가 잘 여물어 충실할수록 간극이 적어서 가라앉게 된다. 따라서 볍씨를 물에 담가 벼 껍질과 현미 사이에 수분이 가득 채워진 상태라면 염수선의 의미가 없다.

⑤ 비중선에서 볍씨의 선종에 쓰이는 비중 표준은 까락이 없는 메벼는 1.13(물 18L에 소금 4.5kg), 까락이 있는 메벼는 1.10(물 18L에 소금 3kg), 그리고 찰벼와 밭벼는 1.08(물 18L에 소금 2.3kg) 정도이다. 비중액의 비중을 정확히 측정하자면 보메비중계를, 간이한 방법으로는 신선한 달걀을 이용한다.

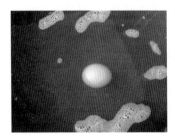
달걀로 비중 측정

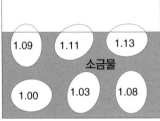
비중에 따른 달걀 모습

물에 뜬 볍씨

⑥ 염수선은 성묘율과 건묘율을 높이며, 생산수량에 직접적인 관련이 있다. 염수선을 강하게 하면 생산량이 늘며 모도열병, 입고병, 심고선충병에 방제효과를 볼 수 있다.

⑦ 염수선이 끝나면 볍씨는 맑은 물로 깨끗이 씻어 염분이 없도록 하여야 한다.

(3) 볍씨소독, 침종, 최아

1) 소독

① 볍씨의 소독은 볍씨로부터 발생되는 병해를 일차적으로 막기 위한 방법이다. 관행재배에서는 모도열병, 깨씨무늬병, 키다리병 등이 종자소독(약제명 : 벤레이티드, 스포탁 등)으로 방제될 수 있으나, 친환경농업 관련 법령에서는 화학제 농약의 사용을 불허하고 있다.

② 냉수온탕침법 : 물리적인 방법에 의한 종자소독법으로 종자를 20~30℃ 물에 4~5시간 동안 담갔다가 55~60℃의 더운물에 10~20분 담근 다음 건져내는 방법인데, 일부 병에 효과가 있는 것으로 보고되어 있다. 최근 새로이 개발된 방법은 온탕소독기만를 이용해 마른종자를 65℃ 물에 7분간 침지(또는 60℃ 물에 10분)한 후 찬물에 식혀 32℃ 물에서 48시간 발아시킨 후 파종하는 방법으로, 벼 키다리병을 96%이상 방제할 수 있는 친환경적 방법으로 알려져 있다.

2) 침종(씨 담그기)

① 볍씨는 건물중의 15%에 해당하는 수분을 흡수하면 그 때부터 배의 발아활동이 시작된다. 따라서 볍씨를 거기까지 흡수시키는 일이 볍씨 담그기의 목적이다.

② 그런데 볍씨의 흡수속도는 씨마다 다르므로 발아에도 늦고 빠름이 생긴다. 그래서 흡수는 하지만 발아활동은 시작되지 않도록 하는 조치가 필요하게 된다. 그 조치가 13℃ 이하인 저온에서 침종을 하는 것이다.

③ 10~13℃에서는 보통 6~7일이 소용된다. 그런데 고랭지가 아니고는 침종시기에 그런 저온은 없으므로 15℃에서는 5일, 20℃에서는 3~4일 정도가 좋다.

④ 수온이 높은 경우 볍씨의 호흡작용에 의한 CO_2 및 유기산이 발생하고, O_2가 부족하게 되기 때문에 발아를 위하여 새물로 갈아주어야 한다. 예로부터 흐르는 물에서 하는 볍씨 담그기가 좋다고 한 이유가 바로 O_2의 공급과 발아억제물질의 제거에 있었다. 또한 용기의 방향을 바꾸거나 가끔 볍씨를 저어서 수온을 균일하게 하는 것도 볍씨의 발아를 균일하게 하는 데 도움이 될 수 있다.

3) 최아(싹 틔우기)

① 최아는 충분히 물을 흡수한 볍씨에게 배의 생장에 알맞은 최적온도를 제공하여 싹이 트도록 하는 파종 전 마지막 처리과정이다.

② 최아의 적온은 32℃이고, 최적의 최아장(싹의 길이)에 이르기까지는 24시간을 요한다. 이보다 고온에서의 단시간 처리나 저온에서의 장시간 처리는 좋지 못하다. 최적의 최아장은 1㎜ 정도이다.

③ 발아를 위해서는 산소공급을 위하여 물기를 뺀 상태로 두는 것이 좋으나, 최아 중에도 수분흡수가 필요하므로 수분이 부족하지 않아야 한다.

④ 직파재배의 경우 종자를 최아시켜 파종하면 출아소요일수가 단축되나, 토양이 과도하게 건조하거나 추운 날씨의 경우는 오히려 출아가 불량하다.

2. 육묘, 정지, 이앙

(1) 육묘의 의의와 이점

1) 육묘의 의의

① 우리나라에서의 벼농사는 밭벼의 직파재배, 논벼의 건답직파, 다음 이앙재배로 변천한 것으로 보고 있다.

② 이앙재배를 위하여 육묘가 필요하다.

2) 육묘(이앙)의 이점

① 불량한 환경조건에서 저항력이 약한 어린모를 집약적으로 보호하고, 본답에 균일한 묘를 일찍 고르게 심어 안전하게 거둘 수 있으므로, 수확량이 많고 안정적 생산이 가능하다.

② 종자량이 현저히 적게 든다.

③ 본답의 생육기간을 단축하므로 2모작 등 토지이용도를 높일 수 있다.

④ 이앙된 모는 발아하는 잡초보다 우위에 있어 잡초제거 및 방제가 유리하다.

⑤ 토지, 공간, 광의 이용 등에서 효율적인 군락형성이 가능하여 생산량이 많다.

⑥ 출수기를 앞당겨 냉해로부터 회피가 가능하다.

(2) 정지(본답의 준비)

1) 논갈이와 논고르기

① 이앙할 논의 준비는 논갈이(경운), 물대기(관개), 논고르기(정지)의 순으로 하는 것이 일반적이다.

② 이런 일련의 작업은 논흙을 부드럽고 균평하게 하여 이앙작업을 용이하게 하고, 토양 중 잠재질소의 유효화, 전충시비, 잡초의 발생억제, 해충의 방제, 누수의 방지 등에 효과가 있다.

2) 논갈이 세부사항

① 추경(秋耕)과 춘경(春耕)

ㄱ 단작의 경우와 건답이면서 유기물이 많은 양토나 식양토의 경우, 추경(가을갈이)은 토양의 이화학적 성질을 좋게 하고, 건토효과를 촉진하며, 월동해충을 죽이는 효과가 춘경보다 월등하다.

ㄴ 추경 시 벼 수확 후에 생짚을 썰어넣고 하면 더욱 좋다.

ㄷ 그러나 2모작(무기화의 시간부족)이나 사질누수답(양분 용출), 습답(건토효과 없음)에서는 춘경이 좋다.

ㄹ 추경하면 1년생 잡초의 발생은 적어지나 숙근성 잡초는 오히려 번식이 조장된다.

② 심경(深耕)

ㄱ 논갈이의 깊이는 토성과 유기물 시용량에 깊은 관계가 있다.

ㄴ 점질이 많은 식토나 하층인 심토에 무기염류가 집적된 토양에서는 토성의 개량을 위하여 심경이 필요하다.

ㄷ 유기물 시용량이 많은 논은 심경이 유효하지만 사질누수답이나 습답에서는 심경이 불리하다.

ㄹ 사질누수답에서는 양분이 용탈되기 때문이며, 습답에서는 물의 투수력이 나빠 토양의 이화학적 성질의 개선효과가 없고, 토양질소의 유효화가 생육후기에 나타나서 생육의 지연과 불필요한 과번무가 조장되기 때문이다.

ㅁ 심경은 지력증진상 매우 중요한 토양개량법으로 뿌리의 건전한 신장에 기여하여 후기생육을 좋게 하므로 등숙률을 높여 다수확에 기여한다.

ㅂ 그러나 심경 후 척박해져서는 의미가 없다. 심경다비(深耕多肥)는 안전한 다수확을 위한 결합어이다. 심경은 벼의 후기생육은 왕성하게 하지만, 초기생육을 떨어지게 하는 경향이 있으므로 기비로 초기생육을 촉진시켜야 한다. 물론 지나친 심경다비는 과번무, 출수 지연, 병해충 다발 등의 많은 문제를 유발할 수 있다.

(3) 모내기(이앙)

1) 이앙 적기

① 이앙 시기는 품종, 그 지방의 기상, 지력, 병충해 발생 등을 고려하며 윤작 관계, 모의 생육상태와 노동력의 사정 등에 따라서 결정된다.

② 가을의 기온저하가 빠른 곳에서는 일찍, 2모작의 경우는 늦게, 단작의 경우는 빨리 이앙하여 조기, 조식재배를 함이 대원칙이다.

③ 활착에 기준한 이앙시기 : 조기, 조식재배가 다수확을 위한 원칙이긴 하나 활착이 가능한 저온의 한계를 고려하여야 한다. 특이한 점은 묘가 어릴수록 최저온도가 낮다는 것이다. 즉 어린묘(11.0℃), 치묘(11.5~12℃), 중묘(13.0℃), 성묘(13.5℃)의 순이다.

④ 안전출수기에 기준한 이앙시기 : 출수 후 40일간의 일평균기온, 즉 등숙기온 21.5℃를 자포니카 품종의 실용적인 안전등숙적온이라 할 수 있고, 19℃를 냉해가 위험한 등숙한계기온이라 할 수 있다. 또한 안전출수기만한일(滿 찰 만, 割 나눌 할, 日)을 정할 때 등숙이 정지되는 평균온도가 15℃(최저온도로는 10℃)인 날을 정확히 알아, 그 날로부터 역산하여 평균적산온도가 880℃(자포니카), 920℃(통일벼)가 되는 날을 안전출수기만한일로 잡아야 한다.

2) 이앙 방법

① 벼의 재식밀도 : 일반적으로 재식밀도는 그 지방의 기상, 토양, 품종 등을 고려하여 결정한다. 보통 3.3㎡당 75~85주가 표준으로, 이보다 소식(疎植)이면 분얼은 많아지지만 유효경비율이 떨어져 단위면적당 이삭수가 적어지고 수량도 저하한다. 또한 이보다 밀식(密植)이 되면 통풍과 채광이 나빠 생육이 연약해지고 도복과 병해의 발생으로 수량감소가 우려된다.

② 따라서 생육량을 충분히 확보할 수 있는 조건 즉, 비옥지, 다비, 만생종, 조식, 어린묘 등에서는 소식하고, 척박지, 소비, 조생종, 만식 등의 경우에는 밀식이 좋다.

③ 다수확의 기본기술은 심경다비밀식(深耕多肥密植)이다.

(4) 벼의 직파재배

1) 직파재배의 의의 및 장단점

① 직파재배는 육묘와 이앙을 생략하고 본답에 직접 볍씨를 뿌려 수확까지 입지의 변경 없이 재배하는 방법으로, 향후의 필요성이 매우 강조되는 생력화 재배방법이다.

② 직파재배의 장점

　㉠ 노령인구 구성비를 고려할 때 가장 큰 장점은 생력화재배 방법이다.

　㉡ 뿌리가 절단되는 이앙이 없어 생육이 정체되지 않으므로 조기분얼에 의한 많은 이삭의 확보가 용이하다.

　㉢ 파종이 동일한 경우 직파 벼는 이앙 벼보다 출수가 빨라진다.

　㉣ 건답직파재배의 경우는 통기·투수성이 양호하고, 토양의 환원작용이 늦어 유해물질의 발생이 적으므로 뿌리의 활력이 생육후기까지 높게 유지된다.

③ 직파재배의 단점

　㉠ 출아, 입모가 불량하고 균일하지 못하며, 분얼이 많아 과번무의 우려가 있고, 절대 이삭수는 많으나 유효경 비율은 낮다.

　㉡ 잡초의 발생이 많다.

　㉢ 담수표면직파의 경우 뿌리가 깊지 않아 도복의 위험이 많다.

　㉣ 건답직파재배의 경우 앵미(잡벼)의 발생우려가 높다.

2) 건답직파와 담수표면직파의 비교

	건답직파재배	담수표면직파재배
장점	● 육묘와 이앙 작업 불필요 ● 대형기계화 작업이 용이 ● 생산비 절감 ● 입묘기간 관개용수 절약	● 육묘와 이앙 작업 불필요 ● 출아 시 물의 보온효과 있음 ● 파종작업이 간편함 ● 생산비용이 절감, 대규모 영농가능
단점	● 출아기간 길고 출아, 입모 불량 ● 들쥐, 새에 의한 파종종자의 소모 ● 담수직파재배보다 잡초가 많음 ● 쇄토 및 정지정밀화 곤란 ● 강우 및 과습 시 파종 곤란 ● 사질토양에서는 관개용수가 많이 필요함 ● 앵미(잡벼)의 발생으로 인한 수량 감소 및 수매 거부	● 물의 요동에 의한 볍씨의 발아와 출아가 불안정, 뜬모 발생 ● 잡초방제의 어려움 ● 들쥐, 새에 의한 파종종자의 소모 ● 본답에서의 생육기간이 길어 용수가 많이 필요함 ● 뿌리의 표층분포로 도복 위험

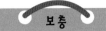
01 벼의 영양생장기(營養生長期)에 속하지 않는 생육단계는?

㉮ 활착기

㉯ 유효분얼기

㉰ 무효분얼기

㉱ 수잉기

■ 개화 이후를 생식생장기라 한다. 벼의 경우 수잉기, 출수개화기 등은 생식생장기에 속한다.

02 계속하여 볏짚을 논에 투입하는 유기벼 재배 시 가장 많이 결핍될 것으로 예상되는 토양 양분은?

㉮ 질소 ㉯ 인산

㉰ 칼륨 ㉱ 칼슘

■ 곡류의 짚과 같이 탄질(C/N)률이 높은 재료를 논에 투입하면 질소가 적어 미생물의 증식(질소는 단백질을 만드는 원소로 미생물의 몸체가 됨)이 적어진다.

03 일반적으로 볍씨의 발아 최적 온도는?

㉮ 8 ~ 13℃

㉯ 15 ~ 20℃

㉰ 30 ~ 34℃

㉱ 40 ~ 44℃

■ 볍씨의 발아 최적 온도는 30~40℃ 정도이다. 최아(싹 틔우기)의 적온은 32℃이고, 최적의 최아장에 이르기까지는 24시간을 요한다.

04 작물의 호흡에 관한 설명으로 틀린 것은?

㉮ 호흡은 산소를 소모하고 이산화탄소를 방출하는 화학작용이다.

㉯ 호흡은 유기물을 태우는 일종의 연소작용이다.

㉰ 호흡을 통해 발생하는 열(에너지)은 생물이 살아가는 힘이다.

㉱ 호흡은 탄소동화작용이다.

■ 작물은 탄소동화작용(광합성)에 의해서 유기물을 합성하는 동시에, 호흡을 위하여 생산한 유기물을 소모한다.

01 ㉱ 02 ㉮ 03 ㉰ 04 ㉱

05 온대지역에서 자라는 벼는 대부분 어떤 조건에서 가장 출수가 촉진되는가?

㉮ 저온, 단일

㉯ 저온, 장일

㉰ 고온, 단일

㉱ 고온, 장일

06 벼 직파재배의 장점이 아닌 것은?

㉮ 노동력 절감

㉯ 생육기간 단축

㉰ 입모 안정으로 도복 방지

㉱ 토양 가용영양분의 조기 이용

■ 단일식물인 벼는 유수가 형성되고 출수·개화하기 위하여 단일조건이 필요하며, 등숙을 위하여 빠른 시기(고온기)에 출수하여야 한다.

■ 직파재배하면 뿌리가 표층에만 분포하여 출수 후 쓰러짐이 심하다. 즉, 입모가 불안정하다.

05 ㉰   06 ㉰

2 병·해충 및 잡초방제

1. 병과 해충

(1) 벼의 주요 병

1) 일반사항

① 벼의 병해 종류는 200여 종으로 이 중 20여 종의 피해가 심하다.

② 병해에 의한 벼의 감수율은 13% 정도로 추정하고 있으며, 그 중 50~70%는 약제로 방제효과를 거두고 있다.

③ 친환경농업 관련 법령에서는 유기농약제의 사용을 불허하고 있다.

2) 발생원인 병원체에 의한 분류

① 균류에 의해 발생하는 병 : 도열병, 잎집무늬마름병, 깨씨무늬병, 키다리병, 이삭누룩병

② 세균에 의해 발생하는 병 : 흰빛잎마름병

③ 바이러스에 의해 발생하는 병 : 줄무늬잎마름병, 오갈병, 검은줄오갈병

3) 도열병

① 벼 병해 중 가장 피해가 크다. 우리나라 전역에서, 벼의 전생육기에서 발생한다.

② 묘에 발생하는 것을 묘도열병, 이삭목에 발생하면 목도열병, 이삭에 발생하면 이삭도열병, 잎에 발생하면 엽도열병이라 하며, 엽도열병이 가장 많다.

③ 이병된 볏짚 또는 볍씨의 발병부 조직에 잠복하던 균사나 분생포자가 월동하여 다음해의 1차 전염원이 된다.

④ 분생포자는 바람에 비산하고, 수면에 떨어지면 물을 따라서 옮겨진다.

⑤ 분생포자의 발아 최적온도는 $25\sim28℃$이고, 최적습도는 과포화되어 빗방울이나 이슬이 식물체에 묻어 있을 때이다.

⑥ 대표적인 병변은 갈색의 방추형 흔적이다. 심해지면 잎이 마르고 벼알은 흑갈색으로 썩는 등 수확이 전혀 불가능하다.

⑦ 발병요인

　㉠ 이병된 종자의 사용과 종자소독 불철저

　㉡ 육묘 시 밀파와 질소 과비

　㉢ 본답에서의 만식, 밀식

　㉣ 질소의 과비와 규산질비료의 부족

　㉤ 다습, 일조부족, 저온 등의 불량기후

⑧ 방제법

　㉠ 저항성품종 재배

　㉡ 종자의 철저한 소독

　㉢ 밀파 금지

　㉣ 적정 시비

　㉤ 냉수관개를 피하고 수온을 높임

　㉥ 논바닥이 마르지 않도록 하고 낙수기를 늦춤

4) 바이러스에 의해 발생하는 병해

① 줄무늬잎마름병

　㉠ 논두렁 등에서 월동한 애멸구가 흡즙하여 감염

　㉡ 병들면 새잎이 나올 때 잎이 말리면서 떨어지지 않고 활모양으로 늘어져 말라 죽는다. 항백색으로 말라 늘어져 유령병이라고도 한다.

② 오갈병

　㉠ 번개매미충과 끝동매미충에 의해 감염된다.

　㉡ 바이러스를 보독한 충은 일생동안 전염능력이 있고, 심지어 알에까지 바이러스가 이행된다.

　㉢ 병징은 초장이 건전한 벼의 1/2 정도로 키작은 앉은뱅이가 된다.

③ 검은줄오갈병

　㉠ 논두렁 등에서 월동한 애멸구가 흡즙하여 감염

　㉡ 이 병에 걸리면 키가 작아진다.

(2) 벼의 주요 해충

1) 일반사항

① 과거 이화명나방의 피해가 가장 컸으나 지금은 벼멸구류의 피해가 현저하다.

② 1988년 벼물바구미가 발생하여 피해가 커지고 있다.

2) 벼멸구

① 생활사

　㉠ 우리나라에서 월동하지 못하고 매년 6~7월 장마와 함께 저기압이 중국 남부와 우리나라를 통과할 때 날아오는 비래해충이다.

　㉡ 올 때는 긴날개형이나, 벼의 엽초에 정착하여 알을 낳으면 다음 세대부터는 짧은 날개형이 되어 다른 곳으로 날아가지 않고 부화한 곳에 집중적으로 알을 낳아 피해를 준다.

　㉢ 비래 후 2~3세대를 경과하면서 급속히 증식한다.

② 피해상황

　㉠ 주로 벼포기의 밑부분에 유충, 성충이 모여서 생활하므로 출수를 전후하여 아랫잎부터 황변한다.

　㉡ 군데군데 둥글게 말라 마치 벼락 맞은 듯 움푹움푹 쓰러져 주저앉는다.

　㉢ 이같은 집중 고사현상은 8월 하순에서 9월 상순에 일어나고, 심하면 수확이 전무하다.

③ 방제법

　㉠ 저항성품종의 재배

　㉡ 조기 예찰과 방제

3) 벼물바구미

① 1988년 처음 발견된 해충으로 일본에서 들어온 것으로 추측된다.

② 벼 포기당 2~3마리가 부착했을 때 피해는 30% 이상이나 감수한다고 한다.

③ 약제에 대하여 극히 강한 해충이다. 피해를 줄이려면 유효경이 확보된 경우 논의 물을 빼고 논을 말려주어야 하며, 성충은 표토에서 월동하므로 피해를 입었던 논은 가을갈이 후 담수하여야 한다. 월동성충은 5월 상순경부터 본답으로 이동하여 이앙직후의 어린 벼의 엽육을 가해한다. 부화된 유충은 땅속 뿌리로 내려가 벼의 뿌리를 가해하기 때문에 분얼수 감소와 더불어 양분흡수의 장해 및 지상부의 생육을 억제하는 등 매우 심각한 피해를 주는 해충이다.

④ 벼물바구미의 유충은 수생잡초인 너도방동사니, 올방개 등을 기주식물로 하기 때문에 벼물바구미를 근절시키기 위해서는 논뿐만 아니라 수로 등 논주변의 모든 수생잡초도 철저히 방제해야만 본논에서의 피해를 막을 수 있다.

(3) 벼의 병·해충 방제

1) 일반사항

① 친환경농업 관련 법령에서는 물리적(기계적), 경종적, 생물적 방제법 등만 허락되고 있으며 벌레를 손으로 잡아 죽이는 등의 물리적 방제법이 가장 오랜 역사를 지니고 있다.

② 경종이란 말 자체는 논밭을 갈고 씨를 뿌려 작물을 가꾸는 일이다. 쉽게 말해 농사지을 때 하는 여러 행위를 통해 발휘할 수 있는 보호적인 방제법을 경종적 방제라고 하는데, 다른 말로 생태적 방제라고도 한다. 즉, 작물의 생태적 특성을 이용한 방제법이 된다.

③ 경종적 방법은 우연히 터득하였을 것이다. 즉, 종자를 심으니 어떤 종자는 열매도 잘맺고 쑥쑥 잘 크고 병도 잘 안 생긴다는 것도 경험적으로 터득했을 것이고, 그런 종자의 특징을 기억하고 우량종자만을 선별하는 선별법도 생기게 되었고, 종자들을 계속적으로 교배하는 육종법도 개발되었을 것이다. 또 작년에는 이 땅에서 작황이 좋았는데 왜 올해는 작황이 안 좋을까? 같은 시기에 심었는데 왜 땅마다 작물의 발달 정도가 다를까? 등을 고민하다가 밝혀낸 사실들일 것이다.

④ 그런 경험 속에 체계화된 병해충의 경종적 방제법은 저항성 품종의 선택, 윤작 및 답전윤환, 파종기 조절, 토지의 선정, 혼작, 합리적 시비, 내병성 대목에 접종, 생장점배양, 토양의 물리성 개선, 중간 기주식물 제거 등이다.

2) 벼에서의 실천적 방법

① 유기농 수도작에서 병해충 피해를 예방하려면 첫째가 병해충에 저항성이 있는 품종을 재배하는 것이고, 다음으로는 녹비 등의 유기질비료를 투입하여 지력을 높이며, 생육시기별로 적합한 재배기술을 사용하여 작물을 건실하게 관리하는 것이다. 한편 발생한 병해충은 초기에 목초액, 미생물 등의 허용물질을 사용하여 피해를 줄이도록 하여야 한다.

② 경종적 방제법 중에서는 특히 윤작이 중요하다. 예를 들어 토마토의 전작물로는 벼나 배추가, 양파의 전작물로는 옥수수나 소맥이 병을 경감시키는 효과가 있는 것으로 알려지고 있다. 윤작의 목적을 과거의 토양의 비옥도 향상에서 병해충 방제로 바꾸어도 좋을 것이라는 실험적 결과도 있다.

③ 최근 유기농 수도작에서 많이 이용되는 생물적 방제법으로는 오리농법이 있다. 오리가 해충을 제거하는 방법에는 직접 해충을 잡아먹거나 날개를 쳐서 벼에 붙어 있는 해충(멸구 등)을 물 위에 떨어뜨리는 방법 등이 있다.

2. 잡초 방제방법

(1) 주요 잡초

1) 일반사항

① 우리나라 논의 잡초는 약 92종으로 1년생이 30종, 월년생이 3종, 다년생이 59종이라 한다.

② 잡초종자는 토심 16㎝까지 1㎡당 약 15~16만개가 있으며, 이중 0.5% 정도만이 실제로 발아하므로 발생은 무한대라고 할 수 있다.

2) 논의 주요 잡초

① 1년생 제초제의 과다사용으로 우점하는 잡초가 1년생 잡초에서 다년생 잡초로 천이하였다.

② 1년생 잡초 : 피, 물달개비, 여뀌바늘, 사마귀풀, 논뚝외풀 등

③ 다년생 잡초 : 올방개, 올미, 올챙고랭이, 벗풀, 너도방동사니, 가래 등

(2) 잡초의 해

1) 피해발생 요인

① 광의 경합 : 광합성의 저하로 등숙과 수량이 저하한다.

② 양분의 경합 : 잡초의 질소와 인산의 흡수력은 벼보다 강하며, 특히 피는 흡수력이 강해 벼포기 사이에 끼어 있으면 벼의 분얼은 심히 억제된다.

③ 수분의 경합 : 담수재배에서는 문제가 되지 않으나 건답직파재배에서는 바랭이와 같은 잡초가 문제가 된다.

2) 벼의 피해

① 제초시기가 적기를 넘으면 피해가 급증한다.

② 제초의 적기는 직파재배, 어린모 기계이앙, 성묘 손이앙의 순으로 늦어진다. 즉, 직파재배는 아주 이른 시기에 제초작업을 하여야 한다.

③ 난지는 잡초도 빨리 크므로 한랭지보다 빨리 제초하여야 한다.

(3) 잡초의 방제법

1) 친환경농업에서 허락한 방법

① 예방적 방제 : 관개수로, 논두렁 등을 통해 유입되는 것을 막고, 벼종자에 혼입되거나 퇴비에 섞여 들어오는 것 예방

② 경종적 방제 : 잡초의 생육조건을 불리하게 하여 작물과 잡초와의 경합에서 작물이 이기도록 하는 재배법으로 윤작, 이앙시기, 재식밀도, 시비법 등의 효율화

③ 물리적 방제 : 경운, 정지, 피복, 예취, 심수관개, 화염제초 등

④ 생물적 방제

동물의 이용	잡초를 먹는 오리, 왕우렁이 등의 이용
미생물 제초제	미생물에 병원성을 부여하여 잡초가 방제되는 원리로 일정한 시기에 대량으로 병원균을 투입하여 잡초를 방제한다.
타감작용 (allelopathy)	한 식물종의 화학물질 방출이 가깝게 있는 다른 종의 발아나 생육에 영향을 미치는 것을 잡초방제 수단으로 이용한다.

⑤ 종합적 방제법(Integrated Weed Management, IWM) : 친환경농업에서는 상기 방법 중 2가지 이상을 병합 사용하는 잡초방제법이다. 그러나 친환경이 아닌 일반적 의미의 IWM에는 화학적 방제법까지를 포함한다.

2) 민간 유기농법에 의한 잡초 방제

① 오리농법 : 오리는 벼잎은 먹지 않고 생육 중의 잡초를 직접 먹거나 표토에 있는 잡초의 종자를 먹기도 한다. 또한 물갈퀴로 흙탕물을 일으켜 광발아 잡초의 발아를 방지하고, 부리로 휘저어 김매기 효과를 거둔다. 모내기 1~2주 후 1주령의 오리를 10a당 30수 정도 방사하는 것이 적당한 것으로 알려져 있다.

② 왕우렁이농법 : 왕우렁이가 연한 풀을 먹는 먹이습성을 이용하여, 논에 발생되는 어린 물달개비, 알방동사니, 밭뚝외풀 등의 잡초를 방제할 수 있다. 우렁이는 이앙 후 5~10일경에 논에 투입하는 것이 좋다.

③ 쌀겨농법 : 쌀겨에는 인산, 미네랄, 비타민이 많이 들어 있어 미생물을 활성화시키며, 미생물은 유기산을 만들어 잡초발생을 방제하기도 한다. 쌀겨를 뿌린 논은 온도가 높아 저온기에 뿌리를 보호하고 등숙에 도움을 준다.

④ 참게농법 : 참게의 탈피습성을 이용하는 것으로 탈피각은 칼슘이 많아 벼의 생육과 토양의 비옥도를 높여 준다. 또한 참게는 토양미생물 섭취를 위하여 토양을 잘게 부수므로 뿌리의 산소 공급을 원활히 하며, 잡초의 발생도 억제한다.

01 병해충의 생물학적 제어와 관계가 먼 것은?

㉮ 유해균을 사멸시키는 미생물

㉯ 항생물질을 생산하는 미생물

㉰ 미네랄 제제와 미량요소

㉱ 무당벌레, 진디벌 등 천적

02 생물적 방제와 가장 관계가 없는 것은?

㉮ 천적의 이용

㉯ 식물의 타감작용 이용

㉰ 천적미생물의 이용

㉱ 녹비작물의 이용

보충

■ 생물적 방제법: 동물(천적)의 이용, 미생물 이용, 대립작용(타감작용) 이용 등이 있다. 미네랄 제제와 미량요소는 생물이 아니다.

■ 경종적 방제 : 잡초의 생육조건을 불리하게 하여 작물과 잡초와의 경합에서 작물이 이기도록 하는 재배법으로 윤작(녹비작물 이용), 이앙시기, 재식밀도, 시비법 등의 효율화 등이 있다.

01 ㉰　02 ㉱

01 벼의 유묘로부터 생장단계의 진행순서가 바르게 나열된 것은?

㉮ 유묘기 → 활착기 → 이앙기 → 유효분얼기

㉯ 유묘기 → 이앙기 → 활착기 → 유효분얼기

㉰ 유묘기 → 활착기 → 유효분얼기 → 이앙기

㉱ 유묘기 → 유효분얼기 → 이앙기 → 활착기

■ 어린 묘(유묘)를 본답에 옮겨 심어야(이앙) 뿌리가 내려 활착하고, 그 다음에 분얼(땅속에 있는 마디에서 가지가 나옴)한다.

02 좋은 볍씨를 고르는 방법이 아닌 것은?

㉮ 탈곡 시 볍씨가 손상되지 않고 병충해가 없는 것

㉯ 충실한 종자로서 숙도가 적당한 것

㉰ 여러 품종이 혼합되어 있는 것

㉱ 유전적으로 순수한 것

■ 다른 품종의 종자가 기계적으로 혼입되는 것을 유전적 퇴화라 한다.

03 이것을 녹인 물에 종자를 담가 볍씨를 선별하는 것으로 물에 녹이는 이 물질은?

㉮ 당밀   ㉯ 소금

㉰ 기름   ㉱ 식초

■ 모의 초기 생육은 배유에 저장된 양분에 의존하므로 충분한 양분을 가진 종자를 선별하여야 한다. 종자 선별 시 키나 풍구에 의한 풍선만으로는 부족하여 염수선이 사용되고 있다.

04 수도(벼)용 상토의 가장 알맞은 산도는?

㉮ 2.0~4.0

㉯ 4.5~5.5

㉰ 6.0~6.5

㉱ 7.5~8.0

■ 산성토양에서는 병균의 활동이 약해지므로 작물에 문제가 없다면 산성토양이 좋은데 벼는 산성토양에서 잘 자란다. 상토의 pH가 높으면 입고병과 뜸모의 발생이 많아지므로 pH 4.5~5.5가 적당하다.

01 ㉯   02 ㉰   03 ㉯   04 ㉯

05 다음 중 논토양에서 재배되는 벼가 가장 많이 필요로 하는 성분은?

㉮ 인
㉯ 질소
㉰ 규소
㉱ 망간

■ 규산(규소) 흡수가 저하되면, 표피세포의 규질화가 불량하여 도열병균 등 병원균 침입이 용이해진다. 벼도 질소를 가장 많이 필요로 할 것 같지만 사실은 규산의 흡수는 질소의 8~11.2배나 된다.

06 벼에 규소가 부족했을 때의 주요 현상은?

㉮ 황백화, 괴사, 조기낙엽 등의 증세가 나타난다.
㉯ 줄기 잎이 연약하여 병원균에 대한 저항력이 감소한다.
㉰ 수정과 결실이 나빠진다.
㉱ 뿌리나 분얼의 생장점이 붉게 변하여 죽게 된다.

■ 규소는 표피조직의 규질화를 통해 병에 대한 저항성을 높인다.

07 재배 시 석회 사용이 필요없는 작물은?

㉮ 벼
㉯ 콩
㉰ 시금치
㉱ 보리

■ 석회는 산성토양을 중성화하는 비료로 사용된다. 벼는 산성토양에 강하고 콩, 시금치, 보리는 가장 약하다. 따라서 특별히 강산성토양이 아닌 한 논에 석회를 사용하지는 않는다.

08 답전윤환 체계로 논을 밭으로 이용할 때, 유기물이 분해되어 무기태질소가 증가하는 현상을 무엇이라 하는가?

㉮ 산화작용
㉯ 환원작용
㉰ 건토효과
㉱ 윤작효과

■ 논토양을 건조시키면 호기성 미생물의 활동으로 유기물이 분해되는 현상인 암모니아화작용이 촉진되는데 이를 건토(乾 마를 건, 土)효과라 한다. 건토효과가 얼마나 좋은지 건토하는 사람에게 장려금도 준다.

09 유기농업 시 논에 헤어리베치 투입량은 생초로 어느 정도가 적당한가?

㉮ 1,500~ 2,000kg/10a
㉯ 4,000~ 6,000kg/10a
㉰ 8,000~10,000kg/10a
㉱ 12,000~14,000kg/10a

■ 헤어리베치를 이앙 2주 전에 10a당 생체중 1,500~2,000kg 정도 투입하면 화학비료의 투입없이 최대의 수확량을 유지한다. 이보다 더 많은 헤어리베치를 넣거나 화학비료를 첨가하면 수확량은 떨어진다.

05 ㉰ 06 ㉯ 07 ㉮ 08 ㉰ 09 ㉮

10 퇴비나 가축분 및 작물잔사 등의 유기물을 토양에 과다 시용하였을 때 일어나는 현상으로 거리가 먼 것은?

㉮ 고농도의 무기태질소에 의한 작물 생육 장해

㉯ 작물체 중 질산태질소 농도의 상승

㉰ C/N비가 낮은 퇴비 과다시용 시 질소기아현상 유발

㉱ 토양환원에 의한 뿌리 생육 장해

■ C/N비가 높은 유기물(퇴비)을 과다 시용하면 C(먹이, 에너지원)는 많은데 N(미생물의 몸체, 영양원)이 부족하여 질소기아현상이 유발된다.

11 벼의 이앙재배에 비해 직파재배의 가장 큰 장점은?

㉮ 잡초방제가 용이하다.

㉯ 쌀의 품질이 향상된다.

㉰ 노동력을 절감시킬 수 있다.

㉱ 종자를 절약할 수 있다.

■ 직파재배는 육묘와 이앙작업이 불필요하므로 노동력 및 생산비용을 절감할 수 있다.

12 앵미의 발생이 가장 많은 재배방식은?

㉮ 건답직파   ㉯ 담수표면산파

㉰ 이앙재배   ㉱ 무논골뿌림

■ 건답직파재배의 가장 큰 단점은 앵미(잡벼)의 발생으로 인한 품질저하와 수량감소이다.

13 종자용 벼를 탈곡기로 탈곡할 때 가장 적합한 분당 회전속도는?

㉮ 50회   ㉯ 200회

㉰ 400회   ㉱ 800회

■ 종자용 벼는 약 400회 정도, 콩류는 600회 정도의 회전속도로 탈곡한다.

14 다음 중 유기재배 시 병해충 방제방법으로 잘못된 것은?

㉮ 유기합성농약 사용

㉯ 적합한 윤작체계

㉰ 천적활용

㉱ 덫

■ 유기물은 주로 생명활동(광합성 등)의 결과로 나오고, 무기물은 광물에서 나오는데, 유기합성농약은 생명활동 결과물이 아니므로 유기농업에서 허용되지 않는다.

10 ㉰   11 ㉰   12 ㉮   13 ㉰   14 ㉮

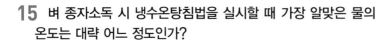

15 벼 종자소독 시 냉수온탕침법을 실시할 때 가장 알맞은 물의 온도는 대략 어느 정도인가?

㉮ 30℃ 정도

㉯ 35℃ 정도

㉰ 43℃ 정도

㉱ 55℃ 정도

16 물리적 종자 소독방법이 아닌 것은?

㉮ 냉수온탕침법　　　㉯ 욕탕침법

㉰ 온탕침법　　　㉱ 분의소독법

17 도열병에 저항성이던 벼 품종이 일정기간 후 같은 장소에서 감수성으로 변한 원인으로 가장 관계가 깊은 것은?

㉮ 재배법의 변화

㉯ 토양 조건의 변화

㉰ 병원균 레이스의 변화

㉱ 기상환경의 변화

■ 냉수온탕침법 : 종자를 20℃ 이하의 냉수에 6~24시간 동안 담갔다가 50~55℃의 더운물에 잠깐 담근 다음 건져내는 방법이다. 최근 마른 종자를 65℃물에 7분간 침지한 후 찬물에 식히는 방법이 개발되었다.

■ 분의(粉 가루 분, 依 의지할 의) 소독법은 화학농약을 종자에 묻혀서(의지하여) 소독하는 방법이다.

■ 저항성 육종의 가장 큰 문제는 저항성 유전자를 넣어주어도 그것을 이길 수 있는 병해충이 생긴다는 것(시지프스의 바위처럼)으로, 벼도열병에 대한 저항성 품종은 병원균 레이스 때문에 품종의 평균수명은 3년에 지나지 않는다.

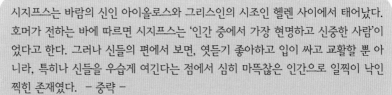

시지프스는 바람의 신인 아이올로스와 그리스인의 시조인 헬렌 사이에서 태어났다. 호머가 전하는 바에 따르면 시지프스는 '인간 중에서 가장 현명하고 신중한 사람'이었다고 한다. 그러나 신들의 편에서 보면, 엿듣기 좋아하고 입이 싸고 교활할 뿐 아니라, 특히나 신들을 우습게 여긴다는 점에서 심히 마뜩찮은 인간으로 일찍이 낙인 찍힌 존재였다. – 중략 –

시지프스는 온 힘을 다해 바위를 꼭대기(저항성 품종)까지 밀어 올렸다. 그러나 바로 그 순간에 바위는 제 무게만큼의 속도로 굴러떨어져(감수성 품종으로) 버렸다. 시지프스는 다시 바위를 밀어 올려야만 했다. 왜냐하면 하데스가 "바위가 늘 그 꼭대기에 있게 하라"고 명령했기 때문이었다.

다시 굴러 떨어질 것을 뻔히 알면서도 산 위로 바위를 밀어 올려야 하는 영겁의 형벌! 언제 끝나리라는 보장이라도 있다면 모를까. 시지프스의 노동 앞엔 헤아릴 길 없는 영겁의 시간이 있을 뿐이다. "아니, 그럼 나도 ..."

15 ㉱　16 ㉱　17 ㉰

18 작물에 병이 발생하였을 때, 병원균을 판별하는 현미경검정에 필요한 검정 항목은?

㉮ 균사, 포자
㉯ 작물의 생장 정도
㉰ 재배 토양 성분
㉱ 재배지의 기후

19 다음 중 유기재배 시 제초방제 방법으로 잘못된 것은?

㉮ 저독성 화학합성물질 살포
㉯ 멀칭 · 예취
㉰ 화염제초
㉱ 기계적 경운 및 손제초

20 유기농산물을 생산하는 데 있어 올바른 잡초 제어법에 해당하지 않는 것은?

㉮ 멀칭을 한다.
㉯ 손으로 잡초를 뽑는다.
㉰ 화학 제초제를 사용한다.
㉱ 적절한 윤작을 통하여 잡초 생장을 억제한다.

21 다음 중 잡초방제를 주요 목적으로 하는 농법으로 가장 거리가 먼 것은?

㉮ 쌀겨농법
㉯ 오리농법
㉰ 왕우렁이농법
㉱ 활성탄농법

22 오리농법에 의한 벼재배에서 오리의 역할이 아닌 것은?

㉮ 잡초를 못 자라게 한다.
㉯ 해충을 잡아 먹는다.
㉰ 도열병균을 잡아 먹는다.
㉱ 배설물은 유기질비료가 된다.

보충

■ 현미경검정법은 현미경을 이용하여 병원체의 유무, 병원균의 종류 및 형태, 병원균의 균사나 포자 모양 및 편모 수와 위치, 항체와 반응 시 나타나는 형광현상 등을 조사하여 진단하는 방법이다.

■ 유기재배에서는 화학합성농약을 사용할 수 없다. 화학합성농약이 저독성인 것은 당연히 안 되고, 무독성인 경우도 안 된다고 판단되는데 코덱스 규격에 "현지 농업체계 안에서 재생 가능한 자원에 의존하기 위하여"란 규정이 있기 때문이다.

■ 유기농업에서는 화학약제를 사용할 수 없다. 유기농업에서 유전자변형, 화학약제, 방사능은 금기어(?)에 가깝다.

■ 활성탄농법은 토양개량 및 병해충 방제를 위해 사용된다.

■ 오리농법 : 오리는 생육 중의 잡초를 직접 먹거나 표토에 있는 잡초의 종자를 먹기도 한다. 또한 물갈퀴로 흙탕물을 일으켜 광발아 잡초의 발아를 방지하고, 부리로 휘저어 김매기 효과를 거둔다. 오리는 벼잎은 먹지 않는다. 도열병균은 곰팡이균으로 너무 작아서 먹지 못한다. 맛도 없겠지!

---

18 ㉮ 19 ㉮ 20 ㉰ 21 ㉱ 22 ㉰

23 우렁이농법에 의한 유기벼 재배에서 우렁이 방사에 의해 주로 기대되는 효과는?

㉮ 잡초방제   ㉯ 유기물 대량공급

㉱ 해충방제   ㉲ 양분의 대량공급

24 벼 유기재배 시 잡초방제를 위해 왕우렁이를 방사하는데 다음 중 가장 적합한 시기는?

㉮ 모내기 5 ~ 10일 전   ㉯ 모내기 후 5 ~ 10일

㉱ 모내기 후 20 ~ 30일   ㉲ 모내기 후 30 ~ 40일

25 수도작에 오리를 방사하는데 모내기 후 언제 넣어 주는 것이 가장 효과적인가?

㉮ 7일 ~ 14일 후   ㉯ 20일 ~ 25일 후

㉱ 25일 ~ 30일 후   ㉲ 30일 ~ 40일 후

26 다음 중 보리에서 발생하는 대표적인 병이 아닌 것은?

㉮ 흰가루병   ㉯ 흰잎마름병

㉱ 붉은곰팡이병   ㉲ 깜부기병

27 다음 중 주로 벼에 발생하는 해충인 것은?

㉮ 끝동매미충   ㉯ 박각시나방

㉱ 거세미나방   ㉲ 조명나방

28 벼를 재배할 경우 발생되는 주요 잡초가 아닌 것은?

㉮ 방동사니, 강피   ㉯ 망초, 쇠비름

㉱ 가래, 물피   ㉲ 물달개비, 개구리밥

보충

■ 우렁이가 수면과 수면 아래의 연한 풀을 먹는 먹이습성을 이용하면 논에 발생되는 물달개비, 알방동사니, 밭뚝외풀 등의 잡초를 방제할 수 있다.

■ 왕우렁이 농법은 이앙 후 5일 전후로 논에 투입하여 잡초를 효율적으로 제거할 수 있는 친환경농법이다.

■ 모내기 1~2주 후 1주령의 오리를 10a당 30수 정도 방사하는 것이 적당한 것으로 알려져 있다.

■ 흰잎마름병은 벼의 병으로 배수가 나쁜 저습지 또는 습지인 곳에서 많이 발생한다.

■ 벼의 해충에는 애멸구, 벼멸구, 흰등멸구, 이화명나방, 끝동매미충, 물바구미 등이 있다.

■ 다년생 논잡초: 올방개, 올미, 올챙고랭이, 벗풀, 너도방동사니, 가래 등(♣ 세 벗, 너도 가래!)
– 1년생 논잡초: 피, 물달개비, 여뀌바늘, 사마귀풀, 논뚝외풀 등
– 망초, 쇠비름: 밭의 주요 잡초

유기축산

● 유기축산 단원의 구성

① 집필방향 : 기출문제의 분석 결과 축산학이나 사료학을 정리하는 것은 본 시험의 출제범
위를 지나치게 벗어나는 것으로 판단되어, 기출문제와 그와 관련된 법만을 다루는 것으로
집필방향을 설정하였다.

② 구성 : 법 19조 ②항의 위임으로 시행규칙 9조가 생겼고, 다시 시행규칙 9조 ②항의 위임
으로 고시[별표 1] "인증기준의 세부사항(제6조의2 관련)"이 제정되었다(아래 법 등 참조).
본 교재는 이 고시의 유기축산 부분을 원문 그대로 제시하였으며, 해당되는 기출문제를 관
련되는 법 아래에 배치하고, 보충(연구)내용과 답을 제시하였다. 푼수스럽지만 효과적 학
습을 위하여 이 방법의 탁월성을 설명하고자 한다. 앞에 법이 있고, 뒤에 문제를 모아 놓
은 형식의 책에서는 앞의 법을 잘 보게 되지 않는다. 사실을 말하면 절대 보지 않는다. 법
에 해설도 없고, 읽어도 재미가 없기 때문이다. 그래서 문제의 해설만 보게 되는데, 해설
에도 별 이야기가 없으니 법 자체가 재미가 없고, 결국에는 시험 보기 며칠 전에 외우기로
결심하고는, 결국 그렇고 그렇게 된다. 시험에 합격해도 법은 보기 싫은 존재가 되어버렸
다. 기능사 과정에 법과목은 없지만, 현실은 기출문제에서 보는 바와 같이 꽤 출제되고 있
다. 기본이기 때문이다. 그래도 국가자격인 유기농업기능사인데 법을 조금은 알아야 하지
않겠는가? 본 장을 통하여 법 공부하는 방법을 알고 향후 실무에서 관련법이나 다른 법의
해석에 활용한다면 큰 가치라 생각한다.

> **친환경농어업 육성 및 유기식품 등의 관리 · 지원에 관한 법률**
> 제19조(유기식품등의 인증) ① 농림축산식품부장관 또는 해양수산부장관은 유기식품등의 산업 육성
> 과 소비자 보호를 위하여 대통령령으로 정하는 바에 따라 유기식품등에 대한 인증을 할 수 있다.
> ② 제1항에 따른 인증을 하기 위한 유기식품등의 인증대상과 유기식품등의 생산, 제조 · 가공 또
> 는 취급에 필요한 인증기준 등은 농림축산식품부령 또는 해양수산부령으로 정한다.
>
> **친환경농어업 육성 및 유기식품 등의 관리 · 지원에 관한 법률 시행규칙**
> 제9조(유기식품등의 인증기준) ① 법 제19조제2항에 따른 유기식품등의 생산, 제조 · 가공 또는 취급
> 에 필요한 인증기준은 별표 3과 같다.
> ② 제1항에 따른 인증기준에 관한 세부 사항은 국립농산물품질관리원장이 정하여 고시한다.

별표 1. 인증기준의 세부사항(제6조의2 관련)

1. 용어의 정의 – 생략

2. 유기축산물의 심사사항과 구비요건

가. 일반원칙 및 단체관리

1) 규칙 별표 4 제1호 나목에 따른 경영관련 자료의 기록·보관 기간은 최근 1년 이상으로 한다. 다만, 과거에 인증 경력이 없는 신규 신청 사업자의 경우에는 마목 1)의 축종별 전환기간 동안으로 단축할 수 있다.

2) 1)의 경영관련 자료와 축산물의 생산과정 등을 기록한 인증품 생산계획서 및 필요한 관련정보는 국립농산물품질관리원장 또는 인증기관이 심사 등을 위하여 요구하는 경우에는 제공하여야 한다.

3) 사육하고 있는 축산물 중 일부만을 인증 받으려고 하는 경우 인증을 신청하지 않은 축산물의 사육과정에서 사용한 동물용의약품 및 동물용의약품외품의 사용량과 해당축산물의 생산량 및 출하처별 판매량(병행생산에 한함)에 관한 자료를 기록·보관하고 국립농산물품질관리원장 또는 인증기관의 장이 요구하는 때에는 이를 제공하여야 한다.

4) 초식가축은 목초지에 접근할 수 있어야 하고, 그 밖의 가축은 기후와 토양이 허용되는 한 노천구역에서 자유롭게 방사할 수 있도록 하여야 한다.

5) 가축 사육두수는 해당 농가에서의 유기사료 확보능력, 가축의 건강, 영양균형 및 환경영향 등을 고려하여 적절히 정하여야 한다.

6) 가축의 생리적 요구에 필요한 적절한 사양관리체계로 스트레스를 최소화하면서 질병예방과 건강유지를 위한 가축관리를 하여야 한다.

7) 가축 질병방지를 위한 적절한 조치를 취하였음에도 불구하고 질병이 발생한 경우에는 가축의 건강과 복지유지를 위하여 수의사의 처방 및 감독 하에 치료용 동물용의약품을 사용할 수 있다.

8) 국립농산물품질관리원장 또는 인증기관의 장이 심사를 위하여 축산물의 생산과정 등을 기록한 인증품 생산계획서와 필요한 관련 정보를 요구하는 때에는 이를 제공할 수 있어야 한다.

1. 친환경인증에 의하여 인증되는 축산물의 종류는 몇 가지인가?

㉮ 한 가지 　　　　　　　㉯ 두 가지

㉰ 세 가지 　　　　　　　㉱ 네 가지

연구 규칙 제2조(정의) 친환경농축산물이란 친환경농업을 통하여 얻는 것으로 다음 각 목의 어느 하나에 해당하는 것을 말한다.
가. 유기농산물 · 유기축산물 및 유기임산물
나. 무농약농산물 및 무항생제축산물
따라서 인증되는 축산물의 종류는 유기축산물과 무항생제축산물의 두가지이다. ➡ ㉯

2. 세계에서 유기농업이 가장 발달한 유럽 유기농업의 특징에 대한 설명으로 틀린 것은?

㉮ 농지면적당 가축사육 규모의 자유

㉯ 가급적 유기질 비료의 자급

㉰ 외국으로부터의 사료의존 지양

㉱ 환경보전적인 기능수행

연구 상기 5) 가축 사육두수는 해당 농가에서의 유기사료 확보능력, 가축의 건강, 영양균형 및 환경영향 등을 고려하여 적절히 정하여야 한다. 농지면적당 가축사육 규모의 자유를 주면 공장형 축산이 되어 가축의 건강과 환경보호의 측면에서 모두 불리하다. ➡ ㉮

나. 사육장 및 사육조건

1) 사육장 및 사료작물 재배지는 주변으로부터의 오염우려가 없는 지역으로서 「토양환경 보전법 시행규칙」 별표 3에 따른 1지역의 토양오염 우려기준을 초과하지 아니하여야 한다.

2) 축사 및 방목에 대한 세부요건은 다음과 같다.

　가) 축사 조건

　　(1) 축사는 다음과 같이 가축의 생물적 및 행동적 욕구를 만족시킬 수 있어야 한다.

　　　(가) 사료와 음수는 접근이 용이할 것

　　　(나) 공기순환, 온도 · 습도, 먼지 및 가스농도가 가축건강에 유해하지 아니한 수준 이내로 유지되어야 하고, 건축물은 적절한 단열 · 환기시설을 갖출 것

　　　(다) 충분한 자연환기와 햇빛이 제공될 수 있을 것

　　(2) 축사의 밀도조건은 다음 사항을 고려하여 (3)에 정하는 축종별 면적당 사육두수를 유지하여야 한다.

　　　(가) 가축의 품종 · 계통 및 연령을 고려하여 편안함과 복지를 제공할 수 있을 것

(나) 축군의 크기와 성에 관한 가축의 행동적 욕구를 고려할 것

(다) 자연스럽게 일어서서 앉고 돌고 활개 칠 수 있는 등 충분한 활동공간이 확보될 것

(3) 유기가축 1마리당 갖추어야 하는 가축사육시설의 소요면적(단위: ㎡)은 다음과 같다. - 이하 생략

(4) 축사·농기계 및 기구 등은 청결하게 유지하고 소독함으로써 교차감염과 질병감염체의 증식을 억제하여야 한다.

(5) 축사의 바닥은 부드러우면서도 미끄럽지 아니하고, 청결 및 건조하여야 하며, 충분한 휴식공간을 확보하여야 하고, 휴식공간에서는 건조깔짚을 깔아 줄 것

(6) 번식돈은 임신 말기 또는 포유기간을 제외하고는 군사를 하여야 하고, 자돈 및 육성돈은 케이지에서 사육하지 아니할 것. 다만, 자돈 압사 방지를 위하여 포유기간에는 모돈과 조기 이유한 자돈의 생체중이 25킬로그램까지는 케이지에서 사육할 수 있다.

(7) 가금류의 축사는 짚·톱밥·모래 또는 야초와 같은 깔짚으로 채워진 건축공간이 제공되어야 하고, 가금의 크기와 수에 적합한 홰의 크기 및 높은 수면공간을 확보하여야 하며, 산란계는 산란상자를 설치하여야 한다.

(8) 산란계의 경우 자연일조시간을 포함하여 총 14시간을 넘지 않는 범위 내에서 인공광으로 일조시간을 연장할 수 있다.

나) 방목조건

(1) 포유동물의 경우에는 가축의 생리적조건·기후조건 및 지면조건이 허용하는 한 언제든지 방목지 또는 운동장에 접근할 수 있어야 한다. 다만, 수소의 방목지 접근, 암소의 겨울철 운동장 접근 및 비육 말기에는 예외로 할 수 있다.

(2) 반추가축은 축종별 생리 상태를 고려하여 가)(3)의 축사면적 2배 이상의 방목지 또는 운동장을 확보해야 한다. 다만, 충분한 자연환기와 햇빛이 제공되는 축사구조의 경우 축사시설면적의 2배 이상을 축사 내에 추가 확보하여 방목지 또는 운동장을 대신할 수 있다.

(3) 가금류의 경우에는 다음 조건을 준수하여야 한다.

(가) 가금은 개방조건에서 사육되어야 하고, 기후조건이 허용하는 한 야외 방목장에 접근이 가능하여야 하며, 케이지에서 사육하지 아니할 것

(나) 물오리류는 기후조건에 따라 가능한 시냇물·연못 또는 호수에 접근이 가능할 것

3) 유기합성농약 또는 유기합성농약 성분이 함유된 동물용의약외품 등의 자재는 축사 및 축사의 주변에 사용하지 아니하여야 한다.

4) 같은 축사 내에서 유기가축과 비유기가축을 번갈아 사육하여서는 아니 된다.

5) 유기가축과 비유기가축의 병행사육 시 다음의 사항을 준수하여야 한다.

　가) 유기가축과 비유기가축은 서로 독립된 축사(건축물)에서 사육하고 구별이 가능하도록 각 축사 입구에 표지판을 설치하여야 한다.

　나) 입식시기가 경과한 비유기 가축을 유기가축 축사로 입식하여서는 아니 된다.

　다) 유기가축과 비유기가축의 생산부터 출하까지 구분관리 계획을 마련하여 이행하여야 한다.

　라) 유기가축, 사료취급, 약품투여 등은 비유기가축과 구분하여 정확히 기록 관리하고 보관하여야 한다.

　마) 인증가축은 비유기 가축사료, 금지물질 저장, 사료공급·혼합 및 취급 지역에서 안전하게 격리되어야 한다.

기출문제 해설

1. 우리나라 유기축산의 문제점과 가장 거리가 먼 것은?

　㉮ 유기사료 재배포장의 확보문제
　㉯ 유기사료 생산에서의 기술적 문제
　㉰ 유기사료 곡물의 확보 문제
　㉱ 유기가축 축사설치 문제

연구 유기가축 축사는 가축의 복지가 보장되는 환경, 밀도 등을 갖추어야 하는데, 우리나라에서는 축사를 설치하는 기술과 자본은 충분하다. 유기사료의 확보가 문제이다. ➡ ㉱

2. 가금류의 사육장 및 사육조건으로 적합하지 않은 것은?

　㉮ 충분한 활동면적을 확보
　㉯ 쾌적한 공장형 케이지사육장 설치
　㉰ 사료와 음수의 접근이 용이
　㉱ 개방 조건에서 방목

연구 상기 나), (3), (가) 가금은 개방조건에서 사육되어야 하고, 기후조건이 허용하는 한 야외 방목장에 접근이 가능하여야 하며, 케이지에서 사육하지 않아야 한다. 공장형 케이지 사육장이 쾌적할 수 없다. 케이지 사육은 동물복지 차원에서 무조건 아니된다. ➡ ㉯

3. 유기가축 사육장 조건에 맞지 않는 것은?

㉮ 청결하고 위생적이어야 한다.

㉯ 충분한 환기와 채광이 되는 케이지에서 사육한다.

㉰ 신선한 음수를 급여할 수 있다.

㉱ 축사 바닥은 부드러운 구조로 하여야 한다.

연구 유기가축(돼지, 가금류 등)은 안전을 위한 특수한 경우 이외에는 케이지에서 사육하지 않고 충분한 활동면적을 보장해야 한다. 안전을 위한 특수한 경우란 자돈 압사 방지를 위한 경우로 포유기간에는 모돈과 조기 이유한 자돈의 생체중이 25킬로그램까지는 케이지에서 사육할 수 있다. ➡ ㉯

다. 자급 사료 기반

1) 초식가축의 경우에는 가축 1마리당 목초지 또는 사료작물 재배지 면적을 확보하여야 한다. 이 경우 사료작물 재배지는 답리작 재배 및 임차 · 계약재배가 가능하다.

가) 한 · 육우 : 목초지 2,475㎡ 또는 사료작물재배지 825㎡

나) 젖소 : 목초지 3,960㎡ 또는 사료작물재배지 1,320㎡

다) 면 · 산양 : 목초지 198㎡ 또는 사료작물재배지 66㎡

라) 사슴 : 목초지 660㎡ 또는 사료작물재배지 220㎡

다만, 축종별 가축의 생리적 상태, 지역 기상조건의 특수성 및 토양의 상태 등을 고려하여 외부에서 유기적으로 생산된 조사료를 도입할 경우, 목초지 또는 사료작물재배지 면적을 일부 감할 수 있다. 이 경우 한 · 육우는 374㎡/마리, 젖소는 916㎡/마리 이상의 목초지 또는 사료작물재배지를 확보하여야 한다.

2) 국립농산물품질관리원장 또는 인증기관의 장은 축종별 가축의 생리적 상태, 지역 기상조건의 특수성 및 토양의 상태 등을 고려하여 유기적으로 재배 · 생산된 조사료를 구입하여 급여하는 것을 인정할 수 있다.

3) 목초지 및 사료작물 재배지는 유기농산물의 재배 · 생산기준에 맞게 생산하여야 한다. 다만, 멸강충 등 긴급 병충해 방제를 위하여 일시적으로 유기합성농약을 사용할 수 있으며, 이 경우 국립농산물품질관리원장 또는 인증기관의 장의 사전승인 또는 사후보고 등의 조치를 취하여야 한다.

4) 가축분뇨 퇴 · 액비를 사용하는 경우에는 완전히 부숙시켜서 사용하여야 하며, 이의 과다한 사용, 유실 및 용탈 등으로 인하여 환경오염을 유발하지 아니하도록 하여야 한다.

5) 산림 등 자연상태에서 자생하는 사료작물은 유기농산물 허용물질 외의 물질이 3년 이상 사용되지 아니한 것이 확인되고, 비식용유기가공품(유기사료)의 기준을 충족할 경우 유기사료작물로 인정할 수 있다.

기출문제 해설

1. 유기사료의 수급에 관해 부적당한 문제는?

㉮ 목초의 생산기반을 확장해야 한다.

㉯ 유기목초 종자 및 생산기술을 수립해야 한다.

㉰ 초지 접근성 및 유기 방목 기술을 수립해야 한다.

㉱ 조사료보다는 농후사료 자급기반을 확충해야 한다.

연구 자급사료 기반 : 초식가축의 경우에는 가축 1마리당 목초지 또는 사료작물 재배지 면적을 확보하여야 한다. 이 경우 사료작물 재배지는 답리작 재배 및 임차·계약재배가 가능하다. 즉, 조사료 확보에 대한 규정인데, 우리나라의 경우 산악지가 목초재배의 후보지로 거론되고 있다. 재미있는 통계는 농림축산식품부에서 가능하다는 면적과 산림청에서 가능하다는 면적 사이에는 약 10배의 차이가 있다는 것이다. 어느 쪽이 많을까? 당연히 농림축산식품부이다. 문제의 답은 "조사료보다는 농후사료 자급기반을 확충해야 한다."인데, 사실은 농후사료도 자급기반을 확충해야 한다. 다만 조사료의 자급기반 확충이 더 시급하다. ➡ ㉱

라. 가축의 선택, 번식 방법 및 입식

1) 가축은 유기축산 농가의 여건 및 다음 사항을 고려하여 사육하기 적합한 품종 및 혈통을 골라야 한다.

가) 산간지역·평야지역 및 해안지역 등 지역적인 조건에 적합할 것

나) 축종별로 주요 가축전염병에 감염되지 아니하여야 하고, 특정 품종 및 계통에서 발견되는 스트레스증후군 및 습관성 유산 등의 건강상 문제점이 없을 것

다) 품종별 특성을 유지하여야 하고, 내병성이 있을 것

2) 교배는 종축을 사용한 자연교배를 권장하되, 인공수정을 허용할 수 있다.

3) 수정란 이식기법이나 번식호르몬 처리, 유전공학을 이용한 번식기법은 허용되지 아니한다.

4) 다른 농장에서 가축을 입식하려는 경우 해당 가축의 입식조건(입식시기 등)이 유기축산의 기준에 맞게 사육된 가축이어야 하며, 이를 입증할 자료를 인증기관에 제출하여 승인을 받아야 한다. 다만, 유기가축을 확보할 수 없는 경우에는 다음 각 호의 어느 하나의 방법으로 국립농산물품질관리원장 또는 인증기관의 장의 승인을 받아 일반 가축을 입식할 수 있다.

가) 이유 직후 또는 부화 직후의 가축인 경우(원유 생산용·알 생산용 가축의 경우 육
   성축 및 성축 입식 가능)
나) 번식용 수컷이 필요한 경우
다) 가축전염병 발생에 따른 폐사로 새로운 가축을 입식하려는 경우
라) 마목 1)의 최소 사육기간 이상의 최근 인증경력이 없는 농장 또는 사업자가 인증신
   청 당시 사육하고 있는 일반가축의 육성축 및 성축

기출문제 해설

1. 일반적으로 돼지의 임신기간은 약 얼마인가?

㉮ 330일

㉯ 280일

㉰ 152일

㉱ 114일

연구 돼지의 평균 임신기간은 3개월 3주 3일인 114일이다. 우리 민족이 좋아하는 3이 3번이나 있다. ➡ ㉱

마. 전환기간

1) 일반농가가 유기축산으로 전환하거나 라목 4) 단서에 따라 유기가축이 아닌 가축을
유기농장으로 입식하여 유기축산물을 생산·판매하려는 경우에는 아래의 전환기간 이
상을 유기축산물 인증기준에 따라 사육하여야 한다.

축종	생산물	최소 사육기간
한우·육우	식육	입식 후 출하 시까지(최소 12개월)
젖소	시유	착유우는 90일, 새끼를 낳지 않은 암소는 6개월
산양	식육	입식 후 출하 시까지(최소 5개월)
산양	시유	착유양은 90일, 새끼를 낳지 않은 암양은 6개월
돼지	식육	입식 후 출하 시까지(최소 5개월)
육계	식육	입식 후 출하 시까지(최소 3주)
산란계	알	입식 후 3개월
오리	식육	입식 후 출하 시까지(최소 6주)
오리	알	입식 후 3개월
메추리	알	입식 후 3개월
사슴	식육	입식 후 출하 시까지(최소 12개월)

2) 전환기간은 인증기관의 감독이 시작된 시점부터 기산하며, 방목지 · 노천구역 및 운동장 등의 사육여건이 잘 갖추어지고 유기 사료의 급여가 100퍼센트 가능하여 유기축산물 인증기준에 맞게 사육한 사실이 객관적인 자료를 통해 인정되는 경우 1)의 전환기간 2/3 범위 내에서 유기 사육기간으로 인정할 수 있다.

3) 전환기간의 시작일은 사육형태에 따라 가축 개체별 또는 개체군별 또는 축사별로 기록 관리하여야 한다.

4) 전환기간이 충족되지 아니한 가축을 인증품으로 판매하여서는 아니 된다.

5) 1)에 전환기간이 설정되어 있지 아니한 축종은 해당 축종과 생육기간 및 사육방법이 비슷한 축종의 전환기간을 적용한다. 다만, 생육기간 및 사육방법이 비슷한 축종을 적용할 수 없을 경우 국립농산물품질관리원장이 별도 전환기간을 설정한다.

6) 동일 농장에서 가축 · 목초지 및 사료작물재배지가 동시에 전환하는 경우에는 현재 사육되고 있는 가축에게 자체농장에서 생산된 사료를 급여하는 조건 하에서 목초지 및 사료작물 재배지의 전환기간은 1년으로 한다.

기출문제 해설

1. 일반 가축이라도 일정기간 이상을 유기축산물 인증기준에 따라 사육한 후 유기축산물로 판매할 수 있다. 다음 가축에 대한 전환기간 기준을 바르게 나타낸 것은?

㉮ 한 · 육우 식육 – 입식 후 출하 시까지 최소 10개월 이상

㉯ 젖소 시유 – 착육우는 90일

㉰ 산란계 계란 – 입식 후 5개월

㉱ 육계 식육 – 부화 후 3주

연구 ㉮ 한 · 육우 식육 – 입식 후 출하 시까지 최소 12개월
㉰ 산란계 계란 – 입식 후 3개월
㉱ 육계 식육 – 입식 후 출하 시까지 최소 3주
시유(市乳)는 원유(原乳)를 소비자가 마실 수 있도록 살균, 포장하여 파는 우유를 말한다. 이 시유를 생산하는 소의 전환기간이 착유우는 90일, 새끼를 낳지 않은 암소는 6개월이다.
돼지 식육 – 입식 후 출하 시까지 최소 5개월(코덱스 규격은 6개월인데 우리는 5개월이다. 돼지고기를 좋아해서(?)
➡ ㉯

바. 사료 및 영양 관리

1) 유기축산물의 생산을 위한 가축에게는 100퍼센트 비식용유기가공품(유기사료)을 급여하여야 하며, 유기사료 여부를 확인하여야 한다.

2) 유기축산물 생산과정 중 심각한 천재·지변, 극한 기후조건 등으로 인하여 1)에 따른 사료급여가 어려운 경우 국립농산물품질관리원장 또는 인증기관의 장은 일정기간 동안 유기사료가 아닌 사료를 일정 비율로 급여하는 것을 허용할 수 있다.

3) 반추가축에게 사일리지(silage)만 급여해서는 아니 되며, 생초나 건초 등 조사료도 급여하여야 한다. 또한 비반추 가축에게도 가능한 조사료(粗飼料) 급여를 권장한다.

4) 유전자변형농산물 또는 유전자변형농산물로부터 유래한 것이 함유되지 아니하여야 하나, 비의도적인 혼입은 식품의약품안전처장이 고시한 유전자변형식품등의 표시요령 제8조제1호에 따라 유전자변형농산물로 표시하지 아니할 수 있는 함량의 1/10 이하여야 한다. 이 경우 '유전자변형농산물이 아닌 농산물을 구분 관리하였다'는 구분유통증명서류·정부증명서 또는 검사성적서를 갖추어야 한다.

5) 유기배합사료 제조용 단미사료 및 보조사료는 규칙 별표 1 제1호나목의 자재에 한해 사용하되 사용가능한 자재임을 입증할 수 있는 자료를 구비하고 사용하여야 한다.

6) 다음에 해당되는 물질을 사료에 첨가해서는 아니 된다.

　가) 가축의 대사기능 촉진을 위한 합성화합물

　나) 반추가축에게 포유동물에서 유래한 사료(우유 및 유제품을 제외)는 어떠한 경우에도 첨가해서는 아니 된다.

　다) 합성질소 또는 비단백태질소화합물

　라) 항생제·합성항균제·성장촉진제, 구충제, 항콕시듐제 및 호르몬제

　마) 그 밖에 인위적인 합성 및 유전자조작에 의해 제조·변형된 물질

7) 「지하수의 수질보전 등에 관한 규칙」 제11조에 따른 생활용수 수질기준에 적합한 신선한 음수를 상시 급여할 수 있어야 한다.

1. 유기축산물이란 전체 사료 가운데 유기사료가 얼마 이상 함유된 사료를 먹여 기른 가축을 의미하는가? [단, 사료는 건물(dry matter)을 기준으로 한다.]

㉮ 100%　　　　　　　　　　㉯ 75%

㉰ 50%　　　　　　　　　　㉱ 25%

연구 사료 및 영양 관리 : 유기축산물의 생산을 위한 가축에게는 100퍼센트 비식용유기가공품(유기사료)을 급여하여야 하며, 유기사료 여부를 확인하여야 한다. 그러나 예외 없는 법은 없듯이 "유기축산물 생산과정 중 심각한 천재 · 지변, 극한 기후조건 등으로 인하여 100% 유기사료 급여가 어려운 경우 인증기관의 장은 일정기간 동안 유기사료가 아닌 사료를 일정 비율로 급여하는 것을 허용할 수 있다."고 규정하고 있다. ➡ ㉮

2. 천연의 것 및 천연에서 유래된 것으로 유기축산물 인증기준에 따라 사료에 첨가할 수 없는 물질은?

㉮ 효모제　　　　　　　　　㉯ 천연항곰팡이제

㉰ 산화마그네슘혼합물　　　　㉱ 비단백태질소화합물

연구 다음에 해당되는 물질을 사료에 첨가해서는 아니 된다.
다) 합성질소 또는 비단백태질소화합물
비단백태 질소화합물(NPN)이란, 가수분해에 의하여 아미노산으로 전환되지 않지만 단백질과 같은 목적으로 쓰일 수 있는 질소화합물로 urea(요소)와 암모니아가 가장 많이 쓰인다. NPN을 너무 많이 먹이면 제1위 내에서 과도한 암모니아가 생성되어 암모니아 중독을 일으킬 수 있다. 사람에게도 영향이 있을 것이다. 여하튼 유기축산물에는 NPN을 급여할 수 없다. 그러나 무항생제축산물 사료에는 합성질소 또는 비단백태질소화합물을 첨가할 수 있다. ➡ ㉱

3. 유기축산물 생산을 위한 소의 사료로 적합하지 않은 것은?

㉮ 유기 옥수수　　　　　　　㉯ 유기 박류

㉰ 육골분　　　　　　　　　㉱ 천연 광물성 단미사료

연구 다음에 해당되는 물질을 사료에 첨가해서는 아니 된다.
나) 반추가축에게 포유동물에서 유래한 사료(우유 및 유제품을 제외)는 어떠한 경우에도 첨가해서는 아니 된다.
육골분이 그렇게도 말도 많았던 광우병의 원인이다. ➡ ㉰

4. 화본과 목초의 첫 번째 예취 적기는?

㉮ 분얼기 이전　　　　　　　㉯ 분얼기 ~ 수잉기

㉰ 수잉기 ~ 출수기　　　　　㉱ 출수기 이후

연구 너무 이르면 양분의 손실이 많고, 너무 늦으면 줄기가 경화되므로 두과 녹비는 꽃이 만개하기 직전(화본과는 수잉기 ~ 출수기)에 채취하는 것이 질소가 많아 유리하다. ➡ ㉰

5. 개화기 때에 청예사료로 이용되며, 가소화영양소 총량(TDN)이 가장 높은 작물은?

㉮ 옥수수　　　　　　　㉯ 호밀

㉰ 귀리　　　　　　　　㉱ 유채

연구 가소화영양소 총량은 유채 77.6, 옥수수 71, 호밀 64, 귀리 65 정도이다. 유채의 가치는 사료로 사용 이외에도 식용유 생산, 바이오에너지 생산, 관광자원 등 무한하다. ➡ ㉱

6. 다음 사료작물 중 두과 사료작물에 해당되는 작물은?

㉮ 라이그라스

㉯ 호밀

㉰ 옥수수

㉱ 알팔파

연구 알팔파, 자운영, 클로버, 베치 등은 두과 사료작물이며, 두과작물에는 콩, 팥, 녹두, 강낭콩, 완두, 땅콩 등이 있다. ➡ ㉱

7. 주사료로 조사료를 이용하는 가축은?

㉮ 돼지

㉯ 닭

㉰ 칠면조

㉱ 산양

연구 산양은 농후사료를 잘 먹지 않으므로 볏짚, 건초, 엔실리지, 콩깍지, 청초, 목생초, 산야초 등과 같이 조섬유 함량이 10% 이상인 조사료(粗 거칠 조, 飼料)를 공급한다. 농후사료란 조사료에 대응되는 개념이다. ➡ ㉱

8. 유기축산물 생산을 위한 유기사료의 분류 시 조사료에 속하지 않는 것은?

㉮ 건초

㉯ 생초

㉰ 볏짚

㉱ 농후사료

연구 조사료는 볏짚, 건초, 엔실리지, 콩깍지, 청초, 목생초, 산야초 등과 같이 조섬유 함량이 10% 이상으로 값은 싸나 가소화성분이 적은 사료이다. ➡ ㉱

9. 농후사료 중심의 유기축산의 문제점으로 거리가 먼 것은?

㉮ 수입 유기농후사료 구입에 의한 생산비용 증대

㉯ 국내에서 생산이 어려워 대부분 수입에 의존

㉰ 물질순환의 문제 야기

㉱ 열등한 축산물 품질 초래

연구 농후사료는 영양분이 농후한, 즉 단백질과 가용무질소물의 함량이 많은 사료이므로, 이 사료를 먹으면 고기 속에 마블링(기름)이 많이 생긴다. ➡ ㉱

10. 농후사료 중심으로 유기가축을 사육할 때 예상되는 문제점으로 가장 거리가 먼 것은?

㉮ 국내 유기 농후사료 생산의 한계

㉯ 고가의 수입 유기 농후사료 필요

㉰ 물질의 지역순환원리에 어긋남

㉱ 낮은 품질의 축산물 생산

연구 마블링이 많은 고기는 육질이 연하여 우리나라에서는 고급품으로 인정된다. ➡ ㉱

사. 동물복지 및 질병 관리

1) 가축의 질병은 다음과 같은 조치를 통하여 예방하여야 하며, 질병이 없는데도 동물용 의약품을 투여해서는 아니 된다.

가) 가축의 품종과 계통의 적절한 선택

나) 질병발생 및 확산방지를 위한 사육장 위생관리

다) 생균제(효소제 포함), 비타민 및 무기물 급여를 통한 면역기능 증진

라) 지역적으로 발생되는 질병이나 기생충에 저항력이 있는 종 또는 품종의 선택

2) 다음에 해당하는 동물용의약품의 경우에는 사용할 수 있다.

가) 가축의 기생충 감염 예방을 위하여 구충제 사용과 가축전염병이 발생하거나 퍼지 는 것을 막기 위한 예방백신의 사용

나) 면역기능 증진을 위한 1)다)의 물질로 제조된 약품의 사용

3) 법정전염병의 발생이 우려되거나 긴급한 방역조치가 필요한 경우에는 「가축전염병예 방법」 제15조제1항에 따라 동물용의약품을 주사 또는 투약 등의 필요한 질병예방 조치 를 취할 수 있다. 이 경우 「가축전염병예방법」 제15조제2항에 따른 증명서를 비치하거 나 관련 고시를 기재하여야 한다.

4) 1)부터 2)까지에 따른 예방관리에도 불구하고 질병이 발생한 경우 「수의사법」 시행규칙 제11조에 따른 수의사 처방에 의해 동물용의약품을 사용하여 질병을 치료할 수 있으며, 이 경우 처방전을 농장 내에 비치하여야 한다.

5) 4)에 따라 동물용의약품을 사용한 가축은 마목 1)의 전환기간(해당 약품의 휴약기간 2배가 전환기간보다 더 긴 경우 휴약기간의 2배 기간을 적용)이 지나야 유기축산물로 출하할 수 있다. 다만, 2)·3)에 따라 동물용의약품을 사용한 가축은 휴약기간의 2배를 준수하여 유기축산물로 출하 할 수 있다.

6) 약초 및 천연물질을 이용하여 치료를 할 수 있다.

7) 생산성 촉진을 위해서 성장촉진제 및 호르몬제를 사용해서는 아니 된다. 다만, 수의사의 처방에 따라 치료목적으로만 사용하는 경우 「수의사법」 시행규칙 제11조에 의한 처방전을 농장 내에 비치하여야 한다.

8) 가축에 있어 꼬리 부분에 접착밴드 붙이기, 꼬리 자르기, 이빨 자르기, 부리 자르기 및 뿔 자르기와 같은 행위는 일반적으로 해서는 아니 된다. 다만, 안전 또는 축산물 생산을 목적으로 하거나 가축의 건강과 복지개선을 위하여 필요한 경우로서 국립농산물품질관리원장 또는 인증기관의 장이 인정하는 경우는 이를 할 수 있다.

9) 생산물의 품질향상과 전통적인 생산방법의 유지를 위하여 물리적 거세를 할 수 있다.

10) 동물용의약품이나 동물용의약외품을 사용하는 경우 용법, 용량, 주의사항 등을 준수하여야 하며, 구입 및 사용내역 등에 대하여 기록·관리하여야 한다. 다만, 유기합성농약 성분이 함유된 물질은 사용할 수 없다.

기출문제 해설

1. 유기축산에서 올바른 동물관리방법과 거리가 먼 것은?

㉮ 항생제에 의존한 치료

㉯ 적절한 사육밀도

㉰ 양질의 유기사료 급여

㉱ 스트레스 최소화

연구 가축의 질병은 다음과 같은 조치(아래 2번 참조)를 통하여 예방하여야 하며, 질병이 없는데도 동물용의약품을 투여해서는 아니 된다. ➡ ㉮

2. 유기축산에서 가축의 질병예방을 위한 방법으로 적합하지 않은 것은?

㉮ 저항성이 있는 축종 선택

㉯ 가축위생관리 철저

㉰ 농후사료 위주의 사양

㉱ 운동을 할 수 있는 충분한 공간 제공

연구 질병예방법 : 가축의 품종과 계통의 적절한 선택, 질병발생 및 확산방지를 위한 사육장 위생관리, 생균제(효소제 포함)·비타민 및 무기물 급여를 통한 면역기능 증진, 지역적으로 발생되는 질병이나 기생충에 저항력이 있는 종 또는 품종의 선택
농후사료 위주의 사양을 하면 마블링이 많이 생기는데, 소의 건강에는 나쁠 것이다. 사람도 마찬가지이다. 그렇다면 우리나라와 일본에서 행해지고 있는 농후사료 위주의 사양은 동물복지를 강조하는 유기축산의 취지에 비추어 볼 때 바람직한 축산이라 보기 어렵지 않을까? ➡ ㉰

3. 유기축산에서 가축의 질병을 예방하고 건강하게 사육하는 가장 근본적인 사항은?

㉮ 항생물질 투여 ㉯ 호르몬제 투여

㉰ 저항성 품종 선택 ㉱ 화학적 치료

연구 유기축산이든, 유기경종이든 무엇을 기르는 데 가장 중요한 것은 품종이다. 질병에 대하여는 저항성 품종의 선택이 중요하다. 씨(가문)가 중요하다. ➡ ㉰

4. 유기축산물 생산 시 제한적으로 치료용 동물용의약품을 사용할 수 있는 조건은?

㉮ 가축 질병방지를 위한 적절한 조치를 취했음에도 불구하고 질병이 발생하여 수의사의 처방 및 감독 하에서 일시적으로 사용

㉯ 가축질병 예방에도 불구하고 질병이 발생하여 인증기관의 감독 하에서 지속적으로 사용

㉰ 가축의 건강과 복지 유지를 위하여 지속적으로 사용

㉱ 일정한 부위를 치료할 때만 수의사의 처방 및 감독 하에서 일시적으로 사용

연구 예방관리에도 불구하고 질병이 발생한 경우 「수의사법」 시행규칙 제11조에 따른 수의사 처방에 의해 동물용의약품을 사용하여 질병을 치료할 수 있다. 병 치료가 인간의 먹거리보다 중요하다는 동물복지의 개념에서 나온 규정이다. ➡ ㉮

5. 유기축산물에서는 원칙적으로 동물용의약품을 사용할 수 없게 되어 있는데, 예방관리에도 불구하고 질병이 발생할 경우 수의사 처방에 따라 질병 치료할 수도 있다. 이 때 최소 어느 정도의 기간이 지나야 도축하여 유기축산물로 판매할 수 있는가?

　㉮ 해당 약품 휴약기간의 1배

　㉯ 해당 약품 휴약기간의 2배

　㉰ 해당 약품 휴약기간의 3배

　㉱ 해당 약품 휴약기간의 4배

연구 동물용의약품을 사용한 가축은 마목1)의 전환기간(해당 약품의 휴약기간 2배가 전환기간보다 더 긴 경우 휴약기간의 2배 기간을 적용)이 지나야 유기축산물로 출하할 수 있다. 휴약기간을 지키지 않으면 유기축산물로 판매할 수는 없지만 일반축산물로는 당연히 판매할 수 있다. ➡ ㉯

6. 소의 제1종 가축전염병으로 법정전염병은?

　㉮ 전염성 위장염　　　　㉯ 추백리

　㉰ 광견병　　　　　　　㉱ 구제역

연구 구제역은 발굽이 2개인 소·돼지 등의 입이나 발굽 주변에 물집이 생긴 뒤 치사율이 5~55%에 달하는 바이러스성 전염병이다.

광우병은 소의 뇌 조직에 마치 스펀지와 같은 작은 구멍이 생기면서 조직이 흐물흐물해지는 병으로 의학적인 명칭은 소해면상뇌증(海綿狀腦症)이다. 소가 이 병에 걸리면 방향감각을 잃고 미친 것처럼 움직이기 때문에 일명 광우병이라 부르는데, 광우병에 걸린 소는 전신이 마비되고 시력이 상실되며 결국은 죽음에 이른다. 광우병은 사람을 포함한 모든 동물에게서 정상적으로 발견되는 프리온이란 단백질이 변형되어 발생된다고 추정되고 있다. ➡ ㉱

7. 입으로 전염되며 패혈증, 설사(백리변), 독혈증의 증상을 보이는 돼지의 질병은?

　㉮ 대장균증

　㉯ 장독혈증

　㉰ 살모넬라증

　㉱ 콜레라

연구 대장균증은 불량한 사육환경으로 인한 세균성 설사병이다. ➡ ㉮

IV 기출·종합문제

2017년부터 정기 기능사 모든 회차의 필기시험은 CBT(computer-based testing) 문제은행에서 개인별로 상이하게 문제가 출제됩니다.

1 작물의 파종과 관련된 설명으로 옳은 것은?

㉮ 선종이란 파종 전 우량한 종자를 가려내는 것을 말한다.

㉯ 추파맥류의 경우 추파성정도가 낮은 품종은 조파(일찍 파종)를 한다.

㉰ 감온성이 높고 감광성이 둔한 하두형 콩은 늦은 봄에 파종을 한다.

㉱ 파종량이 많을 경우 잡초발생이 많아지고, 토양 수분과 비료 이용도가 낮아져 성숙이 늦어진다.

연구 ㉯ 추파맥류의 경우 추파성정도가 낮은 품종은 만파를 한다.
㉰ 감온성이 높고 감광성이 둔한 하두형 콩은 봄 일찍 파종을 한다.
㉱ 파종량이 많을 경우 과번무로 수광태세 불량, 도장 및 도복의 조장, 병충해 발생이 많다. 품질과 수량의 저하. 잡초발생은 심하지 않다.

2 계란 노른자와 식용유를 섞어 병충해를 방제하였다. 계란 노른자의 역할로 옳은 것은?

㉮ 살충제   ㉯ 살균제

㉰ 유화제   ㉱ pH조절제

연구 마요네즈는 난황의 유화성을 이용하여 식물성 기름을 유화시킨 제품인데, 계란 노른자와 식용유를 섞어 병충해를 방제한 것도 같은 원리이다. 기름은 살충제의 역할을 한다.

3 작물의 분류방법 중 식용작물, 공예작물, 약용작물, 기호작물, 사료작물 등으로 분류하는 것은?

㉮ 식물학적 분류   ㉯ 생태적 분류

㉰ 용도에 따른 분류

㉱ 작부방식에 따른 분류

연구 가장 보편적으로 이용되고 있는 작물 분류법의 근거는 용도이다. 작물은 용도에 따라 식용작물, 공예작물, 사료작물 녹비작물, 원예작물 등으로 분류한다.

4 저장 중 종자의 발아력이 감소되는 원인이 아닌 것은?

㉮ 종자소독   ㉯ 효소의 활력 저하

㉰ 저장양분 감소   ㉱ 원형질 단백질 응고

연구 종자의 원형질을 구성하는 단백질의 응고, 효소의 활력 저하, 저장양분의 소모 등은 저장 중인 종자가 수명을 잃는 주된 원인이다.

5 공기가 과습한 상태일 때 작물에 나타나는 증상이 아닌 것은?

㉮ 증산이 적어진다.

㉯ 병균의 발생빈도가 낮아진다.

㉰ 식물체의 조직이 약해진다.

㉱ 도복이 많아진다.

연구 곰팡이는 많은 종류가 수중에 적절히 적응되었기 때문에 수중생활이나 습도가 많은 곳에서 잘 생육한다.

6 유효질소 10kg이 필요한 경우에 요소로 질소질 비료를 시용한다면 필요한 요소량은?(단, 요소비료의 흡수율은 83%, 요소의 질소함유량은 46%로 가정한다.)

㉮ 약 13.1kg   ㉯ 약 26.2kg

㉰ 약 34.2kg   ㉱ 약 48.5kg

연구 $10 = 비료량 × 0.83 × 0.46$
비료량 = 26.2

7 잡초의 방제는 예방과 제거로 구분할 수 있는데, 예방의 방법으로 가장 거리가 먼 것은?

㉮ 답전윤환 실시

㉯ 제초제의 사용

㉰ 방목 실시

㉱ 플라스틱 필름으로 포장 피복

연구 제초제의 사용은 예방이 아닌 화학적 제거법에 속한다.

1 ㉮ 2 ㉰ 3 ㉰ 4 ㉮ 5 ㉯ 6 ㉯ 7 ㉯

8 수광태세가 가장 불량한 벼의 초형은?

㉮ 키가 너무 크거나 작지 않다.

㉯ 상위엽이 늘어져 있다.

㉰ 분얼이 조금 개산형이다.

㉱ 각 잎이 공간적으로 되도록 균일하게 분포한다.

연구 벼의 이상적인 초형 : 잎이 두껍지 않고 약간 가늘며 상위엽이 직립한 것, 키가 너무 크거나 작지 않은 것, 분얼은 개산형(開散型)으로 포기 내부로의 광투입이 좋은 것, 각 잎이 공간적으로 균일하게 분포한 것

9 대기 중의 약한 바람이 작물생육에 피해를 주는 사항과 가장 거리가 먼 것은?

㉮ 광합성을 억제한다.

㉯ 잡초씨나 병균을 전파시킨다.

㉰ 건조할 때 더욱 건조를 조장한다.

㉱ 냉풍은 냉해를 유발할 수 있다.

연구 풍속 4~6km/hr 이하의 부드러운 바람(연풍)은 작물 주위의 이산화탄소 농도를 유지하고 햇빛을 고루 들게 하여 광합성을 조장한다.

10 질소비료의 흡수형태에 대한 설명으로 옳은 것은?

㉮ 식물이 주로 흡수하는 질소의 형태는 논토양에서는 NH_4^+, 밭토양에서는 NO_3^- 이온의 형태이다.

㉯ 식물이 흡수하는 이온의 형태는 PO_4^-와 PO_3^- 형태이다.

㉰ 암모니아태질소는 양이온이기 때문에 토양에 흡착되지 않아 쉽게 용탈이 된다.

㉱ 질산태질소는 음이온으로 토양에 잘 흡착되어 용탈이 되지 않는다.

연구 벼는 NH_4^+를 흡수하므로 논에서는 NH_4^+ 상태가 유지되도록 관리함이 토양에 흡착성, 탈질작용 등의 관점에서 유리하다. 밭에서는 산소공급이 많은 산화상태이므로 질소의 산화형인 NO_3^- 이온의 형태이다.

11 벼 등 화곡류가 등숙기에 비, 바람에 의해서 쓰러지는 것을 도복이라고 한다. 도복에 대한 설명으로 틀린 것은?

㉮ 키가 작은 품종일수록 도복이 심하다.

㉯ 밀식, 질소다용, 규산부족 등은 도복을 유발한다.

㉰ 벼 재배 시 벼멸구, 문고병이 많이 발생되면 도복이 심하다.

㉱ 벼는 마지막 논김을 맬 때 배토를 하면 도복이 경감된다.

연구 키가 크고 대가 약한 품종, 간장(또는 藁長)이 길고 이삭이 크고 무거운 품종, 근계발달이 불량하고 근활력이 약한 작물 또는 품종은 도복하기 쉽다.

12 다음 중 가장 집약적으로 곡류 이외에 채소, 과수 등의 재배에 이용되는 형식은?

㉮ 원경(園耕)

㉯ 포경(圃耕)

㉰ 곡경(穀耕)

㉱ 소경(疎耕)

연구 원경은 취락 근처의 농지를 울짱 등으로 둘러싸서 원지(園地 ; garden)로 삼고 여기에서 야채나 과수를 재배하는 것이 일반적이었다. 멀리 떨어진 바깥쪽의 경지(耕地 ; field)에서 영위되는 곡물재배와는 집약도(集約度)라는 점에서 현저하게 다르기 때문에 원경과 곡경(穀耕)은 특히 구별되어 왔다.

13 녹식물체버널리제이션(green plant vernal-ization) 처리 효과가 가장 큰 식물은?

㉮ 추파맥류

㉯ 완두

㉰ 양배추

㉱ 봄올무

연구 맥류와 같은 작물은 최아종자의 저온처리가 효과적이며, 양배추와 같은 작물은 생육 도중의 녹체기에 저온처리가 효과적이다. 전자를 종자춘화형식물이라 하고, 후자를 녹식물춘화형식물이라 하는데 양배추, 당근, 양파 등이 여기에 속한다.

14 광합성 작용에 가장 효과적인 광은?

㉮ 백색광 ㉯ 황색광
㉰ 적색광 ㉲ 녹색광

연구 광합성에는 675nm을 중심으로 한 650~700nm의 적색 부분과 450nm을 중심으로 한 400~500nm의 청색 부분이 가장 효과적이다.

15 10a의 밭에 종자를 파종하고자 한다. 일반적으로 파종량(L)이 가장 많은 작물은?

㉮ 오이 ㉯ 팥
㉰ 맥류 ㉲ 당근

연구 맥류 등 하나의 식물체가 차지하는 평면공간이 넓지 않은 작물의 경우 조파(드릴파)를 실시하므로 파종량이 많다.

16 작물이 주로 이용하는 토양수분의 형태는?

㉮ 흡습수
㉯ 모관수
㉰ 중력수
㉲ 결합수

연구 모관수 : 토양의 작은 공극 사이에서 모세관력과 표면장력에 의해 보유되어 있다. 대부분의 작물에게 이용될 수 있는 유효한 수분이다.

17 수해(水害)의 요인과 작용에 대한 설명으로 틀린 것은?

㉮ 벼에 있어 수잉기 ~ 출수 개화기에 특히 피해가 크다.
㉯ 수온이 높을수록 호흡기질의 소모가 많아 피해가 크다.
㉰ 흙탕물과 고인물이 흐르는 물보다 산소가 적고 온도기 높아 피해가 크다.
㉲ 벼, 수수, 기장, 옥수수 등 화본과 작물이 침수에 가장 약하다.

연구 화본과 목초, 피, 벼, 기장, 수수, 옥수수, 땅콩 등은 침수에 강하다.

18 대체로 저온에 강한 작물로만 나열된 것은?

㉮ 보리, 밀 ㉯ 고구마, 감자
㉰ 배, 담배 ㉲ 고추, 포도

연구 바빌로프의 분류에 따르면 보리와 밀은 중국, 한국지구가 원산지이다.

19 농경의 발상지와 거리가 먼 것은?

㉮ 큰 강의 유역 ㉯ 산간부
㉰ 내륙지대 ㉲ 해안지대

연구 산간부에는 잉카문명 등의 유적이 있으나, 교통이 불편한 내륙지대에는 흔적이 없다.

20 작물의 건물 1g을 생산하는 데 소비된 수분량은?

㉮ 요수량 ㉯ 증산능률
㉰ 수분소비량 ㉲ 건물축적량

연구 건물 1g을 생산하는 데 소요되는 수분량(g)을 그 작물의 요수량(要水量)이라고 한다. 요수량과 비슷한 의미로 증산계수가 있는데, 이것은 건물 1g을 생산하는 데 소비된 증산량을 말하므로 요수량과 동의어로 사용된다.

21 토양유기물의 특징에 대한 설명으로 틀린 것은?

㉮ 토양유기물은 미생물의 작용을 통하여 직접 또는 간접적으로 토양입단 형성에 기여한다.
㉯ 토양유기물은 포장용수량 수분 함량이 낮아, 사질토에서 유효수분의 공급력을 적게 한다.
㉰ 토양유기물은 질소 고정과 질소 순환에 기여하는 미생물의 활동을 위한 탄소원이다.
㉲ 토양유기물은 완충능력이 크고, 전체 양이온 교환용량의 30 ~ 70%를 기여한다.

연구 토양유기물의 작용은 양분의 공급, 대기 중의 이산화탄소 공급, 입단의 형성, 보수 및 보비력의 증대, 완충능의 확대, 미생물의 번식 조장, 지온 상승 및 토양 보호 등이다.

14 ㉰ 15 ㉰ 16 ㉯ 17 ㉲ 18 ㉮ 19 ㉰ 20 ㉮ 21 ㉯

22 밭의 CEC(양이온교환용량)를 높이려고 한다. 다음 중 CEC를 가장 크게 증가시키는 것은?

⑦ 부식(토양유기물)의 시용
④ 카올리나이트(kaolinite)의 시용
⑤ 몬모릴로나이트(montmorillonite)의 시용
㉑ 식양토의 객토

<연구> 양이온치환용량(me/100g) : 유기콜로이드(부식) 200, 버미큘라이트 120, 몬모릴로나이트 100, 알로판 80∼200, 일라이트 30, 카올리나이트 10, 가수산화물 3
우리나라 토양(식양토 등)은 주로 카올리나이트이다.

23 토양에 집적되어 solonetz화 토양의 염류 집적을 나타내는 것은?

⑦ Ca
④ Mg
⑤ K
㉑ Na

<연구> 염류나트륨성 토양(saline sodic soil) : 염류토양에 Na^+ 염이 첨가되면 토양교질은 Na^+ 교질로 변화되는데 이 토양은 알칼리성이 강하고 이 알칼리에 의해 유기물이 분해되어 토양 자체가 흑색이 된다. 이와 같은 토양을 solonetz 또는 알칼리 흑토라고 한다.

24 토양의 질소 순환작용에서 작용과 반대작용으로 바르게 짝지어져 있는 것은?

⑦ 질산환원작용 – 질소고정작용
④ 질산화작용 – 질산환원작용
⑤ 암모늄화작용 – 질산환원작용
㉑ 질소고정작용 – 유기화작용

<연구> 질산화성작용은 암모니아태질소(NH_4^+)가 질산태질소(NO_3^-)로 변화되는 것이고, 질산환원작용은 질산이 원래대로 환원(NO_3^-가 "NH_4^+ 또는 NH_3가 됨)되는 작용이다.

25 모래, 미사, 점토의 상대적 함량비로 분류하며, 흙의 촉감을 나타내는 용어는?

⑦ 토색

④ 토양 온도
⑤ 토성
㉑ 토양 공기

<연구> 토양 무기물입자의 입경조성에 의한 토양의 분류를 토성이라 하며, 모래가 많은 사토의 경우 손에 거친 촉감이 있고, 점토가 많은 식토는 건조하면 미끈거리는 감이 있으며, 젖었을 때는 가소성과 점착력이 크다.

26 유기물이 다음 중 가장 많이 퇴적되어 생성된 토양은?

⑦ 이탄토
④ 붕적토
⑤ 선상퇴토
㉑ 하성충적토

<연구> 환원상태에서 유기물이 오랫동안 쌓이게 되면 분해되지 않고 이탄(peat)이 만들어지는데, 이런 곳을 이탄지(泥炭地, moor)라 한다.

27 토양의 포장용수량에 대한 설명으로 옳은 것은?

⑦ 모관수만이 남아 있을 때의 수분함량을 말하며 수분장력은 대략 15기압으로서 밭작물이 자라기에 적합한 상태를 말한다.
④ 모관수만이 남아 있을 때의 수분함량을 말하며 수분장력은 대략 31기압으로서 밭작물이 자라기에 적합한 상태를 말한다.
⑤ 토양이 물로 포화되었을 때의 수분함량이며 수분장력은 대개 1/3기압으로서 벼가 자라기에 적합한 수분 상태를 말한다.
㉑ 물로 포화된 토양에서 중력수가 제거되었을 때의 수분함량을 말하며, 이때의 수분장력은 대략 1/3기압으로서 밭작물이 자라기에 적합한 상태를 말한다.

<연구> 포장용수량은 수분으로 포화된 토양으로부터 증발을 방지하면서 중력수를 완전히 배제하고 남은 수분상태를 말하며 최소용수량이라고도 한다. 이때의 수분장력은 대략 1/3기압으로서 식물의 수분흡수가 용이하다.

28 밭 토양에 비하여 논 토양의 철(Fe)과 망간 (Mn) 성분이 유실되어 부족하기 쉬운데 그 이유로 가장 적합한 것은?

㉮ 철(Fe)과 망간(Mn) 성분이 논 토양에 더 적게 함유되어 있기 때문이다.

㉯ 논 토양은 벼 재배기간 중 담수상태로 유지되기 때문이다.

㉰ 철(Fe)과 망간(Mn) 성분은 벼에 의해 흡수 이용되기 때문이다.

㉱ 철(Fe)과 망간(Mn) 성분은 미량요소이기 때문이다.

연구 논토양이 담수되어 환원상태가 되면 Fe과 Mn이 환원되는데(전자를 받아 $Fe^{+3} \rightarrow Fe^{+2}$가 됨), 환원되면 가용성이 높아져 지하층으로 유실될 수 있다.

29 논 토양과 밭 토양에 대한 설명으로 틀린 것은?

㉮ 밭 토양은 불포화 수분상태로 논에 비해 공기가 잘 소통된다.

㉯ 특이산성 논 토양은 물에 잠긴 기간이 길수록 토양 pH가 올라간다.

㉰ 물에 잠긴 논 토양은 산화층과 환원층으로 토층이 분화한다.

㉱ 밭 토양에서 철은 환원되기 쉬우므로 토양은 회색을 띤다.

연구 철은 산화상태에서는 Fe^{+3}로 황·적갈색을 띠나 환원상태에서는 Fe^{+2}로 청회색을 띤다. 밭토양은 산소공급이 많은 산화상태이므로 황·적갈색을 띤다.

30 규산의 함량에 따른 산성암이 아닌 것은?

㉮ 현무암   ㉯ 화강암
㉰ 유문암   ㉱ 석영반암

연구 화성암은 마그마가 냉각된 것이며 화학적으로 규산 (SiO_2) 함량에 따라 산성암(화강암, 석영반암, 유문암), 중성암(섬록암, 섬록반암, 안산암), 염기성암(반려암, 휘록암, 현무암)으로 구분한다.

31 물에 의한 토양침식의 방지책으로 가장 적당하지 않은 것은?

㉮ 초생대 대상재배법
㉯ 토양개량제 사용
㉰ 지표면의 피복
㉱ 상하경재배

연구 경사지에서의 상하경재배는 아무런 준비나 대책 없이 농사를 짓는 것이므로 토양유실이 심하다. 따라서 경사 5~15°에서는 초생대 대상재배나 승수구설치 재배, 경사 5° 이하에서는 등고선 재배, 15° 이상일 때는 계단식 재배가 필요하다.

32 질소와 인산에 의한 토양의 오염원으로 가장 거리가 먼 것은?

㉮ 광산폐수
㉯ 공장폐수
㉰ 축산폐수
㉱ 가정하수

연구 광산폐수는 주로 토양의 중금속 오염원이다.

33 토양미생물인 사상균에 대한 설명으로 틀린 것은?

㉮ 균사로 번식하며 유기물 분해로 양분을 획득한다.

㉯ 호기성이며 통기가 잘 되지 않으면 번식이 억제된다.

㉰ 다른 미생물에 비해 산성토양에서 잘 적응하지 못한다.

㉱ 토양 입단 발달에 기여한다.

연구 사상균은 일반적으로 호기성이어서 통기가 불량하면 활동과 번식이 극히 불량한 한편, 광범위한 토양반응(pH)의 조건에서도 잘 생육한다. 세균이나 방사상균이 잘 번식하지 못하는 산림유기질토양 등 산성토양에 적응성이 강해 산성부식 생성과 토양입단 형성에 중요하다. 따라서 다른 미생물에 비해 산성토양에서 잘 적응한다.

28 ㉯   29 ㉱   30 ㉮   31 ㉱   32 ㉮   33 ㉰

34 토양의 색에 대한 설명으로 틀린 것은?

㉮ 토색을 보면 토양의 풍화과정이나 성질을 파악하는 데 큰 도움이 된다.

㉯ 착색재료로는 주로 산화철은 적색, 부식은 흑색/갈색을 나타낸다.

㉰ 신선한 유기물은 녹색, 적철광은 적색, 황철광은 황색을 나타낸다.

㉱ 토색 표시법은 Munsell의 토색첩을 기준으로 하며, 3속성을 나타내고 있다.

연구 신선한 유기물도 부식화가 진행되면 토양은 흑색을 띤다.

35 습답(고논)의 일반적인 특성에 대한 설명으로 틀린 것은?

㉮ 배수시설이 필요하다.

㉯ 양분부족으로 추락현상이 발생되기 쉽다.

㉰ 물이 많아 벼 재배에 유리하다.

㉱ 환원성 유해물질이 생성되기 쉽다.

연구 지하수위가 높아 항상 물에 잠겨 있는 논은 산소가 부족하고 유해물질이 생겨 벼 뿌리의 발달이 좋지 못하고, 유기물의 분해가 느려 유기산류가 토층에 쌓이므로 벼의 생육에 해가 된다.

36 용적밀도가 다음 중 가장 큰 토성은?

㉮ 사양토

㉯ 양토

㉰ 식양토

㉱ 식토

연구 사질계 토양은 비모관공극(대공극)이 모관공극(소공극)보다 많다. 식질계토양은 그 반대이다. 일반적으로 식질계토양 소공극의 합이 사질계토양 대공극 합보다 크므로 식질계의 전공극량은 크다. 따라서 아래 공식에 의하여 식질계토양의 용적밀도는 적고, 사질계(사양토 등)토양의 용적밀도는 크다. 용적밀도 = 건조한 토양의 무게 / (토양알갱이의 부피 + 토양공극)

37 부식의 음전하 생성 원인이 되는 주요한 작용기는?

㉮ R-COOH

㉯ Si-$(OH)_4$

㉰ Al$(OH)_3$

㉱ Fe$(OH)_2$

연구 탄수화물, 단백질, 지방 등 유기성분이 분해되면 외부에 노출되어 있던 수산기(−OH), 카르복실기(−COOH) 등에서 H^+의 해리가 일어나 O^-, $COOH^-$가 되어 음전하를 띤다.

38 일시적 전하(잠시적 전하)의 설명으로 옳은 것은?

㉮ 동형치환으로 생긴 전하

㉯ 광물결정 변두리에 존재하는 전하

㉰ 부식의 전하

㉱ 수산기(OH^-) 증가로 생긴 전하

연구 산성에서는 H^+가 많은데 알칼리 물질의 첨가로 OH^-가 많아지면 점토의 표면에서 외부로 노출된 H^+가 해리되어 OH^-와 결합함으로서 H_2O로 되고 점토의 표면은 H^+가 유리되어 음전하를 띤다. 그러나 pH가 낮아져 H^+가 다시 증가하면 음전하량이 본래의 값으로 환원되고, 더욱 더 pH가 낮아지면 오히려 양전하가 증가한다.

39 토양온도에 대한 설명으로 틀린 것은?

㉮ 토양온도는 토양생성작용, 토양미생물의 활동, 식물생육에 중요한 요소이다.

㉯ 토양온도는 토양유기물의 분해속도와 양에 미치는 영향이 매우 커서 열대토양의 무기물 함량이 높은 이유가 된다.

㉰ 토양비열은 토양 1g을 1℃ 올리는 데 소요되는 열량으로, 물이 1이고 무기성분은 더 낮다.

㉱ 토양의 열원은 주로 태양광선이며 습윤열, 유기물 분해열 등이다.

연구 토양온도가 높으면 유기물의 분해속도가 빨라 토양의 유기물 함량이 적다. 한편 토양온도와 무기물 함량은 무관하다.

40 개간지 토양의 일반적인 특징으로 옳은 것은?

㉮ pH가 높아서 미량원소가 결핍될 수도 있다.

㉯ 유효인산의 농도가 낮은 척박한 토양이다.

㉰ 작토는 환원상태이지만 심토는 산화상태이다.

㉱ 황산염이 집적되어 pH가 매우 낮은 토양이다.

연구 개간한 토양은 대체로 산성이며, 부식과 점토가 적고 토양구조가 불량하며, 인산을 위시한 비료성분도 적어서 토양의 비옥도가 낮다.

41 토양의 지력을 증진시키는 방법이 아닌 것은?

㉮ 초생재배법으로 지력을 증진시킨다.

㉯ 완숙퇴비를 사용한다.

㉰ 토양미생물을 증진시킨다.

㉱ 생톱밥을 넣어 지력을 증진시킨다.

연구 작물재배기간 중에 탄질률이 높은 유기물(생톱밥 등)을 시용하면 토양미생물과 작물 간에 질소경합이 일어나므로 무기태질소질비료의 인위적 보급을 통하여 작물의 질소기아현상을 피해야 한다. 그러나 장기적으로 보면 생톱밥도 지력증진 요인이다.

42 유기복합비료의 중량이 25kg이고, 성분함량이 N-P-K(22-22-11)일 때, 비료의 질소함량은?

㉮ 3.5kg

㉯ 5.5kg

㉰ 8.5kg

㉱ 11.5kg

연구 복합비료 중 질소(N)의 성분함량
$= 25 \times (22 / 100) = 5.5$

43 친환경농업이 출현하게 된 배경으로 틀린 것은?

㉮ 세계의 농업정책이 증산 위주에서 소비자와 교역중심으로 전환되어가고 있는 추세이다.

㉯ 국제적으로 공업부분은 규제를 강화하고 있는 반면 농업부분은 규제를 다소 완화하고 있는 추세이다.

㉰ 대부분의 국가가 친환경농법의 정착을 유도하고 있는 추세이다.

㉱ 농약을 과도하게 사용함에 따라 천적이 감소되어가는 추세이다.

연구 자유무역주의에 의해 공업부분은 규제를 완화하고 있는 반면, 농업부분은 자국 농업의 보호 및 안전성의 문제로 규제를 강화하고 있는 추세이다.

44 시설 내의 약광 조건에서 작물을 재배하는 방법으로 옳은 것은?

㉮ 재식 간격을 좁히는 것이 매우 유리하다.

㉯ 엽채류를 재배하는 것이 아주 불리하다.

㉰ 덩굴성 작물은 직립재배보다는 포복재배하는 것이 유리하다.

㉱ 온도를 높게 관리하고 내음성 작물보다는 내양성 작물을 선택하는 것이 유리하다.

연구 시설 내의 약광조건 하에서는 덩굴성 작물을 포복재배하여 수광량을 증대시키는 것이 중요하다.

45 유기농업의 목표로 보기 어려운 것은?

㉮ 환경보전과 생태계 보호

㉯ 농업생태계의 건강 증진

㉰ 화학비료 · 농약의 최소사용

㉱ 생물학적 순환의 원활화

연구 "유기"[Organic]란 제19조제2항에 따른 "인증기준을 준수하고"라고 하였는데 유기농산물의 인증기준에는 "화학비료와 유기합성농약을 전혀 사용하지 아니하여야 한다."고 규정되어 있다.

46 유기농후사료 중심의 유기축산의 문제점으로 거리가 먼 것은?

㉮ 국내에서 생산이 어려워 대부분 수입에 의존

㉯ 고비용 유기농후사료 구입에 의한 생산비용 증대

㉰ 열등한 축산물 품질 초래

㉱ 물질순환의 문제 야기

연구 농후사료는 고품질(마블링이 많은 고기)의 축산물을 생산하게 한다.

47 과수의 심경시기로 가장 알맞은 것은?

㉮ 휴면기　　　　㉯ 개화기

㉰ 결실기　　　　㉱ 생육절정기

연구 심경은 뿌리의 절단으로 인한 나무생육의 피해를 최소화하기 위해 주로 휴면기에 실시한다.

48 자연생태계와 비교했을 때 농업생태계의 특징이 아닌 것은?

㉮ 종의 다양성이 낮다.

㉯ 안정성이 높다.

㉰ 지속기간이 짧다.　　㉱ 인간 의존적이다.

연구 재배식물은 일반식물에 비하여 이용성과 경제성이 높아야 하므로 특수 부분만이 매우 발달한 일종의 기형식물이다. 따라서 재배식물은 생존경쟁에 약하므로(안정성이 낮으므로) 재배라는 인간의 노력이 필요하다.

49 벼에 규소(Si)가 부족했을 때 나타나는 주요 현상은?

㉮ 황백화, 괴사, 조기낙엽 등의 증세가 나타난다.

㉯ 줄기, 잎이 연약하여 병원균에 대한 저항력이 감소한다.

㉰ 수정과 결실이 나빠진다.

㉱ 뿌리나 분얼의 생장점이 붉게 변하여 죽게 된다.

연구 냉온 하에서 증산작용이 감퇴하여 규산흡수가 저하되면, 표피세포의 규질화가 불량하여 도열병균 등 병원균의 침입이 용이해진다.

50 자식성 작물의 육종방법과 거리가 먼 것은?

㉮ 순계선발　　　　㉯ 교잡육종

㉰ 여교잡육종　　　　㉱ 집단합성

연구 타식성 작물의 육종방법에는 인공수정에 의한 하이브리드육종과 자연수정된 것을 선발하는 방식에 따라 분류하는 집단개량육종, 집단합성육종, 순환선발육종법이 있다. 보기 ㉮㉯㉰는 자식성 작물의 육종방법이다.

51 유기축산물의 경우 사료 중 NPN을 사용할 수 없게 되었다. NPN은 무엇을 말하는가?

㉮ 에너지 사료　　　㉯ 비단백태질소화합물

㉰ 골분　　　　　　㉱ 탈지분유

연구 NPN(non-protein nitrogen compound)은 비단백태 질소화합물의 약어이며, 이는 유기축산물 사료에 첨가할 수 없다. 그러나 무항생제 축산물의 사료에는 첨가할 수 있다.

52 TDN은 무엇을 기준으로 한 영양소 표시법인가?

㉮ 영양소 관리　　　㉯ 영양소 소화율

㉰ 영양소 희귀성　　㉱ 영양소 독성물질

연구 TDN은 가소화양분(소화가 가능한 양분)총량으로 사료 영양가의 일반적인 표시방법이다.

53 종자갱신을 하여야 할 이유로 부적당한 것은?

㉮ 자연교잡

㉯ 돌연변이

㉰ 재배 중 다른 계통의 혼입

㉱ 토양의 산성화

연구 종자갱신은 퇴화 때문에 하여야 한다.
유전적 퇴화 : 이형유전자형의 분리, 자연교잡, 돌연변이, 이형종자의 기계적 혼입 등이 있다.

46 ㉰　47 ㉮　48 ㉯　49 ㉯　50 ㉱　51 ㉯　52 ㉯　53 ㉱

54 벼의 유묘로부터 생장단계의 진행순서가 바르게 나열된 것은?

㉮ 유묘기 → 활착기 → 이앙기 → 유효분얼기

㉯ 유묘기 → 이앙기 → 활착기 → 유효분얼기

㉰ 유묘기 → 활착기 → 유효분얼기 → 이앙기

㉱ 유묘기 → 유효분얼기 → 이앙기 → 활착기

[연구] 벼의 생육과정은 유묘기 → 이앙기 → 활착기(착근기) → 유효분얼기의 순으로 이루어진다.

55 친환경농산물에 해당되지 않는 것은?

㉮ 천연우수농산물

㉯ 무농약농산물

㉰ 무항생제축산물

㉱ 유기농산물

[연구] 친환경농축산물이란 친환경농업을 통하여 얻는 것으로 다음 각 목의 어느 하나에 해당하는 것을 말한다.
가. 유기농산물·유기축산물 및 유기임산물
나. 무농약농산물 및 무항생제축산물

56 하나 또는 몇 개의 병원균과 해충에 대하여 대항할 수 있는 기주의 능력을 무엇이라 하는가?

㉮ 민감성   ㉯ 저항성

㉰ 병회피   ㉱ 감수성

[연구] 저항성 : 식물이 병원체를 수용하지 않는(병에 걸리지 않는) 성질, 즉 병원균이나 해충의 작용을 억제하는 기주의 능력을 저항성이라 한다.

57 복숭아의 줄기와 가지를 주로 가해하는 해충은?

㉮ 유리나방

㉯ 굴나방

㉰ 명나방

㉱ 심식나방

[연구] 굴나방은 잎을 가해하여 굴을 파놓은 듯 하며, 명나방과 심식나방은 과실을 가해하는 해충이다.

58 과실에 봉지씌우기를 하는 목적과 가장 거리가 먼 것은?

㉮ 당도 증가

㉯ 과실의 외관보호

㉰ 농약오염 방지

㉱ 병해충으로부터 과실보호

[연구] 봉지를 씌우지 않고 재배(무대재배)하면, 비타민 등의 함량이 많고, 당도도 높으며, 저장성도 좋은 과실을 생산할 수 있다. 과실 봉지씌우기의 목적은 병해충 방제, 착색 증진, 과실의 상품가치 증진, 열과 방지, 숙기 조절 등이다.

59 벼 재배 시 도복현상이 발생했는데 다음 중에서 일어날 수 있는 현상은?

㉮ 벼가 튼튼하게 자란다.

㉯ 병해충 발생이 없어진다.

㉰ 병해충이 발생하며, 쓰러질 염려가 있다.

㉱ 품질이 우수해진다.

[연구] 도복은 병충해와 함께 수량 감모 요소 중의 하나로 수량의 감소와 품질의 악화를 초래하며 수확작업이 불편하다.
콩·목화 등의 맥간작인 경우 간작물에 큰 피해를 준다.

60 다음 중 포식성 천적에 해당하는 것은?

㉮ 기생벌   ㉯ 세균

㉰ 무당벌레   ㉱ 선충

[연구] 무당벌레는 진딧물류와 깍지벌레를 잡아먹는 포식성 천적이며, 보기의 다른 항은 기생성이다.

> 기생성 천적: 일생의 어느 시기를 숙주인 유해한 동물의 몸속에서 보내며, 결국 그 동물을 죽이거나 산란수를 감소시키는 기생충을 말한다. 기생벌(맵시벌·고치벌·수중다리좀벌·혹벌·애배벌 등), 기생파리(침파리, 똥보기생파리 등), 기생선충 등이 있다. 1마리의 숙주를 먹고 자라며, 종류마다 숙주가 정해져 있는 기생충이 많다.
> 침파리는 흡혈성 파리로 모기처럼 귀찮게 하는 건 아니지만 기회가 있으면 사람도 공격하는 파리로 사람을 흡혈하는 종은 침파리 1종 뿐이라고 한다. 침파리는 주로 소나 말 등 가축을 흡혈하여 수종의 가축질병을 매개하는데, 암컷은 피를 먼저 먹어야만 산란할 수 있다. 시험문제에서 ~벌, ~파리라고 나오면 대개 기생성이다. 그러나 진디혹파리는 기생성이 아닌 포식성이다.   - 출처 : 환경용어사전

54 ㉯   55 ㉮   56 ㉯   57 ㉮   58 ㉮   59 ㉰   60 ㉰

유기농업 기능사	시험시간 1시간	기출·종합문제	출제유형 기본·일반·심화	평가	확인

1 추락현상이 나타나는 논이 아닌 것은?

㉮ 노후화답

㉯ 누수답

㉰ 유기물이 많은 저습답

㉱ 건답

연구 추락현상은 누수가 심해서 보유양분이 적은 사질답, 양분이 다 소모된 노후화답 그리고 배수가 나쁜 습답에서 나타난다. 건답은 좋은 논이다.

2 분류상 구황작물이 아닌 것은?

㉮ 조

㉯ 고구마

㉰ 벼

㉱ 기장

연구 구황작물은 식량작물을 심을 수 없는 긴급사태 시(가뭄 등)에 심는 것이므로 생육기간이 짧고, 기후에 큰 영향을 받지 않으며, 양분이 많지 않은 땅에서도 재배할 수 있는 것들로서 조·피·기장·메밀·고구마 등이 여기에 속한다.

3 일반적으로 작물 생육에 가장 알맞은 토양의 최적함수량은 최대용수량의 약 몇 % 인가?

㉮ 40~50%

㉯ 50~60%

㉰ 70~80%

㉱ 80~90%

연구 일반적으로 작물의 토양 최적함수량은 최대용수량(토양의 모든 공극이 수분으로 포화된 상태이며 pF값은 0)의 70~80%의 범위이다.

4 작물 충해를 줄이는 방법으로 거리가 먼 것은?

㉮ 무당벌레와 같은 천적이 많게 해준다.

㉯ 해충 유인등만 설치하고 포획하지 않는다.

㉰ 황색 끈끈이를 설치한다.

㉱ 혼식재배를 한다.

연구 포획하여 죽이는 것은 물리적 방제법으로 가장 오래된 방법이다.

5 이론적인 단위면적당 시비량을 계산하기 위해 필요한 요소가 아닌 것은?

㉮ 비료요소 흡수량

㉯ 목표수량

㉰ 천연공급량

㉱ 비료요소 흡수율

연구 시비량
= (비료요소흡수량 − 천연공급량) / 비료요소의 흡수율

6 공기 중 이산화탄소의 농도에 관여하는 요인이 아닌 것은?

㉮ 계절

㉯ 암거(暗渠)

㉰ 바람

㉱ 식생(植生)

연구 이산화탄소의 농도에 관여하는 요인은 계절, 지면과의 거리, 식생, 바람, 미숙유기물의 시용 등이다. 암거(暗 어두울 암, 渠 도랑 거)는 지하의 도랑이다.

7 식물의 분화과정을 순서대로 옳게 나열한 것은?

㉮ 유전적 변이 – 도태와 적응 – 순화 – 격리

㉯ 도태와 적응 – 유전적 변이 – 순화 – 격리

㉰ 순화 – 격리 – 유전적 변이 – 도태와 적응

㉱ 적응 – 순화 – 유전적 변이 – 도태와 격리

연구 분화의 첫 과정은 유전적 변이의 발생이다. 자연교잡과 돌연변이 → 도태와 적응 → 순화 → 적응형의 과정(격리)을 거치면서 분화하게 된다.

8 비료의 3요소로 옳게 나열된 것은?

㉮ 질소(N) · 인(P) · 칼슘(Ca)

㉯ 질소(N) · 인(P) · 칼륨(K)

㉰ 질소(N) · 칼륨(K) · 칼슘(Ca)

㉱ 인(P) · 칼륨(K) · 칼슘(Ca)

연구 질소(N), 인산(P), 칼륨(K)이 비료의 3요소이며, 칼슘이 더해지면 4요소이다.

1 ㉱ 2 ㉰ 3 ㉰ 4 ㉯ 5 ㉯ 6 ㉯ 7 ㉮ 8 ㉯

9 2012년 기준 우리나라 곡물자급률(사료용 포함, %)로 가장 적합한 것은?

㉮ 11.6% ㉯ 23.6%

㉰ 33.5% ㉱ 44.5%

연구 우리나라의 2015년 곡물자급률은 23.6%, 식량자급률도 50.2%로 하위권이다.

10 기지현상을 경감하거나 방지하는 방법으로 옳은 것은?

㉮ 연작 ㉯ 담수

㉰ 다비 ㉱ 무경운

연구 기지의 대책은 기지의 원인을 제거하는 것으로 윤작, 답전윤환재배, 저항성 품종의 육성, 토양소독, 객토 및 환토, 담수 등을 통한 과잉염류와 유독물질의 제거, 지력배양과 결핍성분의 보급 등이 있다.

11 작물의 병 발생 원인으로 가장 거리가 먼 것은?

㉮ 잦은 경운 ㉯ 비가림 재배

㉰ 연작 재배 ㉱ 밀식 재배

연구 비가림 재배(포도재배에 많이 사용), 유아등의 설치 등은 병해충 방제의 물리적(기계적) 방제법에 속한다. 밀식재배는 불량한 수광 및 통풍의 원인으로 병 발생을 촉진한다.

12 토양공기 조성을 개선하는 방법으로 거리가 먼 것은?

㉮ 심경 ㉯ 입단조성

㉰ 객토 ㉱ 빈번한 경운

연구 토양이 입단(떼알)구조가 되어야 공기유통에 필요한 공극을 가지게 되는데 빈번한 경운은 토양의 입단구조를 파괴한다.

13 벼에 있어 차광 시 단위면적당 이삭수가 가장 크게 감소되는 시기는?

㉮ 분얼기 ㉯ 유수분화기

㉰ 출수기 ㉱ 유숙기

연구 유수분화기 : 1이삭당 영화수 감소로 차광 시 단위면적당 이삭수가 가장 크게 감소되는 시기

14 작물의 습해 대책으로 틀린 것은?

㉮ 습답에서는 휴립재배한다.

㉯ 객토나 심경을 한다.

㉰ 생 볏짚을 시용한다.

㉱ 내습성 작물을 재배한다.

연구 물속(습답)에서 유기물이 분해될 때는 혐기성 미생물이 작용하므로 분해속도가 늦고, 여러 가지 환원성 유해물질이 생성되어 작물에 피해를 준다. 따라서 습답에는 완숙퇴비를 주어야지, 생 볏짚 등의 미숙유기물을 시용하면 안 된다.

15 배수가 잘 안 되는 습한 토양에 가장 적합한 작물은?

㉮ 당근 ㉯ 양파

㉰ 토마토 ㉱ 미나리

연구 과거 미나리 밭은 하숫물이 나가는 웅덩이에 있었다.

16 친환경적 잡초방제 방법으로 거리가 먼 것은?

㉮ 이랑피복

㉯ 윤작

㉰ 벼 재배 시 우렁이 이용

㉱ G.M.O 종자 이용

연구 Codex 규격 : 유전공학/유전자변형 물질(GEO/GMO)로부터 생산된 모든 재료 그리고/또는 제품은 유기생산 원칙(재배, 제조, 가공)과 부합하지 않으므로 본 가이드라인에서 허용되지 않는다.

17 화성 유도의 주요 요인과 가장 거리가 먼 것은?

㉮ 토양양분

㉯ 식물호르몬

㉰ 광

㉱ 영양상태

연구 화성의 유인에는 내·외부적인 조건이 존재하는데 내부적 조건으로는 C/N율(영양상태), 최소엽수 및 호르몬 등의 유전적 소질이, 외부적 조건으로는 특수한 온도와 일장이 관여한다. 토양양분은 간접적으로 영향을 준다.

9 ㉯ 10 ㉯ 11 ㉯ 12 ㉱ 13 ㉯ 14 ㉰ 15 ㉱ 16 ㉱ 17 ㉮

18 작물생육과 온도에 대한 설명으로 틀린 것은?

㉮ 최적온도는 작물 생육이 가장 왕성한 온도이다.

㉯ 적산온도는 적기적작의 지표가 되어 농업상 매우 유효한 자료이다.

㉰ 유효온도의 범위는 20~30℃이다.

㉱ 저온저항성의 형성과정을 하드닝(harden-ing)이라 한다.

연구 유효온도 : 작물의 생장과 생육이 효과적으로 이루어지는 온도를 말하며, 작물은 어느 일정 범위 안의 온도(일반적으로 45℃, 선인장은 65℃, 건조종자는 120℃)에서만 생장할 수 있다.

19 기온의 일변화가 작물의 생육에 미치는 영향으로 틀린 것은?

㉮ 기온의 일변화가 어느 정도 클 때 동화물질의 축적이 많아진다.

㉯ 밤의 기온이 어느 정도 높아서 변온이 작을 때 대체로 생장이 빠르다.

㉰ 고구마는 항온보다 변온에서 괴근의 발달이 현저히 촉진되고, 감자도 밤의 기온이 저하되는 변온이 괴경의 발달에 이롭다.

㉱ 화훼 등 일반 작물은 기온의 일변화가 작아 밤의 기온이 비교적 높은 것이 개화를 촉진시키고, 화기도 커진다.

연구 광합성량이 많으려면 낮의 온도가 높아야 하고, 호흡량이 낮으려면 낮이든 밤이든 온도가 낮아야 한다. 낮과 밤의 온도 차이를 DIF라 하며, DIF가 클수록 개화가 촉진되고 생산량이 늘어난다. 화훼에서는 화기가 커진다.

20 야간조파에 가장 효과적인 광의 파장의 범위로 적합한 것은?

㉮ 300 ~ 380nm

㉯ 400 ~ 480nm

㉰ 500 ~ 580nm

㉱ 600 ~ 680nm

연구 600~680nm의 적색광이 가장 효과가 크며, 적색광에서 멀어질수록 일장효과에서의 효과는 적다.

21 토양에 시용한 유기물의 역할로 틀린 것은?

㉮ 양이온교환용량(CEC)을 증가시킨다.

㉯ 수분보유량을 증가시킨다.

㉰ 유기산이 발생하여 토양입단을 파괴한다.

㉱ 분해되어 작물에 질소를 공급한다.

연구 습답의 유기물은 혐기조건에서 분해하므로 유기산이 발생하여 작물에 피해를 줄 수 있으나 토양입단을 파괴하지는 못한다. 일반적으로 유기물은 토양에 좋은 역할만 한다.

22 토성에 대한 설명으로 틀린 것은?

㉮ 토양의 산성 정도를 나타내는 지표이다.

㉯ 토양의 보수성이나 통기성을 결정하는 특성이다.

㉰ 토양의 비표면적과 보비력을 결정하는 특성이다.

㉱ 작물의 병해 발생에 영향을 미친다.

연구 토양 무기물입자의 입경조성에 의한 토양의 분류를 토성이라 하며 모래(조사, 세사), 미사 및 점토의 함량비로 분류한다. 토양반응이란, 토양이 나타내는 산성 또는 중성이나 알칼리성이며 이를 pH로 표시한다.

23 토양미생물 중 뿌리의 유효면적을 증가시킴으로서 수분과 양분 특히 인산의 흡수이용 증대에 관여하는 것은?

㉮ 근류균

㉯ 균근균

㉰ 황세균

㉱ 남조류

연구 사상균 중 담자균은 식물뿌리에 감염하여 공생하는데, 이 특수한 뿌리를 균근(菌根)이라 하며, 이들은 뿌리의 유효표면적을 증가시켜 물과 양분(특히 유효도가 낮고 저농도로 존재하는 인산)의 흡수를 증가시킨다.

18 ㉰ 19 ㉱ 20 ㉱ 21 ㉰ 22 ㉮ 23 ㉯

24 대기의 공기 조성에 비하여 토양공기에 특히 많은 성분은?

㉮ 이산화탄소(CO_2)

㉯ 산소(O_2)

㉰ 질소(N_2)

㉱ 아르곤(Ar)

연구 토양공기는 뿌리와 미생물의 호흡결과로 대기에 비하여 이산화탄소의 농도가 높고 산소의 농도가 낮다.

25 토양미생물의 활동에 영향을 미치는 조건으로 영향이 가장 적은 것은?

㉮ 영양분 ㉯ 토양 온도

㉰ 토양 pH ㉱ 점토 함량

연구 토양미생물의 생육조건에는 온도, 수분, pH, 공기, 유기물(영양분), 토양의 깊이 등이 있다.

26 단위 무게당 비표면적이 가장 큰 토양입자는?

㉮ 조사 ㉯ 중간사

㉰ 극세사 ㉱ 미사

연구 단위 무게당 비표면적이 가장 크려면 입자의 크기가 가장 작아야 한다. 세사는 0.2~0.02이고, 미사는 0.02~0.002이다.

27 토양의 pH가 낮을수록 유효도가 증가되는 성분은?

㉮ 인산 ㉯ 망간

㉰ 몰리브덴 ㉱ 붕소

연구 산성에서 가용도가 높은 원소는 알루미늄(Al), 철(Fe), 망간(Mn), 구리(Cu), 아연(Zn) 등이다. ♣"알, 철망구아?"

28 작물의 생육에 대한 산성토양의 해(害)작용이 아닌 것은?

㉮ H^+에 의하여 수분 흡수력이 저하된다.

㉯ 중금속의 유효도가 증가되어 식물에 광독작용이 나타난다.

㉰ Al이온의 유효도가 증가되고 인산이 해리되어 인산유효도가 증가된다.

㉱ 유용미생물이 감소하고 토양생물의 활성이 감퇴된다.

연구 보기 ㉰는 과학적 사실과 다르다. 즉, 산성토양에서는 인산의 유효도가 증가하지 않는다. 따라서 정답이 없다고 보여지나 "인산유효도가 증가된다"는 말 자체는 해작용은 아니다.

29 논토양과 밭토양에 대한 틀린 설명은?

㉮ 습답에서는 특수성분결핍토양이 존재할 수 있다.

㉯ 새로 개간한 밭토양은 인산흡수계수의 5%, 논토양은 인산흡수계수의 2% 시용으로 기경지와 유사한 작물수량을 얻을 수 있다.

㉰ 밭 토양에서는 유기물 함량이 지나치게 높으면 작물생육에 해를 끼칠 수 있어 임계유기물함량 이상 유기물을 시용해서는 안 된다.

㉱ 우리나라 밭 토양은 여름철 고온다우의 영향을 받아 염기의 용탈이 많아서 pH가 평균 5.7의 산성토양이다.

연구 밭토양은 산화상태이기 때문에 호기성 미생물이 생존하므로 혐기성 미생물이 생존하는 논토양보다 유기물 분해가 신속히 이루어져서 부식함량이 낮고 비옥도 또한 낮다. 임계유기물함량은 논토양에 있는 것으로, 갈이흙(표토층의 경토)의 임계유기물함량은 2.5%이다.

30 화성암은 규산함량에 따라 산성암, 중성암, 염기성암으로 나눈다. 염기성암에 속하지 않는 암석은?

㉮ 반려암 ㉯ 화강암

㉰ 휘록암 ㉱ 현무암

연구 화성암은 규산(SiO_2) 함량에 따라 산성암(화강암, 석영반암, 유문암), 중성암(섬록암, 섬록반암, 안산암), 염기성암(반려암, 휘록암, 현무암)으로 구분한다.

24 ㉮ 25 ㉱ 26 ㉱ 27 ㉯ 28 ㉰ 29 ㉰ 30 ㉯

31 토양의 구조 중 입단의 세로축보다 가로축의 길이가 길고, 딱딱하여 토양의 투수성과 통기성을 나쁘게 하는 것은?

㉮ 주상구조

㉯ 괴상구조

㉰ 구상구조

㉱ 판상구조

연구 판상 : 가로축의 길이가 세로축보다 긴 판자(접시 또는 렌즈)상이므로 공극률이 급속히 낮아지며, 대공극이 없다. 수분은 가로축 방향으로 이동하므로 수직이동이 어렵다.

32 토양풍식에 대한 설명으로 옳은 것은?

㉮ 바람의 세기가 같으면 온대습윤지방에서의 풍식이 건조 또는 반건조지방보다 심하다.

㉯ 우리나라에서는 풍식작용이 거의 일어나지 않는다.

㉰ 피해가 가장 심한 풍식은 토양입자가 지표면에서 도약(跳躍)·운반(運搬)되는 것이다.

㉱ 매년 5월 초순에 만주와 몽고에서 우리나라로 날아오는 모래먼지는 풍식의 모형이 아니다.

연구 바람에 의해 날리기에 너무 무거운 입자들은 굴러서 포행으로 이동하게 되는데, 이런 이동은 전체의 5~25%를 차지한다. 이런 풍식은 연속적이고, 풍속이 세면 암석의 삭마작용과 돌, 자갈을 굴리며 지표면을 한 껍질 벗겨내기도 한다.

33 토양미생물에 대한 설명으로 옳은 것은?

㉮ 토양미생물은 세균, 사상균, 방선균, 조류 등이 있다.

㉯ 세균은 토양미생물 중에서 수(서식수/m^2)가 가장 적다.

㉰ 방선균은 다세포로 되어 있고 균사를 갖고 있다.

㉱ 사상균은 산성에 약하여 pH가 5 이하가 되면 활동이 중지된다.

연구 ㉯ 세균은 토양미생물 중에서 수(서식수/m^2)가 가장 많다.
㉰ 방선균은 단세포로 되어 있고 균사를 갖고 있다.
㉱ 사상균은 광범위한 토양반응(pH)의 조건에서도 잘 생육하며 산성토양에 적응성이 강하다.

34 토양생성작용에 대한 설명으로 틀린 것은?

㉮ 습윤한 지역에서는 지하수위가 낮으면 유기물 분해가 잘 된다.

㉯ 고온다습한 지역은 철 또는 알루미늄 집적 토양생성이 잘 된다.

㉰ 습윤하고 배수가 양호한 지역은 규반비가 낮은 토양생성이 잘 된다.

㉱ 건조한 지역에서는 지하수위가 높을수록 산성토양생성이 잘 된다.

연구 석회화작용 : 건조~반건조 기후 하에서 진행되는 토양생성작용으로 칼슘, 마그네슘 등이 모세관현상으로 지표면에 집적되어 알칼리성 토양이 된다.

35 토양의 형태론적 분류에서 석회가 세탈되고, Al과 Fe가 하층에 집적된 토양에 해당되는 토양목은?

㉮ Ultisol

㉯ Aridisol

㉰ Andisol

㉱ Alfisol

연구 알피솔 : "alfi"는 Al, Fe로 만들어 낸 말이며, 석회가 세탈되고 Al과 Fe가 하층에 집적된 습윤지방의 토양이다. 우리나라 토양의 2.9%가 알피솔이다.

36 염해지 토양의 경우 바닷물의 영향을 받아 염류함량이 많으며, 이에 벼의 생육도 불량하다. 일반적인 염해지 토양의 전기전도도(dS/m)는?

㉮ 2 ~ 4

㉯ 5 ~ 10

㉰ 10 ~ 20

㉱ 30 ~ 40

연구 염해지 토양 : 마그네슘과 칼륨의 함량은 5배 이상 많고, 나트륨 함량은 20배 이상 많으며, 전기전도도는 적정보다 15~20배(30~40 dS/m)나 높다.

31 ㉱　32 ㉰　33 ㉮　34 ㉱　35 ㉱　36 ㉱

37 토양 소동물 중 작물생육에 적합한 토양조건의 지표로 볼 수 있는 것은?

㉮ 선충　　　　　㉯ 지렁이

㉰ 개미　　　　　㉱ 지네

[연구] 가장 중요한 소동물은 지렁이로, 토양이 지렁이의 체내를 통하여 배설되면 입단구조가 발달하여 토양의 물리적 성질에 좋은 영향을 준다.

38 일반적으로 작물을 재배하기에 적합한 토양의 연결로 틀린 것은?

㉮ 논벼 – 식토　　　㉯ 밭벼 – 식양토

㉰ 복숭아 – 식토　　㉱ 콩 – 식양토

[연구] 복숭아는 모래나 자갈이 있어 배수가 잘되고, 비옥한 땅인 사양토가 좋다. 배수가 불량하면 기지현상이 더 심하다.

39 우리나라에 분포되어 있지 않은 토양목은?

㉮ 인셉티솔(Inceptisol)

㉯ 엔티솔(Entisol)

㉰ 젤리솔(Gelisol)

㉱ 몰리솔(Mollisol)

[연구] 우리나라의 토양목은 알피솔 · 안디솔 · 엔티솔 · 히스토솔 · 인셉티솔 · 몰리솔 · 얼티솔 등 7개목이고 아리디솔 · 젤리솔 · 옥시솔 · 스포드솔 · 버티솔은 분포하지 않는다.

40 토성을 결정할 때 자갈과 모래로 구분되는 분류 기준(지름)은?

㉮ 5mm　　　　　㉯ 2mm

㉰ 1mm　　　　　㉱ 0.5mm

[연구] 알갱이 지름 2mm 이상이면 자갈이다.
"우리가 평소 생각했던 자갈은 거대한 암석이다. 어릴 땐 짱돌이라고 했었는데…"

41 지력에 따라 차이가 있으나 일반적으로 녹비작물 네마장황(클로타라리아)의 10a당 적정 파종량은?

㉮ 10 ~ 100g　　　㉯ 1 ~ 2kg

㉰ 6 ~ 8kg　　　　㉱ 10 ~ 20kg

[연구] 헤어리베치는 10a당 6~9kg 정도의 종자를 종토접종하는데, 같은 콩과작물인 클로타라리아는 10a당 6~8kg 정도를 파종한다고 한다. 두 녹비작물의 파종량은 거의 같다.

42 농업이 환경에 미치는 긍정적 영향으로 거리가 먼 것은?

㉮ 비료 및 농약 남용　㉯ 국토 보전

㉰ 보건 휴양　　　　　㉱ 물환경 보전

[연구] 농업이 환경에 미치는 긍정적 영향은 ㉯㉰㉱ 외에 대기보전기능, 생물상보전기능 등이 있다. ㉮는 부작용이다.

43 친환경 농업형태와 가장 거리가 먼 것은?

㉮ 지속적 농업　　　㉯ 고투입농업

㉰ 대체농업　　　　　㉱ 자연농법

[연구] Codex에서 정한 유기생산 체계의 목적은 "현지 농업체계 안에서 재생 가능한 자원에 의존하기 위하여"라고 하였으므로 고투입에 반대하고 있으며, 유기농업이 탄생한 배경도 고투입에 의한 대량생산체제가 발생시키는 문제를 해결하기 위하였음을 고려할 때 고투입농업은 친환경농업과는 거리가 멀다.

44 시설재배 토양의 문제점이 아닌 것은?

㉮ 염류농도가 높다.

㉯ 토양 pH는 밭토양보다 낮다.

㉰ 미량원소가 결핍되기 쉽다.

㉱ 연작장해가 많이 발생한다.

[연구] 시설토양은 염류의 과잉집적으로 pH가 일반적으로 높다.

45 국가별 전체 경지면적 대비 유기농경지 비중이 다음 중 가장 높은 국가는?

㉮ 쿠바　　　　　㉯ 스위스

㉰ 오스트리아　　㉱ 포클랜드제도

[연구] 포클랜드제도는 남대서양에 있으며 아르헨티나와 영국이 영유권을 주장하고 있는 영토 분쟁지역이다. 현재 영국의 실효지배를 받고 있는데 유기농만 허락하는 법이 있는 듯하다. 쿠바도 대도시 주변에서는 유기농만 하여야 한다고 한다.

---

37 ㉯　38 ㉰　39 ㉰　40 ㉯　41 ㉰　42 ㉮　43 ㉯　44 ㉯　45 ㉱

46 딸기의 우량 품종 특성을 유지하기 위한 가장 좋은 방법은?

㉮ 자연적으로 교잡된 종자를 사용한다.

㉯ 재배했던 식물의 종자를 사용한다.

㉰ 영양번식으로 증식한다.

㉱ 저온으로 저장된 종자는 퇴화되어 사용하지 않는다.

연구 영양번식은 모계의 우수(또는 열성)한 성질이 그대로 전달된다.

47 우량 과수 묘목의 구비조건이 아닌 것은?

㉮ 품종의 정확성　　㉯ 대목의 확실성

㉰ 근군의 양호성　　㉱ 묘목의 도장성

연구 발육이 완전하고 줄기가 곧고 굵으며 뿌리가 비교적 짧고 근계가 발달한 것이 좋다. 묘목이 길게 자란 것은 좋지 않다.

48 화학합성 비료의 장·단점에 대한 설명으로 틀린 것은?

㉮ 근류균과 균근균을 증가시킨다.

㉯ 질소비료의 과용은 식물조직의 연질화로 병해충에 예민해진다.

㉰ 질소고정 뿌리혹박테리아의 성장을 위축시킨다.

㉱ 토양내 미생물상을 고갈시킨다.

연구 화학비료는 토양을 산성화시키므로 근류균과 균근균을 감소시킨다.

49 녹비작물의 효과에 해당되지 않는 것은?

㉮ 토양유기물 함량 증가

㉯ 작물 내병성 증가

㉰ 무기성분의 유효도 증가

㉱ 토양미생물 활동 증가

연구 녹비작물은 생장 후 유기물(사체)을 땅속에 넣어 토양을 개량하는 것으로 작물 내병성의 증가와 직접적인 관련성은 없는 것으로 보여진다.

50 유기배합사료 제조용 물질 중 보조사료로서 생균제에 해당되지 않는 것은?

㉮ 바실러스코아그란스(B. coaglans)

㉯ 아시도필루스(L. acidophilus)

㉰ 키시라나아제(β-4-xylanase)

㉱ 비피도박테리움슈도롱검(B. pseudolon-gum)

연구 효소제 : 아밀라제, 락타아제, 키시라나아제 등

51 관행축산과 비교하여 유기축산에서 더 중요시 하는 축사의 조건은?

㉮ 온습도 유지　　㉯ 적당한 환기

㉰ 적절한 단열　　㉱ 충분한 공간

연구 자연스럽게 일어서고 앉고 돌 수 있으며, 뻗고 날개짓을 하는 등 충분한 활동공간이 확보될 것

52 포도재배 시 화진현상(꽃떨이현상) 예방방법으로 거리가 먼 것은?

㉮ 붕소를 시비한다.

㉯ 질소질을 많이 준다.

㉰ 칼슘을 충분하게 준다.

㉱ 개화 5 ~ 7일 전에 생장점을 적심한다.

연구 질소비료가 너무 많으면 도장이 발생하고(적심 필요), 도장이 발생하면 과실로 영양분이 가지 못하여 화진현상이 발생한다. 또한 붕소와 칼슘의 결핍도 원인이 된다.

53 유기식품에 해당하지 않는 것은?

㉮ 유기가공식품

㉯ 유기임산물

㉰ 유기농자재

㉱ 유기축산물

연구 법 제2조(정의) : 유기식품이란 「농업·농촌 및 식품산업 기본법」 제3조제7호의 식품 중에서 유기적인 방법으로 생산된 유기농수산물과 유기가공식품(유기농수산물을 원료 또는 재료로 하여 제조·가공·유통되는 식품)을 말한다.

54 유기농업의 기여 항목으로 가장 거리가 먼 것은?

㉮ 국민보건의 증진

㉯ 생산 증진

㉰ 경쟁력 강화

㉱ 환경 보전

연구 대량생산에 대한 욕구 → 화학비료·농약에 대한 많은 의존 → 토양황폐화, 환경오염
유기농업은 비료도 농약도 사용하지 못하므로 관행농업 대비 생산성이 낮다. 유기농업의 탄생 배경이 대량생산체제의 문제를 해결하는 것이었다.

55 생물적 방제와 가장 거리가 먼 것은?

㉮ 자가 액비 제조 이용

㉯ 천적 곤충의 이용

㉰ 천적 미생물의 이용

㉱ 식물의 타감작용 이용

연구 생물적 방제에는 천적곤충과 천적미생물을 이용하는 방법 및 식물의 타감작용(알레로파시)을 이용하는 방법 등이 있다.

56 유기농업 벼농사에서 이용할 수 있는 종자 처리 방법이 아닌 것은?

㉮ 온수에 종자를 침지하는 온탕소독

㉯ 마늘가루 같은 식물체 종자 코팅

㉰ 길항작용 곰팡이 분의 처리

㉱ 종자소독약에 종자 침지

연구 유기수도재배를 포함한 유기농업에서는 합성농약 사용이 불가능하므로 천연물이나 물리적 방법을 사용한다. 다만 유기종자를 구할 수 없는 경우 인증기관의 허락을 받아 일반 종자를 사용할 수 있는데, 벼의 경우 얼마든지 구할 수 있기 때문에 유기종자만을 사용하여야 한다.

57 유기농업의 원예작물이 주로 이용하는 토양 수분의 형태는?

㉮ 모세관수

㉯ 결합수

㉰ 중력수

㉱ 흡습수

연구 모세관수는 작은 공극의 모관력에 의하여 유지되는 수분으로 pF 2.5 ~ pF 4.5의 장력으로 보유되어 있으며, 대부분의 작물에게 이용될 수 있는 유효한 수분이다.

58 유기배합사료 제조용 자재 중 보조사료가 아닌 것은?

㉮ 활성탄   ㉯ 올리고당

㉰ 요소   ㉱ 비타민 A

연구 유기배합사료 제조용 자재 중 보조사료로 사용 가능한 조건은 활성탄 – 항응고제, 올리고당 – 올리고당류, 비타민 A – 비타민류이다. 요소는 비단백태질소화합물로 유기사료에는 사용할 수 없다.

59 교배 방법의 표현으로 틀린 것은?

㉮ 단교배 : A×B

㉯ 여교배 : (A×B)×A

㉰ 삼원교배 : (A×B)×C

㉱ 복교배 : A×B×C×D

연구 교배의 기본단위는 2개체(A×B)이다. 따라서 복교배를 표시하려면 기본단위 2개 [(A×B)×(C×D)]가 표시되어야 한다.

60 저항성 품종의 장점이 아닌 것은?

㉮ 농약의존도를 낮춘다.

㉯ 저항성이 영원히 지속된다.

㉰ 작물의 생산성을 향상시킨다.

㉱ 환경 및 생태계에 도움이 된다.

연구 저항성 육종의 가장 큰 문제는 열심히 연구하여 재배식물에 어떤 병에 대한 저항성 유전자를 넣어주어도 그것을 이길 수 있는 병해충이 생긴다는 것이다. 그리스 신화에 나오는 시지프스의 바위이다.

54 ㉯   55 ㉮   56 ㉱   57 ㉮   58 ㉰   59 ㉱   60 ㉯

1 다음 중 작물의 동사점이 가장 낮은 작물은?

㉮ 복숭아   ㉯ 겨울철 평지

㉰ 감귤   ㉱ 겨울철 시금치

연구 겨울철 시금치는 가을에 파종한다.

2 종자의 퇴화원인 중 품종의 균일성과 순도에 가장 크게 영향을 미치는 것은?

㉮ 생리적 퇴화   ㉯ 유전적 퇴화

㉰ 병리적 퇴화   ㉱ 재배적 퇴화

연구 유전적 퇴화 : 이형유전자형의 분리, 자연교잡, 돌연변이, 이형종자의 기계적 혼입 등으로 발생하며, 품종의 균일성과 순도에 가장 크게 영향을 미친다.

3 식물의 일장감응에 따른 분류(9형) 중 옳은 것은?

㉮ II식물 : 고추, 메밀, 토마토

㉯ LL식물 : 앵초, 시네라리아, 딸기

㉰ SS식물 : 시금치, 봄보리

㉱ SL식물 : 코스모스, 나팔꽃, 콩(만생종)

연구 가지과(가지, 고추, 토마토) 식물은 우리의 식생활에서 활용도가 높아 매우 중요하므로 시험에서도 가장 많이 출제된다. 가지과 식물은 일장에서 중성식물(II식물)이고, 연작장해가 크며, 종자는 수중발아가 어려운 특성이 있고, 고온과 혐광성 발아를 하며, 배유종자이다.

4 철, 망간, 칼륨, 칼슘 등이 작토층에서 용탈되어 결핍된 논토양은?

㉮ 습답   ㉯ 노후답

㉰ 중점토답   ㉱ 염류집적답

연구 예전에는 논 Podzol화의 영향을 받아 작토층의 성분이 하층에 쌓여 있는 토양을 통틀어 노후화 토양이라 하였으나 많은 연구로 지금은 부족성분별로 세분화하고 있다. 그러나 이 문제에서처럼 세분화하지 않았으면 과거처럼 노후(화)답이라고 하여야 한다.

5 작물의 요수량을 나타낸 것은?

㉮ 건물 1g을 생산하는 데 소비된 수분량 kg

㉯ 생체 1g을 생산하는 데 소비된 수분량 kg

㉰ 건물 1g을 생산하는 데 소비된 수분량 g

㉱ 생체 1g을 생산하는 데 소비된 수분량 g

연구 건물 1g을 생산하는 데 소요되는 수분량(g)을 그 작물의 요수량(要水量)이라고 한다. 요수량과 비슷한 의미로 증산계수가 있는데, 이것은 건물 1g을 생산하는 데 소비된 증산량을 말하므로 요수량과 동의어로 사용된다. 단위를 잘 보아야 하는 문제이다. ㉮번이라고 하여 틀리는 사람이 많다. 나 참!

6 작물의 유전적인 유연관계의 구명 방법으로 가장 거리가 먼 것은?

㉮ 교잡에 의한 방법

㉯ 염색체에 의한 방법

㉰ 면역학적 방법

㉱ 생물학적 방법

연구 유연관계를 파악하는 데는 형태적, 생리적, 생태적 특성을 비교하여 유전적인 유연관계를 찾아야한다. 연구방법으로는 교잡에 의한 방법, 염색체에 의한 방법, 종자에 함유된 단백질의 특성을 파악하는 면역학적 방법 등이 있다.

7 다음 작물이 춘화처리 온도와 처리 기간이 옳은 것은?

㉮ 추파맥류 : 최아종자를 7±3℃에서 30~60일

㉯ 배추 : 최아종자를 3±1℃에서 20일

㉰ 콩 : 최아종자를 33±2℃에서 20~30일

㉱ 시금치 : 최아종자를 1±1℃에서 32일

연구 가을보리의 춘화처리는 종자의 싹을 틔워 0~3℃의 저온에서, 추파성 정도에 따라서 일정기간(10~60일) 처리한다. 일반적으로 춘화처리 온도는 낮다.

---

1 ㉱   2 ㉯   3 ㉮   4 ㉯   5 ㉰   6 ㉱   7 ㉱

8 참외밭의 둘레에 옥수수를 심는 경우의 작부 체계는?

㉮ 간작

㉯ 혼작

㉰ 교호작

㉱ 주위작

연구 주위작 : 포장의 주위에 포장 내의 작물과는 다른 작물을 재배하는 작부방식으로 포장주위의 빈 공간을 생산에 이용하는 혼작의 일종이라고 볼 수 있다.

9 풍건상태일 때 토양의 pF 값은?

㉮ 약 4 ㉯ 약 5

㉰ 약 6 ㉱ 약 7

연구 흡습계수 : 토양이 영구위조점을 지나 풍건상태(風乾, pF 6.0) 또는 건토상태(乾土, pF 7.0)로 더욱 건조됨에 따라 작물이 흡수·이용할 수 없는 흡습수와 화합수만 남게 되는데 이때의 토양함수상태를 말한다. 흡습계수에서의 pF값은 4.5 정도(-31 bar)이다.

10 빛과 작물의 생리작용에 대한 설명으로 틀린 것은?

㉮ 광이 조사되면 온도가 상승하여 증산이 조장된다.

㉯ 광합성에 의하여 호흡기질이 생성된다.

㉰ 식물의 한쪽에 광을 조사하면 반대쪽의 옥신 농도가 낮아진다.

㉱ 녹색식물은 광을 받으면 엽록소 생성이 촉진된다.

연구 굴광 현상 : 식물이 광을 향하여 굴곡반응을 나타내는 것을 굴광 현상이라고 하는데, 이에는 440~480nm의 청색광이 가장 유효하다. 식물체가 한 쪽에 광을 받으면 그 부분의 옥신(신장촉진 호르몬) 농도는 낮아지고, 반대쪽의 농도는 높아져서 발생한다.

11 벼에서 피해가 가장 심한 냉해의 형태로 옳은 것은?

㉮ 지연형 냉해

㉯ 장해형 냉해

㉰ 혼합형 냉해

㉱ 병해형 냉해

연구 냉온 하에서는 지연형 및 장해형의 냉해와 함께 냉도열병 등의 병해가 겹치는 복합(혼합)형 냉해가 발생하기도 한다. 피해가 심하다.

12 고립상태에서 온도와 CO_2농도가 제한조건이 아닐 때 광포화점이 가장 높은 작물은?

㉮ 옥수수

㉯ 콩

㉰ 벼

㉱ 감자

연구 C_4 식물은 광호흡이 일어나기 쉬운 조건인 열대지방의 초본(사탕수수, 옥수수, 수수 등)에서 많이 발견된다. 이들은 C_3 식물이 극복하지 못한 고온에 적응하였다.

13 생력재배의 효과로 볼 수 없는 것은?

㉮ 노동투하시간의 절감

㉯ 단위수량의 증대

㉰ 작부체계의 개선

㉱ 농구비 절감

연구 생력재배를 하려면 농구(農 농사 농, 具 설비 구)비는 증가한다.

14 비료사용량이 한계 이상으로 많아지면 작물의 수량이 감소되는 현상을 설명한 법칙은?

㉮ 최소 수량의 법칙

㉯ 수량점감의 법칙

㉰ 다수확의 법칙

㉱ 최대 수량의 법칙

연구 한계효용의 체감법칙은 어떤 사람이 동일한 재화를 소비함에 따라 느끼는 주관적인 만족도(혹은 필요도)가 점차 감소한다는 것인데, 수량점감의 법칙도 이와 유사하다. 즉, 비료사용량이 증가함에 따라 생산량이 증가하기는 하나 증가의 정도는 작아지고, 결국 생산량이 감소한다.

15 다음 설명하는 생장 조절제는?

- 화본과 작물 재배 시 쌍떡잎 초본 잡초에 제초 효과가 있다.
- 저농도에서는 세포의 신장을 촉진하나 고농도 에서는 생장이 억제된다.

㉮ Gibberellin ㉯ Auxin
㉰ Cytokinin ㉱ ABA

연구 옥신은 농도가 어느 이상이 되면 분화 및 생장을 억제하는 작용을 하는데, 이를 이용한 것이 제초효과이다. 2,4–D는 화본과 작물 재배 시 쌍떡잎 식물을 제거하는 선택적 제초제로 세계에서 가장 많이 사용된다.

16 다음의 여러 가지 파종방법 중에서 노동력이 가장 적게 소요되는 것은?

㉮ 적파 ㉯ 점뿌림
㉰ 골뿌림 ㉱ 흩어뿌림

연구 산파(흩어뿌림)는 포장전면에 종자를 흩어 뿌리는 방법으로 파종 노력이 적게 드나, 종자가 많이 들고, 통풍 및 수광자세가 나쁘며, 기타 병해충 방지, 제초 등의 관리 작업도 불편하다. 목초, 자운영의 답리작에서 실시한다.

17 우리나라의 농업이 국내외 농업환경 변화에 부응하여 지속적으로 발전하기 위해 해결해야 하는 당면과제로 적합하지 않은 것은?

㉮ 생산성 향상과 품질 고급화
㉯ 종류 및 작형의 단순화와 저장성 향상
㉰ 유통구조 개선과 국제 경쟁력 강화
㉱ 저투입,지속적 농업의 실천과 농산물 수출 강화

연구 수요의 다양화에 대비한 생산작물의 다양화와 토양의 보호 및 병해충 방제 등을 위한 작부체계(작형)의 다양화가 필요하다.

18 작물의 생육과 관련된 3대 주요온도가 아닌 것은?

㉮ 최저온도 ㉯ 평균온도
㉰ 최적온도 ㉱ 최고온도

연구 작물생육이 가능한 최저·최적·최고의 3온도를 주요 온도라 한다. 춘파작물의 최저온도는 그 작물의 파종시기의 결정과 보온재배의 여부에 중요하며, 최고온도는 재배지의 선정에 중요하다.

19 화곡류를 미곡, 맥류, 잡곡으로 구분할 때 다음 중 맥류에 속하는 것은?

㉮ 조 ㉯ 귀리
㉰ 기장 ㉱ 메밀

연구 맥류 : 보리, 밀, 귀리, 호밀 등

20 다음 중 종자의 수명이 가장 짧은 것은?

㉮ 나팔꽃 ㉯ 백일홍
㉰ 데이지 ㉱ 베고니아

연구 단명종자(1~2년) : 고추·양파·메밀·토당귀·베고니아등
1300년 전의 지층에서 발견된 연꽃 씨가 꽃을 피운 일도 있고, 시베리아 영구동토층에서 발견된 32,000년 전의 씨도 발아하여 꽃을 피웠다고 한다.

21 다음 중 USDA 법에 의한 점토의 입자 크기는?

㉮ 2mm 이상 ㉯ 0.2mm 이하
㉰ 0.02mm 이하 ㉱ 0.002mm 이하

연구 입경이 0.002mm 이하이어야 표면전하가 있고(이보다 크면 전하 없음), 그것에 의하여 양분보유 능력이 생긴다.

22 산성토양의 개량 및 재배대책 방법이 아닌 것은?

㉮ 석회 시용
㉯ 유기물 시용
㉰ 내산성 작물재배
㉱ 적황색토 객토

연구 산성토양의 개량법
1. 염기의 공급 : 산성토양은 염기가 용탈된 것이므로 알칼리성인 염기(탄산석회와 탄산마그네슘)를 보충해 주어야 한다.
2. 보조적 수단 : 유기물 시용, 내산성 작물재배(소극적 방법) 적황색토는 무기양분이 용출된 노후화답의 객토에 사용한다.

---

15 ㉯ 16 ㉱ 17 ㉯ 18 ㉯ 19 ㉯ 20 ㉱ 21 ㉱ 22 ㉱

23 식물이 다량으로 요구하는 필수 영양소가 아닌 것은?

㉮ Fe   ㉯ K

㉰ Mg   ㉱ S

연구 미량원소(8종) : 붕소(B), 염소(Cl), 몰리브덴(Mo), 아연(Zn), 철(Fe), 망간(Mn), 구리(Cu), 니켈(Ni)

24 논 작토층이 환원되어 하층부에 적갈색의 집적층이 생기는 현상을 가진 논을 칭하는 용어는?

㉮ 글레이화

㉯ 라테라이트화

㉰ 특이산성화

㉱ 포드졸화

연구 점질토의 습답에서는 가용화된 Fe^{2+}와 Mn^{2+}이 물을 따라 하층에 운반되며, 하층에서 다시 산화하여 적갈색의 무늬로 침전한다. 이 층을 침전층이라 하며, 이것은 한랭다습한 지역에서 발생하는 Podzol화작용과 용탈모양이 같다고 하여 논 Podzol이라고 한다.

25 토양을 담수하면 환원되어 독성이 높아지는 중금속은?

㉮ As   ㉯ Cd

㉰ Pb   ㉱ Ni

연구 비소의 독성은 화학 형태에 따라 크게 다르다. 독성은 무기(환원)형태가 유기(산화)형태보다 강하다. 무기형태 비소화합물 중에서는 3가 비소(As^{3+})가 5가 비소(As^{5+})보다 훨씬 강하다.

26 사질의 논토양을 객토할 경우 가장 알맞은 객토 재료는?

㉮ 점토 함량이 많은 토양

㉯ 부식 함량이 많은 토양

㉰ 규산 함량이 많은 토양

㉱ 산화철 함량이 많은 토양

연구 사질의 논토양은 점토 함량이 많은 토양으로 객토하여 농사에 가장 좋은 양토(25.0~37.5)로 만들어야 한다.

27 화성암으로 옳은 것은?

㉮ 사암   ㉯ 안산암

㉰ 혈암   ㉱ 석회암

연구 화성암은 규산(SiO_2) 함량에 따라 산성암(화강암, 석영반암, 유문암), 중성암(섬록암, 섬록반암, 안산암), 염기성암(반려암, 휘록암, 현무암)으로 구분한다.

28 우리나라 밭토양에 가장 많이 분포되어 있는 토성은?

㉮ 식질   ㉯ 식양질

㉰ 사양질   ㉱ 사질

연구 보통밭(식양질): 42%, 사질밭: 23%

29 논토양에서 탈질현상이 나타나는 층은?

㉮ 산화층   ㉯ 환원층

㉰ A층   ㉱ B층

연구 논토양의 산화층과 환원층의 경계면이나 환원층에서 통성 혐기성인 탈질균에 의해 질산이 유리질소(N_2, NO, N_2O)로 변화되어 공기 중으로 휘산된다.

30 우리나라 토양에서 가장 많이 분포한다고 알려진 점토광물은?

㉮ 카올리나이트

㉯ 일라이트

㉰ 버미큘라이트

㉱ 몬모릴로나이트

연구 kaolinite는 염기물질의 신속한 용탈작용을 받기 때문에 그 구성성분은 SiO_2와 Al_2O_3뿐이고 철, 칼슘, 칼륨 등의 염기가 없어 척박하다. 고령토라고 하며, 우리나라 토양에 가장 많이 분포한다.

31 빗방울의 타격에 의한 침식 형태는?

㉮ 입단파괴침식   ㉯ 우곡침식

㉰ 평면침식   ㉱ 계곡침식

연구 입단파괴침식 : 빗방울의 지표타격작용에 의해 입단이 파괴되는 침식

23 ㉮   24 ㉱   25 ㉮   26 ㉮   27 ㉯   28 ㉯   29 ㉯   30 ㉮   31 ㉮

32 신토양분류법의 분류체계에서 가장 하위 단위는 어느 것인가?

㉮ 목
㉯ 속
㉰ 통
㉱ 상

연구 형태론적 분류단위
목 → 아목 → 대군 → 아군 → 속 → 통

33 2:1형 격자 광물을 가장 잘 설명한 것은?

㉮ 규산판 1개와 알루미나판 1개로 형성
㉯ 규산판 2개와 알루미나판 1개로 형성
㉰ 규산판 1개와 알루미나판 2개로 형성
㉱ 규산판 2개와 알루미나판 2개로 형성

연구 2:1격자형: 2개의 규산판(자연상태에서 규산판이 많다) 사이에 알루미나판 1개가 삽입된 모양으로 결속되어 한 결정 단위를 이루고 있는 것이다. montmorillonite, illite, vermiculite 계가 있다.

34 논토양의 환원층에서 진행되는 화학반응으로 옳은 것은?

㉮ $Mn^{+4} \rightarrow Mn^{+2}$
㉯ $H_2S \rightarrow SO_4^{-2}$
㉰ $Fe^{2+} \rightarrow Fe^{3+}$
㉱ $NH_4^+ \rightarrow NO_3^-$

연구 환원상태란 산소가 줄어든 상태($CO_2 \rightarrow CH_4$, CO) 또는 전자를 얻은 상태($Mn^{+4} \rightarrow Mn^{+2}$, 4란 4개의 전자가 부족하다는 뜻인데, 2가가 되었다는 것은 전자를 2개 얻어 2개의 전자만 필요하다는 의미이다)를 말한다.

35 하이드로메타법에 따라 토성을 조사한 결과 모래 34%, 미사 35%였다. 조사한 이 토양의 토성이 식양토일 때 점토함량은 얼마인가?

㉮ 21%
㉯ 31%
㉰ 35%
㉱ 38%

연구 토양 무기물입자의 입경조성에 의한 토양의 분류를 토성이라 하며 모래(조사, 세사), 미사 및 점토의 함량비로 분류한다. 함량은 100%를 기준으로 하므로 100 − 34 − 35 = 31

36 토양 중의 입자밀도가 동일할 때 공극률이 가장 큰 용적밀도는?

㉮ 1.15 g/㎤
㉯ 1.25 g/㎤
㉰ 1.35 g/㎤
㉱ 1.45 g/㎤

연구 공극률(%) = (1 − 가비중 / 진비중) × 100에서 진비중(입자밀도)은 동일하므로 가비중(용적밀도)이 작을수록 공극률은 커진다.

37 토양미생물의 수를 나타내는 단위는?

㉮ ppm
㉯ cfu
㉰ mole
㉱ pH

연구 cfu : 집락형성단위 (Colony-forming unit)

38 용탈층에서 이화학적으로 용탈, 분리되어 내려오는 여러 가지 물질이 침전, 집적되는 토양 층위는?

㉮ 유기물층
㉯ 모재층
㉰ 집적층
㉱ 암반

연구 O(유기물)층 → A(용탈)층 → B(집적)층 → C(모재)층 → R(모암)층

39 다음 중 토양유실량이 가장 큰 작물은?

㉮ 옥수수
㉯ 참깨
㉰ 콩
㉱ 고구마

연구 강우 차단 효과는 작물의 종류, 재식밀도, 비의 강도 등에 따라 다르나 항상 지면이 피복되어 있는 목초지는 토양 유실량이 가장 적으며 지면의 피복 정도가 좋은 고구마나 보리의 작부체계도 토양보존에 좋다.(토양유실량 : 나지 > 무 > 옥수수 > 소맥 > 밭벼 > 대두간작 > 목초)

---

32 ㉰　33 ㉯　34 ㉮　35 ㉯　36 ㉮　37 ㉯　38 ㉰　39 ㉮

40 하천이나 호소의 부영양화로 조류가 많이 발생되는 현상과 관련이 깊은 토양오염물질은?

㉮ 비소 ㉯ 수은
㉰ 인산 ㉱ 세슘

연구 부영양화(富營養化)는 하천, 호수 등에 화학비료 등으로부터 유출되는 질소, 인산, 칼륨 등의 유기 영양물질들이 축적되는 현상이다.

41 유기농업에서 예방적 잡초 제어 방법이 아닌 것은?

㉮ 윤작
㉯ 동물 방목
㉰ 완숙퇴비 사용
㉱ 두과작물 재배

연구 동물이 잡초를 먹는 것은 잡초가 다 큰 다음이므로 예방적 조치는 아니다. 두과작물은 토양피복 효과가 크기 때문에 잡초발생을 막아준다.

42 유기축산에 대한 설명으로 틀린 것은?

㉮ 양질의 유기사료 공급
㉯ 가축의 생리적 욕구 존중
㉰ 유전공학을 이용한 번식기법 사용
㉱ 환경과 가축간의 조화로운 관계 발전

연구 Codex 규격 : 유전공학/유전자변형 물질(GEO/GMO)로부터 생산된 모든 재료 그리고/또는 제품은 유기생산 원칙(재배, 제조, 가공)과 부합하지 않으므로 본 가이드라인에서 허용되지 않는다. 유기농업과 유기축산에서 "유전공학/유전자변형 물질(GEO/GMO)"은 금기어이다.

43 여교배 육종에 대한 기호 표시로서 옳은 것은?

㉮ (A×A)×C ㉯ ((A×B)×B)×B
㉰ (A×B)×C ㉱ (A×B)×(C×D)

연구 여교배 육종은 어떤 한가지의 우수한 특성을 가진 비실용품종을 1회친으로 하고, 그 우수한 특성은 없지만 전체적으로 우수하여 현재 재배되고 있는 실용품종을 반복친으로 하여 품종을 개량하는 방법이다. ((A×B)×B)×B이면 A가 1회친, (A×B)×A이면 B가 1회친이다.

44 일반적인 퇴비의 기능으로 가장 거리가 먼 것은?

㉮ 작물에 영양분 공급
㉯ 작물생장 토양의 이화학성 개선
㉰ 토양 중 생물의 활성 유지 및 증진
㉱ 속성 재배 효과 및 살충 효과

연구 화학비료는 속효성이고, 퇴비는 지효성이다.

45 밭토양의 시비효과 및 비옥도 증진을 위한 두과 녹비작물로 가장 적당한 것은?

㉮ 헤어리베치
㉯ 밭벼
㉰ 옥수수
㉱ 수단그라스

연구 두과가 아닌 녹비작물로는 유채, 귀리, 메밀, 조, 수수, 진주조, 수단그라스, 티모시 등이 많이 재배되고 있다.

46 세계에서 유기농업이 가장 발달한 유럽 유기농업의 특징에 대한 설명으로 틀린 것은?

㉮ 농지면적당 가축 사육규모의 자유
㉯ 가급적 유기질 비료의 자급
㉰ 외국으로부터의 사료의존 지양
㉱ 환경보전적인 기능 수행

연구 우리나라의 법에도 "가축 사육두수는 해당 농가에서의 유기사료 확보능력, 가축의 건강, 영양균형 및 환경영향 등을 고려하여 적절히 정하여야 한다."라고 정하고 있다.

47 집약축산에 의한 농업 환경오염으로 가장 거리가 먼 것은?

㉮ 메탄가스 발생 오염
㉯ 토양 생태계 오염
㉰ 수중 생태계 오염
㉱ 이산화탄소 발생 오염

연구 소의 트림과 방구에서 나오는 메탄가스는 그 양이 엄청나다고 하지만, 소의 호흡에서 나오는 이산화탄소는 오염물질이 아닌 광합성 재료이다.

40 ㉰ 41 ㉯ 42 ㉰ 43 ㉯ 44 ㉱ 45 ㉮ 46 ㉮ 47 ㉱

48 시설(비닐하우스 등)의 환기효과라고 볼 수 없는 것은?

㉮ 실내온도를 낮추어 준다.

㉯ 공중습도를 높여준다.

㉰ 탄산가스를 공급한다.

㉱ 유해가스를 배출한다.

연구 시설은 일반적으로 공중습도가 높으므로, 환기하면 습도가 낮아진다.

49 배추과의 신품종 종자를 채종하기 위한 수확적기로 옳은 것은?

㉮ 갈숙기   ㉯ 황숙기

㉰ 녹숙기   ㉱ 고숙기

연구 화곡류의 채종적기는 보통재배보다 다소 빠른 황숙기이다. 그것은 완숙기의 채종종자에 비해 발아력이 좋고, 균일하며, 차대 생산력이 높기 때문이다. 채소류는 갈숙기이다.

50 지력이 감퇴하는 원인이 아닌 것은?

㉮ 토양의 산성화

㉯ 토양의 영양 불균형화

㉰ 특수비료의 과다 사용

㉱ 부식의 시용

연구 유기물은 지력을 증진하며, 부식은 유기물에서 발생한다.

51 다음 유기농업이 추구하는 내용에 관한 설명으로 가장 옳은 것은?

㉮ 환경생태계 교란의 최적화

㉯ 합성화학물질 사용의 최소화

㉰ 토양활성화와 토양단립구조의 최적화

㉱ 생물학적 생산성의 최적화

연구 유기농업에서는 원칙적으로 합성화학물질을 전혀 사용할 수 없다.
Codex 규격 : 유기농업은 생물의 다양성, 생물학적 순환의 원활화, 토양의 생물학적 활동 촉진 등 농업생태계의 건강을 증진시키고 강화시키는 총체적 생산관리제도이다. 즉, 생물학적 생산성의 최적화를 추구한다.

52 유기농업에서 병해충 방제와 잡초 방제 수단으로 이용되는 방법이 아닌 것은?

㉮ 저항성 품종

㉯ 윤작 체계

㉰ 제초제 사용

㉱ 기계적 방제

연구 유기농업에서는 합성화학물질을 사용할 수 없다. 병해충이 기계적 · 물리적 및 생물학적인 방법으로 적절하게 방제되지 아니하는 경우에 허용물질을 사용할 수 있다.

53 토양 피복의 목적이 아닌 것은?

㉮ 토양내 수분 유지

㉯ 병해충 발생 방지

㉰ 미생물 활동 촉진

㉱ 온도 유지

연구 멀칭은 유기물이나 폴리에틸렌 필름 등을 지상에 덮어 우적침식을 방지하고 토양수분 보존, 온도 조절, 표면고결 억제, 잡초 방지, 유익한 박테리아의 번식 촉진 등의 효과를 얻는 방법이다.

54 윤작의 효과가 아닌 것은?

㉮ 지력의 유지, 증강

㉯ 토양구조 개선

㉰ 병해충 경감

㉱ 잡초의 번성

연구 윤작의 효과는 병해충 발생 억제와 잡초의 경감, 지력 유지 및 증진(토양구조 개선 포함), 기지현상의 회피 등인데, 유기농업에서 실시하면 병해충 방제에서 효과가 대단하다.

55 소의 제1종 가축전염병으로 법정전염병은?

㉮ 전염성 위장염

㉯ 추백리

㉰ 광견병

㉱ 구제역

연구 구제역은 발굽이 2개인 소 · 돼지 등의 입이나 발굽 주변에 물집이 생긴 뒤 치사율이 5~55%에 달하는 바이러스성 전염병이다.

---

48 ㉯ 49 ㉮ 50 ㉱ 51 ㉱ 52 ㉰ 53 ㉯ 54 ㉱ 55 ㉱

56 과수재배에서 바람의 장점이 아닌 것은?

㉮ 상엽을 흔들어 하엽도 햇볕을 쬐게 한다.

㉯ 이산화탄소의 공급을 원활하게 하여 광합성을 왕성하게 한다.

㉰ 증산작용을 촉진시켜 양분과 수분의 흡수 상승을 돕는다.

㉱ 고온 다습한 시기에 병충해의 발생이 많아지게 한다.

연구 산위에서 부는 바람, 고마운 바람, 습기를 제거하여 병충해도 줄여준데요.

57 다음 중 IFOAM이란?

㉮ 국제유기농업운동연맹

㉯ 무역의 기술적 장애에 관한 협정

㉰ 위생식품검역 적용에 관한 협정

㉱ 국제유기식품규정

연구 IFOAM(International Federation of Organic Agriculture Movement) : 국제유기농업운동연맹

58 엽록소를 형성하고 잎의 색이 녹색을 띠는 데 필요하며, 단백질 합성을 위한 아미노산의 구성 성분은?

㉮ 질소   ㉯ 인산

㉰ 칼륨   ㉱ 규산

연구 질소가 부족하면 하위엽부터 황화 또는 백화된다.
아미노산 및 단백질의 구성원소 : C, H, O, N, S.

59 쌀겨를 이용한 논잡초 방제에 대한 설명으로 틀린 것은?

㉮ 이슬이 말랐을 때 쌀겨를 사용한다.

㉯ 살포면적이 넓으면 쌀겨를 펠렛으로 만들어 사용한다.

㉰ 쌀겨를 뿌리면 논주변에 악취가 발생한다.

㉱ 쌀겨는 잡초종자의 발아를 완전 억제한다.

연구 쌀겨를 이용한 논잡초 방제는 쌀겨에 있는 발아억제물질(유기산 등)의 효능을 이용하는 것이다. 그러나 잡초발아를 완전 억제하는 것은 불가능!

60 다음의 조건에 맞는 육종법은?

- 현재 재배되고 있는 품종이 가지고 있는 소수형질을 개량할 때 쓰인다.
- 우수한 특성이 있으나 내병성 등의 한 두 가지 결점이 있을 때 육종하는 방법이다.
- 비교적 짧은 세대에 걸쳐 육종개량이 가능하다.

㉮ 계통분리육종법

㉯ 순계분리육종법

㉰ 여교배(잡)육종법

㉱ 도입육종법

연구 여교배육종법

1. 의의 및 장점

① 여교배 육종은 어떤 한가지의 우수한 특성을 가진 비실용품을 1회친으로 하고, 그 우수한 특성은 없지만 전체적으로 우수하여 현재 재배되고 있는 실용품종을 반복친으로 하여 연속적으로 교배ㆍ선발함으로써 비교적 작은 집단의 크기로 짧은 세대 동안에 품종을 개량하는 방법이다. (A×B)×B 또는 (A×B)×A의 형식이며 한번 교잡시킨 것을 1회친, 두 번 이상 교잡시킨 것을 반복친이라고 한다.

② 여교배 육종은 찰성과 같이 단순유전하는 형질이나 내병성처럼 감별이 용이한 형질개량에 제일 효과적이지만, 여러 유전자를 집적하는 경우와 이종 게놈 식물의 유전자를 도입하는 데에도 그 효율성이 인정된다.

2. 성공적 여교배 육종의 조건

① 반복친은 여러 가지가 우수하여 현재도 재배되고 있지만, 1회친의 한 가지 특성만 더 이전시키면 특별히 아주 더 좋은 품종이 되는 것이어야 한다.

② 1회친의 한 가지 특성이 필요한 것이므로, 그 형질의 우수특성이 반복친으로 이전된 후에도 변하지 않아야 한다.

③ 교배과정에서 반복친의 본래 가지고 있던 우수특성들이 나빠질 수 있다. 따라서 나빠진 것이 있다면 본래 가지고 있던 모든 우량형질이 회복되어야 한다.

56 ㉱   57 ㉮   58 ㉮   59 ㉱   60 ㉰

유기농업 기능사	시험시간 1시간	기출·종합문제	출제유형 기본·일반·심화

1 작물의 일반분류에서 섬유작물(fiber crop)에 속하지 않는 것은?

㉮ 목화, 삼

㉯ 고리버들, 제충국

㉰ 고시풀, 아마

㉱ 케니프, 닥나무

연구 섬유작물 : 목화, 삼, 모시풀, 아마, 왕골, 닥나무, 수세미 등

2 대기의 질소를 고정시켜 지력을 증진시키는 작물은?

㉮ 화곡류   ㉯ 두류

㉰ 근채류   ㉱ 과채류

연구 두류(荳類)는 콩, 팥, 녹두, 강낭콩, 완두, 땅콩 등으로 뿌리혹박테리아와 공생관계를 구축하여 공중질소를 고정한다.

3 적응된 유전형들이 안정 상태를 유지하려면 적응형 상호간에 유전적 교섭이 생기지 말아야 하는데, 다음 중 생리적 격리의 설명으로 옳은 것은?

㉮ 지리적으로 멀리 떨어져 있어 유전적 교섭이 방지되는 것

㉯ 개화기의 차이, 교잡불임 등의 원인에 의하여 유전적 교섭이 방지되는 것

㉰ 돌연변이에 의해서 생리적으로 격리되는 것

㉱ 생리적 특성이 강하여 유전적 교섭이 방지되는 것

연구 분화의 마지막 과정은 성립된 적응형들이 유전적인 안정상태를 유지하는 것인데, 방법으로 지리적 격절, 생리적 격절, 인위적 격절 등이 있다.
생리적 격절 : 개화기의 차이, 교잡불능 등의 원인으로 유전적 교섭이 방지되는 것

4 작물을 재배할 때 도복의 피해 양상이 아닌 것은?

㉮ 수량 감소

㉯ 품질 저하

㉰ 수발아 방지

㉱ 수확작업 곤란

연구 도복되면 수발아가 방지되는 것이 아니라 수발아가 발생한다. 수발아의 방지책으로는 작물의 선택(보리가 밀보다 유리), 품종의 선택(맥류의 경우 조숙종이 유리), 도복 방지, 발아억제제의 살포(유기에서는 불가) 등이 있다.

5 작물의 특징에 대한 설명으로 틀린 것은?

㉮ 이용성과 경제성이 높다.

㉯ 일종의 기형식물을 이용하는 것이다.

㉰ 야생식물보다 생존력이 강하고 수량성이 높다.

㉱ 인간과 작물은 생존에 있어 공생관계를 이룬다.

연구 재배식물은 생존경쟁에 있어 약하므로 불량한 환경으로부터 보호하여 주는 조처, 즉 재배라고 하는 인간의 노력이 필요하다. 즉, 재배식물과 인간은 공생적 관계에 있다고 말할 수 있다.

6 대기의 조성과 작물의 생육에 대한 설명으로 옳은 것은?

㉮ 대기 중 질소의 함량비는 약 79% 이다.

㉯ 대기 중 산소의 함량비는 46% 이다.

㉰ 콩과작물의 근류균은 혐기성세균이다.

㉱ 대기의 산소농도가 낮아지면 C_3 작물의 광호흡이 커진다.

연구 대기의 조성 : 대기(지상의 공기) 중의 성분은 용량비로 보아 질소가스(N_2) 약 79%, 산소가스(O_2) 약 21%, 이산화탄소(CO_2) 약 0.03% 그리고 기타로 구성되어 있다.

1 ㉯   2 ㉯   3 ㉯   4 ㉰   5 ㉰   6 ㉮

7 지온상승효과가 가장 우수한 멀칭필름(피복비닐)의 색은?

㉮ 투명

㉯ 녹색

㉰ 흑색

㉱ 적색

연구 투명플라스틱 : 지온 상승, 건조 방지, 토양 및 비료유실 방지 등의 효과가 있으며, 작물이 멀칭한 필름 속에서 상당한 생육을 하는 경우 불투명 필름에 비하여 투명필름이 안전하다.

8 작물의 재배기술 중 제초에 대한 설명으로 틀린 것은?

㉮ 제초제는 생리작용에 따라 선택성과 비선택성으로 분류한다.

㉯ 2,4-D(이사디)는 대표적인 비선택성 제초제이다.

㉰ 제초제는 작용성에 따라 접촉성과 이행성으로 분류한다.

㉱ 제초제는 잡초의 생리기능을 교란시켜 세포원형질을 파괴 또는 분리시켜 고사하게 한다.

연구 2,4-D는 화본과 작물 재배 시 쌍떡잎 식물을 제거하는 선택적 제초제이다.

9 대기 중의 이산화탄소와 작물의 생리작용에 대한 설명으로 틀린 것은?

㉮ 이산화탄소의 농도와 온도가 높아질수록 동화량은 증가한다.

㉯ 광합성 속도에는 이산화탄소 농도뿐만 아니라 광의 강도도 관계한다.

㉰ 광합성은 온도, 광도, 이산화탄소의 농도가 증가함에 따라 계속 증대한다.

㉱ 광합성에 의한 유기물의 생성속도와 호흡에 의한 유기물의 소모속도가 같아지는 이산화탄소 농도를 이산화탄소 보상점이라고 한다.

연구 광합성은 어느 한계까지는 온도, 광도, 이산화탄소의 농도가 높아감에 따라서 증대한다. "어느 한계"를 포화점이라 하며, 포화점을 넘으면 광합성량이 최대치보다 줄어든다.

10 수분이 포화된 상태의 토양에서 증발을 방지하면서 중력수를 완전히 배제하고 남은 수분 상태를 말하며 작물이 생육하는 데 가장 알맞은 수분 조건은?

㉮ 포화용수량

㉯ 흡습용수량

㉰ 최대용수량

㉱ 포장용수량

연구 포장용수량 : 강우나 관개 후 2~3일이 경과되어 완전히 배수가 된 포장에서 중력에 저항하여 토양에 보류된 수분을 말한다. pF값은 2.5 정도(−0.33 bar)이다. 최소용수량은 포장용수량과 거의 같으며, 이 상태가 작물이 생육하는 데 가장 알맞은 수분조건이다.

11 작물의 흡수와 관련된 설명 중 옳은 것은?

㉮ 식물체의 줄기를 자른 곳에서 물이 배출되는 일비현상은 뿌리세포의 근압에 의한 능동적 흡수에 의해 일어난다.

㉯ 능동적 흡수는 뿌리를 통해 흡수되는 물이 주로 세포벽을 통하여 집단류에 의해 뿌리 내부로 이동하는 것을 말한다.

㉰ 뿌리를 통한 물의 흡수경로에서 심플라스트 경로는 식물의 죽어있는 세포벽과 세포 간극을 통하여 수분이 이동되는 경로이다.

㉱ 잎의 가장자리에 있는 수공에서 물이 나오는 일액현상은 근압에 의하여 일어나는 수동적 흡수이다.

연구 물관 내에 무기염류를 축적시켜 수분포텐셜을 낮춤으로써 이루어지는 흡수를 능동적 흡수라고 하는데, 줄기를 자른 곳에서 물이 배출되는 일비현상과 잎의 가장자리에 있는 수공에서 물이 나오는 일액현상은 뿌리세포의 근압에 의한 능동적 흡수에 의해 일어난다. 식물의 수분흡수 방법은 위에서 설명한 능동흡수와 증산작용에 의해 만들어지는 수분퍼텐셜의 기울기에 따라 자동으로 흡수되는 수동흡수의 2가지이다. 당연히 에너지가 소모되지 않는 수동흡수가 많다.

7 ㉮ 8 ㉯ 9 ㉰ 10 ㉱ 11 ㉮

12 작물의 생육에 있어 광합성에 영향을 주는 적색광의 파장은?

㉮ 300nm   ㉯ 450nm

㉰ 550nm   ㉭ 670nm

연구 광합성에는 675nm을 중심으로 한 650∼700nm의 적색 부분과 450nm을 중심으로 한 400∼500nm의 청색 부분이 가장 효과적이다. 식물의 잎이 녹색인 것은 식물은 녹색광을 흡수(광합성 등에 이용)하지 않고 반사하기 때문이다.

13 관개방법을 지표관개, 살수관개, 지하관개로 구분할 때 지표관개에 해당하지 않는 것은?

㉮ 일류관개   ㉯ 보더관개

㉰ 수반법   ㉭ 스프링클러관개

연구 지표관개(관수) : 지표면을 따라 물이 흐르게 하여 관개하는 방법으로, 지표면 전면에 걸쳐 물이 흐르게 하는 전면관개와 고랑으로 흐르게 하는 휴간(畦 밭두둑 휴, 間 사이 간)관개로 구분된다. 전면관개는 등고선에 따라 수로를 내고 일정한 장소에서 물이 넘쳐흐르게 하는 일류관개(溢 넘칠 일, 流 흐를 유, 灌 물댈 관, 漑 물댈 개), 포장된 경사면을 따라 물이 흐르게 하는 보더법, 수반법 등이 있다. 수반(水盤, 물넣는 그릇)법이란 두둑으로 둘레를 막고 개방된 토수로에 투수하여 이것이 침투해서 모관상승을 통하여 근권에 공급되게 하는 방법이다.

14 작물의 장해형 냉해에 관한 설명으로 가장 옳은 것은?

㉮ 냉온으로 인하여 생육이 지연되어 후기 등숙이 불량해진다.

㉯ 생육초기부터 출수기에 걸쳐 냉온으로 인하여 생육이 부진하고 지연된다.

㉰ 냉온하에서 작물의 증산작용이나 광합성이 부진하여 특정병해의 발생이 조장된다.

㉭ 유수형성기부터 개화기까지, 특히 생식세포의 감수분열기의 냉온으로 인하여 정상적인 생식기관이 형성되지 못한다.

연구 장해형 냉해는 영양생장기의 기상은 정상이어서 영양생장이 양호했으나, 생식생장의 중요한 시기에 저온을 받아 불임현상을 보이는 냉해이다. 장해형 냉해를 유발하는 냉온감수기는 수잉기와 개화·수정기의 두 시기이다.

15 접목재배의 특징이 아닌 것은?

㉮ 수세 회복

㉯ 병해충 저항성 증대

㉰ 환경 적응성 약화

㉭ 종자번식이 어려운 작물 번식수단

연구 채소(박과채소 등)의 경우 접목재배는 토양과 환경저항성을 높여준다.

16 발아억제물질에 해당하지 않는 것은?

㉮ 암모니아

㉯ 질산염

㉰ 시안화수소

㉭ ABA

연구 질산염은 대부분의 식물이 흡수할 수 있는 가급태 질소로 콩과식물에서는 생육을 억제하나, 화본과 목초에서는 발아를 촉진한다.

17 경운의 필요성에 대한 설명으로 틀린 것은?

㉮ 잡초 발생 억제

㉯ 해충 발생 증가

㉰ 토양의 물리성 개선

㉭ 비료 농약의 시용효과 증대

연구 경운은 땅속에 은둔하고 있는 해충의 유충이나 번데기를 지표에 노출시켜 죽게 한다.

18 남부지방에서 가을에서 겨울 동안 들깨 재배시설에 야간 조명을 실시하는 이유는?

㉮ 꽃을 피워 종자를 생산하기 위하여

㉯ 관광객에게 볼거리를 제공하기 위하여

㉰ 개화를 억제하여 잎을 계속 따기 위하여

㉭ 광합성 시간을 늘려 종자 수량을 높이기 위하여

연구 들깨는 단일성식물로 단일이면 개화가 촉진되고, 장일이면 개화가 억제된다. 따라서 들깨의 잎을 계속 따기 위해서는 조명(照明)처리로 단일조건인 가을을 장일조건으로 만들어 개화를 억제한다.

---

12 ㉭   13 ㉭   14 ㉭   15 ㉰   16 ㉯   17 ㉯   18 ㉰

19 광합성에서 조사광량이 높아도 광합성속도가 증대하지 않게 된 것을 뜻하는 것은?

㉮ 광포화   ㉯ 보상점

㉰ 진정광합성   ㉱ 외견상광합성

연구 외견상광합성 속도가 0(진정광합성속도 = 호흡속도)이 되는 광도를 광보상점이라 하며, 광도가 보상점을 넘어서 커짐에 따라 광합성속도도 증대하나 어느 한계에 이르면 조도가 더 증대되어도 광합성 속도는 증가하지 않게 되는 광포화점이 있다.

20 풍해의 생리적 기구가 아닌 것은?

㉮ 기공 폐쇄   ㉯ 호흡 증가

㉰ 광합성 저하   ㉱ 독성물질의 생성

연구 풍해의 종류(생리적 기구) : 물리적 장해, 호흡 증가(상해에 의한), 탈수 장해, 광합성 저해(기공폐쇄에 의한), 풍식과 조해

21 우리나라 토양이 대체로 산성인 이유로 틀린 것은?

㉮ 화강암 모재   ㉯ 여름의 많은 강우

㉰ 산성비   ㉱ 석회 시용

연구 화강암은 산성암이며, 우리나라는 한랭습윤하므로 유기물의 분해가 늦어지고, 생성된 부식은 염류가 용탈되므로 산성부식으로 된다. 석회는 산성토양을 개량하는 데 사용된다.

22 토양의 생성과 발달에 관여하는 5가지 요인에 해당하지 않는 것은?

㉮ 모재   ㉯ 식생

㉰ 압력   ㉱ 지형

연구 토양의 생성인자는 기후, 식생, 모재, 지형, 시간 등으로 기후, 식생은 적극적(능동적)인자이고 모재, 지형, 시간은 소극적(수동적)인자이다.

23 우리나라 밭토양이 가장 많이 분포되어 있는 지형은?

㉮ 곡간지   ㉯ 산악지

㉰ 구릉지   ㉱ 평탄지

연구 곡간지(谷 골짜기 곡, 間 사이 간, 地) 밭은 골짜기 사이에 가장 많다.

24 다음 중 단위무게당 가장 많은 양의 음전하를 함유한 광물은?

㉮ kaolinite   ㉯ montmorillonite

㉰ illite   ㉱ chlorite

연구 2:1격자형 광물인 montmorillonite는 격자의 각 모서리가 음전하를 띠고 있다.
양이온치환용량(me/100g): 버미큘라이트 120, 몬모릴로나이트 100, 알로판 80~200, 일라이트 30, 카올리나이트 10

25 토양의 수분을 분류할 때 토양 수분함량이 가장 적은 상태는?

㉮ 결합수   ㉯ 흡습수

㉰ 모세관수   ㉱ 중력수

연구 흡습수(吸濕水) : 보통 토양교질물의 표면에 몇 개의 분자층으로 흡착되어 있으며, 식물에게 흡수될 수 없는 무효한 수분이다.
결합수(結合水) : 점토광물의 구성요소로 되어있는 수분이다.

26 에너지를 얻는 수단에 따른 분류에서 타급영양(유기영양) 세균이 아닌 것은?

㉮ 암모니아화성균   ㉯ 섬유소분해균

㉰ 근류균   ㉱ 질산화성균

연구 자급영양세균 : 광영양세균과 화학영양세균(Nitrosomonas, Nitrobacter, Thiobacillus 등)이 있다.
Nitrobacter(질산화성균) : 아질산성 질소를 에너지원으로 활용하여 질산성 질소로 산화시키는 작용을 하므로 화학영양세균이다.

27 유효수분이 보유되어 있는 것으로서 보수역할을 주로 담당하는 공극은?

㉮ 대공극   ㉯ 가상공극

㉰ 모관공극   ㉱ 배수공극

연구 모관수(毛細管水) : 토양의 작은 공극 사이에서 모세관력과 표면장력에 의해 보유되어 있으며, 대부분의 작물에게 이용될 수 있는 유효한 수분이다.

19 ㉮   20 ㉱   21 ㉱   22 ㉰   23 ㉮   24 ㉯   25 ㉮   26 ㉱   27 ㉰

28 토양생성 요인 중 지형, 모재 및 시간 등의 영향이 뚜렷하게 나타나는 토양은?

㉮ 성대성토양
㉯ 간대성토양
㉰ 무대성토양
㉱ 열대성토양

연구 간대성토양 : 소극적(수동적)인자인 모재, 지형, 시간의 영향을 받아 이루어진 토양으로 띠를 이루지 않고(비성대성), 성대성토양의 경계를 넘어서 있기 때문에 간대성이라 한다.

29 시설재배지 토양관리의 문제점이 아닌 것은?

㉮ 염류집적이 잘 일어난다.
㉯ 연작장해가 발생되기 쉽다.
㉰ 양분 용탈이 잘 일어난다.
㉱ 양분 불균형이 발생되기 쉽다.

연구 시설재배지 : 강우가 없고, 재배횟수가 많기 때문에 다비조건이 되어 인산은 일반 토양에 비해 3배가 많고 칼륨, 칼슘, 마그네슘 등은 2배가 많은 등 염류의 집적이 심해지고 있다.

30 다음 설명하는 모암은?

– 어두운 색을 띠며 치밀한 세립질의 염기성암으로 산화철이 많이 포함되어 있다.
– 풍화되어 토양으로 전환되며 황적색의 중점식토로 되고 장석은 석회질로 전환된다.

㉮ 화강암
㉯ 석회암
㉰ 현무암
㉱ 석영조면암

연구 현무암 : 화산암이며, 암색을 띠는 미세질의 치밀한 염기성암으로 제주도의 토양은 현무암을 모암으로 하고 있다. 풍화토는 황적색의 중점식토로 되고, 조암광물인 장석은 석회질로 전환된다.

31 pH 2~4의 낮은 조건에서도 잘 생육하는 세균의 종류는?

㉮ 황세균
㉯ 질산균
㉰ 아질산균
㉱ 탈질균

연구 황산화균인 *Thiobacillus thiooxidans*(황세균)는 내산성이 강하며 pH 2~4에서도 잘 생육하여 황산을 생성시킨다.

32 토양 구조의 발달에 불리하게 작용하는 요인은?

㉮ 석회물질의 시용
㉯ 퇴비의 시용
㉰ 토양의 피복관리
㉱ 빈번한 경운

연구 입단이 파괴되는 조건
① 토양수분이 너무 적거나 많은 때의 경운
② 과도한 경운
③ 토양의 건조와 습윤의 반복, 동결과 융해의 반복 등 물리적 변형
④ Na의 작용 : 수화도가 큰 Na 이온은 토양입자를 분산시킨다.

33 적색 또는 회색 포드졸 토양의 주요 점토광물이며, 우리나라 토양의 점토광물 중 대부분을 차지하는 것은?

㉮ 카올리나이트
㉯ 일라이트
㉰ 몬모릴로나이트
㉱ 버미큘라이트

연구 kaolinite계 : kaolinite, halloysite 등이 속하며 우리나라에서는 고령토라고 한다. 적색 또는 회색 podzol 토양의 주요 점토광물이며, 우리나라의 토양은 kaolinite 점토가 대부분이다.

34 토양 내 유기물의 분해와 관련이 있는 효소는?

㉮ 탈수소효소
㉯ 인산가수분해효소
㉰ 단백질가수분해효소
㉱ 요소분해효소

연구 포도당($C_6H_{12}C_6$) + 산소($6O_2$) = 이산화탄소($6CO_2$) + 수분($6H_2O$) + 에너지(38ATP)로 분해되는 과정에서 탈수소효소는 해당(당분해)과정과 TCA 회로에서 작용한다.

28 ㉯ 29 ㉰ 30 ㉰ 31 ㉮ 32 ㉱ 33 ㉮ 34 ㉮

35 미생물은 활성이 가장 최적인 온도에 따라서 구분할 수 있다. 미생물의 생육적온이 15℃ 부근인 미생물은 어떤 분류에 포함되는가?

㉮ 저온성 미생물
㉯ 중온성 미생물
㉰ 고온성 미생물　　㉱ 혐기성 미생물

연구 대부분의 미생물은 생육적온이 20~40℃이나 유효미생물은 40℃ 이상의 고온에서 번식이 활발하여 고온균으로, 유해미생물은 40℃ 이하의 저온에서 많이 활동하기 때문에 저온균으로 각각 분류한다.

36 일반적인 논토양에서 25℃에서의 전기전도도는 얼마인가?

㉮ 1~2 dS/m　　　㉯ 2~4 dS/m
㉰ 5~7 dS/m　　　㉱ 8~9 dS/m

연구 전기전도도는 용액이 전류를 운반할 수 있는 정도를 말하는 것으로, 논토양에서는 2~4 dS/m(염분에 매우 예민한 작물은 생육불량)이다.

37 양이온치환용량(CEC)이 10cmol(+)/kg인 어떤 토양의 치환성염기의 합계가 6.5cmol(+)/kg라고 할 때 이 토양의 염기포화도는?

㉮ 13%
㉯ 26%
㉰ 65%
㉱ 85%

연구 염기포화도
= (치환성 염기량 / 양이온치환용량) × 100
= (6.5 / 10) × 100 = 65%

38 다음 음이온 중 치환순서가 가장 빠른 이온은?

㉮ PO_4^{3-}
㉯ SO_4^{2-}
㉰ Cl^-
㉱ NO_3^-

연구 음이온이 흡착되는 순위 : SiO_4^{-2} 〉 PO_4^{-3} 〉 SO_4^{-2} 〉 NO_3^- 〉 Cl^- 이다. 따라서 SiO_4^{-2}, PO_4^{-3}(인은 고정이 잘되어 항상 문제가 됨)가 고정되는 경우 후순위인 황, 질소 등의 중요 양분이 유실된다.

39 이타이 이타이(Itai–itai)병과 연관이 있는 중금속은?

㉮ 피씨비(PCB)
㉯ 카드뮴(Cd)
㉰ 크롬(Cr)
㉱ 셀레늄(Se)

연구 이타이 이타이(아프다 아프다의 뜻)병은 일본의 광산촌에서 카드뮴 중독에 의해, 미나마타병은 어촌에서 수은 중독으로 발생한 병이다.

40 토양학에서 토성(土性)의 의미로 가장 적합한 것은?

㉮ 토양의 성질
㉯ 토양의 화학적 성질
㉰ 입경구분에 의한 토양의 분류
㉱ 토양반응

연구 토성(土 흙 토, 性 성질 성)의 한자적 의미는 "토양의 성질"이나, 토양학에서의 정의는 토양 무기입자의 입경조성에 의한 토양의 분류를 토성(土性)이라 하고, 모래ㆍ미사 및 점토의 함량비로 분류한다.

41 유기농업에서 토양비옥도를 유지, 증대시키는 방법이 아닌 것은?

㉮ 작물 윤작 및 간작
㉯ 녹비 및 피복작물 재배
㉰ 가축의 순환적 방목
㉱ 경운작업의 최대화

연구 과도한 경운 : 경운은 토양을 산화상태로 만들며, 이 상태에서는 유기물의 분해가 촉진되므로 입단이 파괴된다. 입단 구조의 파괴는 토양비옥도를 저하시키는 직접적 원인이다.

35 ㉮　36 ㉯　37 ㉰　38 ㉮　39 ㉯　40 ㉰　41 ㉱

42 신품종 종자의 우수성이 저하되는 품종퇴화의 원인이 아닌 것은?

㉮ 인공적 ㉯ 유전적

㉰ 생리적 ㉱ 병리적

연구 재배세대가 경과하는 동안에 유전적, 생리적, 병리적 원인에 의해 고유한 좋은 특성이 나쁜 방향으로 변하는 것을 품종 또는 종자의 퇴화라 한다.

43 호광성 종자는?

㉮ 토마토 ㉯ 가지

㉰ 상추 ㉱ 호박

연구 호광성 종자 : 상추 · 화본과 목초 · 담배 · 우엉 · 셀러리 등(호광성 종자는 일반적으로 소형이다.)
혐광성 종자 : 가지과(가지, 토마토, 고추 · 박과(호박, 오이) · 양파 · 백일홍 등

44 입으로 전염되며 패혈증, 설사(백리변), 독혈증의 증상을 보이는 돼지의 질병은?

㉮ 대장균증 ㉯ 장독혈증

㉰ 살모넬라증 ㉱ 콜레라

연구 대장균증: 불량한 사육환경으로 인한 세균성 설사병
패혈증: 동물의 혈액 중에 병원성 미생물 또는 그 독소가 존재하여 일어나는 전신성 질환
독혈: 독이 있는 피

45 다음 중 산성토양에서 잘 자라는 과수는?

㉮ 무화과나무 ㉯ 포도나무

㉰ 감나무 ㉱ 밤나무

연구 산성토양에서 잘 자라는 수종 : 블루베리, 밤나무, 소나무, 해송, 낙엽송, 잣나무

46 사과를 유기농법으로 재배하는데 어린잎 가장자리가 위쪽으로 뒤틀리고, 새가지 선단에서 막 전개되는 잎은 황화되며 심한 경우에는 새 가지의 정단부위가 말라 죽어가고 있다. 무엇이 부족한가?

㉮ 질소 ㉯ 인산

㉰ 칼륨 ㉱ 칼슘

연구 어린 잎에 문제가 생기면 우선 이동성이 나쁜 원소의 부족이다. 망간과 칼슘의 이동성이 나쁜데, 일반적으로 칼슘이 문제를 많이 일으킨다. 즉, 식물에서도 칼슘이 중요하다.

47 유기농업에서 소각(burning)을 권장하지 않는 이유로 틀린 것은?

㉮ 소각함으로써 익충과 토양생물체에 피해를 준다.

㉯ 많은 양의 탄소, 질소 그리고 황이 가스형태로 손실된다.

㉰ 소각 후 잡초나 병충해가 더 많이 나타난다.

㉱ 재가 함유하고 있는 양분은 빗물에 쉽게 씻겨 유실된다.

연구 유기농업에서 소각은 잡초나 병충해가 줄어드는 이익(조금 준다)보다, 다른 손실이 더 크기 때문에 권장하지 않는다. 코덱스 규격에서 "체계 전체(whole system)의 생물학적 다양성을 증진시키기 위하여"라고 규정한 것도 소각을 반대하는 이유이다.

48 과수육종이 다른 작물에 비해 불리한 점이 아닌 것은?

㉮ 과수는 품종육성기간이 길다.

㉯ 과수는 넓은 재배면적이 필요하다.

㉰ 과수는 타가수정을 한다.

㉱ 과수는 영양번식을 한다.

연구 과수의 영양번식은 모체와 유전적으로 완전히 동일한 개체를 얻을 수 있고, 초기생장이 좋고 빠르며, 조기에 개화 · 결실의 효과가 있는 등 장점이 많다.

49 벼의 종자 증식 체계로 옳은 것은?

㉮ 원원종 - 원종 - 기본식물 - 보급종

㉯ 원종 - 원원종 - 기본식물 - 보급종

㉰ 원원종 - 원종 - 보급종 - 기본식물

㉱ 기본식물 - 원원종 - 원종 - 보급종

연구 기본식물은 육종가가 직접 또는 관리 하에 생산하며, 원원종은 원종보다 앞선 단계이다.

42 ㉮ 43 ㉰ 44 ㉮ 45 ㉱ 46 ㉱ 47 ㉰ 48 ㉱ 49 ㉱

50 유기한우 생산을 위해서는 사료 공급 요인들이 충족되어야 한다. 유기한우 생산 충족 사항은?

㉮ 전체 사료의 100%를 유기사료로 급여한다.
㉯ GMO 곡물사료를 공급한다.
㉰ 가축 질병예방을 위하여 항생제를 주기적으로 사용한다.
㉱ 활동이 제한되는 밀식 사육을 실시한다.

연구 사료 및 영양관리 : 유기축산물의 생산을 위한 가축에게는 100퍼센트 비식용유기가공품(유기사료)을 급여하여야 하며, 유기사료 여부를 확인하여야 한다.

51 다음 중 연작의 피해가 가장 큰 작물은?

㉮ 수수   ㉯ 고구마
㉰ 양파   ㉱ 사탕무

연구 연작의 해가 적은 작물은 벼, 맥류, 옥수수, 조, 수수, 고구마, 삼, 담배, 무, 양파, 당근, 호박, 아스파라거스, 딸기, 양배추, 미나리 등으로 주요 식용작물은 연작장해가 적다. 그러나 많이 먹는 작물이지만 5~7년간 휴작이 필요한 작물로 가지과(가지, 고추, 토마토), 수박, 우엉 등이 있다.

52 다음 중 농약 살포의 문제점이 아닌 것은?

㉮ 생태계가 파괴된다.
㉯ 익충을 보호한다.
㉰ 식품이 오염된다.
㉱ 병해충의 저항성이 증대된다.

연구 익충이 보호되면 얼마나 좋을까?

53 경사지에 비해 평지 과수원이 갖는 장점이라고 볼 수 없는 것은?

㉮ 토양이 깊고 비옥하다.
㉯ 보습력이 높다.
㉰ 기계화가 용이하다.
㉱ 배수가 용이하다.

연구 경사지의 배수력은 아주 높고, 평지의 배수력은 나쁠 수 있다.

54 다음 중 토양에 다량 사용했을 때 질소기아 현상을 가장 심하게 나타낼 수 있는 유기물은?

㉮ 알팔파
㉯ 녹비
㉰ 보릿짚
㉱ 감자

연구 보통 볏짚, 밀짚, 보릿짚 등 곡류의 짚은 탄질률이 높고 콩과식물의 탄질률은 낮다. 탄질률이 높으면 토양에 다량 사용했을 때 질소기아현상을 나타낼 수 있다.

55 유기과수원의 토양관리 중 유기물 시용의 효과가 아닌 것은?

㉮ 토양을 홑알구조로 한다.
㉯ 토양의 보수력을 증가한다.
㉰ 토양의 물리성을 개선한다.
㉱ 토양미생물이나 작물의 생육에 필요한 영양분을 공급한다.

연구 유기물의 분해과정에서 사상균에 의해 입단화(떼알구조)가 발생하고, 부식이 형성된 다음에도 부식이 토양에서 가소성을 향상시켜 입단화를 촉진한다.

56 우리나라 반추가축의 유기사료 수급에 관한 문제로 부적당한 것은?

㉮ 목초의 생산기반을 확장해야 한다.
㉯ 유기목초 종자 및 생산기술을 수립해야 한다.
㉰ 초지 접근성 및 유기방목 기술을 수립해야 한다.
㉱ 조사료보다는 농후사료의 자급기반을 확충해야 한다.

연구 자급사료 기반 : 초식가축의 경우에는 가축 1마리당 목초지 또는 사료작물 재배지 면적을 확보하여야 한다. 목초나 사료작물은 조사료이며, 조사료는 다량소비되고 부피가 커서 수입비용도 많이 드는 등의 문제가 있으므로 이의 자립기반 확충이 농후사료의 경우보다 시급하고 중요하다.

50 ㉮ 51 ㉱ 52 ㉯ 53 ㉱ 54 ㉰ 55 ㉮ 56 ㉱

57 볍씨의 종자선별 방법 중 까락이 없는 둥근 메벼를 염수선 할 때 가장 적당한 비중은?

㉮ 1.03 ㉯ 1.08
㉰ 1.10 ㉱ 1.13

연구 비중선에서 비중 표준은 까락이 없는 메벼는 1.13(물 18L에 소금 4.5kg), 까락이 있는 메벼는 1.10(물 18L에 소금 3kg), 그리고 찰벼와 밭벼는 1.08(물 18L에 소금 2.3kg) 정도이다.

58 농림축산식품부 소관 친환경농어업 육성 및 유기식품 등의 관리 지원에 관한 법률 시행 규칙에서 정한 친환경농산물 종류로 틀린 것은?

㉮ 유기농산물
㉯ 안전농산물
㉰ 무농약농산물
㉱ 무항생제축산물

연구 친환경농축산물이란 친환경농업을 통하여 얻는 것으로 다음 각 목의 어느 하나에 해당하는 것을 말한다.
가. 유기농산물·유기축산물 및 유기임산물
나. 무농약농산물 및 무항생제축산물
위의 법정 용어 이외에 "안전, 천연, 자연, 무공해, 바이오 등" 오해를 일으킬 수 있는 용어의 사용은 법으로 금지되어 있다.

59 유기농업에서 벼의 병해충 방제법 중 경종적 방제법이 아닌 것은?

㉮ 답전윤환
㉯ 저항성 품종 이용
㉰ 적절한 윤작
㉱ 천적 이용

연구 천적(생물)의 이용은 생물적 방제법이다.
경종적 방제법에는 윤작 및 답전윤환, 파종기 조절, 합리적 시비, 내병성 대목의 접목, 적합한 토지의 선정, 토양산도 개선, 토양물리성 개선, 중간 기주식물의 제거, 생장점 배양 등이 있다.

60 다음 중 식물의 기원지로 옳게 짝지어지지 않은 것은?

㉮ 사탕수수– 인도
㉯ 매화 – 일본
㉰ 가지 – 인도
㉱ 자운영 – 중국

연구 매화의 원산지는 중국 사천성이라고 한다.

식물명을 묻는 문제는 이해할 수 있는 것보다 외워야 할 것이 많아 쉽지 않다. 무턱대고 외우는 것은 분명 옳은 방법은 아니다. 그러면 어쩌나? 하늘이 무너져도 뭐는 있듯이 여기에도 대처하는 방법이 있다.

세계에서 제일 많이 생산되는 과채가 토마토이고, 우리나라에서 제일 많이 생산되는 조미과채가 고추이므로 이 둘은 매우 중요하다. 그런데 이 둘은 가지과에 속하므로 가지과 문제가 매우 많이 출제된다. "유기농업일반" 과목을 시작할 때 서문에 "고유명사의 이해"란 표현을 했는데 가지과를 이해하면, 다른 식물은 몰라도 답은 찾을 수 있음에 기반해서 했던 말이다.

우선 태생지를 보자. 가지과의 가지는 인도이고, 토마토는 남아메리카, 고추는 멕시코다. 가지과 식물은 일장에서 중성식물이고, 연작장해가 크며(5~7년간 휴작 필요), 종자는 수중발아가 어려운 특성이 있고, 고온과 혐광성 발아를 하며, 배유종자이다. 종자의 수명에서는 나뉘는데 고추는 단명, 토마토는 상명, 가지는 장명이다. 또한 가지과는 자식성이나 그 정도가 약하여 채종목적으로 재배 시 100~200m의 거리를 두고(벼, 보리, 콩 등의 강한 자식성 식물은 2~5m) 격리하여야 한다.

이상의 이해로 식물명을 묻는 문제는 거의 해결될 것이다. 그런데 당장 이 문제부터 해결이 되지 않는다. 예외 없는 법칙이 어디 있는가? 너무 그리 야박하게 하지 마시어요!
매화의 원산지는 중국 사천성이라고 한다.

57 ㉱ 58 ㉯ 59 ㉱ 60 ㉯

평가	확인

유기농업 기능사

시험시간 1시간	**기출 · 종합문제**	출제유형 기본 · 일반 · 심화

1 생력기계화재배를 통해 단위면적당 수량을 늘릴 수 있는데 그 주된 이유가 아닌 것은?

㉮ 지력의 증진

㉯ 노동력 증가

㉰ 적기 · 적작업

㉱ 재배방식의 개선

연구 재배방식의 개선, 적기작업, 기계화 생력재배의 도입 등으로 농업노력비와 생산비의 절감을 이루고, 토지이용도의 증대를 이루면 농업경영은 크게 개선될 수 있다.

2 고온으로 발생된 해(害)작용이 아닌 것은?

㉮ 위조의 억제

㉯ 황백화 현상

㉰ 당분 감소

㉱ 암모니아 축적

연구 온도가 높으면 상대습도가 낮아져서 증산과 증발이 모두 많아지므로 토양수분이 부족한 경우 작물이 한발의 피해(위조)를 받기 쉽다.

3 엽면시비가 효과적인 경우가 아닌 것은?

㉮ 작물의 필요량이 적은 무기양분을 사용할 경우

㉯ 토양 조건이 나빠 무기양분의 흡수가 어려운 경우

㉰ 시비를 원하지 않는 작물과 같이 재배할 경우

㉱ 부족한 무기성분을 서서히 회복시킬 경우

연구 엽면시비의 효과적 이용의 경우는 급속한 영양회복, 뿌리의 흡수력이 약해졌을 때, 토양시비가 곤란할 때 등이다.

4 토양구조의 입단화와 가장 관련이 깊은 것은?

㉮ 세균(bacteria)

㉯ 방선균(Actinomycetes)

㉰ 선충류(Nematoda)

㉱ 균근균(Mycorrhizae)의 균사

연구 사상균은 포자로부터 생장하여 균사를 형성하고 큰 뭉치가 되어 균사체가 되는데 이것은 토양의 입단형성과 안정화에 크게 기여한다. 사상균 중 담자균은 대부분의 식물뿌리에 감염하여 공생관계를 형성하는데, 이 특수한 형태의 뿌리를 균근(菌根)이라 한다. 따라서 균근균도 균사를 형성하므로 토양구조의 입단화에 기여한다.

5 종자춘화형 식물이 아닌 것은?

㉮ 추파맥류

㉯ 완두

㉰ 양배추

㉱ 봄올무

연구 종자춘화형은 최아 종자의 시기에 저온에 감응하여 개화하는 식물로 추파맥류, 완두, 잠두, 무, 배추 등이며 양배추, 양파, 당근, 히요스 등은 식물체가 저온에 감응하여야 개화하는 녹식물춘화형이다.

6 작물의 분화 및 발달과 관련된 용어의 설명으로 틀린 것은?

㉮ 작물이 원래의 것과 다른 여러 갈래로 갈라지는 현상을 작물의 분화라고 한다.

㉯ 작물이 환경이나 생존경쟁에서 견디지 못해 죽게 되는 것을 순화라고 한다.

㉰ 작물이 점차 높은 단계로 발달해 가는 현상을 작물의 진화라고 한다.

㉱ 작물이 환경에 잘 견디어 내는 것을 적응이라 한다.

연구 새로운 유전형 중에서 환경이나 생존 경쟁에 견디지 못하는 것은 도태되고, 견디는 것은 적응한다. 작물이 원래의 것과 다른 여러 갈래로 갈라지는 현상을 분화, 그 결과로 점차로 더 높은 단계로 발달해 가는 현상을 진화라 하고, 환경에 적응하여 특성이 변화된 것을 순화라 한다.

1 ㉯　2 ㉮　3 ㉱　4 ㉱　5 ㉰　6 ㉯

7 개방된 토수로에 투수하여 이것이 침투해서 모관상승을 통하여 근권에 공급되게 하는 방법은?

㉮ 암거법　　　　㉯ 압입법
㉰ 수반법　　　　㉱ 개거법

연구 지하관개 : 겉도랑(개거) 형식과 속도랑(암거) 형식의 두 가지가 있다. 개거법이란 일정한 간격으로 수로를 마련하고 이곳에 물을 흐르게 하여 수로 옆과 바닥으로 침투하게 하여 뿌리에 물을 공급하는 방식이다. 암거법은 땅속 30~60cm 깊이에 토관이나 기타 급수관을 묻어 관의 구멍으로부터 물이 스며나와 뿌리에 물이 공급되게 하는 방식으로 배수시설의 역(逆)이라 생각하면 된다.

8 윤작방식은 지방 실정에 따라서 다양하게 발달되지만, 대체로 다음과 같은 원리가 포함되는데 옳지 않은 것은?

㉮ 주작물이 특수하더라도 식량과 사료의 생산이 병행되는 것이 좋다.
㉯ 지력유지를 위하여 콩과작물이나 다비작물을 포함한다.
㉰ 토양보호를 위해서 피복작물을 심지 않는다.
㉱ 토지이용도를 높이기 위하여 여름작물과 겨울작물을 결합한다.

연구 윤작조직에 삽입되는 작물은 사료균형을 위한 사료작물, 지력증진을 위한 두과작물이나 녹비작물, 환원가능 유기물이 많은 화본과작물, 토양보호를 위한 피복작물, 잡초경감을 위한 중경작물(근채류), 토지이용도 제고를 위한 여름작물과 겨울작물 등이다.

9 작물의 분화과정이 옳은 것은?

㉮ 유전적 변이 → 고립 → 도태와 적응
㉯ 유전적 변이 → 도태와 적응 → 고립
㉰ 도태와 적응 → 고립 → 유전적 변이
㉱ 도태와 적응 → 유전적 변이 → 고립

연구 작물의 분화 및 발달 과정은 유전적 변이 발생 → 도태 및 적응 → 순화 → 격절 및 고립이다.

10 토양의 양이온치환용량 증대 효과에 대한 설명 중 틀린 것은?

㉮ NH_4^+, K^+, Ca^{2+} 등의 비료성분의 흡착, 보유하는 힘이 커진다.
㉯ 비료를 많이 주어도 일시적 과잉흡수가 억제된다.
㉰ 토양의 완충능력이 커진다.
㉱ 비료성분의 용탈을 조장한다.

연구 토양의 양이온치환용량이 크다는 것은 작물생육에 필요한 양이온(영양성분)을 전기적 힘으로 많이 보유하고 있는 비옥한 토양을 의미한다. 따라서 비료성분의 용탈을 방지한다.

11 인산질 비료에 대하여 설명한 것이다. 틀린 것은?

㉮ 유기질 인산비료에는 동물 뼈, 물고기 뼈 등이 있다.
㉯ 용성인비는 수용성 인산을 함유하며, 작물에 속히 흡수된다.
㉰ 무기질 인산비료의 중요한 원료는 인광석이다.
㉱ 과인산석회는 대부분이 수용성이고 속효성이다.

연구 구용성 인산(용성인비, 용과린의 일부, 소성인비) : 물에 녹지 않고 2%의 시트르산 또는 시트르산 암모늄염에만 녹는다. 즉, 용성인비는 수용성 인산을 함유하지 않으며, 수용성이 아니므로 작물에 속히 흡수되지도 않는다.

12 일정한 한계일장이 없고, 대단히 넓은 범위의 일장조건에서 개화하는 식물은?

㉮ 중성식물
㉯ 장일식물
㉰ 단일식물
㉱ 정일성식물

연구 중성식물은 개화에 일장의 영향을 받지 않는 식물이다. 가지과(가지, 고추, 토마토 등)가 대표적 중성식물이며, 조생종 벼, 오이, 호박 등도 중성식물이다.

---

7 ㉱　8 ㉰　9 ㉯　10 ㉱　11 ㉯　12 ㉮

13 지리적 미분법을 적용하여 작물의 기원을 탐색한 학자는?

㉮ Vavilov   ㉯ De Candolle

㉰ Ookuma   ㉱ Hellriegel

연구 바빌로프는 작물이 최초 원산지로부터 점차 타 지역으로 전파된 것으로 추정하고, 전 세계를 통해 널리 농작물과 그들의 근연식물에 대하여 지리적 미분법으로 조사한 다음 유전자중심지설을 제창하였다.

14 다음 중 벼를 재배할 때 풍해에 의해 발생하는 백수현상을 유발하는 풍속, 공기습도의 범위에 대한 설명으로 가장 옳은 것은?

㉮ 백수현상은 풍속이 크고 공기습도가 높을 때 심하다.

㉯ 백수현상은 풍속이 적고 공기습도가 높을 때 심하다.

㉰ 백수현상은 공기습도 60%, 풍속 10m/sec의 조건에서 발생한다.

㉱ 백수현상은 공기습도 80%, 풍속 20m/sec의 조건에서 발생한다.

연구 벼의 경우 출수 직후 즉, 영화의 각피층이 충분히 발달하지 못한 때에 건조한 강풍(공기습도 60%, 풍속 10m/sec)이 불면 기공이 닫혀도 탈수가 빨라 백수(白穗)가 된다.

15 작물에 유익한 토양미생물의 활동이 아닌 것은?

㉮ 유기물의 분해   ㉯ 유리질소의 고정

㉰ 길항작용   ㉱ 탈질작용

연구 토양미생물의 유해작용에는 병해 유발, 선충해 유발, 질산환원작용 및 탈질(질소의 탈출)작용, 황산염의 환원작용, 작물과 양분경합 등이 있다.

16 다음은 작물의 내동성에 관여하는 요인이다. 내용이 틀린 것은?

㉮ 원형질의 수분투과성 : 원형질의 수분투과성이 크면 세포 내 결빙을 적게 하여 내동성을 증대시킨다.

㉯ 지방함량 : 지방과 수분이 공존할 때 빙점강하도가 작아지므로 지유함량이 높은 것이 내동성이 약하다.

㉰ 전분함량 : 전분함량이 많으면 내동성이 저하된다.

㉱ 세포의 수분함량 : 자유수가 많아지면 세포의 결빙을 조장하여 내동성이 저하된다.

연구 당, 칼슘, 칼륨 등의 용질함량이나 지방이 많으면 내동성은 증가하나, 전분이 많으면 내동성은 감소한다. 지방과 수분이 공존할 때 빙점강하도가 커져 내동성이 증가한다.

17 다음은 멀칭의 이용성이다. 내용이 틀린 것은?

㉮ 동해 : 맥류 등 월동작물을 퇴비 등으로 덮어주면 동해가 경감된다.

㉯ 한해 : 멀칭을 하면 토양수분의 증발이 억제되어 가뭄의 피해가 경감된다.

㉰ 생육 : 보온효과가 크기 때문에 보통재배의 경우보다 생육이 늦어져 만식재배에 널리 이용된다.

㉱ 토양 : 수식 등의 토양침식이 경감되거나 방지된다.

연구 멀칭의 효과는 지온 상승, 건조 방지, 비료유실 방지, 토양유실 방지, 시설재배 시 공기습도 상승 방지, 토양수분 유지, 근계발달 촉진과 조기수확 및 증수 등이다. 따라서 멀칭하면 보통재배의 경우보다 생육이 빨라져 조식재배에 널리 이용된다.

18 작물의 동상해에 대한 응급대책으로 틀린 것은?

㉮ 저녁에 충분히 관개한다.

㉯ 중유, 나뭇가지 등에 석유를 부은 것 등을 연소시킨다.

㉰ 이랑을 낮추어 뿌림골을 얕게 한다.

㉱ 거적으로 잘 덮어준다.

연구 맥류재배에서 이랑을 세워 뿌림골을 깊게 함으로써 찬공기와의 직접접촉을 막는 것은 동상해 방지에 유효하나 응급대책은 아니다.

13 ㉮   14 ㉰   15 ㉱   16 ㉯   17 ㉰   18 ㉰

19 다음 중 작물 혼파의 이점으로 가장 적절하지 않은 것은?

㉮ 산초량이 억제된다.

㉯ 가축의 영양상 유리하다.

㉰ 비료성분을 효율적으로 이용할 수 있다.

㉱ 지상·지하를 입체적으로 이용할 수 있다.

연구 혼파의 이점에는 ㉯㉰㉱ 외에 질소비료의 절약, 잡초의 경감, 재해에 대한 안정성의 증대, 산초량의 평준화, 건초제조상의 이점 등이 있다.

20 대기 습도가 높으면 나타나는 현상으로 틀린 것은?

㉮ 증산의 증가　　　　㉯ 병원균번식 조장

㉰ 도복의 발생

㉱ 탈곡·건조작업 불편

연구 공기가 다습하면 증산작용이 약해지므로 뿌리의 수분흡수력이 감퇴하여, 필요물질의 흡수 및 순환이 저하한다. 과습은 표피를 연약하게 하고 작물을 도장하게 하므로 도복을 일으키며, 또한 작물의 개화수정에 장해가 되고, 탈곡·건조 작업도 곤란하게 한다.

21 단위면적당 생물체량이 가장 많은 토양미생물로 맞는 것은?

㉮ 사상균　　　　　㉯ 방선균

㉰ 세균　　　　　　㉱ 조류

연구 개체수가 가장 많은 것은 세균이지만 단위면적당 생물체량이 가장 많은 토양미생물은 크기가 큰 사상균이다.

22 호기적 조건에서 단독으로 질소고정작용을 하는 토양미생물 속(屬)은?

㉮ 아조토박터(*Azotobacter*)

㉯ 클로스트리디움(*Clostridium*)

㉰ 리조비움(*Rhizobium*)

㉱ 프랑키아(*Frankia*)

연구 공중질소를 고정하는 토양미생물에는 단독적으로 수행하는 *Azotobacter*속의 세균(호기성), *Clostridium*속의 세균(혐기성), 남조류(호기성)와 두과작물과 공생체제를 유지하는 *Rhizobium*속의 세균(근류균) 등이 있다.

23 토양이 자연의 힘으로 다른 곳으로 이동하여 생성된 토양 중 중력의 힘에 의해 이동하여 생긴 토양은?

㉮ 정적토

㉯ 붕적토

㉰ 빙하토

㉱ 풍적토

연구 붕적토(崩 무너질 붕, 積 쌓을 적, 土)는 토양모재가 중력에 의하여 경사지에서 미끄러져서 운반·퇴적된 것으로 우리나라의 구릉지토양이 이에 해당하며, 토양단면이 불규칙하다.

24 식물체에 흡수되는 무기물의 형태로 틀린 것은?

㉮ NO_3^-　　　　　　㉯ $H_2PO_4^-$

㉰ B　　　　　　　　㉱ Cl^-

연구 붕소는 식물체의 조직 형성과 신진대사에 관계하며 $H_2BO_3^-$의 형태로 식물체에 흡수된다. 즉, 음이온이므로 토양과 흡착을 못해 유실되기 쉽고, 체내이동성도 좋지 못하여 결핍증상을 일으키기 쉽다. 결핍되면 조직의 세포벽 붕괴를 일으켜 불임(不稔), 경할(莖割), 비대근(肥大根)의 공동화 증상을 일으킨다.

25 토양입자의 크기가 갖는 의의로 틀린 것은?

㉮ 토양의 모래·미사 및 점토함량을 알면 토양의 물리적 성질에 대한 많은 정보를 알 수 있다.

㉯ 모래함량이 많은 토양은 배수성과 투수성이 크지만 양분을 보유하는 힘이 약하다.

㉰ 미사가 많은 토양은 배수성과 양분보유능이 매우 크다.

㉱ 점토가 많은 토양은 양분과 수분을 보유하는 힘은 강하지만 배수성은 매우 나빠진다.

연구 점토(입경이 0.002mm 이하의 크기로, 이 크기 이하이어야 음전하를 가짐으로써 보비력이 발생) 함량이 많은 식질계토양은 보수 및 보비력은 크지만 통기 및 투수성은 불량하다. 반대로 모래 함량이 많은 사질계토양은 보수 및 보비력은 작으나 통기 및 투수성은 양호하다.

26 토양단면도에서 O층에 해당되는 것은?

㉮ 모재층

㉯ 집적층

㉰ 용탈층

㉱ 유기물층

연구 O(유기물)층 → A(용탈)층 → B(집적)층 → C(모재)층 → R(모암)층

O층은 유기물의 분해 정도에 따라 O1층(F층)과 O2층(H층)으로 구분한다.

27 질화작용이 일어나는 장소와 과정이 옳은 것은?

㉮ 환원층, $NH_4^+ \rightarrow NO_3^- \rightarrow NO_2^-$

㉯ 환원층, $NH_4^+ \rightarrow NO_2^- \rightarrow NO_3^-$

㉰ 산화층, $NO_3^- \rightarrow NO_2^- \rightarrow NH_4^+$

㉱ 산화층, $NH_4^+ \rightarrow NO_2^- \rightarrow NO_3^-$

연구 질산화성작용(질화작용) : 암모니아태질소(NH_4^+)는 산소가 충분한 산화적 조건에서 호기성 무기영양세균인 아질산균과 질산균에 의해 2단계 반응을 거쳐 질산태질소(NO_3^-)로 변화된다.

28 식물영양소를 토양용액으로부터 식물의 뿌리 표면으로 공급하는 대표적인 기작으로 옳지 않은 것은?

㉮ 흡습계수

㉯ 뿌리차단

㉰ 집단류

㉱ 확산

연구 토양이 영구위조점을 지나 풍건상태(pF 6.0) 또는 건토상태(pF 7.0)로 더욱 건조됨에 따라 작물이 흡수·이용할 수 없는 흡습수와 화합수만 남게 되는데 이때의 토양함수 상태를 흡습계수라 하며, 이는 식물의 수분흡수와는 무관하다.

29 큰 토양입자가 토양 표면을 구르거나 미끄러지며 이동하는 것은?

㉮ 부유

㉯ 약동

㉰ 포행

㉱ 비산

연구 사면(斜面)을 구성하는 흙 등의 물질이 아주 느리게 미끄러져 내려오는 현상을 포행(匍 길 포, 行 갈 행, 즉 기어서 가다의 뜻)이라 한다. 군대의 포복(匍匐)도 같은 포자를 쓴다.

30 토양의 용적밀도를 측정하는 가장 큰 이유는?

㉮ 토양의 산성 정도를 알기 위해

㉯ 토양의 구조발달 정도를 알기 위해

㉰ 토양의 양이온 교환용량 정도를 알기 위해

㉱ 토양의 산화환원 정도를 알기 위해

연구 용적(부피) 밀도(가비중) = $\dfrac{\text{건조한 토양의 무게}}{\text{토양알갱이의 부피 + 토양공극}}$

이므로 공극 등 토양 구조의 발달 정도를 파악할 수 있다.

31 밭토양과 비교하여 신개간지 토양의 특성으로 틀린 것은?

㉮ 산성이 강하다.

㉯ 석회 함량이 높다.

㉰ 유기물 함량이 낮다.

㉱ 유효인산 함량이 낮다.

연구 새로 개간한 토양은 대체로 산성이며, 부식과 점토가 적고 토양구조가 불량하며, 인산을 위시한 비료성분도 적어서 토양의 비옥도가 낮다.

32 토양을 분석한 결과 토양의 양이온교환용량은 10cmol$_c$/kg, Ca 4.0cmol$_c$/kg, Mg 1.5cmol$_c$/kg, K 0.5cmol$_c$/kg 및 Al 1.0cmol$_c$/kg이었다면 이 토양의 염기포화도(Base saturation)는?

㉮ 40%　　㉯ 50%

㉰ 60%　　㉱ 70%

연구 염기포화도는 양이온치환용량에 대한 치환성염기(Ca, Mg, K, NH_4, Na 등으로 양이온 중 수소와 알루미늄 이온을 제외한 이온)의 함유비율이다.

(4.0 + 1.5 + 0.5) / 10 = 6 / 10 = 60(%)

33 토양공극에 대한 설명으로 옳은 것은?

㉮ 토양무게는 공극량이 적을수록 가볍다.

㉯ 다양한 용기에 채워진 젖은 토양무게를 알면 공극량을 계산할 수가 있다.

㉰ 물과 공기의 유통은 공극의 양보다 공극의 크기에 따라 주로 지배된다.

㉱ 모래질 토양은 공극량이 많고 공극의 크기가 작아서 공기의 유통과 물의 이동이 빠르다.

연구 모래질 토양은 소공극이 적어서 전체의 공극량(대공극 + 소공극)은 적으나, 대공극이 많아 공기의 유통과 물의 이동이 빠르다.

34 논토양에서 물로 담수될 때 철의 변환에 대한 설명으로 옳은 것은?

㉮ Fe^{3+}에서 Fe^{2+}로 되면서 해리도가 증가한다.

㉯ Fe^{2+}에서 Fe^{3+}로 되면서 해리도가 증가한다.

㉰ Fe^{3+}에서 Fe^{2+}로 되면서 해리도가 감소한다.

㉱ Fe^{2+}에서 Fe^{3+}로 되면서 해리도가 감소한다.

연구 논이 환원상태가 되면 가용화(해리)된 Fe^{2+}와 Mn^{2+}이 물을 따라 하층에 운반되며, 하층에서 다시 산화하여 적갈색의 무늬로 침전한다. 이것은 한랭다습한 지역에서 발생하는 Podzol화작용과 용탈모양이 같다고 하여 논 Podzol이라고 한다. Fe^{2+}와 Mn^{2+}은 Fe^{3+}와 Mn^{4+}의 환원상태(담수상태)이다.

35 ( )안에 알맞은 내용은?

집단류란 물의 ( )으로 ( )과(와) 대비되는 개념이다.

㉮ 포화현상, 비산

㉯ 대류현상, 확산

㉰ 기화현상, 수중기

㉱ 불포화현상, 비산

연구 압력구배에 따라 물 분자의 집단이 함께 이동하는 것(대류)을 집단류(集團流)라 하고, 분자의 운동에너지에 의하여 무방향으로 분자나 이온이 이동하는 것을 확산이라 한다. 온도와 압력은 높은 쪽에서 낮은 쪽으로 확산되며, 설탕이나 소금이 첨가되면 첨가된 쪽으로 이동하고, 점토처럼 물이 흡착하는 표면을 가진 기질이 있으면 그것을 향하여 물이 확산된다.

36 토양 구조에 대한 설명으로 옳은 것은?

㉮ 판상 구조는 배수와 통기성이 양호하며 뿌리의 발달이 원활한 심층토에서 주로 발달한다.

㉯ 주상 구조는 모재의 특성을 그대로 간직하고 있는 것이 특징이며, 물이나 빙하의 아래에 위치하기도 한다.

㉰ 괴상 구조는 건조 또는 반건조지역의 심층토에 주로 지표면과 수직한 형태로 발달한다.

㉱ 구상 구조는 주로 유기물이 많은 표층토에서 발달한다.

연구 구상에는 입상과 분상이 있으며, 입상은 외관이 구형이며 유기물이 많은 건조지역에서 발달한다. 작물 생육에 가장 좋은 구조이다.

37 다음 중 토양유실 예측 공식에 포함되지 않는 것은?

㉮ 토양관리인자　　㉯ 강우인자

㉰ 평지인자　　㉱ 작부인자

연구 토양 유실에 가장 크게 영향을 주는 인자는 강우인자, 토양인자. 경사장과 경사도에 의한 경사인자, 작부인자, 관리인자 등이다.

38 이 성분을 많이 흡수한 벼는 도복과 도열병에 강해지고 증수의 효과가 있다. 이 원소는?

㉮ Ca　　㉯ Si

㉰ Mg　　㉱ Mn

연구 규산(Si)은 벼 표피조직의 세포막에 집적하여 조직의 규질화를 이루어 도복과 도열병을 방지한다. 벼는 규산을 질소의 8배나 많이 흡수한다.

33 ㉰　34 ㉮　35 ㉯　36 ㉱　37 ㉰　38 ㉯

39 kaolinite에 대한 설명으로 틀린 것은?

㉮ 동형치환이 거의 일어나지 않는다.

㉯ 다른 층상의 규산염광물들에 비하여 상당히 적은 음전하를 가진다.

㉰ 1 : 1층들 사이의 표면이 노출되지 않기 때문에 작은 비표면적을 가진다.

㉱ 우리나라 토양에서는 나타나지 않는 점토광물이다.

연구 카올리나이트의 특징 : 우리나라 토양의 대부분을 차지한다. 1:1격자형이므로 비팽창성이고, 동형치환 없이 변두리 전하만 발생하므로 토양의 비옥도가 낮다.

40 대표적인 혼층형 광물로서 2 : 1 : 1의 비팽창형 광물은?

㉮ chlorite ㉯ vermiculite

㉰ illite ㉱ montmorillonite

연구 chlorite는 2:1 격자형 점토광물과 1:1 격자형 점토광물이 결합된 2:2(2:1:1) 혼층형 점토광물로 비팽창형이며, illite는 2:1 점토광물로 비팽창형이다.

41 친환경농축산물의 분류에 속하는 것은?

㉮ 천연농산물 ㉯ 무공해농산물

㉰ 바이오농산물 ㉱ 무농약농산물

연구 친환경농축산물이란 친환경농업을 통하여 얻는 것으로 다음 각 목의 어느 하나에 해당하는 것을 말한다.
가. 유기농산물·유기축산물 및 유기임산물
나. 무농약농산물 및 무항생제축산물

42 퇴비제조 과정에서 재료가 거무스름하고 불쾌한 냄새가 나는 이유에 해당되는 것은?

㉮ 퇴비더미 구조와 통기가 거의 희박하기 때문이다.

㉯ C/N율이 높기 때문이다.

㉰ 퇴비재료가 건조하기 때문이다.

㉱ 퇴비재료가 잘 섞였기 때문이다.

연구 색깔에 의한 검사 : 퇴비 원료의 종류에 따라서 다양하게 나타나며 산소가 충분히 공급된 상태에서와 산소의 공급이 부족한 상태에서 부숙된 경우는 색이 달라진다.

43 초생재배의 장점이 아닌 것은?

㉮ 토양의 단립화 ㉯ 토양침식 방지

㉰ 제초노력 경감 ㉱ 지력 증진

연구 초생재배는 과수원 토양을 풀이나 목초로 피복하는 방법으로 토양에 유기물이 공급된다. 유기물이 공급되면 토양은 입단화가 되며, 토양의 단립화는 장점이 아니다.

44 무경운의 장점으로 옳지 않은 것은?

㉮ 토양구조 개선

㉯ 토양유기물 유지

㉰ 토양생명체 활동에 도움

㉱ 토양침식 증가

연구 무경운의 장점은 자원의 절약, 농업 수익성의 향상, 비옥한 토양층의 보존과 복구, 토양침식의 감소와 방지, 파종시기 잡초들에 대한 친환경적 관리, 토양수분의 집적과 고정, 기상조건에 의한 수확의 종속성 감소, 작물 생산성의 증가, 곡물 품질의 개선, 농업기술개선 등이다.

45 시설의 일반적인 피복방법이 아닌 것은?

㉮ 외면피복 ㉯ 커튼피복

㉰ 원피복 ㉱ 다중피복

연구 시설의 피복방법에는 커튼피복, 이중(다중)피복, 외면피복 등이 있다.

46 유기축산물에서 축사조건에 해당되지 않는 것은?

㉮ 공기순환, 온·습도, 먼지 및 가스농도가 가축건강에 유해하지 아니한 수준 이내로 유지되어야 할 것

㉯ 충분한 자연환기와 햇빛이 제공될 수 있을 것

㉰ 건축물은 적절한 단열·환기시설을 갖출 것

㉱ 사료와 음수는 거리를 둘 것

연구 축사는 다음과 같이 가축의 생물적 및 행동적 욕구를 만족시킬 수 있어야 한다 : 사료와 음수는 접근이 용이할 것과 보기의 ㉮㉯㉰ 등

39 ㉱ 40 ㉮ 41 ㉱ 42 ㉮ 43 ㉮ 44 ㉱ 45 ㉰ 46 ㉱

47 다음은 토양의 유기물 함량을 증가시키는 방법이다. 내용이 틀린 것은?

㉮ 퇴비시용 : 대단히 효과적인 유기물 함량유지 증진방법이다.

㉯ 윤작체계 : 토양유기물을 공급할 수 있는 작물을 재배해야 한다.

㉰ 식물 잔재 잔류 : 재배포장에 남겨두어 유기물 자원으로 이용한다.

㉱ 유기축분의 시용 : 질소함량이 낮아 분해속도를 촉진시킨다.

연구 적정한 C/N율를 유지하기 위한 수단으로 C/N율이 높은 수피와 C/N율이 낮은 축분을 혼합하여 사용한다. 유기축분은 유기물 함량 증진에 중요하며 질소함량이 높아 분해속도를 촉진시킨다.

48 다음은 유기농업의 병해충 제어법 중 경종적 방제법이다. 내용이 틀린 것은?

㉮ 품종의 선택 : 병해충 저항성이 높은 품종을 선택하여 재배하는 것이 중요하다.

㉯ 윤작 : 해충의 밀도를 크게 낮추어 토양전염병을 경감시킬 수 있다.

㉰ 시비법 개선 : 최적시비는 작물체의 건강성을 향상시켜 병충해에 대한 저항성을 높인다.

㉱ 생육기의 조절 : 밀의 수확기를 늦추면 녹병의 피해가 적어진다.

연구 맥류 줄기녹병은 6월 중하순경이 발병 최적기로 수확기가 늦은 만생종의 피해가 크다.

49 유기사료를 가장 바르게 설명한 것은?

㉮ 비식용유기가공품 인증기준에 맞게 재배·생산된 사료를 말한다.

㉯ 배합사료를 구성하는 사료로 사료의 맛을 좋게 하는 첨가사료이다.

㉰ 혼합사료를 만드는 보조사료이다.

㉱ 혼합사료의 혼합이 잘 되게 하는 첨가제이다.

연구 유기사료는 비식용유기가공품(유기사료) 인증기준에 맞게 재배·생산된 사료를 말한다.

50 유기배합사료 제조용 물질 중 단미사료의 곡물부산물(강피류)에 포함되지 않는 것은?

㉮ 쌀겨
㉯ 옥수수피
㉰ 타피오카
㉱ 곡쇄류

연구 타피오카, 고구마, 감자, 돼지감자, 무 및 당근은 유기배합사료 제조용 물질 중 단미사료의 근괴류에 포함된다.

51 농업환경의 오염 경로로 틀린 것은?

㉮ 화학비료 과다사용
㉯ 합성농약 과다사용
㉰ 집약적인 축산
㉱ 퇴비 사용

연구 퇴비·녹비 등 유기물질은 분해되어 토양에 각종 영양성분을 보급한다.

52 다음 중 배 품종명은?

㉮ 후지
㉯ 신고
㉰ 홍옥
㉱ 델리셔스

연구 후지, 홍옥, 델리셔스는 사과의 품종이다.

53 유기농업 벼농사에서 이삭의 등숙립(登熟粒)이 몇 % 이상일 때 벼를 수확해야 하는가?

㉮ 100%
㉯ 90%
㉰ 80%
㉱ 70%

연구 벼의 수확적기는 외관상 한 이삭의 벼알이 90% 이상 황색으로 변색되는 시기이다.

---

47 ㉱ 48 ㉱ 49 ㉮ 50 ㉰ 51 ㉱ 52 ㉯ 53 ㉯

54 유기농업의 목표가 아닌 것은?

㉮ 농가단위에서 유래되는 유기성 재생자원의 최대한 이용

㉯ 인간과 자원에 적절한 보상을 제공하기 위한 인공조절

㉰ 적정 수준의 작물과 인간영양

㉱ 적정 수준의 축산 수량과 인간영양

연구 IFOAM에서 정한 유기농업의 기본목적 : ㉠ 농업생산자에 대해서 정당한 보수를 받을 수 있도록 하는 것과 더불어 일에 대해 만족감을 느낄 수 있도록 하는 것
유기농업은 자연적인 것을 추구하지, 일반적으로 "인공조절"의 방법을 취하지는 않는다.

55 붕소의 일반적인 결핍증이 아닌 것은?

㉮ 사탕무의 속썩음병

㉯ 셀러리의 줄기쪼김병

㉰ 사과의 적진병

㉱ 담배의 끝마름병

연구 붕소(B)는 결핍 시 분열조직에 갑자스런 괴사를 일으키며 사과의 축과병, 포도의 화진(꽃떨이)현상, 양배추의 갈색병, 셀러리의 줄기쪼김병 등이 나타난다. 사과의 적진병은 망간과다 시에 나타난다. 결핍증을 묻는 문제에는 붕소와 칼슘에 관한 문제가 많으므로 붕소만 제대로 알면 문제는 다 풀린다. 이것이 고유명사의 이해이다!

56 인과류에 속하는 과수는?

㉮ 비파   ㉯ 살구

㉰ 호두   ㉱ 귤

연구 사과, 배, 비파 등 꽃받침이 비대하여 과육이 된 것을 인과류라 한다.

57 퇴비화 과정에서 숙성단계의 특징이 아닌 것은?

㉮ 퇴비더미는 무기물과 부식산, 항생물질로 구성된다.

㉯ 붉은두엄벌레와 그 밖의 토양생물이 퇴비더미 내에서 서식하기 시작한다.

㉰ 장기간 보관하게 되면 비료로써의 능력은 떨어지지만, 토양개량제로써의 능력은 향상된다.

㉱ 발열과정에서보다 많은 양의 수분을 요구한다.

연구 퇴비화에 적합한 초기 수분함량은 50~65% 범위이나, 숙성단계는 물기를 거의 느낄 수 없는 상태이다.

58 다음 중 적산온도가 가장 높은 작물은?

㉮ 벼   ㉯ 담배

㉰ 메밀   ㉱ 조

연구 적산온도는 작물이 정상적인 생육을 마치려면 일정한 총 온도량이 필요하다는 관점에서 생긴 개념이다. 여름작물이며 생육기간이 긴 벼는 $3,500~4,500℃$, 여름작물이지만 생육기간이 짧은 메밀은 $1,000~1,200℃$이다.

59 벼 생육의 최적 온도는?

㉮ $25~28℃$

㉯ $30~32℃$

㉰ $35~38℃$

㉱ $40℃$ 이상

연구 벼(인도 원산)의 생육 최적온도는 $30~32℃$, 최저온도는 $10~13℃$, 최고온도는 $40~44℃$ 등이다.

60 작물이나 과수의 순지르기 효과가 아닌 것은?

㉮ 생장을 억제시킨다.

㉯ 곁가지의 발생을 많게 한다.

㉰ 개화나 착과수를 적게 한다.

㉱ 목화나 두류에서도 효과가 있다.

연구 순지르기는 '적심(摘心)'이라고도 하며 식물의 줄기에서 끝부분을 따주거나 곁가지를 제거하는 것을 말한다. 순지르기를 하면 그 줄기에서 2개의 줄기가 생기므로 착과수를 늘리고, 열매가 골고루 맺히도록 할 수 있다.
참고로 적아는 눈이 트려고 할 때 필요하지 않은 눈을 따주는 것, 적뢰는 꽃봉오리를 제거하는 것, 적엽은 하부의 늙은 잎을 따서 통풍·통광을 조장하는 것, 적화는 꽃을 따주는 것, 적과는 어린 과실을 따주는 것이다.

54 ㉯ 55 ㉰ 56 ㉮ 57 ㉱ 58 ㉮ 59 ㉯ 60 ㉰

1 비료로 만들어진 원료에 따라 분류한 것이다. 다음 중 틀린 것은?

㉮ 식물성 비료 : 퇴비, 구비

㉯ 무기질 비료 : 요소, 염화칼슘

㉰ 동물성 비료 : 어분, 골분

㉱ 인산질 비료 : 유안, 초안

연구 인산질 비료 : 과인산석회, 용성인비 등

질소질 비료 : 황산암모늄(유안), 질산암모늄(초안)

2 토양의 노후답의 특성이 아닌 것은?

㉮ 작토 환원층에서 칼슘이 많을 때에는 벼뿌리가 적갈색인 산화칼슘의 두꺼운 피막을 형성한다.

㉯ Fe, Mn, K, Ca, Mg, Si, P 등이 작토에서 용탈되어 결핍되는 논토양이다.

㉰ 담수하의 작토의 환원층에서 철분, 망간이 환원되어 녹기 쉬운 형태로 된다.

㉱ 담수하의 작토의 환원층에서 황산염이 환원되어 황화수소가 생성된다.

연구 노후답 : Fe, Mn, K, Ca, Mg, Si, P 등이 작토에서 용탈된 논토양이다. 따라서 칼슘이 많을 수 없다. 황(S)이 있으면 환원층에서의 황화수소 발생은 필연이나 Fe이 있으면 H_2S → FeS가 되어 피해가 없다.

3 진딧물 피해를 입고 있는 고추밭에 꽃등애를 이용해서 방제하는 방법은?

㉮ 경종적 방제법　　㉯ 물리적 방제법

㉰ 화학적 방제법

㉱ 생물학적 방제법

연구 생물(학)적 방제법 : 포식자와 기생동물의 방사 등 천적을 활용하는 것으로 천적에는 기생성 천적, 포식성 천적, 병원성 천적이 있다. 포식성 천적에는 무당벌레, 꽃등에, 풀잠자리, 칠레이리응애, 팔라시스이리응애, 캘리포니쿠스이리응애 등이 있으며 이들은 진딧물, 깍지벌레, 응애 등을 포식한다.

4 재배식물의 기원으로 식물종의 유전자중심설로 규명한 학자는?

㉮ De Candolle　　㉯ Liebig

㉰ Mendel　　㉱ Vavilov

연구 바빌로프는 작물이 최초 원산지로부터 점차 타 지역으로 전파된 것으로 추정하고, 전 세계를 통해 널리 농작물과 그들의 근연식물에 대하여 지리적 미분법으로 조사한 다음 유전자중심지설을 제창하였다.

5 오존(O_3) 발생의 가장 큰 원인이 되는 물질은?

㉮ CO_2　　㉯ HF

㉰ NO_2　　㉱ SO_2

연구 지상에서 오존(O_3)은 내연기관에서 발생하는 열에 의하여 공기 중의 질소와 산소가 반응하여 이산화질소(NO_2)가 생성되고, 이 NO_2가 광에너지를 받아 NO와 O로 분해된 후 산소원자(O)가 산소분자(O_2)와 결합하여 만들어진다.

6 식물의 내습성에 관여하는 요인에 대한 설명으로 틀린 것은?

㉮ 근계가 얕게 발달하거나, 습해를 받았을 때 부정근의 발생력이 큰 것은 내습성이 약하다.

㉯ 뿌리 조직이 목화한 것은 환원성 유해물질의 침입을 막아서 내습성을 강하게 한다.

㉰ 벼는 밭작물인 보리에 비해 잎, 줄기, 뿌리에 통기계가 발달하여 담수조건에서도 뿌리로의 산소공급 능력이 뛰어나다.

㉱ 뿌리가 황화수소, 이산화철 등에 대하여 저항성이 큰 것은 내습성이 강하다.

연구 산소부족으로 뿌리가 피해를 받더라도 발근력이 크면 습해를 줄일 수 있다. 벼의 경우 여름에 수온이 높으면 토양환원이 심해 본 뿌리의 생육은 억제된다. 그러나 벼는 이 시기에 부정근을 대량으로 발생시킨다.

1 ㉱　2 ㉮　3 ㉱　4 ㉱　5 ㉰　6 ㉮

7 다음 중 작물의 기원지가 중국인 것은?

㉮ 쑥갓   ㉯ 호박

㉰ 가지   ㉱ 순무

연구 상추는 지중해연안의 온대지역이 원산지이고, 쑥갓은 좀 더 추운 중국이 원산지이다.

8 식물의 화성유도에 있어서 주요 요인이 아닌 것은?

㉮ 식물호르몬   ㉯ 영양상태

㉰ 수분   ㉱ 광

연구 생식적 발육으로의 전환, 특히 화성의 유인에는 내·외부적인 조건이 존재하는데 내부적 조건으로는 C/N율, 최소엽수 및 호르몬 등의 유전적 소질이, 외부적 조건으로는 특수한 온도와 일장이 관여한다.

9 작물생육 필수원소에 해당하는 것은?

㉮ Al   ㉯ Zn

㉰ Na   ㉱ Co

연구 미량 필수원소(8종) : 붕소(B), 염소(Cl), 몰리브덴(Mo), 아연(Zn), 철(Fe), 망간(Mn), 구리(Cu), 니켈(Ni)
♣ "붕, 염소몰아 철망구니?"

10 다음 중 도복 방지에 효과적인 원소는?

㉮ 질소   ㉯ 마그네슘

㉰ 인   ㉱ 아연

연구 인산(P)의 효과 : 초기생장 촉진, 곡물류에서 분얼부위의 생장 촉진, 줄기를 강하게 하며 곡물·과실의 품질 향상
규소(Si) : 벼과 식물에서 도복의 방지

11 토양의 3상과 거리가 먼 것은?

㉮ 토양입자

㉯ 물

㉰ 공기

㉱ 미생물

연구 토양 3상의 비율 : 고상 50%, 액상 25%, 기상 25%로 구성된 토양이 보수·보비력과 통기성이 좋아 이상적인 것으로 알려져 있다. 미생물은 상(相))이 아니다

12 작물의 내동성에 대한 생리적인 요인으로 옳은 것은?

㉮ 원형질의 수분투과성이 큰 것이 내동성을 감소시킨다.

㉯ 원형질의 친수성 콜로이드가 많으면 내동성이 감소한다.

㉰ 전분 함량이 많으면 내동성이 증대한다.

㉱ 원형질 단백질에 −SH기가 많은 것은 −SS기가 많은 것보다 내동성이 높다.

연구 내동성이 강한 작물과 품종에는 단백질 분자에 −SH기가 많고, 약한 것에는 −SS기가 더 많다.

13 재배 환경에 따른 이산화탄소의 농도 분포에 관한 설명으로 틀린 것은?

㉮ 식생이 무성한 곳의 이산화탄소 농도는 여름보다 겨울이 높다.

㉯ 식생이 무성하면 지표면이 상층면보다 낮다.

㉰ 미숙 유기물시용으로 탄소농도는 증가한다.

㉱ 식생이 무성한 지표에서 떨어진 공기층은 이산화탄소 농도가 낮아진다.

연구 식물체가 무성한 곳은 뿌리 호흡과 토양유기물의 분해로 이산화탄소가 공급되는데, 식물체가 바람의 유통을 막아 지면에 가까운 곳의 이산화탄소 농도는 지표에서 떨어진 공기층의 이산화탄소 농도보다 높다.

14 토양 중 유기물 시용 시 질소기아현상이 가장 많이 나타날 수 있는 조건은?

㉮ 탄질률 1 ~ 5

㉯ 탄질률 5 ~ 10

㉰ 탄질률 10 ~ 20

㉱ 탄질률 30 이상

연구 C/N율이 15 이하이면 분해를 위한 질소가 충분하고, 15~30이면 보통(충분~부족하지 않는 수준)이며, 30 이상이면 질소가 부족하다. 질소가 부족하면 질소기아현상이 발생한다.

7 ㉮   8 ㉰   9 ㉯   10 ㉰   11 ㉱   12 ㉱   13 ㉯   14 ㉱

15 도복의 유발요인으로 거리가 먼 것은?

㉮ 밀식

㉯ 품종

㉰ 병충해

㉱ 배수

연구 태풍이 오는 경우 담수하여 도복을 예방하기도 하지만, 배수는 보기의 다른 항과 비교하여 도복의 유발요인과는 거리가 멀다.

16 다음 중 밭에서 한해를 줄일 수 있는 재배적 방법으로 틀린 것은?

㉮ 뿌림골을 높게 한다.

㉯ 재식밀도를 성기게 한다.

㉰ 질소를 적게 준다.

㉱ 내건성 품종을 재배한다.

연구 밭의 가뭄 대책 : 뿌림골을 낮게 하여 토양수분을 최대로 이용한다. 기타 보기의 ㉯㉰㉱

17 대기의 주요 성분 중 농도가 5~10% 이하, 또는 90% 이상이면 호흡에 지장을 초래하는 성분은?

㉮ N_2 ㉯ O_2

㉰ CO ㉱ CO_2

연구 산소농도가 5~10% 이하 또는 90% 이상이면 호흡에 지장이 있다고 한다. 토양 중의 산소는 토양수분에 크게 영향을 받으며, 특별한 조건에서는 산소부족의 문제가 발생되기도 한다.

18 토양의 유효수분 범위로 옳은 것은?

㉮ 포장용수량 ~ 초기위조점

㉯ 포장용수량 ~ 영구위조점

㉰ 최대용수량 ~ 초기위조점

㉱ 최대용수량 ~ 영구위조점

연구 유효수분 : 식물이 토양 중에서 흡수·이용하는 수분으로 포장용수량에서부터 영구위조점까지의 범위이며, 약 pF2.5~4.2이다. 유효수분은 모관수와 유사하며, 토양입자가 작을수록(식질계 토양) 많아진다.

19 작물의 생존연한에 따른 분류로 틀린 것은?

㉮ 1년생작물

㉯ 2년생작물

㉰ 월년생작물

㉱ 3년생작물

연구 3년 이상 생존작물은 일반적으로 다년생작물이라 한다.

20 배수의 효과로 틀린 것은?

㉮ 습해와 수해를 방지한다.

㉯ 토양의 성질을 개선하여 작물의 생육을 촉진한다.

㉰ 경지 이용도를 낮게 한다.

㉱ 농작업을 용이하게 하고, 기계화를 촉진한다.

연구 저습지에서 배수의 효과 : 습해나 수해의 방지, 토양의 입단화 가능, 기계작업을 통한 생력화, 경지이용도 제고

21 토양침식에 가장 큰 영향을 끼치는 인자는?

㉮ 강우

㉯ 온도

㉰ 눈

㉱ 바람

연구 강우인자 : 수식에 관여하는 강우인자에는 강우강도와 강우량이 있는데, 강우강도가 강우량보다 토양침식에 더 영향이 크다.

22 개간지 미숙 밭토양의 개량방법과 가장 거리가 먼 것은?

㉮ 유기물 증시

㉯ 석회 증시

㉰ 인산 증시

㉱ 철·아연 증시

연구 개간지 토양을 안정시키기 위해서는 작토층의 증대, 유기물·석회물질·인산질 비료의 시용, 토양보전대책 수립 등이 필요하다. 철·아연 증시는 논 Podzol화에 의하여 무기물이 용탈된 노후화답에서 필요하다.

---

15 ㉱ 16 ㉮ 17 ㉯ 18 ㉯ 19 ㉱ 20 ㉰ 21 ㉮ 22 ㉱

23 다음 중 다면체를 이루고 그 각도는 비교적 둥글며, 밭토양과 산림의 하층토에 많이 분포하는 토양구조는?

㉮ 입상   ㉯ 괴상

㉰ 과립상   ㉱ 판상

연구 각괴상 : 외관이 다면체 각형(세로 축과 가로 축의 길이가 비슷)으로 밭토양과 산림토양의 B층에서 발견된다.
아각괴상 : 각괴상과 비슷하나 모가 없어진 것이다.
괴상에는 각괴상과 아각괴상이 있다.

24 토양 내 세균에 대한 설명으로 틀린 것은?

㉮ 생명체로서 가장 원시적인 형태이다.

㉯ 단순한 대사작용에 관여하고 있다.

㉰ 물질순환작용에서 핵심적인 역할을 한다.

㉱ 식물에 병을 일으키기도 한다.

연구 토양 내 세균은 대사작용을 통하여 유익작용도 하고, 유해작용도 하는 등 매우 복잡한 작용에 관여한다.

25 토양미생물 중 자급영양세균에 해당되지 않는 세균은?

㉮ 질산화성균

㉯ 황세균

㉰ 철세균

㉱ 암모니아화성균

연구 자급영양세균(무기영양) : 질산화성균(아질산균, 질산균), 황세균, 철세균

26 우리나라 밭토양의 특성으로 틀린 것은?

㉮ 곡간지나 산록지와 같은 경사지에 많이 분포되어 있다.

㉯ 세립질과 역질토양이 많다.

㉰ 저위 생산성인 토양이 많다.

㉱ 토양화학성이 양호하다.

연구 우리나라 토양은 kaoinate가 주성분이므로 화학성이 나쁘다. 특히 밭은 더 척박하다. 옛 말에 "논농사는 자리로 해 먹고, 밭농사는 거름으로 해 먹는다"란 말이 있다.

27 다른 생물과 공생하여 공중질소를 고정하는 토양세균은?

㉮ 아조토박터(*Azotobacter*)속

㉯ 클로스트리디움(*Clostridium*)속

㉰ 리조비움(*Rhizobium*)속

㉱ 바실러스(*Bacillus*)속

연구 공중질소를 고정하는 토양미생물에는 단독적으로 수행하는 *Azotobacter*속의 세균(호기성), *Clostridium*속의 세균(혐기성), 남조류(호기성)와 두과작물과 공생체제를 유지하는 *Rhizobium*속의 세균(근류균) 등이 있다.

28 다음 중 공극량이 가장 적은 토양은?

㉮ 용적밀도가 높은 토양

㉯ 수분이 많은 토양

㉰ 공기가 많은 토양

㉱ 경도가 낮은 토양

연구 공극률(%) = $(1 - \dfrac{가비중}{진비중}) \times 100$ 이므로 가비중

(용적밀도)이 클수록 공극률은 적어진다.

29 15° 이상인 경사지의 토양보전 방법으로 옳은 것은?

㉮ 등고선재배   ㉯ 계단식 개간

㉰ 초생대설치   ㉱ 승수구 설치

연구 계단식 재배 : 계단의 윗부분과 아랫부분에서 계단 중심부로 흙을 옮겨 평지로 만들어 재배하는 방법이다. 이 방법은 토양유실 방지의 대표적 방법으로 배수로가 반드시 설치되어야 한다. 경사도가 15° 이상일 때 계단식재배와 반계단식재배가 사용된다.

30 ( )안에 알맞은 내용은?

> 풍화물이 중력으로 말미암아 경사지에서 미끄러 내려져 된 것이 ( ) 이다.

㉮ 잔적토   ㉯ 수적토

㉰ 붕적토   ㉱ 선상퇴토

연구 붕적토(崩 무너질 붕, 積 쌓을 적, 土)

23 ㉯   24 ㉯   25 ㉱   26 ㉱   27 ㉰   28 ㉮   29 ㉯   30 ㉰

31 토양 단면의 골격을 이루는 기본토층 중 유기물층은?

㉮ O층 ㉯ E층

㉰ C층 ㉱ A층

연구 O(유기물)층 → A(용탈)층 → B(집적)층 → C(모재)층 → R(모암)층, 기본토층 중 유기물층은 O층이다.

32 화강암의 화학적 조성을 분석하였다. 가장 많은 무기성분은?

㉮ 산화철 ㉯ 반토

㉰ 규산 ㉱ 석회

연구 우리나라 기본 모암인 화강암의 규산 함량은 66% 이상이므로 우리 토양은 태생적 산성토이다.

33 밭토양의 유형별 분류에 속하지 않은 것은?

㉮ 고원 밭 ㉯ 미숙 밭

㉰ 특이중성 밭 ㉱ 화산회 밭

연구 중성은 경작에 좋은 것이므로 "특이중성"이란 분류는 없다. 논에서는 산성이 아주 심한 "특이 산성논"이 있다.

34 시설재배 토양의 연작장해에 대한 피해 내용이 아닌 것은?

㉮ 토양 이화학성의 악화

㉯ 답전윤환

㉰ 선충피해

㉱ 토양 전염성병균

연구 답전윤환은 연작장해 방지대책의 일환이다.

35 토양을 구성하는 주요 점토광물은 결정격자형에 따라 그 형태가 다르다. 다음 중 1:1형 (비팽창형)에 속하는 점토광물은?

㉮ illite ㉯ montmorillonite

㉰ kaolinite ㉱ vermiculite

연구 2:1격자형 : 2개의 규산판 사이에 알루미나판 1개가 삽입된 모양으로 결속되어 한 결정단위를 이루고 있는 것이며, montmorillonite, illite, vermiculite계가 있다.

36 인산의 고정에 해당되지 않은 것은?

㉮ $Fe-p$ 인산염으로 침전에 의한 고정

㉯ 중성토양에 의한 고정

㉰ 점토광물에 의한 고정

㉱ 교질상 Al에 의한 고정

연구 pH 6.5 정도의 중성 근처가 되면 Al^{3+}, Fe^{3+}의 활성이 감소하고, 흡착광물 표면의 양전하도 감소하므로 인산의 흡착이 크게 감소한다.

37 물감의 색소, 직물이나 피혁공장의 폐기수 등에 함유되어 있는 토양오염 물질로 밭상태에서 보다는 논상태에서 해작용이 큰 물질은?

㉮ 비소 ㉯ 시안

㉰ 페놀 ㉱ 아연

연구 비소의 독성은 화학 형태에 따라 크게 다르다. 독성은 무기(환원)형태가 유기(산화)형태보다 강하다. 무기형태 비소 화합물 중에서는 3가 비소(As^{3+})가 5가 비소(As^{5+})보다 훨씬 강하다.

38 식물영양성분인 철(Fe)의 유효도에 대한 설명으로 옳은 것은?

㉮ 중성에서 가장 높다.

㉯ 염기성 일수록 높다.

㉰ pH와는 무관하다.

㉱ 산성에서 높다.

연구 산성에서의 용해(가용)도
높아지는 원소 : Al, Fe, Mn, Cu, Zn
낮아지는 원소 : Mg, B, Ca, P, Mo, N, K, S

39 다음 산화환원전위의 설명 중 옳은 것은?

㉮ 산화 반응은 전자를 얻는 반응이다.

㉯ 산화반응과 환원반응은 동시에 일어난다.

㉰ 산화환원 전위의 기준반응은 수소와 산소가 물이 되는 반응이다.

㉱ 산화환원 반응 단위는 ds/m이다.

연구 전자의 출입으로 볼 때 산화는 전자를 잃는 것이고, 환원은 전자를 얻는 것이다. 이들은 동시에 일어난다.

31 ㉮ 32 ㉰ 33 ㉰ 34 ㉯ 35 ㉰ 36 ㉯ 37 ㉮ 38 ㉱ 39 ㉯

40 다음 중 점토가 가장 많이 들어있는 토양은?

㉮ 식양토   ㉯ 식토

㉰ 양토   ㉱ 사양토

연구 식토(질땅, clay → C)의 점토함량은 50% 이상으로, 건조하면 미끈거리는 감이 있고, 젖었을 때는 가소성과 점착력이 크다. 양토와 사토의 점토함량은 각각 25.0~37.5%와 12.5% 이하이며, 식양토는 식토와 양토 사이(37.5~50.0%)이고, 사양토는 사토와 양토 사이(12.5~25.0%)이다.

41 볍씨소독으로 방제하기 곤란한 병은?

㉮ 잎집무늬마름병

㉯ 깨씨무늬병

㉰ 키다리병

㉱ 도열병

연구 잎집무늬마름병 : 문고병균의 균핵이 지표면에서 월동한 후 논에 담수하면 수면에 떠올라 하위엽초부터 감염한다. 방제법 : 써레질 직후 물위에 떠서 몰려있는 균핵 제거

42 다음 중 유기농업이 소비자의 관심을 끄는 주된 이유는?

㉮ 모양이 좋기 때문에

㉯ 안전한 농산물이기 때문에

㉰ 가격이 저렴하기 때문에

㉱ 사시사철 이용할 수 있기 때문에

연구 우리나라의 경우는 "안전한 농산물"이 주된 이유이나, 다른 선진국에서는 "환경보호"가 주된 이유이다.

43 유기농산물의 토양개량과 작물생산을 위하여 사용이 가능한 물질이 아닌 것은?

㉮ 지렁이 또는 곤충으로부터 온 부식토

㉯ 사람의 배설물

㉰ 화학공장 부산물로 만든 비료

㉱ 석회석 등 자연에서 유래한 탄산칼슘

연구 식품 및 섬유공장 등의 유기적 부산물도 사용할 수 있으나 합성첨가물이나 화학물질 등이 포함되지 않아야 한다. 따라서 화학공장 부산물로 만든 비료는 허가되지 않는다.

44 다음 중 농장 동물의 생명유지와 생산활동에 영향을 미치는 생활환경 요인으로 가장 거리가 먼 것은?

㉮ 온도, 습도 등 열환경 인자

㉯ 품종, 혈통 등 유전정보

㉰ 빛, 소리 등 물리적 환경인자

㉱ 공기, 산소 등 화학적 환경인자

연구 품종, 혈통 등은 생산성과 관계되는 유전환경이다.

45 유기벼 종자의 발아에 필수조건이 아닌 것은?

㉮ 산소   ㉯ 온도

㉰ 광선   ㉱ 수분

연구 발아 시 광무관계 종자 : 벼, 보리, 옥수수 등의 화곡류·대부분의 콩과작물 등

46 우리나라가 지정한 제1종 가축전염병이 아닌 것은?

㉮ 구제역   ㉯ 돼지열병

㉰ 브루셀라병

㉱ 고병원성 조류 인플루엔자

연구 브루셀라증은 감염된 동물로부터 사람에게 전염되는 인수공통병으로 국내에서는 2군 전염병으로 관리되고 있다.

47 녹비작물이 갖추어야 할 조건으로 틀린 것은?

㉮ 생육이 왕성하고 재배가 쉬워야 한다.

㉯ 천근성으로 상층의 양분을 이용할 수 있어야 한다

㉰ 비료성분의 함량이 높으며, 유리질소고정력이 강해야 한다.

㉱ 줄기, 잎이 유연하여 토양 중에서 분해가 빠른 것이어야 한다.

연구 심근성 작물을 재배하여 하층의 양분을 위(작토층)로 끌어 올려야 하며, 깊게 들어간 뿌리에 의하여 통기성이 확보되고, 토양의 입단화가 조장되어야 한다.

40 ㉯   41 ㉮   42 ㉯   43 ㉰   44 ㉯   45 ㉰   46 ㉰   47 ㉯

48 〈보기〉는 유기축산과 관련된 기술이다. 이 중 맞는 것은 모두 몇 개 항인가?

〈보 기〉
(1) 가축복지를 고려해야 한다.
(2) 가능하면 자연교배를 한다.
(3) 내병성 가축을 사양한다.
(4) 약초를 이용하여 치료할 수 있다.

㉮ 한 개 ㉯ 두 개
㉰ 세 개 ㉱ 네 개

[연구] 유기축산은 동물의 복지를 고려하고, 자연스럽고 타당하며 합리적인 사육방법을 사용한다.

49 다음 중 전환기간을 거쳐 유기가축으로 전환하고자 하는데 전환기간으로 옳지 않은 것은?

㉮ 한우 식육의 경우 입식 후 출하 시까지(최소 12개월)
㉯ 젖소 시유의 경우 착유우는 90일
㉰ 식육오리의 경우 입식 후 출하시까지(최소6주)
㉱ 돼지식육의 경우 입식 후 출하 시까지(최소3개월)

[연구] 돼지식육의 경우 입식 후 출하 시까지 최소 5개월로, 이는 코덱스의 규정 6개월과 다르다.

50 유기농업에서 병해충 방제를 위한 방법으로써 가장 거리가 먼 것은?

㉮ 저항성품종 이용
㉯ 화학합성농약 이용
㉰ 천적 이용
㉱ 담배잎 추출액 사용

[연구] 유기농산물 : 화학비료와 유기합성농약을 전혀 사용하지 아니하여야 한다.
무농약농산물 : 유기합성농약을 사용하지 아니하여야 한다.
담배잎 추출액은 사용가능하나 순수니코틴은 불가하다.

51 다음 중 경사지의 토양 유실을 줄이기 위한 재배방법 중 가장 적당하지 않은 것은?

㉮ 등고선 재배
㉯ 초생대 재배
㉰ 부초 재배
㉱ 경운 재배

[연구] 경사 5~15°에서는 초생대 대상재배와 승수구설치 재배가 토양보전에 큰 효과가 있다. 경사 5° 이하에서는 등고선 재배가 필요하다. 수식방지를 위한 피복법으로는 부초법, 인공피복법 등이 있다.

52 친환경농산물로 인증된 종류와 명칭에 포함되지 않는 것은?

㉮ 유기농수산물
㉯ 무농약농산물
㉰ 무항생제축산물
㉱ 고품질천연농산물

[연구] 친환경농축산물이란 친환경농업을 통하여 얻는 것으로 다음 각 목의 어느 하나에 해당하는 것을 말한다.
가. 유기농산물·유기축산물 및 유기임산물
나. 무농약농산물 및 무항생제축산물

53 유기 배합사료 제조용 보조사료 중 완충제에 속하지 않는 것은?

㉮ 벤토나이트
㉯ 산화마그네슘
㉰ 중조
㉱ 산화마그네슘 혼합물

[연구] 배합사료 제조용 보조사료 중 완충제 : 중조·산화마그네슘 및 산화마그네슘혼합물

54 병해충 관리를 위하여 사용할 수 있는 물질이 아닌 것은?

㉮ 데리스 ㉯ 중조
㉰ 제충국 ㉱ 젤라틴

[연구] 중조 : 배합사료 제조용 보조사료 중 완충제

48 ㉱ 49 ㉱ 50 ㉯ 51 ㉱ 52 ㉱ 53 ㉮ 54 ㉯

55 다음 중 (가), (나), (다), (라)의 알맞은 내용은?

- 조생종은 생육기간이 (가).
- 만생종은 생육기간이 (나).
- 조생종 감광성에 비하여 감온성이 상대적으로 (다).
- 만생종은 감온성보다 감광성이 (라).

㉮ 가 : 길다, 나 : 짧다, 다 : 작다, 라 : 작다
㉯ 가 : 길다, 나 : 길다, 다 : 크다, 라 : 작다
㉰ 가 : 짧다, 나 : 길다, 다 : 크다, 라 : 크다
㉱ 가 : 짧다, 나 : 길다, 다 : 작다, 라 : 작다

연구 조생종은 생을 빨리 마감해야 하므로 7 · 8월의 높은 온도에 감응하며(감온성이 크고), 만생종은 늦게까지 살 수 있으므로 일장(광)이 짧아지는 시기에 감응한다.(감광성이 크다)

56 다음 중 여러 개의 품종이나 계통을 교배하는 방법은?

㉮ 다계교배
㉯ 순계선발
㉰ 돌연변이
㉱ 배수성육종

연구 합성품종육성법 : 여러 개의 우량계통을 격리포장에서 자연수분 및 인공수분으로 다계교배(여러 개의 품종이나 계통을 교배)하는 방법을 사용한다. 합성품종은 다양한 유전자형을 포함하고 있어서 유전적 변이의 폭이 넓기 때문에 환경변동에 대한 안전성이 높다. 따라서 합성품종은 잡종강세를 가지면서도 생산비가 싸고, 자연수분에 의해 유지될 필요가 있는 사료작물에서 널리 이용한다.
[(A×B)×C]×D×E

57 벼가 영년 연작이 가능한 이유로 가장 옳은 것은?

㉮ 생육기간이 짧기 때문이다.
㉯ 담수조건에서 지배하기 때문이다.
㉰ 연작에 견디는 품종적 특성 때문이다.
㉱ 다양한 종류의 비료를 사용하기 때문에

연구 벼의 재배환경은 담수조건이므로
1. 관개수에 의해 양분이 공급된다.
2. 토양전염성 해충의 발생이 적다.
3. 생장저해물질의 축적이 적다.
4. 잡초의 발생이 적다.

58 지붕형 온실과 아치형 온실을 비교 설명한 것 중 틀린 것은?

㉮ 적설 시 지붕형이 아치형보다 유리하다.
㉯ 광선의 유입은 아치형보다 지붕형이 유리하다.
㉰ 재료비는 지붕형이 아치형보다 많이 소요된다.
㉱ 천창의 환기능력은 지붕형이 아치형보다 높다.

연구 광선의 유입은 지붕형보다 아치형이 유리하다.

59 화본과 목초의 첫 번째 예취적기는?

㉮ 분얼기 이전
㉯ 분얼기 ~ 수잉기
㉰ 수잉기 ~ 출수기
㉱ 출수기 이후

연구 화본과 식물에서 생육후기 또는 개화후기에 수확된 조사료는 더 일찍 수확한 것에 비하여 ADF와 NDF가 모두 높아 가소화건물이나 섭취량면에서 뒤떨어짐을 볼 수 있다. 따라서 수확량까지 고려하면 분얼기는 너무 빠르고 수잉기 ~ 출수기에 수확하여야 한다.

60 우량 품종의 구비 조건이 아닌 것은?

㉮ 조산성
㉯ 균일성
㉰ 우수성
㉱ 영속성

연구 우량품종의 조건 :
구별성(distinctness), 균일성(uniformity), 안정성(stability)
이 3가지를 합하여 DUS라고도 부른다. 구별성은 우수성, 안정성은 영속성과 같은 의미이다.

55 ㉰ 56 ㉮ 57 ㉯ 58 ㉯ 59 ㉰ 60 ㉮

				평가	확인
유기농업 기능사	시험시간 1시간	**기출 · 종합문제**	출제유형 기본 · 일반 · 심화		

1 〈다음〉에서 설명한 것은?

- 단백질, 아미노산, 효소 등의 구성성분으로, 엽록소의 형성에 관여한다.
- 체내 이동성이 낮다.
- 결핍증세는 새 조직에서 먼저 나타난다.

㉮ Fe
㉯ Mg
㉰ Mn
㉱ S

연구 황 : ① 황함유 아미노산(시스틴, 시스테인, 메치오닌)과 바이오틴, 비타민 등의 합성에 사용되며, 엽록소의 형성에 관여한다. ② 체내 이동성이 낮아 결핍증세는 새 조직에서 먼저 나타난다. ③ 양파나 겨자 등의 독특한 맛의 원인물질이다. 칼슘, 철, 망간 등도 체내 이동성이 낮다.

2 다음 중 카드뮴 중금속에 내성이 가장 작은 것은?

㉮ 콩
㉯ 밭벼
㉰ 옥수수
㉱ 밀

연구 이타이 이타이병은 아연 제련 공장에서 배출된 카드뮴의 오염에 의하여 발생했다. 콩을 심었더라면 오염을 미리 알 수도(?)

3 다음 중 유료작물이면서 섬유작물인 것은?

㉮ 아마
㉯ 감자
㉰ 호프
㉱ 녹두

연구 아마는 목화보다 좋은 점이 많아서 5,000년 전부터 인도나 이집트에서 옷감으로 사용되었다. 아마씨유는 건강식품으로 인기가 높다.

4 산성토양에 가장 약한 작물은?

㉮ 땅콩
㉯ 알팔파
㉰ 봄무
㉱ 수박

연구 가장 약한 작물 : 콩과식물(특히 알팔파), 파, 무, 시금치, 상추, 양파, 아스파라거스

5 다음 중 (가), (나), (다)에 알맞은 내용은?

- 옥수수, 수수 등을 재배하면 잡초가 크게 경감되는데 이를 (가)이라고 한다.
- 작부체계에서 휴한하는 대신 클로버와 같은 콩과식물을 재배하면 지력이 좋아지는데, 이를 (나)이라고 한다.
- 조, 피, 기장 등은 기후가 불순한 흉년에도 비교적 안전한 수확을 얻을 수 있는데, 이를 (다)이라고 한다.

㉮ 가 : 중경작물, 나 : 휴한작물, 다 : 구황작물
㉯ 가 : 대파작물, 나 : 중경작물, 다 : 휴한작물
㉰ 가 : 휴한작물, 나 : 대파작물, 다 : 중경작물
㉱ 가 : 중경작물, 나 : 구황작물, 다 : 휴한작물

연구 중경작물 : 옥수수, 감자처럼 사이갈이(中耕)가 필요한 작물, 중경으로 잡초가 제거된다.

6 냉해에 대한 설명으로 틀린 것은?

㉮ 물질의 동화와 전류가 저해된다.
㉯ 암모니아의 축적이 적어진다.
㉰ 질소, 인산, 칼륨, 규산, 마그네슘 등의 양분흡수가 저해된다.
㉱ 원형질유동이 감퇴 · 정지하여 모든 대사기능이 저해된다.

연구 저온으로 광합성이 활발하지 못하여 탄수화물이 충분히 생성되지 못하면 질소대사는 단백질 합성까지 진행되지 못하고 수용성인 아미노산이나 유해한 암모니아만을 축적하게 된다. 그러면 도열병균은 어렵게 분해해야 이용할 수 있는 단백질보다 분해가 쉬운 아미노산을 바로 이용할 수 있기 때문에 도열병에 이병되기 쉽다.

1 ㉱　2 ㉮　3 ㉮　4 ㉯　5 ㉮　6 ㉯

7 다음 중 인과류인 것은?

㉮ 자두 ㉯ 양앵두

㉰ 무화과 ㉱ 비파

연구 인과류 : 배, 사과, 비파 등

8 다음 중 하고현상의 대책으로 틀린 것은?

㉮ 관개

㉯ 혼파

㉰ 약한 정도의 방목

㉱ 북방형 목초의 봄철 생산량 증대

연구 봄철 일찍부터 방목하거나 채초하여 생장속도를 줄이고, 추비를 늦게 여름철에 주면 스프링플러시(목초생산량이 봄철에 집중되는 현상)의 정도가 완화되어 하고현상도 경감된다.

9 다음 중 최저온도가 1~2℃인 작물은?

㉮ 벼

㉯ 완두

㉰ 담배

㉱ 오이

연구 완두는 서반구에 가장 흔한 콩이다. 그 기원은 정확하게 알려지지 않았지만 콩과식물 중 가장 오래된 재배작물로 생장기 중 서늘한 때 더 잘 자란다. 벼·오이는 인도 원산이다.

10 다음 중 토성을 구분하는 기준은?

㉮ 모래와 물의 함량비율

㉯ 부식의 함량비율

㉰ 모래, 부식, 점토, 석회의 함량비율

㉱ 모래, 미사, 점토의 함량비율

연구 토양 무기물입자의 입경조성에 의한 토양의 분류를 토성이라 하며 모래(조사, 세사), 미사 및 점토의 함량비로 분류한다.

11 다음 비료 중 화학적·생리적 반응이 모두 염기성인 것은?

㉮ 유안 ㉯ 황산가리

㉰ 과인산석회 ㉱ 용성인비

연구 토양에 남은 성분이 생리적 반응을 결정한다. 질산나트륨, 질산석회, 석회질소, 용성인비($CaHPO_4$), 토머스인비, 퇴·구비, 나뭇재 등은 NO_3이나 PO_4는 다 흡수되고 나트륨, 칼슘, 마그네슘 등의 염기만 남아 염기성을 띤다.

12 다음 중 요수량이 가장 작은 것은?

㉮ 호박 ㉯ 완두

㉰ 클로버 ㉱ 수수

연구 화곡류 중의 잡곡(수수, 기장, 옥수수 등)의 요수량이 가장 작고, 화곡류 중의 맥류(보리, 밀, 호밀, 귀리)나 미곡(벼, 밭벼)은 잡곡의 2배, 알팔파·클로버 등의 콩과식물은 잡곡의 3배 정도이다.

13 광합성의 반응식으로 옳은 것은?

㉮ $3CO_2 + 12H_2O \rightarrow C_6H_{12}O_6 + 6H_2O + 6CO_2$

㉯ $6CO_2 + 12H_2O \rightarrow C_6H_{12}O_6 + 6H_2O + 6H_2S$

㉰ $6CO_2 + 12H_2O \rightarrow C_6H_{12}O_6 + 6H_2O + 6O_2$

㉱ $3CO_2 + 12H_2O \rightarrow C_6H_{12}O_6 + 6H_2O + 6H_2S$

연구 광합성은 태양에너지를 이용하여 잎에서 흡수한 이산화탄소와 뿌리에서 흡수한 물로 탄수화물을 합성하고 산소를 방출하는 물질대사이다.

14 내건성에 강한 작물에 대한 특성으로 틀린 것은?

㉮ 왜소하고 잎이 작다.

㉯ 다육화의 경향이 있다.

㉰ 원형질막의 글리세린 투과성이 작다.

㉱ 탈수될 때 원형질의 응집이 덜하다.

연구 세포질적 내건성이란 건조 시와 재흡수 시에 원형질막이 어떻게 힘을 받느냐와 그 힘에 저항할 수 있느냐의 여부에 따라 결정되는 내건성으로, 원형질막의 수분(글리세린 포함) 투과성이 좋아야 막에 무리한 힘을 받지 않아 내건성이 높아진다. 보기의 ㉮㉯는 구조적 내건성이다. 구조적 내건성이란 수분의 손실을 방지(수분보존형)하거나, 수분흡수를 증가(수분소비형)시킬 수 있는 식물의 구조에 의해 결정되는 것이다.

7 ㉱ 8 ㉱ 9 ㉯ 10 ㉱ 11 ㉱ 12 ㉱ 13 ㉰ 14 ㉰

15 다음 중 점토광물에 결합되어 있어 분리시킬 수 없는 수분은?

㉮ 중력수   ㉯ 모관수
㉰ 흡습수   ㉱ 결합수

연구 결합수는 화합수 또는 결정수라고도 부르며, 토양의 고체분자를 구성하는 수분으로 105~110℃로 가열해도 분리시킬 수 없는 화합수로 식물에서는 이용할 수 없는 무효한 수분이다.

16 다음 중 파종된 종자의 약 40%가 발아한 날을 무엇이라 하는가?

㉮ 발아기   ㉯ 발아시
㉰ 발아전   ㉱ 발아세

연구 발아기(發芽期, 터 기) : 파종된 종자의 50%(또는 40%)가 발아한 날
발아전(發芽揃, 분할할 전) : 파종된 종자의 대부분(80% 이상)이 발아한 날

17 다음 중 이산화탄소의 일반적인 대기조성의 함량은?

㉮ 약 3.5 ppm   ㉯ 약 35 ppm
㉰ 약 350 ppm   ㉱ 약 3500 ppm

연구 ppm(parts per million) : 100만분의 1을 나타내는 단위이다. 따라서 1%는 10,000ppm이 되므로 이산화탄소 농도 0.035%는 350ppm이 된다.

18 다음 중 여름에 온도가 높아져 논토양에 산소가 부족하여 SO_4^-가 황화수소로 환원되어 무기양분의 흡수장애가 일어나는데, 가장 크게 억제되는 순서부터 옳게 나열한 것은?

㉮ 인 > 규소 > 망간 > 마그네슘
㉯ 인 > 망간 > 규소 > 마그네슘
㉰ 마그네슘 > 망간 > 규소 > 인
㉱ 마그네슘 > 규소 > 망간 > 인

연구 습답의 유해물질인 유기산, 황화수소 및 Fe^{2+}와 같은 염류의 높은 농도로 흡수에 방해받는 성분의 순서는 H_2O > K > P > Si > NH_4 > Ca > Mg이다.

19 다음 중 작물의 기원지가 중국에 해당하는 것은?

㉮ 수박   ㉯ 호박
㉰ 가지   ㉱ 미나리

연구 수박은 아프리카, 호박은 중앙아메리카, 가지는 인도

20 C_3 식물과 C_4 식물의 차이에 대한 설명으로 틀린 것은?

㉮ CO_2 보상점은 C_3식물이 더 높다.
㉯ 광합성산물 전류속도는 C_4식물이 더 높다.
㉰ C_3식물은 엽육세포가 발달되어 있다.
㉱ C_3식물의 내건성이 상대적으로 더 높다.

연구 C_4식물(옥수수, 수수 등)은 C_3식물이 넘지 못한 열대의 고온조건을 극복하였다.

21 논토양이 환원상태로 되는 이유로 거리가 먼 것은?

㉮ 물에 잠겨 있어 산소의 공급이 원활하지 않기 때문이다.
㉯ 철·망간 등의 양분이 용탈되기 때문이다.
㉰ 미생물의 호흡 등으로 산소가 소모되고 산소공급이 잘 이루어지지 않기 때문이다.
㉱ 유기물의 분해과정에서 산소 소모가 많기 때문이다.

연구 산화란 산소가 결합된 상태이고, 환원이란 결합되었던 산소가 떨어져 나가 산소와 결합되어 있지 않은 상태를 말한다. 철·망간 등의 양분용탈은 환원상태로 되는 이유가 아니고, 환원상태에서 일어나는 원소의 변화이다.

22 다음 중 토양에 서식하며 토양으로부터 양분과 에너지원을 얻으며 특히 배설물이 토양 입단 증가에 영향을 주는 것은?

㉮ 사상균   ㉯ 지렁이
㉰ 박테리아   ㉱ 방사상균

연구 토양이 지렁이의 체내를 통하여 배설되면 입단구조가 발달하여 토양의 물리적 성질에 좋은 영향을 준다.

15 ㉱ 16 ㉮ 17 ㉰ 18 ㉮ 19 ㉱ 20 ㉱ 21 ㉯ 22 ㉯

23 치환성염기(교환성 염기)로 볼 수 없는 것은?

㉮ K⁺

㉯ Ca⁺⁺

㉰ Mg⁺⁺

㉱ H⁺

연구 토양의 치환성염기는 토양을 알칼리성으로 만드는 작용이 있으나 치환성수소이온(H^+)과 Al^+이온은 반대로 토양을 산성으로 만들게 된다. 따라서 염기포화도 계산 시 이 두 원소는 치환성염기로 보지 않는다.

24 산성토양을 개량하기 위한 물질과 가장 거리가 먼 것은?

㉮ H_2CO_3

㉯ $MgCO_3$

㉰ CaO

㉱ MgO

연구 산성토양은 칼슘(Ca), 마그네슘(Mg) 등의 염기가 용탈되어 생긴 것이므로 산성을 개량하기 위해서는 알칼리성인 염기를 보충해 주어야 한다. 이 물질에는 탄산석회와 탄산마그네슘을 주성분으로 하는 석회석분말이나 백운석분말이 사용된다. H_2CO_3에는 Ca, Mg 등의 염기가 없고, H^+ 만 방출된다.

25 지렁이에 대한 설명으로 옳은 것은?

㉮ spodosol 토양에 개체수가 많다.

㉯ 상대적으로 여름에 활동이 왕성하다.

㉰ 과습한 지역은 지렁이 개체수를 증가시킨다.

㉱ 거의 분해되지 않은 유기물의 시용은 개체수를 증가시킨다.

연구 스포도솔 : 용탈이 용이한 사질 모재 조건과 냉온대의 습윤조건에서 발달하는 토양으로 비옥도가 낮다.
지렁이는 대동물이므로 거의 분해되지 않은 유기물을 먹고 산다.

26 〈다음〉에서 설명하는 것은?

> 배수와 통기성이 양호하며 뿌리의 발달이 원활한 심토층에서 주로 발달한다.
> 입단의 모양은 불규칙하지만 대개 6면체로 되어 있으며, 입단 간 거리가 5～50mm로 떨어져 있다.

㉮ 원주상 구조

㉯ 판상 구조

㉰ 각주상 구조

㉱ 괴상구조

연구 각괴상 : 외관이 다면체 각형(세로 축과 가로 축의 길이가 비슷, 대개 6면체)으로 밭토양과 산림토양의 B층에서 발견된다. 다면체이므로 통기성이 양호하고, 통기성이 양호하므로 뿌리의 발달이 원활하다. 괴상에는 각괴상과 각괴상에서 모가 제거된 아각괴상이 있다.

27 암모니아산화균에 해당하는 것은?

㉮ Nitrosomonas

㉯ Micromonospora

㉰ Nocardia

㉱ Streptomyces

연구 질산화성균 : 아질산균(암모니아산화균, Nitrosomonas), 질산균(Nitrobacter)

28 토양이 알칼리성을 나타낼 때 용해도가 높아져 작물의 과잉 흡수를 나타낼 수 있는 성분은?

㉮ Mo

㉯ Cu

㉰ Zn

㉱ H

연구 산성에서 가용도가 떨어지는(알칼리에서 가용도가 높아지는) 원소 : Mg, B, Ca, P, Mo
♣ 산을 싫어하시는 MBC, PM님

29 토양의 산화환원전위 값으로 알 수 있는 것은?

㉮ 토양의 공기유통과 배수상태

㉯ 토양산성 개량에 필요한 석회소요량

㉰ 토양의 완충능

㉱ 토양의 양이온 흡착력

연구 토양의 산화환원전위(Eh)는 토양의 산화·환원된 정도를 나타내며 식물양분의 가급성, 유해물질의 생성 등과 관계가 있고, 특히 배수의 필요성을 나타내는 지표로써 중요한 성질이 된다.

30 토양 생물에 대한 설명으로 틀린 것은?

㉮ 사상균은 1ha당 생물체량이 1,000~15,000kg에 달한다.

㉯ 원핵생물인 세균은 생명체로서 가장 원시적인 형태이다.

㉰ 조류는 유기물의 분해자로서 가장 중요하다.

㉱ 선충, 곰팡이 등이 있다.

연구 개체수(par/g) : 세균(10^8~10^9), 사상균(10^5~10^6)
생물체량(kg/ha) : 세균(400~5,000), 사상균(1,000~15,000)
조류는 식물과 동물의 중간적 성질을 가지며, 세균에게 유기물을 공급한다.

31 토양 미생물의 활동 조건에 대한 설명으로 틀린 것은?

㉮ 방선균은 건조한 환경에서 포자를 만들어 잠복한다.

㉯ 세균은 산성에 강하고, 곰팡이는 산성에서 약해진다.

㉰ 미생물 활동에 알맞은 pH는 대체로 7 부근이다.

㉱ 대부분의 방선균은 호기성균이다.

연구 사상균은 세균이나 방사상균이 잘 번식하지 못하는 산림유기질토양 등 산성토양에 적응성이 강하므로 산성부식생성과 토양입단형성에 중요하다.

32 토양의 입경조성에 따른 토양의 분류를 뜻하는 것은?

㉮ 토양의 화학성

㉯ 토성

㉰ 토양통

㉱ 토양의 반응

연구 토성(土 흙 토, 性 성질 성)의 한자적 의미는 "토양의 성질"이나, 토양학에서의 정의는 토양 무기물입자의 입경조성에 의한 토양의 분류를 토성(土性)이라 하고, 모래·미사 및 점토의 함량비로 분류한다.

33 다음 중 흐르는 물에 의하여 이동되어 퇴적된 모재는?

㉮ 잔적모재

㉯ 붕적모재

㉰ 풍적모재

㉱ 충적모재

연구 하성충적토(수적토) : 하수(河水)에 의하여 퇴적된 것이며 우리나라 대부분의 논토양은 이에 해당된다. 하류(河流)는 퇴적작용 외에도 운반 및 수식작용을 한다.

34 토양 pH가 4~7일 때 가장 많은 인산 형태는?

㉮ PO_4^{3-}

㉯ HPO_4^{2-}

㉰ $H_2PO_4^-$

㉱ H_3PO_4

연구 토양 pH에 따라 존재하는 인의 형태는 토양이 강산성일 때 H_3PO_4, 그보다 낮은 산성에서는 $H_2PO_4^-$의 순으로 존재하고, 토양이 알칼리이면 PO_4^{3-}, HPO_4^{2-}의 순으로 존재한다. 문제의 조건은 약산성이다.

35 다음 중 점토에 대한 설명으로 틀린 것은?

㉮ 점토는 2차 광물이다.

㉯ 교질의 특성과 함께 표면전하를 가진다.

㉰ 화학적 특성을 결정하는 데 있어서 중요하다.

㉱ 점토의 광물조성은 단순하다.

연구 점토의 입경은 0.002mm 이하로 규정되어 있는데, 이렇게 작아야 표면전하가 있고(이보다 크면 전하 없음), 표면전하에 의하여 양분보유 능력이 생긴다. 점토는 암석의 풍화산물이 복잡하게 재합성된 광물이므로 2차광물이라고도 한다.

36 토양수분 위조점에서 기압(bar)은 약 얼마인가?

㉮ -5

㉯ -15

㉰ -31

㉱ -35

연구 위조계수(pF 4.2) = 물기둥의 높이(15,800cm, $10^{4.2}$)
= -15기압(bar)

30 ㉰　31 ㉯　32 ㉯　33 ㉱　34 ㉰　35 ㉱　36 ㉯

37 토양에 첨가한 유기물 성분 중에서 미생물에 의해 가장 느리게 분해되는 것은?

㉮ 당류
㉯ 단백질
㉰ 헤미셀룰로오스
㉱ 리그닌

연구 식물조직을 구성하고 있는 화합물의 분해속도는 물질에 따라 많은 차이가 있다. 리그닌은 식물의 줄기나 목재조직 등 늙은 조직에 함유되어 있으며 식물체의 유기화합물 중 생물적 분해에 대하여 아주 저항성이 강하다.

38 토양의 기지 정도에 따라 연작의 해가 적은 작물은?

㉮ 토란
㉯ 참외
㉰ 고구마
㉱ 강낭콩

연구 연작의 해가 적은 작물 : 벼, 맥류, 옥수수, 조, 수수, 고구마, 삼, 담배, 무, 양파, 당근, 호박, 아스파라거스, 딸기, 양배추, 미나리 등
10년 이상 휴작이 필요한 작물 : 인삼, 아마 등

39 토양의 입단화에 좋지 않은 영향을 미치는 것은?

㉮ 유기물 시용
㉯ 석회 시용
㉰ 칠레초석 시용
㉱ krillium 시용

연구 칠레초석의 주성분은 질산나트륨($NaNO_3$)이며, Na이온은 토양입자를 분산시켜 입단을 파괴한다.

40 토양이 산성화될 때 발생되는 생물학적 영향으로 틀린 것은?

㉮ 알루미늄 독성으로 인해 식물의 뿌리 신장을 저해한다.
㉯ 철의 과잉흡수로 벼의 잎에 갈색의 반점이 생긴다.
㉰ 망간독성으로 인해 식물 잎의 만곡현상을 야기한다.
㉱ 칼륨의 과잉흡수로 인해 줄기가 연약해진다.

연구 산성에서 용해(가용)도가 높아지는 원소는 Al, Fe, Mn, Cu, Zn 등이며, 칼륨은 줄기를 튼튼히 한다.

41 굴광현상에 가장 유효한 광은?

㉮ 적색광
㉯ 자외선
㉰ 청색광
㉱ 자색광

연구 식물이 광을 향하여 굴곡반응을 나타내는 것을 굴광 현상이라고 하는데, 이에는 440~480nm의 청색광이 가장 유효하다.

42 월년생 작물로만 이루어진 것은?

㉮ 호프, 벼
㉯ 아스파라거스, 대두
㉰ 가을밀, 가을보리
㉱ 호프, 옥수수

연구 월년(越 넘을 월, 年 해 년)생 : 가을에 심어야 해를 넘겨 자란다.

43 지하에 토관·목관·콘크리트관 등을 배치하여 통수하고, 간극으로부터 스며 오르게 하는 방법은?

㉮ 개거법
㉯ 암거법
㉰ 압입법
㉱ 살수관개법

연구 지하관개: 겉도랑(개거) 형식과 속도랑(암거) 형식의 두 가지가 있다. 개거법이란 일정한 간격으로 수로를 마련하고 이곳에 물을 흐르게 하여 수로 옆과 바닥으로 침투하게 하여 뿌리에 물을 공급하는 방식이다. 암거법은 땅속 30~60cm 깊이에 토관이나 기타 급수관을 묻어 관의 구멍으로부터 물이 스며나와 뿌리에 물이 공급되게 하는 방식으로 배수시설의 역(逆)이라 생각하면 된다.

44 경사지에서 수식성 작물을 재배할 때 등고선으로 일정한 간격을 두고 적당한 폭의 목초대를 두어 토양침식을 크게 덜 수 있는 방법은?

㉮ 조림재배
㉯ 초생재배
㉰ 단구식재배
㉱ 대상재배

연구 초생대 대상재배: 경사면에 등고선을 따라 일정한 간격으로 초생대(草生帶)를 만들어 물과 토양의 유거 및 유실을 감소시키고, 초생대 사이에 작물을 재배하는 방법이다. 경사 5~15°에서 토양보전에 큰 효과가 있다.

---

37 ㉱ 38 ㉰ 39 ㉰ 40 ㉱ 41 ㉰ 42 ㉰ 43 ㉯ 44 ㉱

45 한 종류의 작물이 생육하고 있는 이랑 사이나 포기 사이에 한정된 기간 동안 다른 작물을 파종하거나 심어서 재배하는 것은?

㉮ 교호작   ㉯ 간작

㉰ 난혼작   ㉱ 주위작

연구 한 작물이 생육하고 있는 조간(條間)에 다른 작물을 조합하여 재배하는 작부방식(보리 + 콩, 보리 + 고구마 등)으로 조간에 재배되는 작물을 간작물이라 한다.

46 식물체의 유체가 토양 속에 들어가면 미생물 분해가 일어나는데, 가장 먼저 일어나는 순서로 옳은 것은?

㉮ 헤미셀룰로오스 〉 당류 〉 리그닌 〉 셀룰로오스

㉯ 리그닌 〉 당류 〉 헤미셀룰로오스 〉 셀룰로오스

㉰ 당류 〉 헤미셀룰로오스 〉 셀룰로오스 〉 리그닌

㉱ 셀룰로오스 〉 당류 〉 헤미셀룰로오스 〉 리그닌

연구 당류의 분해속도가 가장 빠르다. 리그닌은 토양미생물에 의해 미생물학적 분해를 받으면 변환물질이 생기고, 이 변환물질이 질소화합물과 결합하여 분해가 아주 어려운 리그닌 단백복합체(부식)를 이룬다. 'hemi−'는 '절반'의 뜻으로 단단한 셀룰로오스에 비해 반만 단단하다는 뜻이다.

47 광에너지를 효율적으로 이용할 수 있는 이상적인 옥수수 초형에 해당하지 않는 것은?

㉮ 상위엽은 직립한다.

㉯ 상위엽에서 밑으로 내려오면서 약간씩 경사를 더하여 하위엽에서 수평이 된다.

㉰ 숫이삭이 작고 잎혀가 없다.

㉱ 암이삭은 두 개인 것보다 한 개인 것이 밀식에 적응한다.

연구 옥수수의 이상적 초형 : 상위엽이 직립한 것, 아래로 내려오면서 경사를 더하여 하위엽은 수평인 것, 수이삭이 작고 잎혀가 없는 것, 암이삭이 1개인 것보다 2개인 것

48 연작장해에 대한 설명으로 틀린 것은?

㉮ 특정 작물이 선호하는 양분의 수탈이 이루어진다.

㉯ 작물의 생장이 지연된다.

㉰ 수도작은 연작장해가 크게 일어난다.

㉱ 수확량이 감소한다.

연구 벼농사를 수도작(手 손 수, 稻 벼 도, 作 지을 작)이라고도 하고, 手 대신 물 수(水)를 쓰기도 하는데, "手"를 써도 물이 있어야 함을 암시한다. 즉, 수도작은 담수조건에서 재배하는 것이고, 그로 인하여 연작장해가 적다.

49 과수의 내습성이 가장 큰 순서부터 옳게 나열된 것은?

㉮ 감 〉 포도 〉 무화과 〉 올리브

㉯ 포도 〉 무화과 〉 감 〉 올리브

㉰ 올리브 〉 포도 〉 감 〉 무화과

㉱ 무화과 〉 포도 〉 감 〉 올리브

연구 올리브는 비가 많은 멕시코, 무화과(성경의 선악과)는 비가 적은 지중해 동부가 원산지이다.

50 식물체의 조직 내에 결빙이 생기지 않는 범위의 저온에서 작물이 받게 되는 피해는?

㉮ 동해   ㉯ 냉해

㉰ 습해   ㉱ 수해

연구 결빙이 생기지 않을 정도의 저온에 의해 받는 피해를 일반적으로 저온해라 하는데, 여름작물이 생육상 고온이 필요한 여름철에 냉온을 만나서 받는 피해를 냉해라 부른다.

51 1년생 또는 다년생의 목초를 인위적으로 재배하거나, 자연적으로 성장한 잡초를 그대로 이용하는 방법은?

㉮ 청경법   ㉯ 멀칭법

㉰ 초생법   ㉱ 절충법

연구 비에 의한 침식을 막기 위하여 경사지에 다년생 목초를 인위적으로 재배하거나, 자연적으로 성장한 잡초를 그대로 이용하는 방법을 초생법이라고 한다.

45 ㉯   46 ㉰   47 ㉱   48 ㉰   49 ㉰   50 ㉯   51 ㉰

52 다음 중 광의 파장이 400nm인 광은?

㉮ 적색광   ㉯ 청색광

㉰ 자색광   ㉭ 근적외광

연구 가시광선의 긴 파장 쪽의 끝 부분인 적색광보다도 파장이 긴 적외선부터, 가시광선의 짧은 파장 쪽의 끝부분인 자색광보다도 파장이 짧은 자외선(파장 1~390nm)까지를 빛이라고 한다. 자색(보라색)광은 자(자색에서 유래)외선에 가까우므로 390nm에 가까운 400nm이다.

53 작물이 생육하는 데 알맞은 토양은?

㉮ 질소, 인산 등 비료성분이 많은 염류집적토양

㉯ 단립(單粒)구조가 많은 토양

㉰ 수분을 많이 함유한 식토

㉭ 유기물이 적당하고 작토층이 깊은 토양

연구 토성은 사양토~식양토가 알맞고, 토양구조는 떼알구조(입단구조)가 적당하며, 유기물이 적당하고 작토층이 깊은 토양이 좋고, 비료의 3요소는 적당히 균형을 이루어야 한다.

54 다음 중 요수량이 가장 큰 식물은?

㉮ 기장   ㉯ 알팔파

㉰ 보리   ㉭ 옥수수

연구 화곡류 중의 잡곡(수수, 기장, 옥수수 등)의 요수량이 가장 작고, 화곡류 중의 맥류(보리, 밀, 호밀, 귀리)나 미곡(벼, 밭벼)은 잡곡의 2배, 알팔파·클로버 등의 콩과식물은 잡곡의 3배 정도이다.

55 작물의 필수원소는 아니나 셀러리, 사탕무 등에 시용효과가 있는 것은?

㉮ 나트륨   ㉯ 질소

㉰ 황   ㉭ 구리

연구 질소·황은 다량원소이고, 구리는 미량원소이다.

56 다음 중 1년 휴작을 요하는 작물로만 이루어진 것은?

㉮ 가지, 고추   ㉯ 완두, 토마토

㉰ 수박, 사탕무   ㉭ 시금치, 생강

연구 1년간 휴작이 필요한 작물 : 시금치, 콩, 파, 생강 등
5~7년간 휴작이 필요한 작물 : 가지과(가지, 고추, 토마토), 수박, 우엉 등

57 연풍의 특성에 해당하지 않는 것은?

㉮ 작물 주위의 습기를 배제하여 증산작용을 조장함으로써 양분흡수를 증대시킨다.

㉯ 잎을 동요시켜 그늘진 잎의 일사를 조장함으로써 광합성을 증대시킨다.

㉰ 건조할 때에는 건조상태를 억제한다.

㉭ 잡초의 씨나 병균을 전파한다.

연구 연풍은 증산작용을 조장함으로써 건조상태를 악화시킨다.

58 다음 중 환경보전 및 지속가능한 생태농업을 추구하는 농업형태는?

㉮ 관행농업   ㉯ 상업농업

㉰ 전업농업   ㉭ 유기농업

연구 친환경농어업 육성 및 유기식품 등의 관리·지원에 관한 법률 1조(목적) : 이 법은 농어업의 환경보전기능을 증대시키고 농어업으로 인한 환경오염을 줄이며, 친환경농어업을 실천하는 농어업인을 육성하여 지속가능한 친환경농어업을 추구하고 이와 관련된 친환경농수산물과 유기식품 등을 관리하여 생산자와 소비자를 함께 보호하는 것을 목적으로 한다.

59 이랑을 세우고 이랑 위에 파종하는 방식은?

㉮ 휴립휴파법   ㉯ 휴립구파법

㉰ 평휴법   ㉭ 성휴법

연구 휴립휴파(畦 밭두둑 휴, 立 세울 립, 畦 밭두둑 휴, 播 씨 뿌릴 파) : 이랑을 세우고 이랑에 파종하는 방식으로 고구마는 두터운 작토층이 필요하므로 이랑을 높게 세우고 조, 콩 등은 이랑을 비교적 낮게 세운다.

60 좁은 범위의 일장에서만 화성이 유도·촉진되며 2개의 한계일장이 있는 것은?

㉮ 장일식물   ㉯ 단일식물

㉰ 정일식물   ㉭ 중성식물

연구 정일식물 : 어느 좁은 범위의 특정한 일장에서만 개화하는 식물로 사탕수수 등이 있다.

---

52 ㉰   53 ㉭   54 ㉯   55 ㉮   56 ㉭   57 ㉰   58 ㉭   59 ㉮   60 ㉰

1 작물의 요수량에 관한 설명으로 틀린 것은?

㉮ 작물의 건물 1g을 생산하는 데 소비된 수분량이다.

㉯ 증산계수 또는 증산능률이라고도 한다.

㉰ 요수량이 작은 작물이 가뭄에 강하다.

㉱ 작물별로 수분의 절대소비량을 표시하는 것은 아니다.

연구 건물 1g을 생산하는 데 소요되는 수분량(g)을 그 작물의 요수량이라고 한다. 요수량과 비슷한 의미로 증산계수가 있는데, 이것은 건물 1g을 생산하는 데 소비된 증산량을 말하므로 요수량과 동의어로 사용된다. 대체로 요수량이 작은 작물이 건조한 토양과 가뭄에 대한 저항성이 강하다.

2 포장동화능력을 지배하는 요인으로 옳게 나열한 것은?

㉮ 엽면적, 광포화점, 광보상점

㉯ 총엽면적, 수광능률, 평균동화능력

㉰ 광량, 광의 강도, 엽면적

㉱ 착색도, 광량, 엽면적

연구 포장동화능력은 포장군락의 단위면적당의 동화능력(광합성능력)으로 총엽면적 · 수광능률 · 평균동화능력의 곱(積)으로 표시한다.

3 토양 속에서 작물뿌리가 수분을 흡수하는 기구를 나타낸 관계식으로 옳은 것은?[a : 세포의 삼투압, m : 세포의 팽압(막압), t : 토양의 수분보류력, a′ : 토양용액의 삼투압]

㉮ $(a - m) - (t + a')$

㉯ $(a - m) + (t + a')$

㉰ $(a + m) - (t + a')$

㉱ $(a + m) + (t + a')$

연구 작물뿌리의 흡수는 DPD(확산압차, 세포로 수분이 들어오려는 삼투압과 못 들어오게 하는 벽압의 차이)와 SMS(토양의 수분보류력과 삼투압을 합친 것)의 사이에 의해서 이루어진다.

뿌리에서의 수분포텐셜 : DPD − SMS = $(a - m) - (t + a')$
a : 세포의 삼투포텐셜, a′ : 토양용액의 삼투포텐셜, m : 세포의 팽압(벽압), t : 토양의 수분보류력

4 수해에 대한 설명으로 틀린 것은?

㉮ 수해를 예방하기 위해 볏과 목초, 피, 수수 등 침수에 강한 작물을 선택한다.

㉯ 수온이 높으면 호흡기질의 소모가 빨라 피해가 크다.

㉰ 벼의 침수피해는 수잉기보다 분얼 초기에 심하다.

㉱ 질소질 비료를 많이 주면 관수해가 커진다.

연구 분얼기에 들어간 벼는 주야간의 온도차가 클수록 분얼수가 증가하기 때문에 물은 1~2cm 정도로 얕게 대지만 물은 절대 필요하다. 따라서 이 시기에는 침수에 강하다. 그러나 수잉기~출수개화기에는 침수에 약하다.

5 식물의 굴광현상에 가장 유효한 광은?

㉮ 자색광 ㉯ 청색광

㉰ 적색광 ㉱ 적외선

연구 굴광 현상 : 식물이 광을 향하여 굴곡반응을 나타내는 것을 굴광 현상이라고 하는데, 이에는 440~480nm의 청색광이 가장 유효하다. 식물체가 한 쪽에 광을 받으면 그 부분의 옥신(신장촉진 호르몬) 농도는 낮아지고, 반대쪽의 농도는 높아져서 발생한다.

6 작물수량을 증가시키는 데 3대 조건이 아닌 것은?

㉮ 유전성이 좋은 품종 선택

㉯ 알맞은 재배환경

㉰ 적합한 재배기술

㉱ 상품성이 우수한 작물 선택

연구 작물의 생산수량은 유전성, 재배환경, 재배기술을 세 변으로 하는 삼각형의 면적으로 표시할 수 있다. 따라서 생산량이 많아지려면 세 변이 균형 있게 발달하여야 한다.

1 ㉯ 2 ㉯ 3 ㉮ 4 ㉰ 5 ㉯ 6 ㉱

7 광합성에 가장 유효한 광은?

㉮ 녹색광   ㉯ 황색광

㉰ 자색광   ㉱ 적색광

연구 광합성에는 675nm을 중심으로 한 650~700nm의 적색 부분과 450nm을 중심으로 한 400~500nm의 청색 부분이 가장 효과적이다.

8 탄산시비의 목적으로 가장 적합한 것은?

㉮ 호흡작용의 증대

㉯ 증산작용의 증대

㉰ 광합성작용의 증대

㉱ 비료흡수의 촉진

연구 광합성의 증대를 위해 인공적으로 대기 중의 이산화탄소 농도를 높여주는 것을 탄산시비라 한다.

9 지력을 향상시키는 방법이 아닌 것은?

㉮ 토심을 깊게 한다.

㉯ 단립(單粒)구조를 만든다.

㉰ 토양 pH는 중성으로 만든다.

㉱ 토성은 사양토 ~ 식양토로 만든다.

연구 입단구조(떼알구조, 粒團構造)는 토양의 여러 입자가 모여 단체를 만들고 이 단체가 다시 모여 입단을 만든 구조로 공기가 잘 통하고 물을 알맞게 지니며, 보비력이 크다.

10 식물의 분류 중 ( )안에 들어 갈 용어는?

문 → (   ) → 목 → 과 → 속

㉮ 종   ㉯ 강

㉰ 계통   ㉱ 아목

연구 분류군의 계급은 최상위 계급에서 시작하여 문ㆍ강ㆍ목ㆍ과ㆍ속ㆍ종으로 구분한다.

11 잎의 가장자리에 있는 수공에서 물이 나오는 현상은?

㉮ 일액현상

㉯ 일비현상

㉰ 증산작용

㉱ Apoplast

연구 일액현상은 잎의 선단이나 가장자리에 있는 수공을 통하여 물이 액체상태로 배출되는 현상으로, 능동적 흡수기구인 근압에 의한다.

12 작물의 적산온도에 대한 설명으로 틀린 것은?

㉮ 작물의 생육시기와 생육기간에 따라 차이가 있다.

㉯ 작물의 생육이 가능한 범위의 온도를 나타낸다.

㉰ 작물이 일생을 마치는 데 소요되는 총온량을 표시한다.

㉱ 작물의 발아로부터 성숙에 이르기까지의 0℃ 이상의 일평균기온을 합산한 온도이다.

연구 적산온도는 작물이 일생을 마치는 데 소요되는 총온량을 표시하는 것이고, 생육이 가능한 범위의 온도는 유효온도이다.

13 식물이 주로 이용하는 토양수분의 형태는?

㉮ 결합수   ㉯ 흡습수

㉰ 지하수   ㉱ 모관수

연구 모관수 : 토양의 작은 공극 사이에서 모세관력과 표면장력에 의해 보유되어 있다. pF 2.5 ~ pF 4.5의 장력으로 보유되어 있다. 대부분의 작물에게 이용될 수 있는 유효한 수분이다.

14 뿌리에서 가장 왕성하게 수분흡수가 일어나는 부위는?

㉮ 근모부   ㉯ 뿌리골무

㉰ 생장점   ㉱ 신장부

연구 뿌리 선단부의 구조를 보면, 뿌리골무(根冠), 생장점, 신장부, 근모부(根毛部) 등으로 나누어진다. 근모는 가장 왕성하게 수분흡수가 일어나는 곳으로 표피세포의 일부가 돌출한 것이며 길이는 1.3cm에 달하기 때문에 육안으로 관찰이 가능하고, 성장속도가 매우 빠르다.

15 식물의 필수 양분 중 미량원소가 아닌 것은?

㉮ Fe ㉯ B

㉰ N ㉱ Cl

[연구] 미량원소(8종) : 붕소(B), 염소(Cl), 몰리브덴(Mo), 아연(Zn), 철(Fe), 망간(Mn), 구리(Cu), 니켈(Ni)

♣ 붕, 염소몰아 철망구나?

16 토양 입단 형성에 알맞은 방법이 아닌 것은?

㉮ 유기물 시용 ㉯ 석회 시용

㉰ 토양의 피복 ㉱ 질산나트륨 시용

[연구] 칠레초석의 주성분은 질산나트륨이며, 나트륨이온(Na^+)의 첨가는 토양의 입단을 파괴한다.

17 작물의 분화과정을 옳게 나열한 것은?

㉮ 변이발생 → 순화 → 격리 → 도태

㉯ 변이발생 → 격리 → 적응 → 도태

㉰ 변이발생 → 도태 → 격리 → 적응

㉱ 변이발생 → 도태 → 순화 → 격리

[연구] 분화의 첫 과정은 유전적 변이의 발생이다. 자연교잡과 돌연변이 → 도태와 적응 → 순화 → 격리 → 적응형의 과정을 거치면서 분화하게 된다.

18 고추와 토마토의 일장 감응형은?

㉮ 장일성 ㉯ 중일성

㉰ 단일성 ㉱ 정일성

[연구] 중성식물은 일장에 관계없이 어느 크기에 도달하면 개화하는 것으로 가지과(가지, 고추, 토마토), 오이, 호박 등이 있다.

19 작물이 받는 냉해의 종류가 아닌 것은?

㉮ 생태형 냉해 ㉯ 지연형 냉해

㉰ 병해형 냉해 ㉱ 장해형 냉해

[연구] 여름작물이 생육상 고온이 필요한 여름철에 냉온을 만나서 받는 피해를 냉해(冷害)라 하며 지연형 냉해, 장해형 냉해, 병해형 냉해로 구분할 수 있다.

20 장일식물로만 바르게 나열된 것은?

㉮ 도꼬마리, 국화

㉯ 들깨, 콩

㉰ 시금치, 담배

㉱ 양파, 상추

[연구] 장일식물 : 장일 상태에서 화성이 유도·촉진되는 식물로 추파맥류, 완두, 시금치, 무, 양파, 상추, 감자 등으로 늦봄, 해가 길 때 개화하는 식물이다.

21 수평배열의 토괴로 구성된 구조이며, 투수성에 가장 불리한 토양구조는?

㉮ 판상 ㉯ 입상

㉰ 주상 ㉱ 괴상

[연구] 판상은 가로축의 길이가 세로축보다 긴 판자(접시 또는 렌즈)상이므로 공극률이 급속히 낮아지며, 대공극이 없다. 모재의 특성을 그대로 가지고 있으며, 수분은 가로축 방향으로 이동하므로 수직이동이 어렵다.

22 토양미생물에 대한 설명으로 틀린 것은?

㉮ 균근류는 통기성과 투수성을 증가시킨다.

㉯ 화학종속영양세균의 주 에너지원은 빛이다.

㉰ 토양 유기물을 분해시켜 부식으로 만든다.

㉱ 조류는 광합성을 하고 산소를 방출한다.

[연구] 화학영양세균(*Nitrosomonas*, *Nitrobacter*, *Thiobacillus* 등)은 질소, 황, 철 등의 무기화합물을 산화시켜 에너지를 얻으므로 농업적으로 매우 중요하다.

23 시설재배 토양에서 염류농도를 감소시키는 방법으로 틀린 것은?

㉮ 담수에 의한 제염

㉯ 제염작물 재배

㉰ 객토 및 암거배수에 의한 토양개량

㉱ 돈분퇴비의 시용

[연구] 돈분퇴비는 염류농도를 증가시킨다. 염류가 많은 조건에서 균형을 맞추기 위해서는 거친 유기물을 투입하여야 하며, 보기의 ㉮㉯㉰는 제염방법이다.

---

15 ㉰ 16 ㉱ 17 ㉱ 18 ㉯ 19 ㉮ 20 ㉱ 21 ㉮ 22 ㉯ 23 ㉱

24 토양 속 $NH_4^+ \rightarrow NO_2^- \rightarrow NO_3^-$는 무슨 작용인가?

㉮ 암모니아화작용   ㉯ 질산화작용

㉰ 탈질작용   ㉱ 유기화작용

연구 질산화작용은 암모니아가 산화되어 아질산(NO_2^-)과 질산(NO_3^-)이 생성되는 반응이다.

25 토양오염 우려기준 물질에 포함되지 않는 것은?

㉮ Cd   ㉯ Al

㉰ Hg   ㉱ As

연구 환경오염에 문제가 되는 무기원소는 비소(As), 카드뮴(Cd), 코발트(Co), 크롬(Cr), 구리(Cu), 수은(Hg), 몰리브덴(Mo), 납(Pb), 망간(Mn), 니켈(Ni), 아연(Zn) 등이다. 알루미늄(Al)은 토양을 산성화시키는 원소로 토양에 너무 많다.

26 토양오염원을 분류할 때 비점오염원에 해당하는 것은?

㉮ 산성비

㉯ 대단위 가축사육장

㉰ 유독물저장시설

㉱ 폐기물매립지

연구 산성비는 고정된 오염원이 아닌 비점오염원으로 자연상태에서 빗물이 대기오염물질(황산화물 또는 질소산화물)을 녹여서 pH가 5.6보다 낮은 산성을 나타내는 비를 말한다.

27 다음 중 공생질소고정균은?

㉮ *Azotobacter*   ㉯ *Rhizobium*

㉰ *Beijerincria*   ㉱ *Derxia*

연구 *Rhizobium*은 콩과식물과 공생하며 질소를 고정한다.

28 토양 중 인산에 대한 설명으로 옳은 것은?

㉮ 토양 pH가 5~6의 범위에서는 $H_2PO_4^-$의 형태로 존재한다.

㉯ 토양의 pH가 중성보다 낮아질수록 용해도가 증가한다.

㉰ 토양 pH가 8 이상의 범위에서는 H_3PO_4의 형태로 존재한다.

㉱ CEC가 클수록 흡착되는 양이 많아진다.

연구 인산은 pH 6.5 정도의 중성토양에서 비효가 가장 증진되며(Al이나 Ca 등에 의하여 고정되지 않으며), $H_2PO_4^-$의 형태로 존재한다.

29 토양의 환원상태를 촉진하지 않는 것은?

㉮ 미숙퇴비 살포   ㉯ 투수성 불량

㉰ 토양의 수분 건조   ㉱ 미생물 활동 증가

연구 물에 잠겨있는 논토양은 환원(원소에 산소가 결합되지 않은 상태)이 촉진되는데, 물이 없으면 산소가 공급되므로 산화상태가 된다.

30 논토양과 밭토양의 차이점으로 틀린 것은?

㉮ 논토양은 무기양분의 천연공급량이 많다.

㉯ 논토양은 유기물 분해가 빨라 부식함량이 적다.

㉰ 밭토양은 통기상태가 양호하며 산화상태이다.

㉱ 밭토양은 산성화가 심하여 인산유효도가 낮다.

연구 논토양은 담수상태이므로 밭토양에 비해 유기물의 분해 속도가 느리다.

31 토양오염에 대한 설명으로 틀린 것은?

㉮ 질소와 인산비료의 과다시용은 토양오염을 유발할 수 있다.

㉯ 농경지 농약의 살포는 토양오염을 유발할 수 있다.

㉰ 일반적으로 중금속의 흡착은 pH가 높을수록 적어진다.

㉱ 방사성 물질은 비점오염원이다.

연구 환경오염에 문제가 되는 무기원소(25번 참조) 중에는 필수 미량원소들도 있다. 철(Fe), 망간(Mn), 구리(Cu), 아연(Zn) 등은 pH가 낮을수록 아주 많이 용출되므로 토양에 흡착되는 양은 줄어든다.

---

24 ㉯   25 ㉯   26 ㉮   27 ㉯   28 ㉮   29 ㉰   30 ㉯   31 ㉰

32 물에 의한 침식을 가장 받기 쉬운 토성은?

㉮ 식토

㉯ 양토

㉰ 사토

㉱ 사양토

연구 수분이 잘 침투하는 토양의 조건은 수분함량이 적을수록, 유기물함량이 많을수록, 점토 및 교질의 함량이 적을수록, 가소성이 작을수록, 팽윤도가 작을수록 잘 침투하므로 이런 조건에서 토양의 내식성이 커진다. 이 문제에서는 점토 및 교질의 함량이 많은 식토에서 물의 침투가 가장 적으므로 유거수에 의해 침식을 가장 많이 받는다.

33 토양 침식에 영향을 주는 요인에 대한 설명으로 틀린 것은?

㉮ 내수성 입단이 적고 투수성이 나쁜 토양이 침식되기 쉽다.

㉯ 경사도가 크고 경사길이가 길수록 침식이 많이 일어난다.

㉰ 강우량이 강우 강도보다 토양 침식에 대한 영향이 크다.

㉱ 작물의 종류, 경운 시기와 방법에 따라 침식량이 다르다.

연구 강우에 의한 침식은 용량인자인 우량(雨量)보다는 강도인자인 우세(雨勢)의 영향이 더욱 크며 단시간이라도 폭우가 장시간의 약한 비에 비해 토양침식이 크다. 침식은 강우량 이외에도 여러가지가 영향을 미치며, 계산식은 다음과 같다.
연간 토양유실량(ton/ha/y) = 강우 인자×토양의 성질×경사장 인자×경사도 인자×작물관리 인자×토양보전관리 인자

34 다음 중 토양의 양분 보유력을 가장 증대시킬 수 있는 영농방법은?

㉮ 부식질 유기물의 시용

㉯ 질소비료의 시용

㉰ 모래의 객토

㉱ 경운의 실시

연구 토양의 보비력 증대 : 부식은 점토광물에 비해서 양이온 치환용량이 월등히 크므로 작물생육에 필요한 각종 무기성분을 흡착·보유하여 공급하며, 이들의 용탈·유실도 억제한다.

35 화성암을 구성하는 주요 광물이 아닌 것은?

㉮ 방해석

㉯ 각섬석

㉰ 석영

㉱ 운모

연구 화성암의 대표 암석은 우리나라에 많은 화강암으로 화강암의 조암광물은 석영, 장석, 운모, 각섬석, 감람석, 휘석(6대 조암광물), 인회석 등이다.

36 토양단면에서 용탈흔적이 가장 명료한 토층은?

㉮ O층

㉯ E층

㉰ A층

㉱ C층

연구 A2층 : Fe, Al, 점토 등이 최대로 용탈하여 토양색은 회색 또는 회백색을 띠며 A층에서 용탈은 대부분 A2층에서 일어난다.(국제토양학회에서는 E층으로 분류)

37 피복작물에 의한 토양보전 효과로 볼 수 있는 것은?

㉮ 토양의 유실 증가

㉯ 토양 투수력 감소

㉰ 빗방울의 토양 타격강도 증가

㉱ 유거수량의 감소

연구 지표면이 작물로 피복되어 있으면 빗방울이 토양을 직접 타격하지 못하므로 입단파괴와 토입의 분산을 막고, 뿌리에 의하여 토양구조가 발달하므로 공극률이 커진다. 커진 공극률은 토양 내부로의 투수성을 향상시켜 유거수를 감소시킴으로써 수식을 경감한다.

38 지하수위가 높은 저습지나 배수 불량지에서 환원 상태가 발달하면서 청회색을 띠는 토층이 발달하는 토양 생성 작용은?

㉮ podzolization

㉯ salinization

㉰ alkalization

㉱ gleyzation

연구 배수가 불량한 환원상태에서는 대부분의 무기성분이 환원(용해도가 증가)되고, 토양단면은 청회색(암회색)을 띠는 토층분화가 일어나는데 이와 같은 토양생성작용을 글라이화 작용이라 한다.

32 ㉮　33 ㉰　34 ㉮　35 ㉮　36 ㉯　37 ㉱　38 ㉱

39 저위생산지 개량방법으로 옳은 것은?

㉮ 습답은 점토가 많은 산적토를 객토한다.

㉯ 누수답은 암거배수 등으로 배수개선을 한다.

㉰ 노후화답을 개량하기 위해 석고를 시용한다.

㉱ 미숙답은 심경하고 다량의 볏짚을 시용한다.

연구 ㉮ 습답은 배수가 잘 되어야 한다.
㉯ 진흙 함량이 많은 산흙을 객토하여 흙층을 두텁게 하면 관개용수가 절약된다.
㉰ 노후화답의 개량에는 논토양의 지력증진방안인 심경, 유기물과 석회물질의 시용, 함철물질 시용으로 결핍된 철분 보충, 규산질비료 시용 등의 방법이 있다.

40 토양유기물의 탄질률에 따른 질소의 행동으로 틀린 것은?

㉮ 탄질률이 높은 유기물을 주면 질소의 공급효과가 높다.

㉯ 사용하는 유기물의 탄질률이 높으면 질소가 일시적으로 결핍된다.

㉰ 콩과식물을 재배하면 질소의 공급에 유리하다.

㉱ 토양 유기물의 분해는 탄질률에 따라 크게 달라진다.

연구 탄질률이 다른 이유는 유기물의 탄소함량은 40~50%로 거의 일정하나 식물의 종류에 따라서 질소의 함량에 차이가 있기 때문이다. 탄질률이 높으면 질소가 적다는 의미이다.

41 일반농가가 유기축산으로 전환할 때 전환기간으로 틀린 것은?

㉮ 식육 생산용 한우는 입식 후 3개월 이상

㉯ 시유 생산용 젖소는 90일 이상

㉰ 식육 생산용 돼지는 최소 5개월 이상

㉱ 알 생산용 산란계는 입식 후 3개월 이상

연구 유기가축산의 전환기간은 식육용 한·육우는 입식 후 출하 시까지 최소 12개월 이상이다.

42 시설 내의 환경특이성에 관한 설명으로 틀린 것은?

㉮ 토양이 건조해지기 쉽다.

㉯ 공중습도가 높다.

㉰ 탄산가스 농도가 높다.

㉱ 광분포가 불균일하다.

연구 시설 내의 탄산가스 농도는 야간에는 식물체의 호흡과 토양미생물의 분해활동에 의하여 배출되는 탄산가스로 인해 높은 탄산가스 농도를 유지하여 해뜨기 직전에 가장 높고, 아침에 해가 뜨고 광합성이 시작되면서부터 서서히 낮아진다.

43 유기축산물의 유기배합사료 중 식물성 단백질류에 해당하는 것으로만 나열된 것은?

㉮ 옥수수, 보리

㉯ 밀, 수수

㉰ 호밀, 귀리

㉱ 들깻묵, 아마박

연구 ㉮㉯㉰는 유기배합사료 중 식물성 곡물류(탄수화물)에 해당한다. ㉱는 박류로 분류되어 있다.

44 유기농에서 예방적 잡초제어의 방법으로 적절하지 못한 것은?

㉮ 초생재배

㉯ 윤작

㉰ 파종밀도 조절

㉱ 무경운

연구 잡초의 예방적 방제법에는 답전윤환, 답리작, 윤작, 초생재배, 경운(추경과 춘경), 예취, 파종밀도 조절 등이 있다.

45 유기사료에 첨가해도 되는 것은?

㉮ 가축의 대사기능 촉진을 위한 합성화합물

㉯ 비단백태질소화합물

㉰ 성장촉진제

㉱ 순도 99% 이상인 골분

연구 무기물류인 골분, 어골회 및 패분의 경우 순도 99% 이상인 것은 사용가능하다.

46 경축순환농업으로 사육하지 않은 농장에서 유래한 퇴비를 유기농업에 사용할 수 있는 충족조건은?

㉮ 퇴비화 과정에서 퇴비더미가 35~50℃를 유지하면서 10일간 이상 경과되어야 한다.

㉯ 퇴비화 과정에서 퇴비더미가 55~75℃를 유지하면서 15일간 이상 경과되어야 한다.

㉰ 퇴비화 과정에서 퇴비더미가 80~95℃를 유지하면서 10일간 이상 경과되어야 한다.

㉱ 퇴비화 과정에서 퇴비더미가 80~95℃를 유지하면서 15일간 이상 경과되어야 한다.

연구 퇴비화 과정에 대한 법적 조건은 삭제되었다. 따라서 이 문제는 유효하지 않으나 퇴비화 과정에서 병원균과 잡초종자의 사멸이 중요하기 때문에 65℃ 정도의 고온대 과정이 반드시 필요하다.

47 고구마 수확물의 상처에 유상조직인 코르크층을 발달시켜 병균의 침입을 방지하는 조치는?

㉮ 예냉

㉯ 큐어링

㉰ CA

㉱ 프라이밍

연구 고구마를 수확한 직후에 온도 32~35℃, 습도 85~90%인 고온다습한 곳에 4일 정도 보관하면 상처 부위에 유상조직인 코르크층이 형성되어 검은점무늬병 등의 병원균 침입이 억제된다.

48 다음 중 작물의 요수량이 가장 큰 것은?

㉮ 옥수수

㉯ 클로버

㉰ 보리

㉱ 기장

연구 화곡류 중의 잡곡(수수, 기장, 옥수수 등)의 요수량이 가장 작고, 화곡류 중의 맥류(보리, 밀, 호밀, 귀리)나 미곡(벼, 밭벼)은 잡곡의 2배, 알팔파 · 클로버 등의 콩과식물은 잡곡의 3배 정도이다.

49 인공교배하여 F_1을 만들고 F_2부터 매세대 개체선발과 계통재배 및 계통선발을 반복하면서 우량한 유전자형의 순계를 육성하는 육종방법은?

㉮ 파생계통육종

㉯ 계통육종

㉰ 여교배육종

㉱ 집단육종

연구 계통육종법은 인공교배로 F_1을 만들고, F_2 세대부터 매세대마다 개체선발, 계통재배, 계통선발을 계속하여 우수한 순계집단을 얻어서 신품종으로 육성하는 방법이다. 잡종초기부터 계통단위로 선발하므로 육종기간을 단축한다.

50 다음 중 포식성 곤충에 해당하는 것은?

㉮ 팔라시스이리응애

㉯ 침파리

㉰ 고치벌

㉱ 꼬마벌

연구 팔라시스이리응애는 점박이응애를 잡아먹는 포식성(捕食性) 천적이다. 파리나 벌은 주로 기생성 천적이다.

51 유기농업 생산체계의 목표가 아닌 것은?

㉮ 작물 및 축산물 생산성 최대화를 추구한다.

㉯ 토양미생물의 활동을 촉진하는 농업을 추구한다.

㉰ 생물의 다양성을 증진하는 데 목표를 둔다.

㉱ 자원이나 물질의 재활용을 극대화한다.

연구 유기농업은 선진국의 농산물 과잉생산에 따른 문제를 해결하기 위하여 탄생했다. 따라서 생산성 최대화에는 관심이 없다.

52 산도(pH)가 중성인 토양은?

㉮ pH 3~4

㉯ pH 4~5

㉰ pH 6~7

㉱ pH 9~10

연구 산도(pH)는 1~14의 수치로 표시되며, pH 7이 중성이고 그 이하를 산성, 그 이상을 알칼리성이라 한다.

53 병해충종합관리의 기본 개념을 실현하기 위한 기본원칙으로 틀린 것은?

㉮ 한 가지 방법으로 모든 것을 해결하려는 생각은 버린다.

㉯ 병해충 발생이 경제적으로 피해가 되는 밀도에서만 방제한다.

㉰ 병해충의 개체군을 박멸해야 한다.

㉱ 농업생태계에서 병해충군의 자연조절기능을 적극적으로 활용한다.

연구 병해충 종합관리(IPM)는 경제적 피해 허용수준을 고려한 방제기준의 설정, 환경과 식품의 안전성을 고려한 방제법의 선택 또는 조합 등에서 기존의 박멸식 방제법과는 다른 차원의 방제수단이다.

54 다음 중 자가불화합성을 이용하는 것으로만 나열된 것은?

㉮ 당근, 상추

㉯ 고추, 쑥갓

㉰ 양파, 옥수수

㉱ 무, 양배추

연구 자가불화합성은 암술과 수술 모두 정상적인 기능을 갖고 있으나 자기꽃가루받이를 못하는 현상으로 자가불화합성을 이용하는 원예작물로는 배추, 양배추, 무 등이 있다.

55 유기농업에서 이용할 수 있는 식물 추출 자재가 아닌 것은?

㉮ 님   ㉯ 제충국

㉰ 바이오밥   ㉱ 카보후란

연구 카보후란은 해충 방제용 농약이다.

56 다음 중 병해충 방제를 위한 경종적 방제법에 해당하지 않는 것은?

㉮ 과실에 봉지를 씌워서 차단

㉯ 토지의 선정

㉰ 품종의 선택

㉱ 생육시기의 조절

연구 경종적(생태적) 방제법은 해충의 식성, 발생시기 등 생태학적 특성을 고려하여 환경조건을 개선하고 재배법이나 시기 등을 조절하는 예방 목적의 방제법이다. 과실에 봉지를 씌워서 차단하는 것은 물리적 방제법이다.

57 다음 중 시설의 토양관리에서 객토를 실시하는 이유로 거리가 먼 것은?

㉮ 미량원소의 공급   ㉯ 토양침식 효과

㉰ 염류집적의 제거   ㉱ 토양물리성 개선

연구 객토란 토양의 물리성과 화학성이 불량하여 작물의 생산성이 떨어지는 농경지의 지력(地力)을 증진시키기 위하여 다른 곳으로부터 현재의 성질과 반대되는 성질을 가진 흙을 가져다 넣는 일을 말한다.

58 유기축산물의 축사 및 방목에 대한 요건으로 틀린 것은?

㉮ 축사·농기계 및 기구 등은 청결하게 유지하고 소독함으로써 교차감염과 질병감염체의 증식을 억제하여야 한다.

㉯ 축사의 바닥은 부드러우면서도 미끄럽지 아니하고, 청결 및 건조하여야 하며, 휴식공간에서는 건조깔짚을 깔아 주어야 한다.

㉰ 가금류의 축사는 짚·톱밥·모래 또는 야초와 같은 깔짚으로 채워진 건축공간이 제공되어야 하고, 가금의 크기와 수에 적합한 홰의 크기 및 높은 수면공간을 확보하여야 하며, 산란계는 산란상자를 설치하여야 한다.

㉱ 번식돈은 임신 말기 또는 포유기간을 제외하고는 군사를 하여야 하고, 자돈 및 육성돈은 케이지에서 사육하지 아니할 것. 다만, 자돈 압사 방지를 위하여 포유기간에는 모돈과 조기 이유한 자돈의 생체중이 50킬로그램까지는 케이지에서 사육할 수 있다.

연구 자돈 압사 방지를 위하여 포유기간에는 모돈과 조기 이유한 자돈의 생체중이 25킬로그램까지는 케이지에서 사육할 수 있다.

59 한 포장 내에서 위치에 따라 종자, 비료, 농약 등을 달리함으로써 환경문제를 최소화하면서 생산성을 최대로 하려는 농업은?

㉮ 자연농업　　　㉯ 생태농업
㉰ 정밀농업　　　㉱ 유기농업

연구 정밀농업은 작물의 생육조건이 위치마다 다르다는 것을 인정하고 포장의 이력이나 현재의 정보를 기초로 필요한 위치에 종자, 비료, 농약 등을 필요한 양만큼 투입하는 변량형 농업이다.

60 (A×B) × C와 같이 F_1과 제3의 품종을 교배하는 것은?

㉮ 다계교배　　　㉯ 복교배
㉰ 3원교배　　　㉱ 단교배

연구 삼원교배는 단교배(A×B)로 나온 F_1을 어떤 다른 품종(C)과 교배하는 것이다. 3개의 서로 다른 유전자가 교배하였다.

1 다음 중 장일성 식물이 아닌 것은?

㉮ 시금치 ㉯ 양파

㉰ 감자 ㉱ 콩

연구 단일식물 : 콩, 옥수수, 들깨, 만생종 벼, 가을국화, 코스모스 등 단일조건인 가을에 개화하는 것

2 도복 방지대책과 가장 거리가 먼 것은?

㉮ 키가 작고 대가 튼튼한 품종을 재배한다.

㉯ 서로 지지가 되게 밀식한다.

㉰ 칼륨질 비료를 사용한다.

㉱ 규산질 비료를 사용한다.

연구 작물이 밀생하게 되면 군락의 통풍, 통광이 불량하여 연약한 생육상을 보이며 근계발달이 불량하여 도복의 피해를 받게 된다.

3 다음 중 종자의 발아억제물질은?

㉮ 지베렐린

㉯ ABA(Abscissic acid)

㉰ 시토키닌

㉱ 에틸렌

연구 식물의 휴면은 ABA(아브시스산)의 농도가 높고, GA(지베렐린)의 농도가 낮을 때 일어난다. 반면에 이들의 농도가 반대이면 휴면은 타파된다.

4 수해의 사전대책으로 옳지 않은 것은?

㉮ 경사지와 경작지의 토양을 보호한다.

㉯ 질소과용을 피한다.

㉰ 작물의 종류나 품종의 선택에 유의한다.

㉱ 경지정리를 가급적 피한다.

연구 경지정리사업이란 농경지를 교환·변형하고 개간·배수·관개 등의 설비를 개량하는 사업이므로 수해의 사전대책을 위하여 미리 시행하여야 한다.

5 칼륨비료에 대한 설명으로 바르지 못한 것은?

㉮ 칼륨비료는 거의가 수용성이며 비효가 빠르다.

㉯ 황산칼륨과 염화칼륨이 주된 칼륨질 비료이다.

㉰ 단백질과 결합된 칼륨은 수용성이며 속효성이다.

㉱ 유기태칼륨은 쌀겨, 녹비, 퇴비, 산야초 등에 많이 들어 있다.

연구 칼륨질 비료는 과거부터 초목재, 해초제, 소금에서 나오는 간수 등이 사용되었으나, 19세기 무렵부터 지하 암염층에서 칼륨염류가 발견되어 염화칼륨이나 황산칼륨 등을 생산하고 있다. 현재 사용되고 있는 무기태 칼륨질 비료(황산칼륨, 염화칼륨 등)는 모두 수용성이고 속효성이나 유기태 칼륨은 유기물이 분해되어야 하므로 속효성이 아니다.

6 토양 양이온교환용량의 값이 크다는 의미는?

㉮ 산도가 높음을 의미

㉯ 토양의 공극량이 큼을 의미

㉰ 토양의 투수력이 큼을 의미

㉱ 비료성분을 지니는 힘이 큼을 의미

연구 양이온치환용량과 작물생육 : 양이온치환용량이 큰 토양이란 작물생육에 필요한 양이온(영양성분)을 전기적 힘으로 많이 보유하고 있는 비옥한 토양을 의미한다.

7 작물수량을 최대로 올리기 위한 주요한 요인으로 나열된 것은?

㉮ 품종, 비료, 재배기술

㉯ 유전성, 환경조건, 재배기술

㉰ 품종, 기상조건, 종자

㉱ 유전성, 비료, 종자

연구 작물의 생산수량은 유전성, 재배환경, 재배기술을 세 변으로 하는 삼각형의 면적으로 표시할 수 있다. 따라서 생산량이 많아지려면 세 변이 균형 있게 발달하여야 한다.

1 ㉱ 2 ㉯ 3 ㉯ 4 ㉱ 5 ㉰ 6 ㉱ 7 ㉯

8 벼 재배 시 발생하는 추락현상에 대한 설명으로 옳은 것은?

㉮ 개답의 역사가 짧고 유기물 함량이 낮은 미숙답에서 주로 발생한다.

㉯ 모래함량이 많고 용탈이 심한 사질답에서 주로 발생한다.

㉰ 개답의 역사가 짧은 간척지로 염분 농도가 높은 염해답에서 주로 발생한다.

㉱ 황화철이 부족하여 무기양분흡수가 저해되는 노후화답에서 주로 발생한다.

연구 토양 중의 황화수소는 추락현상을 일으키는데, 철분이 충분히 존재하면 황화수소가 무해한 황화철로 되어 피해를 경감할 수 있다. 한편 황은 가용성이 된 철을 제거하는 효과를 발휘하므로 철과 길항관계에 있는 망간의 흡수를 원활하게 하여 추락현상을 방지한다.

9 중금속의 유해작용을 경감시키는 것은?

㉮ 붕소　　　　　㉯ 석회

㉰ 철　　　　　　㉱ 유황

연구 필수 미량원소 중 알루미늄, 철, 망간, 구리, 아연 등은 산성토양에서 용해도가 증가하여 유해작용을 하므로 석회를 넣어 pH를 높여야 한다.

10 식물의 미소식물군 중 독립영양생물에 속하는 것은?

㉮ 녹조류　　　　㉯ 곰팡이

㉰ 효모　　　　　㉱ 방선균

연구 미소식물군 : ① 독립(자급)영양생물 : 녹조류, 규조류 ② 종속(타급)영양생물 : 사상균(효모, 곰팡이, 버섯), 방선균(방사상균) ③ 독립, 종속영양생물 : 세균, 남조류

11 재배환경 중 온도에 대한 맞는 설명은?

㉮ 작물생육이 가능한 범위의 온도를 유효온도라고 한다.

㉯ 작물의 생육단계 중 생식생장기간 동안에 소요되는 총 온도량을 적산온도라고 한다.

㉰ 온도가 1℃ 상승하는 데 따르는 이화학적 반응이나 생리작용의 증가배수를 온도계수라고 한다.

㉱ 일변화는 작물의 결실을 저해한다.

연구 유효온도 : 유효온도란 작물의 생장과 생육이 효과적으로 이루어지는 온도를 말하며, 작물생육이 가능한 가장 낮은 온도를 최저온도, 작물생육이 가능한 가장 높은 온도를 최고온도, 생육이 가장 왕성한 온도를 최적온도라고 한다. 이와 같은 최저·최적·최고의 3온도를 주요온도라 한다.

12 병충해 방제 방법 중 경종적 방제법으로 옳은 것은?

㉮ 벼의 경우 보온육묘한다.

㉯ 풀잠자리를 사육하면 진딧물을 방제한다.

㉰ 이병된 개체는 소각한다.

㉱ 맥류 깜부기병을 방제하기 위해 냉수온탕침법을 실시한다.

연구 경종적(耕 밭갈 경, 種 원인 종) 방법 : 농사를 짓는 것에 기초한 방법으로 생태적이라고도 한다.

13 생육기간이 비슷한 작물들을 교호로 재배하는 방식으로 콩 2이랑에 옥수수 1이랑을 재배하는 작부체계는?

㉮ 혼작　　　　　㉯ 교호작

㉰ 간작　　　　　㉱ 주위작

연구 교호작 : 생육기간이 비슷한 두 종류 이상의 작물을 일정한 이랑씩 번갈아서 재배하는 작부방식이 교호작이며, 전작물의 휴간을 이용하여 후작물을 재배하는 간작과는 구별된다.

14 삼한시대에 재배된 오곡에 포함되지 않는 작물은?

㉮ 수수

㉯ 보리

㉰ 기장

㉱ 피

연구 삼한시대의 5곡은 보리, 참깨, 피, 기장, 조이다. 그 때도 벼가 있었으나, 벼는 5곡에 포함되지는 않았다.

8 ㉱　9 ㉯　10 ㉮　11 ㉮　12 ㉮　13 ㉯　14 ㉮

15 어떤 종자표본의 발아율이 80%이고 순도가 90%일 경우, 종자의 진가(용가)는?

㉮ 90   ㉯ 85

㉰ 80   ㉱ 72

연구 종자의 용가(진가) = $\dfrac{\text{발아율(\%)} \times \text{순도(\%)}}{100}$

$0.8 \times 0.9 = 72\%$

16 작물에 광합성과 수분상실의 제어 역할을 하고, 결핍되면 생장점이 말라죽고 줄기가 약해지며 조기낙엽 현상을 일으키는 필수원소는?

㉮ K   ㉯ P

㉰ Mg   ㉱ N

연구 칼륨(K) : ① 세포에서 농도로 삼투압을 조절하여 수분의 입·출을 관리한다. ② 광합성 및 호흡작용 시 생성되는 ATP에 관여한다. ③ 부족하면 단백질 합성량과 전분 합성량도 줄어든다. 따라서 결핍되면 생장점이 말라죽고 줄기가 약해지며 조기낙엽 현상을 일으킨다.

17 작물의 재배적 특징으로 옳지 않은 것은?

㉮ 토지를 이용함에 있어 수확체감의 법칙이 적용된다.

㉯ 자연환경의 영향으로 생산물량 확보가 자유롭지 못하다.

㉰ 소비면에서 농산물은 공산물에 비하여 수요탄력성과 공급탄력성이 크다.

㉱ 노동의 수요가 연중 균일하지 못하다.

연구 농산물의 수요와 공급의 비탄력성(수요 : 가격에 무관하게 먹어야 함, 공급 : 가격에 무관하게 자연조건에 따라 생산됨)은 필요한 물량에서 조금만 과부족이 생겨도 가격의 등락을 크게 한다.

18 논토양의 토층분화와 탈질현상에 대한 설명 중 옳지 않은 것은?

㉮ 논토양에서 산화층은 산화제2철이, 환원층은 산화제1철이 쌓인다.

㉯ 암모니아태질소를 산화층에 주면 질화균에 의해서 질산이 된다.

㉰ 암모니아태질소를 환원층에 주면 절대적 호기균인 질화균의 작용을 받지 않는다.

㉱ 질산태질소를 논에 주면 암모니아태질소보다 비효가 높다.

연구 질산태질소(NO_3-N)의 일부는 작물에 흡수되고, 일부는 점토에 부착하지 못하여 지하로 용탈되며, 또 일부는 탈질균에 의해 환원되어 N_2 등의 가스로 휘산된다. 암모니아태질소의 비효가 높다.

19 작물의 광합성에 필요한 요소들 중 이산화탄소의 대기 중 함량은?

㉮ 약 0.03%

㉯ 약 0.3%

㉰ 약 3%

㉱ 약 30%

연구 금성과 화성의 이산화탄소의 함량은 95% 이상이다. 지구는 0.03%

20 기지현상의 원인이라고 볼 수 없는 것은?

㉮ C.E.C 의 증대

㉯ 토양 중 염류집적

㉰ 양분의 소모

㉱ 토양선충의 피해

연구 토양의 양이온치환용량(C.E.C)이 크다는 것은 작물생육에 필요한 양이온(영양성분)을 전기적 힘으로 많이 보유하고 있는 비옥한 토양을 의미한다.

21 토양 내 바이오매스량(ha당 생체량)이 가장 큰 것은?

㉮ 세균   ㉯ 방선균

㉰ 사상균   ㉱ 조류

연구 토양미생물 중에서 그 수가 가장 많은 것은 세균이나, 사상균은 진핵생물이므로 크기가 커서 바이오매스량(ha당 생체량)이 가장 크다.

15 ㉱   16 ㉮   17 ㉰   18 ㉱   19 ㉮   20 ㉮   21 ㉰

22 다음 중 양이온치환용량이 가장 큰 것은?

㉮ 부식(humus)

㉯ 카올리나이트(kaolinite)

㉰ 몬모릴로나이트(montmorillonite)

㉱ 버미큘라이트(vermiculite)

연구 양이온치환용량(me/100g) : 부식 200, 버미큘라이트 120, 몬모릴로나이트 100, 알로판 80~200, 일라이트 30, 카올리나이트 10, 가수산화물 3 정도이며, 우리나라 토양의 평균 양이온치환용량은 논 11.0, 밭 10.3 정도이다.

23 석회암지대의 천연동굴은 사람이 많이 드나들면 호흡 때문에 훼손이 심화될 수 있다. 천연동굴의 훼손과 가장 관계 깊은 풍화작용은?

㉮ 가수분해(hydrolysis)

㉯ 산화작용(oxidation)

㉰ 탄산화작용(carbonation)

㉱ 수화작용(hydration)

연구 $CO_2 + H_2O \rightarrow H_2CO_3 \rightarrow H^+ + HCO_3^-$
위의 식과 같이 탄산작용으로 발생한 $H^+ + HCO_3^-$은 아래 식과 같이 방해석(석회암)과 만나 물에 잘 녹는 탄산수소칼슘을 만든다.
$CaCO_3$(방해석) $+ H^+ + HCO_3^- \rightarrow Ca(HCO_3)_2$
즉, 방해석이 녹아 동굴은 확장(훼손)된다. 이후 물에 섞여 흐르던 $Ca(HCO_3)_2$에서 물과 이산화탄소가 빠져나오면 CaO만 남으며, 이것이 석순이 되어 자란다.

24 우리나라 밭토양의 일반적인 특성이 아닌 것은?

㉮ 곡간지 및 산록지와 같은 경사지에 많이 분포되어 있다.

㉯ 토성별 분포를 보면 세립질 토양이 조립질 토양보다 많다.

㉰ 저위생산성인 토양이 많다.

㉱ 밭토양은 환원상태이므로 유기물의 분해가 논토양보다 빠르다.

연구 밭토양은 담수되어 있지 않으므로 공기가 자유로이 통하여 산화상태이고, 산화상태이므로 유기물의 분해가 논토양보다 빠르다.

25 유기물을 많이 시용한 토양의 보비력이 높은 이유는?

㉮ 유기물이 공극을 막아 비료의 유실을 막아주기 때문에

㉯ 유기물이 토양의 점토종류를 변화시키기 때문에

㉰ 유기물은 식물이 비료를 흡수하는 것을 막아주기 때문에

㉱ 유기물은 전기적으로 비료를 흡착하는 능력이 크기 때문에

연구 토양의 양이온치환용량이 크다는 것은 작물생육에 필요한 양이온(영양성분)을 전기적 힘으로 많이 보유하고 있는 비옥한 토양을 의미한다. 부식의 C.E.C는 200으로 가장 크다.

26 입단구조의 발달과 유지를 위한 농경지 관리 대책으로 활용할 수 없는 것은?

㉮ 석회물질의 시용   ㉯ 유기물의 시용

㉰ 목초의 재배   ㉱ 토양 경운 강화

연구 입단의 생성작용 : 미생물의 작용(유기물의 시용), 양이온의 작용(석회물질의 시용), 두과식물 등의 뿌리의 작용(목초의 재배, 유기물의 시용), 지렁이의 작용, 토양개량제의 작용

27 토양의 3상에 속하지 않는 것은?

㉮ 액상   ㉯ 기상

㉰ 고상   ㉱ 주상

연구 토양의 3상은 액상, 기상 및 고상이며, 작물생육에 알맞은 기상공극과 액상공극의 상대적 비율은 1:1이다.

28 토양이 산성화됨으로써 발생하는 현상이 아닌 것은?

㉮ 미생물의 활성 감소

㉯ 인산의 불용화

㉰ 알루미늄 등 유해 금속이온 농도 증가

㉱ 탈질반응에 따른 질소 손실 증가

연구 질산태질소(NO_3^-)를 시비할 경우 토양에 흡착되지 못하고 탈질균에 의해 환원되어 공기 중으로 휘산되는 것을 탈질현상이라고 한다. 토양이 산성화되면 탈질균도 활성이 감소하므로 질소 손실이 증가하지는 않을 것이다.

22 ㉮ 23 ㉰ 24 ㉱ 25 ㉱ 26 ㉱ 27 ㉱ 28 ㉱

29 토양침식에 미치는 영향과 가장 거리가 먼 것은?

㉮ 토양화학성   ㉯ 기상조건

㉱ 지형조건   ㉲ 식물생육

연구 토양침식의 정도는 강우속도와 강우량, 경사도와 경사장, 토양의 성질 및 지표면의 피복상태 등에 따라 다르다. 즉 기상조건, 지형, 토양조건 및 식물생육상태에 따라 다르며 이들 인자가 종합적으로 작용한다.

30 한랭습윤지역에 생성된 포드졸 토양의 설명으로 옳은 것은?

㉮ 용탈층에는 규산이 남고, 집적층에는 Fe 및 Al이 집적된다.

㉯ 용탈층에는 Fe 및 Al이 남고, 집적층에는 염기가 집적된다.

㉱ 용탈층에는 염기가 남고, 집적층에는 규산이 집적된다.

㉲ 용탈층에는 염기가 남고, 집적층에는 Fe 및 Al이 집적된다.

연구 우리나라와 같은 한랭습윤 침엽수림 지대에서 발생하는 포드졸 토양의 경우 용탈층(A층)에는 안정한 석영과 비결정질의 규산이 남아 백색의 표백층이 되고, 집적층은 이동성이 큰 용탈물질(Fe 및 Al)에 의해 황갈색이 되어 집적층과 용탈층이 확연히 구분되는 특징적인 토양단면을 보인다.

31 다음 중 습답의 특징이 아닌 것은?

㉮ 환원상태

㉯ 토양 색깔의 회색화

㉱ 추락현상   ㉲ 중금속 다량용출

연구 중금속 다량용출은 중금속 오염지구에서 발생한다. 비오염지구에서도 토양이 산성인 경우 일부 미량원소(철, 망간, 구리, 아연 등)가 용해되어 독성물질로 작용할 수 있다.

32 입단구조의 생성에 대한 설명으로 가장 거리가 먼 것은?

㉮ 양이온이 점토입자와 점토입자 사이에 흡착되어 입단을 형성한다.

㉯ 유기물질의 수산기나 카르복실기가 점토광물과 결합하여 입단을 형성한다.

㉱ 식물뿌리가 완전히 분해되면서 생기는 탄산에 의하여 입단을 형성한다.

㉲ 폴리비닐, 크릴리움 등은 입자를 접착시켜 입단을 형성한다.

연구 식물뿌리에 의한 입단 형성 : 콩과작물의 미세하고 많은 뿌리가 근모의 결합작용 또는 죽은 후의 미생물 분해작용으로 입단을 조성한다.

33 다음 중 토양에 비교적 오랫동안 잔류되는 농약은?

㉮ 유기인계 살충제

㉯ 지방족계 제초제

㉱ 유기염소계 살충제

㉲ 요소계 살충제

연구 유기염소계 농약(DDT, BHC 등)은 잔류성이 길어 오염문제를 일으키며, 살충제인 DDT · BHC는 잔류성 때문에 사용이 금지되었다.

34 토양의 평균적인 입자밀도는?

㉮ $0.7mg/m^3$ ㉯ $1.5mg/m^3$

㉱ $2.65mg/m^3$ ㉲ $5.4mg/m^3$

연구 알갱이의 밀도(입자밀도)는 토양의 고상 자체만의 밀도를 말하며, 항상 일정하고 대략 $2.65g/cm^3$이다. 부피 밀도(용적밀도)는 고상, 액상, 기상으로 구성된 자연상태의 토양밀도를 의미하는데, 토성에 따라 변하며 대략 $1.0～1.6g/cm^3$의 범위이다.

35 물에 의해 일어나는 기계적 풍화작용에 속하지 않는 것은?

㉮ 침식작용

㉯ 운반작용

㉱ 퇴적작용

㉲ 합성작용

연구 합성작용은 일반적으로 화학적작용에 의해 일어난다.

29 ㉮   30 ㉮   31 ㉲   32 ㉱   33 ㉱   34 ㉱   35 ㉲

36 균근(mycorrhizae)의 특징에 대한 설명으로 옳지 않은 것은?

㉮ 대부분 세균으로 식물뿌리와 공생

㉯ 외생균근은 주로 수목과 공생

㉰ 내생균근은 주로 밭작물과 공생

㉱ 내외생균근은 균근 안에 균사망 형성

연구 균근(Mycorrhizae) : 사상균 중 담자균은 대부분의 식물뿌리에 감염하여 공생한다. 균근에는 외생균근과 내생균근이 있고, 이들은 균사망을 형성하고 있으며, 숙주식물은 사상균에 필요한 물질을 제공하고, 균근은 숙주에 유익한 여러 역할을 수행한다.

37 토양 층위를 지표부터 지하 순으로 옳게 나열된 것은?

㉮ R층 → A층 → B층 → C층 → O층

㉯ O층 → A층 → B층 → C층 → R층

㉰ R층 → C층 → B층 → A층 → O층

㉱ O층 → C층 → B층 → A층 → R층

연구 O(유기물)층 → A(용탈)층 → B(집적)층 → C(모재)층 → R(모암)층

38 Munsell 표기법에 의한 토양색이 7.5R 7/2일 때 채도를 나타내는 기호로 옳은 것은?

㉮ 7.5　　　　㉯ R

㉰ 7　　　　㉱ 2

연구 명도 : 색상의 선명도로 순흑(0)~순백(10)으로 부식함량과 관계가 깊으며, "7/" 와 같이 표기한다.
채도 : 색의 순도(강도)를 나타내는 값으로 그 값은 백색광이 줄어듦에 따라 커지고, 채도가 증가함에 따라 1, 2, 3····으로 증가하며, "/2" 와 같이 표시한다.

39 다음 중 토양산성화의 원인으로 작용하지 않는 것은?

㉮ 인산이온의 불용화

㉯ 유기물의 혐기성 분해 산물

㉰ 과도한 요소비료의 시용

㉱ 점토광물의 풍화에 따른 Al 이온의 가수분해

연구 가용성 인산을 사용해도 매우 적은 양만 유효태로 남고, 대부분이 토양에 흡수되어 토양교질입자에 단단히 결합한 난용성이 된다. 이를 인산의 고정이라고 하는데, 산성토양이 인산을 고정하기는 하지만, 역으로 인산의 고정이 산성화의 원인은 아니다.

40 다음 중 논토양의 특성으로 옳지 않은 것은?

㉮ 호기성 미생물의 활동이 증가된다.

㉯ 담수하면 토양은 환원상태로 전환된다.

㉰ 담수 후 대부분의 논토양은 중성으로 변한다.

㉱ 토양용액의 비전도도는 처음에는 증가되다가 최고에 도달한 후 안정된 상태로 낮아진다.

연구 담수하면 대기의 산소공급이 차단되므로 담수한 다음 몇 시간 후에는 호기성 미생물의 활동은 정지되고, 혐기성 미생물들의 활동은 왕성해진다.

41 유기축산물 인증기준에서 가축복지를 고려한 사육조건에 해당되지 않는 것은?

㉮ 축사바닥은 딱딱하고 건조할 것

㉯ 충분한 휴식공간을 확보할 것

㉰ 사료와 음수는 접근이 용이할 것

㉱ 축사는 청결하게 유지하고 소독할 것

연구 축사의 바닥은 부드러우면서도 미끄럽지 아니하고, 청결 및 건조하여야 하며, 충분한 휴식공간을 확보하여야 하고, 휴식공간에서는 건조깔짚을 깔아 줄 것

42 종자의 발아조건 3가지는?

㉮ 온도, 수분, 산소

㉯ 수분, 비료, 빛

㉰ 토양, 온도, 빛

㉱ 온도, 미생물, 수분

연구 종자의 발아조건 4가지 : 온도, 수분, 산소, 광선

43 다음 중 물리적 종자 소독방법이 아닌 것은?

㉮ 냉수온탕침법   ㉯ 건열처리

㉰ 온탕침법   ㉱ 분의소독법

[연구] 분의(粉 가루 분, 依 의지할 의)소독법은 화학농약을 종자에 묻혀서(의지하여) 소독하는 방법이다.

44 토양 속 지렁이의 역할이 아닌 것은?

㉮ 유기물을 분해한다.

㉯ 통기성을 좋게 한다.

㉰ 뿌리의 발육을 저해한다.

㉱ 토양을 부드럽게 한다.

[연구] 찰스 다윈은 그의 아들과 함께 1881년에 지은 저서 "부엽토와 지렁이"에서 지렁이의 역할(만일 지렁이가 없다면 식물은 죽어 사라질 것)을 언급하였다.

45 현재 사육되고 있는 가축이 자체농장에서 생산된 사료를 급여하는 조건에서 목초지 및 사료작물 재배지의 전환기간의 기준은?

㉮ 1년   ㉯ 2년

㉰ 3년   ㉱ 4년

[연구] 전환기간 : 동일 농장에서 가축·목초지 및 사료작물재배지가 동시에 전환하는 경우에는 현재 사육되고 있는 가축에게 자체농장에서 생산된 사료를 급여하는 조건 하에서 목초지 및 사료작물 재배지의 전환기간은 1년으로 한다.

46 품종의 퇴화원인을 3가지로 분류할 때 해당하지 않는 것은?

㉮ 유전적 퇴화

㉯ 생리적 퇴화

㉰ 병리적 퇴화

㉱ 영양적 퇴화

[연구] 유전적, 생리적, 병리적 원인에 의해 고유한 좋은 특성이 나쁜 방향으로 변하는 것을 품종 또는 종자의 퇴화라 한다.

47 다음 중 품종의 형질과 특성에 대한 설명으로 맞는 것은?

㉮ 품종의 형질이 다른 품종과 구별되는 특징을 특성이라고 표현한다.

㉯ 작물의 형태적·생태적·생리적 요소는 특성으로 표현된다.

㉰ 작물 키의 장간·단간, 숙기의 조생·만생은 품종의 형질로 표현된다.

㉱ 작물의 생산성·품질·저항성·적응성 등은 품종의 특성으로 표현된다.

[연구] 어떤 품종을 다른 품종과 구별하는 데 필요한 특징을 특성(characteristics)이라 하며, 특성을 표현하기 위하여 측정의 대상이 되는 것을 형질(character)이라 한다.

48 친환경인증기관의 인증업무 중 축산물의 인증 종류는 몇가지인가?(단, 인증 대상 지역은 대한민국으로 제한한다.)

㉮ 1가지

㉯ 2가지

㉰ 3가지

㉱ 4가지

[연구] 친환경농축산물이란 친환경농업을 통하여 얻는 것으로 다음 각 목의 어느 하나에 해당하는 것을 말한다.
가. 유기농산물·유기축산물 및 유기임산물
나. 무농약농산물 및 무항생제축산물
따라서 축산물의 인증 종류는 유기축산물과 무항생제축산물의 2종이다.

49 유기농림산물의 인증기준에서 규정한 재배방법에 대한 설명으로 옳지 않은 것은?

㉮ 화학비료의 사용은 금지한다.

㉯ 유기합성농약의 사용은 금지한다.

㉰ 심근성 작물재배는 금지한다.

㉱ 두과작물의 재배는 허용한다.

[연구] 두과작물·녹비작물 또는 심근성작물을 이용하여 다음 각 호의 어느 하나의 방법으로 장기간의 적절한 윤작계획을 수립하고 이행하여야 한다.

43 ㉱   **44** ㉰   **45** ㉮   **46** ㉱   **47** ㉮   **48** ㉯   **49** ㉰

50 온실효과에 대한 설명으로 옳지 않은 것은?

㉮ 시설농업으로 겨울철 채소를 생산하는 효과이다.

㉯ 대기 중 탄산가스 농도가 높아져 대기의 온도가 높아지는 현상을 말한다.

㉰ 산업발달로 공장 및 자동차의 매연가스가 온실효과를 유발한다.

㉱ 온실효과가 지속된다면 생태계의 변화가 생긴다.

연구 온실효과 자체는 원래 지구에 존재하는 것으로, 자연발생적인 온실효과는 지구온난화의 원인이 아니지만 산업화의 진행에 따라 온실기체의 양이 과거에 비해 늘어나 온실효과로 지구의 기온이 올라가고 있다. 겨울철 채소를 생산하는 것은 온실농업이다.

51 친환경농업이 태동하게 된 배경에 대한 설명으로 옳지 않은 것은?

㉮ 미국과 유럽 등 농업선진국은 세계의 농업정책을 소비와 교역 위주에서 증산 중심으로 전환하게 하는 견인 역할을 하고 있다.

㉯ 국제적으로는 환경보전문제가 중요 쟁점으로 부각되고 있다.

㉰ 토양양분의 불균형문제가 발생하게 되었다.

㉱ 농업부분에 대한 국제적인 규제가 점차 강화되어가고 있는 추세이다.

연구 친환경농업의 출현 배경 : ① 대량생산에 대한 욕구 → 화학비료·농약에 대한 많은 의존 → 토양황폐화, 환경오염 ② 친환경농업을 선택하게 된 더 근원적인 이유는 선진농업국가에서의 식량 과잉 생산이다.

52 다음 중 시설원예용 피복재를 선택할 때 고려해야 할 순서로 바르게 나열된 것은?

㉮ 피복재의 규격 → 온실의 종류와 모양 → 경제성 → 재배작물 → 피복재의 용도

㉯ 온실의 종류와 모양 → 재배작물 → 피복재의 규격 → 피복재의 용도 → 경제성

㉰ 재배작물 → 온실의 종류와 모양 → 피복재의 용도 → 피복재의 규격 → 경제성

㉱ 경제성 → 재배작물 → 피복재의 용도 → 온실의 종류와 모양 → 피복재의 규격

연구 열대작물인지, 음지작물인지 등의 작물이 가장 먼저이고, 경제성은 앞의 조건들이 다 만족했을 때 따질 수 있다.

53 토양의 비옥도 유지 및 증진방법으로 옳지 않은 것은?

㉮ 토양침식을 막아준다.

㉯ 토양의 통기성, 투수성을 좋게 만든다.

㉰ 유기물을 공급하여 유용미생물의 활동을 활발하게 한다.

㉱ 단일 작목 작부체계를 유지시킨다.

연구 유기농법 실천가들은 작물과 가축에 의해 탈취되는 영양분은 윤작에 의한 녹비작물, 생축분과 완숙퇴비, 기타 유기질비료 등의 사용을 통해 토양 고유의 비옥도를 계속 유지할 수 있다고 본다.

54 저투입 지속농업(LISA)을 통한 환경친화형 지속농업을 추진하는 국가는?

㉮ 미국   ㉯ 영국

㉰ 독일   ㉱ 스위스

연구 미국은 유기농업 이외에도 농약 사용을 최소화하고 토양과 작물의 양분 상태에 따라 적정시비를 하는 저투입 지속농업(LISA ; Low Input Sustainable Agriculture)을 추진하고 있다.

55 토마토를 재배하는 온실에 탄산가스를 주입하는 목적은?

㉮ 호흡을 억제하기 위하여

㉯ 광합성을 촉진하기 위하여

㉰ 착색을 촉진하기 위하여

㉱ 수분을 도와주기 위하여

연구 시설재배 시 작물의 증수를 위하여 인공적으로 이산화탄소를 공급해 주는 것을 탄산비료 또는 탄산시비라 한다.

50 ㉮ 51 ㉮ 52 ㉰ 53 ㉱ 54 ㉮ 55 ㉯

56 볏짚, 보릿짚, 풀, 왕겨 등으로 토양 표면을 덮어주는 방법을 멀칭법이라고 하는데 멀칭의 이점이 아닌 것은?

㉮ 토양 침식 방지

㉯ 뿌리의 과다 호흡

㉰ 지온 조절

㉱ 토양 수분 조절

연구 멀칭은 유기물이나 폴리에틸렌 필름 등을 지상에 덮어 우적침식을 방지하고 토양수분 보존, 온도 조절, 표면고결 억제, 잡초 방지, 유익한 박테리아의 번식 촉진 등의 효과를 얻는 방법이다.

57 세포에서 상동염색체가 존재하는 곳은?

㉮ 핵

㉯ 리보솜

㉰ 골지체

㉱ 미토콘드리아

연구 진핵세포는 세포막으로 싸여 있고, 그 안에는 세포질이 있으며, 그 한가운데 핵이 자리하고, 핵 속에 염색체가 들어 있다. 세포질에는 소포체, 골지체, 미토콘드리아, 엽록체, 리소좀, 액포 등 세포소기관이 있다.

58 다음 중 괴경을 이용하여 번식하는 작물은?

㉮ 고추

㉯ 감자

㉰ 고구마

㉱ 마늘

연구 감자 : 괴경, 고구마 : 괴근, 마늘 : 인경, 고추 : 종자

59 다음 작물 중 일반적으로 배토를 실시하지 않는 것은?

㉮ 파   ㉯ 토란

㉰ 감자   ㉱ 상추

연구 일반적으로 근채류에 배토를 실시한다.

60 다음은 경작지의 작토층에 대하여 토양의 무게(질량)를 산출하고자 한다. 아래의 "표"를 참고하여 10a의 경작토양에서 10㎝ 깊이의 건조토양의 무게를 산출한 결과로 맞는 것은?

10㎝ 두께의 10a 부피	용적밀도
100㎥	$1.20g \cdot cm^{-3}$

㉮ 100,000kg   ㉯ 120,000kg

㉰ 140,000kg   ㉱ 160,000kg

연구 질량 = 밀도×부피

$1㎥ = 1,000,000㎤$

$1.2g \cdot cm^{-3} \times 100 \times 1,000,000㎤$

$= 120,000,000g = 120,000kg$

1 벼 모내기부터 낙수까지 ㎡당 엽면증산량이 480㎜, 수면증발량이 400㎜, 지하침투량이 500㎜이고, 유효우량이 375㎜일 때, 10a에 필요한 용수량은 얼마인가?

㉮ 약 500kL ㉯ 약 1000kL
㉰ 약 1500kL ㉱ 약 2000kL

연구 용수량 = (엽면증산량 + 수면증발량 + 지하침투량) − 유효우량
= (480 + 400 + 500) − 375 = 1005kL

2 광(light)과 작물생리작용에 관한 설명으로 옳지 않은 것은?

㉮ 광합성에 주로 이용되는 파장역은 300∼400nm이다.
㉯ 광합성 속도는 광의 세기 이외에 온도, CO_2, 풍속에도 영향을 받는다.
㉰ 광의 세기가 증가함에 따라 작물의 광합성 속도는 광포화점까지 증가한다.
㉱ 녹색광(500∼600nm)은 투과 또는 반사하여 이용률이 낮다.

연구 광합성에는 675nm를 중심으로 한 650∼700nm의 적색부분과 450nm을 중심으로 한 400∼500nm의 청색 부분이 가장 효과적이다.

3 식물병 중 세균에 의해 발병하는 병이 아닌 것은?

㉮ 벼흰잎마름병
㉯ 감자무름병
㉰ 콩불마름병
㉱ 고구마무름병

연구 감자무름병은 세균성병이나, 고구마무름병은 진균(곰팡이)에 의해 발병한다.

4 수해에 관여하는 요인으로 옳지 않은 것은?

㉮ 생육단계에 따라 분얼초기에는 침수에 약하고, 수잉기 ∼ 출수기에 강하다.
㉯ 수온이 높으면 물속의 산소가 적어져 피해가 크다.
㉰ 질소비료를 많이 주면 호흡작용이 왕성하여 관수해가 커진다.
㉱ 4 ∼ 6일의 관수는 피해를 크게 한다.

연구 벼의 경우 분얼초기에는 침수에 강하고(분얼을 위하여 물대기 필수), 수잉기 ∼ 출수기에 약하다.

5 기원지로서 원산지를 파악하는데 근간이 되고 있는 학설은 유전자 중심설이다. Vavilov의 작물의 기원지로 해당하지 않는 곳은?

㉮ 지중해 연안 ㉯ 인도·동남아시아
㉰ 남부 아프리카 ㉱ 코카서스·중동

연구 Vavilov는 주요 작물의 재배기원 중심지를 중국지구, 힌두스탄(인도)지구, 중앙아시아지구, 근동지구(소아시아, 이란 등), 지중해연안지구, 아비시니아지구, 중앙아메리카지구, 남아메리카지구 등 8개 지역으로 나누었다.

6 1843년 식물의 생육은 다른 양분이 아무리 충분해도 가장 소량으로 존재하는 양분에 의해서 지배된다는 설을 제창한 사람과 이에 관한 학설은?

㉮ LIEBIG, 최소량의 법칙
㉯ DARWIN, 순계설
㉰ MENDEL, 부식설
㉱ SALFELD, 최소량의 법칙

연구 DARWIN − 진화론, MENDEL − 유전법칙, SALFELD − 콩과식물과 질소 고정 관계 증명, LIEBIG − 식물의 양분은 무기질이라는 무기설을 주장하면서 가장 소량으로 존재하는 양분에 의해서 지배된다는 최소량의 법칙 주장

1 ㉯ 2 ㉮ 3 ㉱ 4 ㉮ 5 ㉰ 6 ㉮

7 토양의 물리적 성질에 대한 설명으로 옳지 않은 것은?

㉮ 모래, 미사 및 점토의 비율로 토성을 구분한다.

㉯ 토양 입자의 결합 및 배열상태를 토양 구조라 한다.

㉰ 토양 입자들 사이의 모든 공극이 물로 채워진 상태의 수분 함량을 포장용수량이라 한다.

㉱ 토양은 공기가 잘 유통되어야 작물 생육에 이롭다.

연구 최대용수량 : 토양의 모든 공극에 물이 꽉 찬 상태의 수분 함량
포장용수량(최소용수량과 거의 동일) : 최대용수량에서 중력수가 완전히 제거된 후 모세관에 의해서만 지니고 있는 수분 함량

8 도복을 방지하기 위한 방법이 아닌 것은?

㉮ 키가 작고 대가 실한 품종을 선택한다.

㉯ 칼륨, 인산, 석회를 충분히 시용한다.

㉰ 벼에서 마지막 논김을 맬 때 배토를 한다.

㉱ 출수 직후에 규소를 엽면살포한다.

연구 규소, 칼륨 등은 평소에 충분히 시비하고, 출수 직후에는 실리콘을 엽면살포한다.

9 작물 재배 시 배수의 효과가 아닌 것은?

㉮ 습해와 수해를 방지한다.

㉯ 잡초의 생육을 억제한다.

㉰ 토양의 성질을 개선하여 작물의 생육을 촉진한다.

㉱ 농작업을 용이하게 하고, 기계화를 촉진한다.

연구 저습지에서 배수의 효과 : 습해나 수해의 방지, 토양의 입단화 가능, 기계작업을 통한 생력화, 경지이용도 제고
배수하면 잡초의 생육은 더 강해진다.

10 냉해의 종류가 아닌 것은?

㉮ 지연형 냉해 ㉯ 장해형 냉해

㉰ 한해형 냉해 ㉱ 병해형 냉해

연구 벼의 냉해에는 지연형 냉해, 장해형 냉해 및 병해형 냉해가 있다.

11 농업의 발상지라고 볼 수 없는 곳은?

㉮ 큰 강의 유역 ㉯ 각 대륙의 내륙부

㉰ 산간부 ㉱ 해안지대

연구 산간부의 유적으로는 남부멕시코, 남아메리카 등이 있으나 내륙부는 없다.

12 작부체계의 이점이라고 볼 수 없는 것은?

㉮ 병충해 및 잡초발생의 경감

㉯ 농업노동의 효율적 분산 곤란

㉰ 지력의 유지 증강

㉱ 경지 이용도의 제고

연구 동작, 하작과 같이 재배시기를 달리하면 농업노동의 효율적 분산이 가능하다.

13 논에 요소비료 15.0kg을 주었다. 이 논에 들어간 질소의 유효성분 함유량은 몇 kg인가? (단, 요소비료의 질소성분은 46%이다)

㉮ 약 3kg ㉯ 약 6.9kg

㉰ 약 8.3kg ㉱ 약 9.0kg

연구 $15 \times 0.46 = 6.9$

14 벼를 논에 재배할 경우 발생되는 주요 잡초가 아닌 것은?

㉮ 방동사니, 강피 ㉯ 망초, 쇠비름

㉰ 가래, 물피

㉱ 물달개비, 개구리밥

연구 다년생 논잡초 : 올방개, 올미, 올챙이고랭이, 벗풀, 너도방동사니, 가래 등(♣ 세 벗, 너도 가래!)
1년생 논잡초 : 피, 물달개비, 여뀌바늘, 사마귀풀, 논뚝외풀 등
망초, 쇠비름 등은 밭의 주요 잡초이다.

---

7 ㉰ 8 ㉱ 9 ㉯ 10 ㉰ 11 ㉯ 12 ㉯ 13 ㉯ 14 ㉯

15 기상생태형과 작물의 재배적 특성에 대한 설명으로 틀린 것은?

㉮ 파종과 모내기를 일찍하면 감온형은 조생종이 되고 감광형은 만생종이 된다.

㉯ 감광형은 못자리기간 동안 영양이 결핍되고 고온기에 이르면 쉽게 생식생장기로 전환된다.

㉰ 만파이식할 때 출수기 지연은 기본영양생장형과 감온형이 크다.

㉱ 조기수확을 목적으로 조파조식을 할 때 감온형이 알맞다.

[연구] 감광형(bLt형) : 기본영양생장성과 감온성이 작고 감광성이 커서, 생식생장기로의 전환이 온도가 아닌 광에 지배되는 형태의 작물이다. 감광형은 수확기가 늦을 뿐만 아니라 늦게 파종해도 되므로 2모작, 윤작 등 작부체계를 다양하게 할 수 있다.

16 토양에 흡수·고정되어 유효성이 적은 인산질 비료의 이용을 높이는 방법으로 거리가 먼 것은?

㉮ 유기물 시용으로 토양 내 부식함량을 높인다.

㉯ 토양과 인산질 비료와의 접촉면이 많아지게 한다.

㉰ 작물 뿌리가 많이 분포하는 곳에 시용한다.

㉱ 기온이 낮은 지역에서는 보통 시용량보다 2 ~ 3배 많이 시용한다.

[연구] 인산비료가 토양과 빨리 반응하지 못하게 크게(대립화) 만들어 가용성상태로 오랫동안 보유시키는 것이 비료 증진상 유효하다. 따라서 수용성 인산보다 구용성 인산을, 분상보다는 접촉면이 작은 입상을 선택하여야 한다.

17 다음 중 토양 염류집적이 문제가 되기 가장 쉬운 곳은?

㉮ 벼 재배 논

㉯ 고랭지채소 재배지

㉰ 시설채소 재배지

㉱ 일반 밭작물 재배지

[연구] 시설채소 재배지 : 특히 강우가 없고, 재배횟수가 많기 때문에 다비조건이 되어 인산은 일반 토양에 비해 3배가 많고 칼륨, 칼슘, 마그네슘 등은 2배가 많은 등 염류의 집적이 심해지고 있다.

18 수분함량이 충분한 토양의 경우, 일반적으로 식물의 뿌리가 수분을 흡수하는 토양깊이는?

㉮ 표토 30cm 이내

㉯ 표토 40 ~ 50cm

㉰ 표토 60 ~ 70cm

㉱ 표토 80 ~ 90cm

[연구] 수분함량이 충분한 경우 일반적으로 식물의 뿌리가 수분을 흡수하는 토양깊이는 30㎝ 정도이며, 근모부(根毛部)에서 가장 왕성하게 흡수된다.

19 토양 pH의 중요성이라고 볼 수 없는 것은?

㉮ 토양 pH는 무기성분의 용해도에 영향을 끼친다.

㉯ 토양 pH가 강산성이 되면 Al과 Mn이 용출되어 이들 농도가 높아진다.

㉰ 토양 pH가 강알칼리성이 되면 작물생육에 불리하지 않다.

㉱ 토양 pH가 중성 부근에서 식물양분의 흡수가 용이하다.

[연구] 일반적으로 중성 부근에서 양분 용해도가 높다. 토양 pH가 강알칼리성이 되면 병해가 많아진다.

20 멀칭의 효과에 대한 설명 중 옳지 않은 것은?

㉮ 지온 조절

㉯ 토양, 비료 양분 유실

㉰ 토양 건조 예방

㉱ 잡초발생 억제

[연구] 멀칭하면 강우로 인한 토양, 비료 등의 유실이 방지된다.

21 토양온도에 미치는 요인이 아닌 것은?

㉮ 토양의 비열

㉯ 토양의 열전도율

㉰ 토양피복

㉱ 토양공기

[연구] 토양수분 함량, 토양의 빛깔, 경사도, 피복식물, 열전도율, 비열 등이 토양온도에 영향을 미치며, 수분함량은 토양온도의 가장 큰 변화 요소이다. 토양공기도 영향을 미칠 수 있으나 아주 미미하다.

22 토양단면상에서 확연한 용탈층을 나타나게 하는 토양생성작용은?

㉮ 회색화작용(gleyzation)

㉯ 라토솔화작용(laterization)

㉰ 석회화작용(calcification)

㉱ 포드졸화작용(podzolization)

[연구] 우리나라와 같은 한랭습윤 침엽수림 지대에서 발생하는 포드졸 토양의 경우 용탈층(A층)에는 안정한 석영과 비결정질의 규산이 남아 백색의 표백층이 되고, 집적층은 이동성이 큰 용탈물질(Fe 및 Al)에 의해 황갈색이 되어 집적층과 용탈층이 확연히 구분되는 특징적인 토양단면을 보인다.

23 미생물의 수를 나타내는 단위는?

㉮ cfu

㉯ ppm

㉰ mole

㉱ pH

[연구] cfu(colony forming unit) : 집단 형성 단위

24 담수된 논토양의 환원층에서 진행되는 화학반응으로 옳은 것은?

㉮ $S \rightarrow H_2S$

㉯ $CH_4 \rightarrow CO_2$

㉰ $Fe^{2+} \rightarrow Fe^{3+}$

㉱ $NH_4 \rightarrow NO_3$

[연구] $CO_2 \rightarrow CH_4$, $Fe^{3+} \rightarrow Fe^{2+}$, $NO_3 \rightarrow NH_4$, $SO_4^{2-} \rightarrow H_2S$, S^{2-} 등의 환원반응(산소가 탈락되는 반응)이 발생한다.

25 우리나라의 주요광물인 화강암의 생성위치와 규산함량이 바르게 짝지어진 것은?

㉮ 생성위치 – 심성암, 규산 함량 – 66% 이상

㉯ 생성위치 – 심성암, 규산 함량 – 55% 이하

㉰ 생성위치 – 반심성암, 규산 함량 – 66% 이상

㉱ 생성위치 – 반심성암, 규산 함량 – 55% 이하

[연구] 화성암은 마그마가 냉각된 것이며 화학적으로 규산(SiO_2) 함량에 따라 암석의 색깔이나 화학적 조정을 달리한다. 산성암(화강암, 석영반암, 유문암), 중성암(섬록암, 섬록반암, 안산암), 염기성암(반려암, 휘록암, 현무암)으로 구분한다. 화강암은 심성암이며, 규산 함량은 66% 이상이다.

26 illite는 2 : 1 격자광물이나 비팽창형 광물이다. 이는 결정단위 사이에 어떤 원소가 음전하의 부족한 양을 채우기 위하여 고정되어 있는데 그 원소는?

㉮ Si

㉯ Mg

㉰ Al

㉱ K

[연구] 일라이트(illite)는 가수운모라고도 하며 구조는 montmo-rillonite와 같으나 규산 4면체 중의 몇 개의 규소가 Al^{+3}에 의해 동형치환된 결과 생긴 양전하의 부족량만큼이 K^+에 의해 충족되어 있다. 따라서 illite는 점토광물 중 칼륨(K)의 함유량이 가장 많으며, 이 칼륨이 공간을 막고 있어 물이 통과할 수 없기 때문에 비팽창성이다.

27 우리나라 논토양의 퇴적양식은 어떤 것이 많은가?

㉮ 충적토

㉯ 붕적토

㉰ 잔적토

㉱ 풍적토

[연구] 충적토는 하수(河水)에 의하여 모재가 운반·퇴적되어 이루어진 것으로 우리나라 대부분의 논토양은 이에 해당하며, 하성충적토는 보통 홍함지, 삼각주, 하안단구로 구분한다.

28 다음이 설명하는 것은?

> 토양이 양이온을 흡착할 수 있는 능력을 가리키며, 이것의 크기는 풍건토양 1kg이 흡착할 수 있는 양이온의 총량(Cmolc/kg)으로 나타낸다.

㉮ 교환성 염기
㉯ 포장용수량
㉰ 양이온교환용량
㉱ 치환성양이온

연구 양이온치환용량(C.E.C : cation exchange capacity): 염기치환용량이라고도 하며, 토양이 양이온을 흡착할 수 있는 능력, 즉 토양 100g이 흡착할 수 있는 양이온의 총량으로 Cmolc/kg으로 표시한다.

29 토양단면을 통한 수분이동에 대한 설명으로 틀린 것은?

㉮ 수분이동은 토양을 구성하는 점토의 영향을 받는다.
㉯ 각 층위의 토성과 구조에 따라 수분의 이동양상은 다르다.
㉰ 토성이 같을 경우 입단화의 정도에 따라 수분의 이동양상은 다르다.
㉱ 수분이 토양에 침투할 때 토양입자가 미세할수록 침투율은 증가한다.

연구 수분이 잘 침투하는 토양의 조건은 수분함량이 적을수록, 유기물함량이 많을수록, 입단이 클수록, 점토 및 교질의 함량이 적을수록, 가소성이 작을수록, 팽윤도가 작을수록 잘 침투하므로 이런 조건에서 토양의 내식성이 커진다.

30 물에 의한 침식을 가장 잘 받는 토양은?

㉮ 토양입단이 잘 형성되어 있는 토양
㉯ 유기물 함량이 많은 토양
㉰ 팽창성 점토광물이 많은 토양
㉱ 투수력이 큰 토양

연구 팽윤도(팽창성 점토광물)가 작을수록 물이 토양으로 잘 침투하므로 유거수가 줄어 침식이 적어진다. 팽창성 점토광물이 많으면 역으로 침식을 많이 받는다.

31 경사지 밭토양의 유거수 속도조절을 위한 경작법으로 적절하지 않은 것은?

㉮ 등고선재배법
㉯ 간작재배법
㉰ 등고선대상재배법
㉱ 승수로설치재배법

연구 경사 5~15°에서는 초생대 대상재배와 승수구설치 재배가 토양보전에 큰 효과가 있다. 경사 5° 이하에서는 등고선 재배, 15° 이상일 때는 계단식 재배가 필요하다.

32 배수 불량으로 토양환원작용이 심한 토양에서 유기산과 황화수소의 발생 및 양분흡수 방해가 주요 원인이 되어 발생하는 벼의 영양장해 현상은?

㉮ 노화현상   ㉯ 적고현상
㉰ 누수현상   ㉱ 시들음현상

연구 배수가 불량하므로 비료를 사용하면 곧 미생물의 활동이 왕성해져 토양이 재빨리 환원되므로 유해물질(유기산, 황화수소 등)이 높은 농도로 쌓여 모내기를 한 후 2~3주가 경과한 시기에 적고(赤枯)현상이 나타나기도 한다.

33 토양의 입단형성에 도움이 되지 않는 것은?

㉮ Ca이온   ㉯ Na이온
㉰ 유기물의 작용   ㉱ 토양개량제의 작용

연구 입단의 파괴 : ① 토양수분이 너무 적거나 많은 때의 경운, ② 과도한 경운, ③ 토양의 건조와 습윤의 반복, 동결과 융해의 반복 등 물리적 변형, ④ Na의 작용 : 수화도가 큰 Na이온은 토양입자를 분산시킨다.

34 토양의 풍식작용에서 토양입자의 이동과 관계가 없는 것은?

㉮ 약동(saltation)   ㉯ 포행(soil creep)
㉰ 부유(suspension)
㉱ 산사태이동(sliding movement)

연구 풍식도 수식과 마찬가지로 2개의 과정, 즉 토양의 분리·이탈과 운반과정을 수반한다. 바람에 의해 날리기에 너무 무거운 입자들은 굴러서 포행으로 이동한다. 산사태는 수식에 의해 발생한다.

28 ㉰   29 ㉱   30 ㉰   31 ㉯   32 ㉯   33 ㉯   34 ㉱

35 작물생육에 대한 토양미생물의 유익작용이 아닌 것은?

㉮ 근류균에 의하여 유리질소를 고정한다.

㉯ 유기물에 있는 질소를 암모니아로 분해한다.

㉰ 불용화된 무기성분을 가용화한다.

㉱ 황산염의 환원으로 토양산도를 조절한다.

연구 황산염이란 황산의 수소 원자가 금속 또는 암모늄 이온과 치환하여 생긴 화합물인데, 이것이 환원되면 황산이 생기므로 작물에 매우 해롭다.

36 토성 결정의 고려 대상이 아닌 것은?

㉮ 모래

㉯ 미사

㉰ 유기물

㉱ 점토

연구 단기간에는 변하지 않는 모래·미사 및 점토를 토성의 결정인자로 한다.

37 간척지 토양의 특성에 대한 설명으로 틀린 것은?

㉮ Na^+에 의하여 토양분산이 잘 일어나서 토양 공극이 막혀 수직배수가 어렵다.

㉯ 토양이 대체로 EC가 높고 알칼리성에 가까운 토양반응을 나타낸다.

㉰ 석고($CaSO_4$)의 시용은 황산기(SO_4^{2-})가 있어 간척지에 사용하면 안된다.

㉱ 토양유기물의 시용은 간척지 토양의 구조 발달을 촉진시켜 제염효과를 높여 준다.

연구 벼가 아닌 밭작물을 재배하려는 경우 석회석 대신 석고($CaSO_4 \cdot nH_2O$)를 사용하면 칼슘이온이 교질을 형성하고, SO_4^{2-}는 Na_2SO_4로 되어 물에 씻겨 내려가므로 pH 값을 높이지 않고도 제염을 할 수 있다.

38 다음 중 미나마타병을 일으키는 중금속은?

㉮ Hg

㉯ Cd

㉰ Ni

㉱ Zn

연구 미나마타병은 1950년대 일본 화학회사에서 메틸수은을 바다에 버려 물고기, 조개류 등을 오염시키고, 그걸 먹은 사람들이 걸린 병이다. 이타이 이타이병은 카드뮴 중독이다.

39 다음 토양 중 일반적으로 용적밀도가 작고, 공극량이 큰 토성은?

㉮ 사토

㉯ 사양토

㉰ 양토

㉱ 식토

연구 토성: 모래(조사+세사)의 함량이 많은 사질계 토양은 비모관공극(대공극)이 모관공극(소공극)보다 많다. 찰흙(점토)의 함량이 많은 식질계토양은 그 반대이다. 일반적으로 식질계토양이 사질계토양보다 가비중(용적밀도)은 작고, 전공극량 또는 공극률(%)은 크다.

40 토양의 물리적 성질이 아닌 것은?

㉮ 토성

㉯ 토양온도

㉰ 토양색

㉱ 토양반응

연구 토양반응이란 토양이 나타내는 산성 또는 중성이나 알칼리성이며, 이를 pH(Potential of Hydrogenion)로 표시한다.

41 농업의 환경보전기능을 증대시키고, 농업으로 인한 환경오염을 줄이며, 친환경농업을 실천하는 농업인을 육성하여 지속가능하고 환경친화적인 농업을 추구함을 목적으로 하는 법은?

㉮ 친환경농어업법

㉯ 환경정책기본법

㉰ 토양환경보전법

㉱ 농수산물품질관리법

연구 친환경농어업 육성 및 유기식품 등의 관리·지원에 관한 법률을 약칭하여 친환경농어업법이라 한다.

35 ㉱　36 ㉰　37 ㉰　38 ㉮　39 ㉱　40 ㉱　41 ㉮

42 종자용 벼를 탈곡기로 탈곡할 때 가장 적합한 분당 회전속도는?

㉮ 50회 ㉯ 200회
㉰ 400회 ㉱ 800회

연구 종자용 탈곡은 회전 충격이 적은 탈곡기(종자용은 300~450회전, 일반용은 500회전)로 하여 상처로 인한 성묘비율의 저하를 막아야 한다.

43 일반적으로 발효퇴비를 만드는 과정에서 탄질비(C/N비)로 가장 적합한 것은?

㉮ 1 이하 ㉯ 5 ~ 10
㉰ 20 ~ 35 ㉱ 50 이상

연구 퇴비화 관련인자인 영양원 : 퇴비의 원료에 있어서 가장 적합한 탄소와 질소비(C/N율)는 약 20~30이라고 알려져 있다.

44 시설토양을 관리하는 데 이용되는 텐시오미터의 중요한 용도는?

㉮ 토양수분장력 측정
㉯ 토양염류농도 측정
㉰ 토양입경분포 조사
㉱ 토양용액산도 측정

연구 텐시오미터(tensiometer)는 토양의 수분장력을 측정하여 토양의 수분상태를 확인하는 기기이다.

45 다음 과실비대에 영향을 끼치는 요인 중 온도와 관련한 설명으로 올바른 것은?

㉮ 기온은 개화 후 일정기간동 안은 과실의 초기생장속도에 크게 영향이 미치지 않지만 성숙기에는 크게 영향을 끼친다.
㉯ 생장적온에 달할 때까지 온도가 높아짐에 따라 과실의 생장속도도 점차 빨라지나 생장적온을 넘은 이후부터는 과실의 생장속도는 더욱 빨라지는 경향이 있다.
㉰ 사과의 경우, 세포분열이 왕성한 주간에 가온을 하면 세포수가 증가하게 된다.

㉱ 야간에 가온을 하면 과실의 세포비대가 오히려 저하되는 경향을 나타낸다.

연구 과일은 일반적으로 주간에 가온하면 세포수가 증가하고, 야간에 가온하면 세포의 크기가 커져 과실이 비대한다. 작은 과실은 세포수가 적기 때문에 발생한다.

46 유기농산물을 생산하는 데 있어 올바른 잡초 제어법에 해당하지 않는 것은?

㉮ 멀칭을 한다.
㉯ 손으로 잡초를 뽑는다.
㉰ 화학제초제를 사용한다.
㉱ 적절한 윤작을 통하여 잡초 생장을 억제한다.

연구 법령에서 병해충 및 잡초는 유기농업에 적합한 방법으로 방제 · 조절할 것이라고 규정하고 있다. 유기농산물에는 화학합성농약과 화학비료를 일체 사용할 수 없다.

47 유기축산물 생산을 위한 유기사료의 분류 시 조사료에 속하지 않는 것은?

㉮ 건초
㉯ 생초
㉰ 볏짚
㉱ 대두박

연구 볏짚, 건초, 엔실리지, 콩깍지, 청초, 목생초, 산야초 등과 같이 조섬유 함량이 10% 이상인 것을 조사료(粗 거칠 조, 飼料)라 한다. 대두박은 농후사료이다.

48 비닐하우스에 이용되는 무적 필름의 주요 특징은?

㉮ 값이 싸다.
㉯ 먼지가 붙지 않는다.
㉰ 물방울이 맺히지 않는다.
㉱ 내구연한이 길다.

연구 무적(無滴) 필름은 물방울 맺힘 현상을 줄이고 물방울이 필름 표면을 타고 흘러내리는 성질을 지닌 필름이다.

49 친환경농업의 필요성이 대두된 원인으로 거리가 먼 것은?

㉮ 농업부문에 대한 국제적 규제 심화

㉯ 안전농산물을 선호하는 추세의 증가

㉰ 관행농업 활동으로 인한 환경오염 우려

㉱ 지속적인 인구증가에 따른 증산 위주의 생산 필요

연구 친환경농업의 출현 배경 : ① 대량생산에 대한 욕구 → 화학비료·농약에 대한 많은 의존 → 토양황폐화, 환경오염 ② 친환경농업을 선택하게 된 더 근원적인 이유는 선진농업국가에서의 식량 과잉 생산이다.

50 토마토 배꼽썩음병의 발생 원인은?

㉮ 칼슘 결핍　　　㉯ 붕소 결핍

㉰ 수정 불량　　　㉱ 망간 과잉

연구 칼슘 결핍에 의한 토마토 배꼽썩음병은 과실꼭지의 꽃 떨어진 부위가 기름에 데쳐 놓은 것처럼 되고 암갈색으로 변하여 함몰된 후 그대로 말라 버린다.

51 토양에서 작물이 흡수하는 필수성분의 형태가 옳게 짝지어진 것은?

㉮ 질소 – NO_3^-, NH_4^+

㉯ 인산 – HPO_3^+, PO_4^-

㉰ 칼륨 – K_2O^+

㉱ 칼슘 – CaO^{+2}

연구 인산 – $H_2PO_4^-$, HPO_4^{-2}　칼륨 – K^+　칼슘 – Ca^{+2}

52 토양을 가열소독할 때 적당한 온도와 가열시간은?

㉮ 60℃, 30분

㉯ 60℃, 60분

㉰ 100℃, 30분

㉱ 100℃, 60분

연구 일반적으로 토양병원균은 60℃ 정도의 고온에서 아주 짧은 시간에 사멸하며, 유익균을 보호하기 위해서는 60℃, 30분이 적당하다.

53 병해충 관리를 위해 사용이 가능한 유기농자재 중 식물에서 얻는 것은?

㉮ 목초액

㉯ 보르도액

㉰ 규조토

㉱ 유황

연구 목초액 : 목재건류 및 제탄을 할 때 얻어지는 액체로 초산을 주성분으로 하며, 토양개량과 작물생육 및 병해충 관리에 사용이 허용된 물질이다. 그런데 효과는 의문이다.

54 소의 사료는 기본적으로 어떤 것을 급여하는 것을 원칙으로 하나?

㉮ 곡류　　　㉯ 박류

㉰ 강피류　　　㉱ 조사료

연구 반추가축에게 사일리지(silage)만 급여해서는 아니되며, 생초나 건초 등 조사료도 급여하여야 한다.

55 과수재배에 적당한 토양의 물리적 조건은?

㉮ 토심이 낮아야 한다.

㉯ 지하수위가 높아야 한다.

㉰ 점토함량이 높아야 한다.

㉱ 삼상분포가 알맞아야 한다.

연구 좋은 토양이란 토성은 사양토~식양토가 알맞고, 토양구조는 떼알구조(입단구조)가 적당하며, 토양삼상의 비는 고상 50%, 액상 25%, 기상 25%가 좋고, 비료의 3요소는 적당히 균형을 이루어야 한다.

56 작물의 육종목표 중 환경친화형과 관련되는 것은?

㉮ 수량성

㉯ 기계화 적성

㉰ 품질 적성

㉱ 병해충 저항성

연구 병해충은 농약과 관계가 있고, 농약은 환경과 관련이 있다. 따라서 병해충 저항성과 육종목표 중 환경친화형은 관련이 있다.

57 유기농업의 목표가 아닌 것은?

㉮ 토양의 비옥도를 유지한다.

㉯ 자연계를 지배하려 하지 않고 협력한다.

㉰ 안전하고 영양가 높은 식품을 생산한다.

㉱ 인공적 합성화합물을 투여하여 증산한다.

연구 IFOAM에서 정한 유기농업의 기본목적 달성에 필요한 것 : 기본목적에 반하는 자재(농약, 화학비료 등)와 농법을 배제하는 것

58 일대잡종(F_1) 품종이 갖고 있는 유전적 특성은?

㉮ 잡종강세

㉯ 근교약세

㉰ 원연교잡

㉱ 자식열세

연구 서로 다른 품종 또는 계통 간에 인공 교배한 1대잡종(F_1) 식물체가 양친보다 왕성한 생활양상을 나타내는 현상을 잡종강세라 한다.

59 유기축산에서 올바른 동물관리 방법과 거리가 먼 것은?

㉮ 항생제에 의존한 치료

㉯ 적절한 사육 밀도

㉰ 양질의 유기사료 급여

㉱ 스트레스 최소화

연구 가축의 질병은 다음과 같은 조치를 통하여 예방하여야 하며, 질병이 없는데도 동물용의약품을 투여해서는 아니 된다.
가) 가축의 품종과 계통의 적절한 선택
나) 질병발생 및 확산방지를 위한 사육장 위생관리
다) 생균제(효소제 포함), 비타민 및 무기물 급여를 통한 면역기능 증진
라) 지역적으로 발생되는 질병이나 기생충에 저항력이 있는 종 또는 품종의 선택
예방관리에도 불구하고 질병이 발생한 경우 「수의사법」 시행규칙 제11조에 따른 수의사 처방에 의해 동물용의약품을 사용하여 질병을 치료할 수 있으며, 이 경우 처방전을 농장 내에 비치하여야 한다.

60 유기재배용 종자 선정 시 사용이 절대 금지된 것은?

㉮ 내병성이 강한 품종

㉯ 유전자 변형 품종

㉰ 유기재배된 종자

㉱ 일반 종자

연구 Codex 규격 : 유전공학/유전자변형 물질(GEO/GMO)로부터 생산된 모든 재료 그리고/또는 제품은 유기생산 원칙(재배, 제조, 가공)과 부합하지 않으므로 본 가이드라인에서 허용되지 않는다. 유기종자를 구할 수 없는 경우 인증기관의 승인을 받아 일반종자를 사용할 수 있다.

유기농업 기능사	시험시간 1시간	CBT (computer based testing) 기출·복원문제 3회

1 벼 냉해에 대한 설명으로 옳은 것은?

㉮ 냉온의 영향으로 인한 수량감소는 생육시기와 상관없이 같다.

㉯ 냉온에 의해 출수가 지연되어 등숙기에 저온장해를 받는 것이 지연형 냉해이다.

㉰ 장해형 냉해는 영양생장기와 생식생장기의 중요한 순간에 일시적 저온으로 냉해받는 것이다.

㉱ 수잉기는 저온에 매우 약한 시기로 냉해기상 시에는 관개를 얕게 해준다.

연구 ㉮ 수량감소는 생육시기에 따라 다르다.
㉰ 장해형 냉해는 생식생장기에 발생한다.
㉱ 수잉기에는 관개를 깊게 해준다.

2 관수 피해로 성숙기에 가까운 맥류가 장기간 비를 맞아 젖은 상태로 있거나, 이삭이 젖은 땅에 오래 접촉해 있을 때 발생되는 피해는?

㉮ 기계적 상처 ㉯ 도복

㉰ 수발아 ㉱ 백수현상

연구 수발아로 인해 싹이 튼 종실은 종자용이나 식용으로 부적당하다.

3 재배식물을 여름작물과 겨울작물로 분류하였다면 이는 어느 생태적 특성에 의한 분류인가?

㉮ 작물의 생존연한

㉯ 작물의 생육시기

㉰ 작물의 생육적온

㉱ 작물의 생육형태

연구 작물은 생존연한에 따라 1년생 및 2년생, 생육적온에 따라 저온 및 고온, 생육형태에 따라 주형(株形) 및 포복형(匍匐形), 생육시기에 따라 여름작물과 겨울작물 등으로 분류한다.

4 도복의 피해가 아닌 것은?

㉮ 수량 감소

㉯ 품질 손상

㉰ 수확작업의 간편

㉱ 간작물(間作物)에 대한 피해

연구 도복은 수량의 감소와 품질의 악화를 초래하며, 콩이나 목화 등의 맥간작인 경우 간작물에 큰 피해를 준다. 특히 다비다수확 재배에서는 도복의 피해가 심각하며, 기계화수확에 결정적인 불편이 따른다.

5 작물 군락의 수광태세를 개선하는 방법으로 틀린 것은?

㉮ 질소비료를 많이 주어 엽면적을 늘리고, 수평엽을 형성하게 한다.

㉯ 규산, 칼륨을 충분히 주어 수직엽을 형성하게 한다.

㉰ 줄 사이를 넓히고 포기사이를 좁혀 파상군락을 형성하게 한다.

㉱ 맥류는 드릴파재배를 하여 잎이 조기에 포장 전면을 덮게 한다.

연구 벼에서 규산과 칼륨을 넉넉히 시용하면 잎이 직립한다. 특히 무효분얼기에 질소를 적게 주면 상위엽이 직립한다.

6 토양비옥도를 유지 및 증진하기 위한 윤작대책으로 실효성이 가장 낮은 것은?

㉮ 콩과 작물 재배를 통해 질소원을 공급한다.

㉯ 근채류, 알팔파 등의 재배로 토양의 입단형성을 유도한다.

㉰ 피복작물 재배로 표층토의 유실을 막는다.

㉱ 채소작물 재배로 토양선충 피해를 경감한다.

연구 채소만의 단작이 아닌 화본과 작물을 조합하여 채소류 재배지의 과잉 양분과 염기를 흡수하는 것은 좋은 윤작대책이다.

1 ㉯ 2 ㉰ 3 ㉯ 4 ㉰ 5 ㉮ 6 ㉱

7 벼의 생육기간 중에 시비되는 질소질 비료 중에서 식미에 가장 큰 영향을 미치는 것은?

㉮ 밑거름　　　　㉯ 알거름
㉰ 분얼비　　　　㉱ 이삭거름

연구 질소 알거름(벼알을 위하여 주는 거름)은 다수확에는 도움이 되나 쌀알의 단백질 함량을 높여 식미를 저하시킨다.

8 토양의 공극량(空隙量)에 관여하는 요인이 될 수 없는 것은?

㉮ 토성　　　　㉯ 토양구조
㉰ 토양 pH　　　㉱ 입단의 배열

연구 토양공극량 또는 토양공극률은 주로 토성, 토양구조 및 입단의 크기, 토립 또는 입단의 배열 상태 등에 지배된다.

9 작물의 수분 부족 장해가 아닌 것은?

㉮ 무기양분이 결핍된다.
㉯ 증산작용이 약해진다.
㉰ ABA양이 감소된다.
㉱ 광합성능이 떨어진다.

연구 식물체내의 수분이 부족하게 되면 잎에서 ABA의 생성이 촉진되어 기공이 닫히므로 증산이 저하된다.

10 풍속이 4~6km/h 이하인 연풍에 대한 설명으로 거리가 먼 것은?

㉮ 병균이나 잡초종자를 전파한다.
㉯ 연풍이라도 온도가 낮은 냉풍은 냉해를 유발한다.
㉰ 증산작용을 촉진한다.
㉱ 풍매화의 수분을 방해한다.

연구 연풍은 꽃가루의 매개(媒介)를 돕는다. 풍매화의 경우 바람에 의해 수정이 이루어진다.

11 작물의 이식 시기로 틀린 것은?

㉮ 과수는 이른 봄이나 낙엽이 진 뒤의 가을이 좋다.
㉯ 일조가 많은 맑은 날에 실시하면 좋다.

㉰ 묘대일수감응도가 적은 품종을 선택하여 육묘한다.
㉱ 벼 도열병이 많이 발생하는 지대는 조식을 한다.

연구 토양수분이 넉넉하고 바람이 없고 흐린 날에 이식한다.

12 대기조성과 작물에 대한 설명으로 틀린 것은?

㉮ 대기 중 질소(N_2)가 가장 많은 함량을 차지한다.
㉯ 대기 중 질소는 콩과작물의 근류균에 의해 고정되기도 한다.
㉰ 대기 중의 이산화탄소 농도는 작물이 광합성을 수행하기에 충분한 과포화 상태이다.
㉱ 산소농도가 극히 낮아지거나 90% 이상이 되면 작물의 호흡에 지장이 생긴다.

연구 대기 중의 이산화탄소 농도인 0.03%는 작물이 충분한 광합성을 수행하기에는 부족한 상태이다.

13 인공 영양번식에서 발근 및 활착효과를 기대하기 어려운 것은?

㉮ 엽록소형성 억제 처리
㉯ 설탕액에 침지
㉰ ABA 처리
㉱ 환상박피나 절상처리

연구 발근 및 활착효과를 기대하기 위해서는 옥신 계통인 IBA, NAA 등을 처리한다. ABA는 옥신과 반대로 발아억제 등의 성질을 가지고 있다.

14 유기재배 시 활용할 수 있는 병해충 방제방법 중 생물학적 방제법으로 분류되지 않는 것은?

㉮ 천적곤충 이용　　㉯ 유용미생물 이용
㉰ 길항미생물 이용　㉱ 내병성 품종 이용

연구 내병성(저항성) 품종 이용은 가장 근본적 대책으로 경종적 방제법에 속한다.

15 균근균의 역할로 옳은 것은?

㉮ 과도한 양의 염류 흡수 조장

㉯ 인산성분의 불용화 촉진

㉰ 독성 금속이온의 흡수 촉진

㉱ 식물의 수분흡수 증대에 의한 한발저항성 향상

연구 균근균의 역할 : ① 뿌리의 유효표면적을 증가시켜 물과 양분(특히 유효도가 낮고 저농도로 존재하는 인산)의 흡수를 증가시킨다. ② 식물의 내열성과 내건성을 증대시킨다. ③ 병원균의 침입을 방지한다. ④ 토양을 입단화한다.

16 병해충 방제 방법의 일반적 분류에 해당하지 않는 것은?

㉮ 법적 방제법

㉯ 유전공학적 방제법

㉰ 생물학적 방제법

㉱ 화학적 방제법

연구 일반적인 병해충 방제 방법에는 법적 방제법, 생물학적 방제법, 화학적 방제법, 물리적 방제법, 경종적 방제법 등이 있다.

17 기지의 해결책으로 가장 거리가 먼 것은?

㉮ 수박을 재배한 후 땅콩 또는 콩을 재배한다.

㉯ 산야토를 넣은 후 부숙된 나뭇잎을 넣어 준다.

㉰ 하우스재배는 다비재배를 실시한다.

㉱ 인삼을 재배한 후 물을 가득 채운다.

연구 다비재배는 토양 중에 염기를 과잉 집적시켜 기지현상을 유발하므로 피하는 것이 좋다.

18 토양 조류의 작용에 대한 설명으로 틀린 것은?

㉮ 조류는 이산화탄소를 이용 유기물을 생산함으로써 대기로부터 많은 양의 이산화탄소를 제거한다.

㉯ 조류는 질소, 인 등 영양원이 풍부하면 급속히 증식하여 녹조현상을 일으킨다.

㉰ 조류는 사상균과 공생하여 지의류를 형성하고, 지의류는 규산염의 생물학적 풍화에 관여한다.

㉱ 조류가 급속히 증식하여 지표수 표면에 조류막을 형성하면 물의 용존산소량이 증가한다.

연구 조류는 유기물 생산능력이 있기 때문에 질소, 인, 칼륨 등의 영양원이 많은 경우(부영양화) 조류의 생육이 급증하여 녹조나 적조현상을 일으킨다. 조류가 급속히 증식하면서 산소를 소비하여 물의 용존산소량이 감소한다.

19 작물 재배 시 일정한 면적에서 최대수량을 올리려면 수량 삼각형의 3변이 균형있게 발달하여야 한다. 수량삼각형의 요인으로 볼 수 없는 것은?

㉮ 유전성

㉯ 환경조건

㉰ 재배기술

㉱ 비료

연구 농작물의 수량 극대화를 위해서는 수량의 삼각형에 대한 개념이 필요한데, 수량은 삼각형의 면적을 의미하므로 어떤 것이라도 "0"이 되면 수량이 "0"이 된다. 따라서 농작물의 수량이 최대로 되려면 품종(유전성), 재배환경 및 재배기술이 동등하게 적용되어야 한다.

20 작물 생육에 대한 수분의 기본적 역할이라고 볼 수 없는 것은?

㉮ 식물체 증산에 이용되는 수분은 극히 일부분에 불과하다.

㉯ 원형질의 생활상태를 유지한다.

㉰ 필요 물질을 흡수할 때 용매가 된다.

㉱ 필요물질의 합성 · 분해의 매개체가 된다.

연구 작물체 내에 함유하는 수분은 흡수한 수분량(또는 증산량)에 비해 극히 적은 양에 불과하다. 흡수된 수분의 대부분은 증산에 이용되는데, 증산작용이 활발해야 영양분 흡수가 용이하기 때문이다.

15 ㉱ 16 ㉯ 17 ㉰ 18 ㉱ 19 ㉱ 20 ㉮

21 유기물의 분해에 관여하는 생물체의 탄질률 (C/N ratio)은 일반적으로 얼마인가?

㉮ 100 : 1

㉯ 65 : 1

㉰ 18 : 1

㉱ 8 : 1

연구 토양의 탄질률(10 : 1)이 토양 중에 있는 미생물의 탄질률(평균하여 8 : 1)과 비슷한 것은 부식의 대부분이 토양미생물의 분해생성물에 의해서 이루어진 것임을 의미한다. 토양의 탄질률이 미생물의 그것보다 높은 것은 토양에는 질소를 함유하지 않은 리그닌이 있기 때문이다.

22 우리나라 화강암 모재로부터 유래된 토양의 입자밀도(진밀도)는?

㉮ $1.20 \ g \cdot cm^{-3}$

㉯ $1.65 \ g \cdot cm^{-3}$

㉰ $2.30 \ g \cdot cm^{-3}$

㉱ $2.65 \ g \cdot cm^{-3}$

연구 알갱이의 밀도(입자밀도)는 토양의 고상 자체만의 밀도를 말하며, 항상 일정하고 대략 2.65g/㎤이다.

23 부식의 효과에 해당하지 않는 것은?

㉮ 미생물의 활동 억제 효과

㉯ 토양의 물리적 성질 개선 효과

㉰ 양분의 공급 및 유실방지 효과

㉱ 토양 pH의 완충효과

연구 신선유기물의 무기화작용과 부식화작용으로 토양의 이화학적 성질이 개선됨으로써 토양 중 각종 유용미생물의 활동 및 번식이 왕성해진다. 또한 부식은 각종 호르몬과 비타민을 함유하므로 작물은 물론 토양 중 유용미생물의 생육을 촉진한다.

24 염해지 토양의 개량방법으로 가장 적절치 않은 것은?

㉮ 암거배수나 명거배수를 한다.

㉯ 석회질 물질을 시용한다.

㉰ 전층 기계 경운을 수시로 실시하여 토양의 물리성을 개선시킨다.

㉱ 건조시기에 물을 대줄 수 없는 곳에서는 생짚이나 청초를 부초로 하여 표층에 깔아 주어 수분증발을 막아 준다.

연구 지나친 경운은 토양의 물리성을 악화시킨다.

25 청색증(메세모글로빈혈증)의 직접적인 원인이 되는 물질은?

㉮ 암모니아태질소

㉯ 질산태질소

㉰ 카드뮴

㉱ 알루미늄

연구 청색증은 질산태질소가 몸속의 헤모글로빈과 결합해 산소 공급을 어렵게 함으로써 얼굴색이 청색으로 변하는 현상으로, 식물이 흡수한 질산태질소가 미처 아미노산으로 변하지 못하여 발생한다.

26 다음 중 산성토양인 것은?

㉮ pH 5인 토양

㉯ pH 7인 토양

㉰ pH 9인 토양

㉱ pH 11인 토양

연구 순수한 중성의 물이 해리되면 각각 $10^{-7}molo/L$의 H^+와 OH^-가 생성되며, pH는 7이 된다. pH는 0에서 14까지 변하며, pH 7에서 수가 줄수록 강한 산성이 되고, 늘수록 강한 알칼리성이 된다.

27 다음 중 양이온치환용량(CEC)이 가장 큰 것은?

㉮ 카올리나이트(kaolinite)

㉯ 몬모릴로나이트(montmorillonite)

㉰ 일라이트(illite)

㉱ 클로라이트(chlorite)

연구 양이온치환용량(me/100g) : 유기콜로이드(부식) 200, 버미큘라이트 120, 몬모릴로나이트 100, 알로판 80~200, 일라이트 30, 카올리나이트 10, 가수산화물 3 정도이며 우리나라 평균은 논이 11.0, 밭이 10.3 정도이다.

21 ㉱　22 ㉱　23 ㉮　24 ㉰　25 ㉯　26 ㉮　27 ㉯

28 경작지의 토양온도가 가장 높은 것은?

㉮ 황적색 토양으로 동쪽으로 15° 경사진 토양

㉯ 황적색 토양으로 서쪽으로 15° 경사진 토양

㉰ 흑색 토양으로 남쪽으로 15° 경사진 토양

㉱ 흑색 토양으로 북쪽으로 15° 경사진 토양

연구 흑색, 남쪽, 90° 경사에서 토양이 태양열을 가장 많이 흡수한다.

29 밭상태보다는 논상태에서 독성이 강하여 작물에 해를 유발하는 비소유해화합물의 형태는?

㉮ $As_{(s)}$ ㉯ As^{1+}

㉰ As^{3+} ㉱ As^{5+}

연구 비소의 독성은 화학 형태에 따라 크게 다르다. 독성은 무기(환원)형태가 유기(산화)형태($As_{(s)}$)보다 강하다. 무기형태 비소 화합물로는 3가 비소가 5가 비소보다 훨씬 강하다.

30 토양생성학적인 층위명에 대한 일반적인 설명으로 틀린 것은?

㉮ O층에는 O1, O2층이 있다.

㉯ A층에는 A1, A2, A3층이 있다.

㉰ B층에는 B1, B2, B3층이 있다.

㉱ C층에는 C1, C2, R층이 있다.

연구 C층(모재층)과 R층(암석층)에는 세부구분이 없다.

31 다음 토양소동물 중 가장 많은 수로 존재하면서 작물의 뿌리에 크게 피해를 입히는 것은?

㉮ 지렁이   ㉯ 선충

㉰ 개미   ㉱ 톡톡이

연구 토양 선충은 토양에서 생활하는 선형동물로 작물의 뿌리에 기생하며 큰 피해를 발생시킨다.

32 토양의 물리적 성질로서 토양 무기질 입자의 입경조성에 의한 토양 분류를 무엇이라 하는가?

㉮ 토립   ㉯ 토성

㉰ 토색   ㉱ 토경

연구 토성(土 흙 토, 性 성질 성)의 한자적 의미는 "토양의 성질"이나, 토양학에서의 정의는 토양 무기물입자의 입경조성에 의한 토양의 분류를 토성(土性)이라 하고, 모래·미사 및 점토의 함량비로 분류한다.

33 양이온교환용량에 대한 표기와 1cmolc · kg^{-1}과 같은 양으로 옳은 것은?

㉮ CEC, 0.01 molc · kg^{-1}

㉯ EC, 0.01 molc · kg^{-1}

㉰ Eh, 100 molc · kg^{-1}

㉱ CEC, 100 molc · kg^{-1}

연구 양이온치환용량(CEC; cation exchange capacity) cmolc/kg은 1kg에 어떤 물질이 1/100 molc 들어있다는 뜻이다.

34 근류균이 3분자의 공중 질소(N_2)를 고정하면 몇 분자의 암모늄(NH_4^+)이 생성되는가?

㉮ 2분자   ㉯ 4분자

㉰ 6분자   ㉱ 8분자

연구 질소의 수: $3 \times N_2$ = 6개의 N 따라서 6분자의 암모늄이 생성된다.

35 토양의 생성 및 발달에 대한 설명으로 틀린 것은?

㉮ 한랭습윤한 침엽수림 지대에서는 podzol 토양이 발달한다.

㉯ 고온다습한 열대 활엽수림 지대에서는 latosol 토양이 발달한다.

㉰ 경사지는 침식이 심하므로 토양의 발달이 매우 느리다.

㉱ 배수가 불량한 저지대는 황적색의 산화토양이 발달한다.

연구 배수가 불량한 저지대는 청회색의 환원토양(토층분화)이 발달하며, 황적색의 산화토양은 산화철의 수화도가 높은 경우에 발생한다.

28 ㉰   29 ㉰   30 ㉱   31 ㉯   32 ㉯   33 ㉮   34 ㉰   35 ㉱

36 밭토양에 비해 논토양은 대조적으로 어두운 색깔을 띤다. 그 주된 이유는 무엇인가?

㉮ 유기물 함량 차이   ㉯ 산화환원 특성 차이

㉰ 토성의 차이   ㉱ 재배작물의 차이

연구 논토양은 토양통기가 불량하여 환원상태가 되고, 대부분의 철이 환원되어 청회색을 띠는 토층분화가 일어난다.

37 개간지 토양의 숙전화(熟田化) 방법으로 적합하지 않은 것은?

㉮ 유효토심을 증대시키기 위해 심경과 함께 침식을 방지한다.

㉯ 유기물 함량이 낮으므로 퇴비 등 유기물을 다량 시용한다.

㉰ 염기포화도가 낮으므로 농용석회와 같은 석회물질을 시용한다.

㉱ 인산 흡수계수가 낮으므로 인산 시용을 줄인다.

연구 새로 개간한 토양은 대체로 산성이며, 부식과 점토가 적고 토양구조가 불량하며, 인산을 위시한 비료성분도 적어서 토양의 비옥도가 낮다. 따라서 산성토양과 같은 토양적·재배적 대책을 강구할 필요가 있다.

38 알칼리성의 염해지 밭토양 개량에 적합한 석회물질로 옳은 것은?

㉮ 석고   ㉯ 생석회

㉰ 소석회   ㉱ 탄산석회

연구 간척지는 석회함량이 적으므로 소석회와 같은 석회물질로 Na를 이탈시킨 후 물로 제염하면 효과적이다. 이 경우 벼가 아닌 밭작물을 재배하려는 경우 석회석 대신 석고를 사용하면 pH 값을 높이지 않고도 제염을 할 수 있다.

39 토양에 대한 설명으로 틀린 것은?

㉮ 토양은 광물입자인 무기물과 동식물의 유체인 유기물, 그리고 물과 공기로 구성되어 있다.

㉯ 토양의 삼상은 고상, 액상, 기상이다.

㉰ 토양 공극의 공기의 양은 물의 양에 비례한다.

㉱ 토양공기는 지상의 대기보다 산소는 적고 이산화탄소는 많다.

연구 토양 공극은 토양을 구성하는 고상과 고상 사이에 공기 또는 수분으로 채워질 수 있는 공간을 의미한다. 토양 공극의 공기의 양은 물의 양에 반비례한다.

40 강물이나 바닷물의 부영양화를 일으키는 원인 물질로 가장 거리가 먼 것은?

㉮ 질소   ㉯ 인산

㉰ 칼륨   ㉱ 염소

연구 부영양화(富營養化)는 하천, 호수 등에 화학비료 등으로부터 유출되는 질소, 인산, 칼륨 등의 유기 영양물질들이 축적되는 현상이다. 염소는 일반적으로 독성이 강하다.

41 포도의 개화와 수정을 방해하는 요인이 아닌 것은?

㉮ 도장억제

㉯ 저온

㉰ 영양부족

㉱ 강우

연구 포도는 화기가 온전하면 자가수분 되어 결실하나 개화기의 강우, 강풍, 저온, 고온 및 영양부족(도장하면 화기에 영양부족 발생) 등은 수정을 방해하여 결실을 불량(화진현상)하게 만든다.

42 병의 발생과 병원균에 대한 설명으로 틀린 것은?

㉮ 병원균에 대하여 품종 간 반응이 다르다.

㉯ 진딧물 같은 해충은 병 발생의 요인이 된다.

㉰ 환경요인에 의하여 병이 발생되는 일은 거의 없다.

㉱ 병원균은 분화된다.

연구 부적절한 환경요인, 영양부족 등 비생물성 병원에 의해 병이 발생하기도 한다.

36 ㉯   37 ㉱   38 ㉮   39 ㉰   40 ㉱   41 ㉮   42 ㉰

43 과수재배에서 심경(깊이갈이)하기에 가장 적당한 시기는?

㉮ 낙엽기   ㉯ 월동기

㉰ 신초생장기   ㉱ 개화기

연구 낙엽기에는 심경으로 뿌리가 손상되어도 크게 문제되지 않는다.

44 일반적으로 돼지의 임신기간은 약 얼마인가?

㉮ 330일

㉯ 280일

㉰ 152일

㉱ 114일

연구 돼지의 발정기간은 2.5일이고, 임신기간은 3개월 3주 3일인 114일이다.

45 작물 또는 과수 등을 재배하는 경작지의 지형적 요소에 대한 설명으로 옳은 것은?

㉮ 경작지가 경사지일 때 토양유실 정도는 부식질이 많을수록 심하다.

㉯ 과수수간(果樹樹幹)에서의 일소(日燒)피해는 과수원의 경사방향이 동향 또는 동남향일 때 피해를 받기 쉽다.

㉰ 산기슭을 제외한 경사지의 과수원은 이른 봄의 발아 및 개화 시에 상해를 덜 받는 장점이 있다.

㉱ 경사지는 평지보다도 토양유실이 심한 점을 감안하여 가급적 토양을 얇게 갈고 돈분·계분 등의 유기물을 많이 넣어 주어야 한다.

연구 ㉮ 부식질이 많을수록 토양이 덜 유실된다.
㉯ 과수원의 경사방향이 남향 또는 남서향일 때 일소 피해를 받기 쉽다.
㉱ 토양침식은 유거수의 양에 비례하므로 이를 줄이기 위해서는 빗물이 토양으로 많이 침투하여야 한다. 따라서 토양을 깊게 갈아 많은 공극을 확보하고, 완숙퇴비를 넣어주어 토양구조를 입단화하는 것이 필요하다.

46 국제유기농업운동연맹을 바르게 표시한 것은?

㉮ IFOAM   ㉯ WHO

㉰ FAO   ㉱ WTO

연구 국제유기농업운동연맹 IFOAM(International Federation of Organic Agriculture Movement)

47 다음 설명이 정의하는 농업은?

> 합성농약, 화학비료 및 항생제, 항균제 등 화학자재를 사용하지 아니하거나 그 사용을 최소화하고 농업·수산업·축산업·임업 부산물의 재활용 등을 통하여 생태계와 환경을 유지·보전하면서 안전한 농산물·수산물·임산물을 생산하는 산업

㉮ 지속적 농업   ㉯ 친환경농어업

㉰ 정밀농업   ㉱ 태평농업

연구 법 2조(정의) 1. 친환경농어업이란 합성농약, 화학비료 및 항생제·항균제 등 화학자재를 사용하지 아니하거나 그 사용을 최소화하고 농업·수산업·축산업·임업부산물의 재활용 등을 통하여 생태계와 환경을 유지·보전하면서 안전한 농산물·수산물·축산물·임산물을 생산하는 산업을 말한다.

48 벼 종자 소독 시 냉수온탕침법을 실시할 때 가장 알맞은 물의 온도는?

㉮ 약 30℃ 정도

㉯ 약 35℃ 정도

㉰ 약 43℃ 정도

㉱ 약 55℃ 정도

연구 냉수온탕침법은 물리적인 방법에 의한 종자소독법으로 종자를 20℃ 이하의 냉수에 6~24시간 동안 담갔다가 50~55℃의 더운물에 담근 다음 건져내는 방법이다.

49 유기농업과 가장 관련이 적은 용어는?

㉮ 생태학적 농업   ㉯ 자연 농업

㉰ 관행농업   ㉱ 친환경농업

연구 관행농업이란 화학비료와 유기합성농약을 사용하여 작물을 재배하는 일반 관행적인 농업형태를 말한다.

43 ㉮   44 ㉱   45 ㉰   46 ㉮   47 ㉯   48 ㉱   49 ㉰

50 우렁이농법에 의한 유기벼 재배에서 우렁이 방사에 의해 주로 기대되는 효과는?

㉮ 잡초방제 ㉯ 유기물 대량공급
㉰ 해충방제 ㉱ 양분의 대량공급

연구 우렁이가 수면과 수면 아래의 연한 풀을 먹는 먹이습성을 이용하면 논에 발생되는 물달개비, 알방동사니, 밭뚝외풀 등의 잡초를 방제할 수 있다.

51 호기성 발효퇴비의 구별방법으로 거리가 먼 것은?

㉮ 냄새가 거의 나지 않는다.
㉯ 중량 및 부피가 줄어든다.
㉰ 비옥한 토양과 같은 어두운 색깔이다.
㉱ 모재료의 원래 형태가 잘 남아 있다.

연구 형태에 의한 검사 : 대체로 초기에는 잎과 줄기 등 원료의 형태가 완전하나 부숙이 진전 되어감에 따라 형태의 구분이 어려워지며 완전히 부숙되고 나면 잘 부스러지면서 당초 재료를 구분하기 어렵다.

52 농후사료 중심으로 유기가축을 사육할 때 예상되는 문제점으로 가장 거리가 먼 것은?

㉮ 국내 유기 농후사료 생산의 한계
㉯ 고가의 수입 유기 농후사료가 필요
㉰ 물질의 지역순환원리에 어긋남
㉱ 낮은 품질의 축산물 생산

연구 농후사료를 급여하면 높은 품질(마블링이 많은 고기)의 축산물이 생산된다.

53 유기축산물 생산에는 원칙적으로 동물용 의약품을 사용할 수 없게 되어 있는데, 예방관리에도 불구하고 질병이 발생할 경우 수의사 처방에 따라 질병을 치료할 수도 있다. 이때 최소 어느 정도의 기간이 지나야 도축하여 유기축산물로 판매할 수 있는가?

㉮ 해당 약품 휴약기간의 1배
㉯ 해당 약품 휴약기간의 2배
㉰ 해당 약품 휴약기간의 3배
㉱ 해당 약품 휴약기간의 4배

연구 휴약기간은 유기축산물 생산을 위하여 사육되는 가축에 대하여 그 생산물이 식용으로 사용하기 전에 동물용의약품의 사용을 제한하는 일정기간을 말한다.

54 농림축산식품부에서 유기농업발전기획단을 설치한 연도는?

㉮ 1991년 ㉯ 1993년
㉰ 1995년 ㉱ 1997년

연구 1991년 농림축산식품부 농산국에 유기농업발전기획단이 설치되었다.

55 10a의 논에 16kg의 칼륨을 시용하려면 황산칼륨(칼륨함량 45%)으로 약 몇 kg을 시용해야 하는가?

㉮ 16kg ㉯ 36kg
㉰ 57kg ㉱ 102kg

연구 $16kg \times (100/45) = 36kg$

56 토양 떼알구조의 이점이 아닌 것은?

㉮ 양분의 유실이 많다.
㉯ 지온이 상승한다.
㉰ 수분의 보유가 많다.
㉱ 약충 및 유효균의 번식이 왕성하다.

연구 떼알구조는 수분 보유에 필요한 모세관공극을 많이 가지고 있으며, 양분의 보유에 유리한 교질물을 많이 가지고 있다.

57 유기농업에서 사용해서는 안되는 품종은?

㉮ 병충해저항성품종
㉯ 고품질생산품종
㉰ 재래품종
㉱ 유전자변형품종

연구 종자는 유기농산물 인증기준에 맞게 생산·관리된 종자(유기종자)를 사용하여야 한다. 종자도 유전자변형농산물을 사용할 수 없다.

---

50 ㉮ 51 ㉱ 52 ㉱ 53 ㉯ 54 ㉮ 55 ㉯ 56 ㉮ 57 ㉱

58 과수의 착색을 지연시키는 요인이 아닌 것은?

㉮ 질소과다

㉯ 도장

㉰ 조기낙엽

㉱ 햇빛

연구 과수는 햇빛이 충분하고 건강해야 알맞게 착색된다.

59 생산력이 우수하던 품종이 재배 연수(年數)를 경과하는 동안에 생산력 및 품질이 저하되는 것을 품종의 퇴화라 하는데, 다음 중 유전적 퇴화의 원인이라 할 수 없는 것은?

㉮ 자연교잡

㉯ 이형종자 혼입

㉰ 자연돌연변이

㉱ 영양번식

연구 유전적 퇴화는 작물의 종류에 따라 다르나 이형유전자형의 분리, 자연교잡, 돌연변이, 이형종자의 기계적 혼입 등이 있다. 영양번식은 모계의 특성을 그대로 이어받는 것으로 영양번식 과정에서 유전적 변이가 발생하지 않는다.

60 토양의 기능이 아닌 것은?

㉮ 동식물에게 삶의 터전을 제공한다.

㉯ 작물생산배지로서 작물을 지지하거나 양분을 공급한다.

㉰ 오염물질 등의 폐기물과 물을 여과한다.

㉱ 독성이 강한 중금속 성분을 작물에 공급한다.

연구 토양은 식물의 생육에 필요한 양분을 공급한다. 중금속 오염 토양의 경우 독성이 강한 중금속 성분을 작물에 공급할 수 있으나 그것은 토양의 일반적 기능은 아니다.

이 부분을 추가하게 된 배경부터 말씀드리지요. 출판사에서 개정판을 준비하면서 오류나 미비사항의 수정은 물론이고 특별히 좋은 내용을 첨가해 달라는 요구를 하셨습니다. "특별히 좋은 내용"이 뭔가를 가지고 며칠을 고민했지요. "어려워하는 부분을 알도록 하자. 농학의 공부법을 알도록 하자. 찍기 등 합격의 지름길을 알도록 하자. 강의나 6차 산업에서 스토리텔링에 활용할 수 있는 소재를 주고, 농학을 재미있게 만들자"가 고민의 결과물이었습니다. 시험이 문제은행식이기 때문에 기출문제가 아닌 다른 문제를 추가하는 것은 의미가 적습니다. 그래서 책에서 어려워하시는 60문제를 최종 선발했고, 60문제를 해설함에는 지면을 아끼지 않았습니다. 그럼 시작하십시다.

01 작물의 생존연한에 따른 분류에서 2년생 작물에 대한 설명으로 옳은 것은?

㉮ 가을에 파종하여 그 다음해에 성숙·고사하는 작물을 말한다.

㉯ 가을보리, 가을밀 등이 포함된다.

㉰ 봄에 씨앗을 파종하여 그 다음해에 성숙·고사하는 작물이다.

㉱ 생존연한이 길고 경제적 이용연한이 여러 해인 작물이다.

연구 월년(越 넘을 월, 年 해 년)생은 가을에 파종하는 것이므로 사실 만 1년도 못 살고 해만 넘긴 것이니 이들을 2년생이라 하면 뻥이 너무 심한 거지요. 반면 2년생은 진짜 거의 2년을 사는 것을 말합니다. 사람은 1월생이나 12월생이나 같은 나이로 보는데 식물은 복잡합니다. 군기서열이 센가 봐요. 1년, 월년, 2년, 다년 등

02 농작물의 유연관계를 교잡에 의해 분석할 때 서로의 관계가 멀고 가까움을 나타내는 지표는?

㉮ 종자의 임실률

㉯ 생리적인 특성의 차이

㉰ 염색체의 모양과 수적 변이

㉱ 종자가 함유하고 있는 단백질 조성의 차이

연구 유연관계를 파악하는 방법은 본책에서 설명했습니다. 이 중에서 교잡에 의한 방법이란 교잡에 의하여 종자가 생기는가를 보는 방법입니다. 라이거(사자와 호랑이의 잡종)나 무추(무와 배추의 잡종)처럼 다른 종간에도 자식이 생기는 경우가 있긴 하지만, 같은 종이 아니면 종자가 생기기 어렵습니다

(임실률이 낮다). 그러니 교잡에 의하여 종자가 생겼다란 말은 같은 종, 아니면 거의 같은 종이란 뜻이 됩니다.

03 화곡류를 미곡, 맥류, 잡곡으로 구분할 때 다음 중 맥류에 속하는 것은?

㉮ 조

㉯ 귀리

㉰ 기장

㉱ 메밀

연구 맥류는 맥리밀(맥류, 보리·귀리, 밀·호밀)로 외우세요. 음운이 있어 잘 외워집니다. 메밀은 바이칼호 근처가 고향이니까 추운데 사는 친구지요. 그래서 우리나라에서도 강원도 깡촌에서 가장 많이 키워요(춘천 막국수). 깡촌놈이라 "맥리밀"에 못 낍니다.

04 토양산성화 방지 및 산성토양 개량을 위한 시비방법으로 가장 적합하지 않은 것은?

㉮ 석회질비료의 시용

㉯ 유기질비료의 시용

㉰ 유안·염화칼륨의 시용

㉱ 용성인비의 시용

연구 생리적 산성비료가 뭘까요? 작물이 많이 먹어서 비료의 3요소가 된 N, P, K 성분(NH_4, NO_3, PO_4, K)은 작물이 흡수하고 나머지는 토양에 남습니다. 따라서 유안(황산암모늄)과 염화칼륨비료에서 암모늄과 칼륨은 흡수되고, 황산과 염산(염화)이 토양에 남으니 토양이 산성화됩니다. 그렇다면 황산과 염산을 처음부터 넣지 않으면 좋겠네요? 네, 그렇습니다. 그런데 암모늄과 칼륨을 비료처럼 쓰기 편하게 만들 수가 없어요. 맛있는 갈비 먹으면 귀찮은 갈비뼈가 남는 이치와 같지요.

1 ㉯ 2 ㉮ 3 ㉯ 4 ㉰

05 다음 설명 중 심층시비를 가장 바르게 실시한 것은?

㉮ 암모늄태 질소를 산화층에 시비하는 것

㉯ 암모늄태 질소를 환원층에 시비하는 것

㉰ 질산태 질소를 산화층에 시비하는 것

㉱ 질산태 질소를 표층에 시비하는 것

연구 암모늄태 질소(NH_4^+)를 산소가 없는 환원층(심층)에 넣어 산소가 있어야 사는 질산화균을 차단시킴으로써, 질산태 질소(NO_3^-)가 될 수 없도록 하여 벼가 두고두고 오랫동안 먹을 수 있도록 하는 것이 심층시비입니다. 암모늄태 질소비료를 심층에 어떻게 넣을까요? 거인이 땅을 잠깐 들어서? 그냥 비료를 뿌리고 바로 땅을 갈면 심층으로 들어가겠지요. 안 들어가는 비료는 표층시비한 거니, 탈질되어 하늘로 가겠네요. 아유, 돈 널러가유(서산지방). 날라가유(공주지방)

06 생리적 염기성 비료는?

㉮ 칠레초석

㉯ 황산암모늄

㉰ 황산칼륨

㉱ 과인산석회

연구 N, P, K는 식물이 다 먹고 남는 성분이 염기인 것을 찾는 문제입니다. 칠레초석이 질산나트륨($NaNO_3$)인데, 질산이온(NO_3^-)은 질소(N)를 먹으려고 식물이 먹었고, 나트륨(염기)만 남으니 칠레초석이 염기성 비료입니다. Na이 토양에 들어가면 입단구조가 깨지는 거 중요하다 했습니다. 그러나 이 사실을 몰랐던 18세기 유럽에서는 엄청난 양의 칠레초석을 수입해서 농업생산성을 몇 배로 늘렸습니다. 지금은 농업용으로 칠레초석을 사용하진 않지만 칠레초석은 칠레가 볼리비아에서 빼앗은 땅에서 주로 생산되었다는 거 모르셨지요? 볼리비아는 해안선 400㎞를 몽땅 빼앗겨 지금은 1㎜의 바다도 없는 내륙국인데, 그 나라는 해군을 열심히 키운답니다. 내륙에 큰 호수가 있거든요. 해병대는 막강이라 자랑한답니다. 옛날에 월남스키부대가 막강이란 말이 있었어요. 월남에 스키부대?

07 작물의 이산화탄소(CO_2) 포화점이란?

㉮ 광합성에 의한 유기물의 생성속도가 더 이상 증가하지 않을 때의 CO_2 농도

㉯ 광합성에 의한 유기물의 생성속도가 최대한 빠르게 진행될 때의 CO_2 농도

㉰ 광합성에 의한 유기물의 생성속도와 호흡에 의한 유기물의 소모속도가 같을 때의 CO_2 농도

㉱ 광합성에 의한 유기물의 생성속도가 호흡에 의한 유기물의 소모속도보다 클 때의 CO_2 농도

연구 포화점(飽 가득찰 포, 和 응할 화)이란 "응하는 것이 가득 찬 점이다"라는 뜻입니다. 즉, 이산화탄소 농도가 증대할수록 광합성(유기물 생성) 속도도 증대하여야 하나, 어느 농도에 도달하면 응하는 것이 가득 차서, 광합성 속도가 더 이상 증대하지 않는 점(농도)이 있게 되는데 이를 이산화탄소 포화점이라 합니다. 포화점이란 한계효용체감의 법칙(단위 재화를 소비할 때 얻는 만족이 점점 감소하게 된다는 원리)을 생각하시면 이해가 됩니다. 사랑에도 포화점이 있고, 한계효용체감의 법칙이 적용되지요? 없고, 아니라고요? 아, 네.

08 DIF(주/야간 온도차)에 대한 틀린 설명은?

㉮ 야간온도에 대한 주간온도의 차이를 나타낸다.

㉯ 작물의 줄기신장은 주/야간 온도차와는 무관하다.

㉰ DIF를 낮추기 위하여 야간에 가온을 하는 것은 추가적인 난방비용을 필요로 한다.

㉱ DIF를 정(+)의 값에서 0으로 낮추면 작물의 키를 줄일 수 있다.

연구 작물의 신장량은 번 것(광합성량)에서 쓴 것(호흡소모량)을 뺀 나머지 잔량입니다. 낮과 밤의 온도 차이를 DIF(differential)라 하는데, 광합성량이 많으려면 낮의 온도가 높아야 하고, 호흡량이 낮으려면 낮이든 밤이든 온도가 낮아야 하지요. 그러면 DIF가 커지고, 잔량이 커져서 신장생장이 증가합니다. 적자이면 어찌 될까요. 빼빼 말라 죽지요. 밤의 온도를 높여서 DIF를 0으로 만들면 못 커요. 그게 분재 등에서 하는 왜성재배입니다. 굵기는 거는 아니지만 낮에 번 거 밤에 다 쓰게 하는 거.

5 ㉯ 6 ㉮ 7 ㉮ 8 ㉯

09 작물의 광합성에 가장 유효한 광선은?

㉮ 적색과 청색

㉯ 황색과 자외선

㉰ 녹색과 적외선

㉱ 자색과 녹색

연구 횡단보도 신호등 색이 지금은 빨강, 녹색이지요? 옛날에는 빨강, 파랑(청색)이었습니다. 옛날 신호등 색이 작물의 광합성에 가장 유효합니다. 작물도 청바지를 좋아하나? 식물이 녹색인 이유는 가시광선에서 녹색은 다 뱉어내기 때문입니다. 즉, 쓸모없어서 버리는 거지요. 그러니 녹색이 유효한 광선이 아닌 건 자명한데, 우리는 녹색을 보면 편안함을 느낍니다. 광합성은 뭘까요? 광합성을 식으로 표시하면 "CO_2 + H_2O → $C_6H_{12}O_6$ + O_2"입니다. 식물은 태양에너지를 이용하여 "H_2O"를 분해하는데, 분해된 H는 포도당($C_6H_{12}O_6$)을 만드는 곳에 갖다 붙이고, O_2는 버립니다. 식물이 버린 거(O_2) 맛있다고 우리는 산으로 들로 쫓아가지요? 자연이란 이렇게 순환적 사용을 합니다. 우리가 먹고 버린 건 다시 식물이 이용하지요. 식물이 맛있다고 할 텐데 최대로 돌려줘야 공평한 거 아닐까요? 순환하지 않는 건 에너지뿐으로, 그건 태양이 계속 공급하기 때문입니다. 태양이 없어지면 어떻게 되냐고요? 그건 시험 합격한 다음에 생각해보시지요.

10 다음 중에서 군락의 수광태세가 양호하여 광합성에 가장 유리한 벼의 초형은?

㉮ 줄기가 직립으로 모여 있고 잎이 넓으며 키가 큰 품종

㉯ 잎이 특정한 방향으로 모여 있으면서 노화가 빠른 품종

㉰ 줄기가 어느 정도 열려있고 상위엽이 직립인 품종

㉱ 잎이 말려있고 아래로 처지거나 수평을 이루고 있는 품종

연구 이론에는 "벼의 잎이 두껍지 않고 약간 가늘며 상위엽이 직립인 것, 키가 너무 크거나 작지 않은 것, 분얼은 개산형(開散型)으로 포기 내부로의 광투입이 좋은 것, 각 잎이 공간적으로 균일하게 분포한 것이 유리하다"고 되어 있습니다. 당연하지요? 옥수수와 콩은 어떤 형이 좋을까요? "키가 크면서도 도복이 안 되는 것, 가지를 적게 치며 가지가 짧은 것, 꼬투리가 주줄기에 많이 착생하고 밑에까지 달린 것, 엽병이 짧고 일어선 것, 잎이 작고 가는 것" 등이 이상형입니다.

11 녹체버널리제이션(green plant vernalization) 처리 효과가 가장 큰 식물은?

㉮ 추파맥류

㉯ 완두

㉰ 양배추

㉱ 봄올무

연구 아주 이른 봄 첫 꽃을 보면 감격하지요? 왜일까요. 엄동설한을 버틴 것에 대한 격려, 칭찬, 연민 같은 거 아닐까요. 그런 걸 받고 싶어서 그런지 식물 중에는 꼭 추위를 받아야만 꽃이 피는 친구들이 있습니다(비과학). 어떤 애는 종자 때 받고, 어떤 애는 싹이 좀 큰 다음에 저온을 받아요. 맥류, 완두, 봄올무가 전자(종자춘화형)에 속하고, 양배추, 당근, 히요스가 후자(녹식물춘화형)에 속합니다. "엄동설한 추위를 겪어야 꽃을 핀다"를 너무 철학적으로 생각하진 마세요. 그 아이들은 출생지가 추워서 그 환경에 적응한 거뿐입니다(과학). 젊어 고생.. 뭐 이런 것과 무관합니다. 근데, 젊어 고생이 필요하긴 한 거 같지요?

12 야간조파에 가장 효과적인 광 파장의 범위로 적합한 것은?

㉮ 300~380nm

㉯ 400~480nm

㉰ 500~580nm

㉱ 600~680nm

연구 가시광선에는 빨주노초파남보가 있는데 식물에 영향(야간조파, 발아, 개화 등)을 가장 크게 미치는 색이 정열의 빨강색입니다. 빨강에서 멀어질수록 야간조파의 효과는 떨어지니 보라색은 효과가 없겠네요. 그런데 빨강색은 두 가지로 나뉩니다. 하나는 적색광(660nm의 파장)이라고 하고, 다른 하나는 원(遠 멀 원)적색광(730nm)이라고 합니다. 멀다는 뜻은 가시광선의 중간을 기준으로 한 건데 적색광의 파장이 원적색광보다 짧아요. 파장이 짧은 것이 힘이 센 거 아시지요. 그래서 야간조파, 발아 등에 영향이 큰 친구가 적색광입니다. 그런데 둘은 야간조파 등에서 서로 반대의 작용을 합니다. 적색광을 쪼였다 원적색광을 쪼이면 적색광을 쪼이지 않은 결과가 되고, 그 반대도 또한 같습니다. 식물이 이렇게 반응하는 이유는 이 2가지의 광으로 오늘이 몇 월 며칠인가를 측정하기 때문입니다. 적색광은 낮에, 원적색광은 밤에 많이 나오니 그 양을 측정하면 밤, 낮의 길이가 나옵니다. 식물은 이 정보를 기초로 발아도 하고 개화도 하기 때문에 실험실에서 적색광을 쪼였다 원적색광을 쪼이면 이게 도대체 무슨 일인가 정신을 못 차리는 겁니다. 자연에선 그런 일이 없거든요. 여하튼 식물에 영향이 큰 친구가 적색광입니다. 참고로, 가시광선의 파장이 380~780nm의 범위이니 빨강은 600~780nm 정도 되겠네요. 보라색은 380~400nm으로 범위가 좁습니다. 빨강(적색)밖이 적외선, 보라(자색)밖이 자외선인 건 아시지요?

13 시설고추 재배 시 발생한 총채벌레의 천적으로 이용하기에 가장 효과적인 곤충은?

㉮ 애꽃노린재

㉯ 콜레마니진딧물

㉰ 온실가루이

㉱ 칠레이리응애

연구 천적곤충의 이름은 천적에게 먹히는 나쁜 놈(해충)의 이름을 넣어 암기하기 좋게 했습니다. 진딧물에는 콜레마니진디벌, 가루이에는 온실가루이 등이지요. 그런데 세상에는 항상 예외라는 게 있지요? 총채벌레에 애꽃노린재가 예외입니다. 애꽃노린재총채벌레라고 하면 되는데, 너무 긴가?...

14 종자의 활력을 검사하려고 할 때, 테트라졸륨 용액에 종자를 담그면 씨눈 부분에만 색깔이 나타나는 작물이 아닌 것은?

㉮ 벼

㉯ 옥수수

㉰ 보리

㉱ 콩

연구 재배학에는 이 문제처럼 식물이름을 묻는 문제가 많습니다. 가장 먼저 생각하실 게 용도나 출생지분류 등 분류입니다. 이 문제는 배유종자(벼, 옥수수, 보리)와 무배유종자(콩)의 분류에 대한 문제입니다. 테트라졸륨 용액에 종자를 담그면 살아 있는 부분만 색깔이 나타난다는 것은 본책에서 설명했지요? 그러니까 배유는 죽은 조직이고, 자엽은 산 조직이라는 뜻이 됩니다. 우유는 송아지가 먹는 젖(아니 사람이 먹는 건가?)이듯이, 배유는 배가 먹는 젖이니 당연히 죽어 있어야지요. 따라서 테트라졸륨 용액에 종자를 담그면 살아있는 씨눈 부분에만 색깔이 나타납니다. 자엽은 땅으로 나와(땅콩의 뚱뚱한 자엽 보셨죠?) 광합성도 해야 하니 당연히 살아있어야 하지요. 그러니 용액에 담그면 종자 전체에서 색이 나타납니다.

15 종묘로 이용되는 영양기관이 땅속줄기가 아닌 것은?

㉮ 생강

㉯ 연

㉰ 호프

㉱ 마

연구 종묘로 이용되는 영양기관에 대한 분류 문제입니다. 괴경(감자, 돼지감자, 토란 등)은 "동글이"이고, 괴근(고구마, 마, 달리아 등)은 "길쭉이"인데, 잘 아시지요? 이번 기회에 땅속줄기(지하경) 하나 더 외우세요. 생강, 연, 호프가 땅속줄기입니다. 어떻게 외우냐고요?

"기억력을 높이는 훈련이 있단다.

첫 번째는 '연상하라' 자신이 익숙한 공간에 사물이나 장소에 번호를 붙여서 늘 머릿속에 기억하고 있다가 무엇인가 기억을 하게 되면 그 사물과 장소에 기억해야 할 것을 배치하는 것이래. 우리 집에 현관을 1번, 작은 방은 2번, 거실을 3번 등등 집의 공간에 번호를 정하고... 외워야 할 것이 사과, 배, 복숭아 등등의 의미 없는 과일의 나열이라고 할 때, 머릿속에서는 현관에 사과가 있고, 작은방에 배가 있고, 거실에 복숭아가 있는 모습을 연상하라는 거지. 아빠가 급히 예를 들어서 효과가 없을 것 같기도 한데.. 책에서 나온 대로 아빠도 해보니 이건 정말 효과가 있는 것 같더구나.

두 번째 훈련은 '나누어 묶어라' 외워야 할 것이 많으면 적당한 규칙에 따라 덩어리로 나누어 외우라는 것이야.

세 번째는 '이야기를 만들어라' 이것도 쉽게 이해가 되겠지. 아무래도.. 소설이 인문학보다 기억이 오래 남는 것도 같은 이유가 아닐까 생각되는구나.

네 번째는 '그림으로 상상하라'야. 이것도 글씨보다 그림으로 기억하는 것이 더 도움이 되지 않을까 생각되는구나." [EBS 기억력의 비밀 제작진] – 북폴리오.

"동글이는 안방에 길쭉이는 건너방에 생강, 연, 호프는 거실에"로 외우면 되겠네요. 이제부터 나이 탓 안하시는 겁니다.

16 잡초의 생태적 방제법에 대한 설명으로 거리가 먼 것은?

㉮ 육묘이식재배를 하면 유묘가 잡초보다 빨리 선점하여 잡초와의 경합에서 유리하다.

㉯ 과수원의 경우 피복작물을 재배하면 잡초 발생을 억제시킨다.

㉰ 논의 경우 일시적으로 낙수를 하면 수생잡초를 방제하는 효과를 볼 수 있다.

㉱ 잡목림지나 잔디밭에는 열처리를 하여 잡초를 방제하는 것이 효과적이다.

연구 생태(生 살 생, 態 모양 태)란 살아있는 모양이란 뜻입니다. 따라서 제거의 대상 이외에 다른 생물도 죽이면서 대상을 제거하는 물리적 또는 화학적 방법은 생태적이 아닙니다.

13 ㉮ 14 ㉱ 15 ㉱ 16 ㉱

17 딸기 재배 시설에서 뱅커플랜트(Banker Plant)로 이용되는 작물은?

㉮ 밀

㉯ 호밀

㉰ 콩

㉱ 보리

연구 뱅커플랜트로 사용되려면 우선 생장시기가 같아야 합니다. 밀과 호밀도 겨울작물이긴 하지만 얘들이 사용되지 않는 이유는 조직이 거칠어서(학문적으로는 C/N률이 높아서) 진딧물 등이 먹기 싫어합니다. 맛있는 보리가 있으니까요. 밀과 호밀은 자신의 몸을 "맛없게 만들기"에 성공한 친구들입니다. 밀, 호밀, 보리 등 화본과 식물 중 3번째로 성공한 식물이지요. 그런데 가장 성공한 식물이 누구일까요. "난과"입니다. 두 번째는 국화과라 하네요. 동물 중에 가장 성공한 동물은 사람입니다. 두 번째는 학설이 많은데 개미라고 합니다. 가장 성공한 난과 사람은 닮은 데가 많습니다. 1. 자기의 세계에서 왕이다. 2. 서고 가까이 모여살기를 좋아한다. 3. 성장기가 길고 오래 산다. 4. 임신기간은 10개월이다. 5. 근친상간을 싫어한다. 6. 요염기가 있다. 7. 인간과 난은 상대를 서로 좋아한다. 8. 사기성이 농후하다. "사기성이 농후하다"만, 그것도 난에 대해서만 설명할게요. 원래 난의 꽃잎은 6장인데 그중 3장이 겉꽃잎, 2장이 속꽃잎, 그리고 나머지 한 장이 진화하여 입술꽃잎[脣瓣]이 되었다고 합니다. 그런데 어떤 종류의 입술꽃잎은 곤충의 암컷과 매우 비슷하여 이 곤충의 수컷이 꽃에 다가와 교미하려고 안간힘을 쓸 때 꽃가루받이가 일어난답니다. 이러한 꽃가루받이를 위교미(僞交尾)라고 하는데, 얼마나 치사스러운 사기입니까? 살아가는 한 방편인데 왜 화를 내냐고요? 글세요... ?

18 냉해(冷害)에 대한 설명으로 틀린 것은?

㉮ 식물체의 조직 내 결빙이 생기지 않을 범위의 저온에 의하여 식물이나 식물의 기관이 피해 받는 현상을 냉온장해라 한다.

㉯ 지연형 냉해와 장해형 냉해가 있다.

㉰ 영양생장기의 냉온이나 일조부족의 피해로 나타나는 냉해는 장해형 냉해이다.

㉱ 냉온에 의해서 작물의 생육에 장해가 생기는 생리적 원인은 증산과잉, 호흡과다, 이상호흡, 단백질의 과잉분해 등이 있다.

연구 잘 먹지를 못해서 키가 작은 사람에게 장해를 가졌다고 하지는 않습니다. 일반적으로 "장해"란 팔, 다리 등과 같은 신체적 결함이 있는 경우에 사용하는데, 생식기관의 이상도 생식장해라 합니다. 벼에는 팔, 다리 등이 없으므로 장해형 냉해란 냉해로 인하여 생식불능, 즉 꽃가루가 수정능력이 없게 됨을 말합니다.

19 냉해의 생리적 원인으로 거리가 먼 것은?

㉮ 호흡량의 급감소로 생장 저해

㉯ 광합성 능력의 저하

㉰ 양분의 전류 및 축적 방해

㉱ 화분의 이상발육에 의한 불임현상

연구 여름에 춥다는 말은 비가 와서 태양빛이 없다는 말이지요? 그러니 광합성 능력은 당연히 저하됩니다. 광합성을 못했으니 전류나 축적할 양분자체가 없을 겁니다. 추우면 점도가 높아져 전류가 어려운 현상도 있고요. 벼의 경우 추우면 수술에서 정핵이 만들어지지 못해서 불임이 됩니다. 식물에도 정핵과 난핵이 있는 건 아시지요. 난핵은 강한데 정핵(동물은 정자라 함)은 약해요. 왜냐하면 하나의 모생식세포에서 난핵은 하나만 나오는데, 정핵을 4개가 나오니 정핵은 가진 것이 적어 약한 겁니다. 추우면 호흡이 증가하는 건 아주 추운 날 밖에 서있어 보면 압니다.

20 작물의 동상해 대책으로써 칼륨 비료를 증시하는 이유로 가장 적합한 것은?

㉮ 뿌리와 줄기 등 조직을 강화시키기 위해

㉯ 작물체내에 당 함량을 낮추기 위해

㉰ 세포액의 농도를 증가시키기 위해

㉱ 저온에서 칼륨의 흡수율이 낮으므로 보완하기 위해

연구 추운 겨울에 세포가 죽는 이유는 세포액이 얼고 녹는 과정에서 세포막에 기계적 인력이 작용하여 세포막의 파괴가 일어나기 때문입니다. 따라서 세포액이 얼지 않으면 아무리 추워도 작물은 죽지 않습니다. 우리나라에서는 겨울에도 콜라, 소주 안 얼지요? 당 등의 용질이 많아서 그런 건데, 용질이 많으면(용질의 농도가 높으면) 용액의 어는점을 강하시키므로 과냉각상태가 되어 세포액이 얼지 않습니다. 이 현상을 작물에 이용하는 경종적 방법이 가을에 칼륨 비료를 증시하는 겁니다. 즉, 작물이 칼륨을 많이 흡수하여 세포액에서 칼륨농도가 높아지면 과냉각상태가 되어 세포액이 얼지 않으므로 동상해가 방지됩니다.

21 정적토는 모재가 풍화된 제자리에 퇴적된 것이다. 이와 같은 풍화산물에 의해 형성된 토양은?

㉮ 삼각주, 하안단구
㉯ 붕적토, 선상퇴토
㉰ 해성토, 로이스(loess)
㉱ 산지토양, 이탄토

연구 이론 설명에 "정적토는 잔적토와 유기물이 제자리에 퇴적된 이탄토로 나눈다."고 되어 있습니다. 잔적토는 무거워서 이동하지 못하고 남아 있는 겁니다. 특히 산지토양에서는 가벼운 것(칼슘, 칼륨, 나트륨 등)들은 주로 물에 의해서 쉽게, 전부 다 이동되고, 무거운 것들(Fe₂O₃, Al₂O₃ 등)만 남아 있는 거지요. 따라서 산지토양에서는 농사가 안 되는데, 그 이유가 양분(칼슘, 칼륨 등)은 다 없어졌기 때문입니다. 한편 이탄가가 이동하지 못하는 이유는 이탄토는 그 주변의 지형에서 가장 낮은 위치에 존재하기 때문입니다. 유기물은 물에 의해 흘러 가장 낮은 곳으로 가고, 가장 낮은 곳에서 자란 유기물도 다른 데로 못 가니 유기물이 많이 쌓인 이탄토가 만들어지는 거지요.

22 자연상태 토양에 존재하는 화학성분 중 토양에 많이 존재하는 순서대로 배열된 것은?

㉮ 규산 〉 반토(Al₂O₃) 〉 산화칼슘 〉 산화철
㉯ 규산 〉 반토(Al₂O₃) 〉 산화철 〉 산화칼슘
㉰ 반토(Al₂O₃) 〉 규산 〉 산화칼슘 〉 산화철
㉱ 반토(Al₂O₃) 〉 규산 〉 산화철 〉 산화칼슘

연구 본책에서 무작정 외우지 말고 이해를 하시라 했는데, 이해할 수 없는 문제가 나왔습니다. 그러나 이것도 "이해" 비슷하게 해야 합니다. 저는 이를 비과학(과학과 비슷)이라 합니다. 규소와 알루미늄이 무지 많은 건 아시지요. 규소판과 알미늄판이 1:1 구조가 되면 카올리나이트(한국의 땅)가 되고, 2:1 구조이면 양분을 많이 보유하는 버미큘라이트 등이 된다는 설명 기억하세요? 땅은 기본적으로 이 두 가지 원소로 구성된 겁니다. 그 정도는 아셔야 비과학이 가능한데, 철이 많으냐 칼슘이 많으냐에 비과학이 적용됩니다. 철의 함량에 따라 땅 색이 다 다르지요? 모든 땅의 색을 좌우할 만큼 철은 많이 있다는 뜻입니다(이건 과학). 칼슘은 동식물이 좋아하지요? 귀하기 때문에 좋아하는 겁니다(이건 비과학). 참고로 반토(礬土)는 산소와 알루미늄의 화합물을 뜻합니다.

23 석회암지대의 천연동굴은 사람이 많이 드나들면 호흡에서 나오는 탄산가스 때문에 훼손이 심화될 수 있다. 천연동굴의 훼손과 가장 관계가 깊은 풍화작용은?

㉮ 가수분해(hydrolysis)
㉯ 산화작용(oxidation)
㉰ 탄산화작용(carbonation)
㉱ 수화작용(hydration)

연구 본책의 설명이 너무 과학이네요. 문제에 "탄산가스"라는 단어가 있으니 답은 "탄산화작용입니다"고 하면, 과학인가요? 비과학인가요? 좀 심한 예지만 "훌륭한 자손을 키우는 방법이 아닌 것은?"이란 문제가 있다고 칩시다. 보기 ① 건전한 정신을 함유케 한다. ② 신체를 튼튼하게 키운다. ③ 남을 사랑할 수 있게 키운다. ④ 말 안 들으면 개 패듯 팬다."일 때 답이 ④번인 것은 애 안 키워 봐도 다 압니다. 그런데 이 문제처럼 기출문제 중에 답이 "나 여기 있다"하고 손 흔들고 있는 문제, 정말 많아요. 그거 주우세요. 그렇게 합격한 사람 많습니다. 공부하실 때 답이 손 흔드는 문제인지부터 확인하세요. 그런 유형은 다시 볼 필요도 없고, 그렇게 한 공부는 암기도 잘 되요. 물론 과학적으로 완벽히 이해하시는 게 좋고 옳지요. 그러나 정 이해가 안 되는 경우, 떨어지는 것보단 나은 방법이란 관점에서 드린 말씀입니다.

24 토양의 생성 및 발달에 대한 설명으로 틀린 것은?

㉮ 한랭 습윤한 침엽수림 지대에서는 podzol 토양이 발달한다.
㉯ 고온다습한 열대 활엽수림 지대에서는 latosol 토양이 발달한다.
㉰ 경사지는 침식이 심하므로 토양의 발달이 매우 느리다.
㉱ 배수가 불량한 저지대는 황적색의 산화토양이 발달한다.

연구 위에서 땅에는 철이 많다고 했지요? 철은 토양에서 3번째로 많은 원소입니다. 철은 함량에 따라서도 다른 색을 내지만 환경에 따라서도 색이 달라집니다. 즉, 공기 중에서 녹슨 쇠하고 물속에서 녹슨 쇠하고는 색이 다릅니다. 공기 중에는 산소가 많아서 철에 산소가 3개나 붙어(Fe₂O₃) 있고, 물속에서는 산소가 하나만 붙어(FeO) 있기 때문에 전자는 적색이고 후자는 청회색으로 색이 다릅니다.

21 ㉱ 22 ㉯ 23 ㉰ 24 ㉱

산소가 붙는 것을 산화라고 하는데 불이 나면 타는 물건에 산소가 무지 많이 붙어서 붉은 빛이 나오는 거지요. 환원은 붙어 있던 산소가 떨어져 나가는 건데, Fe_2O_3에서 산소가 두 개 떨어지면 FeO가 되므로 보기 ㉐는 "배수가 불량한 저지대는 청회색의 환원토양이 발달한다"가 됩니다.

25 토양염기에 포함되는 치환성 양이온이 아닌 것은?

㉮ Na^+

㉯ S^{++}

㉰ K^+

㉱ Ca^{++}

연구 20개가 넘는 이온 중에 어떤 것이 음이온인지를 외우라면 외울 수 있을까요? 양이온은 결합물질에서 앞에 위치하는 것들입니다. 예를 들어 $NaCl$은 Na^+와 Cl^-로 분해되므로 Na는 양이온, Cl은 음이온이 됩니다. 그런데 음이온은 사람의 건강에 나쁘다고 하니, 애들이 누군지 궁금하시지요? "산성 음식을 줄이고 알칼리성 음식을 먹어라" 많이 들어보셨지요? 산성 음식이 뭐지요? 시큼한 음식? 그럼 과일에 신맛이 있으니 과일이 산성 음식? 과일은 알칼리성 음식입니다. 이 설명은 너무 길어서 생략.

산성 음식은 산(酸 초 산, 물에 용해되면 수소이온을 내어 산성반응을 일으키는 물질)과 결합되어 있는 음식입니다. 구체적으로 예를 들면 인산(H_3PO_4), 황산(H_2SO_3), 염산(HCl), 탄산(H_2CO_3)에 들어 있는 원소를 주성분으로 하는 음식이 산성식품입니다. 인산의 P는 지방에 많고, 황산의 S는 단백질에 많으며, 염산의 Cl은 소금에 많고, 탄산의 CO_3는 곡류에 많습니다. 이것이 고기와 탄수화물 많이 먹지 말고, 짜게 먹지 말라는 이론적 배경입니다. 문제에서 황은 음이온이고, 식물에서는 SO_4^-의 형태로 흡수됩니다. 단백질에 황(S)이 많은 이유는 황 함유아미노산(시스테인, 메티오닌 등, 마늘의 매운 맛 성분) 때문입니다.

26 산성토양을 개량하기 위한 물질과 가장 거리가 먼 것은?

㉮ 탄산(H_2CO_3)

㉯ 탄산마그네슘($MgCO_3$)

㉰ 산화칼슘(CaO)

㉱ 산화마그네슘(MgO)

연구 바로 윗 문제에서 산이란 수소이온(H^+)을 내는 것이라 했지요? 보기에 H가 있는 건 탄산뿐이니 답이 손 흔드는 문제입니다. 그런데 제가 "과학적으로 완벽히 이해하시는 게 좋고 옳지요"라고 했으니 그런 관점에서 이 문제를 해부해 봅시다. 그게 이 특별한 해설의 목적이기도 하니까요. 토양은 음성(−)입니다. 그 이유는 밑에서 설명하고, 그 음성에 원소(양분)가 붙으려면 원소가 양성이어야 하겠지요? H^+ Ca^{+2}, Mg^{+2}, K^+, NH_4^+, Na^+ 등이 양성이므로 이들이 토양에 붙습니다. 그런데 식물은 이 중에서 제일 많은 H는 먹지 않고, 물(H_2O)에 있는 H를 햇빛의 힘으로 분리해서 먹어요(9번 참조). 그러니 땅에 있는 H^+는 성질이 나빴지요. 성질난 H^+가 식물한테 해코지를 하기 때문에 산성토양은 나쁘다고 하는 겁니다. 인간은 작물과 공생관계에 있으니 나쁜 놈, H^+를 쫓아내야지요. 그걸 토양의 중성화 또는 토양개량이라고 합니다. 그런데 나쁜 놈, H^+는 땅에 제일 강한 힘으로 붙어 있습니다. 그 순서는 $H^+ > Ca^{+2} > Mg^{+2} > K^+ = NH_4^+ > Na^+$(암기법: 하, 카마타고카나)인데, 강자 H^+를 어찌해야 쫓아낼 수 있을까요? 1:1로 안 될 때는 1:10으로 붙는 겁니다. 작물이 좋아하는 양이온 중에서 가장 힘이 센 Ca을 위주로 Mg 등도 첨가하여 왕창 넣는 겁니다. 쪽수 많으면 이기는 거 1.4후퇴 때 입증되었잖아요. 우리나라는 세계 유일하게 Mg가 첨가된 Ca를 공짜로 줍니다. 우리나라 토양은 기본적으로 염기가 너무 없는 땅(규산이 70% 이상인 산성토)이라서 농민들이 고생하는 게 미안해서 그럴 겁니다.

27 토양의 용적밀도를 측정하는 가장 큰 이유는?

㉮ 토양의 산성 정도를 알기 위해

㉯ 토양의 구조발달 정도를 알기 위해

㉰ 토양의 양이온교환용량 정도를 알기 위해

㉱ 토양의 산화환원 정도를 알기 위해

연구 공극이 많은 게 좋은 토양이라는 거 아시지요? 그런데 그 많고 적음은 숫자로 말해야 빨리 감이 들어옵니다. 용적밀도의 공식은 용적밀도(부피밀도, 가비중) = 건조한 토양의 무게 / (토양알갱이의 부피 + 토양공극)입니다. "토양공극"이 분모에 있으니 공극이 많은 토양의 용적밀도는 작겠네요. "다음 중 용적밀도가 제일 작은 토양은?"이라는 문제도 있었습니다. 토양공극을 크게 하려면 토양구조를 입단화시켜야 한다는 것도 아실 겁니다. 그러니 용적밀도를 측정하는 가장 큰 이유는 "토양의 구조발달 정도를 알기 위해"가 답이 됩니다.

28 다음 중 2 : 2 규칙형 광물은?

㉮ kaolinite ㉯ allophane
㉰ vermiculite ㉱ chlorite

연구 알로판은 "개판"처럼 "판"이 들어가 부정형(정해진 형이 없는 것)입니다. "kaolinite"에는 "koe"가 있으니 "korea"와 유사하지요? 양분 보유력이 약한 1:1입니다. 2:1이 중요한데, 결정단위 사이에 다량의 K^+이온이 존재하여 물(H_2O)이 자유로이 통과하지 못하므로 비팽창성인 일라이트 그림을 교재에서 확인하시고, 거기에서 암기를 시작하세요. 일라이트에서 칼륨이 빠지면 몬모릴로라이트나 버미큘라이트가 되며, 둘 다 팽창형이므로 보비력은 무지 좋다. 특히 버미큘라이트는 질석이라고도 하는데, 이는 보비력이 최고로 좋아서 상토를 만들 때도 넣는다. 튀밥처럼 돌을 튀긴 건데 누르스름한 것이 버미큘라이트이다. 외워져요? 클로라이트는 유일한 2:2형 광물입니다.

29 점토광물에 음전하를 생성하는 작용은?

㉮ 변두리 전하
㉯ 이형치환
㉰ 양이온의 흡착
㉱ 탄산화작용

연구 26번에서 "토양은 음성(−)입니다. 그 이유는 밑에서 설명하고"라 했는데 여기가 바로 거기입니다. 음전하가 하는 역할은 양이온(영양분)을 잡고 있는 거라고 위에서 설명했습니다. 음전하가 나오는 이유는 1:1광물과 2:1광물이 달라요. 1:1광물은 "korea" 땅이라 했습니다. 그러니 조금밖에 안 나오겠지요? 네, "변두리"에서 조금만 생산되므로 "kaolinite"는 보비력이 약합니다. 2:1광물의 경우 일라이트는 작지만(작아도 한국땅의 3배), 몬모릴로라이트나 버미큘라이트는 무지 크다 했습니다. "kaolinite"는 토양입자가 깨질 때 입자의 변두리에서 음전하가 생기는데, 2:1광물은 동형치환으로 음전하가 생깁니다. 동형치환이란 예를 들어 Si^{4+}와 Al^{3+}(+이온끼리, 동형)가 서로 바뀌는 것을 말합니다(교재의 그림을 보세요). 그런데 Si^{4+}는 토양의 음전하 4개와 결합하고 있었는데, Al^{3+}는 토양의 음전하 3개와만 결합할 수 있습니다. 치환으로 전자 하나가 짝을 잃었지요. 짝 잃은 이 불쌍한 음전하가 토양의 음전하입니다.

30 다음 음이온 중 치환순서가 가장 빠른 것은?

㉮ PO_4^{3-} ㉯ SO_4^{2-}
㉰ Cl^- ㉱ NO_3^-

연구 26번에서는 양이온 치환순서를 했습니다. 서로 짝을 찾는 일인데 음이온도 당연히 순서가 있겠지요. 사람의 경우는 능력, 배경, 미모 등이겠지요. 양분으로 사용되는 음이온의 치환순서는 SiO_4^{-2} 〉 PO_4^{-3} 〉 SO_4^{-2} 〉 NO_3^- 〉 Cl^- 입니다. 암기법? 없습니다. "하, 카마타고 카나?"처럼 말을 만드는 건 좋은 방법은 아닙니다. 그냥 외워지는 게 가장 좋지요. 바닷물이 짜지요? Na와 Cl이 땅에서 빨리 빠져나와 바다로 먼저 갔기 때문입니다. 그래서 시험을 해보니 Na와 Cl의 침출력이 가장 큰 것이 입증되었습니다. 말을 바꾸면 침입력은 가장 작고요. 강하구에는 강산성토양이 많은데, 황도 잘 도망가기 때문입니다. 질산(NO_3^-)이 잘 도망간다는 거 책에 100번은 쓰여 있을 겁니다. 인(P)은 결합력이 셉니다. 인은 인간세상으로 말하면 돈 같은 겁니다. 세상사람 모두가 돈을 좋아하듯, 땅속의 모든 양이온들은 인을 좋아합니다. 토양의 전기는 대부분 음이온이지만, 양이온도 조금은 있는데(책에 설명 있어요) 이 양이온들이 인만 보면 무조건 붙어요. 무슨 문제가 발생할까요. SO_4^{-2}, NO_3^-, Cl^- 가 얼마나 성질나겠어요(비과학). 소중한 양분인데 삐쳐서 멀리 떠나버립니다. 과학적으로 할게요. 얼마 되지 않는 양이온이 인과 결합하므로 그 후순위의 양분과는 결합할 양이온이 없어서 SO_4^{-2}, NO_3^-, Cl^- 가 토양에서 용탈됩니다.

31 2년 전 pH가 4.0이었던 토양을 석회 시용으로 산도 교정을 하고 난 후, 다시 측정한 결과 pH가 6.0이 되었다. 토양 중의 H^+ 이온 농도는 처음 농도의 얼마로 감소되었나?

㉮ 1/10 ㉯ 1/20
㉰ 1/100 ㉱ 1/200

연구 pH란 어떤 용액 속에 존재하는 수소이온(H^+)의 몰농도를 말합니다. 예를 들어 25℃, 순수한 물속에 존재하는 수소이온(H^+)의 몰농도는 $[H^+] = 1 \times 10^{-7} M = 0.0000001 M$입니다. 그런데 0.0000001이란 숫자는 영이 너무 많아 사용하기 불편하지요? 그래서 log를 곱했더니, $log(10^{-7}) = -7$로 한자리수의 정수가 나왔습니다. 이번엔 마이너스 부호가 마음에 안 들어서 log 앞에 마이너스를 넣어주었더니, $-log(10^{-7}) = 7$이 나왔습니다. 복잡한 0.0000001을 간단히 7로 나타내니 편리하군. 그래서 "수용액에 존재하는 H^+ 이온의 몰농도 값에 $-log$를 곱한 값을 pH라 부르자"고 정한 겁니다. 이를 문제에 대입하면 pH가 4인 경우의 수소이온(H^+) 몰농도는 10^{-4}이고, pH가 6인 경우는 10^{-6}이므로 1/100로 감소된 것입니다. 이 문제의 취지가 식을 유도하라는 것은 아닙니다. pH의 수는 10의 승으로 간다는 것을 아시라는 뜻입니다. 토양개량 시 pH 1의 차이가 석회량 10배, pH 2의 차이는 석회량 100배의 차이를 가져오니 중요하지요.

32 질소화합물이 토양 중에서 $NO_3^- \rightarrow NO_2^- \rightarrow$ N_2O, N_2와 같은 순서로 질소의 형태가 바뀌는 작용을 무엇이라 하는가?

㉮ 암모니아 산화작용

㉯ 탈질작용

㉰ 질산화작용

㉱ 질소고정작용

연구 N_2는 공기 중에 있는 질소의 화학식이니 가스가 되어 날라 갔다. 즉 갇혀 있던 상태에서 탈출했다는 뜻이지요? "질소가 탈출", 탈질, 그러니 답이 손 흔드는 문제입니다. 5번에서 "심층시비"를 설명했는데, 심층시비가 탈질을 막는 농사법이지요. 탈질작용은 중요해서 관련 문제가 아주 많으니 좀 자세히 설명 드리지요. 본론 전에 질문 하나, "탈질작용은 왜 중요해요?" 그렇지요. 돈이 날라 가는 거니 얼마나 중요하겠어요. 탈질이 일어나려면, 2가지 조건이 다 만들어져야 합니다. 첫째 조건이 암모늄태질소(NH_4^+)가 호기조건에서 질산태질소(NO_3^-)로 산화되는 것이고, 둘째 조건은 산화된 NO_3^-가 혐기조건에서 환원되어 NO나 N_2가 되는 것입니다. 탈질방지를 위하여 둘째 조건을 깨는 방법은 논에 물을 빼어 호기조건으로 만드는 것이고, 첫째 조건을 깨는 방법은 NH_4^+를 혐기조건(심부환원층)에 두는 것입니다. 혐기조건에 두는 방법은 위에서 설명했습니다.

33 중금속 오염토양에서 작물에 의한 중금속의 흡수를 경감시키는 방법으로 옳지 않은 것은?

㉮ 유기물을 사용한다.

㉯ 인산질비료를 증시한다.

㉰ pH를 낮춘다.

㉱ Eh를 낮춘다.

연구 찍기 알지요? 여러분은 어떻게 찍어요. ㉮㉯㉰㉱의 숫자를 세어보는 사람도 있고, 그날의 날짜, 자기 생일을 활용하는 사람도 있어요. 애인 생일을 쓰는 사람도 있었습니다. 사주팔자 좋다고. 숫자를 세어보는 것이 그럴 듯해 보이는데, 한 개나 두 개를 찍으면 타당성이 있겠지만 60문제 중 20문제를 찍는데 그건 뭐하러 세요? 이하는 유기농시험에서의 찍기비법입니다. "유기물, 입단구조"에 대해서는 나쁜 말(험담 포함) 쓰면 그건 무조건 틀린 거고, "인산비료, 칼륨비료"는 좋게 말함이 거의 맞습니다. 단, 논토양에는 인산비료를 많이 줄 필요 없습니다. 질소비료는 거의 언제나 나쁜 놈입니다. 그러니 "질소비료를 준다" 그러면 틀린 겁니다. 그래서 이 문제에서 ㉮㉯는 답이 아닙니다. 그 다음 찍기? 저도 모르죠. 둘 중의 하나

는 찍기로는 안 되고 실력이 있어야 합니다. 암기법 "알, 철망구아↘"가 정말 많이 쓰입니다. 우리나라 토양이 산성이다 보니 모든 사람의 시험문제에 한 번은 꼭 쓰일 정도입니다. "알, 철망구아"는 산성토양에서 용해도가 높아지는 거지요? 강산성에서는 용해도가 더 높아지니 농사를 망치는 경우가 간혹 있어요. 그래서 중요합니다. pH가 자꾸 내려가면 너무 많아지므로 "필수미량"원소라는 아름다운 이름이 "중금속"으로 바뀝니다. 감옥가면 이름이 번호로 바뀌는 것처럼.

34 공생 유리질소 고정 세균은?

㉮ 근류균

㉯ 질산균

㉰ 황산화세균

㉱ 아질산균

연구 윗 문제에서 "질소비료는 거의 언제나 나쁜 놈"이라 했죠? 근데 시험에는 질소이야기가 무척 많아요. 여기서도 7문제나 있네요. 유리질소 고정 세균은 돈 안 들이고 질소를 버는 것이니 얼마나 좋겠어요. 고마워서 경의의 표시로 자꾸 시험에 내요. "아좋다 크림~"으로 외우라 했습니다. "림~"이 리조비움이지요? 한자로 근류균인데, "根 뿌리 근, 瘤 혹 류, 菌 박타리아(?) 균"이므로 한글로 읽으면 뿌리혹박테리아가 됩니다. 찍으면 "질"자가 들어가는 걸 찍을 테니 틀리기 십상입니다. 한자문제입니다. "뿌리혹박테리아", 모르는 사람 없지요? 이번 기회에 아질산균, 질산균에 대해 정리 한 번 하세요.

35 밭토양 조건보다 논토양 조건에서 양분의 유효화가 커지는 대표적 성분은?

㉮ 질소 ㉯ 인산

㉰ 칼륨 ㉱ 석회

연구 위의 33번 문제에서 "단, 논토양에는 인산비료를 많이 줄 필요 없습니다"고 했고, 30번에서는 "토양의 전기는 대부분 음이온이지만, 양이온도 조금은 있는데(책에 설명 있어요) 이 양이온들이 인만 보면 무조건 붙어요"라고 했습니다. 이 둘을 종합하여 정리하면 "인은 토양의 여러 성분과 강하게 결합되어 작물이 사용할 수 없으나, 논토양에서는 어떤 이유 때문에 인의 유효화가 커지므로 인을 시비할 필요가 없다"가 됩니다. "어떤 이유"는 논은 담수하면 pH가 거의 중성(pH 6.5 정도)으로 올라가기 때문입니다. 교재 "인산"에 보시면 인의 가용도를 나타내는 그림이 있는데, 그 그림에서 "D" 영역의 인만을 작물이 이용할 수 있다는 뜻입니다. "인을 시비할 필요가 없다"는 뜻은 그동안 비료를 너무 많이 주어서 불용으로 남아 있는 것이 아주 많다는 말입니다. 그러나 밭토양에서는 인의 시비가 계속 필요합니다.

36 질소기아현상을 옳게 설명한 것은?

① 탄질비(C/N)가 높은 유기물을 사용하면 나타난다.
② 만약 토양에 들어가는 유기물의 탄질비가 크면 미생물은 일정한 탄질비에 도달하기 위해 토양 속에 있는 무기태 질소까지 동화한다.
③ 탄질비가 10 이하인 유기물을 사용하면 질소기아가 일어난다.
④ 미생물은 에너지원으로 탄소보다 질소를 많이 사용하기 때문에 질소기아현상이 일어나며, 탄소는 주로 미생물의 세포를 구성하는 데 필요한 영양원이다.

㉮ ①, ②
㉯ ②, ③, ④
㉰ ①, ②, ③, ④
㉱ ①, ③, ④

연구 우리가 토양에 유기물을 공급하는 이유는 입단구조의 형성 등 토양의 물리적 성질의 개선도 목적이지만, 작물에 질소를 공급하려는 것이 가장 시급한 목표입니다. 그런데 탄질률이 높은(C/N율이 30 이상) 유기물을 사용하면 토양미생물과 작물 간에 질소를 서로 먹으려는 경합이 발생해요. 문제는 질소를 미생물이 생산하기 때문에 그 사용에 대한 우선권이 미생물에 있다는 것입니다. 따라서 질소가 남아돌지 않는 한 미생물만 먹고, 미생물만 증식(유기물에서 발생하는 탄소는 미생물의 에너지원, 질소는 몸체를 구성하는 단백질원)하는 결과를 가져옵니다. 만약 토양에 탄질률이 높은 유기질 이외에 다른 질소가 없다면(또는 탄질률이 높은 이 유기질만을 대상으로 본다면) 식물의 입장에서는 먹을 질소가 없어서 질소기아현상이 발생하게 되는 겁니다. 인간의 입장에서는 기가 막히지요. 작물 먹으라고 줬지, 보이지도 않는 미생물 먹이려고 그 힘들여 유기물을 공급했겠습니까? 여하튼 질소기아현상이 발생하면 작물은 자랄 수가 없으므로 잘못한 인간이 이를 해결해야 하는데, 해결방법은 무기질비료를 잔뜩 주어 미생물을 실컷 먹이고, 남는 것을 식물이 먹게 하는 겁니다. 완숙퇴비(C/N율이 15~20)를 주어야 한다는 것을 몰랐던 무식함을 돈으로 해결하는 거지요. 이때 시비량에 대해서 또 무식하면 더 큰 일이 발생하는데 "잔뜩"주라 했다고 "무지 잔뜩" 주면 작물이 죽습니다. 농사 끝이지요. 본 주제로 돌아와서,

임시방편으로 비료를 주고 그러는 사이 탄질률이 높은 유기물은 분해되어 없어지므로 미생물은 먹을 것이 없어 죽기 시작해요. 죽으면 미생물의 몸체를 구성했던 질소가 토양으로 환원되어 토양질소가 증가하므로 C/N율이 떨어지게 되겠지요? 즉, 여분의 질소가 생기므로 작물도 이 질소를 얻어먹을 수 있게 된 것입니다. 좀 길었습니다.

37 하우스 등 시설재배지에서 일어날 수 있는 염류집적에 대한 설명으로 옳은 것은?

㉮ 수분 침투량보다 증발량이 많을 때 염류가 집적된다.
㉯ 강우로 인하여 염류는 작토층에 남고 나머지는 유실된다.
㉰ 토양염류가 집적되면 칼슘이 많이 존재하며 수분의 흡수율이 높아진다.
㉱ Na 농도가 증가되어 토양입단형성이 많이 증가된다.

연구 답에 대한 설명은 본책에 잘 되어 있네요. 여기서는 "㉱"에 대해서 설명드리지요. 36번에서 무기질비료를 "무지 잔뜩 주면 작물이 죽습니다"고 했습니다. 다 아픈(창피한?) 경험 있으시죠? 특히 주말농장하시는 분들, 자주 못가잖아요. 그러니 다음 올 때까지 많이 크라고 비료를 무지 잔뜩 주고 옵니다. 그 다음에 가 보면 다 말라 죽었지요. 저도 3번이나 그랬는데, 그게 바로 학원 많이 보내면 공부 잘 할거라 믿는 것과 같은 과욕입니다. 공부는 잘 모르겠고, 작물은 왜 말라 죽을까요? 답은 물을 흡수하지 못해서 말라죽는 겁니다. 교재에 있는 설명이 좀 어렵나요? 배추 절일 때 소금물의 농도가 진할수록 배추에서 더 많은 물이 빠져나오지요? 같은 이치입니다. 토양에 있는 물에 비료가 잔뜩 녹아 있으면 작물의 뿌리에서 물이 빠져나옵니다. 시설재배에서도 이런 현상이 많지요. 작물은 물을 먹어야 하는데, 오히려 물을 뺏기니 금방 죽습니다. 목욕탕에 오래 있으면 손이 붓지요? 손에 있는 용질의 농도가 높아서 목욕탕물을 흡수한 겁니다. 더울 때 콜라 먹으면 더 갈증 나지요? 콜라의 당농도가 높아서 몸속의 물을 빼앗아갔기 때문입니다. 앞으로 비료 무지 잔뜩 주지 마세요. 완숙퇴비 만들 줄 아세요? 그거 만들어 쓰세요. 손해라구요? 네, 손해지요. 그런데 어디선가 손해 보셔야 꼭 필요한 데서 이득을 봅니다. 인생, 삶의 원칙이 그런 거 아닌가요?

38 논 토양이 환원상태로 되는 이유로 거리가 먼 것은?

㉮ 물에 잠겨 있어 산소의 공급이 원활하지 않기 때문이다.

㉯ 철, 망간 등의 양분이 용탈되기 때문이다.

㉰ 미생물의 호흡 등으로 산소가 소모되고 산소공급이 잘 이루어지지 않기 때문이다.

㉱ 유기물의 분해과정에서 산소 소모가 많기 때문이다.

연구 이 문제의 해설도 본책에 잘 되어 있습니다. 그래서 여기서는 산화와 환원에 대하여 종합정리를 해드리려 합니다. 밭처럼 산소(공기)가 많은 곳은 산화상태일 것이고, 담수된 논같이 산소가 차단된 곳은 산소가 없으므로 환원상태가 됩니다. 우리는 밭농사도 짓고 논농사도 짓기 때문에 산화와 환원이 중요하고, 그래서 시험에도 많이 나와요. 먼저 개념부터 알아봅시다.

산화(酸 무더운 기운 산, 化)란 산소와 결합하여 무더운 기운이 되는 것을 말하므로, 불에 타서 물체는 없어지고 무더운 기운만 남는 것을 말합니다. 산화제표백제를 쓰면 옷의 색깔이 없어지지요? 이렇듯 산화란 없어지는 것을 말합니다. 전쟁에서 죽은 이를 장렬하게 "산화"하셨다고 합니다. 산화란 죽는 것입니다. 그 단단한 쇠도 산화되면 손으로 문질러 부서트릴 수 있으니, 산화는 약해지는 것입니다. 산화가 약해지고, 작아지고, 없어지는 것이라면 산화와 반대인 환원은 강해지고, 커지고, 생기는 것이겠지요. 네, 그렇습니다. 개념은 이 정도로 하고, 시험에 도움이 될 내용입니다.

"산화란 산소와 붙는 것이다"는 알지요? 산소와 붙는다는 것은 전자를 뺏긴다는 의미입니다. 옛날 화장품광고에 "산소 같은 여자"란 카피가 있었지요? 그래서 생각해 봤어요. 산화란 산소와의 결합인데, 그 결합을 하려면 전자를 뺏긴다. 그러니까 남자가 산소 같은 여자와 결혼하면 뭔가 대가를 주어야 하는 건가? 그건 각자 생각해보세요. 이상의 개념을 가지면 보기 ㉯ "철, 망간 등의 양분이 용탈되기 때문이다"가 설명이 됩니다. 산화상태에서는 Fe^{3+}, Mn^{4+}의 상태인데 얘들이 환원되면 Fe^{2+}, Mn^{2+}의 상태가 됩니다(교재, 논토양과 밭토양의 비교 참조). "Fe^{3+}"에서 윗첨자 "3+"의 의미는 "나는(Fe) 현재 양성(+)인데 중성이 되려면 전자(음성)가 3개가 필요해"입니다. "Fe^{2+}"는 "전자가 2개 필요해"의 의미지요? 따라서 "Fe^{3+}"가 "Fe^{2+}"로 바꿨다는 것을 전자의 수라는 관점에서 보면, "Fe^{3+}"는 전자를 잃어버린 거(산화)고, "Fe^{2+}"는 전자를 얻은 것(환원)이 됩니다. 같은 논리로 "Mn^{4+}"는 산화상태이고, "Mn^{2+}"는 환원상태가 됩니다. 이렇게 된 데는 산소가 작용을 한 건데 그건 복잡해서 생략했습니다. 여하튼 산소는 누구에게나 언제나 전자를 뺏어요. 이제 "Fe^{3+}, Mn^{4+}" 등의 화학식이 나오는 문제를 풀어보세요. 팍팍 풀립니다.

39 우리나라 시설재배지 토양에서 흔히 발생되는 문제점이 아닌 것은?

㉮ 연작으로 인한 특정 병해의 발생이 많다.

㉯ EC가 높고 염류집적 현상이 많이 발생한다.

㉰ 토양 환원이 심해 황화수소의 피해가 많다.

㉱ 특정 양분의 집적 또는 부족으로 영양생리 장해가 많이 발생한다.

연구 위의 30번 문제에서 "강 하구에는 강산성지역이 많은데, 황도 잘 도망가기 때문입니다"고 했습니다. 베트남이나 캄보디아에 있는 강들은 중국에서부터 아주 먼 거리를 흘러오기 때문에 많은 원소들이 녹아 있는데, 그 중에서 황이 큰 문제를 일으킵니다. SO_4^{2-}의 상태가 H_2SO_4(황산)나 H_2S(황화수소)가 되어 농사에 막대한 피해를 주지요. 이 문제는 담수상태가 아닌 "시설재배지"에 대한 문제이므로 H_2S와는 관계가 없습니다. 앞에서 "산화란 산소와 결합하는 것, 전자를 잃어버리는 것"이라고 정의했는데, H_2S를 설명하기 위하여 정의를 하나 더 추가합니다. "수소와 떨어지는 것"도 산화입니다. 그러니까 수소와 결합하는 것은 환원이 되겠네요. SO_4^{2-}가 H_2SO_4가 되는 것, H_2S가 되는 것, 모두 환원입니다. 환원되면 힘이 세어진다고 했지요? 힘에 세어서 말썽을 일으키는 겁니다. 우리나라도 강 하구에 이런 토양이 상당하고, 강 하구가 아닌 저지대에서도 이런 피해가 발생합니다. H_2S의 피해를 막으려면 Fe를 공급하여 H_2S를 FeS로 바꾸면 됩니다. 벌써 너무 길어져서 하고 싶은 얘기 별로 못하겠네요.

제가 산화, 환원에서 꼭 하고 싶은 얘기는 "우리는 뭘 먹고 사는가?"입니다. 뭐 먹고 사세요? "이슬 먹고 산다"고 하는 분들도 있던데, 여러분은 태양의 빛, 햇빛 먹고 사는 겁니다. 위의 9번에서 광합성을 식으로 표시하면 "$CO_2 + H_2O \rightarrow C_6H_{12}O_6 + O_2$"가 된다고 했습니다. 이식을 산화, 환원의 정의에 따라 보면 "CO_2"는 "$C_6H_{12}O_6$"로 환원된 거고, "H_2O"는 산화된 겁니다. 환원된 "$C_6H_{12}O_6$(포도당)"는 힘이 세어졌겠지요? 우리는 그걸 먹어요. 먹으면 포도당(포도당이 변해서 된 단백질 등의 모든 음식)은 우리 몸속에서 다시 CO_2와 H_2O로 바뀌면서 H에 저장되어 있던 태양에너지를 내어 놓습니다. 결과적으로 우리가 먹은 $C_6H_{12}O_6$에서 에너지만 빼고 우리 몸에 남는 건 하나도 없습니다. 아, 몸뚱이? 그건 죽어서 한 개의 오차도 없이 자연에 반납합니다. 우리는 하나의 C도, 하나의 H도, 하나의 O도 가질 수 없습니다. 그렇다면 우리는 뭘 먹고 살은 거지요?

38 ㉯   39 ㉰

40 건토효과로 옳은 것은?

㉮ 염기포화도가 높아진다.

㉯ 부식물의 집적이 증가한다.

㉰ 인산화작용을 촉진한다.

㉱ 암모니아화작용을 촉진한다.

연구 토양학은 이론을 모르면 매우 어려운 과목이기 때문에 설명할 것이 참 많아요. 토양학 마지막 문제라서 농업의 기본이 되는 질소를 설명하려고 이 문제를 뽑았습니다. 교재의 "미생물에 의한 질소의 변화"는 너무도 중요해요. 여기에 대한 문제는 모든 사람에게 최소 1개(평균 2개)는 꼭 나와야만 하니 거기 그림(논토양에서 질소의 변화)을 확실히 이해하셔야 합니다. 그림의 "암모니아화작용"은 쉬운 말로 하면 "썩는 작용"인데, 또 달리 표현하면 퇴비화작용이라 할 수 있습니다. 위의 37번에서 "완숙퇴비 만들 줄 아세요? 그거 만들어 쓰세요."라고 했지요? 3번째 과목인 유기농업일반의 제 1장 3의 (2) "퇴비"에 정리되어 있습니다. 퇴비화과정이 유기농업에서는 참(어쩌면 제일) 중요한데 2차(실기) 시험에서도 출제기준에서만 많이 강조되어 있을 뿐 실제 출제되지는 않아요. 냄새나고 부피가 크니 시험장에서 다루기가 어려워 그렇겠지요. 그러나 퇴비화는 환경보호를 위해서도 긴요한 일입니다. 특히 도시농업을 하시는 분들이 유기농업기능사 시험을 많이 보기 때문에 이분들이 퇴비화를 실현하시면 환경지킴에 큰 효과가 있으리라 생각합니다. 아래에 암모니아화작용을 촉진하는 방법에 대하여 정리했습니다.

– 토양이 건조하면 토양유기물은 미생물이 분해하기 쉬운 상태로 되고, 여기에 가수하면 미생물의 활동이 촉진되어 다량의 암모니아(잠재지력)가 생성되는데 이를 건토효과라 한다.

– 토양이 어는 경우에도 건조와 같은 탈수효과로 담수 후 암모니아가 생성된다.

– 건토효과는 유기물 함량이 많을수록 크며, 또 건조가 충분해야 효과가 크다.

– 건토효과로 생성되는 암모니아는 벼에 일시에 과다하게 흡수되지 않고, 뿌리의 발육에 따라 서서히 이용되므로 비효가 크다.

– 심한 가뭄으로 논에 균열이 생긴 후 비가 와 담수상태가 되면 건토효과가 나타나는데, 이 시기에 시비의 양과 때를 조절하지 않으면 비료과다현상으로 도열병 등의 병이 유발된다.

41 발효퇴비를 만드는 과정에서 일반적으로 탄질비(C/N율)가 가장 적합한 것은?

㉮ 1 이하 ㉯ 5 ~ 10

㉰ 20 ~ 35 ㉱ 50 이상

연구 이 문제는 토양학이 아닌 제 3과목에서 출제된 문제입니다. 35번에서 "완숙퇴비의 C/N율은 15~20"라 했습니다. 퇴비를 만드는 거니깐 당연히 이보다는 C/N율이 높아야 하겠지요? 그러나 "50 이상"으로 너무 높으면 퇴비화하는데 몇 년 걸릴 겁니다. 그런데 퇴비를 넣는 목적이 질소의 공급이 아닌 입단의 형성이라면 C/N율이 어느 정도가 좋을까요? 답을 하시려면 입단이 형성되는 조건을 알아야 합니다. 꼭 시험에 나와야 하는 항목이니, 이번 기회에 충분히 확인하세요. 입단형성 요인에 여러 가지가 있지만 미생물이 가장 중요합니다. 따라서 미생물이 많아야 하는데 35번에서 "높은(C/N율이 30 이상) 유기물을 사용하면 토양미생물과 작물 간에 질소를 서로 먹으려는 경합이 발생해요"라고 했습니다. 즉, C/N율이 25~30인 퇴비를 사용하면 입단형성에 유리합니다.

42 IFOAM이란 어떤 기구인가?

㉮ 국제유기농업운동연맹

㉯ 무역의 기술적 장애에 관한 협정

㉰ 위생식품검역 적용에 관한 협정

㉱ 식품관련법

IFOAM(International Federation of Organic Agriculture Movement, 국제유기농업운동연맹)은 민간단체입니다. 여기서 만든 규격(원칙, 방법, 규정 등)이 국제규격인 CODEX의 기준이 되었고, CODEX 규격은 각 국가법의 기준이 되었습니다. IFOAM은 몇 개의 규격을 가지고 있는데, 시험범위가 아니니 의미심장한 것 하나만 소개합니다. "농업생산자와 공존하는 것(미생물, 식물, 동물) 전반에 대해 적(敵)이나 노예로 삼지 않도록 공생의 방법을 모색하는 것", 가능할까요?

43 다음은 식물영양, 작물개량, 작물보호와 관련이 있는 사람들이다. 맞게 짝지어진 것은?

㉮ 다윈(Darwin) ↔ 식물영양

㉯ 리벤후크(Leeuwenhoek) ↔ 작물개량

㉰ 요한센(Johannsen) ↔ 작물보호

㉱ 파스퇴르(Pasteur) ↔ 작물개량

연구 이 문제는 2018년 농업국가직 7급 재배학시험에서 나온 문제와 거의 같은 것으로, 외우기 싫은 내용입니다. 그런데 답을 찍는 방법이 있습니다. 국가든 가문이든 자랑을 하려면 시조를 위대한 사람으로 띄워야 하잖아요? 그래서 단군신화도 "하느님인 환인의 아들 환웅이 인간 세상을 다스리기를 원하였다"고 시작합니다. 유기농업도 누군가 위대한 사람을 끌어들여야 하는데 마침 "종의 기원"을 발표한 다윈(뉴턴, 갈릴레이와 함께 인류에 가장 큰 영향을 미친 3대 과학자)이 그의

40 ㉱ **41** ㉰ **42** ㉮ **43** ㉮

아들과 같이 만든 책에서 "지렁이가 토양의 비옥도 향상에 유효하다"고 쓴 겁니다. 다윈은 허락도 안 했는데 졸지에 유기농업의 창시자처럼 된 거지요. 그러니 이런 유형이 문제가 우리 시험에 나오면 "다윈(Darwin) ↔ 식물영양"을 찍으면 됩니다.

44 친환경농업에 포함하기 어려운 것은?

㉮ 병해충 종합관리(IPM)의 실현
㉯ 적절한 윤작체계 구축
㉰ 장기적인 이익추구 실현
㉱ 관행재배의 장점 도입

연구 관행재배의 장점이 뭘까요? 크게 말하면 높은 효율성이 관행재배의 장점입니다. 효율성을 높이려면 우선 넓은 땅에 한 가지 작물만 심어야 합니다. 그리고 다량의 비료를 줘야지요. 한 가지 작물에 비료를 많이 주니 병충해가 극심해지지요. 농약 퍼부어야 합니다. 인건비를 절약해야 하니까 제초제도 써야 하고요. 그런데 병균, 해충, 잡초라고 인간을 위해서 그냥 죽어 주겠습니까? 더 강해져서 작물을 공격하고, 그러면 더 독한 약이 나오고, 그 결과 하나뿐인 지구가 망가지게 된 겁니다. 그래서 인간이 항복을 했지요. 항복문서(유기농업법)에 "농약은 절대 안 쓰고, 비료도 정말 조금만 쓰겠습니다"고 되어 있어요. 유기농업은 관행재배의 장점을 철저히 포기한 농법입니다. 그러니 효율성, 경제성, 다수확, 대량생산 등의 단어와 친할 수 없습니다. "장기적인 이익추구 실현"은 다른 얘기지요?

45 미부숙(未腐熟) 퇴비가 작물의 생장에 미치는 영향에 대한 설명으로 틀린 것은?

㉮ 병원균의 생존으로 식물에 침해를 줄 수가 있다.
㉯ 악취를 발생하여 인축에 위해성을 유발할 수가 있다.
㉰ 가스가 발생하여 작물에 해를 입힐 수 있다.
㉱ 토양산소 함량을 증가시킬 수 있다.

연구 "퇴비화를 위해서는 호기성 미생물이 있어야 한다"는 것은 아시지요? 여기서는 혐기성 미생물 얘기를 할게요. 혐기성 미생물은 혐기조건, 즉 담수상태의 논에서 살아요. 특히 물이 잘 안 빠지는 습답에서는 혐기성 미생물에 의한 해가 많습니다. 탈질균도 혐기성 미생물이었지요? 어디서 나왔지요. 네, "논토양에서 질소의 변화"그림에 있었습니다. 호기성 미생물

(세포 포함)은 "$C_6H_{12}O_6$(포도당)"를 단번에 CO_2와 H_2O로 바꾸면서 32개의 ATP를 생산하는데 혐기성 미생물은 "$C_6H_{12}O_6$"을 한 단계 아래의 유기물로 바꾸면서 2개의 ATP만 생산합니다. 분해효율이 엄청 떨어진다는 뜻인데, 그래서 빨리 퇴비를 만들어야 하는 경우에는 못 쓰는 겁니다. 냄새도 나고요. 그런데 애들도 쓸 데가 있습니다. 예를 들어 효모는 당을 먹고 알코올을 만들며, 젖산균은 당을 젖산으로 만듭니다. 포도당에서 2개의 ATP가 빠져나오고 만들어진 것이 알코올이나 젖산이므로 이들의 에너지 레벨은 포도당보다 낮습니다. 알코올에서 에너지가 더 빠지면 식초가 되는 거 아시지요? 사람은 이처럼 혐기성 미생물을 이용해서 유용하게 쓰지만 작물에게 혐기성 미생물은 독만 주는 나쁜 놈입니다. 알코올, 젖산, 식초 모두 작물에게는 유해한 유기산이거든요. 이런 유기산이 많이 나오는 논에서 벼는 어찌 될까요? 심하면 추락(秋落)이나 적고(赤枯)하고, 안 심해도 생산량이 감소하므로, 습답에는 미부숙 유기물을 넣지 말라고 하는 겁니다.

46 다음 중 연작의 피해가 가장 심한 작물은?

㉮ 벼
㉯ 조
㉰ 옥수수
㉱ 참외

연구 위의 14번에서 "식물이름을 묻는 문제가 많습니다. 가장 먼저 생각하실 게 용도나 출생지분류 등 분류입니다"고 했습니다. 이 문제에서 식물학적 분류를 하면 벼, 조, 옥수수는 화본과이고, 참외는 박과입니다. 용도분류를 하면 벼, 조, 옥수수는 곡류이고, 참외는 원예작물 중 채소의 과채류입니다. 또 다른 분류를 해보면 벼, 조, 옥수수는 못 먹으면 죽는 중요 식량작물이고, 참외는 못 먹어도 안 죽는 고급 채소입니다. 이 문제를 푸는 데는 3번째 분류가 요긴하겠네요. 연작의 피해가 심하면 중요 식량작물이 되지 않았을 겁니다. 참외 농사꾼에게 혼나겠다.

47 십자화과 작물의 채종적기는?

㉮ 백숙기
㉯ 갈숙기
㉰ 녹숙기
㉱ 황숙기

연구 가을의 색을 황갈색이라고 하죠? 벼는 황숙기, 채소는 갈숙기가 채종적기라서 가을의 색을 황갈색이라 하는 거 아닐까요?

48 형질이 다른 두 품종을 양친으로 교배하여 자손 중에서 양친의 좋은 형질이 조합된 개체를 선발하고 우량품종을 육성하거나 양친이 가지고 있는 형질보다도 더 개선된 형질을 가진 품종으로 육성하는 육종법은?

㉮ 선발육종법

㉯ 교잡육종법

㉰ 도입육종법

㉱ 조직배양육종법

연구 본책에 있는 설명보다 잘 할 수는 없겠네요. 그거 보세요. 그런데, 이 문제는 "답이 손 흔드는"형이지요? 문제에서 "교배하여"했으니 답은 교잡이지요. 사전에 교배는 종류가 다른 생물의 자웅의 결합이라 되어 있고, 교잡은 계통, 품종, 성질이 다른 암컷과 수컷의 교배라고 되어 있네요.

그러니까 교배 = 교잡입니다.

49 다수성 품종을 육종하기 위하여 집단육종법을 적용하고자 한다. 이때 집단육종법의 장점으로 옳은 것은?

㉮ 잡종강세가 강하게 나타남

㉯ 선발개체 후대에서 분리가 적음

㉰ 각 세대별 유지하는 개체수가 적은 편임

㉱ 우량형질의 자연도태가 거의 없음

연구 어려운 문제네요. "집단육종법"이란 집단 내에서 많은 교배가 일어나도록 자유롭게 놓아두는 방법입니다. 자유로운 교배를 통하면 잡종이 나올 거고, 타식성 작물은 잡종이 순종보다 강한 특성이 있습니다. 특히 옥수수, 무, 배추 등은 잡종강세가 강하므로 매년 의도적으로 만든 잡종종자를 사다 심어야 해요. 종자회사가 파는 잡종종자를 1대잡종종자라 하는데, 잡종강세㉮현상을 이용하는 겁니다. ㉱는 영양번식을 말하는 거고, ㉯㉰는 벼, 보리 등과 같은 자식성 식물의 육종법을 말하는 겁니다. 자식성 식물의 육종법에는 계통육종법과 집단육종법이 있습니다. 계통육종법은 아주 전문가가 해요. 그러니 빨리 하겠지요? 빨리 하려니 개체수는 적어야 하고요. 적은 개체수로 빨리 하니 나중에 부작용이 생기겠지요? 집단육종법은 반대입니다. "분리"란 개발한 것과 다른 것이 나온다는 의미이므로 농산물의 품질이 일정하지 않게 된다는 뜻입니다. 따라서 "선발개체 후대에서 분리가 적음"은 품질이 일정함, 즉 부작용이 적은 것을 의미합니다. 제 설명이 도움이 되나요?

어떤 강사는 툭하면 "60점이면 합격이니 그런 건 몰라도 돼요"라고 하던데 저는 그런 말 못해요.

제가 아는 수학을 하나 소개하지요. 1에 1%를 더하면 1.01이고, 1%를 빼면 0.99입니다. 1.01과 0.99는 겨우 0.02의 적은 차이입니다. 그러나 1.01을 365제곱하면 37.8이고, 0.99를 365제곱하면 0.026이 됩니다. 0.02라는 미미한 차이가 1년 후에는 1453배의 차이를 만든 겁니다. 왜 60점만 맞으려 하세요? 90점이면 큰 손해? 0.02의 차이가 1453배의 차이를 만들었으니 60과 90의 차이는 10년 후 몇 배의 차이를 가져올까요? 겁이 나서 계산을 못하겠습니다. 자격증을 왜 따세요? 주변 사람들은 못하는데 하셨으니 대단하지요. 자부심도 느끼실 겁니다. 노력하는 자세, 가족들이 존경하겠지요. 그런 작거나 무형적인 것 말고 크거나 유형적인 목적을 묻는 겁니다. 자격증 왜 따세요?

50 한겨울에 시설원예작물을 재배하고자 할 때 최대의 수광혜택(受光惠澤)을 받을 수 있는 하우스의 방향으로 가장 적합한 것은?

㉮ 동서동(東西棟)

㉯ 동남동(東南棟)

㉰ 남북동(南北棟)

㉱ 북동동(北東棟)

연구 집이나 시설을 동서로 길게 지으면 남향집이지요? 남향집이 좋은 이유는 여름에는 해가 덜 들고, 겨울에는 더 들어서 좋은 거 아시지요? 그래서 한겨울의 시설원예작물에는 동서동이 유리합니다. 그런데 1년 전체를 볼 때 동서동의 수광시간이 길지만 작물 생장기에는 남북동의 수광량이 많아 남북동이 작물생육에 유리할 수 있습니다.

51 과수원에서 쓸 수 있는 유기자재로 가장 적합하지 않은 것은?

㉮ 현미식초

㉯ 생선액비

㉰ 생장촉진제

㉱ 광합성 세균

연구 위의 44번에서 "유기농업은 관행재배의 장점을 철저히 포기한 농법입니다. 그러니 효율성, 경제성, 다수확, 대량생산 등의 단어와 친할 수 없습니다"고 했습니다. "생장촉진제"는 다수확을 위한 거지요? 이 개념 이외에, 유기농업에서 중요한 개념인데 잘 틀리는 거 하나 소개하지요.

유기농업에서는 자원사용에서 "폐쇄성"을 요구하는데, 우리는 조선말기의 경험 때문에 폐쇄적인 것은 나쁘고 개방적인 것은 좋다는 선입견을 가지고 있어서 "폐쇄적으로 해야 한다"하면 바로 그건 잘못된 것이라고 찍습니다. 유기농업에서는 할 수만 있다면 출입문도 완전 봉쇄하여 외부자재(농약, 비료 등)는 전혀 못 들어가게 하고, 내부에서 생산된 어떤 유기물도 밖으로 못 나가게 하라는 정도의 폐쇄성을 요구합니다. 제가 어릴 때 밖에서 오줌 놓고 오면 할머니한테 혼났는데, 유기농업은 베적삼이 흠뻑 젖도록 콩밭 매는 아주 먼 과거로 돌아가자는 회귀운동입니다.

52 시설 내의 약광조건 하에서 작물을 재배할 때 경종방법에 대한 설명 중 옳은 것은?

㉠ 엽채류를 재배하는 것은 아주 불리함

㉡ 재식 간격을 좁히는 것이 매우 유리함

㉢ 덩굴성 작물은 직립재배보다는 포복재배하는 것이 유리함

㉣ 온도를 높게 관리하고 내음성 작물보다는 내양성 작물을 선택하는 것이 유리함

연구 덩굴성 작물은 수광의 관점에서 직립재배보다는 포복재배하는 것이 유리합니다. 특히 수박, 호박 등은 직립재배 자체가 불가능합니다.
㉠ 과채류를 재배하는 것은 아주 불리합니다. 과채류는 대부분 열대출신이라 강광과 고온을 요구합니다. 수박·참외(아프리카), 오이·가지(인도), 고추·호박(멕시코), 토마토(남미)
㉡ 재식 간격을 좁히는 것은 수광의 관점에서 매우 불리합니다.
㉣ 내병성(耐病性), 내충성, 내비성, 내음성, 내양성 등과 같이 "내(耐 견딜 내)"자가 들어가는 단어가 많습니다. 문제에서 "약광조건 하에서"라 했으므로 "내음성"이어야 합니다. 즉, 온도를 높게 관리하고 내양성 작물보다는 내음성 작물을 선택하는 것이 유리합니다.

53 포도재배 시 화진현상(꽃떨이현상) 예방방법으로 가장 거리가 먼 것은?

㉠ 질소질을 많이 준다.

㉡ 붕소를 시비한다.

㉢ 칼슘을 충분하게 준다.

㉣ 개화 5~7일 전에 생장점을 적심한다.

연구 34번에서 "질소비료는 거의 언제나 나쁜 놈입니다. 그러니 '질소비료를 준다' 그러면 틀린 겁니다"고 했는데 여기에 그대로 나왔습니다. 소개에서도 말씀드렸지만 여기에 뽑힌 문제들은 수험생들이 어려워하는 문제들입니다. 그런데 세부를 들여다보니 답이 손 흔드는 문제가 많지요. 물론 모든 보기를 다 이해하자면 어렵지만 답만 찾는다는 관점에서는 쉬운 문제가 많습니다. 그래서 제가 23번에서 "공부하실 때 답이 손 흔드는 문제인지부터 확인하세요. 그런 유형은 다시 볼 필요도 없고, 그렇게 한 공부는 암기도 잘 되요. 물론 과학적으로 완벽히 이해하시는 게 좋고 옳지요. 그러나 정 이해가 안 되는 경우, 떨어지는 것보단 나은 방법이란 관점에서 드린 말씀입니다"라고 했어요.

54 과수의 내한성을 증진시키는 방법으로 옳은 것은?

㉠ 적절한 결실관리

㉡ 적엽처리

㉢ 환상박피 처리

㉣ 부초재배

연구 작물 이름은 분류해서 풀었는데, 이런 유형(하나의 테마를 가진 문제)의 문제도 분류로 풀 수 있습니다. 적엽처리란 잎을 떼는 거니까 작물에 나쁜 거고, 부초재배는 경쟁이 되니 나쁘고, 환상박피는 몸에 칼을 대니 아주 나쁘고, 적절한 결실관리는 과수한테 무지 좋은 거죠? 따라서 답이 손 흔드는 형의 문제입니다. 옛날에는 겨울이 닥치기 전 쌀 1가마니와 연탄광에 연탄을 가득 들여 놓으면 그날은 모든 식구가 행복했지요. 부모님 기분이 좋으니 쌀밥에 돼지찌개가 나오기도 했거든요. 과수도 살아가는 건 사람과 똑 같아요. 위의 8번에서 "밤의 온도를 높여서 DIF를 0으로 만들면 못 커요. 그게 분재 등에서 하는 왜성재배입니다. 굶기는 거는 아니지만 낮에 번 거 밤에 다 쓰게 하는 거"라고 했습니다. 비슷한 얘기입니다. 과수도 겨울을 준비하려면 쌀과 연탄 같은 게 필요한데 과일을 잔뜩 달리게 했다면 자식들 키우느라 쌀과 연탄을 준비할 수 있었겠어요?

55 수도(벼)용 상토의 가장 알맞은 산도는?

㉮ 2.0~4.0

㉯ 4.5~5.5

㉰ 6.0~6.5

㉱ 7.5~8.0

연구 본책의 해설이 과학적이네요. 과학은 거기서 하시고 여기서는 찍기합시다. 고등생명체는 저급의 미생물이 싫어하는 환경에서 살고자 합니다. 그래서 사람은 청소도 하고, 세탁도 하고, 소독도 하지요. 사람의 피부도 산성입니다. 미생물이 싫어하거든요. 작물 똑똑합니다. 그러니 피부는 당연히 산성이고 일반적으로 약산성토양을 좋아합니다. ㉮는 너무 세고 ㉱는 알칼리이므로, ㉯ 또는 ㉰인데, 벼는 산성에 강합니다. 그래서 ㉯를 찍을 수 있는데, 벼가 산성에 강하다는 지식은 필요하네요. 산성에 아주 강한 작물은 벼, 귀리, 호밀, 고구마, 감자, 토란, 땅콩, 봄무, 수박, 아마, 베리류, 진달래, 철쭉, 소나무 등입니다. 어떻게 외우냐고요? 사람이 그걸 어찌 외워요? 벼, 고구마, 감자만 외우세요. 감자에는 못된 더뎅이병이 있는데 그건 산성토양에서 키우면 해결됩니다. 가장 약한 작물은 상추, 시금치, 콩, 팥, 보리, 사탕무, 양파, 아스파라거스, 파, 부추 등입니다. 이것도 사람은 못 외웁니다. 채소가 가장 약해요. 채소는 칼슘과 붕소를 벼에 비해 7배를 먹어야 하는데, 산성땅에는 칼슘이 없죠? 산성토양을 개량할 때 칼슘을 넣는 거 26번에서 "강자 H⁺를 어찌해야 쫓아낼 수 있을까요? 1:1로 안 될 때는 1:10으로 붙는 겁니다. 작물이 좋아하는 양이온 중에서 가장 힘이 센 Ca를 위주로 Mg 등도 첨가하여 왕창 넣는 겁니다"라고 했습니다. 즉, 칼슘이 없어 산성토양이므로 칼슘을 많이 먹어야 하는 채소류는 산성토양에 아주 약할 수밖에 없습니다.

56 벼 종자소독 시 냉수온탕침법을 실시할 때 가장 알맞은 물의 온도는 대략 어느 정도인가?

㉮ 30℃ 정도

㉯ 35℃ 정도

㉰ 43℃ 정도

㉱ 55℃ 정도

연구 "소독"이 목적이라면 팔팔 끓이는 것이 가장 좋겠지만, "종자소독"이 목적이면 종자의 기능이 유지되면서 소독이 되어야 합니다. 실제로 해보니 65℃까지도 견딘다고 합니다. 그래서 요즘엔 65℃에서 많이 실행한데요.

57 화본과 목초의 첫 번째 예취 적기는?

㉮ 분얼기 이전

㉯ 분얼기 ~ 수잉기

㉰ 수잉기 ~ 출수기

㉱ 출수기 이후

연구 "이기적 DNA"라는 책이 전 세계의 베스트셀러가 되었었는데, DNA는 자신을 보호, 보존하기 위하여 이기적으로 어떠한 것도 한다는 내용입니다. 따라서 숙주가 가장 건강할 때 자식을 만들려 할 것입니다. 말을 바꾸면 자식이 만들어질 때가 가장 건강(영양이 풍부)한 상태라는 뜻이 되지요. 고로 자식이 만들어질 때(수잉기 ~ 출수기) 예취하여 가축에 사료로 공급하는 것이 가축에게 가장 좋을 것입니다. 우리는 어디서, 어떻게, 왜 온지도 모르는 DNA를 보존하려는 하나의 도구, 숙주, 아바타라는 주장, 어떻게 생각하세요?

58 천연의 것 및 천연에서 유래된 것으로 유기 축산물 인증기준에 따라 사료에 첨가할 수 없는 물질은?

㉮ 효모제

㉯ 천연항곰팡이제

㉰ 산화마그네슘혼합물

㉱ 비단백태질소화합물

연구 본책의 읽을거리 "질소와 웃자람"에서도 말한 바 있지만 동물이든 식물이든 단백질을 만들기 위해서 질소를 많이 먹으려 노력합니다. 가장 싼 질소가 요소비료이고, 가장 비싼 질소가 고기의 단백질이지요. 그래서 요소비료는 식물에, 고기는 사람을 포함한 동물에 주었는데, 요소비료를 동물에 주면 어떨까라는 생각을 한 겁니다. 최종적으로는 같은 질소니까, 해볼 수 있는 생각이고, 실제로 그렇게 하고 있습니다. 그런데 웬일인지 일반가축에는 다 주고 있고, 법에 따라 친환경축산의 일종인 무항생제축산물에도 줄 수 있는 요소비료(비단백태질소화합물의 대표)를 왜 유기축산물에서만 금지하고 있을까요? 광우병이 질소를 많이 공급하려고 채식성인 소에게 동족의 고기를 먹인 응보였다고 하는데, 그런 두려움 때문일까요? DDT가 곤충을 잘 죽인다는 사실만을 발견한 공로로 노벨상을 받았는데(뮐러, 1948년), DDT가 생태계를 파괴하고 인체에 악영향을 미친다는 것이 알려지면서 여러 국가에서 사용금지 처분을 받았다는 사실에서 뭔가 불안감을 느낀 때문일까요?

59 농후사료 중심의 유기축산의 문제점으로 거리가 먼 것은?

㉮ 수입 유기 농후사료 구입에 의한 생산비용 증대

㉯ 국내에서 생산이 어려워 대부분 수입에 의존

㉰ 물질순환의 문제 야기

㉱ 열등한 축산물 품질 초래

연구 우스갯소리로 마피아 개입설이 있습니다. 우리나라에서 소고기에 지방이 많아야 좋은 등급을 받는 제도를 마피아가 개입하여 만들었고, 유지시킨다는 것인데, 그 이유는 옥수수 등의 농후사료를 많이 팔기 위함이랍니다. 농후사료를 먹여 기름이 많이 끼게 하는 것은 육질을 연하게 하고 부드러운 식감을 주나 건강에는 어떠한지에 대한 재평가가 필요해 보입니다. 미국 등 선진국에서는 고기의 기름 함유량을 표기하도록 법에서 강제하고 있는데, 그 이유는 지방섭취를 줄여야 하는 사람들을 위한 배려라 하네요. 기름이 많이 끼는 것은 가축의 건강에도 좋지 않을 것이므로 동물의 복지를 강조하는 유기농업의 정신에도 일치하지 않는 것으로 보입니다. 그럼에도 불구하고 이 문제의 답은 기름이 많은 고기가 우수한다는 것입니다.

60 종자의 발아 조건 3가지는?

㉮ 온도, 수분, 산소

㉯ 수분, 비료, 빛

㉰ 토양, 온도, 빛

㉱ 온도, 미생물, 수분

연구 추울 때 발아하면 얼어 죽으니 적정한 온도는 발아의 필수조건입니다. 수분함량을 13% 이하로 건조시킨 종자는 몇 백년이 지나도 발아하지 못해요. 즉, 발아가 시작되려면 물이 잠을 깨워야 하므로 물은 발아의 필수조건입니다. 물이 잠을 깨우면 유아와 유근이 자라기 시작해야 하는데, 자란다는 것은 부모가 저축해준 양분을 소화시켜 에너지를 얻고, 자신의 몸으로 재구성하는 것을 의미하지요. 최종 소화는 각 세포에서 일어나며 여기에는 산소가 필요합니다. 사람의 경우도 같은데, 위나 창자에서 흡수한 양분은 모든 세포에 전달되어 각 세포에서 "$C_6H_{12}O_6$(포도당)"를 CO_2와 H_2O로 바꾸지요(45번 참조). 즉 위나 창자는 1차 소화기관이고, 각 세포가 최종 소화기관인데, 최종 소화를 위해서는 산소가 필수조건이라는 뜻입니다. 광은 발아 시 필요한 것도 있으나 혐광성 종자도 있으니 광을 발아의 필수조건이라 할 수는 없습니다.

이게 마지막 문제이니 재미있는 얘기 하나 할까요? 혐광성 종자는 파종이 되었는데 빛이 보이면 자기는 흙이 아주 조금밖에 없는 암반 위에 놓여 있다고 생각한답니다. 아니, 그렇게 생각합니다. 애들은 거느린 식구가 많아서 많은 물과 양분을 벌어 와야 하는 박과(호박, 박, 오이 등)이거나, 무거운 것(가지, 고추, 토마토가 얼마나 많이 열리는지 보라)들을 짊어지고 살아야 하는 가지과이거나, 큰 꽃을 받치고 살아야 하는 백일홍 등입니다. 다 깊게 뿌리내림이 필요한 작물들이지요. 그래서 빛이 보이면 발아를 안 한다고 하는데 똑똑하기도 하지요? 혐광성종자 출신인지를 구별하기는 쉬워요. 작물에게 귀 기울여 보세요. "내 손에 잡은 것이 많아서 손이 아픕니다. 등에 짊어진 삶의 무게가 온몸을 아프게 하고 매일 해결해야 하는 일 땜에 내 시간도 없이 살다가 평생 바쁘게 걸어 왔으니 다리도 아픕니다"라는 노래를 부르는 애들은 영락없이 혐광성종자 출신들입니다. 제가 위에서 "자격증 왜 따세요?"라는 질문을 드렸습니다. "식물과 대화하기 위해서"를 목적으로 하시면 어떨까요. 실제 대화가 됩니다. 노랫소리도 들리고 비명소리도 들립니다. 감사의 소리도 들리고 불평의 소리도 들립니다. 그 소리를 듣는 순간 모든 것이 다 바뀌는 득도를 하십니다. 도사가 되셨으니 크고 유형적인 것은 당연히 부수적으로 다가오겠지요. 어떻게 하면 대화가 되냐고요? 아는 만큼 보이잖아요? 90점 이상 받으시면 보이고, 보이면 대화가 됩니다. 공무원시험을 준비하시는 경우도 90점 이상 받으면 시험문제와 대화가 됩니다.

59 ㉱ 60 ㉮

99의 노예

세상의 모든 것을 가진 왕이 있었다.
하지만 왕은 행복을 느끼지 못했다.
어느 날, 왕은 주방 근처에서
한 요리사가 행복한 얼굴로
휘파람을 불며 채소를 다듬는 것을 보게 되었다.
왕은 요리사를 불러 행복할 수 있는
비결을 묻자 이렇게 답했다.

"폐하,
저는 말단 요리사에 불과하지만
제 아내와 아이를 먹여 살릴 수 있어서 기쁘고,
또 늘 즐겁게 해줄 수 있어서 행복합니다.
그래서 필요한 게 많지 않습니다.
비바람을 피할 수 있는 방 한 칸과
배를 불릴 수 있는 따뜻한 음식이면 충분합니다.

왕은 요리사를 물러가게 하고는 현명하다고 알려진 한 재상을 불러 요리사에 관해 이야기해 주었다.
그러자 재상이 빙그레 웃으며 말했다.
"폐하, 저는 그 요리사가 아직
99의 노예가 되지 않았다고 봅니다."

"99의 노예, 그게 무엇인가?"
하고 왕이 의아해 하니
재상은 "폐하, 99의 노예가 무엇인지 알고 싶으시다면 가죽주머니에 금화 99개를 넣어 요리사 집 앞에 가져다두라 하십시오."
왕은 그날 저녁 그리 하게 하였다.

하루 일과를 마치고
집으로 돌아온 요리사는 주머니를 발견했고,
얼른 집으로 들어가
금화를 세어보기 시작했다.
당연히 금화는 99개였다.
요리사는 얼굴을 찌푸렸다.
그리고 그는 생각했다.

더 열심히 일해 금화 100개를 채워야겠다.
그는 아침식사도 하지 않고 출근해서 미친 듯이
일에 몰두했다.
예전처럼 콧노래를 부르거나 휘파람을 불지도 않
았다. 얼마나 일에 몰입했던지
왕이 자신을 몰래 지켜보고 있다는 것도
알아채지 못했다.

어제의 즐겁고 행복한 모습이 완전히
사라진 요리사를 보면서 왕은 크게 놀랐다.
금화가 생겼는데 더 행복해지기는커녕
오히려 불행해지다니!

왕이 재상에게 그 이유를 물었다.
"폐하, 그 요리사는 이제
99의 노예가 되었습니다.
99의 노예란 가진 것이 아무리 많아도
만족하지 못하고 부족한 1을 채워 100을 만들기
위해 죽을 힘을 다해 일에
매달리는 사람을 말합니다."

어떠신가요?
물욕의 99 노예가 아닌,
지식욕의 99노예가 되어보시는 거!
지식의 노예가 불행하다고 설파한
현인은 없었습니다.
子曰 "學而時習之면 不亦說乎아"
라 하셨습니다.

노력하여 기능사 자격을 취득하셨으니
장롱자격증이 되지 않아야 합니다.
좋은 인연 앞으로 더 이어가게
저와 함께 하시지요?
현장에서 활동하는 심사원으로서
여러분과 실용기술을 연구하는 모임을
갖고자 합니다.

김 영 세

경력 및 학력
한국원자력연구소 품질기술실장으로 퇴직
IAEA(국제원자력기구) 품질보증분과 한국대표
한국표준협회 품질경영분야 전문위원
연세대 기계공학과 석사
63세에 방송통신대농학과 졸업(총 평균점수 97점)

자격증
정밀기계 등 기계분야 기사자격증 5개
유기농업기사 및 기능사
ISO 9000 국제 인증심사원
(현 활동) 친환경인증심사원
(현 활동) GAP인증심사원
(현 활동) 인증기관 공동대표
(현 활동) 사단법인 한국농업인력개발포럼 회원

저서
원자력 및 품질경영분야 10여 권 집필
유기농업 기능사(부민문화사, 2021)
유기농업 기사 · 산업기사(부민문화사, 2021)
농업직 공무원 7급, 9급 재배학(부민문화사, 2021)
농업직 공무원 7급, 9급 식용작물학(부민문화사, 2021)
농업직 공무원 7급 토양학(부민문화사, 2021)

상기 저서의 학문적 내용에 대한 문의 및 시험에 대한 정보 등은
네이버 카페 '시험준비소'를 이용하십시오.

NCS 기반 국가기술자격검정, 농업직공무원 시험 대비

유기농업 기능사

2025년 1월 20일 최신개정판 발행

지은이 : 김 영 세
만든이 : 정 민 영
펴낸곳 : 부민문화사

⓪④③⓪④ 서울시 용산구 청파로73길 89(서계동 33-33)
전화: 714-0521~3 FAX: 715-0521
등록 1955년 1월 12일 제1955-000001호
http://www.bumin33.co.kr
E-mail: bumin1@bumin33.co.kr

정가 25,000원

공급 한국출판협동조합

ISBN 978 - 89 - 385 - 0380 - 0   93520